Schriften zum Infrastrukturrecht

herausgegeben von

Wolfgang Durner und Martin Kment

32

D1665743

Jana Himstedt

Die Offshore-Windenergie unter dem WindSeeG

Struktur und Perspektiven des zentralen Modells

Mohr Siebeck

Jana Himstedt, geboren 1989; Studium der Rechtswissenschaft an der FU Berlin sowie der Nationalen Kapodistrias-Universität Athen; 2016 Erstes Staatsexamen; Sachbearbeiterin im Bundesministerium der Justiz und für Verbraucherschutz; Wissenschaftliche Mitarbeiterin am Lehrstuhl für Öffentliches Recht, insbesondere Verwaltungsrecht der FU Berlin und in einer Berliner Wirtschaftskanzlei; Referendariat im Bezirk des Berliner Kammergerichts.
orcid.org/0009-0003-1169-4984

Zugleich Dissertation, Fachbereich Rechtswissenschaft der Freien Universität Berlin, 2023

ISBN 978-3-16-163443-7 / eISBN 978-3-16-163444-4
DOI 10.1628/978-3-16-163444-4

ISSN 2195-5689 / eISSN 2569-4456 (Schriften zum Infrastrukturrecht)

Die Deutsche Nationalbibliothek verzeichnet diese Publikation in der Deutschen National-bibliographie; detaillierte bibliographische Daten sind über *https://dnb.dnb.de* abrufbar.

© 2024 Mohr Siebeck Tübingen. www.mohrsiebeck.com

Das Buch wurde von Gulde Druck in Tübingen auf alterungsbeständiges Werkdruckpapier gedruckt und gebunden.

Printed in Germany.

Für Hendrik

Vorwort

Diese Arbeit wurde durch den Fachbereich Rechtswissenschaft der Freien Universität Berlin im Sommersemester 2023 als Dissertation angenommen. Für die Drucklegung konnten Rechtsprechung, Literatur und Gesetzesänderungen bis November 2023 berücksichtigt werden.

Mein aufrichtiger Dank gilt zunächst meinem Doktorvater, Herrn *Univ.-Prof. Dr. Thorsten Siegel*, für seine wertvollen Hinweise und sein besonderes Engagement gerade in der Abschlussphase der Arbeit. Dankbar bin ich auch für den wissenschaftlichen Freiraum, den er mir stets gewährt hat, und für die schöne und fachlich prägende Zeit als wissenschaftliche Mitarbeiterin an seinem Lehrstuhl. Großer Dank gilt auch Herrn *em. Univ.-Prof. Dr. Dr. Dres. h. c. Franz Jürgen Säcker* für sein Interesse an dieser Arbeit und die zügige Erstellung des Zweitgutachtens. Für die Aufnahme in die Schriftenreihe danke ich Herrn *Univ.-Prof. Dr. Dr. Wolfgang Durner* und Herrn *Univ.-Prof. Dr. Martin Kment, LL.M. (Cambridge)*.

Für die Durchsicht des Manuskripts und wertvolle Anmerkungen hierzu bin ich Frau *Adrienne Ascheberg* und Herrn *Dr. Victor Vogt* besonders dankbar; ebenso meiner Familie, deren Rückhalt ich mir stets sicher sein konnte. Den größten Dank schulde ich schließlich meinem Ehemann *Hendrik Himstedt* für seine Unterstützung in so vielzähliger Hinsicht – elektrotechnische Erörterungen am Rande der Thematik eingeschlossen. Ihm und unseren Kindern ist die Arbeit gewidmet.

Berlin, im November 2023   *Jana Himstedt*

Inhaltsübersicht

Inhaltsverzeichnis

Kapitel 3: Quantitative Steuerung des Anlagenzubaus 152

Kapitel 5: Struktur und Perspektiven des zentralen Modells ...252

Abkürzungsverzeichnis

vgl.   vergleiche
Vorbem.   Vorbemerkung

Kapitel 1

Einführung

I. Bedeutung der Offshore-Windkraft im Rahmen der Energiewende

In der aktuellen Strategie zur Energiewende bildet die Offshore-Windenergie einen unverzichtbaren Baustein.[1] Als solcher soll sie nach der Windenergie an Land und der Photovoltaik langfristig den drittgrößten Anteil an der Stromerzeugung für den deutschen Markt liefern.[2] Dies spiegeln auch die jüngst angehobenen Ausbauziele wider, die eine deutliche Kapazitätssteigerung auf schließlich („mindestens") 70 GW im Jahr 2045 vorsehen (§ 1 Abs. 2 S. 1 WindSeeG[3]). Demgegenüber befinden sich in Deutschland einschließlich seiner Ausschließlichen Wirtschaftszone (im Folgenden AWZ) derzeit 1.539 Offshore-Windenergieanlagen mit einer Leistung von insgesamt 8,1 GW in Betrieb[4], was den erheblichen Zubaubedarf der kommenden Jahre verdeutlicht. Dabei wird der Ausbau regenerativer Energien generell nicht nur durch die jüngere Rechtsprechung des Bundesverfassungsgerichts[5] und die voranschreitende Stilllegung konventioneller Kraftwerke im Rahmen des Kohle- und Kernenergieausstiegs praktisch forciert[6], sondern seine Dringlichkeit hat sich seit dem russischen Angriff auf die Ukraine im Februar 2022 gar drastisch erhöht[7].

---

[1] *Fraunhofer IWES*, Energiewirtschaftliche Bedeutung der Offshore-Windenergie für die Energiewende – Update 2017, S. 7, abrufbar unter https://www.iee.fraunhofer.de/de/projekte/suche/2013/energiewirtschaftliche_bedeutung_der_offshore_windenergie.html; *Schulz/Appel*, ER 2016, 231; BT-Drs. 20/1634, S. 1 ff.

[2] BT-Drs. 20/1634, 70.

[3] Gesetz zur Entwicklung und Förderung der Windenergie auf See v. 13.10.2016 (BGBl. I S. 2258, 2310), zul. geänd. durch Art. 10 des Gesetzes zur Einführung einer Strompreisbremse und zur Änderung weiterer energierechtlicher Bestimmungen v. 22.12.2022 (BGBl. I S. 2512).

[4] Stand vom 31.12.2022, s. *Deutsche Windguard*, Status des Offshore-Windenergieausbaus in Deutschland, Jahr 2022, S. 3.

[5] S. BVerfG, Beschl. v. 24.03.2021 – 1 BvR 2656/18, 1 BvR 78/20, 1 BvR 96/20, 1 BvR 288/20 – NVwZ 2021, 951.

[6] *Kerth*, EurUP 2022, 91; BT-Drs. 20/1634, 70; vgl. zudem *Schlacke u. a.*, NVwZ 2022, 1577.

[7] *Grigoleit u. a.*, NVwZ 2022, 512.

Im Erzeugungsportfolio bietet die Windenergie auf See gegenüber landseitig installierten Anlagen vor allem den Vorteil vergleichsweise hoher, stetiger und vorhersehbarer Ertragsmengen[8], welche sich positiv auf die Versorgungs- und Systemsicherheit auswirken.[9] Hinzu treten eine geringere Einflussnahme auf das Landschaftsbild[10] sowie die überhaupt anders gelagerten und zumeist weniger intensiven Raumnutzungskonflikte auf See[11]. Diese wiegen es auf, dass der technische und finanzielle Aufwand für die Errichtung und Wartung von Offshore-Windparks und zugehörigen Anbindungsleitungen vor allem in den küstenfernen Gewässern der AWZ höher ausfällt als an Land[12], wenngleich jener in den letzten Jahren stark gesunken sein mag[13]. Hinzu treten Optionen zur Erzeugung „grünen" Wasserstoffs durch Offshore-Windkraft.[14]

Jener energiewirtschaftlichen Bedeutung der Offshore-Windenergie entspricht es, dass ihre Steuerung mit dem zum 01.01.2017 in Kraft getretenen Windenergie-auf-See-Gesetz (WindSeeG) einem eigenständigen Regelwerk („Meta-Gesetz")[15] zugeführt wurde. Mit diesem wurden sowohl eine neuartige, mehrstufige Fachplanung als auch mehrere, gegenüber dem EEG[16] selbständige[17] Ausschreibungsverfahren etabliert, die nicht nur für sich betrachtet Besonderheiten aufweisen, sondern im Rahmen des sog. „zentralen Modells"[18] auch inhaltlich und prozedural auf spezifische Weise miteinander verknüpft sind.[19] Insoweit wurde gar von einer „geradezu fundamentale[n] Reform des Rechtsrahmens"[20] für die Offshore-Windenergie gesprochen. Die Ziele und vo-

---

[8] *Henning u. a.*, ZNER 2022, 195 (207); *Kerth*, EurUP 2022, 91; *Kirch/Huth*, EnWZ 2021, 344; s. zudem *Durner*, ZUR 2022, 3: „Energie aus Offshore-Windenergieanlagen birgt […] weiterhin quantitativ große Potenziale."

[9] BT-Drs. 20/1634, S. 2 f., 58; *Klasen*, Alternative Streitbeilegung beim Bau von Offshore-Windparks, 2018, Rn. 45.

[10] *Grigoleit*, in: Kment, ROG, § 17 Rn. 31.

[11] Hierzu noch ausführlich Kapitel 5 II. 4. a) aa).

[12] *Grigoleit*, in: Kment, ROG, § 17 Rn. 31; *Germelmann*, EnWZ 2013, 488 f.; s. auch *BET/Fichtner/Prognos*, Wissenschaftlicher Endbericht: Vorbereitung und Begleitung bei der Erstellung eines Erfahrungsberichts gemäß § 97 Erneuerbare-Energien-Gesetz, Teilvorhaben IIf: Windenergie auf See, 2019, S. 7.

[13] BT-Drs. 20/1634, S. 1; *Kirch/Huth*, EnWZ 2021, 344.

[14] Zu den Vorteilen und technischen Grundlagen *Kirch/Huth*, EnWZ 2021, 344 (345).

[15] *Lehberg*, Rechtsfragen der Marktintegration Erneuerbarer Energien, 2017, S. 184.

[16] Gesetz für den Ausbau erneuerbarer Energien (Erneuerbare-Energien-Gesetz – EEG 2023) v. 21.07.2014 (BGBl. I S. 1066), zul. geänd. durch Art. 6 des Gesetzes zur sofortigen Verbesserung der Rahmenbedingungen für die erneuerbaren Energien im Städtebaurecht v. 04.01.2023 (BGBl. I Nr. 6).

[17] S. *Lehberg*, Rechtsfragen der Marktintegration Erneuerbarer Energien, 2017, S. 197.

[18] BT-Drs. 18/8860, S. 2.

[19] Zusammenfassend auch *Durner*, ZUR 2022, 3 (5 f.); *Himstedt*, NordÖR 2021, 209.

[20] So *Lehberg*, Rechtsfragen der Marktintegration Erneuerbarer Energien, 2017, S. 184; ähnlich *Uibeleisen*, NVwZ 2017, 7 (12): „Grundlegende[r] Wandel der Planungsinstrumente" für die Offshore-Windenergie.

rangehenden Entwicklungen, welche hierzu geführt haben, werden sogleich näher behandelt (s. III. 1. und 2.). Zudem hat das WindSeeG seit seinem Inkrafttreten 2017 zwei größere Novellen erfahren, deren Ergebnis das gegenüber der Ursprungsfassung wesentlich modifizierte aktuelle WindSeeG 2023 bildet (hierzu III. 3.).

II. Forschungsgang und Eingrenzung des Untersuchungsgegenstandes

Die vorliegende Arbeit will jenes komplexe Planungs- und Regulierungssystem[21] umfassend reflektieren und dessen Fortentwicklungspotenzial bis hin zu einer zentralen, raumwirksamen Erzeugungsplanung auch für landseitige Windenergie beleuchten. Hierzu folgt den einführenden Darstellungen in diesem Kapitel zunächst eine Bestandsaufnahme, die Inhalte und Verfahren sowohl der raumplanerischen als auch der kapazitativen Steuerung der Windenergie auf See systematisch darstellt (Kapitel 2 und 3). Die Ausführungen folgen nicht dem Aufbau des WindSeeG selbst, sondern gliedern sich funktional nach dem Gegenstand der Planung bzw. Regulierung. Das vierte Kapitel baut auf jener Bestandsaufnahme auf und führt die zuvor gewonnenen Erkenntnisse einer Gesamtbetrachtung zu. Hierzu erfolgt eine rechtssystematische und planungstheoretische Verortung der Offshore-Fachplanung nach §§ 4 ff. WindSeeG, erstere vor allem im Verhältnis zu anderen Fachplanungsregimen wie dem des NABEG[22], und es werden die wesentlichen Wirkungsmechanismen des zentralen Modells identifiziert. Letztlich werden dessen Entwicklungsperspektiven im Sinne eines Ausblicks erörtert. Insofern legen aktuelle Gesetzesentwicklungen und die anhaltende Diskussion zur Energiewende vor allem die Frage nahe, ob und welche Aspekte des „offshore" geltenden Planungskonzeptes sich auf den landseitige Windenergieausbau sinnvoll übertragen lassen.

In zeitlicher und räumlicher Hinsicht konzentrieren sich die Ausführungen auf den Anwendungsbereich des zentralen Modells, welches das WindSeeG gleichsam als dessen „Kerngehalt" und gewichtigste Neuerung prägt. Jenem unterfallen zeitlich solche Windenergievorhaben auf See, die ab dem 01.01.2026 in Betrieb genommen werden sollen und die deshalb seit September 2021 Gegenstand entsprechender Ausschreibungen bei der Bundesnetzagentur sind (vgl. §§ 5 Abs. 1 S. 1, 16 f. WindSeeG).[23] Nicht Gegenstand der Betrachtungen ist somit vor allem das Übergangsmodell für sog. bestehende

---

[21] Zu dieser Bewertung gelangt auch *Uibeleisen*, NVwZ 2017, 7 (12).

[22] Netzausbaubeschleunigungsgesetz Übertragungsnetz v. 28.07.2011 (BGBl. I S. 1690), zul. geänd. durch Art. 4 des Gesetzes zur Änderung des Energiesicherungsgesetzes und anderer energiewirtschaftlicher Vorschriften v. 08.10.2022 (BGBl. I S. 1726).

[23] S. auch den Überblick bei *Schulz/Appel*, ER 2016, 231 (232).

Projekte (vgl. §§ 26 ff. WindSeeG)[24] und die mit ihm verbundenen verfassungsrechtlichen Probleme im Hinblick auf den verfassungsrechtlichen Eigentums- und Vertrauensschutz (Art. 14 Abs. 1, Art. 2 Abs. 1 i. V. m. Art. 20 Abs. 3 GG). Letztere wurden bereits durch das Bundesverfassungsgericht geklärt[25]; entsprechende Anpassungen des WindSeeG sind erfolgt (s. §§ 10a, b WindSeeG 2023[26]) und die Entschädigungsverfahren bereits weitgehend durch das zuständige Bundesamt für Seeschifffahrt und Hydrographie vollzogen[27]. Insoweit sei hier lediglich auf die zahlreichen weiterführenden Quellen[28] zur Thematik verwiesen.

In räumlicher Hinsicht hat die Schwerpunktsetzung beim zentralen Modell zur Folge, dass sich die Darstellungen zumeist auf den maritimen Bereich der AWZ beziehen, da diese jedenfalls grundsätzlich[29] dessen räumlichen Geltungsbereich ausmacht (§ 2 Abs. 2 WindSeeG). Zudem bildet (nur) sie den gemeinsamen räumlichen Anwendungsbereich der vorbereitenden und der durchführenden Windenergie-Fachplanung nach dem WindSeeG (vgl. insbesondere § 65 Abs. 1 Nr. 1 WindSeeG für die Zulassungsebene).

Letztlich ist die Arbeit durch ihre Schwerpunktsetzung bei den fachplanerischen Instrumenten des WindSeeG gekennzeichnet. Dies gilt vor allem für Erwägungen zu dessen Entwicklungspotenzial im letzten Kapitel. Jener thematische Zuschnitt ermöglicht nicht nur vertiefende Ausführungen, sondern trägt auch der Tatsache Rechnung, dass Entwicklungsoptionen im Hinblick auf das Ausschreibungsdesign des WindSeeG zum Teil schon ausführlich behandelt

---

[24] Hierzu näher *Uibeleisen*, NVwZ 2017, 7 (8 ff.); *Schulz/Appel*, ER 2016, 231 (236 ff.); *Pflicht*, EnWZ 2016, 550 (552 ff.).

[25] BVerfG, Beschl. v. 20.06.2020 – 1 BvR 1679/17, 1 BvR 2190/17 – BVerfGE 155, 238.

[26] § 10a WindSeeG eingef. mit dem Gesetz zur Änderung des Windenergie-auf-See-Gesetzes und anderer Vorschriften vom 03.12.2020 (BGBl. I S. 2682), s. dazu auch BT-Drs. 19/24039, S. 27. Die Vorschrift wurde für Inhaber von Projekten auf nicht zentral voruntersuchten Flächen jüngst um § 10b WindSeeG n. F. ergänzt, s. BGBl. I 2022, S. 1325 (1329 f.) sowie BT-Drs. 20/1634, S. 77.

[27] S. beispielhaft den mit den Ausschreibungsunterlagen gem. §§ 16, 10b Abs. 2 S. 3 WindSeeG veröffentlichten Feststellungsbescheid für die Flächen N-12.1 und N-12.2 unter https://www.bundesnetzagentur.de/DE/Beschlusskammern/BK06/BK6_72_Offshore/Ausschr_nicht_zentral_vorunters_Flaecgen/Bescheide/projekt_b.pdf?__blob=publicationFile&v=1.

[28] Eingehend *Ertel*, Europarechtliche und verfassungsrechtliche Grenzen der Förderung der Offshore-Windenergie, 2020, S. 132 ff.; *Uwer/Andersen*, REE 2021, 61; *Lennartz*, RdE 2018, 297 (auch zum Investitionsschutz nach dem Energiecharta-Vertrag); *Schulte/Kloos*, DVBl. 2017, 596; *Dannecker/Ruttloff*, EnWZ 2016, 490.

[29] Zur Erfassung des Küstenmeeres durch das zentrale Modell s. u. Kapitel 2 I. 3. a) bb).

wurden[30] und jüngst bereits Umsetzung durch den Gesetzgeber gefunden haben[31].

III. Vorgeschichte und bisherige Entwicklungen des Windenergie-auf-See-Gesetzes

Wie bereits angedeutet, unterfallen Offshore-Windparkvorhaben im Anwendungsbereich des zentralen Modells einerseits einer ausschreibungsbasierten Netz- und Förderregulierung, die mit den §§ 14–25 WindSeeG grundsätzlich selbstständig neben dem Regime des EEG steht[32]; andererseits wurde mit dem Gesetz ein neuartiges Fachplanungssystem etabliert. Während die ausschreibungsbasierte Vergabe der Marktprämie für Offshore-Windenergieanlagen dabei weitgehend parallel zu den diesbezüglichen Entwicklungen „an Land" eingeführt wurde[33] (1.), wies das Planungs- und Anbindungskonzept „offshore" vor Erlass des WindSeeG deutliche Besonderheiten auf, die hier einführend dargestellt werden sollen (2.). Sodann hat das WindSeeG selbst einige wesentliche Modifikationen erfahren (3. und 4.).

1. Beihilferechtlicher Ursprung des Ausschreibungsmodells

Die Einführung der ausschreibungsbasierten Vergabe von Förderberechtigungen, wie sie auch in § 14 WindSeeG verankert ist, weist dabei unionsrechtliche Hintergründe auf. So geht sie ursprünglich auf die Vorgaben der Umweltschutz- und Energiebeihilfeleitlinien 2014–2020[34] der Europäischen Kommission zurück.[35] Jene sahen für die Gewährung von Beihilfen ab dem 1. Januar 2017 ein Verfahren mittels „Ausschreibung[en] anhand eindeutiger, transparenter und diskriminierungsfreier Kriterien" vor, verbunden mit einer Direktvermarktungspflicht bereits ab 2016.[36] Der deutsche Gesetzgeber hat beide Konzepte teilweise schon mit dem EEG 2014 umgesetzt (vgl. insbes. §§ 2

---

[30] So insbes. bei *Ertel*, Europarechtliche und verfassungsrechtliche Grenzen bei der Förderung von Offshore-Windenergie, 2020, S. 211 ff.

[31] S. das zweite Gesetz zur Änderung des Windenergie-auf-See-Gesetzes und anderer Vorschriften vom 20.07.2022 (BGBl. I S. 1325) und hierzu u. Kapitel 1 III. 4. b) bb).

[32] *Lehberg*, Rechtsfragen der Marktintegration Erneuerbaren Energien, 2017, S. 197.

[33] Ausführlich zur historischen Entwicklung der Fördermechanismen von Windenergie off- und onshore *Ertel*, Europarechtliche und verfassungsrechtliche Grenzen bei der Förderung von Offshore-Windenergie, 2020, S. 23 ff.

[34] S. Europäische Kommission, ABlEU 2014/C 200/01 v. 28.06.2014, Rn. 1254; ausführlich hierzu *Macht/Nebel*, NVwZ 2014, 765 (767 f.).

[35] *Wustlich*, NVwZ 2014, 1113 (1114); *Boemke*, NVwZ 2017, 1.

[36] S. Europäische Kommission, ABlEU 2014/C 200/01 v. 28.06.2014, Rn. 124 ff. Ausführlich zum Systemwechsel hin zur vorrangigen Direktvermarktung *Lehberg*, Rechtsfragen der Marktintegration Erneuerbarer Energien, 2017, S. 153 f., 163 ff.

Abs. 5 S. 1, 37 Abs. 2 EEG 2014[37]), und zwar trotz der Kontroverse, ob das damalige Förder- und Umlagesystem des EEG überhaupt als Beihilfe i. S. d. Art. 107 ff. AEUV zu qualifizieren sei.[38] So sollte zum einen Rechtssicherheit für die betroffenen Unternehmen geschaffen werden[39]; zum anderen wurde die wettbewerbliche Ermittlung der Förderberechtigten als Maßnahme betrachtet, um die Marktintegration regenerativer Energien voranzutreiben und die Kostenlast für die Verbraucher zu reduzieren.[40] Als der EuGH 2019 die Rechtsauffassung der Bundesrepublik bestätigte, dass dem Fördermodell des EEG – jedenfalls in der durch das Urteil betroffenen Fassung von 2012 – mangels eines aus staatlichen Mitteln finanzierten Vorteils i. S. d. Art. 107 Abs. 1 AEUV kein Beihilfecharakter zukomme[41], wurde das auf den Beihilfe-Leitlinien basierende Ausschreibungssystem deshalb gleichwohl im Grundsatz beibehalten. Spätestens seit dem EEG 2021 steht der beihilferechtliche Charakter des Fördersystems allerdings fest.[42]

Im Ergebnis basiert somit auch das ausschreibungsbasierte Direktvermarktungssystem des WindSeeG letztlich auf den genannten Beihilfeleitlinien der Kommission und dem bereits im EEG 2014 verankerten Ziel, bis spätestens 2017 die finanzielle Förderung aller Träger erneuerbarer Energien durch Ausschreibungen zu ermitteln.[43] Ein entsprechendes „Meta-Gesetz" zur ausschreibungsbasierten Förderung speziell von Offshore-Windenergie wurde schon 2015 in einem Eckpunktepapier des Bundesministeriums für Wirtschaft und Energie skizziert.[44]

Seit 2018 wird der unionsrechtliche Rahmen nationaler Fördersysteme für Strom aus regenerativen Quellen zusätzlich durch die Richtlinie 2018/2001 zur Förderung der Nutzung von Energie aus erneuerbaren Quellen (Erneuerbare-

---

[37] In der bis zum 31.12.2016 geltenden Fassung, geänd. durch Gesetz v. 13.10.2016 (BGBl. I S. 2258).

[38] Ausführlich *Kröger*, NuR 2016, 85 ff.; s. zudem *Mohr*, RdE 2018, 1 (3).

[39] *Mohr*, RdE 2018, 1 (3); *Ders.*, EnWZ 2015, 99 (100 f.) m. w. N.

[40] Näher *Mohr*, EnWZ 2015, 99; vgl. zudem *Knauff*, NVwZ 2017, 1591 (1593).

[41] EuGH, Urt. v. 28.03.2019 – C-405/16 P –, NVwZ 2019, 626; ausführlich hierzu *Schmidt-Preuß*, Kraft-Wärme-Kopplung und Beihilfe, 2020, S. 21 ff.

[42] Vgl. BT-Drs. 19/29461, S. 1 ff.; eingehend zum Beihilfecharakter *Steingrüber*, Die geförderte ausschreibungsbasierte Direktvermarktung nach dem EEG 2021, 2021, S. 245–372; *Ertel*, Europarechtliche und verfassungsrechtliche Grenzen bei der Förderung von Offshore-Windenergie, 2020, S. 75 ff.

[43] *Uibeleisen*, NVwZ 2017, 7; vgl. auch BT-Drs. 18/8860, S. 5.

[44] S. insbesondere in der 2016 fortgeschriebenen Fassung: *Bundesministerium für Wirtschaft und Energie*, EEG-Novelle 2016 – Fortgeschriebenes Eckpunktepapier zum Vorschlag des BMWi für das neue EEG v. 15.02.2016, S. 3, 6 ff.

Energien-RL 2018/RED II, nunmehr RED III)[45] bestimmt[46], die insbesondere deren marktorientierte sowie „offene, transparente, wettbewerbsfördernde, nichtdiskriminierende und kosteneffiziente" Gestaltung vorschreibt (Art. 4 Abs. 2, Abs. 3 UAbs. 1, Abs. 4 UAbs. 1 Erneuerbare-Energien-RL). Ausschreibungen werden dabei explizit als Gestaltungsoption für die Bestimmung und Verteilung von Marktprämien genannt (Art. 4 Abs. 4 UAbs. 2, Abs. 5 Erneuerbare-Energien-RL), wohingegen die vorangegangenen Richtlinien 2009/28/EG[47] und 2001/77/EG[48] die Auswahl des Fördermodells noch weitgehend den Mitgliedstaaten überlassen hatten.[49] Jene Vorgaben waren bis zum 30. Juni 2021 umzusetzen; seitdem sind die beihilferechtlichen Regelungen zur ausschreibungsbasierten Verfahrensgestaltung weitgehend redundant.[50]

2. Entwicklung des Zulassungs- und Fachplanungsregimes für Offshore-Windenergie bis 2016

Längere und vergleichsweise dynamische Entwicklungen gingen dem Erlass des WindSeeG dagegen im Hinblick auf das Planungs- und Zulassungsrecht für Offshore-Windparks und -Anbindungsleitungen wie auch die diesbezügliche Netzanschlussregulierung voraus. Im Folgenden wird insoweit der sukzessive Übergang von einem ursprünglich einstufigen Genehmigungsverfahren für Windenergieanlagen auf See mit jeweils individuellem Netzanbindungsanspruch der Betreiber bis hin zu einer mehrstufigen Offshore-Fachplanung des Bundes dargestellt, die über verschiedene Gestaltungsformen schließlich in das zentrale Modell mündete.

---

[45] RL (EU) 2018/2001 des Europäischen Parlaments und des Rates v. 11.12.2018 zur Förderung der Nutzung von Energie aus erneuerbaren Quellen (ABl. L 328/82), zul. geänd. durch Art. 1 RL (EU) 2023/2413 v. 18.10.2023 (ABl. L 2023/2413) m. W. v. 31.10.2023. Ausführlich zu deren Ausschreibungsvorgaben etwa *Steingrüber*, Die geförderte ausschreibungsbasierte Direktvermarktung nach dem EEG 2021, 2021, S. 447 ff.

[46] Zur aktuellen Überarbeitung der RED II s. *Europäisches Parlament*, „Revision of the Renewable Energy Energy Directive: Fit for 55 package" v. 22.05.2023, abrufbar unter https://www.europarl.europa.eu/thinktank/de/document/EPRS_BRI(2021)698781.

[47] RL 2009/28/EG des EP und des Rates v. 23.04.2009 zur Förderung der Nutzung von Energie aus erneuerbaren Quellen und zur Änderung und anschließenden Aufhebung der Richtlinien 2001/77/EG und 2003/30/EG (ABl. L 140/16), aufgeh. d. RL (EU) 2018/2001 v. 11.12.2018 (ABl. L 328/82).

[48] Richtlinie 2001/77/EG des Europäischen Parlaments und des Rates v. 27.09.2001 zur Förderung der Stromerzeugung aus erneuerbaren Energiequellen im Elektrizitätsbinnenmarkt (ABl. L 283/33), aufgeh. d. RL 2009/28/EG des Europäischen Parlaments und des Rates vom 23.04.2009 (ABl. L 140/16).

[49] Näher *Schneider*, in: Schneider/Theobald, Recht der Energiewirtschaft, § 23 Rn. 31 f.

[50] *Nysten*, Europarechtliche Handlungsspielräume Deutschlands bei der Förderung von Strom aus erneuerbaren Energien, Würzburger Studien zum Umweltenergierecht Nr. 15 vom 09.03.2020, S. 32.

a) Einstufiges Zulassungsverfahren und projektakzessorische Netzanbindung

Nach der Errichtung einer Ausschließlichen Wirtschaftszone der Bundesrepublik Deutschland mit Wirkung zum 01.01.1995[51] waren für die dortige Errichtung von Offshore-Windparks zunächst die Bestimmungen des Seeaufgabengesetzes (SeeAufgG)[52] und der 1997 auf seiner Grundlage erlassenen Seeanlagenverordnung (SeeAnlV)[53] maßgeblich.[54] Hiernach bedurfte die Errichtung von Offshore-Anlagen vor allem einer Genehmigung nach § 2 SeeAnlV[55].[56] Der Zulassungstatbestand wies deutliche Anlehnungen an die strom- und schifffahrtspolizeiliche Genehmigung nach § 31 WaStrG auf; wie bei dieser bestand auf die Genehmigungserteilung ein Anspruch, soweit dem Vorhaben nicht verkehrliche oder umweltbezogene Belange als Versagungsgründe[57] entgegenstanden (s. § 3 SeeAnlV in der Ursprungsfassung).[58]

Eine räumliche Koordination der Anlagen war in der ersten Fassung der SeeAnlV nicht vorgesehen. In der Folge begannen sich (potenzielle) Windparkflächen diffus über das gesamte Gebiet der AWZ hinweg zu streuen.[59] Denn die Projektierer, die sich entsprechende Meeresflächen mangels Eigentumsfähigkeit weder durch Eigentum noch Pacht oder dingliche Belastung si-

---

[51] S. Proklamation der Bundesrepublik Deutschland über die Errichtung einer ausschließlichen Wirtschaftszone der Bundesrepublik Deutschland in der Nordsee und in der Ostsee v. 20.11.1994 (BGBl. II, S. 3769) sowie u. Kapitel 2 I. 3. b).

[52] Gesetz über die Aufgaben des Bundes auf dem Gebiet der Seeschiffahrt i. d. F. der Bekanntmachung v. 17.06.2016 (BGBl. I S. 1489), zul. geänd. durch Art. 2 Abs. 38 des Gesetzes zur Modernisierung des Verkündungs- und Bekanntmachungswesens vom 20.12.2022 (BGBl. I S. 2752).

[53] Verordnung über Anlagen seewärts der Begrenzung des deutschen Küstenmeeres v. 23.01.1997, aufgeh. durch Art. 25 Abs. 2 des Gesetzes zur Einführung von Ausschreibungen für Strom aus erneuerbaren Energien und zu weiteren Änd. des Rechts der erneuerbaren Energien vom 13.10.2016 (BGBl. I S. 2258). Grundsätzlich zur SeeAnlV *Beckmann*, Nord-ÖR 2001, 273.

[54] S. auch *Durner*, ZUR 2022, 3 (4); *Kerth*, EurUP 2022, 91 (92 f.).

[55] S. die Verordnung über Anlagen seewärts der Begrenzung des deutschen Küstenmeers in der Ursprungsfassung v. 23.01.1997 (BGBl. I S. 57).

[56] Ausführlich zu dieser *Dahlke*, NuR 2002, 472; *Bönker*, NVwZ 2004, 537 (539 ff.).

[57] Eingehend zu den – in späteren Verordnungsfassungen freilich weiter ausdifferenzierten – Versagungstatbeständen *Pestke*, Offshore-Windfarmen in der Ausschließlichen Wirtschaftszone, 2008, S. 129 ff.

[58] *Brandt/Gaßner*, SeeAnlV, 2002, § 3 Rn. 1, 7; *Pestke*, Offshore-Windfarmen in der Ausschließlichen Wirtschaftszone, 2008, S. 120 f.; *Schmälter*, in: Theobald/Kühling, § 7 SeeAnlV, Rn. 3.

[59] *Ertel*, Europarechtliche und verfassungsrechtliche Grenzen bei der Förderung von Offshore-Windenergie, 2020, S. 43 f.

chern konnten, suchten geographische „Claims"[60] stattdessen durch eine „Bevorratung" standortbezogener Genehmigungen zu erreichen, welche der Behörde die Erteilung anderweitiger Zulassungen für dieselbe Fläche verwehrten.[61] Selbst ungenutzt bestehende Genehmigungen entfalteten dabei eine Sperrwirkung für Anträge konkurrierender Vorhabenträger.[62]

Gleichzeitig stellte die weiträumige Verteilung der Projekte über die AWZ die Übertragungsnetzbetreiber vor große technische, planerische und auch finanzielle Herausforderungen im Hinblick auf den dafür notwendigen Leitungsbau.[63] Insbesondere stand den Anlagenbetreibern ab 2006 – jedenfalls grundsätzlich – ein Anspruch auf individuelle Anbindung ihrer Offshore-Windparks bis zum nächsten landseitigen Netzanknüpfungspunkt zu, der mit der technischen Betriebsbereitschaft der Anlagen entstand (s. § 17 Abs. 2a EnWG[64] 2006[65]).[66] Durch dieses Einzelanschlusssystem konnten erstens kaum Synergieeffekte bei der Anbindung mehrerer Windparks hergestellt werden, was die mit dem Netzausbau verbundenen Kosten und Umweltbelastungen in die Höhe trieb.[67] Vor allem aber brachte die projektakzessorische Anbindungspflicht, da sie unabhängig von der Realisierungswahrscheinlichkeit des jeweiligen Windparkprojekts bestand, für die Netzbetreiber eine geringe Planbarkeit und in der Folge hohe Investitionsrisiken mit sich: So konnten diese entweder „stranded investments"[68] riskieren, also hohe Investitionen in den Leitungsbau, obgleich die Anbindung anschließend möglicherweise ungenutzt bliebe, oder aber sich durch zu langes Zuwarten letztlich Schadensersatzansprüchen der Windparkbetreiber gegenübersehen.[69] Als die Übertragungsnetzbetreiber deshalb in der Praxis dazu übergingen, ihre Netzanbindungszusage von einem Finanzierungsnachweis für das Projekt abhängig zu machen, standen wiederum die Wind-

---

[60] Vgl. terminologisch etwa *Dahlke/Trümpler*, in: Böttcher, Handbuch Offshore-Windenergie, 2013, S. 95.

[61] *Ertel*, Europarechtliche und verfassungsrechtliche Grenzen bei der Förderung von Offshore-Windenergie, 2020, S. 43 f.

[62] *Durner*, 2022, 3 (4).

[63] *Ertel*, Europarechtliche und verfassungsrechtliche Grenzen bei der Förderung von Offshore-Windenergie, 2020, S. 44, 46 ff.; vgl. auch *Durner*, 2022, 3 (4).

[64] Gesetz über die Elektrizitäts- und Gasversorgung v. 07.07.2005 (BGBl. I S. 1970, ber. S. 3621), zul. geänd. durch Art. 3 des Gesetzes zu Herkunftsnachweisen für Gas, Wasserstoff, Wärme oder Kälte aus erneuerbaren Energien und zur Änd. anderer energierechtlicher Vorschriften vom 04.01.2023 (BGBl. I Nr. 9).

[65] I. d. F. v. 17.12.2006, eingef. durch Gesetz v. 09.12.2006 (BGBl. I S. 2833), aufgeh. mit Wirkung vom 28.12.2012 durch Gesetz v. 20.12.2012 (BGBl. I S. 2730).

[66] S. auch *Kerth*, EurUP 2022, 91 (93).

[67] *Ertel*, Europarechtliche und verfassungsrechtliche Grenzen bei der Förderung von Offshore-Windenergie, 2020, S. 48.

[68] Vgl. *Rohrer*, in: Elspas/Graßmann/Rasbach, EnWG, § 17d Rn. 20.

[69] *Ertel*, Europarechtliche und verfassungsrechtliche Grenzen bei der Förderung von Offshore-Windenergie, 2020, S. 47 f.

parkentwickler vor dem Problem, dass für die Vorhabenfinanzierung oftmals umgekehrt die Vorlage der Netzanbindungszusage verlangt wurde (sog. „Henne-Ei-Problem").[70] Mithin war der Ausbau in mehrfacher Hinsicht gehemmt.[71]

b) Festlegung besonderer Eignungsgebiete und Einführung der Bundesraumordnung für die Ausschließliche Wirtschaftszone

Als erste Reaktion auf die fehlende räumliche Zubausteuerung schuf der Gesetzgeber im Jahr 2002 die Möglichkeit, im Vorfeld der Einzelgenehmigungsverfahren sog. besondere Eignungsgebiete für Offshore-Windkraftanlagen festzulegen (§ 3a Abs. 1 S. 1, Abs. 2 S. 1 der ehem. SeeAnlV[72]). Zuständig war das damalige Ministerium für Verkehr, Bau und Wohnungswesen, jedoch mit der Möglichkeit, seine Kompetenz auf eine nachgeordnete Behörde seines Geschäftsbereichs, namentlich das Bundesamt für Seeschifffahrt und Hydrografie (im Folgenden: BSH), zu übertragen (s. ehem. § 3a Abs. 1 S. 2 SeeAnlV). Die Festlegungen erfolgten auf Basis behördlicher Standortuntersuchungen und einer vorweggenommenen Prüfung der Versagensgründe für die spätere Anlagengenehmigung (§ 3a Abs. 1 S. 4 der ehem. SeeAnlV).[73] Ihnen kam der Charakter beschränkt verbindlicher[74], sog. antizipierter Sachverständigengutachten zu.[75] Diese staatliche Vorprüfung potenzieller Anlagenstandorte bewirkte naturgemäß eine erhebliche Kostenersparnis für die Projektierer wie auch oftmals kürzere Genehmigungsverfahren.[76] In diesen Aspekten kann die Eignungsprüfung nach § 3a Abs. 1 S. 4, 5 der ehem. SeeAnlV mithin bereits als Vorläufer des aktuellen Voruntersuchungsverfahrens (§§ 9–13 WindSeeG)[77] angesehen werden. Weil die besonderen Eignungsgebiete für Offshore-Windparks anders als Eignungsgebiete im Sinne des § 7 Abs. 3 S. 1 Nr. 3 ROG[78] jedoch keine

---

[70] *Uibeleisen*, in: Säcker, BerlKommEnR I, Vorbem. §§ 17–17j EnWG Rn. 9; *Bundesnetzagentur*, Positionspapier zur Netzanbindungsverpflichtung gemäß § 17 Abs. 2a EnWG v. 14.10.2009, S. 3, abrufbar unter https://www.clearingstelle-eeg-kwkg.de/politisches-programm/778.

[71] Vgl. *Kerth*, EurUP 2022, 91 (93).

[72] I. d. F. v. 25.03.2002, eingef. m. BGBl. I S. 1193.

[73] *Bönker*, NVwZ 2004, 537.

[74] Hierzu *Brandt/Gassner*, SeeAnlV, 2002, § 3a Rn. 21 ff.

[75] BT-Drs. 14/7490, S. 56; *Dahlke/Trümpler*, in: Böttcher, Handbuch Offshore-Windenergie, 2013, S. 95; *Bönker*, NVwZ 2004, 537 (538).

[76] Hierzu *Ertel*, Europarechtliche und verfassungsrechtliche Grenzen bei der Förderung von Offshore-Windenergie, 2020, S. 44.

[77] Näher hierzu Kapitel 2 IV.

[78] Raumordnungsgesetz v. 22.12.2008 (BGBl. I S. 2986), zul. geänd. durch Art. 3 des Gesetzes zur Erhöhung und Beschleunigung des Ausbaus von Windenergieanlagen an Land vom 20.07.2022 (BGBl. I S. 1353). Zu den Eignungsgebieten s. etwa *Goppel*, in: Spannowsky/Runkel/Goppel, ROG, § 7 Rn. 83 ff.

außergebietliche Wirkung dergestalt entfalteten, dass sie eine windenergetische Nutzung anderer Meeresflächen ausgeschlossen hätten[79], blieb ihre räumliche Steuerungswirkung letztlich begrenzt.[80]

Im Jahr 2013 wurde § 3a SeeAnlV schließlich aufgehoben.[81] Dabei führte die Gesetzesbegründung aus, dass inhaltlich entsprechende Möglichkeiten einer „planerische[n] Mindeststeuerung"[82] in der AWZ bereits seit 2008 mit den §§ 17, 29 ROG bestünden.[83] Zwar war der Anwendungsbereich des ROG schon lange zuvor – nämlich im Jahr 2004 – mit Einführung des § 18a ROG a. F.[84] auf die AWZ erweitert worden. Mangels zulassungsrechtlicher Anknüpfung an die raumordnerischen Festlegungen waren diese allerdings weitgehend leergelaufen[85], bis der einschlägige Genehmigungstatbestand des vormaligen § 2 Abs. 2 SeeAnlV[86] im Jahre 2008 um eine entsprechende Raumordnungsklausel[87] („[…] sind die Ziele der Raumordnung zu beachten") ergänzt wurde.[88] Seitdem ermöglicht die maritime Raumordnung des Bundes eine jedenfalls grundsätzliche räumliche Steuerung des Anlagenzubaus in der AWZ.[89] Auf ihre Besonderheiten im Vergleich zur landseitigen Raumordnung wird unten noch näher eingegangen.[90]

c) Maritime Energiefachplanung ab 2011

Ab 2011 setzte schließlich schrittweise die Etablierung einer energiewirtschaftlichen Fachplanung für den Offshore-Bereich ein.[91] Dabei wurde ein initialer Ansatz zur Koordination der jeweiligen Einzelanbindungen von Windparks in der AWZ durch den sog. Offshore-Netzplan im Jahr 2011 bereits 2012 durch eine umfassende Raum- und Bedarfsplanung für den Netzausbau auf See

---

[79] So ausdrücklich BT-Drs. 14/7490, S. 56; kritisch insoweit *Bönker*, NVwZ 2004, 537 (539).

[80] *Ertel*, Europarechtliche und verfassungsrechtliche Grenzen bei der Förderung von Offshore-Windenergie, 2020, S. 44; *Bönker*, NVwZ 2004, 537 (539).

[81] Durch das Gesetzes zur Änderung des Umwelt-Rechtsbehelfsgesetzes und anderer umweltrechtlicher Vorschriften vom 21.01.2013 (BGBl. I S. 95) mit Wirkung zum 29.01.2013.

[82] *Grigoleit*, in: Kment, ROG, § 17 Rn. 32.

[83] BT-Drs. 17/10957, S. 23.

[84] Mit Wirkung zum 20.07.2004, eingeführt durch Gesetz vom 24.06.2004 (BGBl I S. 1359).

[85] Vgl. *Runge/Schomerus*, ZUR 2007, 410 (411 f.); BT-Drs. 15/2626, S. 192.

[86] Mit Wirkung zum 26.07.2008 durch Verordnung vom 15.7.2008 (BGBl. I S. 1296).

[87] S. terminologisch *Runge/Schomerus*, ZUR 2007, 410 (411 f.).

[88] Ausführlich *Ertel*, Europarechtliche und verfassungsrechtliche Grenzen bei der Förderung von Offshore-Windenergie, 2020, S. 45 f.

[89] Vgl. auch *Durner*, ZUR 2022, 3 (4).

[90] S. Kapitel 2 II.

[91] Vgl. *Zierau*, Umweltstaatsprinzip aus Artikel 20a in Raumordnung und Fachplanung für Offshore-Windenergie in der deutschen Ausschließlichen Wirtschaftszone, 2015, S. 115 f.

ersetzt, die sich mit dem speziellen Offshore-Netzentwicklungsplan und dem sog. Bundesfachplan Offshore gem. §§ 17a-d EnWG aus zwei umfangreichen Planwerken zusammensetzte. Auf Zulassungsebene war in demselben Jahr anstelle der bis dahin „gebundenen"[92] Genehmigung ein Planfeststellungsvorbehalt für Offshore-Anlagen[93] in der SeeAnlV verankert worden.[94] In diesem Rahmen konnte das BSH den Projektträgern nunmehr auch Umsetzungsfristen vorgeben und deren Nichteinhaltung durch Aufhebung des Planfeststellungsbeschlusses sanktionieren (§ 5 Abs. 3, Abs. 4 S. 1 Nr. 3 SeeAnlV), insbesondere um die vormals problematische „Bevorratung" von Zulassungen („Claim-Sicherung") zu unterbinden[95]. Zusätzlich wurden mit § 3 SeeAnlV umfassende Konkurrenzregelungen für den Fall kollidierender Anträge geschaffen[96].[97]

Daneben hatte die Bundesnetzagentur zwischenzeitlich, um die geschilderten Kapitalrisiken für die Netzbetreiber zu verringern, ein Positionspapier mit standardisierten Anbindungskriterien erlassen[98], von welchen die Erteilung einer (bedingten) Netzanbindungszusage nunmehr in der Praxis abhängig gemacht wurde. Hierzu zählten der Nachweis einer Genehmigung oder Genehmigungszusage für das jeweilige Windparkprojekt, eines plausiblen Bauzeitplans, einer vollständigen Baugrunduntersuchung sowie der Verträge über die Bestellung der anzuschließenden Windkraftanlagen. 2011, mithin zeitgleich zur Einführung des Offshore-Netzplans, wurde die Bundesnetzagentur mit ehem. § 17 Abs. 2b S. 2 EnWG[99] schließlich „offiziell" zur Bestimmung von Netzanbindungskriterien, zur Beurteilung der Realisierungswahrscheinlichkeit von Windparkprojekten und zur diskriminierungsfreien Vergabe von Anbin-

---

[92] Einschränkend bzgl. der Trennbarkeit zwischen „gebundener" Genehmigung und Planfeststellung *Durner*, ZUR 2022, 3 (7): Auch bei der Planfeststellung habe der Vorhabenträger letztlich *„bei einem abwägungsgerechten Antrag einen gebundenen Anspruch auf Feststellung seines Plans"*.

[93] Eingehend zum Planfeststellungsverfahren nach ehem. § 2 SeeAnlV *Zabel*, NordÖR 2012, 263 (264 ff.).

[94] S. die Verordnung zur Neuregelung des Rechts der Zulassung von Seeanlagen seewärts der Begrenzung des deutschen Küstenmeeres v. 15.01.2012 (BGBl. I S. 112).

[95] Hierzu auch BVerfG, Urt. v. 30.06.2020 – 1 BvR 1679/17, 1 BvR 2190/17 – BVerfGE 155, 238 (246).

[96] Näher hierzu *Butler/Heinickel/Hinderer*, NVwZ 2013, 1377 (1378).

[97] S. die Verordnung zur Neuregelung des Rechts der Zulassung von Seeanlagen seewärts der Begrenzung des deutschen Küstenmeeres v. 15.01.2012 (BGBl. I S. 112).

[98] *Bundesnetzagentur*, Positionspapier zur Netzanbindungsverpflichtung gemäß § 17 Abs. 2a EnWG v. 14.10.2009, abrufbar unter https://www.clearingstelle-eeg-kwkg.de/politisches-programm/778. Dem folgten 2011 verschiedene Ergänzungen im Rahmen eines „Annexes", s. *Bundesnetzagentur*, Annex zum Positionspapier Netzanbindungsverpflichtung gemäß § 17 Abs. 2a EnWG, 2011.

[99] Eingefügt mit Art. 2 des Gesetzes über Maßnahmen zur Beschleunigung des Netzausbaus Elektrizitätsnetze v. 28.07.2011 (BGBl. I S. 1690).

dungskapazitäten im Wege des Festlegungsverfahrens ermächtigt und die vorangegangenen Positionspapiere insoweit ersetzt.[100]

aa) Offshore-Netzplan gem. § 17 Abs. 2a, b EnWG a. F.

Vor dem Hintergrund fehlender Synergieeffekte im Einzelanbindungssystem führte der Gesetzgeber also 2011 zunächst den sog. Offshore-Netzplan für die Ausschließliche Wirtschaftszone der Bundesrepublik Deutschland ein (§ 17 Abs. 2a S. 3, 4, Abs. 2b S. 1 EnWG a. F.[101]), welcher eine jährliche Identifikation solcher Offshore-Windparks durch das BSH vorsah, die sich für eine Sammelanbindung eigneten (sog. Cluster[102]). Für die Zulassungsebene – und zwar sowohl der Leitungen selbst als auch der Offshore-Windparks – entfalteten entsprechende Festlegungen allerdings keine unmittelbare Verbindlichkeit[103]; zudem gestaltete sich ihre Abstimmung mit der Bundesraumordnung als schwierig[104] und es blieb bei einem individuellen Netzanbindungsanspruch zugunsten der jeweiligen Einzelvorhaben. Gerade letzteres erwies sich als mit dem Ziel des Offshore-Netzplans, ein zentral koordiniertes, auf Sammelanbindungen basierendes Netzsystem zu schaffen, schwerlich vereinbar.[105] Im Ergebnis konnte jener deshalb nur unzureichende Steuerungseffekte entfalten und blieb letztlich hinter den Erwartungen der beteiligten Akteure zurück.[106]

bb) Vorbereitende Fachplanung nach §§ 17a-d EnWG

In der Konsequenz erfolgte 2012[107] schließlich die Abkehr vom projektakzessorischen Anbindungssystem hin zu einer umfassend staatlich geplanten Netzanbindung.[108] Seither entstand der Netzanbindungsanspruch der Wind-

---

[100] *Rebmann/Hirschmann*, in: Böttcher, Handbuch Offshore-Windenergie, 2013, S. 139.

[101] I. d. F. vom 05.08.2011, eingef. mit dem Gesetz über Maßnahmen zur Beschleunigung des Netzausbaus Elektrizitätsnetze v. 28.07.2011 (BGBl. I S. 1690).

[102] *Spieth/Uibeleisen*, NordÖR 2012, 519 (520).

[103] *Schubert*, Maritimes Infrastrukturrecht, 2015, S. 225; *Geber*, Die Netzanbindung von Offshore-Anlagen im europäischen Supergrid, 2014, S. 189 f.

[104] Ausführlich hierzu *Geber*, Die Netzanbindung von Offshore-Anlagen im europäischen Supergrid, 2014, S. 189 f.

[105] *Broemel*, ZUR 2013, 408 (409); *Zierau*, Umweltstaatsprinzip aus Artikel 20a GG in Raumordnung und Fachplanung für Offshore-Windenergie, 2015, S. 118; vgl. auch *Geber*, Die Netzanbindung von Offshore-Anlagen im europäischen Supergrid, 2014, S. 189.

[106] *Spieth/Uibeleisen*, NordÖR 2012, 519 (520); *Broemel*, ZUR 2013, 408 (409); *Zierau*, Umweltstaatsprinzip aus Artikel 20a GG in Raumordnung und Fachplanung für Offshore-Windenergie, 2015, S. 118.

[107] S. das Dritte Gesetz zur Neuregelung energiewirtschaftlicher Vorschriften v. 20.12.2012 (BGBl. I S. 2730).

[108] *Zierau*, Umweltstaatsprinzip aus Artikel 20a GG in Raumordnung und Fachplanung für Offshore-Windenergie, 2015, S. 118.; *Broemel*, ZUR 2013, 408; *Butler/Heinickel/Hinderer*, NVwZ 2013, 1377 (1378).

parkbetreiber nicht mehr ohne Weiteres mit der Projektfertigstellung[109], sondern wurde unter einen Planvorbehalt gestellt.[110] Insbesondere gewährleistete nunmehr der Offshore-Netzentwicklungsplan gem. § 17b EnWG eine vorgelagerte Bedarfsplanung für Offshore-Anbindungsleitungen.[111] Auf dessen Grundlage wies die Bundesnetzagentur die Anbindungskapazitäten in einem weiteren Verfahrensschritt den jeweiligen Windparkvorhaben zu (§ 17d Abs. 3 EnWG a. F.[112]).[113] Zeitgleich wurde der vormalige Offshore-Netzplan für die AWZ fortentwickelt zum sog. Bundesfachplan Offshore (§ 17a EnWG), der auf die raumplanerische Erarbeitung einer Offshore-Netztopologie gerichtet war. So gewährleisteten beide Pläne gleichsam einen „ganzheitlichen Netzausbaufahrplan"[114], dessen Planungen vor allem für sog. bestehende Projekte gem. § 26 Abs. 2 WindSeeG in der Übergangsphase zum zentralen Modell noch maßgeblich waren (s. insbesondere § 28 WindSeeG).[115] Mit Ablauf des Jahres 2025 werden die ihnen zugrundeliegenden Vorschriften der §§ 17a-c EnWG jedoch außer Kraft treten.[116]

(1) Bundesfachplan Offshore

Der Bundesfachplan Offshore trifft für seine verbleibende Geltungsdauer insbesondere Festlegungen zu „Windenergieanlagen auf See, die in räumlichem Zusammenhang stehen und für Sammelanbindungen geeignet sind" (§ 17a Abs. 1 S. 2 Nr. 1 EnWG), mithin zu sog. Clustern (vgl. auch § 3 Nr. 1 WindSeeG). Insoweit knüpfen seine Inhalte also ersichtlich an die des vorangegangen Offshore-Netzplans an. Daneben bestimmt er vor allem Trassen und Trassenkorridore für Offshore-Anbindungsleitungen (§ 17a Abs. 1 S. 2 Nr. 2 EnWG), was neben seinem Namen vermuten lässt, dass der Gesetzgeber da-

---

[109] Wobei ein gesetzliches Schuldverhältnis zwischen Übertragungsnetz- und Windparkbetreibern bereits früher entstanden ist, s. *Wetzer*, Die Netzanbindung von Windenergieanlagen auf See gem. §§ 17a ff. EnWG, 2015, S. 86.

[110] *Geber*, Die Netzanbindung von Offshore-Anlagen im europäischen Supergrid, 2014, S. 12.

[111] *Uibeleisen*, in: Säcker, BerlKommEnR I, § 17b EnWG Rn. 2 f.

[112] I. d. F. v. 28.12.2012, eingef. durch Art. 1 des Dritten Gesetzes zur Neuregelung energiewirtschaftsrechtlicher Vorschriften vom 20.12.2012 (BGBl. I S. 2730).

[113] Hierzu *Dannecker/Ruttloff*, EnWZ 2016, 490; *Butler/Heinickel/Hinderer*, NVwZ 2013, 1377.

[114] Vgl. *Wetzer*, Die Netzanbindung von Windenergieanlagen auf See nach §§ 17a ff. EnWG, 2015, S. 32.

[115] Vgl. BT-Drs. 18/8860, S. 271; *Böhme/Huerkamp*, in: Spieth/Lutz-Bachmann, § 17a EnWG Rn. 69. Insgesamt zum Übergangsregime *Uibeleisen*, NVwZ 2017, 7 (8 ff.); *Schulz/Appel*, ER 2016, 231 (236 ff.); *Pflicht*, EnWZ 2016, 550 (552 ff.).

[116] Gem. Art. 25 Abs. 3 des Gesetzes zur Einführung von Ausschreibungen für Strom aus erneuerbaren Energien und zu weiteren Änderungen des Rechts der erneuerbaren Energien vom. 13.10.2016 (BGBl. I S. 2357).

mals auf die Schaffung eines seeseitigen Pendants zur zeitlich parallel einge-führten Bundesfachplanung nach §§ 4 ff. NABEG abzielte.[117] Aber auch die Standorte technischer Nebenanlagen wie Konverterplattformen und Umspann-anlagen, die Grenzübertrittspunkte der Anbindungsleitungen in das Küsten-meer sowie standardisierte Technikvorgaben werden durch den Bundesfach-plan Offshore festgelegt (s. § 17a Abs. 1 S. 2 EnWG).[118] Daran wird bereits erkennbar, dass es sich um eine beinahe reine Raumplanung („sui generis") handelt.[119]

In der Praxis erfolgte sein jährlicher Erlass[120] stets für die Nord- und Ostsee getrennt, mithin durch zwei gesonderte Planwerke.[121] Diese sehen in ihrer letzt-malig fortgeschriebenen Fassung aus dem Jahr 2017 (vgl. § 17a Abs. 7 EnWG) insgesamt dreizehn Cluster für die AWZ der Nordsee und drei für diejenige der Ostsee vor.[122] Die Festlegungen werden, obgleich ihnen ein Planungshorizont bis 2035 zugrunde gelegt wurde[123], für die Zeit ab 2026 vollständig durch die-jenigen des Flächenentwicklungsplans abgelöst werden (§ 7 Nr. 1 WindSeeG). Dabei war das BSH zunächst beim Erlass des Flächenentwicklungsplans weit-

---

[117] Vgl. *Schubert*, Maritimes Infrastrukturrecht, 2015, S. 218.

[118] Zum gesamten Spektrum der Festlegungen s. etwa *Uibeleisen*, in: Säcker, BerlKomm-EnR I, § 17a EnWG Rn. 12–22.

[119] Vgl. auch *Schubert*, Maritimes Infrastrukturrecht, 2015, S. 182.

[120] Ausführlich zum Aufstellungsverfahren etwa *Geber*, Die Netzanbindung von Off-shore-Anlagen im europäischen Supergrid, 2014, S. 206 ff.

[121] S. *Bundesamt für Seeschifffahrt und Hydrographie*, Bundesfachplan Offshore für die deutsche ausschließliche Wirtschaftszone der Nordsee 2016/2017 und Umweltbericht, https://www.BSH.de/DE/PUBLIKATIONEN/_Anlagen/Downloads/Offshore/Bundesfach-plan-Nordsee/Bundesfachplan-Offshore-Nordsee-2016-2017.pdf?__blob=publicationFile& v=13; Bundesfachplan Offshore für die deutsche ausschließliche Wirtschaftszone der Ostsee 2016/17 und Umweltbericht, https://www.BSH.de/DE/PUBLIKATIONEN/_Anlagen/ Downloads/Offshore/Bundesfachplan-Ostsee/Bundesfachplan-Offshore-Ostsee-2016-2017.pdf?__blob=publicationFile&v=15.

[122] *Bundesamt für Seeschifffahrt und Hydrographie*, Bundesfachplan Offshore für die deutsche ausschließliche Wirtschaftszone der Nordsee 2016/2017 und Umweltbericht, 4.2.1, https://www.BSH.de/DE/PUBLIKATIONEN/_Anlagen/Downloads/Offshore/Bundesfach-plan-Nordsee/Bundesfachplan-Offshore-Nordsee-2016-2017.pdf?__blob=publicationFile& v=13; Bundesfachplan Offshore für die deutsche ausschließliche Wirtschaftszone der Ostsee 2016/17 und Umweltbericht, 4.2.1, https://www.BSH.de/DE/PUBLIKATIONEN/_Anla-gen/Downloads/Offshore/Bundesfachplan-Ostsee/Bundesfachplan-Offshore-Ostsee-2016-2017.pdf?__blob=publicationFile&v=15.

[123] Vgl. *Bundesamt für Seeschifffahrt und Hydrographie*, Bundesfachplan Offshore für die deutsche ausschließliche Wirtschaftszone der Nordsee 2016/2017, 4.1.3, https://www.BSH.de/DE/PUBLIKATIONEN/_Anlagen/Downloads/Offshore/Bundesfach-plan-Nordsee/Bundesfachplan-Offshore-Nordsee-2016-2017.pdf?__blob=publicationFile& v=13; *Bundesnetzagentur*, Bestätigung des Offshore-Netzentwicklungsplans 2017–2030 (Az.: 613-8572/1/2), S. 24, abrufbar unter https://www.netzentwicklungs-plan.de/sites/default/files/paragraphs-files/O-NEP_2030_2017_Bestaetigung.pdf.

gehend an die im Bundesfachplan Offshore festgelegten Cluster gebunden (s.
§ 5 Abs. 3 S. 2 Nr. 5 b) WindSeeG in der Ursprungsfassung), um insoweit eine
konsistente räumliche Anschlussplanung sicherzustellen.[124]

Was die Rechtswirkungen des Bundesfachplans Offshore auf die Vorhabenzulassung anbelangt, wurde jener bei seiner Einführung anders als noch der
Offshore-Netzplan ausdrücklich mit Rechtsverbindlichkeit für Planfeststel-
lungs- und Genehmigungsverfahren nach der SeeAnlV ausgestattet (§ 17a Abs.
5 S. 2 EnWG).[125] Auch die inhaltlichen Maßstäbe bei der Aufstellung des Bundesfachplans Offshore finden ausdrückliche Regelungen (§ 17a Abs. 1 S. 3 und
4 EnWG). Danach ist die Behörde vor allem an die Bundesraumordnung für
die AWZ[126] gebunden[127], deren überfachlicher Abstimmungsauftrag mithin
Vorrang vor der sektoralen Planung genießt.[128] Die Rechtsbindung hätte sich
auch ohnedies weitgehend aus § 4 Abs. 1 S. 1 Nr. 1 ROG ergeben.[129]

(2) Offshore-Netzentwicklungsplan

Weiterhin wurde 2012 mit dem besonderen Offshore-Netzentwicklungsplan
der Übertragungsnetzbetreiber (§ 17b EnWG)[130] eine seeseitige Erweiterung
des gemeinsamen nationalen Netzentwicklungsplans[131] nach § 12b Abs. 1
EnWG eingeführt.[132] Entsprechend legte jener zeitlich gestaffelt „alle wirksamen Maßnahmen zur bedarfsgerechten Optimierung, Verstärkung und zum
Ausbau der Offshore-Anbindungsleitungen" innerhalb der folgenden zehn
Jahre fest und wies diesbezüglich verbindliche Beginn- und Fertigstellungstermine aus (§ 17b Abs. 1 S. 2, Abs. 2 S. 1 EnWG). Neben dieser zeitlichen Priorisierung konkreter Netzentwicklungsmaßnahmen nach Maßgabe des § 17b
Abs. 2 S. 3 EnWG[133] gewährleistete er eine umfassende quantitative Planung
der Netzanbindungskapazitäten. Diese basierte vor allem auf den Prognosen
des Szenariorahmens (§ 12a EnWG) über die zukünftige Erzeugungsleistung

---

[124] BT-Drs. 18/8860, S. 274.

[125] Die Reichweite dieser Bindungswirkung war indes streitig, insbesondere im Rahmen
des Übergangsregimes für bestehende Projekte nach § 26 Abs. 2 WindSeeG und hinsichtlich
der mit der Festlegung von Clustern verbundenen Standortvorentscheidung für Offshore-
Windparks, s. hierzu *Boehme/Hüerkamp*, in: Spieth/Lutz-Bachmann, § 17a Rn. 63 und *Schubert*, Maritimes Infrastrukturrecht, 2015, S. 220 ff.

[126] Zu dieser u. Kapitel 2 II.

[127] BT-Drs. 17/10754, S. 24.

[128] *Schubert*, Maritimes Infrastrukturrecht, 2015, S. 225.

[129] *Uibeleisen*, in: Säcker, BerlKommEnR I, § 17a EnWG Rn. 24.

[130] Zu Zuständigkeit und Aufstellungsverfahren ausführlich *Geber*, Die Netzanbindung
von Offshore-Anlagen im europäischen Supergrid, 2014, S. 194 ff.

[131] Zu diesem näher u. Kapitel 3 II. 3. c).

[132] *Wetzer*, Die Netzanbindung von Windenergieanlagen auf See nach §§ 17a ff. EnWG,
2015, S. 29.

[133] Zu dessen Kriterien *Butler/Heinickel/Hinderer*, NVwZ 2013, 1377 (1378).

aus Offshore-Windenergie; zudem wurden Daten zu den clusterspezifischen Kapazitätserwartungen aus dem Bundesfachplan Offshore[134] einbezogen.[135] Im Ergebnis waren die Bedarfsfestlegungen des Offshore-Netzentwicklungsplans bereits auf die im Bundesfachplan Offshore bestimmten Cluster „aufgeteilt"[136].[137] Das bedeutet nicht nur, dass den §§ 17a ff. EnWG bereits eine grundsätzliche Koordination von Raum- und Bedarfsplanung zugrunde lag, wie sie später mit dem Flächenentwicklungsplan noch deutlich intensiviert wurde[138], sondern auch, dass die räumliche Trassenfindung der Bedarfsplanung umgekehrt zur Situation an Land zeitlich vorgelagert war[139]. Auf Basis des Offshore-Netzentwicklungsplans erfolgte anschließend die Vergabe konkreter Einspeisekapazitäten an die Windparkbetreiber im Zuweisungsverfahren nach § 17d Abs. 3 EnWG a. F.[140], wobei die Zuweisungsentscheidung insbesondere diskriminierungsfrei und durch pflichtgemäßes Ermessen der Bundesnetzagentur im Benehmen mit dem BSH zu treffen war.[141]

Der räumliche Anwendungsbereich des Offshore-Netzentwicklungsplans umfasst neben der AWZ auch das Küstenmeer bis einschließlich der Netzanknüpfungspunkte an Land (§ 17b Abs. 1 S. 1 EnWG), womit er weiter reicht als der auf die AWZ beschränkte Bundesfachplan Offshore. Was seinen zeitlichen Geltungsbereich anbelangt, wurde er ebenfalls 2017 letztmalig (s. § 17b Abs. 5 EnWG) und mit einem Planungshorizont bis 2030 vorgelegt.[142] Für Projekte ab dem Jahr 2026 werden seine Festlegungen weitgehend durch solche des Flächenentwicklungsplans ersetzt (§ 7 Nr. 2 WindSeeG), der insoweit die zeitliche Priorisierung von Ausbaumaßnahmen wie auch standortspezifische

---

[134] *Bundesamt für Seeschifffahrt und Hydrographie*, Bundesfachplan Offshore für die deutsche ausschließliche Wirtschaftszone der Nordsee 2016/17 und Umweltbericht, S. 18 ff., abrufbar unter https://www.BSH.de/DE/THEMEN/Offshore/Meeresfachplanung/Bundesfachplaene_Offshore/bundesfachplaene-offshore_node.html.

[135] S. *50Hertz Transmission GmbH u. a.*, Offshore-Netzentwicklungsplan 2030 (Version 2017), Teil 1, S. 17, 25 ff., abrufbar unter https://www.netzentwicklungsplan.de/de/netzentwicklungsplaene/netzentwicklungsplaene-2030-2017.

[136] Vgl. *Uibeleisen*, in: Säcker, BerlKommEnR I, § 17b EnWG Rn. 20.

[137] S. *50Hertz Transmission GmbH u. a.*, Offshore-Netzentwicklungsplan 2030 (Version 2017), Teil 1, S. 27, abrufbar unter https://www.netzentwicklungsplan.de/de/netzentwicklungsplaene/netzentwicklungsplaene-2030-2017.

[138] Hierzu noch u. Kapitel 5 I. 2. a).

[139] *Geber*, Die Netzanbindung von Offshore-Anlagen im europäischen Supergrid, 2014, S. 194 m. w. N.

[140] I. d. F. v. 28.12.2012, eingef. durch Art. 1 des Dritten Gesetzes zur Neuregelung energiewirtschaftsrechtlicher Vorschriften vom 20.12.2012 (BGBl. I S. 2730).

[141] Hierzu eingehend *Wetzer*, Die Netzanbindung von Windenergieanlagen auf See gem. §§ 17a ff. EnWG, 2015, S. 88 ff.

[142] S. *Bundesnetzagentur*, Bestätigung des Offshore-Netzentwicklungsplans 2017–2030 (Az.: 613-8572/1/2), S. 24, abrufbar unter https://www.netzentwicklungsplan.de/sites/default/files/paragraphs-files/O-NEP_2030_2017_Bestaetigung.pdf.

Erzeugungsleistungen verbindlich vorgibt (§ 5 Abs. 1 S. 1 Nrn. 3–5 Wind-SeeG). Entsprechend wurden diejenigen Netzausbaumaßnahmen des Offshore-Netzentwicklungsplans, die zeitlich über 2025 hinausreichen, durch die Bundesnetzagentur nur unter dem Vorbehalt bestätigt, dass sie mit den im Flächenentwicklungsplan getroffenen Festlegungen übereinstimmen (§ 17c Abs. 1 S. 3 EnWG).[143] Die weitere Netzplanung für Offshore-Anbindungen wird in den ursprünglich „landseitigen" Netzentwicklungsplan überführt (§ 12b Abs. 1 S. 4 Nr. 7 EnWG, § 7 Nr. 2 WindSeeG)[144], sodass entsprechende Ausbaumaßnahmen auf diesem Wege Eingang in den Bundesbedarfsplan finden können.[145]

3. Einführung des „dänischen" Modells zum 01.01.2017

Mit den Instrumenten des Offshore-Netzentwicklungsplans und des Bundesfachplans Offshore bestanden also bereits weitreichende Möglichkeiten zur planerischen Koordination des Netzausbaus auf See. Gleichwohl folgte 2016 ein weiterer grundlegender Systemwechsel[146], indem Artikel 2 des Gesetzes zur Einführung von Ausschreibungen für Strom aus erneuerbaren Energien und zu weiteren Änderungen des Rechts der erneuerbaren Energien vom 13.10.2016 das WindSeeG einführte. Sein Erlass erfolgte zeitgleich mit dem des EEG 2017. Beide Gesetze traten zum 01.01.2017 in Kraft[147] und wurden noch hiervor durch ein weiteres Artikelgesetz[148] punktuell korrigiert.[149]

Das WindSeeG sollte die Steuerung des Offshore-Windkraftausbaus in mehrfacher Hinsicht vervollständigen. Wesentlicher Regelungsanlass war zunächst das Ziel, parallel zu den Neuerungen des EEGs 2017 auch im Offshore-Bereich Ausschreibungen einzuführen und mithin ein marktnah und kosteneffizient gestaltetes Regulierungsmodell, welches im Einklang mit dem oben erwähnten Unionsrecht[150] stehen würde.[151] Zudem sollten sich der Ausbau der Erzeugungs- und der Transportinfrastruktur für Offshore-Strom fortan „zeit-

---

[143] S. *Bundesnetzagentur*, Bestätigung des Offshore-Netzentwicklungsplans 2017–2030 (Az.: 613-8572/1/2), S. 53, 55, 59, 62, 64, 66, 68, 70, abrufbar unter https://www.netzentwicklungsplan.de/sites/default/files/paragraphs-files/O-NEP_2030_2017_Bestaetigung.pdf.

[144] BT-Drs. 18/8860, S. 278.

[145] Hierzu näher u. Kapitel 3 II. 3. d).

[146] Vgl. *Bader*, in: Steinbach/Franke, Kommentar zum Netzausbau, 2021, § 4 WindSeeG Rn. 2.

[147] S. BGBl. I 2016, S. 2258 (S. 2310 ff., 2357).

[148] Gesetz zur Änderung der Bestimmungen zur Stromerzeugung aus Kraft-Wärme-Kopplung und zur Eigenversorgung v. 22.12.2016 (BGBl. I, S. 3106).

[149] Ausführlich *Boemke/Uibeleisen*, NVwZ 2017, 286 (288 ff.).

[150] S. o. Kapitel 1 III. 1.

[151] *Schulz/Appel*, ER 2016, 231; BT-Drs. 18/8860, S. 2; *Bundesministerium für Wirtschaft und Energie*, EEG-Novelle 2016 – Fortgeschriebenes Eckpunktepapier zum Vorschlag des BMWi für das neue EEG v. 15.02.2016, S. 2, 7.

lich und vom Umfang her aufeinander abgestimmt" vollziehen[152] und – auch hierdurch – deren Kosteneffizienz insgesamt gesteigert werden (s. auch § 1 Abs. 2 S. 2, 3 WindSeeG). Als Instrument zur Umsetzung dieser Ziele benennt ein Eckpunktepapier des Bundesministeriums für Wirtschaft und Energie aus dem Jahr 2016 ausdrücklich die Einführung des sog. „dänischen" Modells, welches „Flächenplanung […], Anlagengenehmigung, […] Förderung und Netzanbindung" intensiv verzahnen solle.[153]

Die Bezeichnung rührt daher, dass das mit dem WindSeeG eingeführte System auf vergleichbaren Planungs- und Ausschreibungsregelungen einiger europäischer Nachbarländer, so u. a. Dänemark[154], basiert.[155] Strukturelle Anleihen sind dabei im Hinblick auf mehrere Komponenten der dortigen Offshore-Flächenentwicklung erkennbar. Dies gilt insbesondere für das zentrale, großräumige „Screening" von Meeresarealen auf geeignete Windparkstandorte, die dem Zulassungsverfahren vorausgehende Standortvoruntersuchung wie auch die (grundsätzliche[156]) Vergabe von Projektzulassungen im Wege öffentlicher Ausschreibungen.[157] Verwaltungsorganisatorisch fungiert dabei eine zentrale Behörde als „One-Stop-Shop".[158]

Die Parallelen zum (ursprünglichen) System der §§ 4 ff. WindSeeG werden bereits offensichtlich, wenn man letzteres nur chronologisch umreißt: So werden hier ebenfalls Erzeugungsflächen durch einen zentralen Fachplan des Bundes (Flächenentwicklungsplan) für die gesamte AWZ der Bundesrepublik festgelegt und sodann staatlicherseits auf ihre – rechtliche wie tatsächliche – Eignung für eine Bebauung mit Windkraftanlagen voruntersucht (sog. „zentrale"

---

[152] So *Bundesministerium für Wirtschaft und Energie*, EEG-Novelle 2016 – Fortgeschriebenes Eckpunktepapier zum Vorschlag des BMWi für das neue EEG v. 15.02.2016, S. 7; s. zudem BT-Drs. 18/8860, S. 270, 332.

[153] *Bundesministerium für Wirtschaft und Energie*, EEG-Novelle 2016 – Fortgeschriebenes Eckpunktepapier zum Vorschlag des BMWi für das neue EEG v. 15.02.2016, S. 7.

[154] Ausführlich hierzu *Kruppa*, Steuerung der Offshore-Windenergienutzung, 2007, S. 106 ff.

[155] Vgl. *Dahlke/Trümpler*, in: Böttcher, Handbuch Offshore-Windenergie, 2013, S. 89; *Durner*, ZUR 2022, 3 (4).

[156] Ergänzend ist in Dänemark mittlerweile eine sog. „Open Door Procedure" hinzugekommen, deren Vollzug aber derzeit wegen unionsrechtlicher Bedenken der Behörde ausgesetzt ist, s. weiterführend *Danish Energy Agency*, „Procedures and Permits for Offshore Wind Parks" unter https://ens.dk/en/our-responsibilities/wind-power/offshore-procedures-permits; *Akoto*, „Offshore Wind: Denmark suspends approval procedure" v. 13.02.2023, abrufbar unter https://www.energate-messenger.com/news/230554/offshore-wind-denmark-suspends-approval-procedure.

[157] S. hierzu *Danish Energy Agency*, Offshore Wind Development, 2022, S. 18 ff.; *Kruppa*, Steuerung der Offshore-Windenergienutzung, 2007, S. 129 ff.

[158] *Danish Energy Agency*, Offshore Wind Development, 2022, S. 19. Dieser Aspekt wurde im deutschen System wegen der Aufgabenteilung zwischen dem Bundesamt für Seeschifffahrt und Hydrographie und der Bundesnetzagentur nicht vollständig umgesetzt.

Voruntersuchung[159]). Die nach dem Voruntersuchungsergebnis geeigneten Flächen werden Gegenstand eines Ausschreibungsverfahrens bei der Bundesnetzagentur, in dessen Rahmen die Offshore-Projektierer als Bieter gleichsam um ein „Bündel" spezifischer Nutzungsrechte an der Fläche konkurrieren. Dies schließt das Recht ein, für Offshore-Windkraftanlagen auf der Fläche die Planfeststellung überhaupt einzuleiten[160]; darüber hinaus erhält ausschließlich der bezuschlagte Bieter den Marktprämienanspruch und auch Netzanbindungskapazitäten zugewiesen (s. § 24 Abs. 1 WindSeeG).[161]

a) Fachplanung mittels Flächenentwicklungsplan und staatlicher Voruntersuchungen

In diesem System bildet der damals neu eingeführte Flächenentwicklungsplan das „zentrale Planungsinstrument"[162] und fasst als solcher die vormaligen Planungen des Bundesfachplans Offshore und des Offshore-Netzentwicklungsplans zusammen[163]. Zugleich geht er über die vorigen Inhalte der Fachplanung vor allem insoweit hinaus, als er bereits konkrete Windparkflächen räumlich identifiziert und festlegt, „wie und wann diese Flächen angebunden werden sollen"[164]. Mit dem gleichfalls „neuartigen"[165] Instrument der Flächenvoruntersuchung zielte der Gesetzgeber indessen darauf ab, ungeeignete Flächen zugunsten einer höheren Systemeffizienz frühzeitig aus der weiteren Planung und Ausschreibung auszuschließen; außerdem versprach man sich einen gesteigerten Wettbewerb im Rahmen der Ausschreibungen und eine Verkürzung des späteren Zulassungsverfahrens für Offshore-Windparks.[166] In letzterem Aspekt

---

[159] Die gesetzliche Bezeichnung als „zentrale" Voruntersuchung wurde erst mit dem WindSeeG 2023 eingeführt, um das behördliche Voruntersuchungsverfahren eindeutig von den Untersuchungen abzugrenzen, welche die Projektträger bei Flächen nach § 14 Abs. 2 S. 1 Nr. 2 WindSeeG selbst durchführen, s. BT-Drs. 20/1634, S. 75. Im Folgenden werden die Begriffe „Voruntersuchung" bzgl. „voruntersucht" stets im Sinne des behördlichen Verfahrens nach §§ 9 ff. WindSeeG verwendet.

[160] Durch Einreichen des Plans nach § 73 Abs. 1 S. 1 VwVfG; s. hierzu *Neumann/Külpmann*, in: Stelkens/Bonk/Sachs, VwVfG, § 73 Rn. 15.

[161] *Bundesministerium für Wirtschaft und Energie*, EEG-Novelle 2016 – Fortgeschriebenes Eckpunktepapier zum Vorschlag des BMWi für das neue EEG v. 15.02.2016, S. 7.

[162] BT-Drs. 18/8860, S. 269; vgl. auch BT-Drs. 20/1634, S. 2.

[163] S. BT-Drs. 18/8860, S. 269 und § 7 WindSeeG; *Bundesministerium für Wirtschaft und Energie*, EEG-Novelle 2016 – Fortgeschriebenes Eckpunktepapier zum Vorschlag des BMWi für das neue EEG v. 15.02.2016, S. 7.

[164] *Bundesministerium für Wirtschaft und Energie*, EEG-Novelle 2016 – Fortgeschriebenes Eckpunktepapier zum Vorschlag des BMWi für das neue EEG v. 15.02.2016, S. 7.

[165] S. BT-Drs. 18/8860, S. 266.

[166] BT-Drs. 18/8860, S. 2; *Bundesministerium für Wirtschaft und Energie*, EEG-Novelle 2016 – Fortgeschriebenes Eckpunktepapier zum Vorschlag des BMWi für das neue EEG v. 15.02.2016, S. 7.

der „Hochzonung"[167] räumlicher Zulassungsfragen zeigen sich die schon erwähnten Parallelen zur früheren Festlegung von Eignungsgebieten nach § 3a Abs. 1 S. 4, 5 SeeAnlV deutlich.

b) Umriss des Ausschreibungsdesigns in der Ursprungsfassung des WindSeeG

Die Ausschreibung von Flächen mit positivem Voruntersuchungsergebnis richtete sich in der Ursprungsfassung des WindSeeG nach den §§ 14–25 WindSeeG.[168] Das jährliche Ausschreibungsvolumen und seine Verteilung auf die Erzeugungsflächen bestimmte dabei grundsätzlich der Flächenentwicklungsplan (§ 17 WindSeeG a. F.). Bieter konnten Gebote (nur) in Bezug auf eine konkrete Fläche und die für sie bestimmte Erzeugungsleistung abgeben (§ 20 Abs. 1 Nr. 2, Abs. 2 WindSeeG a. F.). Der Zuschlag wurde sodann, abgesehen von wenigen Präqualifikationen und Ausschlussgründen, allein preisbasiert dem Bieter mit dem niedrigsten Gebotswert erteilt (§ 23 Abs. 1 S. 1 WindSeeG a. F.). Der Gebotswert bestimmte sodann den anzulegenden Wert (§ 23 Abs. 1 EEG) bei der Berechnung des Marktprämienanspruchs, den der Bieter mit dem Zuschlag erwarb (§ 24 Abs. 1 Nr. 2 WindSeeG a. F.). Damit handelte es sich einheitlich um eine sog. Gebotspreis-[169] oder „pay-as-bid"-Auktion[170].

c) Regelungstechnische Umsetzung und Gesetzgebungsverfahren

Zur regelungstechnischen Umsetzung wählte der Gesetzgeber bewusst die weitgehende Ausgliederung offshore-spezifischer Vorschriften insbesondere aus dem EEG und der damaligen SeeAnlV und deren Zusammenführung im WindSeeG als „Meta-Gesetz"[171].[172] Ziel war die Schaffung eines „konsistenten Rechtsrahmen[s] […] aus einem Guss", welcher die Planung, Ausschreibung, Genehmigung und Inbetriebnahme von Offshore-Windparks und zugehöriger Anbindungsleitungen widerspruchsfrei kodifizieren und auf diese Weise für

---

[167] Zum Begriff vgl. etwa *Mutert*, Vorausschauende Steuerung in Planungskaskaden – zeitgemäße Fortentwicklung des Planungsrechts? in: Hebeler u. a., Planungsrecht im Umbruch, 2017, S. 9 (12).

[168] Überblick über das vormalige Ausschreibungsverfahren auch bei *Durner*, ZUR 2022, 3 (5 f.).

[169] *Fiedler*, Die Umstellung von der staatlich festgelegten Vergütungshöhe auf das Ausschreibungsmodell, 2017, S. 18.

[170] *Pflicht*, EnWZ 2016, 550 (552). Die im Rahmen des § 32 EEG diskutierte Alternative eines „pay-as-clear" bzw. „uniform pricing"-Verfahrens kam für das flächenspezifische Ausschreibungsdesign des WindSeeG mit lediglich einem Bezuschlagten auch nicht in Betracht.

[171] *Lehberg*, Rechtsfragen der Marktintegration Erneuerbarer Energien, 2017, S. 184.

[172] Vgl. *Bundesministerium für Wirtschaft und Energie*, EEG-Novelle 2016 – Fortgeschriebenes Eckpunktepapier zum Vorschlag des BMWi für das neue EEG v. 15.02.2016, S. 7; *Pflicht*, EnWZ 2016, 550.

die beteiligten Akteure mehr Transparenz und Planungs- bzw. Investitionssicherheit schaffen sollte.[173]

Letztlich wurde das WindSeeG in der durch den Ausschuss für Wirtschaft und Energie empfohlenen Fassung[174] durch den Bundestag angenommen.[175] Der Bundesrat verzichtete auf eine Anrufung des Vermittlungsausschusses.[176] Die Ausschussfassung unterschied sich vom Regierungsentwurf vor allem durch eine verlängerte Übergangsphase bis zum Einsetzen des zentralen Modells, sodass dieses im Ergebnis Anlagen mit einer geplanten Inbetriebnahme (erst) ab dem 01.01.2026 erfasst. Der Regierungsentwurf hatte dagegen noch den Beginn des Jahres 2025 vorgesehen. Im Übrigen wurden mehrere Ergänzungen im Hinblick auf Pilotwindenergieanlagen vorgenommen und für die Übergangsphase die sog. Ostsee-Quote[177] eingeführt (§§ 27 Abs. 3, 34 Abs. 2 WindSeeG), um den Zubau von Offshore-Windparks angesichts des hohen Netzausbaubedarfs in und ab der Nordsee vorerst räumlich „in die Ostsee zu lenken".[178]

4. Bisherige Modifikationen des WindSeeG

Nachdem erste Änderungen des WindSeeG in den Jahren 2017 bis 2019[179] eher punktuell ausgefallen waren, erfolgte 2020 die erste größere Novelle des Gesetzes. Wesentliche, auch strukturelle Änderungen bewirkte schließlich jüngst das WindSeeG 2023.

a) Novelle 2020 und „erster Anlauf" der zweiten Gebotskomponente

Das Gesetz zur Änderung des Windenergie-auf-See-Gesetzes und anderer Vorschriften vom 03.12.2020[180] hob zunächst das ursprüngliche Ausbauziel für Windenergie auf See von vormals 15 Gigawatt bis zum Jahr 2030 auf 20 Gigawatt an und ergänzte zudem ein langfristiges Ziel von 40 Gigawatt bis 2040. Ferner wurde der gesetzliche Ausschreibungspfad in § 5 Abs. 5 WindSeeG

---

[173] *Bundesministerium für Wirtschaft und Energie*, EEG-Novelle 2016 – Fortgeschriebenes Eckpunktepapier zum Vorschlag des BMWi für das neue EEG v. 15.02.2016, S. 7.

[174] S. BT-Drs. 18/9096, S. 2, 184 ff., 370 ff.

[175] Plenarprotokoll 18/184, S. 18237A, 18239D.

[176] BR-Drs. 355/16(B).

[177] Zu dieser *Uibeleisen*, NVwZ 2017, 7 (8 f.).

[178] BT-Drs. 18/9096, S. 372.

[179] S. Art. 4 des Gesetzes zur Förderung von Mieterstrom und zur Änderung weiterer Vorschriften des Erneuerbare-Energien-Gesetzes v. 17.07.2017 (BGBl. I S. 2532); Art. 2 des Gesetzes zur Modernisierung des Rechts der Umweltverträglichkeitsprüfung v. 20.07.2017 (BGBl. I S. 2808); Art. 11 des Gesetzes zur Änderung des Erneuerbare-Energien-Gesetzes, des Kraft-Wärme-Kopplungsgesetzes, des Energiewirtschaftsgesetzes und weiterer energierechtlicher Vorschriften v. 17.12.2018 (BGBl. I S. 2549) und Art. 21 des Gesetzes zur Beschleunigung des Energieleitungsausbaus v. 13.05.2019 (BGBl. I S. 706).

[180] BGBl. I S. 2682.

zugunsten des BSH flexibilisiert und zur Umsetzung der bereits erwähnten Entscheidung des Bundesverfassungsgerichts[181] die besondere Kostenerstattungsvorschrift des § 10a WindSeeG eingeführt.

Insbesondere aber führte das Gesetz zur Einfügung eines neuen Satzes 2 in § 23 Abs. 1 WindSeeG a. F. Jener regelte den Sonderfall, dass zwei oder mehr Gebote in Höhe der gesetzlichen Untergrenze von null Cent pro Kilowattstunde abgegeben werden sollten und schrieb für diese „Pattsituation"[182] ausdrücklich die Entscheidung per Losverfahren vor. Null-Cent-Gebote bedeuteten im damaligen Ausschreibungssystem der §§ 14–25 WindSeeG a. F., bei dem der Gebotswert (noch einheitlich[183]) den anzulegenden Wert des Marktprämienanspruchs determinierte[184], dass die betreffenden Bieter auf eine Projektförderung verzichteten.[185] Solche „Nullgebote" waren in der Ausschreibungspraxis aufgrund gesunkener Stromgestehungskosten und der Wettbewerbssituation innerhalb der Branche mehrfach aufgetreten.[186] Für die § 23 Abs. 1 S. 2 WindSeeG a. F. zugrundeliegende Konstellation gleich mehrerer Null-Cent-Gebote – welche bis dahin tatsächlich nicht vorgekommen war[187] – hatte die Bundesregierung ursprünglich vorgeschlagen, ein zusätzliches, sog. dynamisches Gebotsverfahren einzuführen.[188] In dessen Rahmen sollten die Projektträger weiterhin wettbewerblich um den Zuschlag konkurrieren, indem sie Gebote über die Zahlung einer sog. zweiten Gebotskomponente abgaben, welche als Kostenbeitrag zur Deckung von Netzanbindungskosten diente. Der Vorschlag konnte sich jedoch damals im parlamentarischen Verfahren nicht durchsetzen.[189] Ausschlaggebend hierfür waren vor allem Einwände hinsichtlich möglicher Kostensteigerungen zulasten der Verbraucher[190], aber auch erhöhter Investitions- und Realisierungsrisiken für die Projekte[191], worauf auch der Bundesrat hingewiesen hatte[192]. Letztlich wurden infolge der verbleibenden Uneinigkeiten Evaluationspflichten hinsichtlich des Losverfahrens im Gesetz verankert (§ 23a WindSeeG a. F.). Vor allem aber wurde der Vorschlag des dyna-

---

[181] BVerfG, Beschl. v. 20.06.2020 – 1 BvR 1679/17, 1 BvR 2190/17 – BVerfGE 155, 238.

[182] *Böhme/Bukowski*, EnWZ 2019, 243 (247).

[183] Zur späteren Divergenz des Ausschreibungsverfahrens s. sogleich b) bb).

[184] S. o. Kapitel 1 III. 3. b).

[185] Hierzu etwa *Kerth*, EurUP 2022, 91 (95); BT-Drs. 20/2657, S. 10.

[186] Vgl. BT-Drs. 20/2657, S. 10; s. zu den Kostensenkungen der letzten Jahre auch BT-Drs. 20/1634, S. 1; *Böhme/Bukowski*, EnWZ 2019, 243.

[187] Vgl. BT-Drs. 19/24039, S. 22.

[188] S. den Regierungsentwurf in BT-Drs. 19/20429, S. 20 ff., 29.

[189] Vgl. BT-Drs. 19/24039, S. 11, 22 f., 29; Plenarprotokoll 19/189, S. 23848 (B), S. 23851 (D). Weiterführend insbes. *Böhme/Bukowski*, EnWZ 2019, 243 ff.; *Spieth/Lutz-Bachmann*, EnWZ 2020, 243 ff.

[190] Plenarprotokoll 19/189, S. 23848 (B).

[191] Plenarprotokoll 19/189, S. 23852 (B).

[192] BR-Drs. 314/1/20 S. 3 f.

mischen Gebotsverfahrens mit zweiter Gebotskomponente später im Kontext des WindSeeG 2023 erneut aufgegriffen und in diesem Zuge auch tatsächlich realisiert.[193]

Keinen Niederschlag im Gesetz fand auch ein Antrag der Fraktion Bündnis 90/Die Grünen auf die Einführung des sog. Differenzvertragsmodells[194].[195] Anders als das dynamische Gebotsverfahren konnte sich dieser Vorschlag auch im späteren Gesetzgebungsverfahren zum WindSeeG 2023 nicht durchsetzen.[196]

b) WindSeeG 2023

Grundlegender fiel sodann die Novelle durch das zweite Gesetz zur Änderung des Windenergie-auf-See-Gesetzes und anderer Vorschriften vom 20.07.2022[197] aus, dessen Neuregelungen zum 01.01.2023 in Kraft getreten sind[198]. Der Gesetzentwurf wurde durch die Bundesregierung im Rahmen des sog. „Osterpakets"[199] 2022 vorgelegt. Teil und Anlass der Änderungen war wiederum eine deutliche Anhebung der Offshore-Ausbauziele von 20 auf mindestens 30 Gigawatt bis zum Jahr 2030 sowie von ehemals 40 Gigawatt bis zum Jahr 2040 auf nunmehr – mit neuer zeitlicher Staffelung – mindestens 40 Gigawatt bis 2035 und mindestens 70 Gigawatt bis 2045 (§ 1 Abs. 2 S. 1 WindSeeG n. F.). Die Ziele basieren auf der vorangegangenen Einigung der Koalitionspartner, bis 2035 eine „nahezu vollständig" aus regenerativen Energien gewonnene Stromversorgung Deutschlands sicherzustellen.[200] Entsprechend wurden auch die Ausschreibungsmengen stark erhöht und der zuvor in § 5 Abs. 5 S. 1 WindSeeG a. F. festgelegte Ausschreibungspfad gesondert in einem neuen § 2a WindSeeG verankert. Aus den weiteren Änderungen ist ferner die Abwägungsdirektive des § 1 Abs. 3 WindSeeG 2023 hervorzuheben, wonach die Errichtung von Windenergieanlagen auf See und Offshore-Anbindungsleitungen stets im überragenden öffentlichen Interesse liegt und der

---

[193] Näher u. Kapitel 1 4. III. b) bb) (2).

[194] Näher sogleich Kapitel 1 4. III. b) cc).

[195] Antrag unter BT-Drs. 19/20588.

[196] S. ebenfalls u. Kapitel 1 4. III. b) cc).

[197] BGBl. I 2022, S. 1325.

[198] Soweit seine Änderungen unmittelbar das WindSeeG betreffen, s. Art. 12 S. 1 des Änderungsgesetzes (BGBl. I 2022, S. 1325 (1352)).

[199] Eingehend zu diesem *Henning u. a.*, ZNER 2022, 195; *Zenke*, EnWZ 2022, 147; s. a. *Deutscher Bundestag*, „Osterpaket zum Ausbau erneuerbarer Energien beschlossen" v. 07.07.2022, abrufbar unter https://www.bundestag.de/dokumente/textarchiv/2022/kw27-de-energie-902620.

[200] BT-Drs. 20/1634, S. 1.

öffentlichen Sicherheit dient.[201] Insbesondere aber wurde die ursprüngliche Fachplanung der §§ 4 ff. WindSeeG in wesentlichen Punkten modifiziert und anknüpfend hieran das Förder- und Ausschreibungsdesign für Windenergieanlagen auf See erneuert und ausdifferenziert. Somit gelten fortan unterschiedliche Ausschreibungsmodelle je nachdem, ob eine Fläche durch das BSH zentral voruntersucht wurde oder nicht.

aa) Modifizierte Fachplanung

Das Fachplanungssystem der §§ 4 ff. wurde vor allem[202] insoweit modifiziert, als das Voruntersuchungsverfahren keine obligatorisch zu durchlaufende Planungsstufe mehr bildet, sondern nur mehr für ausgewählte Flächen vorgesehen ist. In dieser Maßnahme wurde wegen der mit ihr verbundenen Verkürzung der behördlichen Vorlaufzeit bis zur Ausschreibung der Flächen vielerseits Beschleunigungspotenzial für den Ausbau der Offshore-Windenergie gesehen.[203] Die „Weichenstellung"[204], ob eine Fläche voruntersucht oder stattdessen unmittelbar ausgeschrieben werden soll, stellt dabei initial der Flächenentwicklungsplan durch seine erweiterten Festlegungsmöglichkeiten nach § 5 Abs. 1 S. 1 Nr. 3 WindSeeG („[…] sowie die Festlegung, ob die Fläche zentral voruntersucht werden soll"). Zentral voruntersuchte Flächen werden im weiteren Verfahren nach Maßgabe der §§ 50–59 WindSeeG ausgeschrieben, nicht voruntersuchte dagegen nach §§ 16–25 WindSeeG. Bei der Entscheidung über die Zuweisung von Flächen zum jeweiligen Verfahren hat das BSH die Vorgaben des § 2a WindSeeG zu berücksichtigen (vgl. § 14 Abs. 2 S. 3 WindSeeG). Letztlich steht es mit dem partiellen Fortfall des Voruntersuchungsverfahrens im Einklang, dass auch die Pflicht der Übertragungsnetzbetreiber zur Beauftragung der Offshore-Anbindungsleitungen nicht mehr an das (positive) Voruntersuchungsergebnis anknüpft (§ 17d Abs. 2 S. 2 EnWG a. F.), sondern unmittelbar an die Ausweisung der anzubindenden Fläche im Flächenentwicklungsplan (§ 17d Abs. 2 S. 2 EnWG n. F.).

Die prozedurale Zweiteilung setzt sich sodann auf der Zulassungsebene fort, indem das seit 2012 maßgebliche Planfeststellungsverfahren im WindSeeG

---

[201] Zur parallelen Regelung des § 2 S. 1, 2 EEG 2023 u. Kapitel 2 III. 3. c) cc) sowie *Schlacke u. a.*, NVwZ 2022, 1577 (1578 ff.); *Parzefall*, NVwZ 2022, 1592 ff.; *Eh*, IR 2022, 279 ff. und 302 ff.

[202] Auf weitere Änderungen des WindSeeG 2023 im Hinblick auf das Planfeststellungs- bzw. Plangenehmigungsverfahren wird unten im jeweils relevanten Kontext eingegangen werden.

[203] S. etwa *EnBW*, Stellungnahme zum Referentenentwurf zur Änderung des Windenergie-auf-See-Gesetzes v. 16.03.2022, S. 1; *Ministerium für Wirtschaft, Innovation, Digitalisierung und Energie des Landes Nordrhein-Westfalen*, Stellungnahme zum Entwurf eines Gesetzes zur Änderung des Windenergie-auf-See-Gesetzes und anderer Vorschriften v. 28.03.2022, S. 3.

[204] Vgl. BT-Drs. 20/1634, S. 73.

2023 nur für Erzeugungsflächen ohne staatliche Voruntersuchung beibehalten wird (§ 66 Abs. 1 S. 1 WindSeeG). Windenergieanlagen auf See, die auf zentral voruntersuchten Flächen errichtet werden sollen, bedürfen dagegen „nur" noch der Plangenehmigung (§ 66 Abs. 1 S. 2 WindSeeG).[205]

bb) Zweiteilung des Ausschreibungsverfahrens

(1) Qualitative Ausschreibungskriterien und Entfall der Marktprämienförderung für zentral voruntersuchte Flächen

Für staatlich voruntersuchte Flächen richtet sich das Ausschreibungsverfahren mithin nach Teil 3 Abschnitt 5 WindSeeG 2023.[206] Hiernach erfolgt die Erteilung des Zuschlags nach einem Punktesystem auf Basis eines Gebotswerts und – wie es seit Längerem etwa in den Niederlanden der Fall ist[207] – qualitativer Auswahlkriterien (§ 53 Abs. 1 S. 1, 2 WindSeeG). Als solche sind gem. § 53 Abs. 1 S. 1 Nrn. 2–5 WindSeeG der Beitrag des Vorhabens zur Dekarbonisierung des Offshore-Windkraftausbaus, der beabsichtigte Umfang der Lieferung der auf der Fläche erzeugten Energie, die mit den eingesetzten Gründungstechnologien verbundene Schallbelastung und Versiegelung des Meeresbodens sowie der jeweilige Beitrag zur Fachkräftesicherung maßgeblich. Der Gebotswert dient nicht mehr wie im früheren Ausschreibungsdesign der Ermittlung des anzulegenden Wertes bei der Berechnung des Marktprämienanspruchs (vgl. § 23 Abs. 1 EEG). Vielmehr entfällt die Marktprämienförderung für Projekte auf zentral voruntersuchten Flächen fortan (vgl. § 55 Abs. 1 WindSeeG gegenüber § 24 Abs. 1 WindSeeG a. F.) und der Gebotswert beziffert stattdessen eine Zahlung des bezuschlagten Bieters, welche anteilig auf Maßnahmen des Meeresnaturschutzes sowie zur umweltschonenden Fischerei und zur Senkung der Offshore-Netzumlage verwendet wird (§§ 57–59 WindSeeG). Hierdurch soll die Marktintegration des Offshore-Windenergieausbaus vorangetrieben und ihre Akzeptanz gesteigert werden.[208] Zuständig für die Ausschreibung voruntersuchter Flächen ist grundsätzlich die Bundesnetzagentur, welche die Verfahren nach Maßgabe einer Verwaltungsvereinbarung durch das BSH wahrnehmen lassen kann (§ 14 Abs. 2 S. 1, Abs. 3 WindSeeG). Eine entsprechende Aufgabenübertragung ist bislang jedoch nicht erfolgt.[209]

---

[205] Näher zur Einschlägigkeit und den Anforderungen beider Verfahren Kapitel 2. V. 2.

[206] Näher Kapitel 3 II. 3.

[207] Hierzu *Ertel*, Europarechtliche und verfassungsrechtliche Grenzen bei der Förderung von Offshore-Windenergie, 2020, S. 216 ff.; *Böhme/Bukowski*, EnWZ 2019, 243 (245 f.).

[208] BT-Drs. 20/1634, S. 92.

[209] Insbesondere erfolgten die Ausschreibungen zum Gebotstermin 1. August 2023 durch die Bundesnetzagentur selbst, s. https://www.bundesnetzagentur.de/DE/Beschlusskammern/BK06/BK6_72_Offshore/Ausschr_vorunters_Flaechen/start.html.

(2) Dynamisches Gebotsverfahren für Flächen ohne zentrale Voruntersuchung

Für die Ausschreibung von Flächen, die kein behördliches Voruntersuchungsverfahren durchlaufen haben, ist demgegenüber Teil 3 Abschnitt 2 WindSeeG 2023 mit den geänderten §§ 16–25 maßgeblich. Das darin normierte Verfahren bei der Bundesnetzagentur entspricht weitgehend dem vormaligen Ausschreibungsverfahren für voruntersuchte Flächen: So wird hier die Marktprämienförderung beibehalten und die Zuschlagserteilung erfolgt – ohne zusätzliche qualitative Kriterien – an den Bieter mit dem niedrigsten Gebotswert (§§ 20 Abs. 1 S. 1, 24 Abs. 1 WindSeeG). In der Folge bedurfte dieses Fördermodell auch weiterhin der beihilferechtlichen Genehmigung durch die Europäische Kommission, die diese im Dezember 2022 erteilt hat.[210]

Die mit der Marktprämienförderung verbundene finanzielle Besserstellung der Bieter dieses Verfahrens gegenüber solchen voruntersuchter Flächen, die stattdessen eine Zahlung leisten müssen, lässt sich seit den jüngsten Anpassungen der StromBGebV[211], deren Gebührentatbestände auf eine vollständige Refinanzierung der staatlichen Untersuchungskosten angelegt ist, wohl nicht mehr durch deren ersparte Kosten für die Flächenuntersuchungen rechtfertigen. Gleichwohl kann die Förderoption als Ausgleich dafür angesehen werden, dass das Risiko der Nichtrealisierbarkeit von Projekten – und damit verbundenen verlorenen Investitionen – auf nicht voruntersuchten Meeresflächen deutlich höher ausfällt.

Erhebliche Neuerungen gelten bei der Ausschreibung nicht voruntersuchter Flächen für den Sonderfall, dass zwei oder mehr Gebote zu einem Wert von 0 Cent pro Kilowattstunde abgegeben werden sollten, mithin zwei oder mehr Bieter auf eine Marktprämienförderung verzichten[212]. Dann greift anstelle des früheren Losentscheids (§ 23 Abs. 1 S. 2 WindSeeG a. F.) das sog. dynamische Gebotsverfahren mit zweiter Gebotskomponente ein (§§ 21–23 WindSeeG), dessen Regelung teils wortlautidentisch[213] schon im Regierungsentwurf zur Novelle 2020 vorgesehen war.

Das dynamische Gebotsverfahren beschreibt ein zusätzliches Gebotsverfahren, dessen Durchführung ebenfalls der Bundesnetzagentur obliegt und welches in der Regel aus mehreren Gebotsrunden mit jeweils ansteigenden Ge-

---

[210] S. *Europäische Kommission*, „Staatliche Beihilfen: Kommission genehmigt Änderung deutscher Regelung zur Förderung der Offshore-Windenergieerzeugung", Pressemitteilung v. 21.12.2022, abrufbar unter https://ec.europa.eu/commission/presscorner/detail/de/ip_22 _7836.

[211] Besonderen Gebührenverordnung für den Zuständigkeitsbereich Strom des Bundesministeriums für Wirtschaft und Energie (Besondere Gebührenverordnung Strom) v. 02.01.2017 (BGBl. I S. 3), zuletzt geändert mit Verordnung v. 25.01.2023 (BGBl. I Nr. 24).

[212] *Kerth*, EurUP 2022, 91 (95); BT-Drs. 20/2657, S. 10.

[213] Vgl. BT-Drs. 19/20429, S. 20 f. ggü. BT-Drs. 20/2584, S. 37 ff.

botsstufen besteht. In dessen Rahmen bieten die Teilnehmer, zusammenfassend dargestellt[214], „rundenweise" Zahlungen in aufsteigender Höhe an, bis nur noch ein Teilnehmer mitbietet und deshalb als Meistbietender den Zuschlag erhält (§ 21 Abs. 4 S. 5, Abs. 5 WindSeeG). Dessen Zahlung wird im Anschluss zur Senkung der Offshore-Netzumlage wie auch – zum deutlich geringeren Teil von jeweils 5 % – als Meeresnaturschutz- und Fischereikomponente geleistet (§ 23 WindSeeG). Dieses Verfahren soll nach der Vorstellung des Gesetzgebers erstmals eine wettbewerbliche Differenzierung unter mehreren 0-Cent-Bietern ermöglichen und denjenigen ermitteln, welcher den größten Kostenbeitrag zur Netzanbindung zu leisten bereit ist.[215] Die daraus resultierenden Kostensenkungen sollen den Stromverbrauchern zugute kommen.[216] Zugleich werde eine „Überförderung" der Bieter vermieden, für die bereits die Offshore-Netzanbindung einen erheblichen Gegenwert darstelle, und der Gefahr einer finanziellen Überforderung des Meistbietenden vorgebeugt; denn indem alle teilnehmenden Bieter auch die Zahlungsbereitschaft ihrer Konkurrenten wahrnehmen könnten, fielen die Gebote nicht höher als notwendig aus.[217]

cc) Besonderheiten im Gesetzgebungsvorgang, insbesondere: Verwerfung des Differenzvertragsmodells

Eine Besonderheit im Gesetzgebungsvorgang der Novelle bilden letztlich die erheblichen Entwicklungen, die der Entwurf des WindSeeG 2023 noch im parlamentarischen Verfahren nahm. Denn während sowohl im Referentenentwurf des Bundesministeriums für Wirtschaft und Klimaschutz[218] als auch in dem folgenden Kabinettsentwurf der Bundesregierung[219] vom 02.05.2022 zunächst noch vorgesehen war, dass für zentral voruntersuchte Flächen zwanzigjährige Differenzverträge eingeführt würden, wohingegen nicht voruntersuchte Flächen nach Gebotswert und qualitativen Kriterien vergeben würden, änderte sich dies im weiteren Verfahren grundlegend. So ging die Beschlussempfehlung des Ausschusses für Wirtschaft und Klimaschutz[220] Anfang Juli 2022 schließlich dahin, das Gebotsverfahren mit qualitativen Kriterien auf die voruntersuchten Flächen zu „verschieben" und für die nicht voruntersuchten das marktprämiengeförderte Modell unter Ergänzung durch das dynamische Gebotsverfahren – mithin die jetzige Gesetzesfassung – vorzusehen. Eine Einfüh-

---

[214] Ausf. noch Kapitel 3 III. 2. c).
[215] BT-Drs. 20/2657, S. 10.
[216] BT-Drs. 20/2657, S. 10; ähnlich schon BT-Drs. 19/20429, S. 29 zur Novelle 2020.
[217] BT-Drs. 20/2657, S. 10.
[218] S. den Entwurf v. 04.03.2022, abrufbar unter https://www.bmwk.de/Redaktion/DE/Artikel/Service/Gesetzesvorhaben/entwurf-eines-zweiten-gesetzes-zur-aenderung-des-windenergie-auf-see-gesetzes-und-anderer-vorschriften.html.
[219] BT-Drs. 20/1634.
[220] S. BT-Drs. 20/2584, S. 29 ff. sowie ergänzend BT-Drs. 20/2657, S. 7, 10 ff.

rung des vorgeschlagenen Differenzvertragsmodells wurde indes auf Betreiben der FDP-Fraktion[221] verworfen.

Differenzverträge oder im internationalen Kontext „Contracts for Difference (CfD)" werden auch als „symmetrische Marktprämie" bezeichnet[222], weil die Anlagenbetreiber in diesem Modell einerseits – wie im Falle der Marktprämienförderung – Vergütungen in Höhe der Differenz zwischen Strommarktwert und Gebotswert erhalten, sollte ersterer unter den gebotenen Preis absinken; umgekehrt aber sind Mehrerlöse an das EEG-Konto abzuführen, soweit der tatsächlich erzielte Strompreis höher ausfällt.[223] Entsprechende Systeme sind im Hinblick auf Offshore-Windparks etwa in Großbritannien[224] und Irland[225] etabliert. Maßgeblich für die ablehnenden Stimmen innerhalb des Ausschusses war wohl die Befürchtung, dass die mit den Verträgen verbundene Verlagerung von Investitionsrisiken auf den Staat die weitere Markt- und Systemintegration der Windenergie hemmen könne.[226] Der Gesetzentwurf der Bundesregierung hielt es demgegenüber für überwiegend wahrscheinlich, dass unter dem CfD-Modell angesichts der derzeitigen Marktsituation ohnehin keine Förderung, sondern vielmehr Zahlungen auf das EEG-Konto erfolgen würden.[227]

Perspektivisch erscheint gleichwohl nicht ausgeschlossen, dass sich Differenzverträge auch hierzulande im Offshore-Bereich etablieren werden. Zwar sind jüngste Vorschläge des Bundesministers für Wirtschaft und Klimaschutz, solche im Rahmen eines Industriestrompreismodells einzuführen[228] (vgl. auch

---

[221] Vgl. BT-Drs. 20/2657, S. 8.

[222] *Henning u. a.*, ZNER 2022, 195 (207); *Spieth/Lutz-Bachmann*, EnWZ 2020, 243 (245 f.).

[223] *Kerth*, EurUP 2022, 91 (97); *Spieth/Lutz-Bachmann*, EnWZ 2020, 243 (245 f.).

[224] Zum britischen CfD-Modell *Böhme/Bukowski*, EnWZ 2019, 243 (246 f.).

[225] S. etwa *WindEUROPE*, „Ireland's Offshore-Ambitions are starting to take off" v. 15.10.2021 unter https://windeurope.org/newsroom/news/irelands-offshore-ambitions-are-starting-to-take-off/; *En:former*, „Irland mit großem Offshore-Potenzial" v. 09.08.2021 unter https://www.en-former.com/irland-mit-grossem-offshore-potenzial/.

[226] Vgl. bereits zur entsprechenden Diskussion 2020 *Ørsted*, „Differenzen um Kontrakte" v. 05.08.2020 unter https://energiewinde.orsted.de/energiepolitik/offshore-wind-cfd-konzessionsabgabe-bundestagsfraktionen.

[227] S. BT-Drs. 20/1634, S. 6, 63.

[228] S. *Bundesministerium für Wirtschaft und Klimaschutz*, „Habeck legt Arbeitspapier zum Industriestrompreis vor", Pressemitteilung v. 05.05.2023 unter https://www.bmwk.de/Redaktion/DE/Pressemitteilungen/2023/05/20230505-habeck-legt-arbeitspapier-zum-industriestrompreis-vor.html.

§ 96a WindSeeG[229]), gescheitert[230]. Von europäischer Seite könnte das Differenzvertragsmodell aber zukünftig „Aufwind" erhalten.[231]

c) § 72a WindSeeG n. F. zur Durchführung der VO (EU) 2022/2577

Von erheblicher Tragweite ist schließlich die jüngste Ergänzung des WindSeeG um dessen neuen § 72a. Die Vorschrift ist Ende März 2023 in Kraft getreten[232] und dient der Durchführung des Art. 6 der europäischen Notfall-Verordnung[233] (im Folgenden: NotfallVO), welcher es den Mitgliedstaaten unter bestimmten Voraussetzungen erlaubt, bei der Zulassung von Projekten im Bereich der Erneuerbaren Energien auf die bislang weitgehend zwingenden Umweltverträglichkeits- und artenschutzrechtlichen Prüfungen zu verzichten (aa). Angesichts seines fakultativen Charakters waren Durchführungsvorschriften auf nationaler Ebene trotz der unmittelbaren Geltung („Durchgriffswirkung"[234]) der europäischen Verordnung nach Art. 288 AEUV[235] zulässig und erforderlich, um die auf Unionsebene eröffneten Handlungsspielräume auszufüllen; insoweit war die Notfall-Verordnung als sog. „hinkende" Verordnung[236] einzuordnen. § 72a WindSeeG schöpft die mit Art. 6 NotfallVO eröffneten Regelungsoptionen umfassend aus und modifiziert den verfahrens- wie auch materiellrechtlichen Zulassungsrahmen für künftige Offshore-Windparks hierdurch erheblich (s. bb) und cc)).

aa) Regelungsanlass und Inhalt des Art. 6 EU-NotfallVO

Motiviert durch den russischen Angriffskrieg auf die Ukraine und den damit verbundenen Wegfall von Gaslieferungen aus der russischen Föderation, zielt die auf Art. 122 I AEUV gestützte und im Dezember 2022 in Kraft getretene europäische Notfall-Verordnung darauf ab, möglichst zeitnah eine unabhän-

---

[229] Hierzu *Lutz-Bachmann/Liedtke*, EnWZ 2022, 313 (319); BT-Drs. 20/2657, S. 15 f.

[230] S. etwa *SPIEGEL Wirtschaft*, „Regierung einigt sich auf Strompreispaket für Industrie" v. 09.11.2023 unter https://www.spiegel.de/wirtschaft/soziales/strompreis-regierung-einigt-sich-auf-paket-fuer-industrie-a-b1d02493-0b0b-47e2-aab1-14027bede32d.

[231] S. weiterführend *Europäische Kommission*, Vorschlag für eine Verordnung des Europäischen Parlaments und des Rates zur Änderung der Verordnungen (EU) Nr. 1227/2011 und (EU) 2019/942 für einen besseren Schutz der Union vor Marktmanipulation auf dem Energiegroßhandelsmarkt v. 14.03.2023 (COM(2023) 147 final), S. 6 („[…] sollte die Investitionsförderung als zweiseitiger Differenzvertrag gestaltet werden […]").

[232] S. Art. 14 des Gesetzes zur Änderung des Raumordnungsgesetzes und anderer Vorschriften v. 22.03.2023 (BGBl. I Nr. 88).

[233] Verordnung (EU) 2022/2577 des Rates vom 22. Dezember 2022 zur Festlegung eines Rahmens für einen beschleunigten Ausbau der Nutzung erneuerbarer Energien (ABl. L 335 v. 29.12.2022/36–44).

[234] *W. Schroeder*, in: Streinz, EUV/AEUV, Art. 288 Rn. 43.

[235] Hierzu etwa *Ruffert*, in: Calliess/Ruffert, EUV/AEUV, Art. 288 AEUV Rn. 21.

[236] S. hierzu *W. Schroeder*, in: Streinz, EUV/AEUV, Art. 288 Rn. 46.

gige Energieversorgung der Europäischen Union herzustellen.[237] Hierzu soll der Ausbau im Bereich regenerativer Energien mittels verschiedener Sofortmaßnahmen beschleunigt werden, von welchen für den Zubau von Windenergieanlagen neben dem Abwägungsvorrang des Art. 3 Abs. 1 NotfallVO[238] insbesondere die in Art. 6 verankerten Optionen zur Beschleunigung von Zulassungsverfahren Bedeutung erlangen.

Nach Art. 6 NotfallVO, der laut Presseberichten auf Betreiben der deutschen Bundesregierung in den Verordnungsentwurf eingeführt wurde[239], können die Mitgliedstaaten Projekte in den Bereichen der erneuerbaren Energien, der Energiespeicherung und der Stromnetze von den Erfordernissen der Umweltverträglichkeitsprüfung (UVP) wie auch den artenschutzrechtlichen Bewertungen nach der Flora-Fauna-Habitat-Richtlinie[240] und der Vogelschutz-Richtlinie[241] (im Folgenden: FFH-RL, Vogelschutz-RL) ausnehmen, sofern das Vorhaben in einem ausgewiesenen Gebiet für erneuerbare Energien oder Stromnetze liegt und dieses Gebiet zuvor einer Strategischen Umweltprüfung (SUP) unterzogen worden ist (Art. 6 S. 1 NotfallVO). Dabei hat die zuständige Behörde jedoch sicherzustellen, dass auf Grundlage vorhandener Daten geeignete und verhältnismäßige Minderungsmaßnahmen zur Einhaltung der artenschutzrechtlichen Anforderungen ergriffen werden (Art. 6 S. 2 NotfallVO). Sind entsprechende Maßnahmen nicht verfügbar, stellt die Behörde stattdessen sicher, dass der Betreiber einen finanziellen Ausgleich für Artenschutzprogramme zahlt, durch welche der Erhaltungszustand der betroffenen Art(en) gesichert oder verbessert wird (Art. 6 S. 3 NotfallVO).

Der Verordnung kommt eine zeitlich befristete Geltung von 18 Monaten ab ihrem Inkrafttreten zu (Art. 10 S. 2 NotfallVO). Nach aktuellem Stand sind die Regelungen damit bis zum 30. Juni 2024 gültig und erfassen alle bis dahin begonnenen Zulassungsverfahren für EE-Projekte (Art. 1 S. 2 NotfallVO). Die Mitgliedstaaten können sie zudem auf laufende, d. h. vor dem 30.12.2022 nicht abschließend beschiedene Verfahren anwenden, sofern letztere hierdurch verkürzt und bereits bestehende Rechte Dritter gewahrt werden (Art. 1 S. 3 NotfallVO). Letztlich bleibt darauf hinzuweisen, dass vor Kurzem mit der RED III und den darin vorgesehenen „Go-To-Areas" (vgl. Art. 15c, 16a Abs. 3 Erneu-

---

[237] S. Erwägungsgründe (1) und (2) der Verordnung.

[238] S. hierzu im Rahmen der Abwägungsdirektiven u. Kapitel 2 III. 3. c) cc).

[239] Ruge, NVwZ 2023, 870 (871).

[240] Richtlinie 92/43/EWG des Rates vom 21. Mai 1992 zur Erhaltung der natürlichen Lebensräume sowie der wildlebenden Tiere und Pflanzen (ABl. L 206/7), zul. geänd. durch Art. 1 der Richtlinie 2013/17/EU vom 13.05.2013 (ABl. L 158/193).

[241] Richtlinie 2009/147/EG des Europäischen Parlaments und des Rates vom 30. November 2009 über die Erhaltung der wildlebenden Vogelarten (ABl. 2010 L 20/7), zul. geänd. durch Art. 5 der Verordnung (EU) 2019/1010 zur Änderung mehrerer Rechtsakte der Union mit Bezug zur Umwelt vom 05.06.2019 (ABl. L 170 S/115).

erbare-Energien-RL) ein Art. 6 NotfallVO vergleichbarer Mechanismus dauerhaft etabliert wurde.[242]

bb) Zeitlich begrenzter Verzicht auf UVP und Artenschutzprüfung (§ 72a WindSeeG n. F.)

Die beschriebenen sachlichen Voraussetzungen des Art. 6 NotfallVO sind im Bereich der Offshore-Fachplanung der Bundesrepublik, da der Flächenentwicklungsplan sowohl Windenergie-Erzeugungsflächen als auch seeseitige Leitungstrassen festlegt (§ 5 Abs. 1 S. 1 Nrn. 2, 7 WindSeeG) und hierbei der unbedingten Pflicht zur Durchführung einer SUP unterliegt (§ 35 Abs. 1 Nr. 1 UVPG[243] i. V. m. Ziffer 1.17 der Anlage 5 zum UVPG), erfüllt. Vor diesem Hintergrund schöpft § 72a WindSeeG n. F. dessen Optionen zur Verfahrensverkürzung weitgehend aus[244] und normiert, dass für die Zulassung der Errichtung, des Betriebs und der Änderung von Windenergieanlagen auf See auf den in den Jahren 2022 bis 2023 ausgeschriebenen Flächen des Flächenentwicklungsplans von der Durchführung einer UVP wie auch der artenschutzrechtlichen Prüfung nach § 44 Abs. 1 BNatSchG abzusehen „ist" (§ 72a Abs. 1 S. 1 WindSeeG). Mithin sind die genannten Verfahrensmodifikationen für das zuständige BSH zwingend. Für die Zulassung von Offshore-Anbindungsleitungen sieht § 72a Abs. 1 S. 3 WindSeeG lediglich ein Absehen von der Artenschutzprüfung vor, da jene ohnehin keiner UVP-Pflicht unterliegen.[245]

Vom räumlichen Geltungsbereich der Vorschrift sind nach § 72a Abs. 1 S. 2 WindSeeG Erzeugungsflächen in der Ostsee ausdrücklich ausgenommen. Praktisch betrifft dies jedoch nur die Fläche O-2.2, die unmittelbar in einem Vogelzugkorridor liegt[246] und von den einschlägigen Umwelt- und Artenschutzprüfungen daher nicht befreit wurde. Den zeitlichen Anwendungsbereich des § 72a WindSeeG bestimmt Absatz 3, welcher im Verhältnis zu § 102 Abs. 4 WindSeeG als lex specialis anzusehen ist[247]. Demnach sind – entsprechend Art. 10 NotfallVO – sämtliche Planfeststellungs- und Plangenehmigungsverfahren nach § 66 Abs. 1 WindSeeG erfasst, für die bis zum Ablauf des 30. Juni 2024 ein Antrag gestellt wird (§ 72a Abs. 3 S. 1 WindSeeG). Auf bei Inkrafttreten der Vorschrift bereits laufende Verfahren findet jene Anwendung, soweit die Verfahrensdauer hierdurch prognostisch verkürzt wird; auch

---

[242] Vgl. auch BT-Drs. 20/5830, S. 5.

[243] Gesetz über die Umweltverträglichkeitsprüfung in der Fassung der Bekanntmachung v. 18.03.2021 (BGBl. I S. 540), zul. geänd. durch Art. 4 des Gesetzes zur sofortigen Verbesserung der Rahmenbedingungen für die erneuerbaren Energien im Städtebaurecht vom 04.01.2023 (BGBl. I Nr. 6).

[244] Vgl. auch BT-Drs. 20/5830, S. 50.

[245] BT-Drs. 20/5830, S. 50.

[246] BT-Drs. 20/5830, S. 50.

[247] BT-Drs. 20/5830, S. 50.

insoweit besteht nach dem Gesetzeswortlaut allerdings kein Verfahrensermessen des BSH. Praktisch denkbar ist dies vornehmlich für Verfahren im frühen Stadium, insbesondere soweit die im Rahmen der UVP zwingende Öffentlichkeitsbeteiligung (vgl. §§ 18 ff. UVPG) noch nicht durchgeführt wurde. Bei weiter fortgeschrittenen Verfahren besteht indes die Gefahr, dass die Anwendung kontraproduktiv wirkt.[248]

cc) Bewertung im Kontext der jeweils betroffenen Vorschriften

Die Regelung des § 72a WindSeeG bricht ganz offensichtlich mit tradiertem Zulassungsrecht für umweltrelevante Anlagen.[249] Ihr Beschleunigungspotenzial wird nachfolgend im Kontext der Planfeststellungs- bzw. -genehmigungsmodalitäten für Offshore-Windparks nach den §§ 65–76 WindSeeG erörtert werden.[250] Dabei wird sich mitunter zeigen, dass die Vorschrift vorangegangene Beschleunigungsmaßnahmen des WindSeeG 2023 deutlich effektiviert.[251]

---

[248] Vgl. *Ruge*, NVwZ 2023, 870 (871).

[249] Vgl. auch *Rieger*, NVwZ 2023, 1042 (1043): „Paukenschlag"; *Ruge*, NVwZ 2023, 1033: „Systembruch".

[250] S. u. Kapitel 2 V. 2. g).

[251] Hierzu u. Kapitel 2 V. 2. f) aa).

Raumplanerische Steuerung von Windparkstandorten in der AWZ

Die See mag auf den ersten Blick den Eindruck eines unberührten Areals erwecken, das sich für Plangeber gleichsam als „weiße Landkarte" darstellt. Doch geht dieser Eindruck fehl[1]: Vielmehr bildet sie einen vielseitig bewirtschafteten Raum[2], auf welchen bereits seit Jahrzehnten auch ursprünglich terrestrische Nutzungsmuster übertragen werden (sog. „Terranisierung des Meeres"[3]). Diese können nicht nur mit den traditionellen Meeresnutzungen durch Schifffahrt und Fischerei[4], sondern auch vielfältigen anderen raumbeanspruchenden Belangen – etwa des Naturschutzes – kollidieren. Als solche „eigentlich terrestrische" Nutzungsform gilt gerade auch die Installation ortsfester Offshore-Anlagen[5], wie sie in erheblichem Maße für den Windenergieausbau erfolgt. Sie fordert eine Bewältigung zahlreicher Interessen- und Nutzungskonflikte[6], die nicht mehr allein vorhabenbezogen durch Einzelzulassungen geleistet werden kann, sondern das Bedürfnis nach vorgelagerter Raumplanung auslöst.

Zugleich werden Offshore-Windparks und -Anbindungsleitungen im Bereich der AWZ grundsätzlich nicht durch das terrestrische Planungsrecht erfasst.[7] Denn diese Meereszone unterliegt einem (völker-)rechtlichen Spezialregime, wonach Nutzungsregelungen des Küstenstaats entsprechender Sondervorschriften bedürfen.[8] In raumplanerischer Hinsicht existieren als solche insbesondere die 2009 eingeführte Bundesraumordnung für die AWZ (§ 17 Abs. 1 ROG), aber auch die Fachplanung für Windenergie auf See nach den §§ 4 ff., 66 ff. WindSeeG. Jene halten ein vertikal gestuftes Verfahren bereit, das die Lokalisierung von Erzeugungsflächen, aber auch die Zulassung von Offshore-Windenergieanlagen in jener Meereszone regelt. Die entsprechenden Verfah-

---

[1] *Ehlers*, NordÖR 2004, 51.

[2] Ausführlich *Ehlers*, Ocean Governance für nachhaltige maritime Entwicklung, in: FS Erbguth, 2019, S. 523 (524 f.).

[3] Begriff nach *Graf Vitzthum*, Europa-Archiv 31 (1976), 129.

[4] *Ehlers*, NordÖR 2004, 51.

[5] Vgl. Schubert, Maritimes Infrastrukturrecht, 2015, S. 151 f.

[6] *Germelmann*, EnWZ 2013, 488 (489 ff.); *Dannecker/Kerth*, DVBl. 2011, 1460 (1461).

[7] S. u. Kapitel 2 I. 3.

[8] *Ehlers*, NordÖR 2004, 51 sowie u. Kapitel 2 I. 3. b).

rensstufen werden im Folgenden nach einer knappen Klärung der terminologischen Grundlagen (I.) eingehend erörtert. Sie umfassen die maritime Raumordnung des Bundes für die AWZ als Instrument der räumlichen Gesamtplanung (II.) sowie im Rahmen der Fachplanungskaskade des WindSeeG den Flächenentwicklungsplan (II.), das Verfahren zur Flächenvoruntersuchung (III.) und die Zulassung von Windenergieanlagen auf See im Wege der Planfeststellung bzw. -genehmigung (IV.).

Die raumplanerische Trassenfindung für Offshore-Anbindungsleitungen war indessen schon vor der Einführung des WindSeeG Gegenstand der Meeresfachplanung. Für die diesbezüglichen Festlegungen des Flächenentwicklungsplans (s. § 5 Abs. 1 S. 1 Nrn. 7 und 8 WindSeeG) gilt mithin nichts anderes als schon zum vormaligen Bundesfachplan Offshore nach § 17a Abs. 1 S. 2 Nrn. 2 und 3 EnWG.[9] Ihre Zulassung erfolgt im Bereich der AWZ ebenso wie diejenige von Windenergieanlagen auf voruntersuchten Standorten im Wege der Plangenehmigung nach §§ 66 ff. WindSeeG; vom Anwendungsbereich des Voruntersuchungsverfahrens sind Anbindungsleitungen dagegen ausdrücklich nicht erfasst (§ 13 WindSeeG). Deutlich komplexer gestaltet sich indessen die Bedarfsplanung im Hinblick auf Offshore-Anbindungsleitungen, weshalb sie insoweit Gegenstand des dritten Kapitels[10] sein werden.

I.   Terminologische Grundlagen

Soweit diese Arbeit die einschlägigen Instrumente des WindSeeG – oder sonst relevante – planungsrechtlich kategorisiert, liegen ihr die folgenden Definitionen und Begrifflichkeiten zugrunde:

1.   *Begriff der räumlichen Fachplanung*

Der Begriff der räumlichen Fachplanung beinhaltet seinerseits die Begriffe der (hoheitlichen) Planung überhaupt, der Raumplanung und schließlich der Fachplanung in Abgrenzung zur Gesamtplanung.

---

[9] Vgl. BT-Drs. 18/888, S. 273; weiterführend *Bader*, in: Steinbach/Franke, Kommentar zum Netzausbau, § 17a EnWG Rn. 18 ff.; *Geber*, Die Netzanbindung von Offshore-Anlagen im europäischen Supergrid, 2014, S. 208 f.

[10] S. dort unter II. 3.

a) Planung

aa) Grundsätzliche Begriffsmerkmale des Plans

Der besondere Entscheidungstypus des Plans[11] oder der Planung erfasst grundsätzlich trägerneutral alle Vorgänge, die eine zukunftsbezogene Zielsetzung sowie die gedankliche Vorwegnahme der zur Zielerreichung erforderlichen Maßnahmen beinhalten.[12] Dabei existieren Pläne ganz unterschiedlicher Rechtsnatur[13], auch in Form von Parlamentsgesetzen[14]. Als weitere prägende Elemente der Planung „im Rechtssinne"[15] werden eine erhöhte Komplexität und Gestaltungsoffenheit der Entscheidung, die sich typischerweise im sog. „Planungsermessen" und der Offenheit der sie steuernden Normen („Finalprogrammierung") niederschlägt, ihr prognostischer Charakter sowie die Notwendigkeit eines multipolaren Interessenausgleichs angesehen.[16] So stelle Planung typischerweise die Reaktion auf das Bedürfnis nach einer Koordination vielzähliger, sich gegenseitig beeinflussender Lebenszusammenhänge dar.[17] Letzteres gelte vor allem für die staatliche Planung, die dadurch gekennzeichnet ist,

---

[11] *Köck*, Pläne und andere Formen des prospektiven Verwaltungshandelns, in: Voßkuhle/Eifert/Möllers, GrVwR II, § 36 Rn. 12; *Buus*, Bedarfsplanung durch Gesetz, 2018, S. 33.

[12] *Köck*, Pläne und andere Formen des prospektiven Verwaltungshandelns, in: Voßkuhle/Eifert/Möllers, GrVwR II, § 36 Rn. 10; *Schlacke*, Vorausschauende Planung als zulässige Vorratsplanung am Beispiel des Netzausbaus, in: FS Erbguth, 2019, S. 207 (211); *Franzius*, ZUR 2018, 11 (12); *Schmitt*, Die Bedarfsplanung von Infrastrukturen als Regulierungsinstrument, 2015, S. 65; ähnlich *Wolff/Bachof/Stober/Kluth*, Verwaltungsrecht I, 13. Aufl. 2017, § 56 Rn. 2 und *Hoppe*, in: Isensee/Kirchhof, Handbuch des Staatsrechts IV, § 77 Rn. 7.

[13] *Wolff/Bachof/Stober/Kluth*, Verwaltungsrecht I, 13. Aufl. 2017, § 56 Rn. 14 ff.; *Stelkens*, in: Stelkens/Bonk/Sachs, VwVfG, § 35 Rn. 263.

[14] Speziell zur Legalplanung *Kürschner*, Legalplanung, 2020.

[15] Vgl. *Schmitt*, Die Bedarfsplanung von Infrastrukturen als Regulierungsinstrument, 2015, S. 66.

[16] *Durner*, Konflikte räumlicher Planungen, 2019, S. 317 f.; *Schmidt-Aßmann*, Planung als administrative Handlungsform und Rechtsinstitut, in: FS Schlichter, 1995, S. 4; *Zierau*, Umweltstaatsprinzip aus Artikel 20a GG in Raumordnung und Fachplanung für Offshore-Windenergie in der AWZ, 2015, S. 36 f.; *Schmitt*, Die Bedarfsplanung von Infrastrukturen als Regulierungsinstrument, 2015, S. 66 f.; *Kügel*, Der Planfeststellungsbeschluss und seine Anfechtbarkeit, 1985, S. 125; vgl. zudem BVerwG, Urt. v. 30.04.1969 – IV C 6.68 – NJW 1969, 1868 (1869): „Bei der Planung geht es durchweg um einen Ausgleich mehr oder weniger zahlreicher, in ihrem Verhältnis zueinander komplexer Interessen, [...]" und *Kügel*, Der Planfeststellungsbeschluss und seine Anfechtbarkeit, 1985, S. 125.

[17] *Köck*, Pläne und andere Formen des prospektiven Verwaltungshandelns, in: Voßkuhle/Eifert/Möllers, GrVwR II, § 36 Rn. 25.

dass öffentliche Verwaltungsträger gezielt sozialgestaltende Planungsaufgaben wahrnehmen.[18]

bb) Privatnützige Planfeststellung als Planung?

Vor diesem Hintergrund ist seit Langem streitig, ob privatnützige Planfeststellungen und -genehmigungen noch als (staatliche) Planung kategorisiert werden können. Insbesondere die Antragsbindung[19] und die grundsätzlich nachvollziehende[20], „gegenüber gestaltenden Plänen verengte"[21] Abwägung rücken jene in die Nähe einer „gebundenen" Unternehmergenehmigung.[22] So vollzieht die Planfeststellungsbehörde regelmäßig nur Konzepte des Vorhabenträgers nach[23]; planerischer Gestaltungsspielraum steht ihr nur eingeschränkt zu.[24] Denn dieser ist erst dann eröffnet, wenn das Verfahren ergibt, dass der Plan in der vom Projektträger vorgelegten Form nicht feststellungsfähig wäre, und endet, sobald die behördliche Projektgestaltung wesentlich vom Ursprungsplan abweicht.[25] Bei gestuften Planungen tritt hinzu, dass wesentliche Standort- und Bedarfsfragen oftmals bereits auf vorgelagerten Entscheidungsstufen vorweggenommen wurden[26], sodass für die Zulassungsebene nur mehr die Klärung von Einzelheiten verbleibt, insbesondere technischer Fragen der Anlagenausführung[27]. Jedenfalls in solchen Fällen ist das planungstypische Ausgleichs-

---

[18] Vgl. *Köck*, Pläne und andere Formen des prospektiven Verwaltungshandelns, in: Voßkuhle/Eifert/Möllers, GrVwR II, § 36 Rn. 11, 25.

[19] *Riemer*, Investitionspflichten der Betreiber von Elektrizitätsübertragungsnetzen, 2017, S. 118.

[20] Zur nachvollziehenden Abwägung *Wickel*, in: Ehlers/Fehling/Pünder, Besonderes Verwaltungsrecht II, § 39 Rn. 12; *Riemer*, Investitionspflichten der Betreiber von Elektrizitätsübertragungsnetzen, 2017, S. 117 ff.; *Schüler*, Die Bedürfnisprüfung im Fachplanungs- und Umweltrecht, 2008, S. 119 ff.; *Dreier*, Die normative Steuerung der planerischen Abwägung, 1995, S. 44 f.; *Runkel*, in: Ernst/Zinkahn u. a., BauGB, § 38 Rn. 49; zur Herkunft und (uneinheitlichen) Verwendung des Begriffs *Erbguth*, JZ 2006, 484 (488).

[21] *Schmidt-Aßmann*, Planung als administrative Handlungsform und Rechtsinstitut, in: FS Schlichter, 1995, S. 14.

[22] *Köck*, Pläne und andere Formen des prospektiven Verwaltungshandelns, in: Voßkuhle/Eifert/Möllers, GrVwR II, § 36 Rn. 20; deutlich auch *Durner*, ZUR 2022, 3 (7): Der Vorhabenträger habe „bei einem abwägungsgerechten Antrag einen gebundenen Anspruch auf Feststellung seines Plans".

[23] *Riemer*, Investitionspflichten der Betreiber von Elektrizitätsübertragungsnetzen, 2017, S. 117 ff.

[24] *Durner*, ZUR 2022, 3 (7); *Riemer*, Investitionspflichten der Betreiber von Elektrizitätsübertragungsnetzen, 2017, S. 118.

[25] *Riemer*, Investitionspflichten der Betreiber von Elektrizitätsübertragungsnetzen, 2017, S. 118 m. w. N.

[26] S. etwa zur Fernstraßenplanung *Hufen/Siegel*, Fehler im Verwaltungsverfahren, 7. Aufl. 2021, Rn. 624 f.

[27] Konkret am Beispiel des WindSeeG *Himstedt*, NordÖR 2021, 209 (215).

und Gestaltungspotenzial des Planfeststellungsverfahrens erheblich reduziert.[28]

Gleichwohl bleibt dieses gegenüber sonstigen Zulassungen durch eine besondere Komplexität und die Ermittlung eines multipolaren Interessenausgleichs gekennzeichnet, was sie neben der – in engen Grenzen ja vorhandenen
– planerischen Abwägung von einfachen Kontrollerlaubnissen unterscheidet.[29]
Selbiges gilt für die Plangenehmigung.[30] Die Besonderheiten jener Zulassungs-
arten führen mithin nicht dazu, dass ihr der planerische Charakter insgesamt
abgesprochen werden kann.[31] Dies gilt vor allem, soweit sie mit vorgelagerten
Planungsstufen einen einheitlichen Entscheidungsprozess bilden.[32] Aus diesem
Grund wird auch die Anlagenzulassung nach §§ 66 ff. WindSeeG im Wege des
Planfeststellungs- bzw. Plangenehmigungsverfahrens nachfolgend im Rahmen
der (Raum-)Planung mitbehandelt.

b) Raumplanung

Planung in diesem Sinne kann sodann in Form der Raumplanung oder – gleich-
bedeutend – räumlichen Planung in Erscheinung treten, soweit sie die „förm-
lich-systematische Nutzung des Raums festleg[t]".[33] Die Definition weist weitgehende Parallelen zum Begriff der raumbedeutsamen Planungen in § 3 Abs.
1 Nr. 6 ROG auf, der jegliche raumbeanspruchenden und -beeinflussenden
Maßnahmen einschließt.[34] „Raum" in diesem Sinne kann auch der Meeresraum
in der AWZ sein.[35] Inwiefern die einzelnen windpark- und leitungsbezogenen

---

[28] *Schmidt-Aßmann*, Planung als administrative Handlungsform und Rechtsinstitut, in:
FS Schlichter, 1995, S. 14.

[29] *Durner*, Konflikte räumlicher Planungen, 2019, S. 59.

[30] *Kupfer*, in: Schoch/Schneider, Verwaltungsrecht, Vorbem. § 72 VwVfG Rn. 14 ff. und
§ 74 VwVfG Rn. 146.

[31] *Durner*, Konflikte räumlicher Planungen, 2019, S. 59; *Köck*, Pläne und andere Formen
des prospektiven Verwaltungshandelns, in: Voßkuhle/Eifert/Möllers, GrVwR II, § 36 Rn.
20; für eine terminologische Differenzierung zwischen „echter" Planung und Planfeststellung indes *Schmidt-Aßmann*, Planung als administrative Handlungsform und Rechtsinstitut,
in: FS Schlichter, 1995, S. 14 f.; *Wickel*, in: Ehlers/Fehling/Pünder, Besonderes Verwaltungsrecht II, § 39 Rn. 11; *Riemer*, Investitionspflichten der Betreiber von Elektrizitätsübertragungsnetzen, 2017, S. 117 ff.

[32] *Durner*, Konflikte räumlicher Planungen, 2019, S. 59

[33] *Durner*, Konflikte räumlicher Planungen, 2019, S. 31; ähnlich *Peine*, Öffentliches Baurecht, 4. Aufl. 2003, Rn. 1; *Oldiges*, Grundlagen eines Plangewährleistungsrechts, 1970, S.
45 ff.

[34] *Durner*, Konflikte räumlicher Planungen, 2019, S. 31; eingehend zu beiden Kriterien
Runkel, in: Spannowsky/Runkel/Goppel, ROG, Rn. 106 f.

[35] Vgl. *Zierau*, Umweltstaatsprinzip aus Artikel 20a GG in Raumordnung und Fachplanung für Offshore-Windenergie in der AWZ, 2015, S. 37.

Planungsinstrumente des WindSeeG mit raumplanerischen Wirkungen ausgestattet sind, wird nachfolgend im jeweiligen Kontext gewürdigt.[36]

c) Gesamt- und Fachplanung

Hoheitliche Raumplanung wiederum kann sowohl im Wege der Fachplanung als auch der Gesamtplanung erfolgen.[37] Während Fachplanungen der Verwirklichung sektoraler Planungsziele dienen, also solcher, die eine spezifische Nutzungsart des Raumes betreffen, und andere Nutzungen lediglich „hintergründig" im Rahmen des Abwägungsprozesses berücksichtigen[38], sind Gesamtplanungen gerade durch ihren „überfachlichen Abstimmungsauftrag"[39] gekennzeichnet.[40] Als Unterkategorien der Gesamtplanung gelten die überörtliche Raumordnungs- und die kommunale Bauleitplanung[41], von welchen im Folgenden die marine Raumordnung für die AWZ gem. § 17 Abs. 1 ROG relevant werden wird.[42]

2. Planungsstufen und planerische Abschichtung

a) Vertikale Entscheidungsstufung

Die Stufung administrativer Planungs- und Zulassungsverfahren stellt ein Instrument dar, um besonders komplexen und umfangreichen Verfahrensstoff, wie er sich insbesondere bei großen Infrastrukturprojekten ergibt, praktisch handhabbar zu machen („dekomplexifizieren").[43] Hierzu werden einzelne Gegenstände eines planerischen Gesamtprozesses abgegrenzt und selbständigen Verfahrensabschnitten (Stufen oder Ebenen) zugewiesen[44], dies oftmals im Wege der „Hochzonung"[45] einzelner Abwägungsaspekte von der Eröffnungs-

---

[36] S. u. Kapitel 2 II. 4. b) und IV. 4. a) aa).

[37] *Kloepfer*, Umweltrecht, 4. Aufl. 2016, § 5 Rn. 108 ff.; *Hendler*, Grundlagen, in: *Koch/Hendler*, Baurecht, Raumordnungs- und Landesplanungsrecht, § 1 Rn. 22; *Zierau*, Umweltstaatsprinzip aus Artikel 20a GG in Raumordnung und Fachplanung für Offshore-Windenergie in der AWZ, 2015, S. 38; eingehend *Durner*, Konflikte räumlicher Planungen, 2019, S. 32 ff.

[38] *Kloepfer*, Umweltrecht, 4. Aufl. 2016, § 5 Rn. 110.

[39] *Schubert*, Maritimes Infrastrukturrecht, 2015, S. 225.

[40] *Hoppe*, in: Isensee/Kirchhof, Handbuch des Staatsrechts IV, § 77 Rn. 12; *Schmitt*, Die Bedarfsplanung von Infrastrukturen als Regulierungsinstrument, 2015, S. 72 f.

[41] *Durner*, Konflikte räumlicher Planungen, 2019, S. 33; *Hoppe*, in: Isensee/Kirchhof, Handbuch des Staatsrechts IV, § 77 Rn. 12; vgl. auch *Erbguth*, NVwZ 1995, 243.

[42] S. u. Kapitel 2 II.

[43] Ausführlich *Salm*, Individualrechtsschutz bei Verfahrensstufung, 2019, S. 29 ff.

[44] *Salm*, Individualrechtsschutz bei Verfahrensstufung, 2019, S. 29 f.

[45] Zum Begriff vgl. etwa *Mutert*, Vorausschauende Steuerung in Planungskaskaden – zeitgemäße Fortentwicklung des Planungsrechts? in: Hebeler u. a., Planungsrecht im Umbruch, 2017, S. 9 (21).

kontrolle auf vorgelagerte, abstrakte Raum- oder Bedarfsplanungen. Präziser kann dieser Vorgang als sog. vertikale Entscheidungsstufung kategorisiert werden.[46]

Eine „echte" Stufung liegt dabei nur vor, soweit die Entscheidungsphase zu einem eigenen Verfahren verselbständigt ist und aus ihrem Ergebnis ein verbindliches Entwicklungsgebot für nachfolgende Stufen erwächst, sodass letztlich mehrere Einzelentscheidungen „in eine einzige abschließende Eröffnungskontrolle münden".[47] Vor diesem Hintergrund werden im Folgenden auch die Bindungswirkungen der jeweiligen Planungsinstrumente untersucht. Dabei muss die Stufung nicht zwingend ausschließlich auf Fachrecht beruhen; auch nicht-sektorale Planungen wie solche des Raumordnungsrechts können einer Eröffnungskontrolle vorgeschaltet sein und deren Inhalte vorab zwingend determinieren.[48] Grundsätzlich keine echte Entscheidungsstufe bildet indes die der Projektzulassung nachfolgende Vollzugsebene, da diese keine Planungs-, sondern lediglich Umsetzungsmaßnahmen beinhaltet.[49]

b)   Planerische Abschichtung

Eng mit dem Begriff der Stufung administrativer Entscheidungsfindung verbunden ist derjenige der Abschichtung. Im Kontext vertikal gestufter Behördenverfahren wird hierunter zumeist die sukzessive Einschränkung des inhaltlichen Prüfaufwandes verstanden.[50] Um betroffene Belange nicht auf jeder Entscheidungsebene umfassend einzubeziehen, werden bereits geklärte Aspekte aus der weiteren Ergebnisfindung ausgeschlossen.[51] Allerdings beschränkt sich der Abschichtungsbegriff keineswegs auf diese Möglichkeit, Inhalte einer vorgelagerten Verfahrensstufe zu übernehmen, sondern solche können auch auf nachfolgende Stufen verschoben werden (Abschichtung „nach unten"[52] bzw. „Konflikttransfer"[53]); letztlich können sogar Ergebnisse einer nachgelagerten Ebene für die hochstufige Planung – zumeist ihrer Fortschreibung – genutzt werden („umgekehrte" Abschichtung).[54] Wegen dieser umfassenden Koordinationsmöglichkeiten ist der Begriff also eher im Sinne eines ganzheitlichen

---

[46] *Siegel*, Entscheidungsfindung im Verwaltungsverbund, 2009, S. 37 ff., 154 ff.

[47] *Siegel*, Entscheidungsfindung im Verwaltungsverbund, 2009, S. 185.

[48] *Siegel*, Entscheidungsfindung im Verwaltungsverbund, 2009, S. 187.

[49] *Siegel*, Entscheidungsfindung im Verwaltungsverbund, 2009, S. 198.

[50] Vgl. *Hagenberg*, UPR 2015, 442; *Reidt/Eckart*, in: Schink/Reidt/Mitschang, UVPG/UmwRG, § 47 UVPG Rn. 12.

[51] *Engelbert*, Die abschichtende Planungsentscheidung unter Vorläufigkeitsbedingungen, 2019, S. 39; *Hagenberg*, UPR 2015, 442; *Schwarz*, NuR 2011, 545 (546).

[52] *Kment*, in: Beckmann/Kment, UVPG/UmwRG, § 39 UVPG Rn. 35.

[53] *Siegel*, Entscheidungsfindung im Verwaltungsverbund, 2009, S. 180 f.

[54] *Schwarz*, Die Umweltprüfung im gestuften Planungsverfahren, 2011, S. 14; *Ders.*, NuR 2011, 545 (546).

„Verfahrensmanagements" zu verstehen.[55] Auch dem WindSeeG liegt ein spezifisches Modell der fachplanerischen Abschichtung zugrunde.[56]

Neben dieser Abschichtung durch Stufung ist grundsätzlich auch eine stufeninterne Abschichtung möglich.[57] Zu den diesbezüglichen Instrumenten zählt vor allem die Abschnittsbildung im Rahmen des Planfeststellungsverfahrens[58], wobei jene Möglichkeit jedoch im Rahmen des WindSeeG seit Kurzem entfallen ist[59].

3. Die völkerrechtliche Zonierung der Meere

In räumlicher Hinsicht kommen für den Ausbau der Offshore-Windenergie mit dem Küstenmeer (1.), der AWZ bzw. dem darunterliegenden Festlandsockel (2.) und der Hohen See (3.) grundsätzlich drei Meereszonen nach dem Seerechtsübereinkommen der Vereinten Nationen[60] (SRÜ) in Betracht. In welcher sich Windenergieanlagen oder Anbindungsleitungen befinden, bestimmt dabei entscheidend über das für sie maßgebliche (Fach-)Planungsregime. Insoweit hat die völkerrechtliche Zonierung des Meeres letztlich ein „örtlich dreigeteilte[s] Verfahren"[61] zur Folge, wobei das zentrale Modell des WindSeeG derzeit nur in der AWZ praktisch zum Tragen kommt.

a) Küstenmeer

Unter dem Küstenmeer wird seevölkerrechtlich die Meereszone unmittelbar seewärts der Basislinie[62] verstanden (Art. 2 Abs. 1 SRÜ). Die Bundesrepublik hat die Breite ihres Küstenmeeres grundsätzlich auf das völkerrechtlich zulässige Maximum von zwölf Seemeilen (vgl. Art. 3, 4 SRÜ) festgelegt[63]; lediglich

---

[55] *Schwarz*, Die Umweltprüfung im gestuften Planungsverfahren, 2011, S. 240; *Engelbert*, Die abschichtende Planungsentscheidung unter Vorläufigkeitsbedingungen, 2019, S. 40 ff. differenziert angesichts dessen weiter nach sog. „Grundlagen-" und „Entscheidungsabschichtung".

[56] S. näher u. IV. 3. b) aa) sowie *Himstedt*, NordÖR 2021, 209 (insbes. 213 ff.).

[57] Eingehend zur internen Abschichtung *Siegel*, Entscheidungsfindung im Verwaltungsverbund, 2009, S. 154–184.

[58] *Siegel*, Entscheidungsfindung im Verwaltungsverbund, 2009, S. 183 f.

[59] S. hierzu BT-Drs. 20/1634, S. 99.

[60] Übereinkommen v. 10.12.1982 (BGBl. II 1994, S. 1799), ausführlich zu diesem etwa *Mielke*, Sicherheit der Schifffahrt und Meeresumweltschutz in der Nord- und Ostsee, 2016, S. 110 ff.; *Wolf*, Unterseeische Rohrleitungen und Meeresumweltschutz, 2011, S. 61 ff.

[61] *Spreen*, NVwZ 2005, 653 (654).

[62] Aktuell zu dieser *Blitza*, Auswirkungen des Meeresspiegelanstiegs auf maritime Grenzen, 2019, S. 18 ff.

[63] S. Proklamation v. 19.10.1994 über die Ausweitung des deutschen Küstenmeers (BGBl. I S. 3428).

in Teilbereichen der Ostsee bleibt seine Ausdehnung dahinter zurück[64]. Landwärts der Basislinie befinden sich demgegenüber die sog. inneren Gewässer (Art. 8 Abs. 1 SRÜ), auf die das Planungsregime des WindSeeG jedoch schon nach der Legaldefinition der „Windenergieanlage auf See" in § 3 Nr. 11 WindSeeG keine Anwendung findet. Das Küstenmeer zählt zum Hoheitsgebiet des Küstenstaates (sog. „maritimes Aquitorium"[65], engl. auch „territorial sea"[66]), wobei sich dessen Souveränität sowohl auf den Meeresboden und -untergrund als auch den Luftraum über dem Meeresspiegel erstreckt (Art. 2 Abs. 1, 2 SRÜ).[67] Eine Besonderheit besteht indes vor allem darin, dass gem. Art. 17 SRÜ grundsätzlich den Schiffen aller Staaten die friedliche Durchfahrt durch das Küstenmeer zu gewähren ist.[68] Als Seewasserstraße steht das Küstenmeer im privatrechtlichen Eigentum des Bundes (vgl. Art. 89 Abs. 1 GG, § 1 Abs. 2 S. 1 WaStrG).[69] Gleichwohl zählt es (auch) zum Hoheitsgebiet der Küstenbundesländer.[70]

aa) Grundsätzliche Geltung terrestrischen Rechts

Infolge des rechtlichen Status als Hoheitsgebiet gilt im Küstenmeer weitgehend terrestrisches Recht[71], d. h. im Hinblick auf Offshore-Windparks insbesondere die Raumordnung durch die Küstenbundesländer[72] und das Anlagenzulassungsrecht des BImSchG. So wurden die norddeutschen Länder bereits im Jahre 2001 durch einen Beschluss der Ministerkonferenz für Raumordnung aufgefordert, den Geltungsbereich ihrer Raumordnungspläne auf das Küstenmeer auszuweiten.[73] In der Folge weisen letztere nunmehr auch Küstenmeer-

---

[64] *Mielke*, Sicherheit der Schifffahrt und Meeresumweltschutz in der Nord- und Ostsee, 2016, S. 122; *Keller*, Das Planungs- und Zulassungsregime für Offshore-Windenergieanlagen in der deutschen AWZ, 2006, S. S. 38.

[65] Der Begriff geht auf *Graf Vitzthum* zurück, der das Küstenmeer als „Aquitorium" dem Landgebiet und dem Luftraum eines Staates gegenüberstellt, s. *Ders*, in: Isensee/Kirchhof, Handbuch des Staatsrechts II, § 18 Rn. 25.

[66] *Czybulka*, ZUR 2003, 329.

[67] *Wolf*, Unterseeische Rohrleitungen und Meeresumweltschutz, 2011, S. 66; *Schubert*, Maritimes Infrastrukturrecht, 2015, S. 21 ff.

[68] Eingehend *Mielke*, Sicherheit der Schifffahrt und Meeresumweltschutz in der Nord- und Ostsee, 2016, S. 123 ff.

[69] *Beckert/Breuer*, Öffentliches Seerecht, 1991, Rn. 142 f.; *Gröpl*, in: Dürig/Herzog/Scholz, GG, Art. 89 Rn. 15.

[70] *Grigoleit*, Planungsbezogene Änderungen der ROG-Novelle 2017, in: Mitschang, Raumordnungs- und Bauleitplanung aktuell, 2018, S. 9 (14).

[71] Vgl. *Faßbender/Becker*, in: Posser/Faßbender, Praxishandbuch Netzplanung und Netzausbau, 2013, Kap. 2 Rn. 12.

[72] Eingehend hierzu *Maurer*, Die Ordnung der Meere, 2017, S. 184 ff.; *Erbguth*, DÖV 2011, 373 (378); *Schubert*, Maritimes Infrastrukturrecht, 2015, S. 189 ff.; *Wille*, Raumplanung in der Küsten- und Meeresregion, 2009, S. 40.

[73] *Wille*, Raumplanung in der Küsten- und Meeresregion, 2009, S. 40.

bereiche speziell für Offshore-Windparks aus, insbesondere in Form von Vorrang- und Vorbehaltsgebieten[74] (vgl. § 7 Absatz 3 Nrn. 1 und 2 ROG). Innerhalb dieser wird teils zusätzlich die raumverträglichste Ausformung von Windparkgrenzen mittels Raumordnungsverfahren (§ 15 Abs. 1 S. 1 ROG) ermittelt.[75]

Für die Zulassung von Offshore-Windparks im Küstenmeer ist gem. § 4 Abs. 1 BImSchG i. V. m. Nr. 1.6.1 bzw. 1.6.2 des Anhangs 1 zur 4. BImSchV regelmäßig eine immissionsschutzrechtliche Genehmigung erforderlich.[76] Dabei war vor dem Hintergrund, dass Küstenmeergewässer in der Regel gemeindefreies Gebiet sind, lange umstritten, ob im Rahmen des § 6 Abs. 1 Nr. 2 BImSchG auch die Regelung des § 35 BauGB zur Anwendung gelangen sollte.[77] Dies galt besonders im Hinblick auf die Raumordnungsklausel und den Planvorbehalt nach § 35 Abs. 3 S. 2 Hs. 2 und S. 3 BauGB. Letzterer fände nunmehr infolge der Neufassung des § 249 Abs. 1 BauGB zum 1. Februar 2023[78] in jedem Fall keine Anwendung mehr. Geht man zudem davon aus, dass § 35 BauGB als Planersatzvorschrift konzipiert wurde, wohingegen eine gemeindliche Überplanung des Küstenmeeres unmöglich ist, war eine dortige Geltung der Vorschrift jedoch ohnehin abzulehnen.[79]

Für durch das Küstenmeer verlaufende Offshore-Anbindungsleitungen greifen dagegen die deutlich komplexeren Instrumente der landseitigen Bedarfsplanung sowie u. U. das Fachplanungsregime des NABEG.[80]

---

[74] S. Ziffer 8.1 der Anlage der Landesverordnung über das Landesentwicklungsprogramm Mecklenburg-Vorpommern v. 27.05.2016 (GVOBl. M-V 2016, S. 322); Ziffer 4.2.04 der Anlage 1 der Verordnung über das Landes-Raumordnungsprogramm Niedersachsen v. 08.05.2008 (Nds. GVBl. S. 132), zul. geänd. durch Art. 1, 2 der Verordnung zur Änderung der Verordnung über das Landes-Raumordnungsprogramm Niedersachsen v. 07.09.2022 (Nds. GVBl. S. 521).

[75] S. Ziffer 8.1 (6) der Anlage der Landesverordnung über das Landesentwicklungsprogramm Mecklenburg-Vorpommern v. 27.05.2016 (GVOBl. M-V 2016, S. 322) sowie beispielhaft für den Offshore-Windpark „Beta Baltic" https://www.raumordnung-mv.de/pages/beta_baltic.html.

[76] Hierzu etwa *Fest*, Die Errichtung von Windenergieanlagen in Deutschland und seiner AWZ, 2010, S. 73 ff.; *Schubert*, Maritimes Infrastrukturrecht, 2015, S. 154 f.

[77] Vertiefend *Rosenbaum*, Errichtung und Betrieb von Offshore-Windenergieanlagen im Offshore-Bereich, 2006, S. 235 ff.; *Schubert*, Maritimes Infrastrukturrecht, 2015, S. 159 ff; s. zudem *Fest*, Die Errichtung von Windenergieanlagen in Deutschland und seiner AWZ, 2010, S. 393 f.; *Wille*, Raumplanung in der Küsten- und Meeresregion, 2009, S. 41.

[78] S. das Gesetz zur Erhöhung und Beschleunigung des Ausbaus von Windenergie an Land v. 20.07.2022 (BGBl. I S. 1353) und hierzu u. Kapitel 5 II. 3. b) bb).

[79] Ausführlich *Schubert*, Maritimes Infrastrukturrecht, 2015, S. 160.

[80] Weiterführend zu diesem etwa *Durner*, DVBl. 2013, 1564; *Calliess/Dross*, JZ 2012, 1002; *Kment*, RdE 2011, 341; *Appel*, UPR 2011, 406; *Grigoleit/Weisensee*, UPR 2011, 401; *Lang/Rademacher*, RdE 2013, 145.

bb) Derzeit geringe praktische Bedeutung des zentralen Modells

Zwar kann das zentrale Modell auch im Küstenmeer Geltung erlangen, jedoch gilt dies ausschließlich für die in § 4 Abs. 1 S. 2 WindSeeG genannten Festlegungsgegenstände und vor allem nur nach Maßgabe einer Verwaltungsvereinbarung des Bundes mit dem jeweiligen Küstenbundesland (§ 4 Abs. 1 S. 3, § 5 Abs. 1 Nrn. 1, 2 WindSeeG). Eine solche kam, da die Länder Niedersachsen und Schleswig-Holstein diese Möglichkeit derzeit noch ausschließen[81], bisher lediglich mit Mecklenburg-Vorpommern zustande.[82] Aufgrund jener Vereinbarung legt der aktuelle Flächenentwicklungsplan mehrere Gebiete i. S. d. § 3 Nr. 3 WindSeeG für die Errichtung von Offshore-Windparks im Küstenmeer Mecklenburg-Vorpommerns fest.[83] Deren Fortplanung im Wege der Flächenfestlegung (vgl. §§ 3 Nr. 4, 5 Abs. 1 S. 1 Nr. 2 WindSeeG) scheiterte jedoch seither an der tatsächlichen Verfügbarkeit insbesondere rechtefreier Standorte.[84] Obgleich der räumliche Geltungsbereich des Flächenentwicklungsplans also über den des vormaligen Bundesfachplans Offshore hinausgeht (vgl. § 17a Abs. 1 S. 1 EnWG), konnte das Ziel dieser räumlichen Ausweitung, Küstenmeerflächen in die Ausschreibungen nach dem zentralen Modell einzubeziehen[85], bislang praktisch nicht verwirklicht werden.

Selbst im Falle einer erfolgreichen Flächenplanung des Bundes im Küstenmeer bliebe es dem Land überlassen, die raumordnungsrechtlichen Voraussetzungen zu schaffen und sicherzustellen, dass in der späteren Anlagenzulassung nach dem BImSchG die materiellen Anforderungen des § 69 Abs. 3 S. 1 WindSeeG entsprechend zur Geltung gelangen.[86] Allein in der Realisierungsphase von Windenergievorhaben im Küstenmeer gelten die Vorschriften des WindSeeG (§§ 81–91 WindSeeG) ipso iure (§ 65 Abs. 2 WindSeeG).

b) Ausschließliche Wirtschaftszone und Festlandsockel

Unmittelbar angrenzend an das Küstenmeer befindet sich seevölkerrechtlich die AWZ, die bis zu 200 Seemeilen seewärts ab der Basislinie reichen kann

---

[81] *Bundesamt für Seeschifffahrt und Hydrographie*, Flächenentwicklungsplan 2023 für die deutsche Nordsee und Ostsee v. 20.01.2023, S. 50.

[82] S. Verwaltungsvereinbarung über die Festlegungen für das Küstenmeer im Flächenentwicklungsplan zwischen der Bundesrepublik Deutschland und dem Land Mecklenburg-Vorpommern v. 28.06.2019, einsehbar unter https://www.BSH.de/DE/THEMEN/Offshore/Meeresfachplanung/Flaechenentwicklungsplan/_Anlagen/Downloads/FEP/Flaechenentwicklungsplan_Verwaltungsvereinbarung_BSH_Mecklenburg_Vorpommern.html.

[83] *Bundesamt für Seeschifffahrt und Hydrographie*, Flächenentwicklungsplan 2023 für die deutsche Nordsee und Ostsee v. 20.01.2023, S. 50.

[84] *Bundesamt für Seeschifffahrt und Hydrographie*, Flächenentwicklungsplan 2023 für die deutsche Nordsee und Ostsee v. 20.01.2023, S. 50.

[85] BT-Drs. 18/8860, S. 269.

[86] Vgl. BT-Drs. 18/8860, S. 271.

(vgl. Art. 55, 57 SRÜ)[87] und nicht zum Hoheitsgebiet der Küstenstaaten zählt[88]. Vielmehr stellen die Art. 54 ff. SRÜ für dieses „Funktionshoheitsgebiet" eine spezifische Rechtsordnung auf[89] und weisen den Uferstaaten einzelne Nutzungs- und Regelungsmaterien abschließend zu, sofern jene die Meereszone ausdrücklich in Anspruch nehmen.[90] So stehen der Bundesrepublik Deutschland infolge ihrer Proklamation über die Errichtung einer ausschließlichen Wirtschaftszone[91] insbesondere souveräne Rechte zur Erforschung und Ausbeutung, Erhaltung und Bewirtschaftung der natürlichen Ressourcen und zur Energieerzeugung aus Wasser, Strömung und Wind in der AWZ zu (Art. 56 Abs. 1 lit. a) SRÜ). Ihre Befugnisse[92] erfassen hierzu u. a. die Errichtung und Nutzung von künstlichen Inseln, Anlagen und Bauwerken (Art. 56 Abs. 1 lit. b) i), 60 SRÜ) bzw. die Zulassung solcher Tätigkeiten.[93]

Diese völkerrechtlichen Vorschriften ermöglichen es, die energetische Nutzung der deutschen AWZ räumlich zu ordnen[94], wie es mitunter durch §§ 4 ff. WindSeeG geschieht. Denn die Küstenstaaten haben sowohl die Befugnis zur gesetzlichen Reglementierung der betreffenden Tätigkeiten als auch zu ihrer administrativen Überwachung.[95] Dabei ist die AWZ vom räumlichen Geltungsbereich deutscher Gesetze grundsätzlich nur erfasst, soweit diese explizit für anwendbar erklärt wurden, was etwa für das Naturschutzrecht des Bundes seit

---

[87] Zu den konkreten Ausmaßen der deutschen AWZ – nämlich 28.600 km² in der Nord- und 4.500 km² in der Ostsee – eingehend *Mielke*, Sicherheit der Schifffahrt und Meeresumweltschutz in der Nord- und Ostsee, 2016, S. 132 f.

[88] *Durner*, ZUR 2022, 3; *Ehlers*, NordÖR 2004, 51 (52).

[89] *Proelß*, ZUR 2010, 359; *Wolf*, ZUR 2010, 365; *Ders.*, ZUR 2005, 176; *Kerth*, EurUP 2022, 91 (92); *Keller*, Das Planungs- und Zulassungsregime für Offshore-Windenergieanlagen in der deutschen AWZ, 2006, S. 42; ähnlich *Schubert*, Maritimes Infrastrukturrecht, 2015, S. 24.

[90] *Erbguth*, DV 2009, 179 (182); *Schubert*, Maritimes Infrastrukturrecht, 2015, S. 24 ff.

[91] S. Proklamation der Bundesrepublik Deutschland über die Errichtung einer ausschließlichen Wirtschaftszone der Bundesrepublik Deutschland in der Nordsee und in der Ostsee v. 20.11.1994 (BGBl. II, S. 3769).

[92] Zum Unterschied zwischen den in Art. 56 SRÜ verwendeten Begriffen der „Souveräne[n] Rechte" und „Befugnisse" *Kahle*, ZUR 2004, 80 (81 f.) und *Schubert*, Maritimes Infrastrukturrecht, 2015, S. 26 f.

[93] *Mielke*, Sicherheit der Schifffahrt und Meeresumweltschutz in der Nord- und Ostsee, 2016, S. 134; *Ehlers*, NordÖR 2004, 51 (55).

[94] Vgl. *Grigoleit*, in: Kment, ROG, § 17 Rn. 30; *Runge/Schomerus*, ZUR 2007, 410 (411).

[95] *Schubert*, Maritimes Infrastrukturrecht, 2015, S. 26; *Wolf*, Unterseeische Rohrleitungen und Meeresumweltschutz, 2011, S. 66 f.

Erlass der entsprechenden Erstreckungsklausel (§ 56 Abs. 1 BNatSchG[96]) im Jahr 2010 der Fall ist.[97]

Andererseits muss die Bundesrepublik anderen Staaten insbesondere die verkehrliche Nutzung der AWZ (Schifffahrt, Überflug) gewähren (Art. 58 SRÜ)[98] und ist für den dortigen Ressourcenschutz zuständig (Art. 56 Abs. 1 lit. a) SRÜ).[99] Dies schlägt sich nicht zuletzt in den verkehrs- und umweltbezogenen Planungsleitsätzen der §§ 5 Abs. 3 S. 2 Nrn. 1, 2, 69 Abs. 3 S. 1 Nrn. 1, 2 WindSeeG nieder.

Von der AWZ grundsätzlich abzugrenzen ist der Festlandsockel, der den jenseits des Küstenmeeres gelegenen Meeresboden und -untergrund bis zur äußeren Kante des Festlandrandes umfasst (Art. 76 Abs. 1, 3 SRÜ).[100] Der Status des Festlandsockels als völkerrechtliche Meereszone trägt dem geografischen Umstand Rechnung, dass sich das Festland unter der Meeresoberfläche fortsetzt und dort gleichsam „natürliche Verlängerungen" (vgl. Art. 76 Abs. 1 SRÜ) aufweist.[101] Auch der Festlandsockel zählt nicht zum Hoheitsgebiet der Küstenstaaten[102]; diesen stehen aber auch hier exklusive souveräne Rechte zu dessen Erforschung und zur Ausbeutung bestimmter natürlicher Ressourcen zu (Art. 77 Abs. 1, 4 SRÜ). Räumlich überlappen sich die deutsche AWZ und der deutsche Festlandsockel, indem die AWZ gleichsam über letzterem liegt; sie sind somit deckungsgleich.[103] In der Folge wird das Festlandsockelregime in die spezifische Rechtsordnung der AWZ integriert (vgl. Art. 56 Abs. 3 SRÜ, der auf Teil VI des SRÜ verweist).[104]

---

[96] Gesetz über Naturschutz und Landschaftspflege v. 29.07.2009 (BGBl. I S. 2542), zul. geänd. durch Art. 3 des Ersten Gesetzes zur Änderung des Elektro- und Elektronikgerätegesetzes, der Entsorgungsfachbetriebeverordnung und des Bundesnaturschutzgesetzes vom 08.12.2022 (BGBl. I S. 2240)

[97] *V. Daniels/Uibeleisen*, ZNER 2011, 602 (603).

[98] Zu den seevölkerrechtlichen „Kommunikationsfreiheiten" *Ehlers*, NordÖR 2004, 51 (52).

[99] *Kahle*, ZUR 2004, 80 (81).

[100] *Keller*, Das Planungs- und Zulassungsregime für Offshore-Windenergieanlagen in der deutschen AWZ, 2006, S. 39.

[101] *Schubert*, Maritimes Infrastrukturrecht, 2015, S. 28.

[102] *Schubert*, Maritimes Infrastrukturrecht, 2015, S. 28.

[103] *Schubert*, Maritimes Infrastrukturrecht, 2015, S. 24, 28; *Ehlers*, NordÖR 2004, 51 (52); *Keller*, Das Planungs- und Zulassungsregime für Offshore-Windenergieanlagen in der deutschen AWZ, 2006, S. 39; *Maier*, Die Ausdehnung des Raumordnungsgesetzes auf die AWZ, 2008, S. 6.

[104] *Mielke*, Sicherheit der Schifffahrt und Meeresumweltschutz in der Nord- und Ostsee, 2016, S. 134; *Schubert*, Maritimes Infrastrukturrecht, 2015, S. 29; *Maier*, Die Ausdehnung des Raumordnungsgesetzes auf die Ausschließliche Wirtschaftszone (AWZ) – dargestellt an der auslösenden Situation der raumordnerischen Steuerung der Errichtung von Offshore-Windenergieanlagen, 2008, S. 6; vgl. auch *Keller*, Das Planungs- und Zulassungsregime für Offshore-Windenergieanlagen in der deutschen AWZ, 2006, S. 43.

c) Hohe See

Meeresgewässer, die nicht zu den oben beschriebenen Zonen der AWZ, des Küstenmeers oder den inneren Gewässern eines Staates zählen[105], gelten gem. Art. 86 SRÜ als Hohe See bzw. Hochsee[106]. Kennzeichnend für die Hochseegewässer als „Staatengemeinschaftsräume" ist, dass ihre Nutzung, Erforschung und Ausbeutung gem. Art. 87 Abs. 1 S. 1 SRÜ allen Staaten gleichermaßen zusteht („common heritage of mankind"); sie zählen also weder zum Hoheits- noch zum Funktionshoheitsgebiet eines bestimmten Staates.[107]

Die Freiheit der Hohen See umfasst auch die Befugnis, völkerrechtlich zulässige (Windenergie-)Anlagen zu errichten (Art. 87 Abs. 1 S. 3 lit. d) SRÜ). Infolgedessen wird diese Meereszone auch von den Zulassungs- und Realisierungsregelungen des vierten Teils WindSeeG erfasst, soweit der Unternehmenssitz des Vorhabenträgers im Bundesgebiet liegt (§ 65 Abs. 1 Nr. 2 Wind-SeeG). Den erforderlichen Anknüpfungspunkt für die Regelungsbefugnis der Bundesrepublik bildet hierbei also – ähnlich dem Flaggenrecht der Seeschiffe – die Staatsangehörigkeit des Vorhabenträgers (Nationalitätsprinzip).[108] Da die Hohe See in der Nord- und Ostsee aber infolge der weiten Ausdehnung der jeweiligen AWZ tatsächlich nicht vorkommt[109], und Windparkvorhaben außerhalb der bis zu 200 Seemeilen (370,4 km) breiten AWZ im Übrigen enorme Leitungsstrecken zu überwinden hätten, wird sich die praktische Bedeutung des § 65 Abs. 1 Nr. 2 WindSeeG voraussichtlich in Grenzen halten.

II. Maritime Raumordnung des Bundes

In der Planungskaskade zur Lokalisierung von Offshore-Windparkflächen in der AWZ ist der Fachplanung des WindSeeG zunächst die maritime Raumordnung des Bundes vorgeschaltet.[110] Deren Grundlage bildet § 1 Abs. 4 ROG, welcher den räumlichen Geltungsbereich des Raumordnungsrechts auf die deutsche AWZ erstreckt (§ 1 Abs. 4 ROG). Während dem Bund hierbei das – ohnehin mehr flankierende – Instrument des Raumordnungsverfahrens versagt

---

[105] Die in Art. 86 SRÜ ebenfalls genannte Variante der Archipelgewässer kann hier mangels Bedeutung für die Bundesrepublik vernachlässigt werden.

[106] *Degenhardt/Treibmann*, in: Böttcher, Stromleitungsnetze – Rechtliche und wirtschaftliche Aspekte, 2014, S. 281 (Fn. 873).

[107] *Erbguth*, DV 2009, 179 (182); *Keller*, Das Planungs- und Zulassungsregime für Offshore-Windenergieanlagen in der deutschen AWZ, 2006, S. 41; *Schubert*, Maritimes Infrastrukturrecht, 2015, S. 25 f.

[108] *Wolf*, Unterseeische Rohrleitungen und Meeresumweltschutz, 2011, S. 67.

[109] *Degenhardt/Treibmann*, in: Böttcher, Stromleitungsnetze – Rechtliche und wirtschaftliche Aspekte, 2014, S. 281 (dort Fn. 873).

[110] Eingehend auch *Janssen*, EurUP 2018, 220.

bleibt[111], wird er mit § 17 Abs. 1 ROG zur Aufstellung eines besonderen Raumordnungsplans für die AWZ ermächtigt.[112] Zuständig ist insoweit das Bundesministerium des Innern und für Heimat „im Einvernehmen mit den fachlich betroffenen Bundesministerien", wobei die fachliche Vorbereitung praktisch durch das BSH erfolgt (§ 17 Abs. 1 S. 1, 3 ROG).[113] Der Plan ist in Form der Rechtsverordnung zu erlassen (§ 17 Abs. 1 S. 1 ROG). Nachdem dies in der vormaligen Praxis mittels zweier Einzelpläne für Nord- und Ostsee erfolgt war[114], ist auf deren Fortschreibung hin zum 1. September 2021 ein einheitlicher Raumordnungsplan für die deutsche AWZ (im Folgenden: Raumordnungsplan 2021)[115] in Kraft getreten.

Inhaltlich ist die Raumordnung für die AWZ infolge des Umstands, dass diese als besonderer „Funktionshoheitsraum" der Bundesrepublik qualifiziert wird (vgl. Art. 55, 56 SRÜ), notwendig als „selektive"[116] konzipiert und ihre Festlegungen mithin auf bestimmte, den Küstenstaaten völkerrechtlich zugewiesene Bereiche beschränkt.[117] Hierzu zählt insbesondere[118] die Windenergienutzung.[119] Tatsächlich bildete diese den Anlass für den erstmaligen Erlass der Raumordnungspläne im Jahr 2009[120] und macht auch aktuell noch einen inhaltlichen Schwerpunkt des Raumordnungsplans 2021 aus[121]. Soweit angemerkt

---

[111] Denn § 15 ROG ist auf Landesverfahren beschränkt, s. *Erbguth*, DÖV 2011, 373 (381 f.); *Schubert*, Maritimes Infrastrukturrecht, 2015, S. 230.

[112] Eingehend zum Aufstellungsverfahren etwa *Maurer*, Die Ordnung der Meere, 2017, S. 197 ff.

[113] S. *Bundesamt für Seeschifffahrt und Hydrographie*, „Meeresraumplanung", unter: https://www.BSH.de/DE/THEMEN/Offshore/Meeresraumplanung/meeresraumplanung_node.html.

[114] S. die Verordnung über die Raumordnung in der deutschen ausschließlichen Wirtschaftszone in der Nordsee v. 21.09.2009 (BGBl. I S. 3107) bzw. der Ostsee v. 10.12.2009 (BGBl. I S. 3861), beide aufgeh. mit der Verordnung über die Raumordnung in der deutschen ausschließlichen Wirtschaftszone in der Nordsee und in der Ostsee v. 19.08.2021 (BGBl. I S. 3886). Zu den Gründen s. *Runkel*, in: Spannowsky/Runkel/Goppel, ROG, § 17 Rn. 14.

[115] S. die Anlage zur Verordnung über die Raumordnung in der deutschen ausschließlichen Wirtschaftszone in der Nordsee und in der Ostsee v. 19.08.2021 (BGBl. I G 5702).

[116] *Wolf*, ZUR 2007, 27 (29); ähnlich *von Nicolai*, IZR 2004, 491 (495).

[117] Eingehend *Schubert*, Maritimes Infrastrukturrecht, 2015, S. 228; s. auch *Wolf*, ZUR 2005, 176 (176, 180); *Erbguth*, DÖV 2011, 373 (374).

[118] Zu den sonstigen Materien etwa *Wissenschaftlicher Dienst des Deutschen Bundestags*, Sachstand – Maritime Raumordnung in der Ausschließlichen Wirtschaftszone der Bundesrepublik Deutschland, 2022, S. 9 ff.

[119] S. auch *Runkel*, in: Spannowsky/Runkel/Goppel, ROG, § 17 Rn. 17.

[120] Hierzu monographisch *Maier*, Die Ausdehnung des Raumordnungsgesetzes auf die Ausschließliche Wirtschaftszone (AWZ) – dargestellt an der auslösenden Situation der raumordnerischen Steuerung der Errichtung von Offshore-Windenergieanlagen, 2008, insbes. S. 11 ff.

[121] S. Raumordnungsplan für die deutsche ausschließliche Wirtschaftszone in der Nordsee und in der Ostsee, S. 11 ff.

wurde, dass hierdurch die Meeresraumordnung nach § 17 Abs. 1 ROG praktisch in die Nähe einer Offshore-Energiefachplanung gerückt werde[122], ist dem entgegenzuhalten, dass jene gleichwohl verschiedenste Raumnutzungsansprüche fachübergreifend koordiniert und damit als Gesamtplanung einzuordnen bleibt (vgl. §§ 3 Abs. 2, 17 Abs. 1 S. 2 ROG)[123].

Dementsprechend legt auch der aktuelle Raumordnungsplan 2021 – basierend auf den mittlerweile überholten Ausbauzielen desselben Jahres – für Offshore-Windenergieanlagen in der Nordsee jeweils elf Vorrang- und Vorbehaltsgebiete i. S. d. § 7 Abs. 3 S. 2 Nrn. 1 und 2 ROG und je ein bedingtes Vorrang- und Vorbehaltsgebiet fest; in der Ostsee sind es zusätzlich drei Vorranggebiete und ein bedingtes Vorbehaltsgebiet.[124] Das entspricht einer Fläche von 5.379 km²[125] Im Gegensatz hierzu hatten in den vormaligen Raumordnungsplänen Windenergie-Vorranggebiete lediglich eine Gesamtfläche von 1.010 km² eingenommen.[126] Die Gebietsfestlegungen sind jedoch nicht nur quantitativ beachtlich; vielmehr ergibt sich ihre hohe Relevanz auch daraus, dass sie bei der Aufstellung des Flächenentwicklungsplans durch das BSH strikt verbindlich wirken (§ 5 Abs. 3 S. 2 Nr. 1, S. 4 WindSeeG).

III. Flächenentwicklungsplan

Der Flächenentwicklungsplan bildet die erste Stufe im Fachplanungssystem des WindSeeG und trifft als solche wesentliche raumplanerische Festlegungen für Windparkstandorte in der AWZ. Soweit er hierneben Verfahrensfestlegungen gem. § 5 Abs. 1 S. 1 Nr. 3 letzt. Hs. WindSeeG trifft, die Erzeugungskapazitäten und Ausschreibungsreihenfolge von Flächen bestimmt und die Inbe-

---

[122] *Schmidtchen*, Klimagerechte Energieversorgung im Raumordnungsrecht, 2014, S. 198.

[123] *Schmidtchen*, Klimagerechte Energieversorgung im Raumordnungsrecht, 2014, S. 198 ff.; vgl. auch *Grigoleit*, in: Kment, ROG, § 17 Rn. 18.

[124] S. Raumordnungsplan für die deutsche ausschließliche Wirtschaftszone in der Nordsee und in der Ostsee v. 19.08.2021 (BGBl. I G 5702), S. 11 ff., 25.

[125] S. *Windkraft-Journal*, „Offshore-Windenergie: Raumordnungsplan für die deutsche ausschließliche Wirtschaftszone tritt in Kraft" v. 02.09.2021, abrufbar unter https://www. windkraft-journal.de/2021/09/02/offshore-windenergie-raumordnungsplan-fuer-die-deutsche-ausschliessliche-wirtschaftszone-tritt-in-kraft/165944?doing_wp_cron=1667307620. 2807600498199462890625.

[126] Hiervon 880 km² in der Nord- und 130 km² in der Ostsee, s. Ziffer 3.5.1 der Anlage zur Verordnung über die Raumordnung in der deutschen ausschließlichen Wirtschaftszone in der Nordsee v. 21.09.2009 (BGBl. I S. 3107) bzw. der Ostsee v. 10.12.2009 (BGBl. I S. 3861), beide aufgeh. mit der Verordnung über die Raumordnung in der deutschen ausschließlichen Wirtschaftszone in der Nordsee und in der Ostsee v. 19.08.2021 (BGBl. I S. 3886).

triebnahmezeitpunkte von Anlagen festlegt (§ 5 Abs. 1 Nr. 3 erster Hs. sowie Nrn. 4, 5 WindSeeG), wird dies in Kapitel 3 behandelt.

Federführend zuständig für die Planaufstellung ist das BSH, das nunmehr für alle Aufgaben nach und im Zusammenhang mit dem WindSeeG der Rechts- und Fachaufsicht des Bundesministeriums für Wirtschaft und Klimaschutz unterliegt (§§ 6 Abs. 7, 104 WindSeeG).[127] Die vormals geteilte Behördenaufsicht mit dem Bundesministerium für Digitales und Verkehr gem. § 79 WindSeeG a. F. wurde mit dem WindSeeG 2023 aufgehoben. Die Erstellung des Flächenentwicklungsplans kann nur im Einvernehmen mit der Bundesnetzagentur und in Abstimmung mit dem Bundesamt für Naturschutz (BfN), der Generaldirektion Wasserstraßen und Schifffahrt (GDWS) sowie den Küstenbundesländern erfolgen (§ 6 Abs. 7 WindSeeG).

In räumlicher Hinsicht bezieht sich der Flächenentwicklungsplan – wie schon angemerkt – grundsätzlich auf die AWZ (§ 4 Abs. 1 S. 1 WindSeeG); hinsichtlich vereinzelter Festlegungen für das Küstenmeer sei auf die obigen Ausführungen[128] hingewiesen. Hinsichtlich seines zeitlichen Planungshorizonts war in § 5 Abs. 1 S. 1 WindSeeG a. F. ursprünglich die Maßgabe „ab 2026 bis mindestens zum Jahr 2030" verankert; das Zieljahr 2030 ist indessen mittlerweile praktisch überholt und wurde daher mit dem WindSeeG 2023 gestrichen.[129] Im Übrigen ist der Planungshorizont zwar grundsätzlich an demjenigen des Netzentwicklungsplans gem. § 12a Abs. 1 S. 2 EnWG (zehn bis fünfzehn Jahre) zu orientieren[130], darf allerdings nach Art und Ziel der einzelnen Festlegungen variieren[131].

1. Aufstellungsverfahren

Das Aufstellungsverfahren beginnt, indem das BSH dessen Einleitung und voraussichtlichen Abschlusszeitpunkt auf seiner Internetseite und einer überregionalen Tageszeitung bekanntmacht (§ 6 Abs. 1 i. V. m. § 98 Nr. 1 WindSeeG). Unverzüglich nach der Bekanntmachung erstellt es einen Vorentwurf des Flächenentwicklungsplans (§ 6 Abs. 2 S. 1 WindSeeG).

---

[127] Im Übrigen ist die Behörde dem Geschäftsbereich des Bundesministeriums für Digitales und Verkehr zugeordnet, s. https://bmdv.bund.de/SharedDocs/DE/Artikel/Z/geschaeftsbereich-des-bmdv.html.

[128] S. o. Kapitel 1 I. 3. a) bb).

[129] S. BT-Drs. 20/1634, S. 72.

[130] BT-Drs. 18/8860, S. 271.

[131] BT-Drs. 18/8860, S. 271.

a) SUP-Pflicht

Zeitgleich mit dem Vorentwurf erstellt das BSH zudem in der Praxis einen Entwurf des Untersuchungsrahmens für die SUP.[132] Denn der Plan unterliegt gem. § 35 Abs. 1 Nr. 1 UVPG[133] i. V. m. Ziffer 1.17 der Anlage 5 zum UVPG der unbedingten Pflicht zur Durchführung einer SUP. Zwingende Bestandteile seines Aufstellungsverfahrens bilden somit insbesondere die Festlegung des Untersuchungsrahmens, die Erstellung eines Umweltberichts einschließlich der Prüfung „vernünftiger" Standort- und Konzeptalternativen[134] sowie die Behörden- und Öffentlichkeitsbeteiligung (§§ 39 ff. UVPG).[135] Die genannten Vorschriften kommen bei der Erstellung des Flächenentwicklungsplans jedoch nach § 38 UVPG[136] nicht unmittelbar zum Tragen, da § 6 WindSeeG ihre Einhaltung bereits fachplanungsrechtlich sichert. Letztlich hat die Ausgestaltung der SUP-Pflicht als obligatorische zur Folge, dass das vereinfachte Verfahren gem. § 6 Abs. 6 WindSeeG nur ausnahmsweise praktisch relevant werden kann, so etwa bei lediglich geringfügigen Änderungen des Plans (vgl. § 37 S. 1 UVPG[137]).

b) Erste Beteiligungsrunde

aa) Frühe Beteiligung der Übertragungsnetzbetreiber

Zu dem Vorentwurf des Flächenentwicklungsplans nehmen sodann die Übertragungsnetzbetreiber (ÜNB) nach entsprechender Aufforderung und Fristsetzung durch die Bundesnetzagentur gemeinschaftlich Stellung (§ 6 Abs. 2 S. 2 WindSeeG). Ihre frühzeitige Beteiligung ist dem in § 1 Abs. 1 S. 2 und 3 WindSeeG verankerten Ziel geschuldet, den Zubau von Offshore-Windparks netzsynchron zu gestalten.[138] So werden die ÜNB vor allem im Hinblick auf die

---

[132] S. den Vorentwurf und den Entwurf des Untersuchungsrahmens jeweils v. 17.12.2021 unter https://www.BSH.de/DE/THEMEN/Offshore/Meeresfachplanung/Flaechenentwicklungsplan/flaechenentwicklungsplan_node.html.

[133] Gesetz über die Umweltverträglichkeitsprüfung in der Fassung der Bekanntmachung v. 18.03.2021 (BGBl. I S. 540), zul. geänd. durch Art. 4 des Gesetzes zur sofortigen Verbesserung der Rahmenbedingungen für die erneuerbaren Energien im Städtebaurecht vom 04.01.2023 (BGBl. I Nr. 6).

[134] Hierzu *Faßbender*, ZUR 2018, 323 (328 f.); vgl. auch *Runge/Schomerus*, ZUR 2007, 410 (412) sowie insgesamt zu den Problemen der Alternativenprüfung *Wulfhorst*, NVwZ 2011, 1099.

[135] Eingehend zu den Verfahrensschritten der SUP *Kloepfer*, Umweltrecht, 4. Aufl. 2016, § 5 Rn. 709.

[136] Zu dessen Subsidiaritätsregel im Einzelnen *Peters/Balla/Hesselbarth*, UVPG, § 38 Rn. 4 ff.

[137] Näher zum Ausnahmetatbestand *Schink*, in: Schink/Reidt/Mitschang, UVPG/UmwRG, § 37 UVPG Rn. 2 ff.

[138] Vgl. auch BT-Drs. 18/8860, S. 277.

zeitliche Ausbauplanung, aber auch wegen ihrer Expertise in (leitungs-)technischen Aspekten herangezogen.[139]

Inhaltliche Vorgaben für die Stellungnahme, die jedoch nicht abschließend sind („insbesondere")[140], ergeben sich aus § 6 Abs. 2 S. 3 WindSeeG. Hiernach sollen alle aus Sicht der Netzbetreiber wirksamen Maßnahmen zur bedarfsgerechten Optimierung, Verstärkung und zum Ausbau der Offshore-Anbindungsleitungen, die zur Erreichung der Ziele nach § 4 Abs. 2 WindSeeG und für einen sicheren und zuverlässigen Betrieb der Offshore-Anbindungsleitungen erforderlich sind, wie auch die Vereinbarkeit mit den Netzentwicklungsplänen berücksichtigt werden (§ 6 Abs. 2 S. 3 Nrn. 1, 3 WindSeeG). Die Aspekte entsprechen teils jenen, die die ÜNB bei der Erstellung des vormaligen Offshore-Netzentwicklungsplans zu berücksichtigen hatten (vgl. § 17b Abs. 1 S. 2, 3, Abs. 2 S. 2 EnWG).[141] Die Stellungnahme wird schließlich durch die Bundesnetzagentur in Abstimmung mit dem BSH geprüft (§ 6 Abs. 2 S. 4 WindSeeG).

bb) Anhörungstermin

Anschließend wird jene neben dem Vorentwurf in einem öffentlichen Anhörungstermin erörtert (§ 6 Abs. 3 S. 1, 2 u. 7 WindSeeG). Zum Anhörungstermin sind die Behörden, deren Aufgabenbereich betroffen ist, wie auch sonstige Träger öffentlicher Belange[142], Übertragungsnetzbetreiber und anerkannte Umweltvereinigungen durch das BSH zu laden (§ 6 Abs. 3 S. 5 WindSeeG). Die Ladung kann elektronisch erfolgen (§ 6 Abs. 3 S. 6 WindSeeG). Zu den betroffenen Behörden zählen neben der ohnehin mitzuständigen Bundesnetzagentur, dem BfN und der GDWS (s. § 6 Abs. 7 WindSeeG) insbesondere das Bundesamt für Infrastruktur, Umweltschutz und Dienstleistungen der Bundeswehr im Hinblick auf mögliche Beeinträchtigungen militärischer Übungsgebiete sowie die für Umwelt, Bergbau und Fischerei zuständigen Landesbehörden. Die Erkenntnisse aus dem Anhörungstermin sind im Anschluss bei der Erstellung des Entwurfs des Flächenentwicklungsplans durch das BSH zu berücksichtigen (§ 6 Abs. 4 S. 2 WindSeeG).

cc) Abschichtung im Rahmen des Scopings

Weil der Anhörungstermin zugleich die Besprechung im Sinne des § 39 Abs. 4 S. 2 UVPG darstellt (§ 6 Abs. 3 S. 4 WindSeeG), legt das BSH anschließend auf dessen Basis den Untersuchungsrahmen fest („Scoping"[143]) und erstellt den

---

[139] *Bader*, in: Steinbach/Franke, Kommentar zum Netzausbau, § 6 WindSeeG Rn. 5.

[140] BT-Drs. 18/8860, S. 277.

[141] *Chou*, EurUP 2018, 296 (299).

[142] Eingehend zu Definition und Abgrenzung *Siegel*, Die Verfahrensbeteiligung von Behörden und anderen Trägern öffentlicher Belange, 2001, S. 37 ff.

[143] S. *Peters/Balla/Hesselbarth*, UVPG, § 39 Rn. 1; *Kloepfer/Durner*, Umweltschutzrecht, 3. Aufl. 2020, § 4 Rn. 27.

Umweltbericht nach Maßgabe des § 40 UVPG (§ 6 Abs. 4 S. 1, 2 WindSeeG). Bei der Festlegung des Untersuchungsrahmens gilt insbesondere zu beachten, dass auf allen Ebenen der räumlichen Planung und Zulassung von Offshore-Windparks integrative Umweltprüfungen gesetzlich verankert sind. So unterliegen sowohl der Raumordnungsplan nach § 17 Abs. 1 ROG als auch das dem Flächenentwicklungsplan nachgelagerte Voruntersuchungsverfahren einer obligatorischen SUP (vgl. § 35 Abs. 1 Nr. 1 UVPG i. V. m. Nrn. 1.6, 1.18 der Anlage 5 UVPG). Die Planfeststellung bzw. -genehmigung von Offshore-Windparks bedarf angesichts der üblichen Anlagenzahl und -größe in aller Regel der UVP (s. Ziffern 1.6.1 bis 3 der Anlage 1 zum UVPG). Sind Pläne derart Bestandteil eines mehrstufigen Planungs- und Zulassungsprozesses, soll die Behörde gem. § 39 Abs. 3 S. 1 UVPG zur Vermeidung von Mehrfachprüfungen bei der Festlegung des Untersuchungsrahmens im Rahmen der SUP auch bestimmen, auf welcher Entscheidungsstufe bestimmte Umweltauswirkungen schwerpunktmäßig geprüft werden sollen. Für den Flächenentwicklungsplan ist dies seit dem WindSeeG 2023 auch unmittelbar in § 5 Abs. 3 S. 5 geregelt.[144]

Maßgeblich für die Schwerpunktbildung sind Art und Umfang der Umweltauswirkungen, fachliche Erfordernisse sowie Inhalt und Entscheidungsgegenstand des Plans (§ 5 Abs. 3 S. 6 WindSeeG, der weitgehend § 39 Abs. 3 S. 2 UVPG entspricht). In der Praxis legt das BSH den Prüfungsschwerpunkt bei der Erstellung des Raumordnungs- und des Flächenentwicklungsplans daher auf großräumige, strategische Betrachtungen unter Einbeziehung kumulativer und grenzüberschreitender Umwelteffekte sowie umfassender räumlicher Alternativenprüfungen, während die nachfolgende Flächenvoruntersuchung – mit größerer Detailtiefe – schwerpunktmäßig lokale Umweltauswirkungen untersucht, die sich aus der Lage der Fläche und des Projekts hierauf ergeben.[145] Dies entspricht einerseits der gegenüber der vorangehenden Verfahrensstufe deutlich erweiterten Datenbasis (vgl. § 10 Abs. 1 WindSeeG), andererseits auch der Stellung der Voruntersuchung in der Planungskaskade, wo sie die letzte Möglichkeit zur Korrektur der Standortentscheidung bietet, bevor die Fläche in das Ausschreibungsverfahren übergeht und außenwirksam einem Projektträger zugewiesen wird (vgl. § 12 Abs. 6 S. 3 WindSeeG). Umweltbelange, die eine Projektverwirklichung zu verhindern geeignet sind, müssen also spätestens hier mit möglichst abschließender Detailtiefe geklärt werden. Der UVP auf Zulassungsebene schließlich bleibt schwerpunktmäßig die Beurteilung solcher Umweltauswirkungen vorbehalten, die auf der konkreten bau-

---

[144] Schon zuvor sah § 5 Abs. 3 S. 4 WindSeeG a. F. jedoch einen Verweis auf § 39 Abs. 3 UVPG vor, sodass mit der Änderung letztlich keine inhaltlichen Neuerungen einhergehen.

[145] S. *Bundesamt für Seeschifffahrt und Hydrographie*, Untersuchungsrahmen für die strategische Umweltprüfung zur Änderung und Fortschreibung des Flächenentwicklungsplans v. 30.06.2022, S. 10–12, 15 ff., abrufbar unter https://www.BSH.de/DE/THEMEN/Offshore/Meeresfachplanung/Flaechenentwicklungsplan/flaechenentwicklungsplan_node.html.

lichen Ausführung oder Betriebsweise des Vorhabens beruhen, mithin etwa der Gründungstechnik und Höhe der Anlagen, aber auch ihrer räumlichen Anordnung.[146]

Für nachfolgende Pläne und solche Vorhabenzulassungen, für die der jeweilige Plan „einen Rahmen setzt", beschränkt sich die Umweltprüfung sodann auf „zusätzliche oder andere erhebliche Umweltauswirkungen sowie auf erforderliche Aktualisierungen und Vertiefungen" (§ 5 Abs. 3 S. 7 WindSeeG, § 39 Abs. 3 S. 3 UVPG). Dabei statuieren sowohl der Raumordnungsplan für die AWZ als auch der Flächenentwicklungsplan und das Voruntersuchungsergebnis gem. § 12 Abs. 5 WindSeeG einen inhaltlichen Rahmen i. S. d. § 35 Abs. 3 S. 3 UVPG für die Zulassung von Offshore-Windparks, indem sie u. a. verbindliche Vorgaben zum Standort[147] und zur Anlagenbeschaffenheit[148] machen (vgl. § 72 Abs. 1 WindSeeG). Durch dieses Abschichtungskonzept werden letztlich die stufenübergreifend zu berücksichtigenden Umweltbelange (vgl. §§ 5 Abs. 3 S. 2 Nr. 2, 69 Abs. 3 S. 1 Nr. 1 sowie der Verweis hierauf in § 10 Abs. 2 S. 1 Nrn. 1, 2 a) WindSeeG) nach dem planerischen Grundsatz der Ebenenspezifik[149] determiniert.

c)   Zweite Beteiligungsrunde

Soweit nicht ausnahmsweise das vereinfachte Verfahren gem. § 6 Abs. 6 WindSeeG einschlägig ist, beteiligt das BSH im weiteren Verfahren erneut die betroffenen Behörden (s. o.) und nunmehr auch die Öffentlichkeit zum Entwurf des Flächenentwicklungsplans und zum Umweltbericht (§ 6 Abs. 5 S. 1 WindSeeG). Für die Verfahrensschritte der Behörden- und Öffentlichkeitsbeteiligung verweist das WindSeeG dabei ausdrücklich auf die Vorschriften des UVPG, sodass insbesondere die §§ 41–43 UVPG maßgeblich sind.[150] Dementsprechend werden der Planentwurf und der Umweltbericht zunächst an die Behörden, deren Aufgabenbereich berührt ist, übermittelt und deren

---

[146] S. *Bundesamt für Seeschifffahrt und Hydrographie*, Untersuchungsrahmen für die strategische Umweltprüfung zur Änderung und Fortschreibung des Flächenentwicklungsplans v. 30.06.2022, S. 10–12, 15 ff., abrufbar unter https://www.BSH.de/DE/THEMEN/Offshore/Meeresfachplanung/Flaechenentwicklungsplan/flaechenentwicklungsplan_node.html.

[147] Im Wege der Ausweisung von Vorrang- oder Vorbehaltsgebieten im Raumordnungsplan und der Festlegung von Gebieten und Flächen gem. § 5 Abs. 1 S. 1 Nrn. 1, 2 WindSeeG.

[148] So etwa Vorgaben zur Anlagenhöhe als Ziele der Raumordnung oder die Vorgabe kollisionsfreundlicher Bauweisen im Rahmen der Eignungsfeststellung.

[149] Hierzu etwa *Engelbert*, Die abschichtende Planungsentscheidung unter Vorläufigkeitsbedingungen, 2019, S. 47; *Erbguth/Schubert*, DÖV 2005, 533 (535); *Schwarz*, NuR 2011, 545 (546) sowie im Kontext des WindSeeG *Himstedt*, NordÖR 2021, 209 (212 f.).

[150] *Chou*, EurUP 2018, 296 (299); weiterführend zum Ablauf der Behörden- und Öffentlichkeitsbeteiligung nach §§ 41 ff. UVPG etwa *Kloepfer*, Umweltrecht, 4. Aufl. 2016, § 5 Rn. 709.

Stellungnahmen innerhalb einer angemessenen Frist eingeholt (§ 6 Abs. 5 S. 1 WindSeeG i. V. m. § 41 UVPG). Für die Öffentlichkeitsbeteiligung gelten infolge des Verweises in § 42 Abs. 1 UVPG die Verfahrensschritte der „Projekt-UVP"[151] gem. § 18 Abs. 1, §§ 19–22 UVPG entsprechend, allerdings mit der Maßgabe, dass Planentwurf und Umweltbericht für die Mindestdauer von einem Monat öffentlich auszulegen sind (§ 42 Abs. 2 S. 1 UVPG).[152] Nur die „betroffene", d. h. in ihren Belangen berührte Öffentlichkeit einschließlich der anerkannten Umweltvereinigungen[153] darf sich im Anschluss innerhalb einer durch das BSH bestimmten Frist zum Planentwurf und zum Umweltbericht äußern (§ 42 Abs. 3 S. 1 UVPG).

Zudem „soll" ein Erörterungstermin durchgeführt werden (§ 6 Abs. 5 S. 3 WindSeeG), was ausweislich der Gesetzesbegründung dahingehend auszulegen ist, dass lediglich im Ausnahmefall hiervon abgesehen werden kann.[154] Dabei hat das BSH sein Verfahrensermessen pflichtgemäß auszuüben und sich hierbei insbesondere an den Zwecken des Erörterungstermins – nämlich Verfahrenstransparenz und Betroffenenpartizipation – zu orientieren.[155] Die Regelung ist vor dem Hintergrund des § 42 Abs. 3 S. 5 UVPG zu sehen, wonach ein Erörterungstermin bei der Aufstellung von Plänen und Programmen nur erforderlich ist, soweit dies durch Bundesgesetz besonders angeordnet wird.[156]

d) Erstellung, Bekanntgabe und Fortschreibung des Plans

Aufgrund der Behörden- und Öffentlichkeitsbeteiligung erstellt das BSH den Flächenentwicklungsplan sodann im Einvernehmen mit der Bundesnetzagentur sowie in Abstimmung mit dem BfN, der GDWS und letztlich den Küstenbundesländern (§ 6 Abs. 7 WindSeeG). Das Einvernehmenserfordernis zugunsten der Bundesnetzagentur ist vor allem den anbindungsbezogenen Festlegungen des Plans (vgl. § 5 Abs. 1 S. 1 Nrn. 4 und 5 WindSeeG) geschuldet, die eine umfassende Berücksichtigung der netzseitigen Aspekte erforderlich machen.[157] Zudem obliegt der Bundesnetzagentur die spätere Ausschreibung der im Flächenentwicklungsplan festgelegten Flächen. Das Einvernehmen

---

[151] Zum Begriff *Kloepfer*, Umweltrecht, 4. Aufl. 2016, § 5 Rn. 495.
[152] *Kahl/Gärditz*, Umweltrecht, 13. Aufl. 2023, § 4 Rn. 121.
[153] *Schink*, in: Schink/Reidt/Mitschang, UVPG/UmwRG, § 42 UVPG Rn. 13; *Runge/Schomerus*, ZUR 2007, 410 (412); eingehend zu den möglichen Stufen der Betroffenheit in diesem Kontext *Hufen/Siegel*, Fehler im Verwaltungsverfahren, 7. Aufl. 2021, Rn. 260 ff.
[154] BT-Drs. 18/8860, S. 277; ebenso *Chou*, EurUP 2018, 296 (299).
[155] *Siegel*, NVwZ 2023, 193 (200); vgl. auch *Siegel/Himstedt*, DÖV 2021, 137 (143).
[156] Zu § 42 Abs. 3 S. 5 UVPG etwa *Wagner/Beckmann*, in: Beckmann/Kment, UVPG/UmwRG, § 42 Rn. 35 f.
[157] BT-Drs. 18/8860, S. 277.

setzt eine Willensübereinstimmung voraus und führt folglich zu einem „echten" Mitentscheidungsrecht.[158]

Zugunsten des BfN, der GDWS und der Küstenbundesländer, welche der Gesetzgeber als weitere „wesentliche Akteure" besonders einbeziehen wollte[159], ist demgegenüber das deutlich schwächere Beteiligungsrecht der „Abstimmung" in § 6 Abs. 7 WindSeeG verankert. Abstimmung bedeutet („nur") kooperierende Beteiligung[160] in Form des „Versuch[s], zu einem weitestgehenden Ausgleich der Vorstellungen von federführender Behörde und beteiligten Trägern öffentlicher Belange zu gelangen".[161] Auf diese Weise soll die Vereinbarkeit der Festlegungen mit Belangen des Naturschutzes und der Seeschifffahrt sichergestellt werden. Eine Abstimmung mit den Küstenbundesländern liegt bereits deshalb nahe, weil der Flächenentwicklungsplan prinzipiell auch Festlegungen für das Küstenmeer treffen kann[162]; jedenfalls aber, weil er gem. § 5 Abs. 1 S. 1 Nr. 8 WindSeeG auch den Übertritt von Anbindungsleitungen in das Küstenmeer räumlich vorbestimmt. Den finalen Plan macht das BSH sodann auf seiner Internetseite und in einer überregionalen Tageszeitung bekannt (§ 6 Abs. 8 i. V. m. § 98 Nr. 1 WindSeeG).

Im Anschluss an den Planerlass sind dessen voraussichtliche erhebliche Umweltauswirkungen zu überwachen (sog. Monitoring[163]), wobei die hierzu dienenden Maßnahmen bereits in den Umweltbericht aufzunehmen sind (§ 45 Abs. 1 UVPG). Als solche sieht das BSH beispielsweise akustische Messungen während der Betriebs- und Errichtungsphase von Offshore-Windenergieanlagen vor, die der Erfassung und Kontrolle des vor allem für Meeressäuger schädlichen Rammschalls[164] dienen.[165]

---

[158] S. zur Beteiligungsform des Einvernehmens *Siegel*, Die Verfahrensbeteiligung von Behörden und anderen Trägern öffentlicher Belange, 2001, S. 89, 93 f. sowie zum vormaligen § 8 SeeAnlV *Schmälter*, in: Theobald/Kühling, § 8 SeeAnlV Rn. 1. A. A. *Kerth*, in: Säcker/Steffens, BerlKommEnR VIII, § 6 WindSeeG Rn. 7: „Einvernehmen bedeutet, dass das BSH die Stellungnahmen der BNetzA bei ihrer Entscheidung zu berücksichtigen hat."

[159] Vgl. BT-Drs. 18/8860, S. 277 f.

[160] So auch *Kerth*, in: Säcker/Steffens, BerlKommEnR VIII, § 6 WindSeeG Rn. 8.

[161] *Siegel*, Die Verfahrensbeteiligung von Behörden und anderen Trägern öffentlicher Belange, 2001, S. 83.

[162] Selbst wenn es an dortigen Flächenausweisungen aktuell noch fehlt, s. o. Kapitel 2 I. 3. a) bb).

[163] *Kloepfer/Durner*, Umweltschutzrecht, 3. Aufl. 2020, § 4 Rn. 33; *Peters/Balla/Hesselbarth*, UVPG, § 45 Rn. 1 f.

[164] Ausführlich *Bellmann u. a.*, Unterwasserschall während des Impulsrammverfahrens, 2020, S. 7 f.; *Sailer*, ZUR 2009, 579 (581); *Fest*, Die Errichtung von Windenergieanlagen in Deutschland und seiner AWZ, 2010, S. 403 f.; *Dahlke/Trümpler*, in: Böttcher, Handbuch Offshore-Windenergie, 2013, S. 123 f.; *Fischer/Lorenzen*, NuR 2004, 764 (765).

[165] Vgl. *Bundesamt für Seeschifffahrt und Hydrographie*, Umweltbericht zum Flächenentwicklungsplan 2023 für die deutsche Nordsee v. 20.01.2023, S. 32 f.

Änderungs- und Fortschreibungsverfahren können sowohl auf Vorschlag des BSH als auch der Bundesnetzagentur eingeleitet werden, wobei über Zeitpunkt und Umfang des Verfahrens beide Bundesbehörden einvernehmlich zu entscheiden haben (§ 8 Abs. 1 S. 2 WindSeeG). Die Fortschreibung hat mindestens alle vier Jahre zu erfolgen, bei Bedarf auch in geringeren Abständen (§ 8 Abs. 2 S. 1 WindSeeG). Das Verfahren entspricht grundsätzlich dem Aufstellungsverfahren nach § 6 WindSeeG, jedoch kann das BSH in Abstimmung mit der Bundesnetzagentur auf einzelne Verfahrensschritte verzichten, wenn von deren Durchführung keine wesentlichen Erkenntnisse für die Änderung oder Fortschreibung zu erwarten sind oder nur geringfügige Änderungen oder Ergänzungen beabsichtigt sind (§ 8 Abs. 4 S. 2, 3 WindSeeG).

2. *Spektrum raumplanerischer Festlegungen für Windparkstandorte*

Im Hinblick auf Windparkstandorte trifft der Flächenentwicklungsplan einerseits raumplanerische Festlegungen über „Gebiete" (§ 5 Abs. 1 Nr. 1 WindSeeG), also Meeresbereiche für die Errichtung und den Betrieb von Windenergieanlagen auf See, die an das Netz angeschlossen werden (§ 3 Nr. 3 WindSeeG). Jene entsprechen den „Clustern" im vormaligen Bundesfachplan Offshore (vgl. § 17a Abs. 1 S. 2 Nr. 1 EnWG, § 3 Nr. 1 WindSeeG).[166] Innerhalb der Gebiete legt der Plan im nächsten Schritt „Flächen" fest (§ 5 Abs. 1 Nr. 2 WindSeeG), auf welchen nach der Legaldefinition in § 3 Nr. 4 WindSeeG „Windenergieanlagen auf See, die an das Netz angeschlossen werden, in räumlichem Zusammenhang errichtet werden sollen und für die deshalb eine gemeinsame Ausschreibung erfolgt". Praktisch umreißen jene damit die späteren Windparkgrenzen.[167] Flächen können sowohl Teilbereiche von Gebieten ausmachen als auch solche zur Gänze einnehmen[168], wobei ersteres der ganz überwiegenden Praxis entspricht[169]. Diese Aufteilung eines Gebiets ermöglicht es dem BSH insbesondere, Teilkapazitäten desselben gestaffelt auszuschreiben[170], etwa um sie auf die Anbindungssituation abzustimmen. Was den Planungshorizont anbelangt, so soll die Festlegung von Gebieten wegen ihrer „rahmensetzenden" Funktion anhand eines längerfristigen Betrachtungszeitraums erfolgen als diejenige von Flächen, welche in stärkerer Abhängigkeit zu

---

[166] BT-Drs. 18/8860, S. 268.

[167] Vgl. BT-Drs. 18/8860, S. 268: „*Flächen ähneln den heutigen Abgrenzungen eines Windparks innerhalb eines Clusters.*"

[168] BT-Drs. 18/8860, S. 272.

[169] S. die grafische Darstellung der aktuellen Gebiete und Flächen bei *Bundesamt für Seeschifffahrt und Hydrographie*, Flächenentwicklungsplan 2023 für die deutsche Nordsee und Ostsee v. 20.01.2023, S. 4.

[170] BT-Drs. 18/8860, S. 272.

den Voruntersuchungsergebnissen und der Entwicklung des Ausschreibungs-systems steht.[171]

Letztlich bezieht die Standortplanung des Flächenentwicklungsplans mit den Umspannanlagen gem. § 5 Abs. 1 Nr. 6 WindSeeG auch bestimmte technische Nebenanlagen[172] des Windparkbetriebs ein.

3. Kriterien für die Festlegung von Gebieten und Flächen

Für die Festlegung von Gebieten und Flächen statuiert das WindSeeG selbst eine Vielzahl materieller Kriterien. Hierzu zählen sowohl die quantitativen Vorgaben des Ausschreibungspfads (a)) als auch – in „qualitativer" Hinsicht – die in § 5 Abs. 3 S. 2 WindSeeG enthaltenen Planungsleitsätze (b)). Im Übrigen dürfen den Festlegungen gem. § 5 Abs. 3 S. 1 WindSeeG „keine überwiegenden öffentlichen oder privaten Belange entgegenstehen"; mithin gilt das planerische Abwägungsgebot. Innerhalb dessen sind die fachrechtlichen Abwägungsdirektiven nach § 1 Abs. 1 und § 5 Abs. 4 S. 2 WindSeeG zu beachten (hierzu u. c)).

a) Quantitative Vorgaben

Was den Umfang der Gebiets- und Flächensicherung anbelangt, so bindet § 5 Abs. 5 S. 1 WindSeeG das BSH bei Festlegungen nach § 5 Abs. 1 S. 1 Nrn. 1 und 2 WindSeeG nicht nur ausdrücklich an den gesetzlichen Ausschreibungspfad gem. § 2a WindSeeG, sondern auch an die langfristigen Ausbauziele nach § 1 Abs. 2 WindSeeG. Hierdurch wird die Raumplanung an die gesetzlichen Mengenziele rückgekoppelt und sichergestellt, dass deren Verwirklichung nicht an mangelnden Erzeugungsflächen scheitert. Für die landseitige Windenergie wurde ein ähnlicher Mechanismus zur bedarfsorientierten Raumplanung erst jüngst mit dem Gesetz zur Erhöhung und Beschleunigung des Ausbaus von Windenergie an Land[173] (im Folgenden: Wind-an-Land-Gesetz[174]) eingeführt; insoweit war das WindSeeG der terrestrischen Planung bereits in seiner Ursprungsfassung voraus.

Der in § 5 Abs. 5 S. 1 i. V. m. 2a WindSeeG festgelegte Ausschreibungspfad ist dabei für das BSH bei der Festlegung von Gebieten und Flächen nicht

---

[171] BT-Drs. 18/8860, S. 271.

[172] Zu dieser Einordnung *Zabel*, NordÖR 2012, 263 (264); *Jenn*, ZfBR-Beil. 2012, 14 (24). Die in § 5 Abs. 1 S. 1 Nr. 6 WindSeeG mitbenannten Konverter- und Sammelplattformen hingegen sind Komponenten des Netzbetriebs, s. *Zabel* a. a. O.

[173] Gesetz v. 20.07.2022 (BGBl. I S. 1353), s. ausführlich u. Kapitel 5 II. 3.

[174] So die informelle Abkürzung, s. https://www.bundesregierung.de/breg-de/themen/klimaschutz/wind-an-land-gesetz-2052764.

(mehr[175]) strikt verbindlich, sondern erlaubt explizit auch Abweichungen, „solange die Ausbauziele nach § 1 Absatz 2 erreicht werden". Folglich handelt es sich bei der jährlichen Staffelung des Ausschreibungsvolumens bis zum Jahr 2027 in § 2a WindSeeG um gesetzliche Optimierungsgebote, während die – längerfristigen – Ausbauziele für die Jahre 2030, 2035 und 2040 zwingend einzuhalten und deshalb als Planungsleitsätze zu qualifizieren sind.[176] Darüber hinaus sind die einzelnen Flächen raumplanerisch so zuzuschneiden, dass sie jeweils eine zu installierende Leistung zwischen 500 und 2000 MW erlauben (vgl. § 2a Abs. 2 S. 2 WindSeeG).

b) Planungsleitsätze des § 5 Abs. 3 S. 2 WindSeeG

Für die raumbedeutsamen Festlegungen des Flächenentwicklungsplans, insbesondere solche über Gebiete, Flächen und Leitungstrassen, gibt das WindSeeG mit § 5 Abs. 3 S. 2 spezielle Planungsleitsätze im Rahmen einer hierfür typischen Normstruktur vor (zu dieser u. (1)). Für Festlegungen nach § 5 Abs. 1 S. 1 Nrn. 3 bis 5 WindSeeG gelten diese ausdrücklich nicht, was auf der gesetzgeberischen Wertung beruht, dass ihnen „regelmäßig keine überwiegenden Belange entgegenstehen".[177] Angesichts ihrer bedarfsplanerischen Natur hätten sich diese Festlegungen in das raumnutzungsbezogene Abwägungsschema des § 5 Abs. 3 WindSeeG auch kaum sinnvoll eingefügt. Als maßgebliche Abwägungsgrenzen des § 5 Abs. 3 S. 2 WindSeeG fungieren die Erfordernisse der Bundesraumordnung, das Gebot der Nichtgefährdung der Meeresumwelt, Funktionsvorbehalte zugunsten des Seeverkehrs und militärischer Nutzungen sowie die Vereinbarkeit mit den Schutzzwecken mariner Naturschutzgebiete, die nachfolgend erörtert werden.

aa) Beschränkung der Abwägungsfreiheit durch konditionale Normstrukturen

Als Planungsleitsätze werden nach der „klassischen" planungsrechtlichen Terminologie[178] zwingende, d. h. vor allem abwägungsfeste[179] materiell-rechtliche Schranken der Fachplanung bezeichnet.[180] Als solche entziehen auch die Tat-

---

[175] Der ursprünglich zwingende und in § 5 Abs. 5 S. 1 WindSeeG selbst normierte Ausschreibungspfad wurde erst mit der Novelle 2020 durch die Einfügung des Zusatzes „wobei Abweichungen zulässig sind, [...]" flexibilisiert, s. BGBl. I 2020, S. 1325 (1328).

[176] Näher zum Begriff des Planungsleitsatzes sogleich u. b).

[177] BT-Drs. 18/8860, S. 273.

[178] Zum zunehmenden Verzicht auf den Begriff insbesondere in der Rechtsprechung s. *Wysk*, in: Kopp/Ramsauer, VwVfG, § 74 Rn. 67.

[179] Vgl. *Siegel*, NZV 2004, 545 (550).

[180] Grundlegend BVerwG, Urt. v. 14.02.1975 – IV C 21.74 – NJW 1975, 1373 (1374); s. zudem *Dietrich/Legler*, RdE 2016, 331 (333); *Missling*, in: Theobald/Kühling, § 43 EnWG Rn. 26; *Wahl/Hönig*, NVwZ 2006, 161 (162, 164); eingehend *Koch*, Die Rechtfertigung der

bestände des § 5 Abs. 3 S. 2 WindSeeG die Prüfung bestimmter Belange der „planerischen Operation des Vor- und Zurückstellens"[181] – mithin dem Abwägungsprozess –, indem sie entsprechende Festlegungen im Flächenentwicklungsplan ausdrücklich für „strikt" unzulässig erklären („Festlegungen sind [...] unzulässig, wenn [...]"). Die Tatbestände gleichen dabei teils den Versagungsgründen aus dem „gebundenen" Genehmigungsrecht des ehemaligen § 3 S. 1 SeeAnlV[182].[183]

Normstrukturell bedeutet dies, dass § 5 Abs. 3 S. 2 WindSeeG die im Ausgangspunkt final programmierte Fachplanung[184] (vgl. u. a. § 4 Abs. 2, 3 WindSeeG) durch konditionale Regelungselemente ergänzt und beschränkt, um den funktionalen Kernbereich der jeweiligen Belange in absoluter Weise zu schützen.[185] Zu einem gänzlichen Abwägungsverbot führt die Vorschrift gleichwohl nicht[186]; denn gleichwohl muss das BSH auch im Rahmen der jeweiligen Tatbestandsprüfung die Beeinträchtigung anderweitiger Meeresnutzungen mit Standortvorteilen für die Energiegewinnung im Rahmen der gesetzlich festgelegten Ausbauziele abwägen.[187] In Abgrenzung zur planerischen Abwägung beinhaltet diese abwägende Tatbestandsprüfung allerdings grundsätzlich keine Entscheidungsprärogative zugunsten der Exekutive.[188]

Inhaltlich formulieren die in § 5 Abs. 3 S. 2 WindSeeG enthaltenen Tatbestände oftmals spezifische Erheblichkeitsschwellen und Schädigungsprognosen („Gefährdung", „Beeinträchtigung")[189] und stellen die Abwägungsfestig-

---

Planung zwischen planerischer Gestaltungsfreiheit und rechtsstaatlichem Abwägungsgebot, in: Koch/Hendler, Baurecht, Raumordnungs- und Landesplanungsrecht, § 17 Rn. 73 ff.

[181] *Wahl/Hönig*, NVwZ 2006, 161 (164)

[182] In der bis zum 30.01.2012 gültigen Fassung, neu gefasst durch Verordnung v. 15.07.2008 (BGBl. I S. 1296).

[183] So hinsichtlich der Gefährdung der Meeresumwelt, der Beeinträchtigung der Sicherheit und Leichtigkeit des Verkehrs und entgegenstehender Erfordernisse der Raumordnung.

[184] Zur Differenzierung zwischen Final- und Konditionalprogrammierung *Siegel*, Allgemeines Verwaltungsrecht, 14. Aufl. 2022, Rn. 190 f.; *Durner*, Konflikte räumlicher Planungen, 2019, S. 318; *Hoppe*, in: Isensee/Kirchhof, Handbuch des Staatsrechts IV, § 77 Rn. 21; *Gärditz*, Europäisches Planungsrecht, 2009, S. 11 f.; *Dreier*, Die normative Steuerung der planerischen Abwägung, 1995, S. 47 f.

[185] Vgl. *Dreier*, Die normative Steuerung der planerischen Abwägung, 1995, S. 99, 125.

[186] Vgl. *Dietrich*, NuR 2013, 628 (633).

[187] Vgl. *Uibeleisen/Groneberg*, in: Säcker/Steffens, BerlKommEnR VIII, § 48 WindSeeG Rn. 56: „*Abwägende Zumutbarkeitsentscheidung*".

[188] *Dreier*, Die normative Steuerung der planerischen Abwägung, 1995, S. 142. Dies schließt es nicht aus, dass hinsichtlich einzelner unbestimmter Rechtsbegriffe in § 5 Abs. 3 S. 2 WindSeeG ein Beurteilungsspielraum besteht, s. etwa zu den Verkehrs- und Verteidigungsbelangen u. ee) und IV. 3. b) bb) (3).

[189] Vgl. *Bundesministerium für Verkehr, Bau und Stadtentwicklung*, nicht-amtliche Begründung der Verordnung zur Neuregelung des Rechts der Zulassung von Seeanlagen seewärts der Begrenzung des deutschen Küstenmeers v. 15. Januar 2012, S. 19; *Dietrich/Legler*, RdE 2016, 331 (333).

keit der genannten Belange mithin unter die Voraussetzung ihrer qualifizierten Betroffenheit[190]. Unterhalb dieser Schwelle bilden jene lediglich „einfache"[191] Belange und gehen als solche grundsätzlich gleichrangig[192] in die durch das BSH vorzunehmende planerische Abwägung (§ 5 Abs. 3 S. 1 WindSeeG) ein.

bb) Übereinstimmung mit den Erfordernissen der Bundesraumordnung

Nach jenen Strukturen definiert § 5 Abs. 3 S. 2 Nr. 1 WindSeeG als erstes Ausschlusskriterium für Festlegungen deren fehlende Konformität mit den Erfordernissen der Raumordnung nach § 17 Abs. 1 ROG, also insbesondere den durch den Raumordnungsplan 2021 für die AWZ[193] aufgestellten Zielen und Grundsätzen (vgl. § 3 Abs. 1 Nr. 1 ROG). Sonstigen Erfordernissen der Raumordnung gem. § 3 Abs. 1 Nr. 4 ROG kommt mangels „in Aufstellung befindlicher Ziele der Raumordnung" und landesplanerischer Tätigkeiten im Bereich der AWZ aktuell keine praktische Relevanz zu.

Für Ziele der Raumordnung ergibt sich bereits aus dem ROG selbst eine Beachtenspflicht bei raumbedeutsamen Planungen öffentlicher Stellen (§ 4 Abs. 1 S. 1 ROG).[194] Insoweit bestünde, da der Flächenentwicklungsplan unzweifelhaft raumbedeutsame Festlegungen in diesem Sinne trifft, mithin auch ohne fachgesetzliche Regelung eine strikte Rechtsbindung, die grundsätzlich nur mittels Zielabweichungsverfahrens (vgl. § 6 Abs. 2 ROG) überwunden werden kann. Der aktuelle Raumordnungsplan 2021 enthält zielförmige Ausweisungen vor allem in Form von Vorranggebieten „Schifffahrt" und „Naturschutz", aber auch solche zugunsten der Windenergie selbst. Erstere werden der Festlegung von Gebieten und Flächen nach § 5 Abs. 1 S. 1 Nrn. 1 und 2 WindSeeG in aller Regel entgegenstehen.[195] Bei den Vorranggebieten Windenergie gilt zu bedenken, dass sie keineswegs zum Ausschluss von Gebietsfestlegungen an anderen Standorten führen.[196] Vorbehaltsgebiete bilden

---

[190] *Dietrich/Legler*, RdE 2016, 331 (333 f.).

[191] Vgl. *Dreier*, normative Steuerung der planerischen Abwägung, 2019, S. 329; *Tophoven*, in: Giesberts/Reinhardt, Umweltrecht, § 50 BImSchG Rn. 23.1.

[192] Vgl. *Koch*, Die Rechtfertigung der Planung zwischen planerischer Gestaltungsfreiheit und rechtsstaatlichem Abwägungsgebot, in: Koch/Hendler, Baurecht, Raumordnungs- und Landesplanungsrecht, § 17 Rn. 33; *Berkemann*, ZUR 2016, 323 (327).

[193] Hierzu bereits oben II.

[194] *Appel*, NVwZ 2013, 457 (458); *Rubel*, jM 2018, 329 (334).

[195] S. zu den Vorranggebieten Schifffahrt bereits *Himstedt*, NordÖR 2021, 209 (214) sowie *Reshöft/Dreher*, ZNER 2002, 95 (97).

[196] Vgl. noch in Bezug auf den vormaligen Bundesfachplan Offshore *Schmidtchen*, Klimagerechte Energieversorgung im Raumordnungsrecht, 2014, S. 195; *Grotefels*, in: Kment, ROG, § 7 Rn. 53.

dagegen bloß wägbare (vgl. § 4 Abs. 1 S. 1 ROG) Grundsätze der Raumordnung.[197]

Umgekehrt werden mit der Raumordnung konforme Festlegungen des Flächenentwicklungsplans in bestimmten Fällen privilegiert: So reduziert die Abschichtungsklausel des § 5 Abs. 3 S. 4 WindSeeG den Prüfungsaufwand des BSH bei der Aufstellung des Flächenentwicklungsplans auf die Untersuchung „zusätzliche[r] oder andere[r] erhebliche[r] Gesichtspunkte" sowie ggf. notwendiger Aktualisierungen und Vertiefungen, soweit Gebiete oder Flächen in Vorrang-, Vorbehalts- oder Eignungsgebiete für Windenergie fallen.

cc) Nichtgefährdung der Meeresumwelt und Anforderungen des marinen Naturschutzrechts

Zweitens dürfen die Standortfestlegungen des Flächenentwicklungsplans nicht zu einer Gefährdung der Meeresumwelt führen (§ 5 Abs. 3 S. 2 Nr. 2 WindSeeG) oder zwingende Bestimmungen des Naturschutzrechts verletzen.

Die Generalklausel der „Gefährdung der Meeresumwelt" vermag die dezidierten und komplexen Anforderungen des europäischen und nationalen Umweltrechts, wie sie im Hinblick auf Offshore-Windparks in der AWZ etwa die FFH- und Vogelschutz-RL sowie die Meeresstrategie-Rahmenrichtlinie (MSRL[198])[199] und die jeweiligen Umsetzungsnormen auf nationaler Ebene[200] statuieren, dabei allenfalls rudimentär widerzuspiegeln.[201] In systematischer Hinsicht fällt an der Vorschrift zudem auf, dass die Formulierung von derjenigen abweicht, die für die spätere Anlagenzulassung nach Teil 4 WindSeeG maßgeblich ist. Denn in § 69 Abs. 1 S. 1 Nr. 1 WindSeeG wird der umweltbezogene Gefährdungstatbestand zusätzlich durch zwei Regelbeispiele – nämlich die Verschmutzung der Meeresumwelt i. S. d. Art. 1 Abs. 1 Nr. 4 SRÜ und das „nachgewiesene signifikant erhöhte Kollisionsrisiko von Vögeln mit Windenergieanlagen" – konkretisiert, worauf im Rahmen des § 5 Abs. 3 S. 2 Nr. 2 WindSeeG verzichtet wurde. Dies erscheint im Rahmen der Planungskaskade

---

[197] S. Raumordnungsplan für die deutsche ausschließliche Wirtschaftszone in der Nordsee und in der Ostsee v. 19.08.2021, S. 6.

[198] Richtlinie 2008/56/EG des Europäischen Parlaments und des Rates vom 17. Juni 2008 zur Schaffung eines Ordnungsrahmens für Maßnahmen der Gemeinschaft im Bereich der Meeresumwelt (ABl. L 164/19), zul. geänd. durch die RL (EU) 2017/845 der Kommission vom 17.05.2017 (ABl. L 125/27).

[199] Zu den diesbezüglichen Anwendungsproblemen *Durner*, ZUR 2022, 3 (8 f).

[200] Ausführlich zur Umsetzung *Markus/Salomon*, ZUR 2013, 19 (20 ff.).

[201] Vgl. bereits *Sachverständigenrat für Umweltfragen*, Windenergienutzung auf See, 2003, S. 9; *Pestke*, Offshore-Windfarmen in der Ausschließlichen Wirtschaftszone, 2008, S. 135; *Zierau*, Umweltstaatsprinzip in Raumordnung und Fachplanung, 2015, S. 279; *Bönker*, NVwZ 2004, 537 (540); *Klinski*, Rechtliche Probleme der Zulassung von Windkraftanlagen in der AWZ, 2001, S. 50 ff.; *Keller*, Das Planungs- und Zulassungsregime für Offshore-Windenergieanlagen in der AWZ, 2006, S. 253.

zwar insoweit „ebenengerecht", als das Vorliegen der genannten Regelbeispiele weitgehend von den Errichtungs- und Betriebsmodalitäten der Anlagen
(Höhe, Gründungstechnik) abhängt und deshalb im abstrakten Planungsstadium des Flächenentwicklungsplans oftmals noch nicht hinreichend beurteilt
werden kann.[202] Gleichwohl können bei dessen Aufstellung schwerlich andere
materiell-rechtliche Maßstäbe anzulegen sein als bei der auf ihm basierenden
Vorhabenzulassung (vgl. auch § 6 Abs. 9 S. 2 WindSeeG). In der Folge müssen
die Regelbeispiele im Rahmen des § 5 Abs. 3 S. 2 Nr. 2 WindSeeG stets „hin-
zugedacht" werden.[203] Zu diesen gelten – wie auch im Übrigen zum Tatbestand
der Nichtgefährdung der der Meeresumwelt – die untenstehenden Ausführungen zu § 69 Abs. 1 S. 1 Nr. 1 WindSeeG[204] entsprechend, weshalb hier auf sie
verwiesen sei.

Vorschriften des Naturschutzrechts werden von der Generalklausel der
Nichtgefährdung der Meeresumwelt aus systematischen Gründen nicht erfasst.[205] Soweit solche ihrem Inhalt nach zwingend sind, bilden sie jedoch auch
ohnedies materiell-rechtliche Schranken der Fachplanung.[206] Diesbezüglich ist
zu beachten, dass die §§ 56–58 BNatSchG seit 2010[207] Spezialregelungen für
den Meeresnaturschutz bereithalten[208], von welchen die Erstreckungsklausel
des § 56 Abs. 1 BNatSchG insbesondere eine Anwendung der naturschutzrechtlichen Eingriffsregelung sowie des Arten-, Biotop- und Gebietsschutzes
in der AWZ ermöglicht.[209] Explizit ausgenommen sind dagegen die Vorschriften des Kapitels 2 BNatSchG zur Landschaftsplanung.[210] Die Privilegierung
des § 56 Abs. 3 BNatSchG, welche vor 2017 zugelassene Windkraftanlagen
von den Verursacherpflichten der Eingriffsregelung freigestellt hat, gilt für
Projekte im zentralen Modell nicht mehr.[211]

Punktuell modifiziert auch das WindSeeG selbst die naturschutzrechtlichen
Anforderungen. So unterliegt die gebietsbezogene (FFH-)Verträglichkeitsprü-
fung bei Standortfestlegungen für Offshore-Windparks im Flächenentwicklungsplan dem Sondertatbestand des § 5 Abs. 3 S. 1 Nr. 5 WindSeeG.[212] Im

---

[202] Vgl. BT-Drs. 18/8860, S. 283.

[203] Vgl. auch *Kerth*, in: Säcker/Steffens, BerlKommEnR VIII, § 5 WindSeeG Rn. 50 ff.

[204] S. u. Kapitel 2 V. 3. b) bb).

[205] Näher u. Kapitel 2 V. 3. b) dd) (1); a. A. wohl BVerwG, Urt. v. 29.04.2021 – 4 C 2/19
– NVwZ 2021, 1630 (1633 f.).

[206] *Schlacke*, NVwZ 2015, 626 (629 f.).

[207] S. das Gesetz zur Neuregelung des Rechts des Naturschutzes und der Landschaftspflege vom. 29.07.2009 (BGBl. I, S. 2542).

[208] *Kloepfer*, Umweltrecht, 4. Aufl. 2016, Rn. 502.

[209] *V. Daniels/Uibeleisen*, ZNER 2011, 602 (605 ff.); eingehend *Gellermann u. a.*, Hdb.
Meeresnaturschutzrecht, 2012, S. 37 ff.

[210] *Gellermann u. a.*, Hdb. Meeresnaturschutzrecht, 2012, S. 33; *Ders.*, in: Land-
mann/Rohmer, § 56 BNatSchG Rn. 10.

[211] BT-Drs. 18/8832, S. 353.

[212] Zu diesem u. Kapitel 2 III. 3. b) ff).

Hinblick auf den Schutz mariner Biotope gilt schließlich zu beachten, dass die grundsätzlich „strikte" Verbotsvorschrift des § 30 Abs. 2 S. 1 BNatSchG im Anwendungsbereich des WindSeeG einem schwächeren, da relativen Vermeidungsgebot weicht (§ 72 Abs. 2 WindSeeG). Die besonders geschützten Meeresbiotope sind dabei in § 30 Abs. 2 S. 1 Nr. 6 BNatSchG aufgeführt, wovon im Bereich der deutschen AWZ insbesondere Riffe und sublitorale Sandbänke praktische Bedeutung erlangen können.[213]

dd) Funktionsvorbehalt zugunsten des Seeverkehrs

Hierneben bilden ortsfeste Anlagen auf See potenzielle Kollisionsobjekte für Schiffe und tieffliegende Hubschrauber oder Flugzeuge[214]; auch das Kollisionsrisiko allein unter Schiffen wird infolge der Einengung des Seeraumes durch die Windparks erhöht.[215] Mithin ordnet § 5 Abs. 3 S. 2 Nr. 3 WindSeeG zur Gewährleistung der Verkehrsverträglichkeit von Windparkstandorten – insoweit wortlautidentisch mit dem früheren § 5 Abs. 6 S. 1 Nr. 2 SeeAnlV – an, dass Gebiets- und Flächenfestlegungen unzulässig sind, wenn hierdurch die Sicherheit oder Leichtigkeit des Verkehrs beeinträchtigt werden.

Ihren völkerrechtlichen Ursprung findet die Vorschrift in Art. 60 Abs. 7 SRÜ[216], welcher dem jeweiligen Küstenstaat die Errichtung von Anlagen und Bauwerken in der AWZ verbietet, „wo dies die Benutzung anerkannter und für die internationale Schifffahrt wichtiger Schifffahrtswege behindern kann", wie auch Art. 58 Abs. 1 i. V. m. Art. 87 Abs. 1 lit. a) und b) SRÜ, wonach der Anrainerstaat allen Staaten die Freiheit der Schifffahrt und des Überflugs im Bereich der die AWZ zu garantieren hat[217]. Schon aus diesem Grund bezieht § 5 Abs. 3 S. 2 Nr. 3 WindSeeG neben dem Schifffahrts- auch den Flugverkehr ein.[218] Für ersteren allerdings ist die praktische Relevanz der Vorschrift angesichts des hohen internationalen Schifffahrtsaufkommens in der AWZ[219] besonders hoch.

---

[213] *Gellermann u. a.*, Hdb. Meeresnaturschutzrecht, 2012, S. 97 f.; *v. Daniels/Uibeleisen*, ZNER 2011, 602 (605 f.).

[214] *Pestke*, Offshore-Windfarmen in der Ausschließlichen Wirtschaftszone, 2008, S. 129; *Dahlke/Trümpler*, in: Böttcher, Handbuch Offshore-Windenergie, 2013, S. 121 f.; *Brandt/Gaßner*, SeeAnlV, 2002, § 3 Rn. 12.

[215] *Schmälter*, in: Theobald/Kühling, § 5 SeeAnlV Rn. 29.

[216] *Fischer/Lorenzen*, NuR 2004, 764 (765); *Schmälter*, in: Theobald/Kühling, § 5 SeeAnlV Rn. 28; *Brandt/Gaßner*, SeeAnlV, 2002, § 3 Rn. 12.

[217] *Keller*, Das Planungs- und Zulassungsregime für Offshore-Windenergieanlagen in der AWZ, 2007, S. 246.

[218] *Brandt/Gaßner*, SeeAnlV, 2002, § 3 Rn. 13.

[219] S. etwa *Wasserstraßen- und Schifffahrtsverwaltung des Bundes* unter https://www.elwis.de/DE/Seeschifffahrt/Offshore-Windparks/Ausschliessliche-Wirtschaftszone/Ausschliessliche-Wirtschaftszone-node.html.

Gleichwohl beschränkt sich die Prüfung von Schifffahrtsbelangen bei der Aufstellung des Flächenentwicklungsplans zunächst weitgehend auf eine großräumige „Grobanalyse" dahingehend, besonders intensiv befahrene Areale der AWZ (zuzüglich eines Sicherheitsabstandes[220]) als Standortoptionen für Offshore-Windparks auszusondern.[221] Solche sind vor allem die durch die internationale Seeschifffahrtsorganisation (IMO) festgelegten Verkehrstrennungsgebiete (vgl. § 6 VSeeStrO[222]) und die durch tatsächliche Nutzung etablierten Hauptschifffahrtsrouten, welche in der Praxis anhand von AIS-Navigationsdaten ermittelt werden.[223] Die vertiefende Ermittlung, Bewertung und Abwägung flächenspezifischer Verkehrsrisiken bleibt dagegen nach den Grundsätzen einer „ebenengerechten Abschichtung"[224] entweder dem nachfolgenden Voruntersuchungsverfahren vorbehalten[225] oder aber – im Falle nicht voruntersuchter Flächen – der Vorhabenzulassung.

In der Regel werden Hauptschifffahrtsrouten und Verkehrstrennungsgebiete bereits im Raumordnungsplan für die AWZ als „Vorranggebiete Schifffahrt" (vgl. § 7 Abs. 3 S. 2 Nr. 1 ROG) ausgewiesen.[226] So ergibt sich schon infolge der Bindung des BSH an die Erfordernisse der Raumordnung eine Pflicht zur Meidung entsprechender Gebiete; denn ihre Bebauung mit ortsfesten Anlagen wäre mit der vorrangigen Seeschifffahrtsnutzung im Hinblick auf Kollisionsgefahren unvereinbar[227] und mithin raumordnungsrechtlich unzulässig (vgl. § 7 Abs. 3 S. 1 Nr. 1 ROG).[228]

ee) Funktionsvorbehalt zugunsten militärischer Nutzungen

Zudem gilt bei der Gebiets- und Flächenplanung, indem diese die Sicherheit der Landes- und Bündnisverteidigung nicht beeinträchtigen darf (§ 5 Abs. 3 S. 2 Nr. 4 WindSeeG), ein Funktionsvorbehalt zugunsten militärischer Nutzungen der AWZ.[229] Derartige Kollisionen zwischen windenergetischer und mili-

---

[220] Hierzu *Schmälter*, in: Theobald/Kühling, § 5 SeeAnlV Rn. 30.

[221] *Himstedt*, NordÖR 2021, 209 (214).

[222] Verordnung zu den Internationalen Regeln von 1972 zur Verhütung von Zusammenstößen auf See v. 13.06.1977 (BGBl. I S. 813).

[223] Zusammenfassend *Himstedt*, NordÖR 2021, 209 (214).

[224] Zum Begriff *Sangenstedt/Salm*, in: Steinbach/Franke, Kommentar zum Netzausbau, § 7 NABEG Rn. 68.

[225] S. *Himstedt*, NordÖR 2021, 209 (214 f.) sowie eingehend zur Abschichtung im Verhältnis zwischen Flächenentwicklungsplan und Voruntersuchung u. IV. 3. b) aa).

[226] Vgl. Raumordnungsplan für die deutsche ausschließliche Wirtschaftszone in der Nordsee und in der Ostsee v. 19.08.2021, S. 6.

[227] Vgl. *Reshöft/Dreher*, ZNER 2002, 95 (97).

[228] *Himstedt*, NordÖR 2021, 209 (214).

[229] *Dietrich/Legler*, RdE 2016, 331 (335).

tärischer Flächennutzung ereignen sich nicht nur auf See[230], sondern vielfach auch landseitig[231], wobei dem Belang der Landes- und Bündnisverteidigung infolge des Ukraine-Krieges ein aktuell erhöhtes Gewicht beigemessen werden muss (vgl. auch § 2 S. 3 EEG). § 5 Abs. 3 S. 2 Nr. 4 WindSeeG zielt dabei im Wesentlichen auf eine Berücksichtigung mariner Militärübungsgebiete[232] ab, welche ihrerseits durch militärische Fachplanung festgelegt werden[233].

(1) Beeinträchtigung der Sicherheit der Landes- oder Bündnisverteidigung

Was die Tatbestandsmerkmale der Vorschrift im Einzelnen betrifft, so sind unter Landesverteidigung alle Maßnahmen zu verstehen, die der Abwehr von Angriffen auf das eigene Staatsgebiet dienen.[234] Demgegenüber erscheint es normsystematisch nicht angezeigt, darüber hinaus auch das Tätigwerden der Bundeswehr im Rahmen eines Systems kollektiver Sicherheit i. S. d. Art. 24 Abs. 2 GG als erfasst anzusehen[235], da § 5 Abs. 3 S. 2 Nr. 4 WindSeeG – anders als etwa § 60 Abs. 1 BImSchG – die Bündnisverteidigung gerade gesondert aufführt. Unabhängig von dieser Zuordnung im Einzelnen erfasst die Vorschrift jedoch im Ergebnis den gesamten verfassungsmäßigen Verteidigungsauftrag der Bundeswehr nach Maßgabe der Art. 24 Abs. 2, 87a GG[236] und damit vor allem den Bestand an militärischen Übungs- und Erprobungsgebieten in der AWZ[237].

Eine „Beeinträchtigung" der Sicherheit des Verteidigungsauftrags ist dabei gegeben, soweit die geplante Anlage dazu führt, dass dieser nicht mehr zuverlässig erfüllt werden kann.[238] Von jener muss also ein derart erhebliches Störpotenzial ausgehen, dass nicht einzelne marine Sperrgebiete oder Nutzungsmodalitäten – ggf. auch nur teilweise – durch sie ausgeschlossen sind, sondern eine Aufgabenerfüllung der Bundeswehr oder der NATO insgesamt.[239] Die tatbestandliche Erheblichkeitsschwelle ist damit sehr hoch angelegt[240]; einen ab-

---

[230] S. beispielhaft VG Hamburg, Urt. v. 19.06.2020 – 7 K 6193/15 –, juris (LS in UWP 2020, 142).

[231] S. aus der Rechtsprechung etwa OVG Lüneburg, Urt. v. 13.11.2019 – 12 LB 123/19 –, BauR 2020, 248; Beschl. v. 28.03.2017 – 12 LA 25/16 – ZfBR 2017, 477; OVG Koblenz, Beschl. v. 27.02.2018, – 8 B 11970/17 – EnWZ 2018, 238.

[232] Zu solchen auch *Ehlers*, NordÖR 2004, 51 (57).

[233] *Dietrich*, NuR 2013, 628 (631).

[234] *Dietrich/Legler*, RdE 2016, 331 (335).

[235] So aber *Dietrich/Legler*, RdE 2016, 331 (335).

[236] *Uibeleisen/Groneberg*, in: Säcker/Steffens, BerlKommEnR VIII, § 48 WindSeeG Rn. 57; *Dietrich/Legler*, RdE 2016, 331 (335).

[237] *Spieth*, in: Ders./Lutz-Bachmann, Offshore-Windenergierecht, § 48 WindSeeG Rn. 100.

[238] *Dietrich/Legler*, RdE 2016, 331 (335).

[239] *Dietrich/Legler*, RdE 2016, 331 (335).

[240] Ähnlich *Dietrich/Legler*, RdE 2016, 331 (335).

soluten Bestands- oder Funktionsschutz einzelner militärisch genutzter Gebiete gewährleistet § 5 Abs. 3 S. 2 Nr. 4 WindSeeG demnach gerade nicht.

(2) Verteidigungspolitischer Beurteilungsspielraum des Bundesministeriums der Verteidigung

Allerdings hat das BSH im Rahmen dieser Funktionalitätsbewertung den verteidigungspolitischen Beurteilungsspielraum des Bundesministeriums der Verteidigung zu beachten.[241] Dieser Letztentscheidungsbefugnis der Wehrverwaltung unterfällt dabei sowohl die Bewertung, ob und inwieweit bestimmte militärisch genutzte Gebiete in der AWZ für die Sicherheit der Landes- und Bündnisverteidigung von funktionaler Bedeutung sind, als auch die hieran anknüpfende Prognose- und Abwägungsentscheidung, welche Funktionseinschränkungen für die Erfüllung des Verteidigungsauftrags (noch) hinnehmbar sind. Diesbezüglich hat das BSH ein militärfachliches Gutachten einzuholen und sich auf eine Prüfung der Beurteilungsfehlerfreiheit zu beschränken.[242] Die Grenzen des Beurteilungsspielraums sind erst dann überschritten, wenn die Gefährdungsprognose in sich widersprüchlich ist, auf willkürlichen Tatsachengrundlagen beruht oder aus anderen Gründen der Nachvollziehbarkeit entbehrt.[243] Demgegenüber fällt die Frage, ob und wie die Windkraftanlagen sich im konkreten Fall nachteilig auf militärische Belange auswirken können, als naturwissenschaftlich-technischer Aspekt nicht in den verteidigungspolitischen Beurteilungsspielraum.[244] Sie bleibt vielmehr durch das BSH selbst abschließend zu untersuchen und ist im Zweifel einer Klärung durch Sachverständigengutachten zugänglich.[245]

Für das im Aufstellungsverfahren zu beteiligende Bundesamt für Infrastruktur, Umweltschutz und Dienstleistungen der Bundeswehr[246] bedeutet dies umgekehrt eine entsprechende Darlegungslast.[247] Gelingt es jenem nicht, die Überschreitung der Erheblichkeitsschwelle im konkreten Fall plausibel darzu-

---

[241] *Dietrich*, NuR 2013, 628 (633); zum verteidigungspolitischen Beurteilungsspielraum im Rahmen des § 30 Abs. 1 S. 3 LuftVG s. BVerwG, Beschl. v. 5. September 2006 – 4 B 58.06 – ZfBR 2007, 54 (55).

[242] Vgl. *Dietrich/Legler*, RdE 2016, 331 (335).

[243] BVerwG, Beschl. v. 5. September 2006 – 4 B 58.06 – ZfBR 2007, 54 (55).

[244] S. OVG Koblenz, Beschl. v. 27.02.2018, – 8 B 11970/17 – EnWZ 2018, 238 (239) zur Frage der Funktionsstörung einer militärischen Radaranlage durch (landseitige) Windkraftanlagen.

[245] Anders im Rahmen des verteidigungspolitischen Beurteilungsspielraums, s. BVerwG, Beschl. v. 5. September 2006 – 4 B 58.06 – ZfBR 2007, 54 (55).

[246] Vgl. https://www.bundeswehr.de/de/organisation/infrastruktur-umweltschutz-und-dienstleistungen/auftrag-iud/traeger-oeffentlicher-belange.

[247] *Dietrich/Legler*, RdE 2016, 331 (336).

legen, gehen die betroffenen Verteidigungsinteressen nach allgemeinen Grundsätzen in die planerische Abwägung durch das BSH ein.[248]

ff) Subsidiäre Inanspruchnahme mariner Naturschutzgebiete

Erhebliche Bedeutung für die Festlegung von Gebieten und Flächen kann letztlich der marine Gebietsschutz des BNatSchG erlangen. So sind gem. § 5 Abs. 3 S. 2 Nr. 5 Hs. 1 WindSeeG Festlegungen unzulässig, wenn ein Gebiet oder eine Fläche nicht mit dem Schutzzweck einer nach § 57 BNatSchG erlassenen Schutzgebietsverordnung vereinbar ist. Für die Verträglichkeitsprüfung stellt der zweite Halbsatz der Vorschrift dabei einen § 34 BNatSchG entlehnten Maßstab auf; zudem ordnet § 5 Abs. 6 WindSeeG im Sinne einer Subsidiaritätsklausel an, dass die Festlegung von Gebieten oder Flächen in einem nach § 57 BNatSchG ausgewiesenen Schutzgebiet erst erfolgen darf, wenn die Ausbauziele andernfalls nicht erreicht werden können (näher u. (3)). Die so lautende Neufassung der Vorschrift zum 01.01.2023[249] bedeutet eine Abkehr vom vormals strikten Ausschluss mariner Naturschutzgebiete als Standortoption für Offshore-Windparks ((1)). Ihr Anwendungsbereich umfasst ein System mariner Naturschutz- bzw. Natura-2000-Gebiete[250], welches rund 32% der deutschen AWZ (10.392 km²) ausmacht[251] und dessen Ausweisung nach Maßgabe des § 57 BNatSchG erfolgt ist ((2)).

(1) Abkehr von der strikten Ausschlusswirkung mit dem WindSeeG 2023

Die in § 5 Abs. 3 S. 2 Nr. 5 WindSeeG verankerte Verträglichkeitsprüfung bringt inhaltlich erhebliche Neuerungen mit sich. Denn nach der vormaligen Fassung der Vorschrift waren Festlegungen des Flächenentwicklungsplans noch generell unzulässig, wenn das Gebiet oder die Fläche innerhalb eines nach § 57 BNatSchG ausgewiesenen Schutzgebiets lagen. Die zugrundeliegende Vorstellung, der Bau und Betrieb von Offshore-Windparks sei mit den marinen Schutzgebietsverordnungen kategorisch unvereinbar, hatte schon damals langjährig Bestand: So schrieb bereits § 50 Abs. 5 S. 1 des EEG 2014[252] den Wegfall der finanziellen Förderung für Windenergieanlagen auf See innerhalb von

---

[248] *Dietrich*, NuR 2013, 628 (633).

[249] Eingeführt mit dem Gesetz zur Änderung des Windenergie-auf-See-Gesetzes und anderer Vorschriften vom 20.07.2022 (BGBl. I S. 1325).

[250] Zu diesen etwa *Schlacke*, Umweltrecht, 8. Aufl. 2021, § 10 Rn. 51 ff.

[251] *Bundesamt für Naturschutz*, „Nationale Meeresschutzgebiete", https://www.bfn.de/themen/meeresnaturschutz/nationale-meeresschutzgebiete.html.

[252] S. Gesetz zur grundlegenden Reform des Erneuerbaren-Energien-Gesetzes und zur Änderung weiterer Bestimmungen des Energiewirtschaftsrechts v. 21.07.2014 (BGBl. I, S. 1066).

nationalen und europäischen Schutzgebieten vor.[253] Auch die vormaligen Raumordnungspläne für die AWZ aus dem Jahr 2009 hatten die Windenergienutzung in Natura-2000-Gebieten – zielförmig und daher verbindlich – weitgehend ausgeschlossen[254]. Diese regulierungs- und raumordnungsrechtlichen Ansätze waren 2017 mit der Einführung des § 5 Abs. 3 S. 3 Nr. 5 WindSeeG a. F. lediglich durch einen entsprechenden fachplanerischen Leitsatz ersetzt bzw. ergänzt worden.

Den praktischen Anlass zur Öffnung von Meeresschutzgebieten für Windkraftanlagen boten – neben systematischen Erwägungen des Gesetzgebers[255] – letztlich die Festlegungen des Raumordnungsplans 2021 zum Naturschutzgebiet Doggerbank[256].[257] Letzteres stuften die verordnenden Bundesministerien als „für die Windenergienutzung gut geeignet" ein und hielten es für möglich, dass auf Teilen des Areals ein zusätzliches Potenzial von vier bis sechs Gigawatt naturverträglich erschlossen werden könne.[258] Zur weiteren Klärung gibt die Bundesregierung aktuell Studien in Auftrag, auf deren Basis die für Umwelt und Energie zuständigen Bundesministerien dem Kabinett bis Ende des Jahres 2024 einen Bericht vorlegen sollen.[259] Folglich soll die Neuregelung des § 5 Abs. 3 S. 2 Nr. 5 WindSeeG vor allem konkreten Flächen- und Gebietsfestlegungen in der Doggerbank fachplanungsrechtlich „den Weg ebnen".[260] Auf diese wird ihr praktischer Anwendungsbereich voraussichtlich auch beschränkt bleiben, denn der Schutzzweck der übrigen Naturschutzgebiete in der AWZ lässt windenergetische Nutzungen nach derzeitiger Einschätzung der befassten Ministerien nicht zu.[261]

---

[253] Vgl. auch *Dahlke/Trümpler*, in: Böttcher, Handbuch Offshore-Windenergie, 2013, S. 89.

[254] S. Ziffer 3.5.1 (3) der Anlage zur Verordnung über die Raumordnung in der deutschen ausschließlichen Wirtschaftszone in der Nordsee v. 21.09.2009 (BGBl. I S. 3107) bzw. der Ostsee v. 10.12.2009 (BGBl. I S. 3861), beide aufgeh. mit der Verordnung über die Raumordnung in der deutschen ausschließlichen Wirtschaftszone in der Nordsee und in der Ostsee v. 19.08.2021 (BGBl. I S. 3886).

[255] Vgl. BT-Drs. 20/1634, S. 73: „Die Anpassung […] erfolgt im Zuge einer Rechtsangleichung an § 57 sowie § 34 Absatz 2 und § 34 Absatz 3 bis 5 Bundesnaturschutzgesetz."

[256] S. hierzu etwa das *Bundesamt für Naturschutz* unter https://www.bfn.de/nsg-doggerbank.

[257] S. BT-Drs. 20/1634, S. 73.

[258] S. Raumordnungsplan für die deutsche ausschließliche Wirtschaftszone in der Nordsee und in der Ostsee v. 19.08.2021, S. 18.

[259] Raumordnungsplan für die deutsche ausschließliche Wirtschaftszone in der Nordsee und in der Ostsee v. 19.08.2021, S. 18 f.; BT-Drs. 20/1634, S. 73.

[260] Vgl. BT-Drs. 20/1634, S. 73.

[261] Raumordnungsplan für die deutsche ausschließliche Wirtschaftszone in der Nordsee und in der Ostsee v. 19.08.2021, S. 19.

Letztlich ist zu beachten, dass § 5 Abs. 3 S. 2 Nr. 5 WindSeeG n. F., indem er den auswirkungsbezogenen Ansatz des § 34 BNatSchG[262] übernimmt und nicht mehr voraussetzt, dass das Gebiet oder die Fläche innerhalb des Schutz-gebiets „liegen", nunmehr auch Emissionen von gebietsexternen Anlagen-standorten erfassen kann. Voraussetzung ist, dass jene – ggf. auch kumulativ – mit konkreten und dauerhaften Beeinträchtigungen in das Schutzgebiet hinein-wirken.[263] Dass die Gesetzesbegründung diese Konstellation offenbar nicht vor Augen hatte[264], steht dem nicht entgegen; denn der Gesetzgeber hat ausdrück-lich auch eine Rechtsangleichung an § 34 BNatSchG intendiert[265].

(2) Erfasste Meeresschutzgebiete

In sachlicher Hinsicht setzt der Anwendungsbereich des § 5 Abs. 3 S. 2 Nr. 5 WindSeeG eine „nach § 57 des Bundesnaturschutzgesetzes erlassene[…] Schutzgebietsverordnung" voraus. Insoweit ist zu beachten, dass auch das „Funktionshoheitsgebiet" der AWZ dem Geltungsbereich des Unionsrechts[266] und somit dem europäischen Gebietsschutz nach der FFH- und der Vogel-schutzrichtlinie[267] unterliegt.[268] Entsprechende Gebietsausweisungen erfolgen in der AWZ gem. § 32 Abs. 6 BNatSchG auf Grundlage des § 57 BNatSchG[269] und nach den nationalen Schutzgebietskategorien der §§ 20 Abs. 2, 23 ff. BNatSchG[270]. So werden derzeit insgesamt zehn Natura 2000-Gebiete in der deutschen AWZ[271] durch sechs marine Naturschutzgebiete[272] gem. § 23 BNatSchG flächenmäßig abgedeckt.

---

[262] Hierzu etwa *Lüttgau/Kockler*, in: Giesberts/Reinhardt, § 34 BNatSchG Rn. 3.

[263] Entsprechend zu § 34 BNatSchG *v. Daniels/Uibeleisen*, ZNER 2011, 602 (607); *Schlacke*, Umweltrecht, 8. Aufl. 2021, § 10 Rn. 53.

[264] S. BT-Drs. 20/1634, S. 73: „Windenergieanlagen auf See *in* einem Schutzgebiet".

[265] S. BT-Drs. 20/1634, S. 73.

[266] EuGH, Urt. v. 20.10.2005 – C-6/04 –, ECLI: EU: 2005: 626, Rn. 117; *Salomon/Schu-macher*, ZUR 2018, 84.

[267] Hierzu etwa *Lau*, Naturschutzrecht, in: Rehbinder/Schink, Grundzüge des Umwelt-rechts, 5. Aufl. 2018, Kap. 11 Rn. 66 ff.

[268] *Salomon/Schumacher*, ZUR 2018, 84; *Czybulka*, ZUR 2003, 329 (331); *Pestke*, Off-shore-Windfarmen in der Ausschließlichen Wirtschaftszone, 2008, S. 170 f; *Lütkes*, in: Lüt-kes/Ewer, BNatSchG, § 57 Rn. 2.

[269] Ausführlich *Gellermann*, in: Landmann/Rohmer, § 57 BNatSchG Rn. 11 ff.

[270] S. etwa *Schlacke*, Umweltrecht, 8. Aufl. 2021, § 10 Rn. 51.

[271] Übersicht und Details bei *Salomon/Schumacher*, ZUR 2018, 84 (87 f.) und *Czybulka/Francesconi*, NuR 2017, 594 (595).

[272] S. die jeweiligen Verordnungen über die Festsetzung der Naturschutzgebiete „Borkum Riffgrund", „Doggerbank", „Fehmarnbelt", „Kadetrinne", „Pommersche Bucht – Rönne-bank" und „Sylter Außenriff – Östliche Deutsche Bucht"; Übersicht bei Bundesamt für Na-turschutz, „Nationale Meeresschutzgebiete", https://www.bfn.de/themen/meeresnatur-schutz/nationale-meeresschutzgebiete.html.

Andere Schutzkategorien des § 20 Abs. 2 BNatSchG kamen hierfür, gleichwohl §§ 32 Abs. 6, 57 Abs. 2 BNatSchG die Vorschrift zur Gänze in Bezug nehmen, auch wegen der Besonderheiten der AWZ nicht in Betracht. Der Status des Nationalparks und nationalen Naturmonuments (§ 24 BNatSchG) soll hier nach einigen Stimmen schon generell nicht ausweisbar sein, weil das Merkmal der „Nationalität" mangels Gebietshoheit der Bundesrepublik jenseits der 12-Seemeilen-Grenze nicht zutreffe.[273] Auch die Voraussetzungen für Naturparke (§ 27 BNatSchG), die mitunter eine Gebietseignung für Erholung und Tourismus beinhalten, werden in der AWZ praktisch kaum gegeben sein.[274] Da letztlich auch Landschaftsschutzgebiete mangels maritimer Landschaftsplanung (vgl. § 56 Abs. 1 BNatSchG) gegenstandslos sind[275], verbleiben neben Naturschutzgebieten vor allem Biosphärenreservate (§ 25 BNatSchG)[276] als denkbare Schutzkategorie.[277] Speziell für die marinen Natura 2000-Gebiete dürften aber auch letztere im Hinblick auf deren Schutzzwecke und ökologische Wertigkeit ausscheiden.[278]

(3) Verträglichkeitsprüfung und Subsidiaritätsklausel

Mit der Neufassung des § 5 Abs. 3 S. 2 Nr. 5 WindSeeG wurden letztlich die in § 34 Abs. 2–5 BNatSchG normierten Maßstäbe der FFH-Verträglichkeitsprüfung – die gem. § 36 S. 1 Nr. 2 BNatSchG ohnehin auf Pläne Anwendung finden – in das Fachplanungsrecht transferiert.[279] Demnach sind Gebiets- und Flächenfestlegungen des Flächenentwicklungsplans zulässig, „wenn sie nach § 34 Absatz 2 des Bundesnaturschutzgesetzes nicht zu erheblichen Beeinträchtigungen der für den Schutzzweck der jeweiligen Schutzgebietsverordnung maßgeblichen Bestandteile des Gebietes führen können oder wenn sie die Anforderungen nach § 34 Absatz 3 bis 5 des Bundesnaturschutzgesetzes erfüllen."

---

[273] *Zierau*, Umweltstaatsprinzip aus Art. 20a GG in Raumordnung und Fachplanung, 2015, S. 107 f.; *Lütkes*, in: Lütkes/Ewer, BNatSchG, § 57 Rn. 20; a. A. *Czybulka*, ZUR 2003, 329 (334); *Gellermann*, in: Landmann/Rohmer, § 57 BNatSchG Rn. 9; *Lüttgau*, in: Giesberts/Reinhardt, § 57 BNatSchG Rn. 7.

[274] *Lütkes*, in: Lütkes/Ewer, BNatSchG, § 57 Rn. 20.

[275] *Zierau*, Umweltstaatsprinzip aus Art. 20a GG in Raumordnung und Fachplanung, 2015, S. 108.

[276] Hierzu Czybulka, in: Schumacher/Fischer-Hüftle, § 57 Rn. 9; *Lüttgau*, in: Giesberts/Reinhardt, § 57 BNatSchG Rn. 7.

[277] *Zierau*, Umweltstaatsprinzip aus Art. 20a GG in Raumordnung und Fachplanung, 2015, S. 108 f.

[278] Vgl. *Gellermann*, in: Landmann/Rohmer, § 57 BNatSchG Rn. 9; ähnlich hinsichtlich des Erfordernisses „strenger" Schutzkategorien bei Natura 2000-Gebieten *Schlacke*, Umweltrecht, 8. Aufl. 2021, § 10 Rn. 52.

[279] Vgl. auch die Gesetzesbegründung unter BT-Drs. 20/1634, S. 73: „Rechtsangleichung an […] § 34 Absatz 2 und § 34 Absatz 3 bis 5 Bundesnaturschutzgesetz".

Da die Vorschrift nicht auch auf § 34 Abs. 1 BNatSchG verweist, sondern unmittelbar eine Verträglichkeitsprüfung „im engeren Sinne"[280] nach § 34 Abs. 2 BNatSchG anordnet, ging der Gesetzgeber anscheinend davon aus, dass die Vorprüfung am Maßstab des § 34 Abs. 1 S. 1 BNatSchG (sog. Screening)[281] stets positiv ausfalle. Soweit Gebiets- und Flächenausweisungen für Offshore-Windparks innerhalb eines Schutzgebiets liegen, dürfte dies auch zutreffen, zumal das Screening nach der Rechtsprechung – auch vor dem Hintergrund des Vorsorgegrundsatzes – inhaltlich eher als „grobe" Evidenzkontrolle ausgestaltet ist und nur dann zur Entbehrlichkeit einer Verträglichkeitsprüfung führt, wenn eine erhebliche Beeinträchtigung der Schutzzwecke offensichtlich ausgeschlossen ist.[282]

Anderes gilt indes, soweit man von der Vorschrift auch gebietsexterne Standortfestlegungen erfasst sieht; denn deren abstrakte Eignung zur erheblichen Gebietsbeeinträchtigung i. S. d. § 34 Abs. 1 S. 1 BNatSchG wird nicht immer ohne Weiteres feststehen. Für solche ist daher am regulären dreistufigen Verfahren[283] der habitatschutzrechtlichen Prüfung, bestehend aus Vorprüfung, Verträglichkeitsprüfung und ggf. einer Abweichungsentscheidung nach § 34 Abs. 3–5 BNatSchG als „letztes Mittel"[284], festzuhalten. Insoweit ist § 5 Abs. 3 S. 2 Nr. 5 Hs. 2 WindSeeG unter Hinweis auf die Normgenese[285] erweiternd auszulegen; zu demselben Ergebnis gelangt man, wenn man in diesen Fällen unmittelbar auf § 36 S. 1 Nr. 2 i. V. m. § 34 Abs. 1 BNatSchG zurückgreift.

Für die „eigentliche" Verträglichkeitsprüfung und die Ausnahme- bzw. Abweichungsentscheidung gem. § 5 Abs. 3 S. 2 Nr. 5 Hs. 2 WindSeeG i. V. m. § 34 Abs. 2 und Abs. 3–5 BNatSchG gelten sodann die allgemeinen naturschutzrechtlichen Anforderungen. Allerdings sind bei der Abwägung im Rahmen der Ausnahmeprüfung nach § 34 Abs. 3 und 4 BNatSchG das überragende öffentliche Interesse an der Errichtung von Offshore-Windenergieanlagen und deren Bedeutung für die öffentliche Sicherheit zu berücksichtigen (§ 5 Abs. 3 S. 3 i. V. m. § 1 Abs. 3 WindSeeG). Zudem wird regelmäßig die Abschichtungsklausel des § 5 Abs. 3 S. 4 WindSeeG im Verhältnis zum Raumordnungsplan rele-

---

[280] Hierzu *Lüttgau/Kockler*, in: Giesberts/Reinhardt, § 34 BNatSchG Rn. 8, 11.

[281] Zum sog. Screening i. R. d. § 34 BNatSchG etwa *Gellermann*, in: Landmann/Rohmer, § 34 BNatSchG Rn. 9; *Schlacke*, Umweltrecht, 8. Aufl. 2021, § 10 Rn. 53.

[282] S. BVerwG, Urt. v. 17.01.2007 – 9 A 20/05 – NVwZ 2007, 1054 (1061); OVG Greifswald, Beschl. v. 10.07.2013 – 3 M 111/13 – ZUR 2014, 166 (167 f.).

[283] Zu diesem *Lüttgau/Kockler*, in: Giesberts/Reinhardt, § 34 BNatSchG Rn. 8.

[284] So *Kloepfer*, Umweltrecht, 4. Aufl. 2016, § 12 Rn. 400.

[285] Hierzu oben (1); die Gesetzesbegründung legt nahe, dass der Gesetzgeber diese Fälle trotz der weiten Formulierung der Vorschrift nicht vor Augen hatte.

vant werden, da Verträglichkeitsprüfungen nach § 34 BNatSchG bereits weitgehend auf dieser Ebene erfolgen (s. § 7 Abs. 6 ROG)[286].

Die ferner zu beachtende Subsidiaritätsklausel des § 5 Abs. 6 WindSeeG, wonach eine Festlegung von Gebieten oder Flächen innerhalb eines Schutzgebiets erst erfolgen darf, wenn die Ausbauziele nach § 1 Abs. 2 S. 1 WindSeeG andernfalls nicht erreicht werden können, wurde in den Entwurf des WindSeeG 2023 erst nachträglich mit der Beschlussempfehlung des Ausschusses für Klimaschutz und Energie eingeführt.[287] Jedenfalls[288] für den Fall, dass Festlegungen des Flächenentwicklungsplans eine Abweichungsentscheidung nach § 34 Abs. 3 BNatSchG erfordern, dürfte der Vorschrift allerdings mehr deklaratorischer bzw. appellierender Charakter zukommen; denn insoweit ist eine zwingende Prüfung von Standort- und Ausführungsalternativen bereits in § 34 Abs. 3 Nr. 2 BNatSchG verankert[289].

c) Abwägungsgebot

In § 5 Abs. 3 S. 1 WindSeeG schließlich, wonach Festlegungen unzulässig sind, wenn ihnen „überwiegende öffentliche oder private Belange entgegenstehen", kommt das Abwägungsgebot als zentrales Prinzip des Planungsrechts zum Ausdruck.[290]

aa) Grundsätzliches

Dabei folgt jenes auch ohne explizite Abwägungsklauseln, wie sie neben § 5 Abs. 3 S. 1 WindSeeG auch etwa § 5 Abs. 1 S. 2 NABEG[291] und § 17a Abs. 1 S. 3 EnWG[292] aufweisen, als ungeschriebenes Gebot aus dem Verhältnismä-

---

[286] S. *Bundesamt für Seeschifffahrt und Hydrographie*, Umweltbericht zum Raumordnungsplan für die deutsche ausschließliche Wirtschaftszone der Nordsee v. 01.09.2021, S. 293 ff., und Umweltbericht zum Raumordnungsplan für die deutsche ausschließliche Wirtschaftszone der Ostsee v. 01.09.2021, S. 304 ff., jeweils abrufbar unter https://www.BSH.de/DE/THEMEN/Offshore/Meeresraumplanung/Raumordnungsplan_2021/raumordnungsplan-2021_node.html.

[287] S. BT-Drs. 20/2584, S. 83.

[288] Im Übrigen hat das BSH im Rahmen des Abwägungsgebots ohnehin eine fachplanerische Alternativenprüfung vorzunehmen, wobei die Nichtberücksichtigung von Standortalternativen zu Naturschutzgebieten – wenn auch nur unter den hohen Anforderungen der Abwägungsfehlerlehre – einen Abwägungsfehler begründen kann.

[289] Hierzu *Kloepfer*, Umweltrecht, 4. Aufl. 2016, § 12 Rn. 400; *Lüttgau/Kockler*, in: Giesberts/Reinhardt, § 34 BNatSchG Rn. 21 f.

[290] *Chou*, EurUP 2018, 296 (300 f.).

[291] Vgl. *Chou*, EurUP 2018, 296 (300 f.).

[292] Dieser Vorschrift zum vormaligen Bundesfachplan Offshore ist § 5 Abs. 3 S. 1 WindSeeG entlehnt, s. BT-Drs. 18/8860, S. 273.

ßigkeitsgrundsatz und dem „Wesen rechtsstaatlicher Planung".[293] Inhaltlich gebietet es dem Planungsträger, alle durch die Planung betroffenen öffentlichen und privaten Belange „vollständig zu ermitteln, ihrem objektiven Gewicht nach zu bewerten [sowie sie] gegeneinander und untereinander [gerecht] abzuwägen"[294]. Weiterhin resultiert aus ihm das Gebot der planerischen Konfliktbewältigung, wonach grundsätzlich alle durch die Planung aufgeworfenen Konflikte zu bewältigen sind und ein Ausgleich derart herbeizuführen ist, dass kein Belang unverhältnismäßig hintangestellt wird; denn im letzteren Fall bliebe der Konflikt in Wahrheit ungelöst.[295] Speziell in Planungskaskaden stellt es eine Ausprägung des Gebots der Konfliktbewältigung dar, dass die Kollision widerstreitender Belange auf derjenigen Planungsebene gelöst werden muss, die nach Inhalt, Stellung und Funktion des jeweiligen Plans auch hierzu geeignet ist; ein planerischer Konflikttransfer ist folglich nur in Grenzen zulässig.[296] Auf diese Weise beschränkt das Abwägungsgebot die planerische Abwägungs- oder Gestaltungsfreiheit[297], die ein weiteres Kernelement von Planungsentscheidungen bildet und deren spezifische Struktur prägt.[298] Sie ist dem Ermessen gegenüber deutlich umfangreicher.[299] Auch die Abwägung des BSH bei der Gebiets- und Flächenfestlegung im Flächenentwicklungsplan stellt als

---

[293] BVerwG, Urt. v. 11.12.1981 – 4 C 69/78 – NJW 1982, 1473; ähnlich Urt. v. 04.06.2020 – 7 A 1/18 – NuR 2020, 709 (715); Urt. v. 14.02.1975 – IV C 21.74 – BVerwGE 48, 56 (63); Urt. v. 20.10.1972 – IV C 14.71 – BVerwGE 41, 67 (68); Urt. v. 30.04.1969 – IV C 6/68 – NJW 1969, 1868 (1869).

[294] So zusammenfassend *Durner*, Konflikte räumlicher Planungen, 2005, S. 274; zu den entsprechenden Phasen der Abwägung auch *Erbguth*, JZ 2006, 484 (488); *Dreier*, Die normative Steuerung der planerischen Abwägung, 1995, S. 56 f.; *Martini/Finkenzeller*, JuS 2012, 126. Eingehend zur Entwicklung der Abwägungsdogmatik in der Rechtsprechung *Berkemann*, ZUR 2016, 323.

[295] Vgl. insges. BVerwG, Urt. v. 14.02.1975 – IV C 21.74 – NJW 1975, 1373 (1377); *Durner*, Konflikte räumlicher Planungen, 2005, S. 269, 274.

[296] Vgl. auch *Siegel*, Entscheidungsfindung im Verwaltungsverbund, 2009, S. 180 f.; *Riese*, in: Schoch/Schneider, Verwaltungsrecht, § 114 VwGO Rn. 224.

[297] Zu dieser *Siegel*, Allgemeines Verwaltungsrecht, 14. Aufl. 2022, Rn. 222; zur Terminologie auch *Erbguth*, JZ 2006, 484 (488); eingehend *Dreier*, Die normative Steuerung der planerischen Abwägung, 1995, S. 45 ff.

[298] *Durner*, Konflikte räumlicher Planungen, 2005, S. 269, 275.

[299] *Dreier*, Die normative Steuerung der planerischen Abwägung, 1995, S. 46; *Ergbuth*, JZ 2006, 484 (488).

gestaltender Vorgang eine solche („echte") planerische, nicht lediglich nachvollziehende[300] Abwägung dar.[301]

Das Abwägungsgebot ist verletzt, wenn eine Abwägung überhaupt nicht stattgefunden hat (Abwägungsausfall), abwägungserhebliche Belange nicht in die Entscheidung eingestellt wurden bzw. umgekehrt irrelevante oder gar sachfremde Belange berücksichtigt wurden (Abwägungsdefizit bzw. -fehleinstellung), das objektive Gewicht von Belangen verkannt wurde (Abwägungsfehleinschätzung) oder widerstreitende Belange nicht angemessen in Ausgleich gebracht wurden (Abwägungsdisproportionalität).[302] Im Hinblick auf die Prüfung von Planungsalternativen, also den Vorzug eines bestimmten Windparkstandorts, Trassenverlaufs oder einer technischen Ausführungsart (vgl. insoweit § 5 Abs. 1 S. 1 Nr. 11 Alt. 1 WindSeeG), liegt ein Abwägungsfehler jedoch grundsätzlich (erst) dann vor, wenn die betreffende Alternative sich der Behörde hätte aufdrängen müssen, weil jene sich bei fehlerfreier Berücksichtigung aller abwägungserheblichen Belange als die eindeutig bessere, da schonendere für öffentliche und private Belange, darstellt.[303] Im Übrigen verbleibt es beim planerischen Gestaltungsspielraum des BSH, welcher den gerichtlichen Kontrollmaßstab insoweit also erheblich reduziert.[304]

bb) Typischerweise betroffene Belange

Dies wirft die Frage auf, welche konkreten Belange regelmäßig in die Abwägung nach § 5 Abs. 3 S. 1 WindSeeG einzugehen haben. Dabei ist zu beachten, dass die durch die oben erörterten Planungsleitsätze (s. § 5 Abs. 3 S. 2 WindSeeG) geschützten Aspekte wie die Seeschifffahrt und der Meeresnaturschutz, soweit die dort normierten Erheblichkeitsschwellen unterschritten bleiben, dennoch als „einfache" Belange zu berücksichtigen sind, soweit sie nicht ausnahmsweise nur unerheblich berührt werden.[305] Hierneben bedarf die fische-

---

[300] Zur nachvollziehenden Abwägung *Schüler*, Die Bedürfnisprüfung im Fachplanungs- und Umweltrecht, 2008, S. 119 ff.; *Riemer*, Investitionspflichten der Betreiber von Elektrizitätsübertragungsnetzen, 2017, S. 117 ff.; *Dreier*, Die normative Steuerung der planerischen Abwägung, 1995, S. 44 f.; *Runkel*, in: Ernst/Zinkahn u. a., BauGB, § 38 BauGB Rn. 49; zur Herkunft und (uneinheitlichen) Verwendung des Begriffs *Erbguth*, JZ 2006, 484 (488).

[301] *Chou*, EurUP 2018, 296 (301).

[302] Zur Abwägungsfehlerlehre *Siegel*, Allgemeines Verwaltungsrecht, 14. Aufl. 2022, Rn. 223; *Ders.*, NZV 2004, 545 (550 f.); *Ibler*, Die Schranken planerischer Gestaltungsfreiheit im Planfeststellungsrecht, 1988, S. 215 f.; *Erbguth*, JZ 2006, 484 (485); *Dreier*, Die normative Steuerung der planerischen Abwägung, 1995, S. 56 f.

[303] BVerwG, Urt. v. 29.06.2017 – 3 A 1.16 – ZUR 2018, 107 (114); Urt. v. 17.12.2013 – 4 A 1/13 – NVwZ 2014, 669 (675); Urt. v. 18.07.2013 – 7 A 4/12 – NVwZ 2013, 1605 (1607).

[304] Vgl. allgemein *Erbguth*, JZ 2006, 484 (488).

[305] S. o. Kapitel 2 III. 3. b) aa).

reiwirtschaftliche Nutzung der AWZ als traditionelle maritime Nutzungsart besonderer Berücksichtigung.[306] Sie ist regelmäßig schon deshalb erheblich berührt, weil der Einsatz von Fischereigeräten innerhalb der Sicherheitszonen um die Windparks (§ 74 WindSeeG) per Allgemeinverfügung der GDWS untersagt wird[307], wodurch u. U. bedeutsame Fanggründe verloren gehen.[308] Zudem entfalten die Errichtungsarbeiten an den Windparks und – für elektrosensitive Arten – auch der Leitungsbetrieb erhebliche Störwirkungen[309], die sich negativ auf die Fischbestände auswirken können[310]. Denkbar ist zudem eine Beeinträchtigung kollidierender bergrechtlicher Aktivitäten, die es ebenfalls zu berücksichtigen gilt (vgl. auch § 69 Abs. 3 S. 1 Nr. 4 WindSeeG).

Daran wird bereits deutlich, dass die bei der Standortauswahl zu berücksichtigenden Belange quantitativ deutlich hinter denen zurückbleiben, die durch Onshore-Windparks regelmäßig betroffen sind. Insbesondere scheidet infolge der fehlenden Eigentumsfähigkeit von Meeresbodenflächen in der AWZ[311] das Grundeigentum als abwägungserheblicher Privatbelang aus; entsprechendes gilt im Hinblick auf die naturgemäß nicht vorhandene (Wohn-)Besiedlung des Meeresraums. Dass tourismuswirtschaftliche Interessen oder die durch Art. 28 Abs. 2 GG geschützte Planungshoheit von Küstengemeinden durch die weit entfernt – nämlich mehr als 22 km – gelegenen Anlagen in der AWZ mehr als geringfügig betroffen sein können, ist jedenfalls zweifelhaft[312].

Generell gilt jedoch zu beachten, dass nicht nur solche privaten Belange abwägungserheblich sind, die durch eine subjektive Rechtsposition geschützt

---

[306] BT-Drs. 18/8866, S. 273, 311.

[307] S. *Wissenschaftlicher Dienst des Deutschen Bundestages*, Kurzinformation – Befahren und Fischen in Offshore-Windparkgebieten v. 15.06.2018 (WD 5 - 3000 - 082/18), S. 2 sowie beispielhaft *Generaldirektion für Wasserstraßen und Schifffahrt*, Allgemeinverfügung zum Offshore-Windpark Butendiek v. 22.04.2016, S. 1, abrufbar unter https://www.elwis.de/DE/Seeschifffahrt/Offshore-Windparks/Offshore-Windparks-node.html: „Der Einsatz von Grund-, Schlepp- und Treibnetzen oder ähnlichen Fischereigeräten innerhalb der Sicherheitszone ist untersagt."

[308] *Pestke*, Offshore-Windfarmen in der Ausschließlichen Wirtschaftszone, 2008, S. 165.

[309] S. *Bundesamt für Naturschutz*, „Auswirkungen der Offshore-Windkraft" unter https://www.bfn.de/auswirkungen.

[310] Die Bestände anderer Arten allerdings könnten die fischereifreien Zonen um die Windparks umgekehrt positiv beeinflussen, s. *Risch*, Windenergieanlagen in der Ausschließlichen Wirtschaftszone, 2006, S. 20 m. w. N.; https://w3.windmesse.de/windenergie/news/34917-usa-studie-forschung-wissenschaft-flora-fauna-meeresboden-windkraftanlage-windpark-university-of-maryland-offshore-tiere-pflanzen.

[311] Hierzu *Papenbrock*, Die Anwendung des deutschen Sachenrechts auf Windenergieanlagen in der Ausschließlichen Wirtschaftszone, 2017, S. 146; *Schulz/Gläsner*, EnWZ 2013, 163 (168); *Degenhardt/Treibmann*, in: Böttcher, Stromleitungsnetze – Rechtliche und wirtschaftliche Aspekte, 2014, S. 282; insgesamt zur Anwendbarkeit des BGB in der AWZ *Hofmann/Baumann*, RdE 2012, 53 (56 ff.).

[312] *Keller*, ZUR 2005, 184 (187 f.); eingehend noch u. V. 3. b) dd) (3).

werden, sondern auch sonstige schutzwürdige Interessen, solange sie nicht objektiv geringwertig sind.[313] Dass Rechtsprechung und Literatur weitgehend keine subjektiven Rechte auf fischereiwirtschaftliche oder schifffahrtliche Nutzungen konkreter Meeresareale in der AWZ anerkennen[314], macht diese Aspekte also keineswegs planungsrechtlich irrelevant. Ihre (fehlende) subjektiv-rechtliche Qualität kann sich gleichwohl auf ihre Gewichtung im Rahmen der Abwägung auswirken; vor allem aber bestimmt sie über ihre prozessuale Durchsetzbarkeit.[315]

cc) Abwägungsdirektiven, insbesondere: Überragendes öffentliches Interesse am Ausbau der Offshore-Windenergie (§ 1 Abs. 3 WindSeeG 2023)

Im Übrigen gibt das WindSeeG fachplanungsinterne Abwägungsdirektiven (auch) für die Festlegung von Gebieten und Flächen vor. Als Abwägungsdirektiven sind solche normativen Vorgaben zu verstehen, die die planerische Abwägung nicht absolut ausschließen, sie also „von außen" umgrenzen würden, sondern sie relativ – nämlich stets in Abhängigkeit von den rechtlichen und tatsächlichen Möglichkeiten, insbesondere gegenläufigen Belangen – und gleichsam „von innen" beeinflussend steuern sollen.[316] Mithin handelt es sich um gesetzliche Gewichtungsvorgaben, die terminologisch oftmals mit den sog. Optimierungsgeboten gleichgesetzt werden.[317] Im Gegensatz zur konditionalen Normstruktur (strikter) Planungsleitsätze („wenn…, dann …"[318]) liegt Abwägungsdirektiven typischerweise eine finalprogrammatische Steuerung zugrunde, indem sie spezifische Ziele für die Zusammenstellung und Gewichtung des Abwägungsmaterials formulieren.[319]

Als solche erlangt § 1 Abs. 3 WindSeeG 2023 besondere Bedeutung, wonach die Errichtung von Windenergieanlagen auf See und Offshore-Anbindungsleitungen im überragenden öffentlichen Interesse liegt und der öffentlichen Sicherheit dient. Speziell für die Abwägung im Rahmen des Flächenentwicklungsplans verweist § 5 Abs. 3 S. 3 WindSeeG auf dieses „überragende öffentliche Interesse an der Errichtung von Windenergieanlagen auf See und Offshore-Anbindungsleitungen und deren Bedeutung für die öffentliche Si-

---

[313] BVerwG, Urt. v. 28.03.2007 – 9 A 17/06 – NuR 2007, 488 (489); *Riese*, in: Schoch/Schneider, Verwaltungsrecht, § 114 VwGO Rn. 205, 212 f.

[314] Näher u. Kapitel 4 I. 2. a).

[315] Vgl. *Söfker*, in: Ernst/Zinkhahn u. a., BauGB, § 1 Rn. 184.

[316] *Dreier*, die normative Steuerung der planerischen Abwägung, 1995, S. 96 ff.

[317] Zur uneinheitlichen Verwendung und Abgrenzung der Begriffe der Abwägungsdirektive und des Optimierungsgebots *Riese*, in: Schoch/Schneider, Verwaltungsrecht, § 114 VwGO Rn. 197.

[318] Vgl. hierzu *Siegel*, Allgemeines Verwaltungsrecht, 14. Aufl. 2022, Rn. 190.

[319] *Dreier*, die normative Steuerung der planerischen Abwägung, 1995, S. 96, 101; vgl. auch *Ergbuth*, JZ 2006, 484 (487).

cherheit" und formuliert zusätzlich – deklaratorisch[320] – ein ausdrückliches Be-
rücksichtigungsgebot. Für Windenergieanlagen hat sich ein entsprechendes
Gebot bereits vor Inkrafttreten des WindSeeG 2023 aus der Neufassung des §
2 S. 1 und 2 EEG[321] wie auch aus Art. 3 Abs. 1 der europäischen NotfallVO[322]
ergeben.[323] Zur inhaltlichen Untermauerung des so mehrfach verankerten abstrakten Abwägungsvorrangs[324] hatte sich der Gesetzgeber auf die vorangehende Rechtsprechung des EuGH gestützt.[325] Praktische Bedeutung wird jener
vor allem im Verhältnis zum Artenschutz erlangen[326]; letztlich beeinflusst er
jedoch die Gewichtung des Windenergieausbaus im Verhältnis zu sämtlichen
widerstreitenden Belangen außer den militärischen (vgl. § 2 S. 3 EEG) und
forciert dessen Durchsetzung im Rahmen der Abwägung nach § 5 Abs. 3 S. 1
WindSeeG[327].

Schließlich formulieren zwar auch die „Kriterien für die Festlegung der Flächen" in § 5 Abs. 4 S. 2 WindSeeG wichtige fachrechtliche Abwägungsdirektiven; da sich diese jedoch weniger auf die raumplanerisch zu ermittelnde Lage
von Flächen als vielmehr – kapazitätssteuernd – auf deren Umfang und zeit-

---

[320] Auch die Gesetzesbegründung stellt klar, dass § 1 Abs. 3 WindSeeG 2023 schon an
sich dazu führe, dass „im Falle einer Abwägung […] das besonders hohe Gewicht der erneuerbaren Energien berücksichtigt werden" müsse, s. BT-Drs. 20/1634, S. 70; die Mehr-
fachregelung erfolgte somit wohl aus Gründen der Klarstellung und praktischen Transparenz.

[321] Mit Wirkung zum 29.07.2022 durch das Gesetz zu Sofortmaßnahmen für einen beschleunigten Ausbau der erneuerbaren Energien und weiteren Maßnahmen im Stromsektor
v. 20.07.2022 (BGBl. I S. 1237); weiterführend etwa *Schlacke u. a.*, NVwZ 2022, 1577
(1578 ff.); *Parzefall*, NVwZ 2022, 1592 ff.; *Eh*, IR 2022, 279 ff. und 302 ff.

[322] Hierzu o. Kapitel 1 III. 4. c) aa). Die Vorschrift erfasst darüber hinaus auch Stromnetze.

[323] Ebenso im Hinblick auf § 2 S. 1 und 2 EEG *Schlacke u. a.*, NVwZ 2022, 1577 (1579
f.).

[324] S. zum Begriff etwa *Bundesverband der Energie- und Wasserwirtschaft e.V.*, Stellungnahme zum Windenergie an Land Gesetz (WaLG) v. 23.06.2022 (= Ausschussdrucksa-
che 20(25)123), S. 4.

[325] S. BT-Drs. 20/1634, S. 70 und BT-Drs. 20/1630, S. 158 f., insbes. unter Verweis auf
EuGH, Urt. v. 04.05.2016 – C-346/14 –, NVwZ 2016, 1161 (1166), wonach die „die Förderung erneuerbarer Energiequellen, die für die Union von hoher Priorität ist, u. a. im Hinblick
darauf gerechtfertigt [sei], dass die Nutzung dieser Energiequellen zum Umweltschutz und
zur nachhaltigen Entwicklung beiträgt und zur Sicherheit und Diversifizierung der Energieversorgung beitragen und die Erreichung der Zielvorgaben des Kyoto-Protokolls zum Rah-
menübereinkommen der Vereinten Nationen über Klimaänderungen beschleunigen" könne.

[326] Beispielhaft VG Köln, Beschl. v. 19.01.2023 – 14 L 387/22 –, juris-Rn. 142 ff.; s.
allerdings zum problematischen Verhältnis zu § 45 Abs. 7 BNatSchG *Schlacke u. a.*, NVwZ
2022, 1577 (1580).

[327] Vgl. *Schlacke u. a.*, NVwZ 2022, 1577 (1578).

liche Priorisierung auswirken, werden sie im Rahmen des dritten Kapitels[328] näher behandelt.

4. Rechtswirkungen des Flächenentwicklungsplans

a) Kein Rechtssatzcharakter mangels genereller Außenwirkung

In der Rechtsfolge fehlt es dem Flächenentwicklungsplan – anders als dem Raumordnungsplan für die AWZ, der explizit in Form der Rechtsverordnung zu erlassen ist (§ 17 Abs. 1 S. 1 ROG) – an einer entsprechenden Rechtssatzqualität und der damit verbundenen allgemeinen Außenverbindlichkeit. An den Inhalt der Festlegungen sind grundsätzlich nur das BSH selbst und die Bundesnetzagentur – s. sogleich – bei den nachfolgenden Flächenvoruntersuchungen und Ausschreibungen gebunden. Über diese innerbehördliche Sphäre hinaus lösen die Flächenfestlegungen für die Übertragungsnetzbetreiber als regulierte Privatrechtssubjekte die Pflicht aus, die zugehörigen Offshore-Anbindungsleitungen zu beauftragen (§ 17d Abs. 2 S. 2 EnWG). Insoweit kommt ihm also punktuelle Außenwirkung im Einzelfall zu und er bildet einen Verwaltungsakt der Netzregulierung. Zudem sind die Festlegungen nach § 5 Abs. 1 S. 1 Nrn. 4 und 5 WindSeeG (Inbetriebnahmezeitpunkte, flächenspezifische Leistungsvorgaben) im Sinne eines Entwicklungsgebots zwingend der weiteren Netzplanung durch die Übertragungsnetzbetreiber zugrunde zu legen (§ 12b Abs. 1 S. 1, S. 4 Nr. 7 letzt. Hs. EnWG). Im Übrigen aber handelt es sich beim Flächenentwicklungsplan um ein Verwaltungsinternum.[329]

b) Verbindlichkeit der Gebiets- und Flächenfestlegungen

Mit den Gebiets- und Flächenfestlegungen im Flächenentwicklungsplan werden dabei, knapp resümiert, im Wege der planerischen Abwägung durch das BSH und innerhalb fachrechtlich katalogisierter Abwägungsgrenzen die konkrete räumliche Lage, Anordnung und äußere Umgrenzung einzelner Offshore-Windparks einschließlich bestimmter Nebenanlagen bestimmt. Diese Festlegungen erlangen innerhalb der weiteren Planungskaskade umfassende Verbindlichkeit. So definieren sie nicht nur den Gegenstand des Voruntersuchungsverfahrens, soweit ein solches auf nächster Stufe durchgeführt wird, in räumlicher Hinsicht abschließend (s. § 9 Abs. 1 WindSeeG, der sich auf die Voruntersuchung „von im Flächenentwicklungsplan festgelegten Flächen" bezieht), sondern setzen gem. § 6 Abs. 9 S. 2 WindSeeG – entsprechend § 15 Abs. 1 S. 1 NABEG für die Bundesfachplanung oder § 17a Abs. 5 S. 2 EnWG für den früheren Bundesfachplan Offshore – auch für nachfolgende Planfeststellungs- bzw. -genehmigungsverfahren nach Teil 4 WindSeeG einen strikt

---

[328] S. dort II. 2. a) cc) (2).
[329] Vgl. auch BT-Drs. 18/8860, S. 278; *Chou*, EurUP 2018, 296 (302).

beachtlichen Rahmen. Dabei unterliegt sein innerer Verbindlichkeitsanspruch jedoch einem Aktualisierungsvorbehalt[330], was sich bereits daran zeigt, dass das Voruntersuchungsverfahren, soweit es durchgeführt wird, zur Revidierung einer im Flächenentwicklungsplan getroffenen Standortabwägung führen kann (vgl. § 12 Abs. 6 WindSeeG).

Im Hinblick auf die Ausschreibungsverfahren nach Teil 3 Abschnitt 2 und 5 WindSeeG determiniert der Flächenentwicklungsplan, da die Ausschreibungen flächenspezifisch erfolgen, den Ausschreibungsgegenstand in räumlicher Hinsicht (vgl. insbes. § 16 S. 2 Nr. 3 WindSeeG). Hier werden jedoch vor allem seine Kapazitäts- und Priorisierungsvorgaben relevant, für die auf das dritte Kapitel[331] verwiesen sei.

Aus alledem ergibt sich klar, dass der Flächenentwicklungsplan als selbständige, wenn auch weitgehend nur verwaltungsintern wirkende Planungsstufe im oben definierten Sinne zu qualifizieren is.

IV. Zentrale Flächenvoruntersuchung

Die im Flächenentwicklungsplan ermittelten Flächen können sodann durch das BSH nach Maßgabe der §§ 9–13 WindSeeG voruntersucht und auf ihre Eignung zur Bebauung mit Windenergieanlagen geprüft werden. Voraussetzung ist jeweils eine entsprechende Festlegung gem. § 5 Abs. 3 S. 1 Nr. 3 letzt. Hs. WindSeeG durch den Flächenentwicklungsplan (hierzu 1.). Besonderheiten weist die Flächenvoruntersuchung dabei in kompetenzieller Hinsicht sowie im Hinblick auf das behördliche Prüfprogramm und die Rechtsnatur und -wirkungen des Verfahrensergebnisses auf (hierzu 2. bis 4.). Schließlich erscheint ihr Charakter als (fach-)planerische Entscheidung fraglich (5.).

1. *Anwendungsbereich und Ziele des Voruntersuchungsverfahrens*

In den Anwendungsbereich der zentralen Voruntersuchung fallen seit 2023 all jene Flächen, für die der Flächenentwicklungsplan dies gem. § 5 Abs. 1 S. 1 Nr. 3 letzt. Hs. WindSeeG bestimmt; für die übrigen entfällt diese Verfahrensstufe und mit ihr ein ursprünglich prägender Aspekt des zentralen Modells[332]. Für die Zuteilungsentscheidung legt das Gesetz dem BSH ab 2027 das Ziel einer hälftigen Quotelung des jährlichen Ausschreibungsvolumens auf vorun-

---

[330] Ähnlich im Hinblick auf die Eignungsfeststellung *Durner*, ZUR 2022, 3 (7).

[331] S. dort II. 2. a) cc).

[332] Als solches hat wohl auch Gesetzgeber selbst das Voruntersuchungsverfahren bei Erlass des WindSeeG gesehen, vgl. insbes. BT-Drs. 18/8860, S. 2 und *Bundesministerium für Wirtschaft und Energie*, EEG-Novelle 2016 – Fortgeschriebenes Eckpunktepapier zum Vorschlag des BMWi für das neue EEG v. 15.02.2016, S. 7.

tersuchte und nicht voruntersuchte Flächen auf (vgl. § 14 Abs. 2 S. 2, 3 i. V.
m. § 2a Abs. 2 WindSeeG).

Die Zwecke des Voruntersuchungsverfahrens sind in § 9 Abs. 1 WindSeeG
ausdrücklich normiert. Zu diesen zählt zunächst die zentrale, also gebündelte
und kosteneffiziente[333] Ermittlung und Dokumentation von Flächeninformationen („Informationsbeschaffungsverfahren"[334]), dies einerseits, um sie bei der
Fachbehörde selbst zu kumulieren[335], andererseits auch für die Vorhabenträger,
welche ansonsten jeweils eigene Standortuntersuchungen anstrengen müssten.
Durch diese Verlagerung von Prüfpflichten auf den Staat, genauer den Bund,
fallen bei diesem erhebliche Durchführungskosten an[336], die indes durch die
Erhebung von Gebühren bei den bezuschlagten Bietern vollständig refinanziert
werden.[337] Zweitens soll die Voruntersuchung Verfahrensstoff der Zulassungsebene antizipieren, um das spätere Plangenehmigungsverfahren zu beschleunigen und zu verhindern, dass Projekte auf ungeeigneten Flächen überhaupt dessen Gegenstand werden.[338] Mithin ging es dem Gesetzgeber auch um eine Sicherung der „Plangenehmigungsfestigkeit"[339] von Windparkstandorten, worin
sich die oben genannten Parallelen zur früheren Eignungsprüfung nach § 3a
Abs. 1 S. 4, 5 SeeAnlV[340] wiederum deutlich zeigen. Auf diese Weise sollen
die Kosten- und Verfahrenseffizienz der Flächenplanung insgesamt gesteigert
und niedrigere Gebote in den Ausschreibungen erzielt werden.[341]

2. „Potenzielle" Zuständigkeit des BSH

Zuständig für die Durchführung des Voruntersuchungsverfahrens ist grundsätzlich die Bundesnetzagentur (§ 11 S. 1 WindSeeG). Gleichwohl trifft § 11
S. 2 Nr. 1 WindSeeG eine ergänzende Sonderregelung, wonach jene die Vorun-

---

[333] Vgl. BT-Drs. 18/8860, S. 280.

[334] So *Durner*, ZUR 2022, 3 (5).

[335] So *Pflicht*, EnWZ 2016, 550 (551); weiterführend zur „wissensgenerierenden"
Funktion des Verwaltungsverfahrens *Röhl*, Wissensgenerierung im Verwaltungsverfahren,
in: Voßkuhle/Eifert/Möllers, Voßkuhle/Eifert/Möllers, GrVwR II, § 30.

[336] Für die Erstellung von Unterlagen und Untersuchungsergebnissen durch das BSH wurden im Haushaltsjahr 2022 ca. 78 Millionen Euro benötigt, s. BT-Drs. 20/1634, S. 8.

[337] Maßgeblich sind insoweit Ziffern 3.1 bis 3.8 der Anlage zur Besonderen Gebührenverordnung für den Zuständigkeitsbereich Strom des Bundesministeriums für Wirtschaft und
Energie (Besondere Gebührenverordnung Strom) v. 02.01.2017 (BGBl. I S. 3), zuletzt geändert mit Verordnung v. 25.01.2023 (BGBl. I Nr. 24), die in ihrer Neufassung auf eine
vollständige Refinanzierung angelegt ist, s. S. 20 der Verordnungsbegründung (unveröf-
fentl.).

[338] Vgl. BT-Drs. 18/8860, S. 280.

[339] Vgl. terminologisch etwa *Kment*, NVwZ 2015, 616 (621); *Sangenstedt/Salm*, in: Stein-
bach/Franke, Kommentar zum Netzausbau, § 7 NABEG Rn. 111 („Planfeststellungsfestig-
keit").

[340] S. o. Kapitel 1 III. 2. b).

[341] BT-Drs. 18/8860, S. 280 ff.

tersuchung von Flächen in der AWZ nach Maßgabe einer Verwaltungsvereinbarung durch das BSH „im Auftrag" wahrnehmen lassen kann. Über die Entscheidung steht der Bundesnetzagentur Ermessen zu, wie die Ergänzung des Wortes „kann" seit der Novelle 2020[342] klarstellt. Dieses umfasst sowohl Entschließungs- als auch Auswahlermessen[343] infolge der Möglichkeit, die Kompetenz lediglich in Einzelfällen zu übertragen[344]. Indessen muss die Übertragung stets für „sämtliche Aufgaben" erfolgen, die mit der Durchführung des Voruntersuchungsverfahrens verbunden sind[345]; sie erfasst mithin sowohl die Sach- als auch Wahrnehmungskompetenz[346].

In der Praxis lässt die Bundesnetzagentur die Voruntersuchung aller in der AWZ belegenen Flächen aufgrund einer Verwaltungsvereinbarung mit dem BSH und dem Bundesministerium für Wirtschaft und Klimaschutz als gemeinsame Rechts- und Fachaufsichtsbehörde[347] durch ersteres wahrnehmen.[348] Entsprechend wurde auch die Ermächtigung zum Erlass der Voruntersuchungsergebnisse im Wege der Rechtsverordnung (§ 12 Abs. 5 S. 1, 2 WindSeeG) gem. § 15 EEV[349] i. V. m. § 12 Abs. 5 S. 6 WindSeeG 2023 an das BSH subdelegiert.

Was die organisationsrechtliche Einordnung des § 11 S. 2 WindSeeG betrifft, kommt neben dem besonderen Delegationstypus der „potentiellen Zuständigkeit"[350] grundsätzlich auch das zwischenbehördliche Mandat[351] in Betracht. Beide bedürfen im Ausgangspunkt einer normativen Grundlage, die hier

---

[342] S. hierzu BT-Drs. 19/20429, S. 45; die Ursprungsfassung formulierte insoweit noch: Die Bundesnetzagentur „lässt […] wahrnehmen […]".

[343] Hierzu *Siegel*, Allgemeines Verwaltungsrecht, 14. Aufl. 2022, Rn. 206.

[344] Nach BT-Drs. 18/8860, S. 284 kann die Übertragung „mehrere[…] oder alle[…] Flächen in der AWZ" sowie „Einzelfälle" im Küstenmeer umfassen.

[345] BT-Drs. 18/8860, S. 284.

[346] Zu den Begriffen etwa *Winkler*, Verwaltungsträger im Kompetenzverbund, 2009, S. 28; *Schmitz*, in: Stelkens/Bonk/Sachs, VwVfG, § 9 Rn. 146 ff.

[347] S. für das BSH § 104 WindSeeG; für die Bundesnetzagentur gilt dies auch ohnedies gem. § 1 S. 2 des Gesetzes über die Bundesnetzagentur für Elektrizität, Gas, Telekommunikation, Post und Eisenbahnen v. 07.07.2005 (BGBl. I S. 1970, 2009), zul. geänd. durch Art. 3 des Gesetzes zur Umsetzung unionsrechtlicher Vorgaben und zur Regelung reiner Wasserstoffnetze im Energiewirtschaftsrecht vom 16.07.2021 (BGBl. I S. 3026) (im Folgenden: BNAG).

[348] S. *Bundesnetzagentur* unter https://www.bundesnetzagentur.de/DE/Beschlusskammern/BK06/BK6_72_Offshore/Ausschr_vorunters_Flaechen/start.html.

[349] Verordnung zur Durchführung des Erneuerbare-Energien-Gesetzes und des Windenergie-auf-See-Gesetzes v. 17.02.2015 (BGBl. I S. 146).

[350] S. terminologisch BVerwG, Urt. v. 28.09.1961 – II C 168/60 – NJW 1962, 316. Die Einordnung der potentiellen Zuständigkeit als (Sonder-)Form der Delegation ist umstritten, s. weiterführend *Reinhardt*, Delegation und Mandat im öffentlichen Recht, 2006, S. 163 ff.

[351] Zu diesem eingehend *Hufeld*, Die Vertretung der Behörde, 2003, S. 198 ff.; *Horn*, NVwZ 1986, 808.

gegeben ist.[352] Dabei bildet das Mandat jedoch das organisationsrechtliche Pendant zur zivilrechtlichen Stellvertretung, was zur Folge hat, dass die Kompetenz stets im Namen der mandatierenden Behörde ausgeübt wird.[353] Das BSH tritt indessen bei der Durchführung der Voruntersuchungen nicht etwa im Namen der Bundesnetzagentur auf; vielmehr ist es selbst die „für die Voruntersuchung zuständige Stelle" (§ 11 S. 3 WindSeeG) und wird als solche auch unmittelbar durch die entsprechenden Vorschriften adressiert (s. insbes. § 12 WindSeeG). Jedenfalls atypisch wäre auch eine Mandatierung innerhalb desselben Verwaltungsträgers[354], hier des Bundes. Somit normiert § 11 S. 2 WindSeeG vielmehr eine sog. potenzielle Zuständigkeit des BSH. Bei dieser steht einer Stelle das gesetzliche Recht zu, ihre Kompetenz auf eine oder mehrere gesetzlich genau bezeichnete Behörden zu übertragen.[355] Infolge dieses bereits eng umgrenzten Kreises möglicher Delegatare unterliegt dieser Delegationstypus nach der Rechtsprechung des Bundesverwaltungsgerichts herabgesetzten formellen Anforderungen, sodass die Kompetenzübertragung auch formlos erfolgen kann.[356] Damit bedarf die Aufgabenübertragung der Bundesnetzagentur nach § 11 S. 2 WindSeeG insbesondere keiner normativen Rechtsform.

Fraglich erscheint allerdings der praktische Sinn der Vorschrift. Maßgeblich dafür, das Voruntersuchungsverfahren grundsätzlich im Kompetenzbereich der Bundesnetzagentur anzusiedeln, war für den Gesetzgeber ursprünglich der „Zusammenhang der Voruntersuchung mit den Ausschreibungen".[357] Gleichwohl dürfte das BSH bereits damals infolge seiner langjährigen Zuständigkeit für die Anlagenzulassungen nach der SeeAnlV und die Meeresfachplanung die sachnähere Behörde gewesen sein und eine Abstimmung auf die Ausschreibungen hätte auch ohnedies im Rahmen der Verfahrensbeteiligung der Bundesnetzagentur erreicht werden können. Dagegen erscheint die weitgehend „formelle" Kompetenz der Bundesnetzagentur wenig zweckmäßig und birgt, da sie auch Singulardelegationen zulässt, letztlich die Möglichkeit einer ineffizienten Zuständigkeitsspaltung.

3. Behördlicher Untersuchungsmaßstab

Das Voruntersuchungsverfahren gliedert sich intern – korrespondierend mit den zwei in § 9 Abs. 1 WindSeeG genannten Zielen[358] – in eine vorbereitende

---

[352] S. für das interbehördliche Mandat *Horn*, NVwZ 1986, 808 (809); zur Delegation vgl. BVerwG, Urt. v. 28.09.1961 – II C 168/60 – NJW 1962, 316.

[353] *Horn*, NVwZ 1986, 808 (808 f.).

[354] Vgl. *Horn*, NVwZ 1986, 808 (809).

[355] *Reinhardt*, Delegation und Mandat im öffentlichen Recht, 2006, S. 28.

[356] BVerwG, Urt. v. 28.09.1961 – II C 168/60 – NJW 1962, 316; näher *Reinhardt*, Delegation und Mandat im öffentlichen Recht, 2006, S. 163 ff.

[357] BT-Drs. 18/8860, S. 284.

[358] *Kerth*, in: Säcker/Steffens, BerlKommEnR VIII, § 10 WindSeeG Rn. 1.

Datenerhebung und -dokumentation im ersten Schritt sowie die „eigentliche" rechtliche Eignungsprüfung im zweiten Schritt. Folglich unterscheidet sich der behördliche Untersuchungsmaßstab je nach dessen Stadium.

a)   Vorbereitende Datenerhebung und Dokumentation

Gegenstände des ersten Verfahrensabschnitts bilden gem. § 10 Abs. 1 S. 1 WindSeeG die Untersuchung der Meeresumwelt, des Baugrundes und der Wind- und ozeanographischen Verhältnisse auf der betreffenden Fläche und des Schiffsverkehrs. Um letzteren Aspekt wurde § 10 Abs. 1 S. 1 erst mit dem WindSeeG 2023 ergänzt, wobei sich mit der Neuregelung auch der Untersuchungsinhalt gegenüber der vormaligen Praxis ändern dürfte. Die Durchführung der Untersuchungen erfolgt großteils nicht durch die Behörde selbst, sondern durch private Fachdienstleister.[359]

aa)   Untersuchung und Dokumentation der Meeresumwelt: Partielle Vorwegnahme des späteren UVP-Berichts

Der Begriff der Meeresumwelt gem. § 10 Abs. 1 S. 1 Nr. 1 WindSeeG ist zunächst im weiteren Sinne zu verstehen und schließt insbesondere die gesamte Avifauna (Rast- und Zugvögel)[360], Fledermausbestände[361], das Benthos und als Biotoptypen etwa Riffe[362] als Schutzgüter ein. Diese sind durch das BSH insoweit zu untersuchen und zu dokumentieren, als es für eine Umweltverträglichkeitsstudie im Rahmen der späteren Plangenehmigung gem. § 66 WindSeeG notwendig ist und die Untersuchungen projektunabhängig durchgeführt werden können (§ 10 Abs. 1 S. 1 Nr. 1 WindSeeG). Umweltverträglichkeitsstudien (UVS) oder -untersuchungen (UVU) wurden in der vormaligen Praxis durch die Vorhabenträger in Auftrag gegeben und als Planunterlagen im Zulassungsverfahren eingereicht, wo sie den UVP-Bericht nach § 16 UVPG vorbereiteten[363] oder ihm inhaltlich sogar entsprachen[364]. Mit Einführung des zentralen Modells wurden diese in die staatliche Voruntersuchung überführt und dabei –

---

[359] S. *Bundesamt für Seeschifffahrt und Hydrographie* zur Flächenvoruntersuchung unter https://www.BSH.de/DE/THEMEN/Offshore/Flaechenvoruntersuchung/flaechenvoruntersuchung_node.html.

[360] BT-Drs. 18/8860, S. 281.

[361] Vgl. *Bundesamt für Seeschifffahrt und Hydrographie*, Standard Untersuchung der Auswirkungen von Offshore-Windenergieanlagen auf die Meeresumwelt (StUK4), S. 40, einsehbar unter https://www.BSH.de/DE/PUBLIKATIONEN/_Anlagen/Downloads/Offshore/Standards/Standard-Auswirkungen-Offshore-Windenergieanlagen-Meeresumwelt.html.

[362] Vgl. *Spieth*, in: Ders./Lutz-Bachmann, Offshore-Windenergierecht, § 48 WindSeeG Rn. 57.

[363] *Sangenstedt*, ZUR 2014, 526 (531); *Schwab*, NVwZ 1997, 428 (433).

[364] *Balla/Borkenhagen/Günnewig*, ZUR 2019, 323 (324).

infolge der höheren Planungsebene zwingendermaßen – auf solche Untersuchungen beschränkt, die unabhängig von der konkreten Vorhabengestaltung vorgenommen werden können. Zwingende Elemente bilden gem. § 10 Abs. 1 S. 1 Nr. 1 Hs. 2 WindSeeG eine Bestandscharakterisierung und -bewertung sowie eine Darstellung bestehender Vorbelastungen im Einwirkungsbereich der Fläche (sog. „Gebietssteckbrief"[365]). Inhaltlich entspricht dies weitgehend einer Beschreibung der Umweltbestandteile nach § 16 Abs. 1 S. 1 Nr. 2 UVPG. In der Folge dürfen die durch das BSH gewonnenen Informationen zur Meeresumwelt durch den Vorhabenträger ausdrücklich als fachliche Erkenntnisgrundlage des auf Zulassungsebene einzureichenden UVP-Berichtes verwendet werden (§ 68 Abs. 1 Nr. 4 WindSeeG). Die Beibringungsobliegenheiten des Antragstellers werden hierdurch erheblich verringert, denn die Bestandsaufnahmen zur Meeresumwelt in mitunter mehr als 45m Wassertiefe verursachen in der Regel einen beträchtlichen (Kosten-)Aufwand.[366]

Gleichzeitig bildet die Untersuchung nach § 10 Abs. 1 S. 1 Nr. 1 WindSeeG die Erkenntnisgrundlage für den Umweltbericht nach § 40 UVPG. Denn für die verfahrensabschließende Eignungsfeststellung besteht gem. § 35 Abs. 1 Nr. 1 i. V. m. Ziff. 1.18 der Anlage 5 UVPG eine generelle SUP-Pflicht. Letztere ist zudem derart in das Voruntersuchungsverfahren integriert, dass der nach § 12 Abs. 2 WindSeeG zwingend durchzuführende Anhörungstermin zugleich als Besprechung i. S. d. § 39 Abs. 4 S. 2 UVPG gilt (s. § 12 Abs. 2 S. 4 WindSeeG).

Den Maßstab für die Methodik der Untersuchungen gibt schließlich das sog. Standarduntersuchungskonzept des BSH für Auswirkungen von Offshore-Windenergieanlagen auf die Meeresumwelt in der derzeit dritten Fortschreibung (StUK 4) vor.[367] Dieses Regelwerk konkretisiert den anzulegenden „Stand von Wissenschaft und Technik" insofern verbindlich, als letzterer im Falle der Einhaltung des StUK widerleglich[368] vermutet wird (§ 10 Abs. 1 S. 2 Nr. 1 WindSeeG). Es stellt sich damit als normkonkretisierende Verwaltungsvorschrift dar.[369]

---

[365] *Schwab*, NVwZ 1997, 428 (433).

[366] V. *Daniels/Uibeleisen*, ZNER 2011, 602 (603).

[367] Einsehbar unter https://www.BSH.de/DE/PUBLIKATIONEN/_Anlagen/Downloads/Offshore/Standards/Standard-Auswirkungen-Offshore-Windenergieanlagen-Meeresumwelt.html.

[368] *Spieth*, in: Spieth/Lutz-Bachmann, Offshore-Windenergierecht, § 10 WindSeeG Rn. 13.

[369] Vgl. auch BVerfG, Urt. v. 30.06.2020 – 1 BvR 1679/17, 1 BvR 2190/17 – BVerfGE 155, 238 (245).

bb) Schifffahrt

Zudem sieht § 10 Abs. 1 S. 1 WindSeeG unter der jüngst ergänzten Nummer 4 den Untersuchungsaspekt der „Schifffahrt" vor. Diesbezügliche Untersuchungen sind praktisch unabdingbar, denn durch Offshore-Windparks bedingte Gefahren für den Seeverkehr sind nicht schon durch die räumliche Meidung von Verkehrstrennungsgebieten und Hauptschifffahrtsrouten bei der Standortfindung im Raumordnungs- und Flächenentwicklungsplan[370] ausgeschlossen; vielmehr gilt es über diesen planmäßen Schiffsbetrieb hinaus außerordentliche Risiken zu bedenken, wie sie etwa aus Havarien, Sturmschäden an der Anlage (Ablösung von Rotoren) oder vergleichbaren Schadensereignissen resultieren können[371].

(1) Neue fachrechtliche Grundlage

Bereits vor Einführung des § 10 Abs. 1 S. 1 Nr. 4 WindSeeG hatte das BSH die Schiffssicherheit von Windparkstandorten in seiner Verwaltungspraxis standardmäßig als zusätzlichen Untersuchungsaspekt gem. § 12 Abs. 3 S. 2 WindSeeG a. F.[372] in die Voruntersuchungen einbezogen.[373] Daran war erstens problematisch, dass die Vorschrift ihrem Wortlaut nach („ausnahmsweise") für Ausnahmefälle konzipiert war; zweitens ließ sie infolge ihres Verweises auf § 9 Abs. 1 Nr. 1 WindSeeG weitere Untersuchungen ausschließlich mit dem Zweck zu, den Vorhabenträgern zusätzliche Daten als Kalkulationsbasis ihrer Gebote im Ausschreibungsverfahren bereitzustellen, während das BSH die Untersuchungen zur Schiffssicherheit teils mit der Vorbereitung der staatlichen Eignungsprüfung nach § 10 Abs. 2 WindSeeG begründete[374]. Jene hätten daher vielmehr, weil sie der Schaffung einer behördeninternen Entscheidungsbasis dienten, auf den allgemeinen Untersuchungsgrundsatz[375] gestützt werden müs-

---

[370] Hierzu bereits oben Kapitel 2 III. 3. b) dd).

[371] *Fischer/Lorenzen*, NuR 2004, 764 (766); *Dahlke/Trümpler*, in: Böttcher, Handbuch Offshore-Windenergie, 2013, S. 121 f.; *Schmälter*, in: Theobald/Kühling, § 5 SeeAnlV Rn. 29.

[372] In der bis zum 31.12.2022 gültigen Ursprungsfassung.

[373] S. etwa den Untersuchungsrahmen für die Flächen N-3.5 bis N-3.8, N-7.2 sowie O-1.2, einsehbar unter https://www.BSH.de/DE/THEMEN/Offshore/Flaechenvoruntersuchung/flaechenvoruntersuchung_node.html sowie zusammenfassend *Himstedt*, NordÖR 2021, 209 (211).

[374] S. *Bundesamt für Seeschifffahrt und Hydrographie*, Gegenstand und Umfang der Maßnahmen zur Voruntersuchung von Flächen – Beteiligungsdokument zur Vorbereitung des Anhörungstermins am 28. Juni 2017 nach § 12 Windenergie-auf-See-Gesetz, S. 7, einsehbar unter https://www.BSH.de/DE/THEMEN/Offshore/Flaechenvoruntersuchung/_Anlagen/Downloads/Beteiligungsdokument_Zi21.html.

[375] Dieser sollte laut Gesetzesbegründung im Voruntersuchungsverfahren ausdrücklich Anwendung finden, s. BT-Drs. 18/8860, S. 283. Zwar handelt es sich beim

sen oder aber, wie auch durch das BSH angedeutet[376], unmittelbar auf § 12 Abs. 3 S. 1 WindSeeG a. F. zum Untersuchungsrahmen. Denn um letzteren nach pflichtgemäßem Ermessen so festzulegen, „dass die Untersuchung [...] hinreichende Grundlage für eine Prüfung nach den Maßstäben des § 10 Abs. 2 WindSeeG ist"[377], musste die Datenerhebung zur Verkehrsverträglichkeit wegen § 10 Abs. 2 S. 1 Nrn. 1, 2 a) WindSeeG i. V. m. §§ 5 Abs. 3 S. 2 Nr. 3, 48 Abs. 4 S. 1 Nr. 2 WindSeeG a. F.[378] zwingend dessen Bestandteil sein. Diesbezügliche Unklarheiten hat der Gesetzgeber nunmehr, da mit dem WindSeeG 2023 § 12 Abs. 3 S. 2 WindSeeG gestrichen und § 10 Abs. 1 S. 1 zugleich um den obligatorischen Untersuchungspunkt der Schifffahrt ergänzt wurde[379], beseitigt und insoweit eine klare fachrechtliche Grundlage für die Untersuchungen geschaffen.

(2) Abkehr von der bisherigen Untersuchungspraxis

Zudem zielte der Gesetzgeber mit der Neuregelung ausdrücklich auf eine Veränderung der bisherigen Untersuchungsinhalte ab. Insbesondere sollte eine „Abkehr von den Berechnungsmethoden zur Kollisionswahrscheinlichkeit" in der behördlichen Anwendungspraxis erreicht werden.[380] Damit nimmt die Gesetzesbegründung wohl auf die komplexe und fachlich hochspezifische Methodik[381] Bezug, welche den bisherigen, privat erstellten sog. „Fachgutachten Schifffahrt"[382] für die Prognose der Schadenswahrscheinlichkeit im Rahmen der Voruntersuchung zugrunde gelegt wurde. Jene Kollisionsanalysen basier-

---

Voruntersuchungsverfahren, das regelmäßig in den Erlass einer Rechtsverordnung mündet (§ 12 Abs. 5 S. 1 WindSeeG), um kein Verwaltungsverfahren i. S. d. § 9 VwVfG, sodass auch § 24 Abs. 1 und 2 VwVfG nicht unmittelbar zur Anwendung gelangen. Jedoch gelten deren Grundgedanken zumindest entsprechend, s. *Kallerhoff/Fellenberg*, in: Stelkens/Bonk/Sachs, VwVfG, § 24 Rn. 13.

[376] Vgl. *Bundesamt für Seeschifffahrt und Hydrographie*, Untersuchungsrahmen für die Voruntersuchung und strategische Umweltprüfung der Fläche N-3.7, S. 4, abrufbar unter https://www.BSH.de/DE/THEMEN/Offshore/Flaechenvoruntersuchung/Verfahren/N-03-07/_Anlagen/Downloads/Untersuchungsrahmen_N-03-07.html.

[377] BT-Drs. 18/8860, S. 285.

[378] In der bis zum 31.12.2022 gültigen Fassung, zul. geänd. mit dem Gesetz zur Änderung des Windenergie-auf-See-Gesetzes und anderer Vorschriften v. 03.12.2020 (BGBl. I S. 2682). Die Vorschrift entspricht § 69 Abs. 3 S. 1 Nr. 2 WindSeeG.

[379] Hierzu BT-Drs. 20/1634, S. 76.

[380] BT-Drs. 20/1634, S. 76.

[381] Weiterführend hierzu *Himstedt*, NordÖR 2021, 209 (214 f.) sowie vor Einführung des WindSeeG *Sellmann/kleine Holthaus*, NordÖR 2015, 45 (insbes. 49 f.).

[382] S. etwa *Bundesamt für Seeschifffahrt und Hydrographie*, Voruntersuchung zur verkehrlich-schifffahrtspolizeilichen Eignung von Flächen in der AWZ der Nord-und Ostsee v. 06.12.2019, abrufbar unter https://www.BSH.de/DE/THEMEN/Offshore/Flaechenvoruntersuchung/_Anlagen/Downloads/AJ2021_Fachgutachten_Schifffahrt.pdf?__blob=publicationFile&v=1.

ten u. a. auf gemeinsamen Grundannahmen verschiedener Klassifikationsge-
sellschaften aus dem Jahr 2004[383] und wurden insbesondere in Abhängigkeit
von der Lage der Fläche, Wetter- und hydrologischen Verhältnissen sowie umfassenden Verkehrsprognosen erstellt.[384] Dabei bezogen sie auch schon weitgehend die möglichen Effekte staatlicher und privater Maßnahmen zur Gefah-
renminimierung ein.[385] Diese Praxis war schon deshalb kritisch zu sehen, weil
sie auch die Bewertung des Kollisionsrisikos – im Sinne einer Konkretisierung
der Gefahrenschwelle, die dogmatisch ohnehin erst bei der Eignungsprüfung
nach § 10 Abs. 2 WindSeeG zu verorten wäre – den privaten Verkehrsgutach-
ten überließ[386] und zudem nach kaum transparenten Maßstäben erfolgte.[387]

Demgegenüber stellt § 10 Abs. 1 S. 1 Nr. 4 WindSeeG nunmehr klar, dass
im Hinblick auf die Schifffahrt (nur) solche Untersuchungen vorzunehmen
sind, „die erforderlich sind, um Gefahren für die Sicherheit und Leichtigkeit
des Verkehrs durch die Errichtung und den Betrieb von Windenergieanlagen
auf See zu identifizieren". Die Untersuchungen umfassen also gerade nicht
mehr die eigentliche Analyse konkreter Schadenswahrscheinlichkeiten, sondern setzen noch hiervor bei der Schaffung der dazu erforderlichen Datenbasis
an. In der Folge wird auch der Umfang entsprechender Gutachten deutlich hinter dem der bisherigen „Fachgutachten Schifffahrt" zurückbleiben, was zu einer erfreulichen Straffung und erstmals auch klaren gesetzlichen Umgrenzung
des verkehrsbezogenen Untersuchungsmaßstabs führt.

Dessen Umsetzung durch das BSH unterliegt, da § 10 Abs. 1 S. 3 WindSeeG
im Zuge der Neuerung nicht um ein einschlägiges fachrechtliches Regelwerk
ergänzt wurde, den allgemeinen Anforderungen der in § 10 Abs. 1 S. 2 Wind-
SeeG verankerten Technikklausel („Stand von Wissenschaft und Technik"[388]).
Insoweit sind die jeweils neuesten Erkenntnisse im Rahmen der technischen

---

[383] S. *MARIN, DNV und Germanischer Lloyd*, Harmonisierung der Grundannahmen für
Kollisionsrisikoanalysen, 2004.

[384] *Himstedt*, NordÖR 2021, 209 (214 f.); vgl. auch *Sellmann/kleine Holthaus*, NordÖR
2015, 45 (insbes. 49 f.).

[385] *Himstedt*, NordÖR 2021, 209 (214 f.); *Sellmann/kleine Holthaus*, NordÖR 2015, 45
(insbes. 49 f.).

[386] Die technisch-wissenschaftliche Ermittlung der Kollisionswahrscheinlichkeit und deren normativ-wertende Beurteilung im zweiten Schritt wurden bisher im Rahmen eines einheitlichen, zumeist privat erstellten Gutachtendokuments abgehandelt, s. beispielhaft *Bundesamt für Seeschifffahrt und Hydrographie*, Voruntersuchung zur verkehrlich-schifffahrtspolizeilichen Eignung von Flächen in der AWZ der Nord-und Ostsee v. 06.12.2019, S. 43
f., abrufbar unter https://www.BSH.de/DE/THEMEN/Offshore/Flaechenvoruntersu-
chung/_Anlagen/Downloads/AJ2021_Fachgutachten_Schifffahrt.pdf?__blob=publication-
File&v=1.

[387] S. bereits *Himstedt*, NordÖR 2021, 209 (215).

[388] Zur hiermit verbundenen Frage eines Beurteilungsspielraums des BSH s. u. Kapitel 2
IV. b) bb) (3).

und wissenschaftlichen Entwicklung maßgeblich[389], was auf Dauer auch dynamische Anpassungen erforderlich machen kann.

cc) Baugrundvorerkundung, Wind- und ozeanographischer Bericht

Die ferner durch das BSH durchzuführende Vorerkundung des Baugrunds (§ 10 Abs. 1 S. 1 Nr. 2 WindSeeG) entspricht ausweislich des Untersuchungsmaßstabs nach Satz 2 Nummer 2 keiner abschließenden Baugrundhauptuntersuchung, wie sie nach früherem Recht für die technische Freigabe der Anlagen gemäß dem „Standard Konstruktion"[390] im Anschluss an das Planfeststellungsverfahren erfolgte[391], sondern bleibt dahinter zurück. Sie beinhaltet auch keine Trassenerkundung für die spätere parkinterne Verkabelung oder Untersuchungen auf Kampfmittel, Wracks oder sonst baurelevante Objekte im Meeresgrund.[392] Vielmehr stattet sie die Bieter mit nur denjenigen geologischen und geotechnischen Daten aus, die eine Kalkulation ihres Gebots, einen Plangenehmigungsantrag und ggf. eine erste Einschätzung zu geeigneten Gründungstechnologien[393] ermöglichen.[394] Für die behördliche Eignungsprüfung hingegen entfaltet das Ergebnis der Baugrunduntersuchung regelmäßig keine Relevanz, da die Bodenbeschaffenheit in der Regel allein die wirtschaftliche Eignung der Fläche für den Anlagenbau betrifft, die nicht Bestandteil des in § 10 Abs. 2 WindSeeG normierten Entscheidungsmaßstabs ist.[395]

Zudem ist gem. § 10 Abs. 1 S. 1 Nr. 3 WindSeeG ein Wind- und ozeanographischer Bericht zu erstellen. Die Betrachtungen erfolgen nicht flächenspezifisch, sondern deutlich weiträumiger.[396] Folglich liefert der Bericht auch kein abschließendes Windgutachten für eine spezifische Fläche; dessen Erstellung verbleibt im Aufgabenkreis des Vorhabenträgers.[397] Anders als für die umwelt- und baugrundbezogenen Untersuchungen benennt das Gesetz für den Wind- und ozeanografischen Bericht kein technisches Regelwerk, bei dessen Einhaltung der „Stand von Wissenschaft und Technik" als erfüllt vermutet wird. Wie

---

[389] Grundlegend *BVerfG*, Beschl. v. 08.08.1978 – 2 BvL 8/77 – NJW 1979, 359 (362).

[390] S. *Bundesamt für Seeschifffahrt und Hydrographie*, Standard Konstruktion „Mindestanforderungen an die konstruktive Bauausführung von Offshore-Bauwerken in der ausschließlichen Wirtschaftszone", abrufbar unter https://www.BSH.de/DE/PUBLIKATIONEN/_Anlagen/Downloads/Offshore/Standards/Standard-Auswirkungen-Offshore-Windenergieanlagen-Meeresumwelt.pdf?__blob=publicationFile&v=23, sowie eingehend hierzu *Wittmann*, DVBl 2013, 830.

[391] BT-Drs. 18/8860, S. 281.

[392] BT-Drs. 18/8860, S. 281 f.

[393] Einführend *Dannenberg*, in: Böttcher, Handbuch Offshore-Windenergie, 2013, S. 315 ff.

[394] BT-Drs. 18/8860, S. 281.

[395] BT-Drs. 18/8860, S. 283.

[396] *Kerth*, in: Säcker/Steffens, BerlKommEnR VIII, § 10 WindSeeG Rn. 13.

[397] BT-Drs. 18/8860, S. 282.

für die Untersuchungen zur Schifffahrt muss die Konkretisierung des unbestimmten Rechtsbegriffs deshalb nach allgemeinen Grundsätzen erfolgen.[398]

b) Eignungsprüfung im engeren Sinne (§ 10 Abs. 2 WindSeeG)

Die „eigentliche" Eignungsprüfung ist sodann an den materiellen Maßstäben des § 10 Abs. 2 WindSeeG auszurichten. Hiernach prüft das BSH neben den Planungsleitsätzen, die bereits bei der Flächenfestlegung im Flächenentwicklungsplan zu beachten waren, auch die für die Plangenehmigung nach § 69 Abs. 3 S. 1 WindSeeG maßgeblichen Belange, soweit diese unabhängig von der konkreten Ausgestaltung des Vorhabens beurteilt werden können (§ 10 Abs. 2 S. 1 WindSeeG).

Durch jene Anknüpfung an das Prüfprogramm des späteren Zulassungsverfahrens wird einerseits ein erheblicher Teil dessen auf die Ebene der Voruntersuchung vorverlagert („Entscheidungshochzonung"[399]). Andererseits darf und muss sich das BSH, soweit Eignungsaspekte bereits zuvor im Rahmen des Flächenentwicklungsplans geklärt wurden, auf eine inhaltlich reduzierte Prüfung zurückziehen (näher sogleich u. aa) (2)). Insoweit ist das Voruntersuchungsverfahren also in ein fachgesetzliches Abschichtungssystem eingebettet, dessen Notwendigkeit in besonderer Weise aus der „Mehrfachverankerung" bestimmter Planungsleitsätze auf sämtlichen Fachplanungsstufen folgt (aa). Folglich sind auf Ebene der Eignungsprüfung bereits mehrere Aspekte inhaltlich „abgeschichtet"; im Hinblick auf andere erfolgt dagegen hier die umfänglichste Prüfung innerhalb der Planungskaskade, so insbesondere hinsichtlich des Seeverkehrs (s. u. bb)).

aa) Handhabung stufenübergreifend verankerter Planungsleitsätze

Die spezifische Regelungstechnik des § 10 Abs. 2 S. 1 WindSeeG, d. h. insbesondere dessen schlichter Verweis auf die Entscheidungsmaßstäbe der vorangegangenen und nachfolgenden Fachplanungsstufen, produziert in besonderer Weise die Gefahr von Mehrfachprüfungen.[400] Sie führt mitunter dazu, dass die Tatbestände der Nichtgefährdung der Meeresumwelt, der Nichtbeeinträchtigung der Sicherheit und Leichtigkeit des Verkehrs und der Nichtbeeinträchtigung der Sicherheit der Landes- und Bündnisverteidigung – bei nahezu identischem Gesetzeswortlaut – sowohl bei der Aufstellung des Flächenentwicklungsplans als auch im Rahmen der Eignungsprüfung und schließlich der Plangenehmigung zu prüfen sind. Dies führt zu der Frage, wo konkrete Prüfinhalte

---

[398] *Kerth*, in: Säcker/Steffens, BerlKommEnR VIII, § 10 WindSeeG Rn. 18.

[399] Vgl. zum Begriff etwa *Mutert*, Vorausschauende Steuerung in Planungskaskaden – zeitgemäße Fortentwicklung des Planungsrechts? in: Hebeler u. a., Planungsrecht im Umbruch, 2017, S. 9 (12).

[400] Vgl. im Hinblick auf die Schiffssicherheit *Himstedt*, NordÖR 2021, 209 (213).

im Gesamtplanungsprozess zu verorten sind, um eine möglichst sachgerechte und überschneidungsfreie Koordination des Verfahrensstoffs über die Entscheidungsebenen hinweg[401] zu erreichen.

(1) Allgemeine Maßstäbe der planerischen Abschichtung

Gerade hierauf zielt die (planerische) Abschichtung ab.[402] In der Folge sind für die vorgenannte Frage deren Maßstäbe heranzuziehen, wobei sich als solche nicht nur allgemeine Grundsätze – insbesondere derjenige der „Ebenenspezifik" – herausgebildet haben, sondern auch das WindSeeG diesbezügliche Spezialregelungen aufstellt. So ist im Ausgangspunkt nach dem Grundsatz der Ebenenspezifik der Verfahrensstoff einer Entscheidungsebene jeweils spezifisch nach deren Konkretisierungs- und Detaillierungsgrad, ihrer Funktion im Gesamtplanungsprozess sowie dem gegenwärtigen Wissensstand der Behörde zu bestimmen.[403] Dies gilt insbesondere auch im Hinblick auf die Prüfung von Planungsalternativen.[404] In der Konsequenz sind etwa raumplanerische „Grobanalysen", also der Ausschluss solcher (Standort-)Optionen, denen wegen offensichtlich großer Projektauswirkungen von Vornherein unüberwindbare Belange entgegenstünden, tendenziell frühen Planungsstadien vorbehalten.[405]

(2) Fachrechtliche Entwicklungsgebote und Abschichtungsklauseln

Daneben stellt das WindSeeG spezielle Abschichtungsmaßgaben auf, und zwar vor allem in Form von Entwicklungsgeboten[406] und Abschichtungsklauseln.[407] Erstere gelten insbesondere im Verhältnis zwischen dem Flächenentwicklungsplan und dem Voruntersuchungsverfahren, aber auch zwischen diesem und der nachfolgenden Plangenehmigung. Denn die Voruntersuchung übernimmt die im Flächenentwicklungsplan festgelegten Flächen unverändert als ihren (räumlichen) Verfahrensgegenstand (vgl. § 9 Abs. 1 WindSeeG) und ihr Ergebnis ist im Falle einer positiven Eignungsfeststellung gem. § 12 Abs. 5 S. 1 WindSeeG wiederum für das nachfolgende Plangenehmigungsverfahren beachtlich (vgl. § 69 Abs. 4 S. 4 WindSeeG). Bereits insofern stellt das

---

[401] *Faßbender*, ZUR 2018, 323 (330) verwendet insoweit den treffenden Begriff der „vertikalen Koordinierung".

[402] S. *Hagenberg*, UPR 2015, 442 (445).

[403] *Engelbert*, Die abschichtende Planungsentscheidung unter Vorläufigkeitsbedingungen, 2019, S. 47; *Erbguth/Schubert*, DÖV 2005, 533 (535); *Schwarz*, NuR 2011, 545 (546); vgl. zudem *Sangenstedt/Salm*, in: Steinbach/Franke, Kommentar zum Netzausbau, § 7 NABEG Rn. 68.

[404] Näher *Schiller*, UPR 2016, 457 (463).

[405] *Engelbert*, Die abschichtende Planungsentscheidung unter Vorläufigkeitsbedingungen, 2019, S. 40; vgl. auch *Hagenberg*, UPR 2015, 442 (446).

[406] Vgl. zum Begriff *Siegel*, Entscheidungsfindung im Verwaltungsverbund, 2009, S. 154.

[407] *Himstedt*, NordÖR 2021, 209 (212).

WindSeeG also die inhaltliche Kohärenz und Abschichtung zwischen den Planungsebenen sicher. Zusätzlich werden die Rechtswirkungen dieser Planbindung explizit derart ausgestaltet, dass das Prüfungsmaß für Aspekte, die bereits auf vorangehender Planungsstufe berücksichtigt (bzw. beachtet) wurden, nachfolgend auf lediglich „zusätzliche oder andere erhebliche Gesichtspunkte" und ggf. notwendige Aktualisierungen und Vertiefungen reduziert ist. Ausdrücklich ergibt sich dies zwar nur für das Verhältnis zwischen Bundesraumordnung und Flächenentwicklungsplan sowie zwischen Voruntersuchungs- und Plangenehmigungsverfahren (§§ 5 Abs. 3 S. 4 bzw. 7, 69 Abs. 4 S. 3 WindSeeG); doch muss Entsprechendes für die Abschichtung zwischen Flächenentwicklungsplan und Voruntersuchung gelten. Denn erstens ist nicht ersichtlich, weshalb der Verfahrensstoff gerade hier anders koordiniert werden sollte als im Rahmen der übrigen Planungskaskade; zweitens wird ein gleichlautender Maßstab für die umweltbezogenen Prüfungen ohnehin mit § 39 Abs. 3 S. 3 UVPG vorgegeben.[408] Jedenfalls findet zwischen Voruntersuchung und Flächenentwicklungsplan „umgekehrt" in der Weise Abschichtung statt, dass im Fall einer negativen Eignungsfeststellung die entsprechende Festlegung der Fläche im Flächenentwicklungsplan durch Fortschreibung zu revidieren ist (§ 12 Abs. 6 S. 3 WindSeeG).[409]

(3) Weitgehend abgeschichtete Eignungsaspekte

Somit können der Eignungsprüfung nach § 10 Abs. 2 S. 1 WindSeeG bestimmte raumplanerische Kriterien im Wege der Abschichtung vorweggenommen werden, indem diese bereits bei der Aufstellung des Flächenentwicklungsplans umfassende Prüfung erfahren. Konkret gilt dies vor allem hinsichtlich der Vereinbarkeit der Fläche mit den Erfordernissen der Raumordnung, der Gewährleistung der Sicherheit der Landes- und Bündnisverteidigung wie auch der Verträglichkeitsprüfung im Hinblick auf Schutzgebiete (s. § 10 Abs. 2 S. 1 Nrn. 1, 2 a) i. V. m. § 5 Abs. 3 S. 2 Nrn. 1, 4, 5 und § 69 Abs. 3 S. 1 Nr. 3 WindSeeG). Diesen ist gemein, dass sie inhaltlich den Ausschluss klar definierter, großräumiger Meeresareale – also von Vorrang- und Vorbehaltsgebieten für anderweitige marine Nutzungen im Raumordnungsplan sowie Militär- und Naturschutzgebieten – als Standortoptionen für Offshore-Windparks betreffen. Dies erfordert „grobe" Raumanalysen und abstrakte Verträglichkeitsprüfungen, die im Verfahren zur Erstellung des Flächenentwicklungsplans grundsätzlich abschließend vorgenommen werden können; vertiefende Prüfun-

---

[408] S. zu diesem *Kment*, in: Beckmann/Kment, UVPG/UmwRG, § 39 UVPG Rn. 36 ff.; *Schink*, in: Schink/Reidt/Mitschang, UVPG/UmwRG, § 39 UVPG Rn. 17; ähnlich § 2 Abs. 4 S. 4 BauGB und § 8 Abs. 3 S. 1 ROG.

[409] *Himstedt*, NordÖR 2021, 209 (213).

gen sind nur in besonders gelagerten Fällen denkbar[410]. Folglich werden diese Aspekte nach dem Vorgesagten im Rahmen der Eignungsprüfung nur mehr im Hinblick auf die Aktualität der Annahmen sowie im Einzelfall gebotene Vertiefungen geprüft.

Weitgehend „nach unten" abgeschichtet[411] wird dagegen die Prüfung, ob Gefährdungen der Meeresumwelt vorliegen, denn jene erfolgt in der Regel schwerpunktmäßig auf der Zulassungsebene.[412] Zwar wird die diesbezügliche Datengrundlage mit der Untersuchung nach § 10 Abs. 1 Nr. 1 WindSeeG im Verhältnis zur vorangehenden Planungsebene erheblich erweitert; auch können etwa artenschutzrechtliche Verbotstatbestände schon unabhängig von der Projektgestaltung einschlägig sein[413]. Regelmäßig wird jedoch eine umfassende Beurteilung der Umweltauswirkungen erst in Kenntnis der konkreten Projektausführung und auf Basis der Umweltverträglichkeitsprüfung im Plangenehmigungsverfahren möglich sein. Insoweit sei hier auf die untenstehenden Ausführungen zu § 69 Abs. 3 S. 1 Nr. 1 WindSeeG verwiesen.[414]

bb) Insbesondere: Funktionsvorbehalt zugunsten des Seeverkehrs

Eingehende Prüfung im Voruntersuchungsverfahren erfahren indessen regelmäßig der in §§ 5 Abs. 3 S. 2 Nr. 3, 69 Abs. 3 S. 1 Nr. 2 WindSeeG verankerte Funktionsvorbehalt zugunsten des Seeverkehrs[415] wie auch die Frage der Vereinbarkeit der Fläche mit anderweitigen Genehmigungen und Anlagen (§ 10 Abs. 2 S. 1 Nr. 2a) i. V. m. § 69 Abs. 3 S. 1 Nrn. 4–6 WindSeeG[416])[417], wobei der Schwerpunkt im Folgenden auf ersteren, da im Verhältnis deutlich komplexeren Tatbestand gelegt wird.

Denn ob eine Windparkfläche die Sicherheit oder Leichtigkeit des Verkehrs im Sinne der §§ 5 Abs. 3 S. 2 Nr. 3, 69 Abs. 3 S. 1 Nr. 2 i. V. m. § 10 Abs. 2 S. 1 Nr. 2a) WindSeeG beeinträchtigt, kann zunächst weitgehend ohne Berücksichtigung der konkreten Vorhabengestaltung beurteilt werden.[418] Vielmehr

---

[410] Etwa beschränkt sich die Eignung besonders küstennaher Flächen teils infolge zielförmiger Höhenbegrenzungen im Raumordnungsplan auf bestimmte Anlagentypen, was (erst) Gegenstand der Eignungsprüfung und des Plangenehmigungsverfahrens werden kann.

[411] Zur Abschichtung „nach unten" bzw. zum Konflikttransfer s. o. Kapitel 2 I. 2. b).

[412] BT-Drs. 18/8860, S. 283.

[413] S. etwa § 43 Abs. 2–4 der ersten Windenergie-auf-See-Verordnung vom 15.12.2020 (BGBl. I S. 2954).

[414] S. u. Kapitel 2 V. 3. b).

[415] Eingehend *Himstedt*, NordÖR 2021, 209 (214 f.).

[416] Zu den Anforderungen der Vorschrift, die wohl insbesondere einen kohärenten Anschluss an die vormalige maritime Fachplanung nach §§ 17a ff. EnWG herstellen will, indem sie auf „geplante" Leitungen und Nebenanlagen abstellt, s. BT-Drs. 18/8860, S. 311 ff. sowie *Uibeleisen/Groneberg*, in: Säcker/Steffens, BerlKommEnR VIII, § 48 WindSeeG Rn. 63 ff.

[417] Vgl. auch BT-Drs. 18/8860, S. 283.

[418] BT-Drs. 18/8860, S. 283.

sind windparkbedingte Verkehrsgefahren in erster Linie durch die Standortentscheidung an sich bedingt. Inhaltlich erfolgen dabei, während sich die Prüfung der Verkehrsverträglichkeit bei der Aufstellung des Flächenentwicklungsplans noch wie beschrieben auf eine Aussonderung intensiv befahrener Gebiete (Verkehrstrennungsgebiete, Hauptschifffahrtsrouten zuzüglich eines Sicherheitsabstandes) als Standortoptionen beschränkt hat[419], nunmehr eine vertiefende Risikoanalyse und -bewertung für die jeweilige Fläche sowie eine Konkretisierung der tatbestandlichen Erheblichkeitsschwelle („Beeinträchtigung") im Wege der Abwägung.

Als maßgeblichen Beurteilungszeitpunkt legt das BSH dabei – übrigens für alle Belange einheitlich – denjenigen der voraussichtlichen Zulassung zugrunde und stellt jeweils entsprechende Entwicklungsprognosen an, was mit Blick auf die Zwecksetzung der Voruntersuchung gem. § 9 Abs. 1 Nr. 2 WindSeeG überzeugend erscheint. Hieraus kann sich ausnahmsweise Aktualisierungsbedarf im Hinblick auf die verkehrsbezogenen Annahmen des Flächenentwicklungsplans ergeben, so etwa im Falle einer – praktisch seltenen – zwischenzeitlichen Änderung von Verkehrsrouten.

(1) Beeinträchtigung der Sicherheit des Verkehrs

Tatbestandlich setzen § 5 Abs. 3 S. 2 Nr. 3 und § 69 Abs. 3 S. 1 Nr. 2 WindSeeG für die Eignung einer Fläche voraus, dass die Sicherheit oder die Leichtigkeit des Verkehrs nicht „beeinträchtigt" werden. Ein vergleichbarer Maßstab kommt im Rahmen der strom- und schifffahrtspolizeilichen Genehmigung gem. § 31 Abs. 5 WaStrG zur Anwendung[420] und war bereits im ehemaligen § 5 Abs. 6 Nr. 1 SeeAnlV verankert. Eine besondere praktische Bedeutung kommt dabei der Seeschifffahrt zu.[421] Im Hinblick auf diese zielt der Terminus der „Sicherheit des Verkehrs" vor allem auf die Vermeidung von Schiffskollisionen und -havarien ab.[422] Die tatbestandliche Prüfung erfordert insoweit also eine Ermittlung entsprechender Schadenswahrscheinlichkeiten – auch auf Basis der nach § 10 Abs. 1 S. 1 Nr. 4 WindSeeG erstellten Gutachten – sowie im zweiten Schritt eine abwägende Beurteilung[423], welche Risiken hinnehmbar sind, mithin die Konkretisierung des akzeptablen Restrisikos.

Dies erfolgte in der bisherigen behördlichen Praxis nach Maßgabe eines abgestuften Beurteilungssystems[424], welches auf die Ergebnisse einer 2004 gebil-

---

[419] S. o. Kapitel 2 III. 3. bb).

[420] *Keller*, Das Planungs- und Zulassungsregime für Offshore-Windenergieanlagen in der AWZ, 2007, S. 246.

[421] Vgl. bereits oben Kapitel 2 III. 3. b) dd).

[422] Vgl. auch BVerwG, Urt. v. 03.11.2020 – 9 A 7/19 –, BVerwGE 170, 138 (166 f.).

[423] Vgl. *Uibeleisen/Groneberg*, in: Säcker/Steffens, BerlKommEnR VIII, § 48 WindSeeG Rn. 56: „Abwägende Zumutbarkeitsentscheidung".

[424] Vgl. terminologisch *Sellmann/kleine Holthaus*, NordÖR 2015, 45 (50).

deten interministeriellen Arbeitsgruppe („Genehmigungsrelevante Richtwerte für Offshore-Windparks") zurückging.[425] Danach sollte es als Restrisiko hinnehmbar sein, wenn die Risikoanalyse einen der Windparkfläche zurechenbaren Kollisionsvorfall in 150 oder mehr Jahren prognostizierte.[426] Als grundsätzlich noch akzeptabel galt ein prognostischer Vorfall in 100 bis 150 Jahren; in diesem Fall sollte sich eine Unverträglichkeit des Standorts allenfalls aus besonderen Gefahrumständen ergeben können, etwa wenn naheliegende Schifffahrtsrouten einen besonders dichten Öl- oder Chemikalientankerverkehr aufwiesen. Bei Werten zwischen 50 und 100 dagegen sollte es einer intensiven Einzelfallprüfung der Hinnehmbarkeit bedürfen und prognostische Unfallhäufigkeiten von einem Fall in unter 50 Jahren schließlich führten grundsätzlich zur Unzulässigkeit eines Windparkvorhabens. Diese auf untergesetzlicher Ebene ermittelten Werte beinhalteten insbesondere auch (politische) Zumutbarkeitswertungen, was die geringe Transparenz[427] bzgl. der personellen Zusammensetzung der Arbeitsgruppe und der den Grenzwerten zugrundeliegenden Erwägungen kritisch erscheinen ließ.[428] Zudem durfte man, gerade vor dem Hintergrund der seit 2004 immens erhöhten Ausbauziele für Offshore-Windenergie und der gewandelten Bedeutung erneuerbarer Energien insgesamt, offensichtlich ihre Aktualität in Frage stellen. Insoweit ist zu hoffen, dass mit der Neuregelung für Untersuchungen der Schifffahrt in § 10 Abs. 1 S. 1 Nr. 4 WindSeeG auch eine Abkehr von jener überkommenen behördlichen Praxis verbunden sein und das BSH an deren Stelle zu einer einzelfallgerechten Schutzgüterabwägung übergehen wird, die neben den in § 1 Abs. 2 WindSeeG bestimmten Zielen insbesondere auch das Optimierungsgebot des § 1 Abs. 3 WindSeeG berücksichtigt.

(2) Beeinträchtigung der Leichtigkeit des Verkehrs

Die Leichtigkeit des Verkehrs schützt dessen flüssigen Ablauf und ist folglich „beeinträchtigt", wenn letzterer nicht mehr gewährleistet ist.[429] Zwar dürfen hiernach Fahrzeugführer grundsätzlich nicht durch ortsfeste Anlagen vermeidbar behindert, also zum Verlangsamen oder Anhalten gezwungen werden[430];

---

[425] S. etwa *Bundesamt für Seeschifffahrt und Hydrographie*, Voruntersuchung zur verkehrlich-schifffahrtspolizeilichen Eignung von Flächen in der AWZ der Nord-und Ostsee v. 06.12.2019, S. 11, https://www.BSH.de/DE/THEMEN/Offshore/Flaechenvoruntersuchung/_Anlagen/Downloads/AJ2021_Fachgutachten_Schifffahrt.pdf?__blob=publicationFile&v=1.

[426] S. auch im Folgenden BT-Drs. 17/5441, S. 4.

[427] Etwaige Ergebnisprotokolle sind nicht (mehr) veröffentlicht und waren auf mehrmalige Anfrage bei den zuständigen Stellen nicht zur Einsicht verfügbar.

[428] S. *Himstedt*, NordÖR 2021, 209 (215) sowie zur politischen Legitimation untergesetzlicher Grenzwertsetzung *Köck*, ZUR 2020, 131 (132 ff.).

[429] *Pestke*, Offshore-Windfarmen in der Ausschließlichen Wirtschaftszone, 2008, S. 131.

[430] *Reshöft/Dreher*, ZNER 2002, 95 (97).

jedoch erachtet die Verwaltungspraxis Fahrtbehinderungen als für den Schiffsbetrieb hinnehmbar, soweit die Anlagen – wie zumeist – in hinreichendem Abstand zu den Schifffahrtswegen errichtet werden und dies ordnungsgemäß bekanntgemacht worden ist.[431] Selbst wenn die Fläche in eine Schifffahrtsroute fällt und von den Verkehrsteilnehmern folglich Kursänderungen und Umwege erfordert, wird die Erheblichkeitsschwelle nicht per se überschritten.[432] Maßgeblich ist vielmehr eine Einzelfallbeurteilung, die neben dem verfügbaren Ausweich- und Manövrierraum vor allem die Verkehrsprognosen im Bereich und Umfeld der Fläche berücksichtigen muss.

(3) Beurteilungsspielraum des BSH?

Somit wurde deutlich, dass das BSH bei der Frage, ob die Sicherheit und Leichtigkeit des Verkehrs „beeinträchtigt" sind, eine Mehrzahl unbestimmter Rechtsbegriffe zu konkretisieren hat. Die in diesem Rahmen zu treffende Abwägung ist „tatbestandlicher" Natur und von der planerischen Gestaltungsfreiheit der Behörde nicht erfasst.[433] Gleichwohl ist in Betracht zu ziehen, dass im Hinblick auf die Konkretisierung der tatbestandlichen Erheblichkeitsschwellen ein Beurteilungsspielraum des BSH besteht.

Dabei eröffnen unbestimmte Rechtsbegriffe grundsätzlich keine Entscheidungsspielräume zugunsten der normvollziehenden Verwaltung.[434] Dieser muss vielmehr entweder durch eine besondere normative Ermächtigung ein Beurteilungsspielraum eingeräumt worden sein[435] oder aber es müssen empirische Erkenntnisgrenzen[436] bestehen, die im konkreten Fall eine administrative Einschätzungsprärogative rechtfertigen[437]. Für die Annahme erstgenannter Beurteilungsermächtigungen hat die Rechtsprechung Fallgruppen entwickelt[438], von welchen hier diejenige komplexer Prognose- und Risikoentscheidungen in

---

[431] S. *Bundesamt für Seeschifffahrt und Hydrographie*, Voruntersuchung zur verkehrlich-schifffahrtspolizeilichen Eignung von Flächen in der AWZ der Nord- und Ostsee, v. 06.12.2019 (Bericht-Nr. M-W-ADER 2019.137, Rev. 1.00), S. 37, abrufbar unter https://www.BSH.de/DE/THEMEN/Offshore/Flaechenvoruntersuchung/_Anlagen/Downloads/AJ2021_Fachgutachten_Schifffahrt.html;jsessi-nid=F2D5A67BA3574768F4475098 CA8C8C1A.live21301.

[432] Vgl. BVerwG, Urt. v. 03.11.2020 – 9 A 7/19 –, BVerwGE 170, 138 (167); *Reshöft/Dreher*, ZNER 2002, 95 (97).

[433] S. o. Kapitel 2 III. 3. b) aa).

[434] *Siegel*, Allgemeines Verwaltungsrecht, 14. Aufl. 2022, Rn. 196.

[435] *Siegel*, Allgemeines Verwaltungsrecht, 14. Aufl. 2022, Rn. 197; *Pache*, Tatbestandliche Abwägung und Beurteilungsspielraum, 2001, S. 69 ff.

[436] Hierzu BVerfG, Beschl. v. 23.10.2018 – 1 BvR 2523/13, 1 BvR 595/14, NVwZ 2019, 52 (53 f.).

[437] Zur Abgrenzung der Einschätzungsprärogative vom Beurteilungsspielraum durch die jüngere Rechtsprechung *Ramsauer*, in: Kopp/Ramsauer, VwVfG, § 40 Rn. 161.

[438] Zu diesen *Siegel*, Allgemeines Verwaltungsrecht, 14. Aufl. 2022, Rn. 197 ff.

Betracht kommt. Sie wird gerade auch zur Begründung administrativer Einschätzungsspielräume bei der Bestimmung von Restrisiken im Umwelt- und technischen Sicherheitsrecht herangezogen.[439]

Auch nach dieser Fallgruppe folgt ein Beurteilungsspielraum jedoch nicht per se aus der Notwendigkeit von (politischen) Wertungen oder Gefahrenprognosen.[440] Vielmehr müssen weitere, besondere Aspekte hinzutreten, die vor dem Hintergrund des Gebots effektiven Rechtsschutzes gem. Art. 19 Abs. 4 GG eine Abweichung von dem Grundsatz rechtfertigen, dass die Konkretisierung unbestimmter Rechtsbegriffe der vollständigen gerichtlichen Kontrolle unterliegt.[441] Als solche sind insbesondere eine besonders hohe Komplexität und Dynamik von Entscheidungen, eine unsichere fachwissenschaftliche Erkenntnislage oder die Ausrichtung von Prognosen auf wirtschaftliche oder politische Gesamtzusammenhänge anerkannt[442], erstere typischerweise assoziiert mit dem Stichwort der „Funktionsgrenzen" der Judikative[443].

Der Ermittlung schifffahrtsbezogener Kollisionsrisiken liegen durchaus komplexe und umfangreiche Berechnungen zugrunde; gleichwohl wären die hierbei verwendeten naturwissenschaftlich-technischen Grundannahmen einer fachwissenschaftlichen Überprüfung durch Gerichte – mit sachverständiger Unterstützung – grundsätzlich zugänglich. Anderes gälte nur, wenn hinsichtlich einzelner Aspekte eine unsichere wissenschaftliche Erkenntnislage bestünde, sodass der Judikative letztlich „funktionswidrig" abverlangt würde, „zwischen vertretbaren fachwissenschaftlichen Positionen zu entscheiden [...] oder eine solche Entscheidung durch die Erteilung von Forschungsaufträgen zu ermöglichen"[444], was hier nicht ersichtlich ist. Insofern kann eine gewisse Ähnlichkeit zu der Abwägung nach § 35 Abs. 3 S. 1 BauGB gesehen werden, für die etwa im Hinblick auf die Frage, ob und wann die Errichtung von Windenergieanlagen die Funktionsfähigkeit von Wetterradaranlagen stört, kein Beurteilungsspielraum angenommen wird[445].

Wohl aber bezieht sich die Risikoabwägung des BSH jedenfalls mittelbar auch auf wirtschaftliche Gesamtzusammenhänge in der Bundesrepublik, indem

---

[439] S. grundsätzlich *Siegel*, Allgemeines Verwaltungsrecht, 14. Aufl. 2022, Rn. 203 f. und speziell zur Überprüfung von Risikobewertungen BVerwG, Beschl. v. 08.01.2015 – 7 B 25.13 – juris-Rn. 11 (insoweit nicht abgedruckt in ZUR 2015, 287).

[440] *Sachs*, in: Stelkens/Bonk/Sachs, VwVfG, § 40 Rn. 195; *Schuster*, Beurteilungsspielräume der Verwaltung im Naturschutzrecht, 2020, S. 55. So ist etwa der polizeirechtliche Gefahrbegriff vollständig gerichtlich überprüfbar, s. *Ramsauer*, in: Kopp/Ramsauer, VwVfG, § 40 Rn. 164.

[441] Zu diesem Hintergrund *Siegel*, Allgemeines Verwaltungsrecht, 14. Aufl. 2022, Rn. 196 f.

[442] *Sachs*, in: Stelkens/Bonk/Sachs, VwVfG, § 40 Rn. 199 m. w. N.

[443] Dazu *Siegel*, Allgemeines Verwaltungsrecht, 14. Aufl. 2022, Rn. 204.

[444] Vgl. BVerwG, Urt. v. 22.09.2016 – 4 C 2/16 – NVwZ 2017, 160 (162).

[445] BVerwG, Urt. v. 22.09.2016 – 4 C 2/16 – NVwZ 2017, 160 (162).

sie die Funktionalität zweier enorm bedeutsamer Bereiche der maritimen Wirtschaft[446] steuernd in Ausgleich bringen muss. Dabei ist die Entscheidung, welche Kollisionsschäden in welcher Häufigkeit zugunsten einer Verwirklichung der Ausbauziele „im überragenden öffentlichen Interesse" (vgl. § 1 Abs. 2, 3 WindSeeG) als hinnehmbar angesetzt werden, auch politisch-wertender Natur und ihre Anwendung erfolgt eingebettet in ein planerisches Gesamtkonzept. All dies führt zu dem Ergebnis, dass etwaig zur Überprüfung angerufene Gerichte die getroffene Risikobewertung nicht etwa durch eine eigene ersetzen können, sondern jene nur darauf überprüfen können sollen, ob sie sich in einem beurteilungsfehlerfreien[447] Rahmen bewegt. Insofern ist ein Beurteilungsspielraum des BSH bzw. des ihm diesbezüglich übergeordneten Bundesministeriums für Wirtschaft und Klimaschutz zu bejahen.[448]

(4) Vorwegnahme verkehrssichernder Auflagen und besondere Bedeutung untergesetzlicher Regelwerke

Dass die Prüfung der verkehrsbezogenen Planungsleitsätze weitgehend unabhängig von der Projektgestaltung erfolgen kann[449], schließt nicht aus, dass sich im Rahmen der Voruntersuchung bestimmte Bau- und Betriebsweisen oder Aufstellmuster innerhalb der Fläche als risikomindernd erweisen und deshalb in Form von Auflagen im Rahmen der Eignungsfeststellung erlassen werden. Insoweit kann die verordnungsförmige Eignungsfeststellung den Projektträgern auf Grundlage des § 12 Abs. 5 S. 3 WindSeeG etwa kollisionsfreundliche Bauweisen, die Beobachtung des Seeraumes oder den Einsatz von Verkehrssicherungsfahrzeugen aufgeben.[450] Vor Inkrafttreten des WindSeeG waren entsprechende Regelungen (allein) Gegenstand von Nebenbestimmungen der Zu-

---

[446] S. zur wirtschaftlichen Bedeutung sowohl der Schifffahrt als auch der Offshore-Windenergie *Bundesregierung*, Siebter Bericht über die Entwicklung und Zukunftsperspektiven der maritimen Wirtschaft in Deutschland, abrufbar unter https://www.bundesregierung.de/breg-de/suche/siebter-bericht-der-bundesregierung-ueber-die-entwicklung-und-zukunftsperspektiven-der-maritimen-wirtschaft-in-deutschland-1957256.

[447] Zur Beurteilungsfehlerlehre *Siegel*, Allgemeines Verwaltungsrecht, 14. Aufl. 2022, Rn. 199.

[448] A. A. *Müller*, ZUR 2008, 584 (586) zum gleichlautenden Tatbestand im ehemaligen § 3 S. 2 SeeAnlV.

[449] S. bereits oben sowie BT-Drs. 18/8860, S. 283.

[450] In der ersten, zweiten und dritten Verordnung zur Durchführung des Windenergie-auf-See-Gesetzes (1. bis. 3. WindSeeV) v. 15.12.2020 (BGBl. I S. 2954), v. 18.01.2022 (BGBl. I S. 58) und v. 05.01.2023 (BGBl. I Nr. 8) erfolgt dies standardmäßig für alle Flächen, s. §§ 16–19 1. WindSeeV und §§ 18–21 jeweils der 2. und 3. WindSeeV.

lassung[451] und werden als solche nach wie vor zusätzlich zur Eignungsfeststellung erlassen[452].

Dabei folgt die Konkretisierung entsprechender Auflagen weitgehend untergesetzlichen Regelwerken. Von besonderer Relevanz sind insofern das Sicherheitsrahmenkonzept des Bundesministeriums für Verkehr und Infrastruktur einschließlich der „Durchführungsrichtlinien Seeraumbeobachtung Offshore-Windparks"[453] als zusammenfassendes Regelwerk für Maßnahmen der technischen Sicherheit[454], aber auch die „Richtlinie Offshore-Anlagen zur Gewährleistung der Sicherheit und Leichtigkeit des Schiffsverkehrs" der GDWS und der „Standard Konstruktion"[455] des BSH selbst. Ob und inwieweit diese durch den Beurteilungsspielraum des BSH erfasst und somit – als normkonkretisierende und nicht lediglich -interpretierende Verwaltungsvorschriften – außenverbindlich sind[456], kann im Ergebnis dahinstehen, da alle bisherigen Verordnungen zur Durchführung des Windenergie-auf-See-Gesetzes (1. bis 3. WindSeeV)[457] diese Richtlinien ausdrücklich im Hinblick auf den einzuhaltenden „Stand der Technik" in Bezug nehmen.

4. *Rechtsform und Rechtswirkungen der Eignungsfeststellung*

Hinsichtlich der Rechtsform und -folgen der Eignungsfeststellung gelten Unterschiede je nachdem, ob das Ergebnis der Voruntersuchung positiv – im Sinne einer Eignung der Fläche zum Bau und Betrieb von Offshore-Windenergieanlagen – oder negativ ausfällt.

---

[451] Hierzu *Sellmann/kleine Holthaus*, NordÖR 2015, 45; allgemein zu den „standardisierten Nebenbestimmungen" der seeanlagenrechtlichen Zulassung *Dannecker/Kerth*, DVBl. 2011, 1460 (1463).

[452] Vgl. § 22 Abs. 2 S. 2 der 2. und 3. WindSeeV.

[453] Das Sicherheitsrahmenkonzept des Bundesministeriums für Verkehr und Stadtentwicklung befindet sich derzeit in Konsultation, s. *Bundesministerium für Wirtschaft und Klimaschutz*, „Sicherheit von Schiff- und Luftverkehr, Arbeitsschutz und Notfallrettung" unter https://www.erneuerbare-energien.de/EE/Navigation/DE/Technologien/Windenergie-auf-See/Technik/Sicherheit/sicherheit.html.

[454] *Sellmann/kleine Holthaus*, NordÖR 2015, 45 (48).

[455] *Bundesministerium für Seeschifffahrt und Hydrographie*, Standard Konstruktion „Mindestanforderungen an die konstruktive Bauausführung von Offshore-Bauwerken in der ausschließlichen Wirtschaftszone", abrufbar unter https://www.BSH.de/DE/PUBLIKATIONEN/_Anlagen/Downloads/Offshore/Standards/Standard-Auswirkungen-Offshore-Windenergieanlagen-Meeresumwelt.pdf?__blob=publicationFile&v=23; weiterführend *Wittmann*, DVBl 2013, 830.

[456] Gegen eine Außenverbindlichkeit der „Durchführungsrichtlinien Seeraumbeobachtung" auch *Sellmann/kleine Holthaus*, NordÖR 2015, 45 (48).

[457] Verordnungen v. 15.12.2020 (BGBl. I S. 2954), v. 18.01.2022 (BGBl. I S. 58) und v. 05.01.2023 (BGBl. I Nr. 8).

a)   Positive Eignungsfeststellung

aa) Rechtsform und (raumplanerische) Inhalte

Fällt die Eignungsprüfung positiv aus, ist dieses Ergebnis einschließlich der auf der Fläche zu installierenden Anlagenkapazität im Wege der Rechtsverordnung festzustellen (§ 12 Abs. 5 S. 1 WindSeeG). Zusätzlich muss die entsprechende Verordnung seit dem WindSeeG 2023 die Feststellung beinhalten, dass die Realisierung von Windenergieanlagen auf der betreffenden Fläche infolge des überragenden öffentlichen Interesses und aus Gründen der öffentlichen Sicherheit gem. § 1 Abs. 3 WindSeeG erforderlich ist (§ 12 Abs. 5 S. 2 Wind-SeeG). Letzterem maß der Gesetzgeber vor allem eine Klarstellungs- und Appellfunktion, nicht aber konstitutive Rechtswirkungen zu[458], was zutrifft, da § 1 Abs. 3 WindSeeG bereits ohnedies ausdrücklich für „jede einzelne Windenergieanlage auf See" gelten soll[459]. Obgleich § 12 Abs. 5 S. 2 WindSeeG also seinem Wortlaut nach an formell-gesetzliche Bedarfsfeststellungen erinnert (s. insbesondere den beinahe identischen § 1 Abs. 1 S. 2 BBPlG[460]), entfaltet er im Normgefüge des WindSeeG keine damit vergleichbare, der Zulassung vorgreifende Konkretisierungswirkung.

Letztlich „kann" die Verordnung weitere Vorgaben machen und insbesondere die Lage und den Umfang des Vorhabens auf der Fläche konkretisieren (§ 12 Abs. 5 S. 3, 4 WindSeeG). Insoweit übernimmt sie also die verbindliche räumliche (Fein-)Steuerung des Projekts innerhalb des durch den Flächenentwicklungsplan gesetzten Rahmens.

Infolge ihres normativen Charakters ist die Eignungsfeststellung dabei grundsätzlich außen- und allgemeinverbindlich.[461] Dies gilt vor allem auch im Rahmen der nachfolgenden Vorhabenzulassung.[462] Gleichwohl gilt zu beachten, dass ihr „innerer" Verbindlichkeitsanspruch im Sinne einer Planung unter Vorläufigkeitsbedingungen begrenzt ist[463], da ihre Ergebnisse stets unter dem Vorbehalt der Aktualität und späteren Detailprüfung im Plangenehmigungsverfahren stehen (vgl. § 69 Abs. 3 S. 4 WindSeeG).

Für den anbindungsverpflichteten Übertragungsnetzbetreiber löste die Eignungsfeststellung nach vormaliger Rechtslage, d. h. vor Einführung des

---

[458] Vgl. BT-Drs. 20/1634, S. 79, wonach es sich um eine „*redaktionelle Folgeänderung*" aus § 1 Abs. 3 WindSeeG handeln soll.

[459] BT-Drs. 20/1634, S. 70.

[460] Gesetz über den Bundesbedarfsplan (Bundesbedarfsplangesetz – BBPlG) v. 23.07.2013 (BGBl. I S. 2543), zul. geänd. durch Art. 5 des Gesetzes zur Änderung des Energiesicherungsgesetzes und anderer energiewirtschaftlicher Vorschriften vom 08.10.2022 (BGBl. I S. 1726).

[461] Zur Rechtsverbindlichkeit von Verordnungen *Siegel*, Allgemeines Verwaltungsrecht, 14. Aufl. 2022, Rn. 68.

[462] BT-Drs. 18/8860, S. 285.

[463] *Durner*, ZUR 2022, 3 (7).

WindSeeG 2023, zudem die Rechtspflicht zur Beauftragung der entsprechenden Offshore-Anbindungsleitung aus. Denn jene war gem. § 17d Abs. 2 S. 2 EnWG a. F. dadurch bedingt, dass die Eignung (mindestens[464]) einer durch sie anzubindenden Fläche nach § 12 Abs. 5 WindSeeG festgestellt wird; andernfalls durfte die Beauftragung grundsätzlich nicht erfolgen. Hierdurch sollten offensichtlich die nach § 1 Abs. 2 S. 3 und 4 WindSeeG angestrebte Synchronisierung von Erzeugungs- und Übertragungsanlagen erreicht[465] und zudem „stranded investments"[466] der ÜNB vermieden werden. Weil nach neuer Rechtslage allerdings die Pflicht zur Beauftragung der Anbindungsleitung – zeitlich deutlich vorgelagert – an die Festlegung der Fläche im Flächenentwicklungsplan anknüpft (s. § 17d Abs. 2 S. 3 EnWG)[467], hat die Eignungsfeststellung ihre diesbezügliche Bedeutung für die Übertragungsnetzbetreiber eingebüßt.

In formeller Hinsicht legt das BSH schließlich ergänzend zum Verordnungserlass die Informationen nach § 44 Abs. 2 UVPG aus (§ 12 Abs. 5 S. 6, 7 WindSeeG) und übermittelt die Eignungsfeststellung unverzüglich an die Bundesnetzagentur, was deren grundsätzlicher Zuständigkeit für das Voruntersuchungsverfahren nach § 11 Abs. 1 S. 1 WindSeeG geschuldet ist (vgl. § 12 Abs. 7 WindSeeG).

bb) Materieller Charakter als Allgemeinverfügung

Angesichts der dargestellten Inhalte der Eignungsfeststellung erscheint zweifelhaft, ob diese tatsächlich entsprechend der gesetzlich angeordneten Verordnungsform abstrakt-generelle Rechtssätze aufstellt oder nicht vielmehr solche, die typisch für eine sachbezogene Allgemeinverfügung[468] sind.

Die Allgemeinverfügung bildet eine Sonderform des Verwaltungsakts[469], die mitunter vorliegt, wenn ein solcher „adressatenlos"[470] die öffentlich-rechtliche Eigenschaft einer Sache regelt (sog. sachbezogene Allgemeinverfügung, § 35 S. 2 Var. 2 VwVfG). Entsprechende Regelungen sind – in Abgrenzung zum abstrakt-generellen Charakter von Normen – konkret-genereller Natur und genügen damit dem „Einzelfall"-Kriterium des Verwaltungsakts.[471] Insofern ist die Eignungsfeststellung jedenfalls als generelle, d. h. personell abstrakte

---

[464] Vgl. BT-Drs. 18/8860, S. 336.

[465] BT-Drs. 18/8860, S. 336.

[466] *Rohrer*, in: Elspas/Graßmann/Rasbach, EnWG, § 17d Rn. 20.

[467] Zu den für den Gesetzgeber maßgeblichen Gründen s. BT-Drs. 20/1634, S. 112.

[468] Zu den Typen der Allgemeinverfügung *Siegel*, Allgemeines Verwaltungsrecht, 14. Aufl. 2022, Rn. 347 ff.; *Ders.*, NVwZ 2020, 577 (579).

[469] *Siegel*, Allgemeines Verwaltungsrecht, 14. Aufl. 2022, Rn. 347.

[470] Zum Begriff des „adressatenlosen Verwaltungsakts" *Schoch*, Jura 2012, 26 (29).

[471] *Ruffert*, in: Ehlers/Pünder, Allgemeines Verwaltungsrecht, 16. Aufl. 2022, § 21 Rn. 35; *Ramsauer*, in: Kopp/Ramsauer, VwVfG, § 35 Rn. 121.

Regelung anzusehen: Sie kann zukünftige Vorhabenträger, deren Rechtskreis die Regelungen betreffen würden, schon deshalb nicht individuell adressieren, weil jene erst später mit der Zuschlagserteilung im Ausschreibungsverfahren identifiziert werden (§ 24 Abs. 1 Nr. 1 WindSeeG). Indes könnte der Einzelfallbezug über die räumlich konkret umrissene Meeresfläche hergestellt werden. Zwar wird der Sachbegriff des § 35 S. 2 Var. 2 VwVfG teils an den der §§ 90 ff. BGB angelehnt[472], die offene und „unbeherrschbare" Meeresgewässer mangels hinreichender körperlicher Abgrenzbarkeit nicht erfassen[473]. Doch geht das verwaltungsrechtliche Begriffsverständnis hierüber schon grundsätzlich hinaus[474]; zudem kann sich die Sacheigenschaft im Rahmen der Allgemeinverfügung auch aus dem einschlägigen Fachrecht ergeben[475]. So werden die Meeresflächen, die Gegenstand des Voruntersuchungsverfahrens sind, nicht nur in § 3 Nr. 4 WindSeeG als abgrenzbare Raumeinheit legaldefiniert, sondern im Flächenentwicklungsplan auch eindeutig umgrenzt dargestellt. Dabei regelt die Eignungsfeststellung die Bebaubarkeit der Fläche mit Windkraftanlagen nach öffentlich-rechtlichen (Zulassungs-)Maßstäben und mithin deren öffentlich-rechtliche Eigenschaften. Demnach weist sie den konkret-generellen Inhalt einer sachbezogenen Allgemeinverfügung auf, der von der gesetzlich bestimmten normativen Rechtsform nach § 12 Abs. 5 S. 1 WindSeeG abweicht.

cc) Rechtsfolgen der Inkongruenz

Maßgeblich für die Rechtsnatur einer Regelung bleiben jedoch im Falle einer Inkongruenz ihres formellen und materiellen Charakters deren äußere Formalkriterien – nämlich Verfahren und Verkündung –, nicht aber ihr Inhalt.[476] Dem Gesetzgeber steht grundsätzlich das Wahlrecht zu, eine Regelung durch Rechtsnorm oder Verwaltungsakt vorzusehen.[477] Für formell als Verordnung erlassene Rechtsakte ist daher irrelevant, ob deren Inhalt auch als Allgemeinverfügung hätte ergehen können.[478] Dementsprechend ergehen auch Bebauungspläne gem. § 10 BauGB als Satzung und sind gem. § 47 Abs. 1 Nr. 1 VwGO mittels Normenkontrolle angreifbar, obgleich sie inhaltlich öffentlich-

---

[472] So *Stelkens*, in: Stelkens/Bonk/Sachs, VwVfG, § 35 Rn. 310a: „Insoweit geben §§ 90 ff. BGB Anhaltspunkte, […]".

[473] *Korves*, Eigentumsunfähige Sachen, 2014, S. 81; *Mössner*, in: Gsell/Krüger/Lorenz/Reymann, BGB, § 90 Rn. 65.

[474] Zur grundsätzlichen Eigenständigkeit des öffentlich-rechtlichen Sachbegriffs gegenüber dem Zivilrecht *Siegel*, Allgemeines Verwaltungsrecht, 14. Aufl. 2022, Rn. 1062; *Papier/Durner*, in: Ehlers/Pünder, Allgemeines Verwaltungsrecht, 16. Aufl. 2022, § 38 Rn. 3.

[475] *V. Alemann/Scheffczyk*, in: Bader/Ronellenfitsch, VwVfG, § 35 Rn. 263.

[476] *Ramsauer*, in: Kopp/Ramsauer, VwVfG, § 35 Rn. 120; *Stelkens*, in: Stelkens/Bonk/Sachs, VwVfG, § 35 Rn. 18.

[477] BVerfG, Urt. v. 17.12.2002 – 1 BvL 28/95 – NJW 2003, 1232 (1235); weitere Nachweise bei *v. Alemann/Scheffczyk*, in: Bader/Ronellenfitsch, VwVfG, § 35 Rn. 196.

[478] *Stelkens*, in: Stelkens/Bonk/Sachs, VwVfG, § 35 Rn. 18.

rechtliche Eigenschaften von Grundstücken regeln und folglich die Definition der sachbezogenen Allgemeinverfügung erfüllen. Eine ähnliche Divergenz von Form und Inhalt kann man im Hinblick auf die Flugroutenfestlegung in Form der Rechtsverordnung gem. § 33 Abs. 2 S. 1 LuftVO sehen.[479] Maßgebliche Rechtsform der positiven Eignungsfeststellung ist somit unabhängig von deren Inhalt die Verordnungsform.

b) Negative Eignungsfeststellung

Für die negative Eignungsfeststellung ist die Verordnungsform nicht angeordnet; vielmehr wird jene gem. § 12 Abs. 6 S. 1, 2 WindSeeG nach § 98 Wind-SeeG bekannt gemacht und zusätzlich den Übertragungsnetzbetreibern schriftlich oder elektronisch übermittelt. Inhaltlich beschränkt sie sich auf ein einfaches „Negativattest" mit lediglich verwaltungsinternen Wirkungen. Von besonderer Relevanz ist insofern ihre Rückwirkung auf die vorangehende Ebene des Flächenentwicklungsplans, sodass dieser zwingend fortzuschreiben ist (§ 12 Abs. 6 S. 3 i. V. m. § 8 WindSeeG); in der weiteren Verfahrenskaskade führt sie ebenfalls zum Ausschluss der ungeeigneten Fläche als Gegenstand des Ausschreibungs- oder Plangenehmigungsverfahrens. Die rechtliche Bedeutung des Voruntersuchungsergebnisses für die Übertragungsnetzbetreiber im Hinblick auf deren Pflicht zur Beauftragung der Anbindungsleitung (vgl. § 17d Abs. 2 S. 2 EnWG a. F.) ist dagegen entfallen (s. o.)[480], sodass der Feststellung nach § 12 Abs. 6 S. 1 WindSeeG insbesondere keine Qualität als Verwaltungsakt zukommt.

5. Qualifikation als Planung?

Zuletzt werfen das schematisch prüfende, an ein Konditionalprogramm gebundene Vorgehen des Voruntersuchungsverfahrens sowie – in formaler Hinsicht – der Gesetzeswortlaut[481] Zweifel auf, ob dieses als Planung eingeordnet werden kann. Als solche wurden oben alle Vorgänge definiert, die eine zukunftsbezogene Zielsetzung und die gedankliche Vorwegnahme der zur Zielerreichung erforderlichen Maßnahmen beinhalten.[482] Als Kernelemente der „mate-

---

[479] *Stelkens*, in: Stelkens/Bonk/Sachs, VwVfG, § 35 Rn. 18 f.

[480] S. o. Kapitel 2 IV. 4. a) aa) sowie BT-Drs. 18/8860, S. 285 f.

[481] Das WindSeeG differenziert an mehreren Stellen zwischen „Fachplanung" einerseits und „Voruntersuchung" andererseits, s. etwa § 2 Abs. 1 Nr. 1 und die Überschrift des zweiten Teils.

[482] *Köck*, Pläne und andere Formen des prospektiven Verwaltungshandelns, in: Voßkuhle/Eifert/Möllers, GrVwR II, § 36 Rn. 10; *Schlacke*, Vorausschauende Planung als zulässige Vorratsplanung am Beispiel des Netzausbaus, in: FS Erbguth, 2019, S. 207 (211); *Franzius*, ZUR 2018, 11 (12); *Schmitt*, Die Bedarfsplanung von Infrastrukturen als Regulierungsinstrument, 2015, S. 65; ähnlich *Wolff/Bachof/Stober/Kluth*, Verwaltungsrecht I, S. 13.

riellen" Planung wurden eine erhöhte Komplexität und Gestaltungsoffenheit der Entscheidung – die sich typischerweise im sog. „Planungsermessen" und der Offenheit der sie steuernden Normen (Finalprogrammierung) niederschlägt –, prognostische Elemente und das Erfordernis eines multipolaren Interessenausgleichs genannt.[483]

Was den Aspekt der Gestaltungsoffenheit betrifft, lässt sich gegen die Annahme planerischer Inhalte der Flächenvoruntersuchung anführen, dass deren Prüfung sich nach § 10 Abs. 2 S. 1 WindSeeG gerade auf zwingende Ausschlusstatbestände beschränkt, in deren Rahmen das BSH eine rein nachvollziehende Abwägung[484] ohne planerische Gestaltungsfreiheit vornimmt. Insoweit bestehen Parallelen zur Diskussion um die Einordnung der privatnützigen Planfeststellung als Planung.[485] Im Hinblick auf die flächenspezifischen Kapazitätsfestlegungen bildet das Voruntersuchungsergebnis zwar die letztverbindliche Entscheidungsstufe; der gestalterisch offene und konzeptualisierende Vorgang, den Bedarf zu ermitteln und auf potenzielle Erzeugungsflächen zu distribuieren, ist indes bereits auf der vorangehenden Ebene des Flächenentwicklungsplans angesiedelt.

Andererseits ist das Voruntersuchungsverfahren Teil eines gestuften Gesamtprozesses, der anhand einer zukunftsbezogenen Zielsetzung – nämlich des Ausbaus der Offshore-Windenergie nach Maßgabe der in § 1 Abs. 2 S. 1 WindSeeG normierten Ausbauziele – Wege der Umsetzung zunächst kognitiv ermittelt (Flächenentwicklungsplan) und sodann anhand fachwissenschaftlicher Informationen verifiziert oder korrigiert, wobei letztere Funktion durch das Voruntersuchungsverfahren übernommen wird. In diesem Gesamtvorgang gewährleistet es folglich einen methodischen Schritt zur Aussonderung ungeeigneter und zur Konkretisierung geeigneter Standortalternativen, wie er für raumplanerische Prozesse gerade typisch ist. Dabei geht das BSH prognosebasiert vor und zielt auf die Lösung komplexer, multipolarer Konfliktlagen auf der jeweiligen Fläche. Die positive Eignungsfeststellung kann hierbei sowohl

---

Aufl. 2017, § 56 Rn. 2 und *Hoppe*, in: Isensee/Kirchhof, Handbuch des Staatsrechts IV, § 77 Rn. 7.

[483] S. o. Kapitel 2 I. 1. a) aa) und weiterführend *Durner*, Konflikte räumlicher Planungen, 2019, S. 317 f.; *Schmidt-Aßmann*, Planung als administrative Handlungsform und Rechtsinstitut, in: FS Schlichter, 1995, S. 4; *Zierau*, Umweltstaatsprinzip aus Artikel 20a GG in Raumordnung und Fachplanung für Offshore-Windenergie in der AWZ, 2015, S. 36 f.; *Schmitt*, Die Bedarfsplanung von Infrastrukturen als Regulierungsinstrument, 2015, S. 66 f.; vgl. auch BVerwG NJW 1969, 1868 (1869): „Bei der Planung geht es durchweg um einen Ausgleich mehr oder weniger zahlreicher, in ihrem Verhältnis zueinander komplexer Interessen, […]" und *Kügel*, Der Planfeststellungsbeschluss und seine Anfechtbarkeit, 1985, S. 125.

[484] Zur nachvollziehenden im Vergleich zur planerischen Abwägung s. o. Kapitel 2 I. 1. a) bb).

[485] Hierzu oben Kapitel 2 I. 1. a) bb).

bedarfs- als auch raumgestaltende Wirkungen entfalten, denn Kapazitätskorrekturen und räumliche Vorgaben insbesondere zur Lage des Vorhabens auf der Fläche können im Voruntersuchungsverfahren selbst erfolgen; ein „Rückfall" der Planungsaufgabe auf die vorgelagerte Ebene des Flächenentwicklungsplans erfolgt nur bei gänzlich ungeeigneten Flächen (vgl. § 12 Abs. 6 S. 3 WindSeeG). Anhand dieser Erwägungen kann das Voruntersuchungsverfahren also durchaus dem fachplanerischen System des WindSeeG zugeordnet werden.

V. Planfeststellung und -genehmigung von Windenergieanlagen in der AWZ

Für die Zulassung neu zu errichtender Offshore-Windenergieanlagen sind im WindSeeG 2023 schließlich die §§ 65–76 (Teil 4) maßgeblich. Denn erstere bilden einschließlich der zu ihrer Errichtung und ihrem Betrieb erforderlichen technischen und baulichen Nebeneinrichtungen „Einrichtungen" i. S. d. § 65 Abs. 1 WindSeeG. Der räumliche Anwendungsbereich des vierten Teils liegt nach derselben Vorschrift insbesondere in der deutschen AWZ; aber auch Einrichtungen auf Hoher See können erfasst sein, sofern der Unternehmenssitz des Vorhabenträgers im Bundesgebiet liegt. Die Zuständigkeit für das Zulassungsverfahren ist umfassend beim BSH konzentriert (1.). Jenes hat auch über die jeweils einschlägige Verfahrensart zu bestimmen, als welche neben dem Planfeststellungs- auch das Plangenehmigungsverfahren in Betracht kommt (hierzu 2.). Der materielle Entscheidungsmaßstab und die Rechtswirkungen der Zulassungsentscheidung unterliegen teils Sondervorschriften (3. und 4.).

1. *Zuständigkeitskonzentration beim BSH*

In kompetenzieller Hinsicht sieht § 66 Abs. 2 WindSeeG – wie bereits § 2 Abs. 2 SeeAnlV[486] und zahlreiche weitere Fachplanungsgesetze[487] – eine Identität von Anhörungs-, Planfeststellungs- und Plangenehmigungsbehörde vor; denn all diese Kompetenzen vereint das BSH auf sich. Derartige Zuständigkeitskonzentrationen können die Effizienz gerade komplexer Verwaltungsverfahren steigern[488], indem der Aufwand interbehördlicher Abstimmung wie auch etwaige Aufgabenüberschneidungen und -dopplungen entfallen. Zudem ist es einer sachgerechten Abwägung in der Regel zuträglich, wenn die Planfeststellungs-

---

[486] Zur diesbezüglichen Zuständigkeitsbündelung *Zabel*, NordÖR 2012, 263 (264); *Büllesfeld/Koch/v. Stackelberg*, ZUR 2012, 274 (275).

[487] Vgl. etwa § 22 NABEG, § 14 Abs. 1 S. 3 WaStrG, § 57a Abs. 1 S. 2 BBergG, § 3 Abs. 2 BEVVG und § 2 Abs. 2 S. 1 FStrBAG.

[488] *Spieth*, in: Ders./Lutz-Bachmann, Offshore-Windenergierecht, § 45 WindSeeG Rn. 14.

behörde dieser ihren selbst und unmittelbar im Anhörungsverfahren gewonnenen Eindruck von der konkreten Problemschichtung zugrunde legen kann.[489] Zugleich aber vermag ebendiese Vorbefassung der Behörde in Einzelfällen einen äußeren Eindruck von fehlender Neutralität bei der Ausübung ihrer planerischen Abwägungsfreiheit erwecken.[490]

Rechtlich werden derartige Mehrfachkompetenzen durch Rechtsprechung und Literatur als zulässig erachtet.[491] Insbesondere weist das Bundesverwaltungsgericht darauf hin, dass § 73 VwVfG, obgleich der Vorschrift die Regelvorstellung einer gesonderten Anhörungsbehörde zugrunde liege, eine rein funktionale Aufgabenkennzeichnung vornehme, nicht aber organisationsrechtliche Regelungen zur – etwa zwingend divergierenden – Behördeneinrichtung treffe.[492] Auch gewährleiste bereits die starke Formalisierung des Planfeststellungsverfahrens, dass es nicht zu einer das Rechtsstaatsprinzip verletzenden institutionellen Befangenheit der planfeststellenden Behörde komme[493]; letzteres verlange schließlich keine innerhalb der Exekutive verlaufende „Gewaltenteilung"[494]. Auch eine innerbehördliche personelle und organisatorische Trennung beider Aufgabenbereiche in Form ihrer Zuweisung an verschiedene Abteilungen oder Referate, wie sie überwiegend bei einer Identität zwischen Planfeststellungsbehörde und Vorhabenträger gefordert wird[495], muss nicht zwingend gewährleistet sein.[496] Denn anders als der Vorhabenträger verfolgt die Anhörungsbehörde im Verfahren keine Eigeninteressen, die denen der Plan-

---

[489] Vgl. *Ziekow*, VwVfG, § 73 Rn. 3; *Lieber*, in: Mann/Sennekamp/Uechtritz, VwVfG, § 73 Rn. 34; *Kupfer/Wurster*, DV 40 (2007), 75 (83).

[490] *Ziekow*, VwVfG, § 73 Rn. 3.

[491] BVerwG, Urt. v. 31.01.2002 – 4 A 15/01 – NVwZ 2002, 1103 (1104); OVG Bautzen, Beschl. v. 05.04.2006 – 5 BS 239/05 –, juris-Rn. 40 (LS bei NVwZ-RR 2006, 767); OVG Münster, Beschl. v. 02.10.2012 – 20 B 1097/12.AK – juris-Rn. 22; Urt. v. 19.04.2013 – 20 D 84/12.AK – juris-Rn. 72; *Ziekow*, VwVfG, § 73 Rn. 3; *Pünder*, in: Ehlers/Pünder, Allgemeines Verwaltungsrecht, 16. Aufl. 2022, § 15 Rn. 7; *Wysk*, in: Kopp/Ramsauer, VwVfG, § 73 Rn. 20; *Lieber*, in: Mann/Sennekamp/Uechtritz, VwVfG, 16. Aufl. 2022, § 73 Rn. 34.

[492] Vgl. BVerwG, Beschl. v. 02.10.1979 – 4 N 1/79 –, NJW 1980, 1706 (1707) zu § 10 Abs. 1 und 2 LuftVG; zust. *Kupfer/Wurster*, DV 40 (2007), 75 (83).

[493] BVerwG, Beschl. v. 02.10.1979 – 4 N 1/79 –, NJW 1980, 1706 (1707); OVG Bautzen, Beschl. v. 05.04.2006 – 5 BS 239/05 –, juris Rn. 40 (LS bei NVwZ-RR 2006, 767); *Kügel*, Der Planfeststellungsbeschluss und seine Anfechtbarkeit, 1985, S. 88.

[494] *Pünder*, in: Ehlers/Pünder, Allgemeines Verwaltungsrecht, 16. Aufl. 2022, § 15 Rn. 7; *Kupfer/Wurster*, DV 40 (2007), 75 (83).

[495] S. BVerwG, Urt. v. 16.06.2016 – 9 A 4/15 – NVwZ 2016, 1641 (1644); Urt. v. 18.03.2009 – 9 A 39/07 – NVwZ 2010, 44 (45); *Ziekow*, VwVfG, § 73 Rn. 4.

[496] Auch das BVerwG stellt auf diesen Aspekt ausschließlich ab, soweit beide Identitätsfälle kumulativ vorliegen, mithin Vorhabenträger, Anhörungs- und Planfeststellungsbehörde dieselbe öffentliche Stelle sind, vgl. BVerwG, Urt. v. 24.11.2011 – 9 A 23/10 – NVwZ 2012, 557 (559).

feststellungsbehörde widerstreiten würden[497], und erweckt im Falle einer Identität mit dieser auch nicht den äußeren Anschein, sich die Zulässigkeit des Vorhabens gleichsam selbst zu attestieren. Somit ist es unschädlich, dass eine entsprechende organisatorische „Entflechtung" innerhalb des BSH tatsächlich nicht gegeben ist[498].

2. Verfahren

a) Einschlägige Verfahrensart

Die einschlägige Verfahrensart für die Zulassung von Offshore-Windenergieanlagen bestimmt sich im Ausgangspunkt nach § 66 Abs. 1 WindSeeG. Hiernach bedürfen die Errichtung und der Betrieb von Einrichtungen grundsätzlich der Planfeststellung (§ 66 Abs. 1 S. 1 WindSeeG). Abweichendes gilt jedoch, wenn diese sich auf staatlich voruntersuchten Flächen befinden und mit der einschlägigen Eignungsverordnung gem. § 12 Abs. 5 WindSeeG konform sind. In dem Fall „soll" anstelle der Planfeststellung eine Plangenehmigung erteilt werden (§ 70 Abs. 1 S. 1 i. V. m. § 66 Abs. 1 S. 2 WindSeeG). Mit der letztgenannten Neuregelung des WindSeeG 2023 zielte der Gesetzgeber auf eine Verfahrensbeschleunigung ab und wollte den Abschichtungswirkungen des Voruntersuchungsverfahrens gegenüber der Zulassungsebene Rechnung tragen.[499]

Bei der Entscheidung über die Durchführung des Plangenehmigungsverfahrens nach § 70 Abs. 1 S. 1 WindSeeG hat das BSH insbesondere das „Benehmen" mit den betroffenen Trägern öffentlicher Belange herzustellen (§ 70 Abs. 1 S. 2 WindSeeG i. V. m. § 74 Abs. 6 S. 1 Nr. 2 VwVfG). Jenes ist vom oben behandelten Einvernehmen[500] strikt zu trennen und erfordert anders als dieses gerade keine Willensübereinstimmung der beteiligten Träger; vielmehr bedarf es „nur" ihrer Anhörung und einer Berücksichtigung der jeweiligen Stellungnahmen.[501] In der Folge müsste sich das federführende BSH, sollte sich eine betroffene Fachbehörde gegen die Wahl des Plangenehmigungsverfahrens aussprechen, bei der Ausübung seines Verfahrensermessens jedenfalls mit den entsprechenden Argumenten auseinandersetzen.[502] Andererseits ist das Ermessen infolge der Sollvorschrift des § 70 Abs. 1 S. 1 WindSeeG bereits dahinge-

---

[497] OVG Münster, Beschl. v. 02.10.2012 – 20 B 1097/12.AK – juris Rn. 22; *Lieber*, in: Mann/Sennekamp/Uechtritz, VwVfG, § 73 Rn. 34.

[498] Das Organigramm weist ein einheitliches Referat „Planfeststellung und Vollzug" aus, s. https://www.BSH.de/DE/Das_BSH/Wir_ueber_uns/Organisation/organisation_node .html.

[499] BT-Drs. 20/1634, S. 97, 101.

[500] S. o. Kapitel 2 III. 1. d).

[501] Näher *Siegel*, Die Verfahrensbeteiligung von Behörden und anderen Trägern öffentlicher Belange, 2001, S. 89 f.

[502] Vgl. *Kupfer*, in: Schoch/Schneider, Verwaltungsrecht, § 74 VwVfG Rn. 161.

hend vorgezeichnet („intendiert"[503]), dass die Plangenehmigung in aller Regel die maßgebliche Entscheidungsform für Anlagen auf voruntersuchten Flächen bilden muss. Denkbar wäre eine Planfeststellung mithin allenfalls in atypischen Ausnahmefällen wie etwa dem, dass nachträglich umfassende planerische Aktualisierungen oder Änderungen des Voruntersuchungsergebnisses erforderlich werden. Dabei besteht grundsätzlich kein subjektives Recht des Vorhabenträgers auf die korrekte Verfahrenswahl.[504]

Aus alledem resultiert letztlich ein erheblich erweiterter Anwendungsbereich des Plangenehmigungsverfahrens bei der Zulassung von Offshore-Windparks, welchem nach der vorigen Gesetzesfassung noch kaum praktische Bedeutung zugekommen war. Dies war vor allem dem Ausschluss UVP-pflichtiger Projekte von der Möglichkeit der Plangenehmigung geschuldet (s. § 48 Abs. 1 WindSeeG a. F. und § 74 Abs. 6 S. 1 Nr. 3 VwVfG[505]), denn Offshore-Windparks bedurften bereits in den vergangenen Jahren in aller Regel einer UVP[506].

Für Windenergieanlagen auf nicht zentral voruntersuchten Flächen bleibt es im WindSeeG 2023 hingegen bei dem in § 66 Abs. 1 S. 1 WindSeeG normierten Planfeststellungsvorbehalt. Ein Plangenehmigungsverfahren ist nur unter den allgemeinen, strengeren Voraussetzungen des § 74 Abs. 6 S. 1 VwVfG zulässig – d. h. wegen dessen Nr. 3 insbesondere nur bei fehlender UVP-Pflicht wie nach alter Rechtslage – oder aber, wenn für Anlagen auf der betreffenden Fläche bereits ein Planfeststellungsbeschluss ergangen, aber nachträglich unwirksam geworden ist und deshalb eine erneute Ausschreibung erfolgt ist (§ 69 Abs. 6 WindSeeG).

b)   Plangenehmigung von Windenergieanlagen auf voruntersuchten Flächen

Wird im Falle von §§ 66 Abs. 1 S. 2, 70 Abs. 1 S. 1 WindSeeG ein Plangenehmigungsverfahren durchgeführt, sind die Vorschriften über das Planfeststellungsverfahren gem. § 74 Abs. 6 S. 2 Hs. 2 VwVfG unanwendbar. Stattdessen ergeht die Plangenehmigung grundsätzlich, wenngleich mit punktuellen Be-

---

[503] Zum intendierten Ermessen *Siegel*, Allgemeines Verwaltungsrecht, 14. Aufl. 2022, Rn. 220.

[504] Weiterführend *Hufen/Siegel*, Fehler im Verwaltungsverfahren, 7. Aufl. 2021, Rn. 621.

[505] Zu dessen Anforderungen *Neumann/Külpmann*, in: Stelkens/Bonk/Sachs, VwVfG, § 74 Rn. 244a. Die inhaltlich redundante Doppelregelung beruht soweit ersichtlich darauf, dass mit § 48 Abs. 1 WindSeeG a. F. bei der Einführung des WindSeeG schlicht der Wortlaut des vormaligen § 5 Abs. 1 SeeAnlV übernommen wurde, bei dessen Erlass im Jahre 2012 jedoch § 74 Abs. 6 S. 1 Nr. 3 VwVfG noch nicht existiert hatte, vgl. BT-Drs. 18/8860, S. 311.

[506] S. *Durner*, ZUR 2022, 3 (6); *Schubert*, Maritimes Infrastrukturrecht, 2015, S. 205; näher sogleich Kapitel 2 V. 2. b) aa).

sonderheiten[507], im Wege des nichtförmlichen Verwaltungsverfahrens gem. §§ 10 ff. VwVfG[508], womit insbesondere das förmliche Anhörungsverfahren nach § 73 VwVfG und die darin vorgesehene Öffentlichkeitsbeteiligung entfallen[509]. Abweichend hiervon kreiert § 70 WindSeeG jedoch ein grundsätzlich „atypisches" Plangenehmigungsverfahren mit Öffentlichkeitsbeteiligung (s. u. aa))[510]. Dabei handelt es sich um eine im Fachplanungsrecht gängige Besonderheit gegenüber den allgemeinen Maßgaben des VwVfG[511], deren tatsächliche Beschleunigungseffekte zum Teil bezweifelt werden[512]. Ändern könnte sich diese Bewertung jedoch vorübergehend durch § 72a WindSeeG n. F. (hierzu u. bb)).

Daneben bestehen für die Plangenehmigung nach § 70 WindSeeG weitere fachrechtliche Spezifika, so insbesondere gesetzliche Antrags- und Entscheidungsfristen und spezielle Vorgaben für die Bekanntmachung (s. u. cc)). Zudem kann im Plangenehmigungs- ebenso wie im Planfeststellungsverfahren ein Projektmanager beauftragt werden (§ 69 Abs. 12 WindSeeG).[513]

aa) Grundsätzlich „atypisches" Plangenehmigungsverfahren mit Öffentlichkeitsbeteiligung

Offshore-Windparks im Anwendungsbereich des zentralen Modells unterliegen angesichts dessen, dass der Flächenentwicklungsplan vergleichsweise hohe flächenspezifische Erzeugungskapazitäten festlegt[514], die sich mit weniger als 20 Windkraftanlagen im Sinne der Anlage 1 Ziffer 1.6.1 UVPG nach derzeitigem Stand nicht verwirklichen lassen[515], grundsätzlich der Pflicht zur Durchführung einer UVP.[516] Für diesen Fall bestimmt § 70 Abs. 2 WindSeeG, dass im Plangenehmigungsverfahren für Windenergieanlagen auf zentral vor-

---

[507] Insbesondere die besondere Zustellungsvorschrift des § 74 Abs. 6 S. 2 Hs. 2 VwVfG wird mit dem WindSeeG jedoch fachplanungsrechtlich überlagert.

[508] *Ringel*, Die Plangenehmigung im Fachplanungsrecht, 1996, S. 21; *Neumann/Külpmann*, in: Stelkens/Bonk/Sachs, VwVfG, § 74 Rn. 245.

[509] BVerwG, Urt. v. 22.03.1995 – 11 A 1/95 – NVwZ 1996, 392 (393); *Groß*, ZUR 2021, 75 (76).

[510] Vgl. begrifflich *Siegel/Himstedt*, DÖV 2021, 137 (140).

[511] *Hufen/Siegel*, Fehler im Verwaltungsverfahren, 7. Aufl. 2021, Rn. 661.

[512] Näher u. Kapitel 2 V. 2. f) aa).

[513] Hierzu näher u. Kapitel 2 V. 2. d).

[514] S. *Bundesamt für Seeschifffahrt und Hydrographie*, Flächenentwicklungsplan 2023 für die deutsche Nordsee und Ostsee v. 20.01.2023, S. 3 (Tabelle 1).

[515] Wenn man für die kommende Ausbauphase bis 2025 eine mittlere Nennleistung von 11 MW pro Anlage anlegt, s. *Deutsche Windguard*, Status des Offshore-Windenergieausbaus in Deutschland – Jahr 2022, S. 7, besteht selbst für die kleinsten im Flächenentwicklungsplan festgelegten Flächen eine unbedingte UVP-Pflicht.

[516] I. E. ebenso *Durner*, ZUR 2022, 3 (6); *Schubert*, Maritimes Infrastrukturrecht, 2015, S. 205.

untersuchten Flächen die Vorschriften des UVPG unmittelbar Anwendung finden; ausgenommen ist insoweit nur die Option zur Verlängerung von Äußerungsfristen nach § 21 Abs. 3 UVPG. Die Vorschrift stellt grundsätzlich sicher, dass die unionsrechtlichen Anforderungen der UVP-RL[517] auch im Plangenehmigungsverfahren eingehalten werden.[518] Damit wird insbesondere eine qualifizierte Öffentlichkeitsbeteiligung nach §§ 18 ff. UVPG erforderlich[519], was letztlich (doch) eine weitgehende Angleichung an das Planfeststellungsverfahren bewirkt[520].

Im Rahmen der Öffentlichkeitsbeteiligung ist zudem – anders als in anderen Planungssektoren[521] – ein Erörterungstermin gem. § 18 Abs. 1 S. 4 UVPG i. V. m. § 73 Abs. 6 VwVfG durchzuführen. Denn § 70 Abs. 2 S. 2 WindSeeG stellt diesen ausdrücklich nur für Verfahren im Hinblick auf Offshore-Anbindungsleitungen fakultativ, nicht aber im Hinblick auf die Errichtung von Erzeugungsanlagen.

bb) Auswirkungen des § 72a WindSeeG n. F.

Für kommende Plangenehmigungsverfahren ist indes zu beachten, dass diese gem. § 72a Abs. 1 S. 1 und 2 WindSeeG n. F.[522] umfassend von der Pflicht zur Durchführung einer UVP befreit sind. Der Verweisungsnorm des § 70 Abs. 2 S. 1 WindSeeG in das UVPG und insbesondere das dort normierte Verfahren zur Öffentlichkeitsbeteiligung nimmt dies, nachdem jene zuvor fast ausnahmslos zum Tragen kam, wiederum ihren praktischen Anwendungsbereich.[523] In der Folge kommt es zunächst nicht zu den oben beschrieben „atypischen" Plangenehmigungsverfahren; vielmehr wird die Regel umgekehrt und letzteres kommt flächendeckend in seiner „typischen", d. h. allgemein durch das VwVfG vorgesehenen Form *ohne* förmliche Öffentlichkeitsbeteiligung zur Anwendung. Dies wirkt sich erheblich auf die Bewertung des Beschleuni-

---

[517] RL 2011/92/EU v. 13.11.2011 (ABl. 2012 L 26/1), zul. geänd. durch RL v. 16.04.2014 (ABl. 2014 L 124/1).

[518] BT-Drs. 20/1634, S. 101; vgl. auch *Ringel*, Die Plangenehmigung im Fachplanungsrecht, 1996, S. 28.

[519] So bereits zur vergleichbaren Vorschrift des § 28 Abs. 2 PBefG *Siegel/Himstedt*, DÖV 2021, 137 (140).

[520] § 73 Abs. 3–7 VwVfG sichern insoweit bereits die Einhaltung der Standards nach §§ 18 ff. UVPG, s. *Neumann/Külpmann*, in: Stelkens/Bonk/Sachs, VwVfG, § 73 Rn. 13–14; vgl. zudem § 18 Abs. 1 S. 3 UVPG.

[521] Vgl. insoweit § 17a FStrG, § 18a AEG, § 14a WaStrG und seit 2020 auch § 29 Abs. 1a Nr. 1 PBefG; zu letzterem *Siegel/Himstedt*, DÖV 2021, 137 (143).

[522] S. zu diesem Kapitel 1 III. 4. c).

[523] Für die vom Anwendungsbereich des § 72a WindSeeG ausgenommene Fläche O-2.2 ist das Plangenehmigungsverfahren und damit § 70 WindSeeG nicht einschlägig, da es sich um eine nicht voruntersuchte Fläche handelt (vgl. § 66 Abs. 1 WindSeeG).

gungspotenzials des § 66 Abs. 1 S. 2 WindSeeG 2023 aus.[524] Indes gilt jene besondere Rechtslage nur zeitlich befristet für solche Plangenehmigungsanträge, die bis zum 30. Juni 2024 gestellt werden; sie ist zudem räumlich auf Erzeugungsflächen in der Nordsee beschränkt (s. § 72a Abs. 1 S. 2, Abs. 3 WindSeeG n. F.).[525]

cc) Entscheidungsfrist und Bekanntgabe

Eine bedeutsame Modifikation gegenüber dem VwVfG liegt dagegen weiterhin in den fachgesetzlich vorgegebenen Verfahrensfristen. So hat nicht nur der Projektträger selbst eine mit Pönalen bewehrte Antragsfrist von zwölf Monaten nach Zuschlagserteilung einzuhalten (§§ 81 Abs. 2 S. 1 Nr. 1 a), 82 Abs. 1, 2 S. 1 Nr. 1 WindSeeG), sondern auch die hierauf folgende Erteilung der Plangenehmigung durch das BSH unterliegt einer zwölfmonatigen Entscheidungsfrist, welche die Behörde lediglich bei besonderer Schwierigkeit der Prüfung oder einem Verschulden des Antragstellers um höchstens drei Monate verlängern kann (§ 70 Abs. 3 S. 1, 2 WindSeeG).

Für den Fall der Nichteinhaltung der Entscheidungsfrist ordnet das WindSeeG gleichwohl keine „harte" Sanktion, etwa in Form einer Genehmigungsfiktion, an. Vielmehr ist jene als gesetzliche „Soll-Vorgabe" ausgestaltet und auch eine behördliche Fristverlängerung „soll" lediglich gegenüber dem Antragsteller begründet werden (§ 70 Abs. 3 S. 3 WindSeeG). Insoweit stehen die vergleichsweise dezidierten tatbestandlichen Anforderungen an die Fristverlängerung nach § 70 Abs. 3 S. 2 WindSeeG in gewisser Diskrepanz dazu, dass jene letztlich (ohnehin) keine zwingenden Rechtsfolgen nach sich ziehen. Dass die Einhaltung der Entscheidungsfrist damit seitens des Vorhabenträgers nicht erzwingbar ist, ist angesichts des komplexen Verfahrensgegenstandes zwar sachgerecht, um das BSH nicht aus Zeitgründen zu – etwa im Hinblick auf Abwägungsmängel oder eine unzureichende Konfliktbewältigung – angreifbaren Schlussentscheidungen zu veranlassen.[526] Eine „echte" Begründungspflicht hätte im Rahmen des § 70 Abs. 3 S. 3 WindSeeG jedoch den diesbezüglichen Rechtfertigungsdruck auf die Behörde erhöht und die Verfahrensstellung des Vorhabenträgers stärken können.

Hinsichtlich der Bekanntmachung der Plangenehmigung wird die allgemeine Vorschrift des § 74 Abs. 6 S. 2 Hs. 2 VwVfG durch den spezielleren § 70 Abs. 1 S. 3 WindSeeG verdrängt. Danach ist die Entscheidung gem. § 98 Nr. 1 WindSeeG auf der Internetseite des BSH und zusätzlich in einer überregionalen Tageszeitung bekannt zu machen.

---

[524] Hierzu u. f) aa).

[525] Letzteres wird im Rahmen des § 70 WindSeeG jedoch derzeit nicht relevant, s. bereits Fn. 779.

[526] S. die entsprechenden Bedenken bei *Ronellenfitsch*, Beschleunigung und Vereinfachung der Anlagenzulassungsverfahren, 1994, S. 105 f.

c) Planfeststellungsverfahren

Für die Planfeststellung von Windenergieanlagen auf nicht zentral voruntersuchten Flächen sind indessen grundsätzlich die §§ 72 bis 78 VwVfG maßgeblich (vgl. § 66 Abs. 3 S. 1 WindSeeG). Insbesondere im Hinblick auf das Anhörungsverfahren nach § 73 VwVfG werden diese jedoch durch Spezialvorschriften des WindSeeG modifiziert und ergänzt (s. im Folgenden aa) bis ff)). Zudem „soll"[527] das BSH den Plan innerhalb einer Frist von 18 Monaten ab Einreichung der Unterlagen feststellen und hat dabei im Hinblick auf den Zulassungsaspekt der Verkehrssicherheit zwingend das Einvernehmen der GDWS herzustellen (§ 69 Abs. 4, 10 WindSeeG).

Die Möglichkeit der Abschnittsbildung im Planfeststellungsverfahren nach § 48 Abs. 2 WindSeeG a. F. ist mit dem WindSeeG 2023 aus Gründen der Verfahrensbeschleunigung entfallen.[528] Selbiges gilt für das gesonderte Verfahren zur Baufreigabe im Anschluss an die eigentliche Zulassung (vgl. § 48 Abs. 2 S. 2 WindSeeG a. F.)[529], wobei jedoch nur diese zusätzliche Eröffnungskontrolle entfällt, während das materiell-rechtliche Pflichtenprogramm für die Vorhabenträger gleich bleibt (s. insbesondere § 69 Abs. 1 WindSeeG).[530]

aa) Fachgesetzlich erweiterter Planumfang

Gegenüber § 73 Abs. 1 S. 2 VwVfG erweitert § 68 Abs. 1 WindSeeG zunächst den Umfang der Planunterlagen. Neben den allgemein notwendigen zeichnerischen Darstellungen samt Erläuterungsbericht[531] hat der Vorhabenträger insbesondere einen Nachweis über die Erteilung eines Zuschlags im Ausschreibungsverfahren einzureichen (§ 68 Abs. 1 Nr. 1 WindSeeG). Auf diese Weise wird der in § 67 Abs. 1 S. 1 WindSeeG statuierte Grundsatz, nach welchem der Zuschlag eine persönliche Antragsvoraussetzung im Planfeststellungsverfahren darstellt[532], prozedural realisiert.

Daneben haben Vorhabenträger für UVP-pflichtige Vorhaben, also insbesondere vorbehaltlich des § 72a Abs. 1 WindSeeG[533], einen UVP-Bericht mit den in § 16 Abs. 1 i. V. m. Anlage 4 UVPG genannten Mindestangaben[534] als Planbestandteil vorzulegen (§ 68 Abs. 1 Nr. 4 WindSeeG), d. h. insbesondere

---

[527] Zu den ausbleibenden Sanktionswirkungen s. bereits zuvor unter b) cc).

[528] BT-Drs. 20/1634, S. 99.

[529] Eingehend zum vormaligen Freigabeverfahren *Danneker/Kerth*, DVBl 2011, 1460 (1464 ff.).

[530] Vgl. BT-Drs. 20/1634, S. 99.

[531] *Bala*, in: Posser/Faßbender, Praxishandbuch Netzplanung und Netzausbau, 2013, Kap. 7 Rn. 91; *Ziekow*, VwVfG, § 73 Rn. 10 f.; *Wysk*, in: Kopp/Ramsauer, VwVfG, § 73 Rn. 22c.

[532] *Schulz/Appel*, ER 2016, 231 (236).

[533] S. sogleich u. bb).

[534] Näher zu diesen *Balla/Borkenhagen/Günnewieg*, ZUR 2019, 323 (326 ff.); *Reidt/Augustin*, in: Schink/Reidt/Mitschang, UVPG/UmwRG, § 16 UVPG Rn. 16 ff.

einen konkreten Projektsteckbrief[535] und eine vorhabenspezifische Auswirkungsprognose. Hinsichtlich des Verfahrensablaufs wird damit klargestellt, dass die UVP – wie ohnehin in aller Regel – der Antragstellung in Form der Planeinreichung[536] zeitlich vorausgehen muss.[537] Im Übrigen entsprechen die diesbezüglichen Maßgaben denen des ehemaligen § 4 Abs. 1 S. 2 SeeAnlV[538]. Selbiges gilt für die anderen durch § 68 Abs. 1 WindSeeG vorgegebenen Planbestandteile, die bei Erlass des WindSeeG aus § 4 Abs. 1 S. 1 SeeAnlV übernommen und lediglich zur verbesserten Übersichtlichkeit in Aufzählungsform gebracht wurden.[539] Vor allem die Beibringung von Maßnahmenkonzepten zur Vorsorge und Vermeidung anlagenbedingter Gefahren im Hinblick auf Schiffsverkehr, Umwelt und Arbeitsschutz (§ 68 Abs. 1 Nrn. 2 WindSeeG)[540] und zur Vorhabenrealisierung bis hin zur – neuerdings[541] – Außerbetriebnahme und Beseitigung der Anlagen (§ 68 Abs. 1 Nr. 3 WindSeeG) obliegt demnach dem Antragsteller.[542]

Für die Detailtiefe der Planunterlagen gilt nach allgemeinen Grundsätzen[543], dass diese qualitativ geeignet sein müssen, die durch das Vorhaben voraussichtlich betroffenen Belange und subjektiven öffentlichen Rechte zu identifizieren und die zu beteiligenden Behörden zu einer sachgemäßen Stellungnahme zu befähigen (sog. Anstoßfunktion).[544] Insgesamt muss der Plan dem BSH eine Gesamtbeurteilung der Zulässigkeit des Vorhabens ermöglichen.[545] Konkret muss sich damit insbesondere die qualifizierte Betroffenheit von Belangen in Form der Ausschlustatbestände nach § 69 Abs. 3 S. 1 WindSeeG erkennen lassen. Für die Darstellung der Sicherheits- und Vorsorgemaßnahmen gem. § 68 Abs. 1 Nr. 2 WindSeeG dürfte nach wie vor ein Grundkonzept

---

[535] *Schwab*, NVwZ 1997, 428 (433).

[536] Hierzu *Hufen/Siegel*, Fehler im Verwaltungsverfahren, 7. Aufl. 2021, Rn. 627.

[537] Ebenso bereits zur Vorgängerregelung des § 4 SeeAnlV *Spieth/Uibeleisen*, NVwZ 2012, 321 (323).

[538] Zu diesen etwa *Zabel*, NordÖR 2012, 263 (265).

[539] BT-Drs. 18/8860, S. 311.

[540] Die praktischen Einzelheiten regelt das sich derzeit in Konsultation befindliche Sicherheitsrahmenkonzept für Offshore-Windenergie des Bundesministeriums für Verkehr und Stadtentwicklung (OWE-SRK), s. hierzu *Bundesministerium für Wirtschaft und Klimaschutz*, „Sicherheit von Schiff- und Luftverkehr, Arbeitsschutz und Notfallrettung" unter https://www.erneuerbare-energien.de/EE/Navigation/DE/Technologien/Windenergie-auf-See/Technik/Sicherheit/sicherheit.html.

[541] S. zur entsprechenden Änderung durch das WindSeeG 2023 BT-Drs. 20/1634, S. 98.

[542] Näher *Schmälter*, in: Theobald/Kühling, § 4 SeeAnlV Rn. 8 ff.; *Uibeleisen/Groneberg*, in: Säcker/Steffens, BerlKommEnR VIII, § 47 WindSeeG Rn. 19 ff.

[543] Zu diesen etwa *Ziekow*, VwVfG, § 73 Rn. 10; *Neumann/Külpmann*, in: Stelkens/Bonk/Sachs, VwVfG, § 73 Rn. 18.

[544] *Wysk*, in: Kopp/Ramsauer, VwVfG, § 73 Rn. 24; *Ziekow*, VwVfG, § 73 Rn. 10.

[545] *Uibeleisen/Groneberg*, in: Säcker/Steffens, BerlKommEnR VIII, § 47 WindSeeG Rn. 12.

ausreichend sein.[546] Zwar wird die diesbezügliche Detailprüfung seit dem Entfall des Baufreigabeverfahrens nicht mehr auf dieses „ausgelagert", doch wird ein entsprechend vertieftes Gutachten nach den baulichen Maßgaben des „Standards Konstruktion"[547] weiterhin (erst) später im Planvollzug fällig, wenn die nähere Bauausführung feststeht (s. § 69 Abs. 1 S. 2 WindSeeG).

bb) Vorläufige Reduktion infolge des § 72a WindSeeG n. F.

Dabei gilt zu berücksichtigen, dass sich der Umfang von Plänen erheblich reduzieren kann, wenn diese bis zum 30. Juni 2024 eingereicht werden und sich auf eine 2022 bis 2023 ausgeschriebene Fläche in der Nordsee beziehen. Denn entsprechende Vorhaben sind gem. § 72a Abs. 1 WindSeeG[548] sowohl von der Pflicht zur Durchführung einer UVP als auch von einer artenschutzrechtlichen Bewertung anhand der Zugriffsverbote des § 44 Abs. 1 BNatSchG befreit. Da auch artenschutzrechtliche Nebenbestimmungen ausschließlich auf Basis der beim BSH selbst „vorhandenen" Daten zu treffen sind (§ 72a Abs. 2 S. 1 WindSeeG n. F.), sind Projektträger also im Ergebnis von der Beibringung des UVP-Berichts und artenschutzrechtlicher Gutachten bzw. Kartierungen im Zuge der Planeinreichung entbunden.[549] Darüber hinaus ist es dem BSH verwehrt, entsprechende Unterlagen stattdessen aufgrund des fachrechtlichen Planungsleitsatzes der „Nichtgefährdung der Meeresumwelt" in § 69 Abs. 3 S. 1 Nr. 1 WindSeeG vom Vorhabenträger zu fordern.[550]

cc) Frist zur Einreichung des Plans

Alle zur Durchführung des Anhörungsverfahrens nach § 73 Abs. 1 VwVfG erforderlichen Unterlagen hat der Vorhabenträger innerhalb von 24 Monaten nach Zuschlagserteilung einzureichen; andernfalls fallen Strafzahlungen an (§§ 81 Abs. 2 S. 1 Nr. 1 b), 82 Abs. 1, 2 S. 1 Nr. 1 WindSeeG). Die Nachreichung einzelner fehlender Unterlagen kann das BSH dem Vorhabenträger gem. § 68 Abs. 2 S. 3 WindSeeG nur einmalig und innerhalb von sechs Wochen

---

[546] So vor dem WindSeeG 2023 *Uibeleisen/Groneberg*, in: Säcker/Steffens, BerlKomm-EnR VIII, § 47 WindSeeG Rn. 21.

[547] S. *Bundesamt für Seeschifffahrt und Hydrographie*, Standard Konstruktion „Mindestanforderungen an die konstruktive Bauausführung von Offshore-Bauwerken in der ausschließlichen Wirtschaftszone", abrufbar unter https://www.BSH.de/DE/PUBLIKATIO-NEN/_Anlagen/Downloads/Offshore/Standards/Standard-Auswirkungen-Offshore-Windenergieanlagen-Meeresumwelt.pdf?__blob=publicationFile&v=23, sowie eingehend hierzu *Wittmann*, DVBl 2013, 830.

[548] Zu diesem Kapitel 1 III. 4. c).

[549] Vgl. BT-Drs. 20/5830, S. 49.

[550] Vgl. BT-Drs. 20/5830, S. 50: „Die Regelung [des § 72a Abs. 1 WindSeeG] wirkt umfassend, sodass insbesondere auch das Tatbestandsmerkmal der Gefährdung der Meeresumwelt erfasst ist."

nach Antragstellung aufgeben. Die zugrundeliegende Regelung ähnelt § 21 Abs. 5 S. 1 NABEG und sollte ebenso wie dieser die behördliche Vollständigkeitsprüfung beschleunigen[551], indem letztere möglichst abschließend auf das früheste Verfahrensstadium konzentriert wird. Anders als bei der in § 69 Abs. 4 S. 1 WindSeeG festgelegten Entscheidungsfrist handelt es sich bei § 68 Abs. 2 S. 3 WindSeeG grundsätzlich um eine zwingende gesetzliche Vorgabe. Gleichwohl wird auch hier die verspätete behördliche Prüfung nicht unmittelbar durch Fachrecht sanktioniert, sondern es kommen allenfalls Amtshaftungsansprüche des Vorhabenträgers in Betracht.[552]

Für die Ergänzung der Unterlagen ist dem Projektträger eine weitere Frist aufzugeben, bei deren Überschreitung der Planfeststellungsantrag abgelehnt werden kann (§ 68 Abs. 2 S. 1 WindSeeG). Dabei handelt es sich um eine Spezialregelung gegenüber § 68 Abs. 4 WindSeeG, nach welchem dem Vorhabenträger generell mit der Antragsablehnung bewehrte Fristen zur Vornahme von Verfahrenshandlungen aufgegeben werden können. Die Frist bezieht sich ausschließlich auf die initiale Vollständigkeits- und Plausibilitätsprüfung des BSH; nicht erfasst sind insbesondere solche Unterlagen, deren Notwendigkeit erst später im Rahmen der Behörden- und Öffentlichkeitsbeteiligung erkennbar wird.[553]

dd) Besonderheiten der Öffentlichkeitsbeteiligung

Im Rahmen der förmlichen Öffentlichkeitsbeteiligung gem. § 73 Abs. 3, 47 VwVfG tritt das BSH, da die AWZ als bloßer Funktionshoheitsraum kein kommunales Gebiet bilden kann, an die Stelle der landseitig zuständigen Gemeinden (§ 68 Abs. 3 S. 1 WindSeeG). In dieser Funktion legt es die Planunterlagen für die Dauer eines Monats zur Einsicht aus (§ 73 Abs. 3 S. 1 VwVfG). Dies kann infolge des bis zum 31.12.2023 verlängerten Geltungszeitraums des § 3 PlanSiG[554] zunächst weiterhin primär – wenn auch nicht ausschließlich – durch deren Veröffentlichung im Internet erfolgen.[555] Danach jedoch tritt die Planveröffentlichung im Internet, vorbehaltlich ihrer dauerhaften gesetzlichen Fixierung[556], nur noch ergänzend nach Maßgabe des § 27a VwVfG und, für UVP-pflichtige Vorhaben, § 20 UVPG neben die „herkömmliche" Auslegung.[557] Auf

---

[551] BT-Drs. 20/1634, S. 98.

[552] S. entsprechend zu § 21 Abs. 5 NABEG *Nebel/Riese*, in: Steinbach/Franke, Kommentar zum Netzausbau, § 21 NABEG Rn. 48.

[553] BT-Drs. 20/1634, S. 98.

[554] Gesetz zur Sicherstellung ordnungsgemäßer Planungs- und Genehmigungsverfahren während der COVID-19-Pandemie v. 20.05.2020 (BGBl. I S. 1041); s. hierzu auch u. dd).

[555] Hierzu *Siegel*, NVwZ 2023, 193 (199 f.); *Siegel/Himstedt*, DÖV 2021, 137 (141 f.).

[556] Dafür etwa *Ziekow u. a.*, Evaluation des Planungssicherstellungsgesetzes (PlanSiG), 2022, S. 63 f., abrufbar unter https://www.bmi.bund.de/SharedDocs/downloads/DE/veroeffentlichungen/2022/Abschlussbericht_PlanSiG.html; *Siegel*, NVwZ 2023, 193 (199 f.).

[557] *Siegel*, NVwZ 2023, 193 (199 f.); *Siegel/Himstedt*, DÖV 2021, 137 (141).

eine weitergehende fachrechtliche Regelung entsprechend § 17 WaStrG wurde im WindSeeG bisher verzichtet.[558] Die Auslegung hat das BSH vorher auf seiner Internetseite und zusätzlich in einer überregionalen Tageszeitung bekannt zu machen (§ 68 Abs. 3 S. 2 i. V. m. § 98 Nr. 1 WindSeeG).

Das Einwendungs- bzw. Stellungnahme-[559] und Erörterungsverfahren richtet sich weitgehend nach den allgemeinen Maßgaben des § 73 Abs. 4, 6 und 7 VwVfG[560]. Ergänzt werden auch diese durch die zeitlich befristeten Modifizierungen des PlanSiG.[561] Soweit Offshore-Windparks einer UVP-Pflicht unterliegen[562], gilt zudem zu beachten, dass die Einwendungsfrist abweichend von § 73 Abs. 4 S. 1 VwVfG einen Monat ab dem Ablauf der Auslegungsfrist beträgt (§ 21 Abs. 2 UVPG), was eine Äußerungsfrist von insgesamt zwei Monaten ergibt[563]. Zudem besteht ein Einwendungsausschluss nach Fristablauf gem. § 21 Abs. 4 S. 1 UVPG grundsätzlich „nur" in Form der formellen Präklusion[564], also im Wesentlichen einem Verlust des Erörterungsanspruchs für den Einwendenden[565]; die deutlich weiterreichende materielle Präklusionsvorschrift des § 73 Abs. 4 S. 3 VwVfG[566] ist insoweit unanwendbar (§ 7 Abs. 4 UmwRG).[567] Gleichwohl kann sich für besonders gelagerte Missbrauchs- oder Unredlichkeitsfälle im späteren Rechtsbehelfsverfahren ein Einwendungsausschluss aus § 5 UmwRG ergeben.[568]

Einwendungsbefugt ist, da § 73 Abs. 4 VwVfG das Modell der Betroffenenbeteiligung (im weiteren Sinne[569]) zugrunde liegt, zwar grundsätzlich jeder, der durch das Vorhaben in eigenen Belangen berührt wird.[570] Faktisch ist der Kreis der (Individual-)Einwendenden im Bereich der AWZ gegenüber dem bei land-

---

[558] Darüber hinaus statuieren auch § 17g FStrG, § 18f AEG und § 28c PBefG eine generelle Pflicht der Behörde zur Veröffentlichung der Planunterlagen im Internet.

[559] Zur begrifflichen Abgrenzung zwischen Einwendung und Stellungnahme etwa *Lieber*, in: Mann/Sennekamp/Uechtritz, VwVfG, § 73 Rn. 177 f.

[560] Eingehend zu diesen *Hufen/Siegel*, Fehler im Verwaltungsverfahren, 7. Aufl. 2021, Rn. 639–650a; *Lieber*, in: Mann/Sennekamp/Uechtritz, VwVfG, § 73 Rn. 88–315.

[561] S. zur digitalisierten Einwendung und Erörterung insbes. *Siegel*, NVwZ 2023, 193 (200).

[562] Zu beachten ist jedoch insbes. § 72a Abs. 1 WindSeeG n. F.

[563] BT-Drs. 18/9526, S. 47.

[564] Zur Abgrenzung zwischen formeller und materieller Präklusion insbesondere *Siegel*, NVwZ 2016, 337 (338); *Hufen/Siegel*, Fehler im Verwaltungsverfahren, 7. Aufl. 2021, Rn. 319a f. sowie in aktuellem Kontext *Lorenzen*, NVwZ 2022, 674 (675).

[565] S. *Wysk*, in: Kopp/Ramsauer, VwVfG, § 73 Rn. 91.

[566] Zu dessen „materieller" Präklusionswirkung *Lieber*, in: Mann/Sennekamp/Uechtritz, VwVfG, § 73 Rn. 239.

[567] S. entsprechend zur Planfeststellung nach dem PBefG *Siegel/Himstedt*, DÖV 2021, 137 (142 f.).

[568] Hierzu *Fellenberg/Schiller*, in: Landmann/Rohmer, § 5 UmwRG Rn. 14 ff.

[569] Nach *Hufen/Siegel*, Fehler im Verwaltungsverfahren, 7. Aufl. 2021, Rn. 261.

[570] *Hufen/Siegel*, Fehler im Verwaltungsverfahren, 7. Aufl. 2021, Rn. 639 f.

seitigen Projekten jedoch erheblich geschmälert, weil hier nicht nur keinerlei dinglich Berechtigten – insbesondere keine Enteignungsbetroffen –, sondern auch naturgemäß keine Wohnnutzungen existieren. Eine umso größere praktische Bedeutung kommt damit dem Stellungnahmerecht anerkannter Umwelt- und Naturschutzverbände (§ 73 Abs. 4 S. 5 und 6 VwVfG) zu. Auch für jene bleibt die materielle Präklusion nach § 73 Abs. 4 S. 3 VwVfG jedenfalls[571] bei UVP-pflichtigen Vorhaben außer Anwendung und weicht stattdessen einem rein formellen Ausschluss verspäteter Stellungnahmen nach § 21 Abs. 4 S. 1 UVPG.[572]

An der Pflicht zur Erörterung nach Ablauf der Einwendungsfrist wurde im Rahmen des Planfeststellungsverfahrens für Offshore-Windparks entsprechend den allgemeinen Vorgaben des § 73 Abs. 6 VwVfG festgehalten.[573] Hierdurch werden die wichtigen „informationsgenerierenden"[574] und potenziell auch grundrechtsschützenden Verfahrensfunktionen[575] gerade des Erörterungstermins gewahrt, was zu begrüßen ist. Auch eine gesetzliche Ausgestaltung als fakultativer Erörterungstermin[576], wie sie in den letzten Jahren im Rahmen mehrerer „Beschleunigungsnovellen" Einzug in verschiedene Fachplanungsgesetze erhalten hat[577], wäre jedoch möglich gewesen. Das WindSeeG beschränkt sich gegenüber dieser vollständigen Verzichtsoption[578] auf die Eröffnung digitaler Alternativformate der Erörterung (s. § 105 WindSeeG und hierzu sogleich).

ee) Besonderheiten der Behördenbeteiligung

Im Rahmen der Behördenbeteiligung nach § 73 Abs. 2 und 3a VwVfG darf die durch das BSH gesetzte Äußerungsfrist für behördliche Stellungnahmen abweichend von § 73 Abs. 3a S. 1 VwVfG sechs Wochen nicht überschreiten (§ 68 Abs. 3 S. 3 WindSeeG), wobei diese Frist nach den allgemeinen Maßgaben

---

[571] S. zur Problematik der Reichweite des Ausschlusses etwa *Weiß*, in: Schoch/Schneider, Verwaltungsrecht, § 73 VwVfG Rn. 257 ff.

[572] Eingehend auch zum unionsrechtlichen Hintergrund *Hufen/Siegel*, Fehler im Verwaltungsverfahren, 7. Aufl. 2021, Rn. 646.

[573] Lediglich im Plangenehmigungsverfahren für Offshore-Anbindungsleitungen kann auf die Erörterung nach pflichtgemäßem Ermessen des BSH verzichtet werden, s. § 70 Abs. 2 S. 2 WindSeeG.

[574] S. zum Beitrag des Erörterungstermins zur behördlichen Informationsbeschaffung auch *Siegel*, NVwZ 2023, 193 (200).

[575] Zu diesen *Hufen/Siegel*, Fehler im Verwaltungsverfahren, 7. Aufl. 2021, Rn. 647 sowie *Weiß*, in: Schoch/Schneider, Verwaltungsrecht, § 73 VwVfG Rn. 299 f.

[576] Dies gilt selbst im Falle einer UVP-Pflicht, s. *Siegel/Himstedt*, DÖV 2021, 137 (143).

[577] Überblick bei *Hufen/Siegel*, Fehler im Verwaltungsverfahren, 7. Aufl. 2021, Rn. 650.

[578] Auch über die Verzichtsentscheidung muss die Behörde indes ihr Verfahrensermessen fehlerfrei ausüben, s. *Siegel*, NVwZ 2023, 193 (200) m. w. N.

des § 73 Abs. 3a S. 2 VwVfG präklusionsbewehrt ist[579]. Bei UVP-pflichtigen Vorhaben genügt statt der Übermittlung des UVP-Berichts an die Behörden nach § 17 Abs. 1 UVPG zur Verfahrensvereinfachung in technischer Hinsicht[580] eine Mitteilung über die Verfügbarkeit im Internet, sofern der UVP-Bericht dort veröffentlicht ist (§ 68 Abs. 5 S. 1 WindSeeG). Spezielle Beteiligungsformen sind schließlich insbesondere für das BfN als zuständige Naturschutzbehörde („Benehmen" gem. § 17 Abs. 1 BNatSchG i. V. m. § 56 Abs. Abs. 1 BNatSchG) und die GDWS („Einvernehmen" gem. § 69 Abs. 10 WindSeeG) vorgeschrieben.

ff) Teildigitalisierung des Anhörungsverfahrens in Anknüpfung an das PlanSiG 2020

Unter den Bedingungen der Covid-19-Pandemie im Jahr 2020 hat der Gesetzgeber mitunter das sog. Planungssicherstellungsgesetz (PlanSiG)[581] erlassen, um die Durchführung von Planungs- und Verwaltungsverfahren trotz infektionsschutzrechtlicher Kontaktbeschränkungen und Absonderungspflichten zu gewährleisten[582], dies insbesondere auch im Wege eines digitalisierten Anhörungsverfahrens nach § 73 VwVfG. Die Geltungsdauer der wesentlichen Regelungen des PlanSiG ist aktuell bis zum 31.12.2023 befristet (§ 7 Abs. 2 S. 1 PlanSiG). Gleichwohl war von Vornherein eine Evaluation der eingesetzten Instrumente im Hinblick darauf vorgesehen, ob diese über die Pandemiezeit hinaus Potenzial zur langfristigen Beschleunigung und Vereinfachung von Verwaltungsverfahren aufweisen.[583] Dies wird mittlerweile für mehrere Maßnahmen des PlanSiG bejaht.[584] An diese Erkenntnisse knüpft nunmehr auch das WindSeeG 2023 an[585] und verstetigt mit § 105 WindSeeG die bisher in § 5

---

[579] Zur Behördenpräklusion *Hufen/Siegel*, Fehler im Verwaltungsverfahren, 7. Aufl. 2021, Rn. 253 f.

[580] Angesichts der üblichen Dateigrößen wäre insbesondere ein Versand per E-Mail unmöglich, s. BT-Drs. 19/20429, S. 54.

[581] Gesetz zur Sicherstellung ordnungsgemäßer Planungs- und Genehmigungsverfahren während der COVID-19-Pandemie v. 20.05.2020 (BGBl. I S. 1041).

[582] Hierzu *Siegel/Himstedt*, DÖV 2021, 137 (140) sowie eingehend *Ziekow u. a.*, Evaluation des Planungssicherstellungsgesetzes (PlanSiG), 2022, S. 6 f., abrufbar unter https://www.bmi.bund.de/SharedDocs/downloads/DE/veroeffentlichungen/2022/Abschlussbericht_PlanSiG.html; *Krautzberger/Stüer*, DVBl. 2020, 910 ff.; *Wysk*, NVwZ 2020, 905 ff.; *Wormit*, DÖV 2020, 1026 ff.

[583] Vgl. BT-Drs. 19/19214, S. 6.

[584] S. weiterführend *Ziekow u. a.*, Evaluation des Planungssicherstellungsgesetzes (PlanSiG), 2022, S. 62 ff., abrufbar unter https://www.bmi.bund.de/SharedDocs/downloads/DE/veroeffentlichungen/2022/Abschlussbericht_PlanSiG.html; *Siegel*, NVwZ 2023, 193 (200); *Dammert/Brückner*, EnWZ 2022, 111 (113 ff.); *Burgi u. a.*, NVwZ 2022, 1321 (1325); *Roth*, ZRP 2022, 82 (83).

[585] Vgl. BT-Drs. 20/1634, S. 110.

Abs. 2 bis 5 PlanSiG befristet verankerte Möglichkeit, Erörterungstermine als Online-Konsultation, Telefon- oder Videokonferenzen durchzuführen (s. im Folgenden (1) und (2)). Die Regelung wird bis zum Ablauf des Jahres 2023 durch die mit dem PlanSiG allgemein gegebenen Optionen der Verfahrensdigitalisierung[586] ergänzt.

(1) Insbesondere: Online-Konsultation

Bei der Online-Konsultation nach § 105 Abs. 1 WindSeeG, welcher mit § 5 Abs. 1 und Abs. 4 S. 1 und 2 PlanSiG wortlautidentisch ist, handelt es sich in Abgrenzung zur unmittelbaren „Echtzeit"-Kommunikation im Rahmen der Video- und Telefonkonferenz um ein Verfahren des indirekten Austauschs wechselseitiger Stellungnahmen auf schriftlichem oder elektronischem Wege.[587] Zu diesem Zweck wird das BSH in § 105 Abs. 1 S. 2 und 3 WindSeeG ausdrücklich verpflichtet, den Teilnehmenden die zu behandelnden Informationen im Vorhinein als Diskussionsgrundlage zugänglich zu machen und eine angemessene Äußerungsfrist zu setzen. Hinsichtlich der Dauer dieser Äußerungsfrist erscheint es konsequent, sich jedenfalls für UVP-pflichtige Vorhaben an der Monatsfrist nach § 21 Abs. 2 UVPG zu orientieren. Für den weiteren Ablauf der Online-Konsultation sieht § 105 Abs. 1 S. 3 WindSeeG eine lediglich einmalige Reaktionsmöglichkeit der Teilnehmenden vor. Dies genügt grundsätzlich den verfassungsrechtlichen Anforderungen an das rechtliche Gehör im Verwaltungsverfahren (Art. 20 Abs. 3 GG)[588], wenngleich mehrfache „Durchläufe" von Stellungnahmen und Gegenstellungnahmen einer möglichst vollständigen Sachverhaltsermittlung durchaus zuträglich wären[589] und zudem den umfassenden Reaktionsmöglichkeiten der Beteiligten im Rahmen eines „physischen" Erörterungstermins entsprächen[590].

(2) Verhältnis zur Video- oder Telefonkonferenz

Die Entscheidung des BSH über die Durchführung der Online-Konsultation ist nach dem Gesetzeswortlaut nicht an tatbestandliche Voraussetzungen gebunden. Sie steht vollständig im behördlichen Verfahrensermessen mit einer entsprechend eingeschränkten gerichtlichen Überprüfbarkeit.[591] Demgegenüber ist die Durchführung einer Video- oder Telefonkonferenz ausdrücklich vom

---

[586] Weiterführend insbesondere *Siegel*, NVwZ 2023, 193 (199 ff.).

[587] Ausführlich zum Ablauf BT-Drs. 19/18965, S. 13 f.; *Wysk*, NVwZ 2020, 905 (909); *Thomas/Jäger*, NZBau 2020, 623 (627).

[588] OVG Lüneburg, Urt. v. 28.06.2022 – 7 KS 63/21 – juris-Rn. 40 (Ls. in DÖV 2022, 1004).

[589] Vgl. auch *Wysk*, NVwZ 2020, 905 (909).

[590] Vgl. *Dammert/Brückner*, EnWZ 2022, 111 (113 ff.).

[591] OVG Lüneburg, Urt. v. 28.06.2022 – 7 KS 63/21 – juris-Rn. 40 (Ls. in DÖV 2022, 1004).

Einverständnis der Beteiligten abhängig (§ 105 Abs. 2 S. 1 WindSeeG). In der Folge kann die Online-Konsultation im Verhältnis zu diesen als grundsätzlich vorrangige Durchführungsform angesehen werden.[592] Den Teilnahmeberechtigten sind die Form der Durchführung wie auch die sonst relevanten Modalitäten nach Maßgabe des § 73 Abs. 6 S. 24 VwVfG bekannt zu machen (§ 105 Abs. 3 WindSeeG).

d) Projektmanager

Erst nachträglich mit der Ausschussfassung des WindSeeG 2023[593] wurde für das BSH die ausdrückliche Möglichkeit geschaffen, auf Kosten des Vorhabenträgers einen Projektmanager zu beauftragen (§ 69 Abs. 12 WindSeeG). Diese besteht sowohl im Rahmen des Planfeststellungs- als auch des Plangenehmigungsverfahrens nach § 66 Abs. 1 S. 2, 70 WindSeeG. Ähnliche Vorschriften, die seither in diverse Fachplanungsgesetze übertragen worden sind[594], beinhalten § 29 NABEG und § 43g EnWG für landseitige Leitungsbauvorhaben bereits seit 2011.[595] Sie zielen darauf ab, eine Verfahrenserleichterung[596] für die beauftragende Behörde zu schaffen, indem letztere bestimmte Verfahrensschritte einem Dritten zur Durchführung überlassen kann. Als solche kommen insbesondere, jedoch nicht abschließend die in § 69 Abs. 12 S. 1 WindSeeG genannten Tätigkeiten wie etwa die organisatorische Vorbereitung und technische Durchführung von Erörterungsterminen (Nr. 7) in Betracht. Voraussetzung ist jedoch stets ein dahingehender Vorschlag des Vorhabenträgers oder dessen Zustimmung (§ 69 Abs. 12 S. 1 WindSeeG).

Die Vorschrift stellt klar, dass der Projektmanager nicht etwa als Beliehener, sondern ausschließlich „als Verwaltungshelfer" beauftragt wird, dessen Verhalten sich das BSH folglich als allein verantwortliche Stelle zurechnen lassen muss und welcher insbesondere keine genuin hoheitlichen Aufgaben wahrnehmen darf[597]. Bereits daraus folgt, dass die Letztentscheidung über den Planfeststellungsbeschluss oder die Plangenehmigung von einer Übertragung ausgeschlossen ist (§ 69 Abs. 12 S. 2 WindSeeG). Insofern müssen die Prüfung des Abwägungsmaterials auf Vollständigkeit, die inhaltliche Bewertung von Gut-

---

[592] *Siegel*, NVwZ 2023, 193 (200); *Siegel/Himstedt*, DÖV 2021, 137 (144).

[593] S. BT-Drs. 20/2084, S. 72; BT-Drs. 20/2657, S. 14.

[594] S. etwa § 17a AEG und § 28b PBefG.

[595] Jeweils eingeführt mit dem Gesetz über Maßnahmen zur Beschleunigung des Netzausbaus Elektrizitätsnetze v. 28.07.2011 (BGBl. I S. 1690).

[596] BT-Drs. 20/2657, S. 14.

[597] So im Hinblick auf § 29 NABEG *Wiesendahl*, in: Theobald/Kühling, § 29 NABEG Rn. 3.

achten und Fachbeiträgen und die Gewichtung der einzelnen Belange ebenso wie der finale Abwägungsvorgang selbst zwingend beim BSH verbleiben.[598]

e) Antragsberechtigte Vorhabenträger

Sowohl im Planfeststellungs- als auch im Plangenehmigungsverfahren zur Errichtung und zum Betrieb von Offshore-Windparks ist nur antragsberechtigt, wer für die betreffende Fläche einen Zuschlag innehält (§ 67 Abs. 1 S. 1 WindSeeG, vgl. zudem §§ 24 Abs. 1 Nr. 1, 55 Abs. 1 Nr. 1 WindSeeG). Dies bedeutet zunächst, dass mit dem Zulassungsantrag gerade kein „Claim" für einen Projektstandort mehr verbunden ist wie früher im Rahmen der SeeAnlV[599]; vielmehr erfolgt eine rechtsverbindliche Zuweisung zwischen Vorhabenstandort und -träger bereits vorgelagert im Rahmen des Ausschreibungsverfahrens. Hieran knüpft § 67 Abs. 1 S. 1 WindSeeG wiederum an und bindet die Zulassungsbehörde an das Ausschreibungsergebnis. Insofern wird an der Vorschrift in besonderer Weise die spezifische Verzahnung regulatorischer und fachplanerischer Instrumente deutlich, auf welcher das zentrale Modell basiert und die deshalb unter den in letzter Zeit zunehmend diskutierten Regelungsansatz einer umfassenden „Interdependenz zwischen Planung und Regulierung"[600] gefasst werden kann[601].

Letztlich wird anhand des § 67 Abs. 1 S. 1 WindSeeG auch das vom landseitigen EEG-Regime abweichende zeitliche Verhältnis zwischen Ausschreibung und Zulassung deutlich. Denn für Windenergie an Land setzt die Ausschreibungsteilnahme gerade umgekehrt das Vorliegen einer immissionsschutzrechtlichen Genehmigung für das Projekt als Präqualifikation voraus (§ 36 Abs. 1 Nr. 1 EEG).[602]

f) Beschleunigungspotenzial der Verfahrensmaßnahmen des WindSeeG 2023

Offen bleibt schließlich die Bewertung der Beschleunigungswirkungen der mit dem WindSeeG 2023 novellierten Verfahrensaspekte. Als solche wurden oben

---

[598] Vgl. zu § 43g EnWG *Nebel/Riese*, in: Steinbach/Franke, Kommentar zum Netzausbau, § 43g Rn. 27.

[599] Zur Zuweisungswirkung der vormaligen Zulassung nach der SeeAnlV *Kment/Pleiner*, NordÖR 2015, 296 (297 f.); vgl. zudem *Durner*, ZUR 2022, 3 (4).

[600] Weiterführend insbesondere *Bader*, Die Bedeutung der Interdependenz zwischen Planung und Regulierung für die Steuerung des Ausbaus der Onshore-Windenergieerzeugung, 2021; *Franzius*, ZUR 2018, 11 und *Korbmacher*, Ordnungsprobleme der Windkraft, 2020, S. 8 ff.

[601] Näher noch u. Kapitel 5 I. 2. d).

[602] Ausführlich *Duncker*, VR 2019, 8 (9 f.); *Bader*, Die Bedeutung der Interdependenz zwischen Planung und Regulierung für die Steuerung des Ausbaus der Offshore-Windenergie, 2021, S. 251 ff.

insbesondere der erweiterte Anwendungsbereich des Plangenehmigungsverfahrens, Verfahrensfristen, eine teildigitalisierte Erörterung im Rahmen des Anhörungsverfahrens sowie die Möglichkeit zur Beauftragung eines Projektmanagers vorgestellt.

aa) Erweiterter Anwendungsbereich des Plangenehmigungsverfahrens und teildigitalisierte Erörterung

Die Plangenehmigung zunächst gilt im Verhältnis zum Planfeststellungsverfahren oftmals als die zulassungsrechtliche „Rennversion"[603]; demgemäß wurde auch ihre quantitative Ausweitung im Rahmen des WindSeeG 2023 durch den Gesetzgeber ausdrücklich mit dem Ziel der Verfahrensbeschleunigung begründet[604]. Dabei konnte ihr Anwendungsbereich jedoch zunächst – wie schon für andere Bereiche des Fachplanungsrechts[605] – infolge der unionsrechtlichen Vorgaben für UVP-pflichtige Projekte nur unter Beibehaltung eines umfassenden Anhörungsverfahrens nach Maßgabe des UVPG erweitert werden. Da die Beschleunigungswirkung des Plangenehmigungsverfahrens jedoch gerade auf dem Entfall der förmlichen Öffentlichkeitsbeteiligung beruht[606] und Offshore-Windparks in moderner Dimensionierung nach den allgemeinen Maßgaben der Anlage 1 Ziffer 1.6.1 UVPG nur selten keiner Pflicht zur Durchführung einer UVP unterliegen[607], wären die mit der Verfahrenswahl verbundenen Beschleunigungseffekte deshalb praktisch geringfügig ausgefallen.[608]

Eine andere Bewertung ergibt sich jedoch nunmehr infolge des modifizierten unionsrechtlichen Rahmens nach Art. 6 NotfallVO und der diesbezüglichen Durchführungsvorschrift in § 72a WindSeeG n. F.[609] Denn unter dem temporären Entfall der UVP-Pflicht für Windenergieanlagen auf See nach § 72a Abs.

---

[603] So *Müller*, Die Plangenehmigung – ein taugliches Instrument in der Planungspraxis?, in: Ziekow (Hrsg.), Planung 2000 – Herausforderungen für das Fachplanungsrecht, 2001, S. 147 (149).

[604] BT-Drs. 20/1634, S. 97.

[605] Zu § 28 Abs. 2 S. 1 PBefG *Siegel/Himstedt*, DÖV 2021, 137 (140 f.) und im Hinblick auf die Verkehrsfachplanungen nach dem FStrG, AEG und WaStrG *Kupfer*, in: Schoch/Schneider, Verwaltungsrecht, § 74 VwVfG Rn. 162.

[606] *Siegel/Himstedt*, DÖV 2021, 137 (146); *Müller*, Die Plangenehmigung – ein taugliches Instrument in der Planungspraxis?, in: Ziekow (Hrsg.), Planung 2000 – Herausforderungen für das Fachplanungsrecht, 2001, S. 147 (S. 160, 166); vgl. zudem *Kämper*, in: Bader/Ronellenfitsch, VwVfG, § 74 Rn. 139; *Kupfer*, in: Schoch/Schneider, Verwaltungsrecht, § 74 VwVfG Rn. 162.

[607] S. bereits o. b) aa).

[608] Ebenso hinsichtlich entsprechender Verfahrensmodifikationen im Verkehrssektor *Kupfer*, in: Schoch/Schneider, Verwaltungsrecht, § 74 VwVfG Rn. 162; *Siegel/Himstedt*, DÖV 2021, 137 (146).

[609] Hierzu bereits Kapitel 1 III. 4. c).

1 S. 1 und 2 WindSeeG n. F. wird das Plangenehmigungsverfahren sein Beschleunigungspotenzial gegenüber der Planfeststellung voraussichtlich voll entfalten können. Insoweit wurde jene Beschleunigungsmaßnahme des Wind-SeeG 2023 letztlich nachträglich durch § 72a WindSeeG n. F. effektiviert. Sollten Vorhaben dagegen nicht (mehr) in den zeitlichen Anwendungsbereich des § 72a WindSeeG fallen, profitieren diese seit dem WindSeeG 2023 jedenfalls von dem nicht unerheblichen Vereinfachungs- und Beschleunigungspotenzial eines digitalisierten Anhörungsverfahrens[610], indem für die Durchführung von Erörterungsterminen unabhängig von § 5 PlanSiG die alternativen Durchführungsoptionen des § 105 WindSeeG zur Verfügung stehen. Auch bleibt positiv anzumerken, dass die Abgrenzung der Anwendungsbereiche von Planfeststellungs- und Plangenehmigungsverfahren mit § 66 Abs. 1 WindSeeG gegenüber der allgemeinen Vorschrift des § 74 Abs. 6 S. 1 VwVfG deutlich klarer und einfacher gestaltet wurde[611], insoweit also nur ein geringfügiger Prüfungsaufwand beim BSH anfällt. Ergänzende Beschleunigungseffekte dürften sich schließlich aus der Reduzierung von Eröffnungskontrollen durch den Wegfall des gesonderten Freigabeverfahrens ergeben.

bb) Verfahrensfristen

Die Beschleunigungswirkung der in §§ 69 Abs. 4, 70 Abs. 3 WindSeeG verankerten behördlichen Entscheidungsfristen dagegen ist mangels Sanktionen für den Fall ihrer Überschreitung zweifelhaft.[612] Entscheidend dürfte es nicht auf deren „appellierende" gesetzliche Festschreibung, sondern vielmehr darauf ankommen, ob eine für die zügige Verfahrensbewältigung hinreichende personelle und sachliche Ausstattung des BSH gegeben ist.

Ebenso mag die Verkürzung der Stellungnahmefristen im Rahmen der Behördenbeteiligung auf längstens sechs Wochen (§ 68 Abs. 3 S. 3 WindSeeG) zwar prinzipiell eine Appellfunktion erfüllen und die beteiligten Behörden zu zügigeren Stellungnahmen anhalten, sofern – auch hier – deren sachliche und personelle Kapazitäten dies hergeben. Eine erhebliche Schwäche behördlicher Äußerungsfristen im Hinblick auf ihre Eignung zur Verfahrensbeschleunigung ist jedoch bei deren Rechtsfolgen zu sehen, im Planfeststellungsverfahren insbesondere der Wirkungsweise der materiellen Behördenpräklusion nach § 73

---

[610] Differenzierend zur hier betreffenden Online-Konsultation *Ziekow u. a.*, Evaluation des Planungssicherstellungsgesetzes (PlanSiG), 2022, S. 64 f., abrufbar unter https://www.bmi.bund.de/SharedDocs/downloads/DE/veroeffentlichungen/2022/Abschlussbericht_PlanSiG.html, und *Siegel*, NVwZ 2023, 193 (200). Befürwortend *Burgi u. a.*, NVwZ 2022, 1321 (1325) und *Roth*, ZRP 2022, 82 (83).

[611] Zur Problematik des teils hohen behördlichen Abgrenzungsaufwands *Müller*, Die Plangenehmigung – ein taugliches Instrument in der Planungspraxis?, in: Ziekow (Hrsg.), Planung 2000 – Herausforderungen für das Fachplanungsrecht, 2001, S. 147 (173).

[612] Entsprechend zum Verkehrswegebeschleunigungsgesetz *Roth*, ZRP 2022, 82 (83).

Abs. 3a S. 2 VwVfG[613].[614] Denn diese weist mit ihren Relevanz- und Evidenz-
klauseln im ersten Halbsatz umfassende Ausnahmetatbestände auf[615], welche
bewirken, dass alle materiell-rechtlich „wichtigen" Entscheidungsbelange
letztlich (doch) fristenunabhängig durch die Anhörungsbehörde berücksichtigt
werden müssen.[616] Zudem „kann" die Anhörungsbehörde verspätete Stellungnahmen stets nach ihrem Ermessen berücksichtigen (§ 73 Abs. 3a S. 2 Hs. 2
VwVfG), was die Rechtsfolgen zusätzlich abmildert.[617] Die mit verspäteten
Stellungnahmen verbundenen Verzögerungen sind also oftmals hinzunehmen.
Sollte eine (fach-)behördliche Stellungnahme dagegen ganz ausbleiben, hätte
das BSH die relevanten Aspekte u. U. sogar selbst aufzuklären[618], dies mit ent-
sprechendem Zusatzaufwand. So wird man die gesetzlichen Fristenjustierun-
gen im Ergebnis als kleinschrittige Maßnahmen mit allenfalls „geringer Durch-
schlagskraft"[619] bewerten müssen.[620]

cc) Projektmanager

Bei der Beauftragung eines Projektmanagers nach § 69 Abs. 12 WindSeeG
werden Beschleunigungseffekte jedenfalls dann verringert, wenn angesichts
des Auftragsvolumens – und trotz Berücksichtigung des Ausnahmetatbestandes nach § 116 Abs. 1 Nr. 1 lit. b) Alt. 2 GWB – im konkreten Fall ein Verga-
beverfahren erforderlich wird.[621] Andernfalls jedoch vermag die punktuelle
Einbeziehung eines Verwaltungshelfers die Behörde gerade bei Personal-

---

[613] Ausführlich hierzu *Siegel*, Die Verfahrensbeteiligung von Behörden und anderen Trägern öffentlicher Belange, 2001, S. 196 f.; *Ders.*, DÖV 2004, 589 (590 f., 592 ff.); *Ders.*,
Die Verfahrensbeteiligung von Behörden und anderen Trägern öffentlicher Belange, in: Ziekow (Hrsg.), Planung 2000 – Herausforderungen für das Fachplanungsrecht, 2001, S. 59 (S.
76 ff.); *Hufen/Siegel*, Fehler im Verwaltungsverfahren, 7. Aufl. 2021, Rn. 253.
[614] *Siegel*, Die Verfahrensbeteiligung von Behörden und anderen Trägern öffentlicher
Belange, in: Ziekow (Hrsg.), Planung 2000 – Herausforderungen für das Fachplanungsrecht,
2001, S. 59 (S. 78 ff.).
[615] Ausführlich *Siegel*, Die Verfahrensbeteiligung von Behörden und anderen Trägern
öffentlicher Belange, 2001, S. 201 ff.; *Ders.*, DÖV 2004, 589 (591); *Hufen/Siegel*, Fehler im
Verwaltungsverfahren, 7. Aufl. 2021, Rn. 254.
[616] *Siegel*, Die Verfahrensbeteiligung von Behörden und anderen Trägern öffentlicher
Belange, 2001, S. 207 f.; *Ders.*, NVwZ 2016, 337 (338).
[617] *Hufen/Siegel*, Fehler im Verwaltungsverfahren, 7. Aufl. 2021, Rn. 254.
[618] Vgl. *Burgi u. a.*, NVwZ 2022, 1321 (1326).
[619] So wörtlich *Burgi u. a.*, NVwZ 2022, 1321 (1326).
[620] Ebenso im Hinblick auf behördliche Äußerungsfristen *Siegel*, Die Verfahrensbeteiligung von Behörden und anderen Trägern öffentlicher Belange, in: Ziekow (Hrsg.), Planung
2000 – Herausforderungen für das Fachplanungsrecht, 2001, S. 59 (S. 81): *„allenfalls geringe Beschleunigungswirkung"*.
[621] S. zu § 43g EnWG BT-Drs. 17/6073, S. 34 und *Nebel/Riese*, in: Steinbach/Franke,
Kommentar zum Netzausbau, § 43g Rn. 30 ff.; vgl. zudem *Siegel/Himstedt*, DÖV 2021, 137
(146); *Antweiler*, NVwZ 2019, 29 (31).

knappheit[622] grundsätzlich zu entlasten[623], wobei allerdings stets zu berücksichtigen ist, dass die Einbindung eines zusätzlichen Akteurs in das Verfahren
zu einem erhöhten Abstimmungsaufwand führt[624]. So wird die Beschleunigungswirkung letztlich von der konkreten Umsetzung im Einzelfall abhän-
gen[625], was angesichts des Zustimmungserfordernisses in § 69 Abs. 12 S. 1
WindSeeG auch beinhaltet, dass Behörde, Vorhabenträger und Projektmanager
in der Praxis effektiv zusammenwirken[626].

g) *Beschleunigungspotenzial des § 72a WindSeeG n. F.*

Was die Wirkungen des Art. 6 NotfallVO und § 72a WindSeeG betrifft, so sind
diese unzweifelhaft geeignet, die Dauer der Zulassungsverfahren selbst erheblich zu verkürzen.[627] Denn nicht nur reduzieren sie den Prüfungsstoff für das
BSH erheblich; auch auf den Verfahrensschritt der Öffentlichkeitsbeteiligung
kann demnächst umfassend verzichtet werden. Dies gilt nicht nur für Projekte
auf voruntersuchten Flächen, die von Vorherein „nur" der Plangenehmigungs-
pflicht unterliegen[628]; auch für planfeststellungspflichtige Vorhaben auf nicht
voruntersuchten Flächen (vgl. § 66 Abs. 1 S. 1 WindSeeG) wird mit dem Entfall der UVP eine reale Möglichkeit geschaffen, nach Maßgabe des § 69 Abs.
6 Nr. 2 WindSeeG i. V. m. § 74 Abs. 6 S. 1 VwVfG im Einzelfall zur Plangenehmigung überzugehen und deren Beschleunigungspotenziale zu nutzen. Zusätzlich werden sich die Vorlaufzeiten für die Antragstellung bei den Projektträgern selbst verkürzen, da diese nicht mehr durch umfassende Gutachten und
Kartierungen die UVP und die artenschutzrechtliche Bewertung ihres Vorhabens nach § 44 Abs. 1 BNatSchG vorbereiten müssen.

Zweifelhaft erscheint indes, ob dieses verkürzte Verfahren im Offshore-Bereich zu einer breiten Anwendung gelangen wird. Denn zwar ist der Verzicht
auf UVP und Artenschutzprüfung für das BSH bei Neuanträgen zwingend (§
72a Abs. 1 S. 1 WindSeeG); es besteht aber weitgehend keine Pflicht der Projektträger, ihre Zulassungsanträge auch innerhalb des Geltungszeitraums der
Vorschrift zu stellen[629]. Insofern ist zu berücksichtigen, dass das Verfahren
nach § 72a WindSeeG aus deren wirtschaftlicher Sicht nicht notwendig vorteil-

---

[622] Vgl. *Roth*, ZRP 2022, 82 (82 f.).
[623] *Appel/Eding*, EnWZ 2017, 392 (392 f.); BT-Drs. 19/16907, S. 27; BT-Drs. 17/6073,
S. 34.
[624] *Siegel/Himstedt*, DÖV 2021, 137 (146) m. w. N.
[625] *Roth*, ZRP 2022, 82 (83).
[626] *Nebel/Riese*, in: Steinbach/Franke, Kommentar zum Netzausbau, § 43g Rn. 20.
[627] Ebenso *Rieger*, NVwZ 2023, 1042 (1043).
[628] S. o. Kapitel 2 V. 2. b).
[629] Für die 2023 bezuschlagten Flächen läuft die Antragsfrist gem. § 81 Abs. 2 S. 1 Nr. 1
WindSeeG frühestens zum 01.08.2024 ab; 2022 wurde indes nur eine Fläche bezuschlagt
(N-7.2), s. https://www.bundesnetzagentur.de/SharedDocs/Pressemitteilungen/DE/2022/
20220907_OffshoreErgebnisse.html.

haft ist: Zum einen ist die Reichweite der Legalisierungswirkung einer hiernach erteilten Zulassung für die spätere Bau- und Betriebsphase des Projekts bisher völlig ungeklärt[630]. Dies begründet aktuell hohe Investitionsrisiken, die verschärft werden durch die möglicherweise drohenden Haftungstatbestände des USchadG wie auch die Straf- und Bußgeldvorschriften der §§ 69, 71 Absatz 1 und § 71a Abs. 1 und 2 BNatSchG.[631] Zweitens erscheint nicht ausgeschlossen, dass sich die laufenden Kompensationszahlungen nach § 72a Abs. 2 S. 5–8 WindSeeG im Einzelfall als finanziell nachteilig für die Projektträger erweisen. Zwar geht die Gesetzesbegründung – im Gegenteil – von deren finanzieller Entlastung, „jedenfalls aber nicht von einer Mehrbelastung" aus, weil ihnen im Gegenzug für die Ausgleichszahlungen die mit der UVP und artenschutzrechtlichen Prüfung verbundenen Kosten für Gutachten und Kartierungen erspart blieben.[632] Gerade bei voruntersuchten Flächen wurden jedoch schon umfassende Umweltuntersuchungen auf Kosten der Vorhabenträger vorgenommen – man vergleiche die Millionenbeträge unter Ziffer 3 der Anlage zur StromBGebV –, zu denen bei geringsten verbleibenden Unsicherheiten laufende Zahlungen von *mindestens* 300 € pro MW bezuschlagter Leistung (§ 72a Abs. 2 S. 8 WindSeeG) für eine voraussichtliche Betriebsdauer von 25 Jahren (vgl. § 69 Abs. 7 S. 1 WindSeeG) hinzutreten. Selbst für die kleinste 2023 bezuschlagte Fläche (N-6.7, 270 MW) fällt damit ein Mindestbetrag von über 2 Millionen Euro an Ausgleichszahlungen an. In Verbindung mit der allgemeinen Rechtsunsicherheit um die Neuregelung (s. o.) und der ausdrücklichen Option weiterer, nachträglicher Minderungsmaßnahmen gem. § 72a Abs. 2 S. 4 WindSeeG dürften Mehrbelastungen der Vorhabenträger damit gerade nicht auszuschließen sein. Dies aber kann im Zweifel den Anreiz beseitigen, den Zulassungsantrag innerhalb der Geltungsdauer der Vorschrift zu stellen. Gravierender wäre noch, wenn Projektträger ihre Anträge deshalb etwa bewusst zurückhielten; in dem Fall würde die mit § 72a WindSeeG angestrebte Beschleunigungswirkung gar konterkariert.

Mithin kann man bezweifeln, ob § 72a WindSeeG eine kurzfristige Beschleunigung des Zubaus von Offshore-Windparks „in der Breite" bewirken wird. Um dies sicherzustellen, wäre eine Klarstellung der Legalisierungswirkung entsprechender Zulassungen bereits auf Unionsebene hilfreich gewesen. Fraglich erscheint letztlich auch die Annahme des Gesetzgebers, dass mit den Neuerungen keine Absenkung des materiellen Umweltschutzniveaus verbunden sein würde[633]. Jedenfalls aber hat die Vorschrift – ebenso wie § 6 WindBG und § 43m EnWG – wohl einen Einstieg in zukünftige Erleichterungen des

---

[630] Hierzu etwa *Ruge*, NVwZ 2023, 1033 (1040 f.).

[631] S. auch *Ruge*, NVwZ 2023, 1033 (1040 f.) zu § 43m EnWG.

[632] BT-Drs. 20/5830, S. 42.

[633] So ausdrücklich BT-Drs. 20/5830, S. 51; zur Bewertung s. u. Kapitel 2 V. 3. c) bb) (4).

Umweltrechts geschaffen[634], insbesondere die mit der RED III eingeführten Go-To-Areas (s. Art. 15c, 16a Abs. 3 Erneuerbare-Energien-RL), deren nationale Umsetzung ausdrücklich auch Meeresgebiete erfassen soll.

3. Materieller Entscheidungsmaßstab des BSH

Hinsichtlich der Feststellung des Plans bzw. der Erteilung der Plangenehmigung kommt dem BSH grundsätzlich ein planerischer Gestaltungsspielraum zu[635], welcher mit dem Erfordernis der Planrechtfertigung, internen und externen Planungsleitsätzen[636] jedoch diversen Schranken unterliegt. An die verbleibende planerische Abwägung gelten die oben geschilderten allgemeinen Anforderungen des Abwägungsgebots, wobei auch hier das überragende öffentliche Interesse an der Errichtung von Windenergieanlagen auf See und deren Bedeutung für die öffentliche Sicherheit besonders zu berücksichtigen sind (§ 69 Abs. 3 S. 2 WindSeeG).

a) Vorwegnahme der Planrechtfertigung?

Als ungeschriebene materiell-rechtliche Schranke der Planfeststellung fungiert zunächst das Gebot der Planrechtfertigung, wonach planerische Vorhaben ihre Rechtfertigung nicht in sich selbst tragen, sondern – auch vor dem Hintergrund der möglichen Grundrechtsrelevanz von Planungen – im jeweiligen Einzelfall „vernünftigerweise geboten" bzw. „durch vernünftige Gemeinwohlgründe gerechtfertigt"[637] sein müssen.[638] Hierzu muss das Vorhaben mit den Zielsetzungen des einschlägigen Fachplanungsrechts konform sein (sog. fachplanerische Zielkonformität)[639] und zudem ein öffentlicher Bedarf[640] nach seiner Realisierung bestehen[641]. Für Windparkvorhaben im zentralen Modell bedeutet dies

---

[634] Vgl. *Ruge*, NVwZ 2023, 1033 (1042).

[635] S. *Spieth/Uibeleisen*, NVwZ 2012, 321 (322); zu den Einschränkungen der planerischen Gestaltungsfreiheit im Rahmen der Planfeststellung und -genehmigung s. o. Kapitel 2 I. 1. a) bb).

[636] Zu den Begriffen *Ibler*, Die Schranken planerischer Gestaltungsfreiheit im Planfeststellungsrecht, 1988, S. 185.

[637] *Faßbender/Gläß*, in: Posser/Faßbender, Praxishandbuch Netzplanung und Netzausbau, 2013, Kap. 10 Rn. 10.

[638] Grundlegend BVerwG, Urt. v. 14.02.1975 – IV C 21/74 – NJW 1975, 1373 (1374 f.); zusammenfassend etwa *de Witt*, ZUR 2021, 80 (81).

[639] BVerwG, Urt. v. 14.06.2017 – 4 A 11/16, 4 A 13/16 – NVwZ 2018, 264 (265); Urt. v. 11.08.2016 – 7 A 1.15 – ZUR 2016, 665 (667); Urt. v. 18.07.2013 – 7 A 4/12 – NVwZ 2013, 1605 (1607).

[640] Näher zum Begriff u. im Kontext der Bedarfsplanung, Kapitel 3 I. 1. a).

[641] *Kupfer/Weiß*, in: Schoch/Schneider, Verwaltungsrecht, Vorbem. § 72 VwVfG Rn. 116, 126 f.

zunächst, dass jene objektiv erforderlich sein müssen, um die gestaffelten Jahreszielwerte des § 1 Abs. 2 WindSeeG zu erreichen.[642]

Die diesbezügliche Prüfung der Planfeststellungsbehörde kann jedoch im Rahmen gestufter Planungsprozesse entfallen, wenn der Zulassungsebene eine vorbereitende Bedarfsplanung vorgeschaltet ist. Dabei ist im Hinblick auf formell-gesetzliche Bedarfspläne weitgehend anerkannt, dass sie die Planrechtfertigung grundsätzlich verbindlich feststellen.[643] Diese Rechtswirkung findet sich teils auch ausdrücklich kodifiziert (vgl. § 1 Abs. 2 FStrAbG[644], § 1 Abs. 2 BSWAG[645]). Ausnahmen von der Bindungswirkung sollen lediglich in Fällen „evident unsachlicher" Bedarfsfeststellungen gelten, die zur Verfassungswidrigkeit des Bedarfsgesetzes führen würden; im Übrigen jedoch seien Behörden wie Gerichte von der Nachprüfung entsprechender Vorhabenlisten ausgeschlossen.[646]

Eine solche legislative Bedarfsplanung ist für Offshore-Windparks nicht vorgesehen.[647] Vielmehr beinhalten der Flächenentwicklungsplan und das Voruntersuchungsergebnis administrative Bedarfsfeststellungen[648], die damit nicht gleichzusetzen sind.[649] Daher gilt es im Hinblick auf die Rechtsfolgen zu differenzieren: Für die Planfeststellungsbehörde – das ohnehin umfassend zuständige BSH – wirken sowohl die Festlegungen des Flächenentwicklungsplans als auch die Eignungsverordnungen ausdrücklich verbindlich (§§ 6 Abs. 9 S. 2, 12 Abs. 5 S. 1 WindSeeG). Die Flächen- und Kapazitätsfestlegungen des Flächenentwicklungsplans basieren dabei sowohl auf einer materiellen Bedarfsprüfung als auch einer Beurteilung der Zielkonformität (vgl. § 4 Abs. 2 Nr. 1 WindSeeG). Insoweit ist die Bedarfsfrage aus behördlicher Sicht bereits abgeschichtet und bedarf grundsätzlich keiner erneuten Prüfung, sofern nicht ausnahms-

---

[642] *Uibeleisen/Groneberg*, in: Säcker/Steffens, BerlKommEnR VIII, § 48 WindSeeG Rn. 30.

[643] Jüngst etwa BVerwG, Urt. v. 05.10.2021 – 7 A 13/20 – NVwZ 2022, 726 (730); zusammenfassend *Pleiner*, Überplanung von Infrastruktur, 2016, S. 207.

[644] Fernstraßenausbaugesetz in der Fassung v. 20.01.2005 (BGBl. I S. 201), zul. geänd. durch Art. 1 des Sechsten Gesetzes zur Änderung des Fernstraßenausbaugesetzes v. 23.12.2016 (BGBl. I S. 3354).

[645] Gesetz über den Ausbau der Schienenwege des Bundes (Bundesschienenwegeausbaugesetz) v. 15.11.1993 (BGBl. I S. 1874), zul. geänd. durch Art. 1 des Dritten Gesetzes zur Änderung des Bundesschienenwegeausbaugesetzes v. 23.12.2016 (BGBl. I S. 3221).

[646] BVerwG, Urt. v. 05.10.2021 – 7 A 13/20 – NVwZ 2022, 726 (730); Urt. v. 06.04.2017 – 4 A 1/16 – NVwZ 2018, 336 (337); Urt. v. 21.01.2016 – 4 A 5/14 – NVwZ 2016, 844 (849).

[647] Anderes gilt im Hinblick auf Offshore-Anbindungsleitungen, s. u. Kapitel 3 II. 3. e).

[648] Ausführliche Herleitung des bedarfsplanerischen Charakters u. Kapitel 3 II. 2. d).

[649] *Kupfer/Wurster*, DV 40 (2007), 239 (251 f.).

weise erst nachträglich erkennbare, atypische Aspekte[650] eine Aktualisierung gebieten.[651] Für die Gerichte gelten dagegen, weil es an den Bindungswirkungen eines formellen Bedarfsgesetzes fehlt, die allgemeinen Grundsätze für die Überprüfung administrativer Bedarfsfeststellungen[652]. Dies bedeutet wegen der planerisch-gestaltenden Gesamtkonzeption der auf die Übertragungskapazitäten abgestimmten Erzeugungsplanung durch das BSH insbesondere einen nach Maßgabe der Abwägungsfehlerlehre eingeschränkten Prüfungsmaßstab.

b) Interne Planungsschranken, insbesondere: Nichtgefährdung der Meeresumwelt

Zudem darf der Plan gem. § 69 Abs. 3 S. 1 Nr. 1 WindSeeG nur dann festgestellt werden, wenn hierdurch die Meeresumwelt nicht gefährdet wird. Die Vorschrift weist insoweit Parallelen zur Zulassung bergrechtlicher Betriebspläne in Meeresgewässern auf, welche gem. § 55 Abs. 1 Nr. 11 BBergG[653] nicht zu unangemessenen Beeinträchtigungen der maritimen Tier- und Pflanzenwelt führen darf[654], und knüpft an den Umstand an, dass selbst Windenergie „nicht zum ökologischen Nulltarif zu haben"[655], sondern oftmals mit erheblichen Beeinträchtigungen u. a. der (Meeres-)böden, Flora und Fauna[656] verbunden ist.

Zur Konkretisierung des Tatbestands zählen § 69 Abs. 3 S. 1 Nr. 1 lit. a) und b) WindSeeG mit der Besorgnis einer Verschmutzung der Meeresumwelt i. S. d. Art. 1 Abs. 1 Nr. 4 SRÜ und des signifikant erhöhten Kollisionsrisikos zwei Regelbeispiele auf. Im Übrigen aber gibt die Generalklausel, wie oben bereits angemerkt wurde, die komplexen Anforderungen des europäischen wie nationalen Umweltrechts an entsprechende Vorhaben allenfalls rudimentär wieder[657] und bewirkt Unklarheiten insbesondere im Hinblick auf den anzule-

---

[650] Die Planrechtfertigung fehlt etwa auch dann, wenn sich das Vorhaben als – insbesondere aus Finanzierungsgründen – nicht realisierbar erweist, s. etwa *Faßbender/Gläß*, in: Posser/Faßbender, Praxishandbuch Netzplanung und Netzausbau, 2013, Kap. 10 Rn. 12.

[651] Weitergehend *Spieth*, in: Spieth/Lutz-Bachmann, Offshore-Windenergierecht, § 48 WindSeeG Rn. 52, der davon ausgeht, die Planrechtfertigung sei infolge der vorgelagerten Fachplanung „stets" gegeben.

[652] Zu diesen *Neumann/Külpmann*, in: Stelkens/Bonk/Sachs, VwVfG, § 74 Rn. 50.

[653] Bundesberggesetz v. 13.08.1980 (BGBl. I S. 1310), zul. geänd. durch Art. 1 des Gesetzes zur Änderung des Bundesberggesetzes und zur Änderung der Verwaltungsgerichtsordnung v. 14.06.2021 (BGBl. I S. 1760).

[654] *Gellermann u. a.*, Hdb. Naturschutzrecht, 2012, S. 33.

[655] *V. Daniels/Uibeleisen*, ZNER 2011, 602.

[656] Vgl. *Täufer*, Die Entwicklung des Ökosystemansatzes, 2018, S. 55 f.; *Gellermann*, NuR 2004, 75 (76).

[657] S. bereits oben Kapitel 2 III. 3. b) cc) zum entsprechenden § 5 Abs. 3 S. 2 WindSeeG wie auch *Sachverständigenrat für Umweltfragen*, Windenergienutzung auf See, 2003, S. 9;

genden Wahrscheinlichkeitsmaßstab und das systematische Verhältnis zum Naturschutzrecht.

aa) Normativer Kontext des § 69 Abs. 3 WindSeeG 2023

Dabei ist die Vorschrift systematisch im Kontext des § 69 Abs. 3 S. 1 Wind-SeeG zu lesen, der eine Reihe „offshore-spezifischer", sog. interner Planungs-leitsätze[658] statuiert. Danach führen neben der Gefährdung der Meeresumwelt auch eine Beeinträchtigung der Sicherheit und Leichtigkeit des Verkehrs oder der Sicherheit der Landes- und Bündnisverteidigung[659] und die fehlende Ver-einbarkeit des Vorhabens mit vorrangigen bergrechtlichen Aktivitäten, beste-henden und geplanten Leitungen sowie Konverterplattformen oder Umspann-anlagen (Nrn. 4–6) zwingend zur Versagung der Zulassung („Der Plan darf nur festgestellt und die Plangenehmigung darf nur erteilt werden, wenn [...]"). Aus diesen Tatbeständen kommt demjenigen der Nichtgefährdung der Meeresum-welt indes – auch infolge der gesetzlichen Abschichtungsvorgaben[660] – hervor-gehobene Bedeutung bei der Projektzulassung zu.[661]

Daneben beinhaltet § 69 Abs. 3 S. 1 Nr. 8 WindSeeG eine Öffnungsklausel für „sonstige zwingende öffentlich-rechtliche Bestimmungen", also sog. ex-terne Planungsleitsätze[662]. Ausgeschlossen sind durch die ausdrückliche Be-schränkung auf zwingendes Recht insbesondere externe Optimierungsgebote, was letztlich eine umfassende Geltung des in § 1 Abs. 3 WindSeeG normierten Abwägungsvorrangs sicherstellt[663]. Als entsprechend zwingende Bestimmun-gen werden nachfolgend die Vorschriften des marinen Naturschutzrechts im Bereich der AWZ und dessen Besonderheiten erörtert.

Jenseits dieser inhaltlichen Schranken wird das Prüfprogramm des BSH durch § 69 Abs. 3 S. 3 Nr. 1 WindSeeG ergänzt, wonach die positive Zulas-

---

Pestke, Offshore-Windfarmen in der AWZ, 2008, S. 135; *Zierau*, Umweltstaatsprinzip in Raumordnung und Fachplanung, 2015, S. 279; *Bönker*, NVwZ 2004, 537 (540); *Klinski*, Rechtliche Probleme der Zulassung von Windkraftanlagen in der AWZ, 2001, S. 50 ff.; *Kel-ler*, Das Planungs- und Zulassungsregime für Offshore-Windenergieanlagen in der AWZ, 2006, S. 253.

[658] Zum Begriff *Ibler*, Die Schranken planerischer Gestaltungsfreiheit im Planfeststel-lungsrecht, 1988, S. 185; *Dreier*, Die normative Steuerung der planerischen Abwägung, 1995, S. 109 ff., 125 ff.

[659] Zu den Einzelheiten des Tatbestands *Dietrich/Legler*, RdE 2016, 331 (334 ff.); *Diet-rich*, NuR 2013, 628 (632 f.).

[660] S. o. Kapitel 2 IV. 3. b) aa).

[661] Hierzu sogleich bb); § 72a WindSeeG mag dies in nächster Zeit möglicherweise rela-tivieren.

[662] Zur Terminologie *Ibler*, Die Schranken planerischer Gestaltungsfreiheit im Planfest-stellungsrecht, 1988, S. 185 f.

[663] Vgl. BT-Drs. 20/1634, S. 100, wonach die Ergänzung ausdrücklich mit dem Ziel einer „Stärkung der Belange der Windenergie auf See" erfolgt ist.

sungsentscheidung stets den Nachweis eines auf die Vorhabenfläche bezogenen Zuschlags erfordert. Dies erscheint im Hinblick auf die §§ 67 Abs. 1 S. 1, 24 Abs. 1 Nr. 1 und 55 Abs. 1 Nr. 1 WindSeeG konsequent, dürfte aber praktisch kaum relevant werden, da es andernfalls schon an der vorher zu prüfenden Antragsberechtigung für das Zulassungsverfahren fehlt[664]. Praktisch bedeutsamer erscheint deshalb die in § 55 Abs. 2 WindSeeG normierte Möglichkeit des BSH, Plangenehmigungsanträge für Projekte auf zentral voruntersuchten Flächen abzulehnen, wenn sich aus den Antragsunterlagen wesentliche Abweichungen von der Projektbeschreibung des Vorhabenträgers im Ausschreibungsverfahren (§ 51 Abs. 1 Nr. 5, Abs. 3 WindSeeG) ergeben, so etwa im Hinblick auf den Einsatz von Gründungstechnologien nach § 51 Abs. 3 S. 1 Nr. 3 WindSeeG.

bb) Vorerst eingeschränkte Anwendbarkeit infolge des § 72a WindSeeG n. F.

Die im Rahmen des § 69 Abs. 3 S. 1 Nr. 1 WindSeeG relevanten Umweltauswirkungen beurteilt das BSH grundsätzlich auf Basis des mit dem Planfeststellungsantrag einzureichenden UVP-Berichts. Diesbezüglich ist jedoch zu beachten, dass künftige Vorhaben, die auf 2022 bis 2023 ausgeschriebenen Nordseeflächen liegen und für die bis zum 30. Juni 2024 ein Zulassungsantrag gestellt wird, keiner UVP bedürfen (§ 72a Abs. 1 S. 1 und 2 WindSeeG). Dabei soll § 72a Abs. 1 WindSeeG ausweislich der Gesetzesbegründung „umfassend wirken", d. h. Belange der UVP von der planerischen Abwägung ausnehmen[665] und schließlich auch ausdrücklich eine Prüfung der Gefährdung der Meeresumwelt nach § 69 Abs. 3 S. 1 Nr. 1 WindSeeG ausschließen.[666] Andernfalls wäre in der Tat zu befürchten, dass verfahrensverkürzende Effekte des § 72a WindSeeG durch umfangreiche Umweltprüfungen auf anderer Rechtsgrundlage nivelliert würden.

Dies aber bedeutet, dass § 69 Abs. 3 S. 1 Nr. 1 WindSeeG bei den von § 72a WindSeeG n. F. erfassten Projekten nicht zum Tragen kommt. Insbesondere kann das BSH also nicht auf dessen Grundlage die Einreichung umwelt- oder artenschutzbezogener Gutachten vom Vorhabenträger verlangen[667] oder den Zulassungsantrag wegen signifikant erhöhter Kollisionsgefahren für die Avifauna nach § 69 Abs. 3 S. 1 Nr. 1 lit. b) WindSeeG ablehnen. Für Projekte auf Ostseeflächen oder solchen, die vom zeitlichen Anwendungsbereich des § 72a

---

[664] S. o. Kapitel 2 V. 2. e).

[665] § 43m Abs. 1 S. 2 EnWG normiert für Leitungsbauvorhaben an Land ausdrücklich, dass Belange der UVP „nur insoweit im Rahmen der Abwägung zu berücksichtigen sind, als diese Belange im Rahmen der zuvor durchgeführten Strategischen Umweltprüfung ermittelt, beschrieben und bewertet wurden"; dies muss für die Abwägung im Rahmen des § 69 WindSeeG konsequenterweise entsprechend gelten.

[666] BT-Drs. 20/5830, S. 50.

[667] S. bereits o. 2. c) bb).

Abs. 1 und 3 WindSeeG nicht erfasst sind, bleibt der Tatbestand indes beachtlich.

cc) *Verschmutzung der Meeresumwelt i. S. d. SRÜ*

Konkretisierung erfährt der Tatbestand der Nichtgefährdung der Meeresumwelt zunächst durch das Regelbeispiel des § 69 Abs. 3 S. 1 Nr. 1 lit. a) WindSeeG und dessen Verweis auf die Legaldefinition der Verschmutzung der Meeresumwelt in Art. 1 Abs. 1 Nr. 4 SRÜ. Letztere darf durch die Feststellung des Plans bzw. die Plangenehmigung „nicht zu besorgen" sein. Gem. Art. 1 Abs. 1 Nr. 4 SRÜ liegt eine entsprechende Verschmutzung mit jeder

> „unmittelbaren[n] oder mittelbare[n] Zuführung von Stoffen oder Energie durch den Menschen in die Meeresumwelt einschließlich der Flussmündungen, aus der sich abträgliche Wirkungen wie eine Schädigung der lebenden Ressourcen sowie der Tier- und Pflanzenwelt des Meeres, eine Gefährdung der menschlichen Gesundheit, eine Behinderung der maritimen Tätigkeiten einschließlich der Fischerei und der sonstigen rechtmäßigen Nutzung des Meeres, eine Beeinträchtigung des Gebrauchswerts des Meerwassers und eine Verringerung der Annehmlichkeiten der Umwelt ergeben oder ergeben können",

vor. Schon daran wird der extensive völkerrechtliche Begriff der Meeresumwelt ersichtlich, welcher neben der maritimen Tier- und Pflanzenwelt (Phyto- und Zoobenthos, Fische, marine Säugetiere, Zug- und Rastvögel, Fledermäuse sowie die biologische Vielfalt an sich), den vorhandenen Bodenstrukturen (Riffe u. a.), dem Klima, der Landschaft sowie der Wasser- und Luftqualität auch den Menschen selbst und seine „rechtmäßigen Nutzungen" der AWZ einschließlich anthropogener Kultur- und Sachgüter erfasst.[668]

Insoweit statuiert das Verschmutzungsverbot eigenständige und konstitutive rechtliche Anforderungen an den Meeresumweltschutz. Denn zwar sichern auch das Einbringungsverbot gem. §§ 2 Abs. 1, 4 HoheSeeEinbrG[669] und die artenschutzrechtlichen Zugriffsverbote gem. § 44 Abs. 1 i. V. m. § 56 Abs. 1 BNatSchG eine gewisse Begrenzung schädlicher Stoff- und Energieeinträge in die Meeresumwelt; zudem stellen die Bewirtschaftungsziele für Meeresgewässer nach § 45a Abs. 2 Nr. 2 WHG[670] hierauf ab. Jedoch ist § 45a WHG lediglich programmatischer Natur[671] und die naturschutzrechtlichen Zugriffsverbote gel-

---

[668] Vgl. *Uibeleisen/Groneberg*, in: Säcker/Steffens, BerlKommEnR VIII, § 48 WindSeeG Rn. 46.

[669] Gesetz über das Verbot der Einbringung von Abfällen und anderen Stoffen und Gegenständen in die Hohe See v. 25.08.1998 (BGBl. I S. 2455), zul. geänd. durch Art. 127 der Elften Zuständigkeitsanpassungsverordnung v. 19.06.2020 (BGBl. I S. 1328).

[670] Gesetz zur Ordnung des Wasserhaushalts (Wasserhaushaltsgesetz – WHG) v. 31.07.2009 (BGBl. I S. 2585), zul. geänd. durch Art. 1 des Zweiten Gesetzes zur Änderung des Wasserhaushaltsgesetzes v. 04.01.2023 (BGBl. I Nr. 5).

[671] *Proelß*, in: Landmann/Rohmer, § 45a WHG Rn. 19.

ten nur in Abhängigkeit vom Schutzstatus der jeweils betroffenen Art, sodass im Einzelfall durchaus Divergenzen denkbar sind.

(1) Beschränkung auf Folgeemissionen

Das „Zuführen" von Stoffen und Energie i. S. d. Art. 1 Abs. 1 Nr. 4 SRÜ meint deren Abgabe an den Wasserkörper, Meeresboden oder darüber liegenden Luftraum durch menschliches Verhalten.[672] „Stoffe" können grundsätzlich beliebige Gegenstände bilden, wobei die Anlagen selbst und die bestimmungsgemäß zu ihrem Aufbau und Betrieb verwendeten Materialien und Geräte jedoch ausgenommen sind, da Art. 1 Abs. 1 Nr. 4 SRÜ sie als Verschmutzungsquelle, nicht jedoch Verschmutzung selbst versteht.[673] So erfasst der Verschmutzungstatbestand insbesondere Stoffeinträge durch auf die Anlage zurückgehende Unfälle[674] oder den Verlust von Öl oder Schmierstoffen[675]. Unter dem Begriff der Energie werden demgegenüber nicht-stoffliche Einträge und somit neben Wärme insbesondere Hydroschall- und Druckwellen sowie Erschütterungen während der Bau- oder Betriebsphase verstanden.[676] Praktische Relevanz erlangt insofern der bei der Anlagengründung oftmals erzeugte Rammschall wegen seiner schädigenden Auswirkungen auf marine Säuger, insbesondere Schweinswale.[677]

(2) Quantitative Erheblichkeitsschwelle

Zudem legt das Merkmal der „abträgliche[n] Wirkung" i. S. d. Art. 1 Abs. 1 Nr. 4 SRÜ nach mittlerweile ganz überwiegender Ansicht[678] eine quantitative

---

[672] *Spieth*, in: Ders./Lutz-Bachmann, Offshore-Windenergierecht, § 48 WindSeeG Rn. 64.

[673] *Keller*, Das Planungs- und Zulassungsregime für Offshore-Windenergieanlagen in der AWZ, 2006, S. 63 f.; *Fest*, Die Errichtung von Windenergieanlagen in Deutschland und seiner AWZ, 2010, S. 412.

[674] *Spieth*, in: Ders./Lutz-Bachmann, Offshore-Windenergierecht, § 48 WindSeeG Rn. 68.

[675] *Fest*, Die Errichtung von Windenergieanlagen in Deutschland und seiner AWZ, 2010, S. 412. Die Umweltauswirkungen von aus Offshore-Windparks austretenden Betriebsstoffen wurden umfassend im Rahmen des Projekts „OffChEm – Stoffliche Emissionen aus Offshore-Windanlagen" untersucht, s. weiterführend https://www.BSH.de/DE/THEMEN/Forschung_und_Entwicklung/Aktuelle-Projekte/OffChEm/OffChEm_node.html.

[676] *Keller*, Das Planungs- und Zulassungsregime für Offshore-Windenergieanlagen in der AWZ, 2006, S. 64 f.

[677] Ausführlich *Bellmann u. a.*, Unterwasserschall während des Impulsrammverfahrens, 2020, S. 7 f.; *Sailer*, ZUR 2009, 579 (581); *Fest*, Die Errichtung von Windenergieanlagen in Deutschland und seiner AWZ, 2010, S. 403 f.; *Dahlke/Trümpler*, in: Böttcher, Handbuch Offshore-Windenergie, 2013, S. 123 f.; *Fischer/Lorenzen*, NuR 2004, 764 (765).

[678] *Gellermann u. a.*, Hdb. Meeresnaturschutzrecht, 2012, S. 200; *Keller*, Das Planungs- und Zulassungsregime für Offshore-Windenergieanlagen in der AWZ, 2006, S. 260.

Erheblichkeitsschwelle dahingehend fest, dass die Beeinträchtigung lediglich einzelner Exemplare der vorhandenen Tier- und Pflanzenwelt für den Tatbestand nicht hinreichend ist. Denn jene geht mit dem Anlagenbau und -betrieb praktisch unvermeidbar einher[679], sodass eine strenge Auslegung des Tatbestands am „Nullrisiko"[680] die in § 1 Abs. 1 und 2 WindSeeG festgelegten Ziele konterkarieren würde. Diesbezüglich bestehen gewisse Parallelen zum Verschmutzungsbegriff des § 3 Abs. 4 HoheSeeEinbrG[681] oder zur artenschutzrechtlichen Signifikanzschwelle[682]. Letztlich ist es infolge dieses quantitativen Ansatzes für die Beurteilung der Anlagenwirkungen als „abträglich" irrelevant, ob die betroffenen Exemplare seltenen oder gefährdeten Arten angehören.[683]

(3) Geltung des Vorsorgegrundsatzes

Der anzulegende Wahrscheinlichkeitsmaßstab wird nach dem Wortlaut des § 69 Abs. 3 S. 1 Nr. 1 lit. a) WindSeeG eindeutig durch das Vorsorgeprinzip determiniert.[684] So liegt die hier maßgebliche „Besorgnis" bereits dann vor, wenn die Möglichkeit eines Schadenseintritts auf Grundlage konkreter Anhaltspunkte nach dem Stand von Wissenschaft und Technik nicht von der Hand zu weisen ist.[685] Dies korrespondiert mit dem völkerrechtlich durch Art. 1 Abs. 1 Nr. 4 SRÜ vorgegebenen Schutzniveau („ergeben können").[686] Entsprechend gilt eine reduzierte Darlegungslast des BSH für den Fall, dass es das Vorhaben aufgrund von § 69 Abs. 3 S. 1 Nr. 1 lit. a) WindSeeG mit Einschränkungen zulässt.[687]

---

[679] *Uibeleisen/Groneberg*, in: Säcker/Steffens, BerlKommEnR VIII, § 48 WindSeeG Rn. 47 ff.

[680] Vgl. BVerwG, Urt. v. 28.04.2016 – 9 A 9/15 – NVwZ 2016, 1710 (1729).

[681] Gesetz über das Verbot der Einbringung von Abfällen und anderen Stoffen und Gegenständen in die Hohe See v. 25.08.1998 (BGBl. I S. 2455); vgl. dazu *Pestke*, Offshore-Windfarmen in der AWZ, 2008, S. 135.

[682] Hierzu etwa *Bick/Wulfert*, NVwZ 2017, 346 (347 ff.); *Ruß/Sailer*, NuR 2017, 440 (442).

[683] *Gellermann u. a.*, Hdb. Meeresnaturschutzrecht, 2012, S. 200.

[684] *Fest*, Die Errichtung von Windenergieanlagen in Deutschland und seiner AWZ, 2010, S. 411 f.; *Gellermann u. a.*, Hdb. Meeresnaturschutzrecht, 2012, S. 201.

[685] VGH Mannheim, Beschl. v. 10.07.2019 – 8 S 2962/18 – NVwZ-RR 2020, 244 (246); vgl. auch *Fischer/Lorenzen*, NuR 2004, 764 (765); *Dix*, Der Schutz von Natura-2000-Gebieten, 2015, S. 46.

[686] Vgl. *Keller*, Das Planungs- und Zulassungsregime für Offshore-Windenergieanlagen in der AWZ, 2006, S. 256; *Fest*, Die Errichtung von Windenergieanlagen in Deutschland und seiner AWZ, 2010, S. 411.

[687] Vgl. auch *Fest*, Die Errichtung von Windenergieanlagen in Deutschland und seiner AWZ, 2010, S. 412.

dd) Kein nachgewiesenes signifikant erhöhtes Kollisionsrisiko für Vögel

Das zweite, in § 69 Abs. 3 S. 1 Nr. 1 b) WindSeeG kodifizierte Regelbeispiel nimmt für das Seeanlagenrecht gleichsam traditionell[688] besonderen Bezug auf die marine Avifauna. In ihrer mit dem WindSeeG eingeführten Neufassung setzt sie dabei voraus, dass durch die Zulassung „kein nachgewiesenes signifikant erhöhtes Kollisionsrisiko von Vögeln mit Windenergieanlagen [entsteht], das nicht durch Schutzmaßnahmen gemindert werden kann". Mithin stellt jene auf das Vogelschlagrisiko ab, das Windenergieanlagen generell immanent ist[689], und übernimmt dabei grundsätzlich die artenschutzrechtliche Signifikanzschwelle in das Fachplanungsrecht. Praktisch bedeutsam wird dies im Bereich der AWZ vor allem für den Schutz von Zugvögeln, da sowohl der Nord- als auch der Ostsee eine zentrale Bedeutung für verschiedene globale Zugwegsysteme zukommt[690], insbesondere in ihrer Funktion als Zwischenrastgebiete[691]. So wurde die Regelung gerade auch mit Blick auf Offshore-Windparks innerhalb von Zugvogelkorridoren geschaffen.[692] Mittelbar dient sie damit auch der Umsetzung entsprechender völkerrechtlicher Verpflichtungen der Bundesrepublik, etwa aus der Bonner Konvention[693].[694]

Inhaltlich findet sich die in § 69 Abs. 3 S. 1 Nr. 1 b) WindSeeG verankerte Signifikanzschwelle insbesondere für die europäischen Vogelarten und die sog. Verantwortungsarten[695] weitgehend wortlautidentisch im artenschutzrechtlichen Tötungs- und Verletzungsverbot für privilegierte Vorhaben (§ 44 Abs. 5 S. 2 Nr. 1 BNatSchG) wieder. Insoweit sei auf die hierfür geltenden

---

[688] S. schon ehem. § 3 S. 2 Nr. 4 SeeAnlV in der 1997 eingeführten Ursprungsfassung.

[689] Vgl. *Schlacke*, Umweltrecht, 8. Aufl. 2021, § 10 Rn. 60 und die umfassenden Daten des *Landesamtes für Umwelt Brandenburg*, „Auswirkungen von Windenergieanlagen auf Vögel und Fledermäuse" unter https://lfu.brandenburg.de/lfu/de/aufgaben/natur/artenschutz/vogelschutzwarte/arbeitsschwerpunkt-entwicklung-und-umsetzung-von-schutzstrategien/auswirkungen-von-windenergieanlagen-auf-voegel-und-fledermaeuse/#.

[690] Hierzu *Hüppop/Dierschke/Wendeln*, Berichte zum Vogelschutz 41 (2004), 127 (203).

[691] *Brandt/Runge*, Kumulative und grenzüberschreitende Umweltwirkungen im Zusammenhang mit Offshore-Windparks, 2002, S. 71.

[692] S. BT-Drs. 20/1634, S. 99 unter Bezugnahme auf Grundsatz 2.4 (6) des Raumordnungsplans 2021.

[693] Übereinkommen zur Erhaltung wandernder wildlebender Arten vom 23.06.1979, in Kraft getreten am 01.11.1983, in Deutschland transformiert m. G. v. 29.06.1984 (BGBl. II, S. 618); ausführlich hierzu im Kontext der Offshore-Windenergie *Brandt/Runge*, Kumulative und grenzüberschreitende Umweltwirkungen im Zusammenhang mit Offshore-Windparks, 2002, S. 19 f.

[694] So im Hinblick auf ehem. § 5 SeeAnlV *Pestke*, Offshore-Windfarmen in der AWZ, 2008, S. 135.

[695] S. *Gellermann*, in: Landmann/Rohmer, § 44 BNatSchG Rn. 50 ff.

Maßstäbe[696] verwiesen. Eine Abweichung liegt jedoch in dem zusätzlichen Kriterium des „nachgewiesenen" signifikant erhöhten Kollisionsrisikos; denn hierdurch müssen sich Zweifel an der Erreichung der Signifikanzschwelle generell zulasten der Avifauna auswirken[697], während die artenschutzrechtliche Risikobewertung im Rahmen des § 44 Abs. 5 S. 2 Nr. 1 BNatSchG wenigstens teilweise auch unter Anwendung des Vorsorgegrundsatzes erfolgt[698].

Daneben müsste § 69 Abs. 3 S. 1 Nr. 1 b) WindSeeG durch die strikte Bindung der Zulassungsentscheidung an die Signifikanzschwelle strenggenommen die Erteilung naturschutzrechtlicher Ausnahmen (§ 45 Abs. 7 BNatSchG) zulasten betroffener Zug- und Rastvogelarten ausschließen. Denn der Anwendungsbereich des Ausnahmetatbestandes setzt gerade deren Überschreitung voraus.[699] Ein solches Verständnis der Vorschrift stünde jedoch zu dem Ziel des im Sommer 2022 beschlossenen gesetzgeberischen Regelungspakets (sog. „Osterpaket", näher noch unten[700]), die Belange des Ausbaus regenerativer Energien gerade auch gegenüber dem Artenschutz zu stärken und erstere im Rahmen von Abwägungen grundsätzlich vorrangig zu berücksichtigen (vgl. § 2 S. 2 EEG und im Hinblick auf Windenergieanlagen an Land § 45b Abs. 8 BNatSchG n. F.), in offensichtlichem Widerspruch. Aus diesen teleologischen Gesichtspunkten müssen naturschutzrechtliche Ausnahmen letztlich auch im Rahmen des § 69 Abs. 3 S. 1 Nr. 1 b) WindSeeG möglich und relevant bleiben.

ee) Grundtatbestand

Neben den genannten Regelbeispielen verbleibt die Generalklausel der Gefährdung der Meeresumwelt als Grundtatbestand des § 69 Abs. 3 S. 1 Nr. 1 WindSeeG. Jene hat ihre ursprünglichen Funktionen, insbesondere die Sicherstellung naturschutzrechtlicher Anforderungen, mittlerweile weitgehend eingebüßt ((1)), was, auch angesichts der mit ihr verbundenen systematischen Unstimmigkeiten und des geringen verbleibenden Anwendungsbereichs ((2) und (3)), ihren praktischen Nutzen in Frage stellt ((4)).

---

[696] S. etwa *Kratsch*, in: Schumacher/Fischer-Hüftle, BNatSchG, § 44 Rn. 60 f.; *Schlacke*, Umweltrecht, 8. Aufl. 2021, § 10 Rn. 64; zum gerichtlichen Prüfungsmaßstab insbes. BVerfG, Beschl. vom 23.10.2018 – 1 BvR 2523/13, 1 BvR 595/14 – NVwZ 2019, 52.

[697] Kritisch deshalb *NABU Bundesverband*, Stellungnahme zum Referentenentwurf des zweiten Gesetzes zur Änderung des Windenergie-auf-See-Gesetzes (WindSeeG) und anderer Vorschriften vom 04.03.2022, S. 12 f., abrufbar unter https://www.nabu.de/natur-und-landschaft/meere/offshore-windparks/28209.html.

[698] Etwa in Form der Heranziehung von Worst-Case-Annahmen bei unklarem Artenbestand, s. eingehend *Kompetenzzentrum für Naturschutz und Energiewende*, „Wie kommt das Vorsorgeprinzip bei der Beurteilung des signifikant erhöhten Tötungsrisikos zur Anwendung?" v. 13.03.2019, abrufbar unter https://www.naturschutz-energiewende.de/fragenundantworten/192-vorsorgeprinzip-und-signifikant-erhoehtes-toetungsrisiko/.

[699] So auch ausdrücklich *Leisner-Egensperger*, NVwZ 2022, 745 (746).

[700] S. u. Kapitel 5 II. 3. b) cc).

(1) Konkretisierung durch Naturschutzrecht?

Nach verbreiteter Auffassung soll der allgemeine Gefährdungstatbestand neben den in lit. a) und b) aufgeführten Regelbeispielen vor allem durch das Naturschutzrecht konkretisiert werden, dessen Prüfung infolge der Konzentrationswirkung des Planfeststellungsbeschlusses und der Erstreckungsklausel des § 56 Abs. 1 BNatSchG[701] ebenfalls dem BSH obliegt. Insbesondere Fragen des Arten-, Habitat- und Biotopschutzes einschließlich etwaiger Ausnahmen und Befreiungen müssten somit in diesem Rahmen abgearbeitet werden.[702] Dafür sprach nach dem früheren Rechtsregime der SeeAnlV erstens, dass die Verordnungsbegründung ausdrücklich auf das Naturschutzrecht hinwies.[703] Zweitens fehlte es bis 2012 im damals noch „gebundenen" Genehmigungsrecht an einer Öffnungsklausel für anderweitiges Fachrecht, sodass dem Naturschutzrecht tatsächlich nicht anders zur Geltung verholfen werden konnte, als es in den Versagungsgrund der Umweltgefährdung zu integrieren.[704] Vor Einführung der Erstreckungsklausel des § 56 Abs. 1 BNatSchG im Jahr 2010[705] war dieses Vorgehen schon aus dem Grunde zwingend, dass das Naturschutzrecht in der AWZ grundsätzlich keine Geltung entfaltete[706] und die Generalklausel mithin dessen Schutzfunktionen substituierend übernehmen musste.

Mittlerweile sind diese Umstände entfallen; bereits die Ausgestaltung der Zulassung als planerische Entscheidung, die dem ohnehin weitreichenden Gebot der Konfliktbewältigung unterliegt[707], und die Öffnungsklausel des § 69 Abs. 3 S. 1 Nr. 8 WindSeeG für zwingende fachrechtliche Vorschriften stellen sicher, dass Belange des Naturschutzes hier umfassend zur Geltung gelangen. Demgegenüber bereitet die Integration dezidiert geregelter naturschutzrechtlicher Anforderungen in den seinerseits schon inkonsistenten[708] Gefährdungstat-

---

[701] Dazu sogleich Kapitel 2 V. 3. c) bb).

[702] S. zur entsprechenden Regelung in ehem. § 5 Abs. 6 SeeAnlV *Dahlke/Trümpler*, in: Böttcher, Handbuch Offshore-Windenergie, S. 101; *Bönker*, NVwZ 2004, 537 (540 f.); *Keller*, Das Planungs- und Zulassungsregime für Offshore-Windenergieanlagen in der AWZ, 2006, S. 265 ff.

[703] S. *Bundesministerium für Verkehr, Bau und Stadtentwicklung*, Nicht-amtliche Begründung der Verordnung zur Neuregelung des Rechts der Zulassung von Seeanlagen seewärts der Begrenzung des deutschen Küstenmeers v. 15. Januar 2012, S. 19.

[704] *Gellermann u. a.*, Hdb. Meeresnaturschutzrecht, 2012, S. 202.

[705] Mit Gesetz zur Neuregelung des Rechts des Naturschutzes und der Landschaftspflege vom. 29.07.2009 (BGBl. I S. 2542).

[706] Mit Ausnahme der europäischen Vorgaben der FFH- und Vogelschutz-Richtlinie, die das BSH schon zuvor zu beachten hatte, s. dazu *Lüttgau*, in: Giesberts/Reinhardt, § 56 BNatSchG Rn. 2.

[707] Zum (weiten) Kreis der hiernach einzubeziehenden Belange *Kupfer/Weiß*, in: Schoch/Schneider, Verwaltungsrecht, Vorbem. § 72 VwVfG Rn. 207 ff.

[708] Hierzu sogleich u. (2).

bestand zum Teil deutliche Anwendungsschwierigkeiten.[709] Dies spricht im Ergebnis dafür, die Anforderungen des BNatSchG stattdessen über die Öffnungsklausel des § 69 Abs. 3 S. 1 Nr. 8 WindSeeG in die Zulassungsentscheidung einfließen zu lassen.[710] Zu naturschutzrechtlichen Spezialvorschriften steht die Generalklausel des § 69 Abs. 3 S. 1 Nr. 1 WindSeeG somit allenfalls in einem Ergänzungsverhältnis.[711] Um erstere nicht zu unterlaufen, muss das Vorliegen von Ausnahme- oder Befreiungstatbeständen nach dem BNatSchG einen Rückgriff auf den Gefährdungstatbestand dabei im Hinblick auf die betroffenen Naturschutzgüter sperren.[712]

(2) Umfassende Verankerung des Vorsorgeprinzips und extensiver völkerrechtlicher Umweltbegriff?

Im Übrigen hat die Auslegung des allgemeinen Gefährdungstatbestandes bereits im Rahmen der Vorgängerregelung des § 5 Abs. 6 Nr. 2 SeeAnlV erhebliche rechtsdogmatische Schwierigkeiten bereitet.[713] Diese resultierten insbesondere aus der Integration des völkerrechtlichen Verschmutzungstatbestandes in der – letztlich wohl unzutreffend gewählten[714] – normativen Gestalt eines Regelbeispiels. Gleichwohl wurde jene 2017 weitgehend unverändert in das WindSeeG übernommen[715] und bestehende systematische Unstimmigkeiten auch mit der jüngsten Änderung durch das WindSeeG 2023 nicht bereinigt.

Mithin weist der aktuelle § 69 Abs. 3 S. 1 Nr. 1 WindSeeG weiterhin tatbestandliche Unklarheiten auf. Dies gilt nicht nur im Hinblick auf den Umweltbegriff (hierzu sogleich), sondern vor allem auch wegen widersprüchlicher Formulierungen im Hinblick auf die anzulegende Schadenswahrscheinlichkeit. So wird einerseits die „Besorgnis" eines Schadensfalls als Tatbestandsschwelle im Rahmen des Regelbeispiels unter lit. a) angelegt, andererseits aber werden ausdrücklich der „Nachweis" eines signifikant erhöhten Kollisionsrisikos (lit. b)) und schließlich die „Gefährdung" der Meeresumwelt im Rahmen des

---

[709] Noch strikter *Gellermann u. a.*, Hdb. Meeresnaturschutzrecht, 2012, S. 202: Der Tatbestand der Nichtgefährdung des Meeresumwelt sei „ungeeignet", um die Anforderungen des Artenschutzrechts in sich aufzunehmen; wie hier *Dix*, Der Schutz von Natura-2000-Gebieten, 2015, S. 47.

[710] A. A. wohl BVerwG, Urt. v. 29.04.2021 – 4 C 2/19 – NVwZ 2021, 1630 (1633 f.).

[711] *Gellermann u. a.*, Hdb. Meeresnaturschutzrecht, 2012, S. 203.

[712] I. E. ebenso, wenn auch mit anderer Begründung *Dahlke/Trümpler*, in: Böttcher, Handbuch Offshore-Windenergie, S. 101; *Reshöft/Dreher*, ZNER 2002, 95 (99).

[713] Eingehend *Keller*, Das Planungs- und Zulassungsregime für Offshore-Windenergieanlagen in der AWZ, 2006, S. 253 ff.; vgl. auch *Gellermann u. a.*, Hdb. Meeresnaturschutzrecht, 2012, S. 202.

[714] Vgl. auch Brandt/Gaßner, SeeAnlV, 2002, § 3 Rn. 29: „[…] ob das Regelbeispiel […] überhaupt eine korrekte Konkretisierung des Versagungsgrundes der Gefährdung der Meeresumwelt darstellt oder ob es nicht über die Grenzen dessen hinausgeht […]".

[715] S. BT-Drs. 18/8860, S. 311.

Grundtatbestands gefordert. Der Begriff der Gefährdung kann dabei zwar auch im Sinne einer „echten" Gefahr[716] verstanden werden[717], wird jedoch weitgehend uneinheitlich und insbesondere auch als Oberbegriff von „Risiko" und „Gefahr" gebraucht.[718] Damit lässt die Vorschrift offen, ob es sich bei dem allgemeinen Gefährdungstatbestand um einen Gefahrenabwehr- oder aber einen das Vorsorgeprinzip realisierenden Besorgnistatbestand[719] handelt.

Dabei wären die Konsequenzen im letzteren Falle erheblich, denn obgleich das Vorsorgeprinzip abstrakt einen auf völker-[720], unions- und nationalrechtlicher Ebene verankerten Grundsatz des Umweltrechts bildet, erlangt es nur dort unmittelbare Rechtsverbindlichkeit, wo seine Geltung auch gesetzlich fixiert wurde[721]. Damit wäre im Rahmen der Generalklausel grundsätzlich die bloße Möglichkeit eines Schadenseintritts ausreichend[722]; zudem würde die Darlegungslast für das BSH dahingehend verringert[723], dass Unsicherheiten im Rahmen der Schadensprognose generell zu Lasten des Antragstellers gehen müssten. Dies gälte insbesondere auch bei der Bewertung der Umweltauswirkungen von Anlagen nach § 25 UVPG.[724]

Bei einer systematischen Auslegung müsste sich der Inhalt des Gefährdungstatbestandes als Grundtatbestand „eigentlich" anhand seiner Regelbeispiele herleiten lassen, da letztere diesem gegenüber keine eigenständigen Anforderungen aufstellen können (vgl. schon den Wortlaut „insbesondere").[725] Die Maßgaben der Regelbeispiele divergieren hier jedoch offensichtlich („Besorgnis" einerseits und „nachgewiesenes" Risiko andererseits), sodass der Gesamtregelungskomplex aus Grundtatbestand und Regelbeispielen im Hinblick auf das mit ihr verbundene Schutzniveau tatsächlich keiner einheitlichen Aus-

---

[716] Zu deren Voraussetzungen im Polizei- und Ordnungsrecht etwa *Siegel*, in: Siegel/Waldhoff, Öffentliches Recht in Berlin, 3. Aufl. 2020, § 3 Rn. 66 ff.

[717] So bereits zur entsprechenden Vorschrift der SeeAnlV *Brandt/Gaßner*, SeeAnlV, 2002, § 3 Rn. 29.

[718] So etwa *Dederer*, Gentechnikrecht im Wettbewerb der Systeme, 1998, S. 78; vgl. auch *Bramorski*, Die Dichotomie von Schutz und Vorsorge im Immissionsschutzrecht, 2017, S. 78, 93.

[719] Hierfür *Reshöft/Dreher*, ZNER 2002, 95 (97).

[720] S. speziell für die deutsche AWZ Art. 208 Abs. 1, 3 SRÜ sowie zu den regionalen OSPAR- und Helsinki-Abkommen ausführlich *Keller*, Das Planungs- und Zulassungsregime für Offshore-Windenergieanlagen in der AWZ, 2006, S. 256.

[721] *Kloepfer/Durner*, Umweltschutzrecht, 3. Aufl. 2020, § 3 Rn. 2 m. w. N.

[722] Eingehend zur Abgrenzung *Bramorski*, Die Dichotomie von Schutz und Vorsorge im Immissionsschutzrecht, 2017, S. 78 ff.

[723] *Fest*, Die Errichtung von Windenergieanlagen in Deutschland und seiner AWZ, 2010, S. 412.

[724] *Keller*, Das Planungs- und Zulassungsregime für Offshore-Windenergieanlagen in der AWZ, 2006, S. 258.

[725] S. bereits zu § 3 SeeAnlV *Keller*, Das Planungs- und Zulassungsregime für Offshore-Windenergieanlagen in der AWZ, 2006, S. 254.

legung zugänglich ist. Dies zieht letztlich die Unergiebigkeit einer systematischen Auslegung nach sich. Somit lässt sich zur Auslegung des Gefährdungstatbestandes allenfalls normgenetisch anbringen, dass dessen erste Entwurfsfassung zur damals gebundenen Genehmigung in § 3 SeeAnlV noch für beide damaligen Regelbeispiele einheitlich darauf abstellte, ob Umweltbeeinträchtigungen „zu besorgen" seien, worin nach der Entwurfsbegründung gerade eine „konsequente Anwendung des Vorsorgeprinzips" gesehen wurde.[726] Diese Formulierung hat sich allerdings in der Endfassung der Änderungsverordnung gerade nicht durchgesetzt[727], was die bewusste Entscheidung des damaligen Verordnungsgebers für einen „klassischen" Gefahrenabwehrtatbestand nahelegt.[728] Dem allein kann jedoch allenfalls Indizwirkung beigemessen werden, zumal die Gesetzesbegründung zur Übernahme der Vorschrift in das WindSeeG zu dieser Problematik schweigt.[729] Letztlich verbleiben damit erhebliche Unsicherheiten im Hinblick auf die Anforderungen der Generalklausel an die Schadensprognose und die diesbezügliche Darlegungslast.[730]

Die schon angedeutete systematische Erwägung, dass Regelbeispiele gerade keine tatbestandlichen Abwandlungen, sondern lediglich unselbständige „Exemplifikationen"[731] eines Grundtatbestandes bilden, zwingt grundsätzlich auch dazu, den extensiven seevölkerrechtlichen Umweltbegriff des Art. 1 Abs. 1 Nr. 4 SRÜ im Rahmen des allgemeinen Gefährdungstatbestandes anzuwenden.[732] Jener umfasst u. a. auch rechtmäßige menschliche Nutzungsformen des Meeres sowie anthropogene Kultur- und Sachgüter.[733] Dies führt erstens zu Überschneidungen mit den in § 69 Abs. 3 S. 1 Nrn. 2 und 3 WindSeeG normierten Tatbeständen, durch welche verkehrliche und militärische Nutzungen bereits einen dezidiert geregelten (Kernbereichs-)Schutz erfahren und die der Generalklausel insoweit als spezieller vorgehen müssen[734]. Zweitens bedarf es, um einer Ausuferung der Generalklausel vorzubeugen, die mit dem „überragenden öffentlichen Interesse" an der Errichtung von Offshore-Windparks gem. § 1 Abs. 3 WindSeeG nicht mehr vereinbar wäre, einer hoch angelegten

---

[726] BT-Drs. 14/6378, S. 65.

[727] S. Gesetz zur Neuregelung des Rechts des Naturschutzes und der Landschaftspflege und zur Anpassung anderer Rechtsvorschriften v. 25.03.2002, BGBl. I, S. 1193 (1216).

[728] Eingehend zur Normgenese *Brandt/Gaßner*, SeeAnlV, 2002, § 3 Rn. 2–4.

[729] BT-Drs. 18/8860, S. 311.

[730] Vgl. bereits *Brandt/Gaßner*, SeeAnlV, 2002, § 3 Rn. 29.

[731] Eingehend, wenngleich in anderem Kontext *Eisele*, Die Regelbeispielsmethode im Strafrecht, 2004, S. 14 f.

[732] I. E. ebenso zur ehem. SeeAnlV BVerwG, Urt. v. 29.04.2021 – 4 C 2/19 – NVwZ 2021, 1630 (1633); *Keller*, Das Planungs- und Zulassungsregime für Offshore-Windenergieanlagen in der AWZ, 2006, S. 262.

[733] Vgl. *Spieth*, in: Ders./Lutz-Bachmann, Offshore-Windenergierecht, § 48 WindSeeG Rn. 57.

[734] Vgl. *Keller*, Das Planungs- und Zulassungsregime für Offshore-Windenergieanlagen in der AWZ, 2006, S. 263.

quantitativen Erheblichkeitsschwelle im Hinblick auf alle menschlichen Güter und Nutzungen.[735] Auch im Übrigen, d. h. für „genuine" Umweltgüter der AWZ, ist eine Gefährdung nur gegeben, soweit die „auf konkrete und ernst zu nehmende Anhaltspunkte gründende Besorgnis" vorliegt, dass infolge des Vorhabens das betroffene Gebiet in seiner Funktion als Lebensraum einer Tier- oder Pflanzenart bzw. der Naturhaushalt insgesamt erheblich geschädigt werden.[736]

(3) Verbleibender Anwendungsbereich

Angesichts der Vorrang- und Sperrwirkungen des Naturschutzrechts einerseits, aber auch der in § 69 Abs. 3 S. 1 Nrn. 2 und 3 WindSeeG geregelten, ebenfalls vorrangigen Spezialtatbestände stellt sich letztlich die Frage, ob und welche Fallgruppen für den Anwendungsbereich des Grundtatbestandes verbleiben. In Betracht kommen insbesondere touristische und fischereiwirtschaftliche Tätigkeiten, die durch den extensiven Umweltbegriff der Vorschrift erfasst sind, ohne zugleich vorrangigen Spezialnormen zu unterliegen. Dementsprechend wurden in der Vergangenheit sog. „Horizontverschmutzungen" geltend gemacht, bei welchen Küstengemeinden die Ästhetik und tourismuswirtschaftliche Nutzbarkeit ihrer Strände durch Offshore-Windparks beeinträchtigt sahen.[737] Weil derartige Wirkungen der Anlage selbst den Verschmutzungsbegriff des Art. 1 Abs. 1 Nr. 4 SRÜ und folglich das Regelbeispiel nach § 69 Abs. 3 S. 1 Nr. 1 lit. a) WindSeeG[738] eindeutig nicht erfüllen, kommt hier allenfalls eine Subsumtion unter den Grundtatbestand in Betracht.[739] Für diesen wird es jedoch in der Praxis regelmäßig an einem hinreichenden Nachweis der Beeinträchtigung, d. h. der fehlenden touristischen Akzeptanz der Windparks und einer konkreten Bezifferung der wirtschaftlichen Folgen für die Gemeinde fehlen.[740] Im Ergebnis ist der Gefährdungstatbestand also hier nicht erfüllt. Dass Beeinträchtigungen der Fischereiwirtschaft diesen erfüllen können, ist schon wegen § 1 Abs. 3 WindSeeG allenfalls in seltenen Extremfällen denkbar.

Selbst in dem Falle gälte jedoch zu beachten, dass der allgemeine Gefährdungstatbestand zugunsten der Meeresumwelt keine subjektiven öffentlichen

---

[735] S. auch *Brandt/Gaßner*, SeeAnlV, 2002, § 3 Rn. 57.

[736] *Gellermann u. a.*, Hdb. Meeresnaturschutzrecht, 2012, S. 202; ähnlich *Brandt/Gaßner*, SeeAnlV, 2002, § 3 Rn. 56.

[737] Beispielhaft OVG Hamburg, Beschl. v. 05.09.2004 – 1 Bf 128/04 – NVwZ 2005, 347.

[738] Hierzu oben bb).

[739] Vgl. *Keller*, Das Planungs- und Zulassungsregime für Offshore-Windenergieanlagen in der AWZ, 2006, S. 262 f.

[740] Vgl. *Peters/Morkel/Köppel/Köller*, Berücksichtigung von Auswirkungen auf die Meeresumwelt bei der Zulassung von Windparks in der Ausschließlichen Wirtschaftszone, 2008, S. 73 ff.

Rechte begründet.[741] Die ihn determinierende völkerrechtliche Regelung des Art. 1 Abs. 1 Nr. 4 SRÜ adressiert vielmehr nur die Vertragsstaaten und lässt im innerstaatlichen Kontext gerade keine hinreichende Individualisierung eines von der Allgemeinheit abgrenzbaren, geschützten Personenkreises zu.[742] Die Vorschrift beschränkt sich somit auf eine objektiv-rechtliche Definition des behördlichen Prüfprogramms; soweit Individualrechtsträger hiervon profitieren, geschieht dies im Wege bloßer Rechtsreflexe. Auch für die explizit benannten Fischereirechte gilt damit, dass solche tatbestandlich zwar einen Bestandteil der Meeresumwelt bilden können, hieraus jedoch kein subjektives öffentliches Recht zugunsten der einzelnen Fischer resultiert.[743] Den Betroffenen möglicher Fallgruppen des Grundtatbestandes mangelt es damit jedenfalls an der Rechtsdurchsetzungsmacht.

(4) Fazit: Dogmatisch inkonsistente Regelung mit Novellierungsbedarf

Jener Befund eines allenfalls geringfügigen Anwendungsbereichs bei gleichzeitig fehlender Durchsetzbarkeit im Einzelfall lässt den praktischen Nutzen der Generalklausel durchaus fraglich erscheinen. Ihre ursprünglich wichtige Funktion als Auffangtatbestand im „gebundenen" Genehmigungsrecht für Offshore-Anlagen mit gerade abschließend normierten Versagungsgründen (s. § 3 S. 3 der ehem. SeeAnlV in der Ursprungsfassung) erfüllt sie im Rahmen der heutigen planerischen Zulassungsentscheidung, die die Umweltauswirkungen eines Vorhabens schon infolge des Konfliktbewältigungsgebots und § 25 UVPG umfassend als abwägungserhebliche Belange berücksichtigen muss[744], gerade nicht mehr. Dies gilt zumal naturschutzrechtliche Vorschriften bereits infolge der §§ 56 Abs. 1 BNatSchG und 69 Abs. 3 S. 1 Nr. 8 WindSeeG umfassend zum Tragen kommen.

Stattdessen sind mit ihr erhebliche Auslegungsschwierigkeiten verbunden, die darauf schließen lassen, dass die Verwendung der Regelbeispielstechnik innerhalb des § 69 Abs. 3 S. 1 Nr. 1 WindSeeG schon in den Vorgängervorschriften redaktionell fehlerhaft erfolgt ist und der Gesetzgeber vielmehr intendiert hat, jeweils selbständige Tatbestände zu schaffen. Aus rechtsdogmatischer Sicht ist § 69 Abs. 3 S. 1 Nr. 1 WindSeeG daher novellierungsbedürftig.

---

[741] OVG Hamburg, Beschl. v. 05.09.2004 – 1 Bf 128/04 – NVwZ 2005, 347 (347 f.); *Keller*, ZUR 2005, 184 (187 f.).

[742] *Keller*, Das Planungs- und Zulassungsregime für Offshore-Windenergieanlagen in der AWZ, 2006, S. 258; OVG Hamburg, Beschl. v. 05.09.2004 – 1 Bf 128/04 – NVwZ 2005, 347.

[743] OVG Hamburg, Beschl. v. 30.09.2004 – 1 Bf 162/04 – ZUR 2005, 208 (209); zum ebenfalls fehlenden Grundrechtsschutz BVerfG, Beschl. v. 26.04.2010 – 2 BvR 2179/04 –, NVwZ-RR 2012, 555.

[744] S. *Kämper*, in: Bader/Ronellenfitsch, VwVfG, § 74 Rn. 71; zum Gebot der planerischen Konfliktbewältigung *Kupfer/Weiß*, in: Schoch/Schneider, Verwaltungsrecht, Vorbem. § 72 VwVfG Rn. 207 ff.

Einen einfachen Weg zur Beseitigung der systematischen Mängel würde es bilden, den überkommenen und praktisch nicht mehr erforderlichen allgemeinen Gefährdungstatbestand zu streichen und die unter a) und b) normierten fachspezifischen Vorgaben zur Umsetzung des Seevölkerrechts bzw. zum Schutz der Avifauna stattdessen in Form jeweils selbständiger Tatbestände in § 69 Abs. 3 S. 1 WindSeeG zu verankern.

c) Besonderheiten der naturschutzrechtlichen Prüfung

Externe Planungsleitsätze gem. § 69 Abs. 3 S. 1 Nr. 8 WindSeeG statuieren schließlich vor allem die naturschutzrechtlichen Vorschriften des Bundes.[745] Dabei sind jedoch Besonderheiten zu beachten, die sich sowohl aus den spezifisch „marinen" Vorgaben des BNatSchG für die AWZ als auch dem Wind-SeeG selbst ergeben.

aa) Allgemeine Modifikationen des marinen Naturschutzrechts

Dies gilt zunächst für die naturschutzrechtliche Eingriffsregelung, welche auf die Errichtung und den Betrieb von Windenergieanlagen im zentralen Modell über § 56 Abs. 1 BNatSchG Anwendung findet.[746] Vor 2017 zugelassene Offshore-Windparks und bestehende Projekte i. S. d. § 26 Abs. 1 WindSeeG sind dagegen von ihr ausgenommen (§ 56 Abs. 3 BNatSchG). In diesem Rahmen werden die Anlagen jedoch durch die spezielle Kompensationsregelung des § 15 BKompV[747] privilegiert; zudem ist für Eingriffe im Bereich der AWZ allgemein ein „erweitertes Spektrum der Realkompensationen"[748] eröffnet, indem Ersatzmaßnahmen auch außerhalb des betroffenen Naturraums durchgeführt werden können, sofern dadurch die jeweils beeinträchtigte Funktion des Schutzguts im betroffenen Naturraum hergestellt wird (s. Anlage 5 BKompV). Ersatzzahlungen nach § 15 Abs. 6 S. 2 BNatSchG sind für Eingriffe innerhalb der AWZ grundsätzlich als zweckgebundene Abgabe an den Bund zu leisten (§ 56 Abs. 4 BNatSchG).

Bei der tatbestandlichen Abwägung im Rahmen der artenschutzrechtlichen Ausnahme nach § 45 Abs. 7 S. 1 Nrn. 4 und 5 BNatSchG – soweit diese trotz § 72a WindSeeG n. F. Anwendung findet, s. sogleich – gelten wiederum die Maßgaben des § 1 Abs. 3 WindSeeG, wonach die Errichtung und der Betrieb von Windenergieanlagen auf See im überragenden öffentlichen Interesse liegen und der öffentlichen Sicherheit dienen (vgl. für Windenergieanlagen an

---

[745] Vgl. auch *Leisner-Egensperger*, NVwZ 2022, 745 (746, dort Fn. 8).

[746] Vgl. BT-Drs. 18/8832, S. 353.

[747] Verordnung über die Vermeidung und die Kompensation von Eingriffen in Natur und Landschaft im Zuständigkeitsbereich der Bundesverwaltung v. 14.05.2020 (BGBl. I S. 1088).

[748] Vgl. BT-Drs. 18/8860, S. 314.

Land entsprechend § 45b Abs. 8 BNatSchG). Denn die Vorschrift erging gerade auch vor dem Hintergrund, dass in der vormaligen Rechtsanwendungspraxis nicht nur oftmals die mittelbar-abstrakten gesamtklimatischen Effekte von (Offshore-)Windparks als nicht hinreichend für den artenschutzrechtlichen Ausnahmetatbestand des § 45 Abs. 7 S. 1 Nr. 4 letzt. Var. BNatSchG („maßgeblich günstige Auswirkungen auf die Umwelt") angesehen wurden[749], sondern teils auch Gründe der öffentlichen Sicherheit und „zwingende Gründe" des öffentlichen Interesses i. S. d. § 45 Abs. 7 S. 1 Nr. 5 BNatSchG infolge einer isolierten Betrachtung des konkreten Anlagenstandorts verneint wurden[750]. Insoweit stellt die Gesetzesbegründung des WindSeeG 2023 ausdrücklich klar, dass gerade auch „jede einzelne Offshore-Windenergieanlage" Bezugsobjekt des überragenden öffentlichen Interesses bzw. der Dienlichkeit für die öffentliche Sicherheit ist.[751] An einer umfassenden Spezialregelung entsprechend § 45b BNatSchG für Windenergie an Land fehlt es im WindSeeG indessen. Letztlich werden auch die Anforderungen an den Meeresbiotopschutz nach Maßgabe des § 72 Abs. 2 WindSeeG modifiziert.[752]

bb) Auswirkungen des § 72a WindSeeG n. F.

Für die verbleibende Geltungsdauer der europäischen Notfallverordnung[753] ist indessen zu beachten, dass das BSH gem. § 72a Abs. 1 S. 1 und 2 WindSeeG weitgehend keine artenschutzrechtlichen Bewertungen von Windparkvorhaben nach § 44 Abs. 1 BNatSchG durchführen wird ((1)). Stattdessen setzt der vorerst maßgebliche § 72a WindSeeG n. F. auf sekundärer, d. h. nachträglicher Schutzebene an und stellt ein neues Regime zur Minderung und Kompensation artenschutzrechtlicher Zugriffe auf ((2) und (3)).

(1) Keine Prüfung artenschutzrechtlicher Zugriffsverbote für bis zum 30. Juni 2024 gestellte Zulassungsanträge

So ist bei der Zulassung der Errichtung, des Betriebs und der Änderung von Windenergieanlagen auf 2022 bis 2023 ausgeschriebenen Flächen in der Nordsee, für die bis zum 30.06.2024 ein Antrag gestellt wird, nicht nur von der Durchführung einer UVP, sondern auch von einer Prüfung der in § 44 Abs. 1 BNatSchG verankerten artenschutzrechtlichen Zugriffsverbote[754], abzusehen

---

[749] Speziell zu Offshore-Windenergieanlagen *Gellermann u. a.*, Hdb. Meeresnaturschutzrecht, 2012, S. 131; allgemein *Leisner-Egensperger*, NVwZ 2022, 745 (748).

[750] S. zur öffentlichen Sicherheit *Attendorn*, NVwZ 2022, 1586 (1590) m. w. N.; s. im Übrigen *Gellermann*, NuR 2020, 178 (180); *Bick/Wulfert*, NuR 2020, 250 (251).

[751] BT-Drs. 20/1634, S. 70.

[752] S. bereits oben III. 3. b) cc).

[753] S. zu dieser wie auch zur Durchführungsvorschrift des § 72a WindSeeG Kapitel 1 III. 4. c).

[754] Zu diesen etwa *Gellermann*, in: Landmann/Rohmer, § 44 BNatSchG Rn. 4–26.

(§ 72a Abs. 1 S. 1 und 2 WindSeeG). Solche können der Planfeststellung bzw. Plangenehmigung mithin nicht mehr entgegenstehen. Stattdessen weicht die vormalige Prüfung der Verbotstatbestände, ohne dass es einer Ausnahme nach § 45 Abs. 7 BNatSchG bedarf (§ 72a Abs. 1 S. 15 WindSeeG), der Prüfung geeigneter Minderungsmaßnahmen sowie auf zweiter Stufe der Festsetzung von Ausgleichszahlungen des Vorhabenträgers durch das BSH.

(2) Erste Stufe: Anordnung von Minderungsmaßnahmen

Zwingend hat das BSH zunächst die Anordnung geeigneter und verhältnismäßiger Minderungsmaßnahmen zu prüfen, um die Einhaltung der materiellen Anforderungen des § 44 Abs. 1 BNatSchG zu gewährleisten (§ 72a Abs. 1 S. 1 WindSeeG). Die Vorschrift repliziert teils wortlautgetreu die Maßgaben des Art. 6 S. 2 NotfallVO. Demnach sind entsprechende Maßnahmen ausschließlich auf Basis „vorhandener", d. h. bei der Behörde selbst präsenter oder jedenfalls sofort beschaffbarer[755] Daten über das Artvorkommen zu treffen und müssen dem Stand der Wissenschaft und Technik entsprechen, also die jeweils neuesten Erkenntnisse der technischen und naturwissenschaftlichen Entwicklung umsetzen[756]. Konkretisierend regelt § 72a Abs. 2 S. 2 WindSeeG insoweit, dass zum Schutz mariner Säugetiere vor Belastungen mit Unterwasserschall stets der Einsatz sog. Blasenschleier[757] anzuordnen ist. Im Übrigen nennen die Gesetzgebungsmaterialien als denkbare Schutzmaßnahmen sowohl die „klassische" Anordnung von Abschaltzeiten der Anlagen als auch den Einsatz von Vogelradaren[758], deren neuere Modelle nach Art eines „Antikollisionssystems"[759] zur Erkennung vogelschlaggefährdeter Arten und zur automatischen Abschaltung der Anlagen bei deren Näherung fähig sind[760].

Zuständig für die Anordnung ist gem. § 72a Abs. 2 S. 1 WindSeeG das BSH unter „Beteiligung" des BfN. Die genaue Form und Intensitätsstufe dieser Be-

---

[755] Denkbar ist etwa auch ein Abruf aus behördlichen Datenbanken, s. BT-Drs. 20/5830, S. 49.

[756] Grundlegend *BVerfG*, Beschl. v. 08.08.1978 – 2 BvL 8/77 – NJW 1979, 359 (362).

[757] Diese stellen eine gewisse Schallminderung insbesondere in der Errichtungsphase der Anlagen sicher, s. etwa *Bundesministerium für Umwelt, Naturschutz und Reaktorsicherheit*, Konzept für den Schutz der Schweinswale vor Schallbelastungen bei der Errichtung von Offshore-Windparks in der deutschen Nordsee (Schallschutzkonzept), 2013, S. 10 ff.

[758] BT-Drs. 20/5830, S. 50.

[759] So *Wetzel*, „Alles auf Windkraft", Welt Online v. 04.04.2022 unter https://www.welt.de/wirtschaft/article237983443/Habecks-Windkraft-Plan-Jetzt-lassen-die-Gruenen-den-Artenschutz-fallen.html.

[760] S. zu deren Einsatz an Land *Landtag von Sachsen-Anhalt*, „Radar schützt Vögel an Windkraftanlagen" v. 22.08.2019, abrufbar unter https://www.landtag.sachsen-anhalt.de/2019/radar-schuetzt-voegel-an-windkraftanlagen.

teiligung[761] lässt auch die Gesetzesbegründung offen. Dass § 72a Abs. 2 Wind-SeeG an anderer Stelle – nämlich Satz 3 – ausdrücklich das Einvernehmen des BfN fordert, lässt den systematischen Schluss zu, dass ein solches hier jedenfalls nicht gemeint ist. Vielmehr soll die Letztentscheidung allein beim BSH verbleiben.[762] Da Gesetzeszweck und -wortlaut auch auf keine anderweitige spezifische Mitwirkungsform (Abstimmung, Vorschlagsrecht)[763] hindeuten, ist letztlich vom Regelfall eines einfachen Stellungnahmerechts des BfN auszugehen.

Weiterhin hält § 72a Abs. 2 S. 3 WindSeeG für das BSH eine Rechtsgrundlage zur nachträglichen Anordnung von Minderungsmaßnahmen für den Fall bereit, dass zusätzliche Artvorkommen oder -beeinträchtigungen erst aus später erhobenen Daten ersichtlich werden sollten. Entsprechende Maßnahmen sind ausdrücklich nur im Einvernehmen[764] mit dem BfN zu treffen (§ 72a Abs. 2 S. 3 WindSeeG). Nach Ablauf von zwei Jahren seit der Zulassung hat das BSH indessen zwingend eine aktualisierende artenschutzrechtliche Vorhabenbewertung nach § 44 Abs. 1 BNatSchG auf Grundlage der zwischenzeitlich gesammelten Monitoring-Daten durchzuführen (§ 72a Abs. 2 S. 4 WindSeeG). In der Rechtfolge sind – auch hier zwingend – erweiterte Schutzmaßnahmen anzuordnen, soweit solche erforderlich sind. Die Möglichkeit des BSH, aufgrund von Gefährdungen der Meeresumwelt nachträglich den Windparkbetrieb zu untersagen oder dessen Beseitigung anzuordnen (§ 79 Abs. 3 WindSeeG), dürfte hingegen für Vorhaben im Anwendungsbereich des spezielleren § 72a Abs. 1 WindSeeG gesperrt sein; jedenfalls insoweit erscheint eine Legalisierungswirkung[765] der Vorschrift teleologisch und systematisch zwingend.

(3) Zweite Stufe: Dezidiertes Kompensationsregime

Soweit geeignete und verhältnismäßige Maßnahmen oder eine (hinreichende) Datengrundlage hierfür nicht verfügbar sind, hat das BSH stattdessen eine jährlich zu leistende Geldzahlung des Vorhabenträgers festzusetzen, welche für Maßnahmen nach § 45d Abs. 1 BNatSchG (nationale Artenhilfsprogramme)

---

[761] Zur Vielfalt möglicher Teilnahmeformen *Siegel*, Die Verfahrensbeteiligung von Behörden und anderen Trägern öffentlicher Belange, 2001, S. 71 ff.

[762] Vgl. auch BT-Drs. 20/5830, S. 50: „[…] dass das BSH als zuständige Behörde sicherstellt […]".

[763] Zu diesen *Siegel*, Die Verfahrensbeteiligung von Behörden und anderen Trägern öffentlicher Belange, 2001, S. 79 ff.

[764] S. zur Beteiligungsform des Einvernehmens *Siegel*, Die Verfahrensbeteiligung von Behörden und anderen Trägern öffentlicher Belange, 2001, S. 89, 93 f. sowie zum vormaligen § 8 SeeAnlV *Schmälter*, in: Theobald/Kühling, § 8 SeeAnlV Rn. 1. A. A. *Kerth*, in: Säcker/Steffens, BerlKommEnR VIII, § 6 WindSeeG Rn. 7: „Einvernehmen bedeutet, dass das BSH die Stellungnahmen der BNetzA bei ihrer Entscheidung zu berücksichtigen hat."

[765] Allgemein zur Problematik der Reichweite der Legalisierungswirkung der auf Art. 6 NotfallVO basierenden Umsetzungsvorschriften *Ruge*, NVwZ 2023, 1033 (1040 f.).

verwendet wird (§ 72a Abs. 2 S. 5 und 6 WindSeeG). Die Festsetzung erfolgt zeitgleich mit der Zulassung (§ 72a Abs. 2 S. 6 WindSeeG); die hierdurch geförderten Artenschutzmaßnahmen dürfen nicht bereits nach anderen Vorschriften – etwa nach § 15 Abs. 6 BNatSchG – verpflichtend sein und müssen der Sicherung oder Verbesserung des Erhaltungszustands mindestens einer durch Windenergie auf See betroffenen Art dienen (§ 72a Abs. 2 S. 5, 12 WindSeeG). Bis zu 20 % der Gesamtsumme können zur Erforschung der Auswirkungen von Windenergieanlagen auf betroffene Arten und zur Entwicklung von Vermeidungs- und Minderungsmaßnahmen verwendet werden (§ 72a Abs. 2 S. 13 WindSeeG). Über die Verwendung der Mittel im Einzelnen entscheidet das Bundesministerium für Umwelt, Naturschutz, nukleare Sicherheit und Verbraucherschutz „unter Beteiligung" – d. h. auch hier unter Beachtung eines Stellungnahmerechts – des BSH (§ 72a Abs. 2 S. 11 und 14 WindSeeG).

Die Höhe der jährlichen Zahlung beträgt zwischen 300 und 1.250 € je MW bezuschlagter Leistung und richtet sich unter Berücksichtigung der angeordneten Minderungsmaßnahmen nach Art, Schwere und Ausmaß der Beeinträchtigungen, insbesondere der Zahl und Schutzwürdigkeit der betroffenen Arten (§ 72a Abs. 2 S. 8 WindSeeG). Die Entscheidung ist, entsprechend den Minderungsmaßnahmen auf erster Stufe, ausschließlich aufgrund der beim BSH vorhandenen Daten zu treffen (§ 72a Abs. 2 S. 8 WindSeeG). In der Tatbestandsvariante, dass „Daten nicht vorhanden" sind, kann damit letztlich nur der Mindestbetrag von 300 € je MW festgesetzt werden.

(4) „(Keine) Absenkung des bestehenden Schutzniveaus"?

Der Gesetzgeber ging davon aus, dass mit der Durchführung der europäischen NotfallVO durch § 72a WindSeeG eine „materielle Absenkung des bestehenden Schutzniveaus [...] nicht verbunden" sei.[766] Dies trifft insoweit zu, als die tatbestandlichen Maßstäbe des § 44 Abs. 1 BNatSchG selbst unverändert geblieben sind; zudem werden die einschlägigen Prüfungen nicht entbehrlich, sondern weitgehend nur auf einen späteren Zeitpunkt – nämlich nach der Zulassung – verschoben (s. insbesondere § 72a Abs. 2 S. 4 WindSeeG). Auf Rechtsfolgenseite aber weicht das ursprüngliche Verbotsregime des § 44 Abs. 1 BNatSchG, das Vorhaben prinzipiell auch verhindern konnte, einem reinen Minderungs- und Kompensationsregime; insoweit sind also nicht die artenschutzrechtlichen Anforderungen „auf dem Papier", wohl aber deren Durchsetzungskraft gegen Projekte erheblich gemindert worden. Hinzu tritt, dass es aufgrund der eingeschränkten Untersuchungstiefe im Rahmen der Zulassung im Einzelfall an hinreichenden Daten fehlen kann, die zur Anordnung von Schutzmaßnahmen Anlass geben. Schließlich bleibt abzuwarten, ob sich die nationalen Artenhilfsprogramme tatsächlich als geeignet erweisen werden,

---

[766] BT-Drs. 20/5830, S. 51.

gerade irreversible und intensive Artenzugriffe an anderer Stelle hinreichend aufzuwiegen.

Festzuhalten bleibt damit, dass die Neuregelungen das effektiv gewährleistete Schutzniveau durchaus vermindern werden.[767] Auf der anderen Seite ist jedoch gerade der schnelle Ausbau regenerativer Energien dringend notwendig, um das Voranschreiten anderweitiger, klimatisch bedingter Umweltschäden zu verlangsamen. Insoweit wären damit verbundene Abstriche beim Artenschutz notwendig in Kauf zu nehmen, zumal die jetzige Rechtslage als vorübergehende konzipiert ist.

4. *Planfeststellungsbeschluss, Plangenehmigung und Nebenentscheidungen*

a) *Allgemeines*

Der Planfeststellungsbeschluss entfaltet nach den allgemeinen Maßgaben des § 75 Abs. 1 und Abs. 2 S. 1 VwVfG Zulassungs-, Konzentrations- und Gestaltungswirkung[768]; eine enteignungsrechtliche Vorwirkung[769] ist indessen fachgesetzlich nicht angeordnet und mangels Eigentumsfähigkeit von Meeresflächen in der AWZ auch weder möglich noch erforderlich[770]. Die Plangenehmigung entfaltet gem. § 74 Abs. 6 S. 2 Hs. 1 VwVfG ebenfalls die Rechtswirkungen der Planfeststellung. Beide Zulassungsentscheidungen werden durch das BSH stets befristet auf 25 Jahre erteilt (§ 69 Abs. 7 S. 1 WindSeeG), was der durchschnittlichen technischen „Lebenserwartung" der Anlagen entspricht.[771] Die in § 25 Abs. 1 S. 2 EEG festgelegte Dauer der Marktprämienförderung über 20 Jahre – entsprechend einem energiewirtschaftlich üblichen Amortisationszyklus[772] – wird damit offensichtlich überstiegen, sodass Förder- und Zulassungsdauer also voneinander „entkoppelt" sind.

b) *Nebenbestimmungen*

Nebenbestimmungen zur Zulassungsentscheidung sind nach Maßgabe des § 36 Abs. 2 und 3 VwVfG zulässig (§ 66 Abs. 3 S. 2 WindSeeG). Bei voruntersuchten Flächen werden solche oftmals bereits durch die Eignungsverordnung gem. § 12 Abs. 5 S. 2 WindSeeG vorgegeben[773]; daneben zwingt § 72a Abs. 2 S. 1

---

[767] S. auch *Renno*, EnWZ 2023, 203 (206): „[…] massive[…] Beschränkungen des Artenschutzes."

[768] Zur Konzentrationswirkung Hufen/Siegel, Fehler im Verwaltungsverfahren, 7. Aufl. 2021, Rn. 651; i. Ü. s. Ziekow, VwVfG, § 75 Rn. 3 ff.

[769] Hierzu *Siegel*, Allgemeines Verwaltungsrecht, 14. Aufl. 2022, Rn. 1007.

[770] S. *Uibeleisen/Groneberg*, in: Säcker/Steffens, BerlKommEnR VIII, § 45 WindSeeG Rn. 22.

[771] BT-Drs. 18/10668, S. 153.

[772] *Kühling/Rasbach/Busch*, Energierecht, 5. Aufl. 2022, Kap. 9 Rn. 16.

[773] S. bereits o. IV. 3. b) bb) (4).

und 2 WindSeeG ausdrücklich zur Anordnung naturschutzrechtlicher Minderungsmaßnahmen[774], welche ebenfalls in Form von Nebenbestimmungen zum Planfeststellungsbeschluss bzw. zur Plangenehmigung ergehen[775].

Im Übrigen kommen sie insbesondere in Form von Schutzvorkehrungen i. S. d. § 74 Abs. 2 S. 2 VwVfG, aber auch – auf der besonderen Rechtsgrundlage des § 69 Abs. 2 S. 1 WindSeeG – als Anordnung von Realisierungsmaßnahmen und -fristen in Betracht[776], die insoweit als Auflagen qualifiziert werden können. Die fehlende oder nicht fristgemäße Umsetzung entsprechender Maßnahmen durch den Vorhabenträger berechtigt das BSH zur Aufhebung des Planfeststellungsbeschlusses bzw. der Plangenehmigung (§ 69 Abs. 5 S. 1 Nr. 2 WindSeeG). Insoweit unterscheiden sich die (direkten) Rechtsfolgen der Nichteinhaltung behördlich festgelegter Realisierungsschritte maßgeblich von denen, die den Vorhabenträger bei einer Nichteinhaltung der gesetzlichen Realisierungsfristen nach § 81 WindSeeG treffen; denn letztere verpflichtet ihn grundsätzlich zur Leistung (monetärer) Pönalen an den zuständigen ÜNB und kann zum Widerruf des Zuschlags führen (§ 82 WindSeeG).

c) Einrichtung von Sicherheitszonen

Als seinem Regelungsgehalt nach eigenständiger Verwaltungsakt gegenüber der Zulassung ist letztlich die Einrichtung von Sicherheitszonen durch das BSH nach §§ 74, 75 WindSeeG zu qualifizieren. Sicherheitszonen sind gemäß der Legaldefinition § 75 Abs. 2 S. 1 WindSeeG „Wasserflächen, die sich in einem Abstand von bis zu 500 Metern, gemessen von jedem Punkt des äußeren Randes, um die Windenergieanlagen erstrecken". Als solche bilden sie basierend auf Art. 60 Abs. 4 SRÜ spezielle Verkehrssicherungsmaßnahmen mit Blick auf die Seeschifffahrt[777], deren wesentliche Wirkung darin liegt, dass im Bereich der Zone ein grundsätzliches Befahrensverbot für Schiffe gilt (s. § 7 Abs. 2 Hs. 1 VSeeStrO[778]). Über ihre Einrichtung steht dem zuständigen BSH kein Ermessen zu; vielmehr ist jene zwingend, soweit die Sicherheitszone zur Gewährleistung der Sicherheit der Schifffahrt oder der Windenergieanlagen selbst notwendig ist, wobei die Entscheidung im ersteren Fall des Einvernehmens der GDWS bedarf (§ 74 Abs. 1 WindSeeG). Die Einrichtung einer Sicherheitszone hat das BSH auf dessen Internetseite, in einer überregionalen Tageszeitung sowie in den Nachrichten für Seefahrer bekannt zu machen und in die amtlichen Seekarten einzutragen (§ 75 i. V. m. § 98 Nr. 1 WindSeeG).

---

[774] S. eingehend o. 3. c) bb) (2).

[775] Vgl. BT-Drs. 20/5830, S. 51.

[776] Zum Nebenbestimmungscharakter letzterer im Rahmen des BImSchG *Jarass*, in: Ders., BImSchG, § 18 Rn. 3.

[777] Vgl. VG Schleswig, Urt. v. 16.09.2014 – 3 A 223/13 – RdTW 2015, 117 (119).

[778] Verordnung zu den Internationalen Regeln von 1972 zur Verhütung von Zusammenstößen auf See v. 13.06.1977 (BGBl. I S. 813).

VI. Zusammenfassung: Wesentliche Merkmale der raumplanerischen Steuerung von Windenergieanlagen auf See

Somit können im Hinblick auf die raumplanerische Steuerung von Offshore-Windparks in der AWZ die folgenden Merkmale und Aspekte festgehalten werden:

1. In quantitativer Hinsicht, also in Bezug auf Zahl und Ausmaß von Flächenfestlegungen, wird die räumliche Fachplanung des Flächenentwicklungsplans durch § 5 Abs. 5 S. 1 WindSeeG an die Ausbauziele (§ 1 Abs. 2 S. 1 WindSeeG) rückgekoppelt.[779] Letztere bilden insoweit (strikt einzuhaltende) Planungsleitsätze, wenngleich der kleinschrittigere gesetzliche Ausschreibungspfad gem. § 2a WindSeeG mittlerweile flexibilisiert wurde. Hierdurch wird eine von Vornherein bedarfsorientierte Flächensicherung gewährleistet, die in der weiteren Fachplanungskaskade zudem fortentwickelt werden kann; denn § 12 Abs. 6 S. 3 WindSeeG stellt insoweit nach dem Prinzip der umgekehrten Abschichtung eine laufende Aktualisierung der Flächenplanung sicher, sollten sich auf einer Fläche geplante Kapazitäten bei der Voruntersuchung als nicht realisierbar erweisen und daher anderweitige Ausweisungen erforderlich machen.

2. Mit der Festlegung räumlich konkreter Flächen im Flächenentwicklungsplan wird die Standortfrage für Offshore-Windparkprojekte weitgehend fachplanerisch „hochgezont". Hierdurch wird sie einerseits zur „echten", d. h. initiativ-gestaltenden Planungsentscheidung des BSH, das mithin nicht mehr an die Standortentscheidungen privater Vorhabenträger gebunden ist. Im Verhältnis zur Zulassungsebene werden hierdurch wesentliche raumplanerische Fragen vorweggenommen. Dabei ist der Grad jener „abschichtenden" Vorwegnahme im Hinblick auf einige Planungsleitsätze des § 5 Abs. 3 S. 2 WindSeeG stärker, im Hinblick auf andere geringer ausgeprägt: So hängen etwa die umweltbezogenen Prüfungen in vieler Hinsicht von der konkreten Gestaltung und Betriebsweise des Windparks ab und haben ihren Schwerpunkt damit regelmäßig erst auf der Zulassungsebene.[780] Weil das Voruntersuchungsverfahren solche projektbezogenen Betrachtungen ausspart (§ 10 Abs. 1 S. 1 Nr. 1 Hs. 1 WindSeeG), ist zwar letztlich nicht auszuschließen, dass Vorhaben trotz positiver Eignungsfeststellung auf Zulassungsebene scheitern[781]; gleichwohl wird die Planungssicherheit hierdurch erhöht und es zeigt sich, dass dem WindSeeG ein grundsätzlich zweckmäßiges und konsistentes Abschichtungssystem immanent ist[782], dessen Bedeutung die – wenn auch mehr klarstellende – Einfü-

---

[779] S. o. Kapitel 2 III. 3. a).
[780] Näher oben Kapitel 2 IV. 3. b) aa) (3).
[781] *Durner*, ZUR 2022, 3 (6 f.).
[782] S. bereits *Himstedt*, NordÖR 2021, 209 (215).

gung der umweltbezogenen Abschichtungsmaßgaben in § 5 Abs. 3 S. 57 und §
72 Abs. 1 WindSeeG jüngst nochmals hervorgehoben hat.

3. Zudem hat sich bei der Betrachtung des Fachplanungssystems nach Teil
2 und 4 WindSeeG bereits dessen spezifische Verknüpfung mit dem Regulierungsrecht angedeutet, dies vor allem darin, dass die Antragsberechtigung des
Projektträgers im Planfeststellungs- bzw. Plangenehmigungsverfahren zwingend einen Zuschlag für die Fläche erfordert (§ 67 Abs. 1 S. 1 WindSeeG).
Diese Verknüpfung zwischen Zuschlag und Vorhabenzulassung setzt sich darin fort, dass ihre jeweilige Wirksamkeit in Abhängigkeit zueinander steht[783];
schließlich wird sich zeigen, dass die Ausschreibungen ihrerseits gerade aus
der vorbereitenden Fachplanung entwickelt werden[784].

4. Letztlich wurde eine gewisse Konzentrationstendenz erkennbar, so insbesondere die umfassende Zuständigkeitskonzentration beim BSH als Bundesoberbehörde, welche im Bereich der AWZ alle relevanten Raum- und Fachpla-
nungsschritte einschließlich der Zulassung durchführt oder – im Hinblick auf
den Raumordnungsplan – jedenfalls wesentlich vorbereitet. Diese Konzentrationstendenz wird sich im Rahmen des Rechtsschutzes nochmals verstärkt zeigen.[785]

---

[783] Näher noch u. Kapitel 5 I. 2. d).
[784] S. u. Kapitel 3 II. 2. c) aa).
[785] S. u. Kapitel 4 I. 1.

Kapitel 3

Quantitative Steuerung des Anlagenzubaus

Zugleich wurde mit dem zentralen Modell eine quantitative Steuerung der Erzeugungsleistung von Offshore-Windparks in der deutschen AWZ etabliert, welche einerseits im Wege der Bedarfsplanung durch das BSH als vorbereitende Fachplanung und andererseits regulierungsrechtlich mittels zweier, gegenüber dem EEG-Regime eigenständiger[1] Ausschreibungsmodelle verwirklicht wird. Die erste Besonderheit liegt dabei in der umfassenden Synchronisierung der Erzeugungsplanung mit der Netzbedarfsplanung (hierzu II.). An die staatliche Bedarfsfestlegung knüpfen sodann die regulatorischen Markteinwirkungen nach Teil 3 des WindSeeG an, um den festgestellten Bedarf zu decken (III.).[2] Die dem zugrundeliegenden gesetzlichen Mechanismen werden im Folgenden nach einer Klärung der begrifflichen Grundlagen (s. u. I.) erörtert.

I. Terminologische Grundlagen

1. Begriff der Bedarfsplanung

Der Begriff der Bedarfsplanung hat sich zu einem eigenständigen Typus von Fachplänen mit zunehmender praktischer Bedeutung herausgebildet, deren materieller Gehalt zunächst umrissen und vom gleichsam „gegenteiligen" Typus der sog. Verwirklichungspläne abgegrenzt werden soll (a)-b)). Gerade in der Planung von Energieinfrastrukturen erlangen schließlich Bedarfspläne in Form formeller Gesetze Bedeutung (c)).

a) Materieller Gehalt von Bedarfsplänen

So werden hierunter grundsätzlich solche Vorgänge der Ermittlung und Bewertung von Sachverhalten verstanden, „welche zur Anerkennung eines [Gemeinwohl-]Bedürfnisses nach Maßgabe normativer Ziele führ[en]".[3] Über das gesellschaftliche Bedürfnis nach Einrichtungen und Gütern insbesondere der

---

[1] *Lehberg*, Rechtsfragen der Marktintegration Erneuerbaren Energien, 2017, S. 197.

[2] So allgemein zur mengensteuernden Regulierung *Bader*, Die Bedeutung der Interdependenz zwischen Planung und Regulierung für die Steuerung des Ausbaus der Onshore-Windenergieerzeugung, 2021, S. 92.

[3] *Köck*, ZUR 2016, 579 (581).

Daseinsvorsorge entscheidet hierbei nicht unmittelbar der Markt – also der Bedarf im ökonomischen Sinne[4] –, sondern vielmehr eine politische Wertung.[5] Folglich sind die Ziele staatlicher Güterplanungen oftmals auch langfristige oder ideelle, so beispielsweise Nachhaltigkeitsaspekte, und decken sich als solche nicht mit der von Kaufkraft abgedeckten Nachfrage am Markt allein.[6] „Bedarf" bedeutet dabei das im Verhältnis zu einer (politischen) Zielvorgabe bestehende Defizit.[7] Die materielle Bedarfsplanung beinhaltet folglich einen „Soll-Ist-Vergleich", d. h. eine typischerweise großräumige Infrastrukturanalyse (Ist-Zustand) und – soweit diese nicht bereits durch staatsleitende Programmpläne oder Gesetze vorweggenommen wurde – eine Bedürfnisprognose (Soll-Zustand) sowie eine Ermittlung der Differenz beider Zustände.[8] Dem schließt sich als letzter bedarfsplanerischer Schritt die Feststellung an, welche Infrastrukturmaßnahmen nötig sind, um den Soll-Zustand herbeizuführen (Vorhabenplanung), wobei jene in ganz unterschiedlichen Konkretisierungsgraden denkbar ist.[9]

Gerade im Bereich staatlicher Infrastrukturplanungen, die typischerweise durch lange Realisierungszeiträume und die Notwendigkeit von Großinvestitionen geprägt sind, bildet die frühzeitige gesetzliche oder administrative Bedarfsfeststellung oftmals die erste Ebene eines gestuften Fachplanungsprozesses.[10] In Anknüpfung hieran identifiziert *Köck* als Bedarfsplanungen „im engeren Sinne" alle „administrativen Ermittlungs- und Abschätzungsvorgänge, die sektoral ansetzen und nach Maßgabe von Zielen auf die Vorbereitung von Entscheidungen über Infrastrukturen und andere Einrichtungen der Daseinsvorsorge bezogen sind (Öffentliche Güterversorgung)" und sich insoweit von sonstigen vorhabenbezogenen Bedürfnisprüfungen im Rahmen von Verwaltungsverfahren abgrenzen.[11]

Jenes Erfordernis, einen bestimmten Bedarf der Allgemeinheit auf Basis eines politischen Diskurses hoheitlich festzustellen, liegt zum einen darin begründet, dass die Verwirklichung entsprechender Projekte regelmäßig mit

---

[4] Vgl. *Senders/Wegner*, EnWZ 2021, 243 (244); *Köck u. a.*, Das Instrument der Bedarfsplanung, UBA-Texte 55/2017, S. 64; *Köck*, ZUR 2016, 579.

[5] *Buus*, Bedarfsplanung durch Gesetz, 2018, S. 41.

[6] *Köck u. a.*, Das Instrument der Bedarfsplanung, UBA-Texte 55/2017, S. 65; *Köck*, ZUR 2016, 579 (580).

[7] *Buus*, Bedarfsplanung durch Gesetz, 2018, S. 42.

[8] *Schmitt*, Die Bedarfsplanung von Infrastrukturen als Regulierungsinstrument, 2015, S. 80 f.; ähnlich *Schlacke*, Vorausschauende Planung als zulässige Vorratsplanung am Beispiel des Netzausbaus, in: FS Erbguth, 2019, S. 207 (211).

[9] *Schmitt*, Die Bedarfsplanung von Infrastrukturen als Regulierungsinstrument, 2015, S. 81.

[10] *Köck*, ZUR 2016, 579 (582).

[11] Beispielhaft insoweit die Bauleitplanung, die nur aufzustellen ist, soweit dies für die städtebauliche Entwicklung erforderlich ist (§ 1 Abs. 3 BauGB), s. *Köck*, ZUR 2016, 579 (582 f.).

intensiven Grundrechtseingriffen verbunden ist, die der Rechtfertigung durch ein legitimes Ziel bedürfen.[12] Auch die durch Infrastrukturplanungen oftmals hervorgerufenen Beeinträchtigungen der Umwelt und die Inanspruchnahme natürlicher Ressourcen lösen vor dem Hintergrund des Staatsziels Umweltschutz einen Rechtfertigungsbedarf aus.[13] Neben dieser Rechtfertigungsfunktion, die eng mit dem Begriff der Planrechtfertigung verknüpft ist[14], kommt der Bedarfsplanung aber auch die Aufgabe zu, die zur Zielerreichung erforderlichen Dimensionen des Güter- oder Infrastrukturbedarfs vorab zu definieren[15] und, sofern es zur Bedarfsermittlung eines Zusammenwirkens mehrerer (privater) Akteure bedarf[16], jenes zu koordinieren.

Terminologisch erfüllen Bedarfspläne dabei nicht ohne Weiteres die „klassische" Definition der Planung, da sie in der Regel keine gedanklichen Schritte zur „Vorwegnahme der [zur Zielerreichung] erforderlichen Verhaltensweisen"[17] beinhalten, sondern sich auf die Attestierung eines Bedarfs und ggf. seines Ausmaßes beschränken.[18] Allerdings stellen sie, wie bereits angemerkt, oftmals nur den ersten Schritt eines Gesamtplanungsprozesses dar, auf welchem wiederum eine weitergehende Verwirklichungsplanung basiert, die sich mit der Erarbeitung der notwendigen Umsetzungsschritte befasst.[19] Gleichwohl Bedarfsplanungen also lediglich einen Planungsabschnitt bilden, ist ihnen in diesen Fällen angesichts ihrer Funktion in der Gesamtplanungskaskade dennoch planerischer Charakter zuzuerkennen. Um raumwirksame Planungen handelt es sich bei Bedarfsplanungen – wie auch Fachplanungen im Übrigen –, sobald mit ihrem Ergebnis eine Raumbeanspruchung oder eine Beeinflussung der Raumentwicklung oder -funktion im Plangebiet verbunden ist (vgl. § 3 Abs. 1 Nr. 6 ROG).[20]

---

[12] *Ludwig*, ZUR 2017, 67; *Köck u. a.*, Das Instrument der Bedarfsplanung, UBA-Texte 55/2017, S. 65.

[13] *Köck*, ZUR 2016, 579 (586).

[14] Vgl. *Ludwig*, ZUR 2017, 67; eingehend zum Verhältnis zwischen Bedarf und Planrechtfertigung *Buus*, Bedarfsplanung durch Gesetz, 2018, S. 200 ff.

[15] *Köck u. a.*, Das Instrument der Bedarfsplanung, UBA-Texte 55/2017, S. 65.

[16] Wie es etwa im Rahmen der Netzplanung mit den Übertragungsnetzbetreibern der Fall ist, s. §§ 12a-e EnWG.

[17] Zur Definition s. o. Kapitel 2 I. 1. a) aa).

[18] *Senders/Wegner*, EnWZ 2021, 243 (244); *Köck*, ZUR 2016, 579 (581); vgl. auch *Tausch*, Gestufte Bundesfernstraßenplanung, 2011, S. 104: Der Bedarfsplan bestimme zunächst nur über das „Ob" einer Planung im Weiteren.

[19] *Köck u. a.*, Das Instrument der Bedarfsplanung, UBA-Texte 55/2017, S. 67.

[20] Zum Begriff der raumwirksamen Fachplanung etwa *Runkel*, in: Akademie für Raumforschung und Landesplanung (Hrsg.), Handwörterbuch der Stadt- und Raumentwicklung, 2019, S. 642.

b) Abgrenzung zur Verwirklichungsplanung

Bei einer Typisierung von Plänen nach ihren Steuerungsfunktionen hat sich die Einordnung der raumbedeutsamen Bedarfsplanung als Subtypus der sog. materialen Verwirklichungsplanung etabliert.[21] Letztere steht dabei neben den Kategorien der Ordnungs- oder Koordinierungsplanung[22], welche sich weitgehend auf eine die verschiedenen Nutzungsarten koordinierende Bewirtschaftungsordnung für begrenzte Ressourcen beschränkt (wie typischerweise die Raumordnungsplanung für die Ressource Boden)[23], und der Lenkungsplanung als staatsleitende Planung oder – je nach Entscheidungsebene – kommunale Entwicklungsplanung, die oftmals in Form „hochzonig" erstellter Programme und Konzepte in Erscheinung tritt.[24] Jene bereitet bereichsspezifische Planungen oder Gesetze lediglich vor und legt sozioökonomische Gesamtziele fest. Die Verwirklichungsplanung setzt demgegenüber sektoral an – mit der Folge, dass es sich um Fachplanungen handelt[25] – und geht über die Ordnungsplanung insoweit hinaus, als sie das Bedürfnis nach einem bestimmten (Infrastruktur-) Vorhaben bzw. einer Investition feststellt und hierzu einen gewissen Ressourceneinsatz (etwa Boden oder staatliche Förderungen) bestimmt.[26] Neben raumwirksamen Bedarfsplanungen zählen insbesondere Planfeststellungen zu diesem Planungstypus.[27] Die so verstandene Verwirklichungsplanung weist gewisse Parallelen zum weiter gefassten Begriff der Maßnahmenplanung auf, welche auf den Vollzug konzeptioneller Programm- oder Lenkungsplanungen angelegt ist[28], deckt sich mit diesem jedoch nicht vollständig.

Andererseits wird die Verwirklichungsplanung teils nicht als ein die Bedarfsplanung umfassender Oberbegriff verstanden, sondern dieser gerade gegenübergestellt als solche Planungsvorgänge, welche aufbauend auf die Bedarfsfeststellung die notwendigen Umsetzungsschritte zur Zielverwirklich-

---

[21] S. *Köck*, Pläne und andere Formen des prospektiven Verwaltungshandelns, in: Voßkuhle/Eifert/Möllers, GrVwR II, § 36 Rn. 51; *Hermes*, Planungsrechtliche Sicherung einer Energiebedarfsplanung – ein Reformvorschlag, in: Faßbender/Köck, Versorgungssicherheit in der Energiewende, 2014, S. 71 (91); vgl. zum Begriff der Verwirklichungsplanung auch *Milstein*, Territorialer Zusammenhalt und Daseinsvorsorge, 2016, S. 153.

[22] Vgl. *Grotefels*, ZUR 2021, 25 (29).

[23] Zur diesbezüglichen Einordnung der Raumordnungsplanung auch *Kindler*, Zur Steuerungskraft der Raumordnungsplanung, 2018, S. 243.

[24] Hierzu wie auch im Folgenden *Köck*, in: Grundlagen des Verwaltungsrechts, Bd. II, § 37 Rn. 43.

[25] *Kindler*, Zur Steuerungskraft der Raumordnungsplanung, 2018, S. 242 (dort Fn. 918).

[26] *Köck*, Pläne und andere Formen des prospektiven Verwaltungshandelns, in: Voßkuhle/Eifert/Möllers, GrVwR II, § 36 Rn. 51.

[27] *Köck*, Pläne und andere Formen des prospektiven Verwaltungshandelns, in: Voßkuhle/Eifert/Möllers, GrVwR II, § 36 Rn. 51.

[28] Hierzu *Hoppe*, in: Isensee/Kirchhof, Handbuch des Staatsrechts IV, § 77 Rn. 13; *Schmitt*, Die Bedarfsplanung von Infrastrukturen als Regulierungsinstrument, 2015, S. 73 f.

ung ermitteln (nicht: „Was wird gebraucht?", sondern: „Wie kann das realisiert werden?"[29]).[30] Auf dieses Begriffsverständnis wird im Folgenden abgestellt. Denn die zentrale Flächenplanung beinhaltet ebenso wie die Bedarfsplanung für den Übertragungsnetzausbau[31] mitunter Festlegungen, die inhaltlich gleichsam Gemengelagen aus behördlichen Bedarfsanalysen und der gedanklichen Vorwegnahme von Realisierungsschritte bilden und hier insoweit terminologisch aufgeschlüsselt werden sollen[32]. Gleichwohl bleibt letztlich bei allen aufgeführten Plankategorien zu beachten, dass es sich um Darstellungen idealtypischer Pläne handelt, unter welchen grundsätzlich auch Mischformen denkbar sind.[33]

c) Formelle, insbesondere gesetzesförmige Bedarfspläne

Als formelle Bedarfsplanungen wiederum gelten solche, die in einem eigenständigen, rechtsförmlichen Akt der Bedarfsfeststellung enden, welcher die verbindliche Grundlage für nachfolgende Planungsstufen bildet.[34] Eine Untergruppe dessen bilden Bedarfsplanungen in Gesetzesform[35], die indes, selbst wenn sie durch formelles Parlamentsgesetz erfolgt, weithin nicht als „echte" Legalplanung qualifiziert wird. Denn letztere soll insbesondere voraussetzen, dass das betreffende Gesetz – in atypischer Weise – eine konkrete Regelung beinhaltet; zudem müsse es eine strikt verbindliche planerische Letztentscheidung treffen.[36] Bedarfsgesetze allerdings seien infolge ihrer lediglich grobmaschigen Konzepte vielmehr als abstrakt einzuordnen und auch an einer planerischen Letztentscheidung des Gesetzgebers fehle es, weil dessen Bedarfsfeststellung abwägbar sei und der Exekutive Entscheidungsspielräume belasse.[37]

Dabei erweist sich jene Ablehnung einer verbindlichen Letztentscheidung zunächst nicht als zwingend. Denn dass ein formell-gesetzlich festgestellter Bedarf an einem Projekt letztlich im Rahmen der planerischen Abwägung an-

---

[29] *Köck*, ZUR 2016, 579 (581).

[30] So *Köck*, ZUR 2016, 579 (581 f.); *Hook*, ‚Energiewende': Von internationalen Klimaabkommen bis hin zum deutschen Erneuerbaren-Energien-Gesetz, in: Kühne/Weber, Bausteine der Energiewende, 2017, S. 279.

[31] *Hook*, ‚Energiewende': Von internationalen Klimaabkommen bis hin zum deutschen Erneuerbaren-Energien-Gesetz, in: Kühne/Weber, Bausteine der Energiewende, 2017, S. 279.

[32] S. u. Kapitel 3 II. 2. d).

[33] Vgl. *Schmitt*, Die Bedarfsplanung von Infrastrukturen als Regulierungsinstrument, 2015, S. 77.

[34] Vgl. *Köck*, ZUR 2016, 579 (582 f.).

[35] *Köck*, ZUR 2016, 579 (583).

[36] Eingehend zu den konstituierenden Merkmalen der Legalplanung *Kürschner*, Legalplanung, 2020, S. 23 ff.

[37] So *Kürschner*, Legalplanung, 2020, S. 62 f.; *Buus*, Bedarfsplanung durch Gesetz, 2018, S. 224 f.

derweitigen Belangen gegenübergestellt und durch diese ggf. auch überwunden werden kann, also (natürlich) nicht das (Gesamt-)Ergebnis eines späteren Planfeststellungsverfahrens präjudiziert[38], schließt nicht aus, dass über die Existenz eines Bedarfs – als Vorfrage dieser Abwägung – letztverbindlich durch den Gesetzgeber entschieden werden kann. Insoweit attestieren Bedarfsgesetze die fachplanerische Zielkonformität eines Vorhabens gerade in der Weise, dass die Verwaltung grundsätzlich von einer eigenen Überprüfung ausgeschlossen ist.[39]

Zuzugeben ist indes, dass den betreffenden Projekten regelmäßig infolge ihrer sehr grobmaschigen Bestimmung, die etwa bei Leitungs- und Verkehrsprojekten noch keine Linienführung beinhaltet, der die Legalplanung kennzeichnende, hohe Konkretisierungsgrad fehlt.[40] Als Konsequenz wird im Folgenden für Bedarfsfeststellungen durch formelles Parlamentsgesetz auf den Begriff der „gesetzesförmigen Bedarfspläne" zurückgegriffen. Besondere Bedeutung als solcher Bedarfsplantypus erlangt im hiesigen Kontext der Bundesbedarfsplan für den Übertragungsnetzausbau nach § 12e EnWG, der grundsätzlich auch Offshore-Anbindungsleitungen bis in den Meeresbereich der AWZ hinein erfassen kann.[41]

d) Gesetzliche Ausbaupfade als Bedarfsplanung?

Dies wirft die Folgefrage auf, ob bereits die formell-gesetzlichen Mengenvorgaben der Ausbaupfade nach § 2a i. V. m. § 5 Abs. 5 S. 1 WindSeeG und § 4 EEG als solche gesetzesförmigen Bedarfsplanungen qualifiziert werden können. Jene konkretisieren die gesetzlichen Ausbauziele für die jeweiligen Energieträger auf jährliche Zwischenziele. Damit bilden sie notwendig auch bestehende Defizite im Verhältnis zu den Gesamtzielen nach § 1 Abs. 2, 3 EEG und § 1 Abs. 2 S. 1 WindSeeG ab und definieren somit letztlich einen bestimmten quantitativen Bedarf im oben definierten Sinne[42]. Dabei findet im Unterschied zu den gesetzlichen Bedarfsplänen für Übertragungsnetze (vgl. § 1 BBPlG) und Bundesfernstraßen (vgl. § 1 FStrAbG) jedoch keine Ausweisung definierter Projekte als zielkonform statt und insoweit auch keine Vorbereitung konkreter Zulassungsentscheidungen. Vor allem aber fehlt ihnen inhaltlich das Element eines planerischen Interessenausgleichs.[43] Dieser erfolgt im System

---

[38] Vgl. *Buus*, Bedarfsplanung durch Gesetz, 2018, S. 224.
[39] S. bereits oben Kapitel 2 V. 3. a).
[40] *Kürschner*, Legalplanung, 2020, S. 63.
[41] Hierzu u. Kapitel 3 II. 3. e).
[42] Zur zugrundeliegenden Bedarfsdefinition aus Ziel und Defizit s. o. und *Buus*, Bedarfsplanung durch Gesetz, 2018, S. 42.
[43] Ebenso zum Ausbaupfad des EEG *Bader*, Die Bedeutung der Interdependenz zwischen Planung und Regulierung für die Steuerung des Ausbaus der Onshore-Windenergieerzeugung, 2021, S. 211 f.

des WindSeeG vielmehr erst im Rahmen der Flächenentwicklungsplanung (vgl. auch § 2a Abs. 1 S. 2 WindSeeG). Funktional bilden die Ausbaupfade damit noch keinen Teil der (Bedarfs-)Planung[44], sondern vielmehr deren gesetzliche „Leitpunkte"[45], dies je nach Verbindlichkeitsgrad als echte Planungsleitsätze oder aber Optimierungsgebote für den Plangeber.

2. Regulierung

a) Begriffsmerkmale

Dagegen erfährt der weitgehend durch den US-amerikanischen Sprachgebrauch der „(economic) regulation" geprägte Terminus der Regulierung hierzulande, jedenfalls was seine Einzelheiten angeht, ein diffuses Verständnis.[46] Nicht zuletzt ist dies dem Fehlen einer Legaldefinition geschuldet.[47] Gleichwohl gelangt eine Systematisierung der vorhandenen Definitionsansätze zumeist[48] zu drei wesentlichen inhaltlichen Linien.

Ein extensives Regulierungsverständnis erfasst zunächst gar alle gewollten staatlichen Eingriffe in gesellschaftliche – d. h. wirtschaftliche wie soziale – Vorgänge, die zu Zwecken der Gemeinwohlsicherung erfolgen (sog. interventionstheoretischer Begriff[49]).[50] Einen tatsächlichen Abgrenzungswert lässt jene Definition infolge ihrer inhaltlichen Weite allerdings vermissen.[51] Ihr gegenüber lassen sich die ökonomisch geprägten und mithin marktbezogenen Regulierungsbegriffe verzeichnen, die im Ausgangspunkt jedenfalls eine staatliche Marktintervention mit wettbewerbs- und gemeinwohlorientierter Zielsetzung (vgl. insoweit auch § 1 Abs. 1 EnWG und § 2 Abs. 2 TKG) verlangen und

---

[44] *Rodi*, ZUR 2017, 658 (661); *Bader*, Die Bedeutung der Interdependenz zwischen Planung und Regulierung für die Steuerung des Ausbaus der Onshore-Windenergieerzeugung, 2021, S. 211 f.

[45] *Rodi*, ZUR 2017, 658 (661).

[46] *Ruffert*, in: Fehling/Ruffert, Regulierungsrecht, 2010, § 7 Rn. 1, 10; *Hellermann*, VVDStRL 70 (2011), S. 366 (368); *Masing*, DV 36 (2003), 1 (3 ff.); *Kühling*, Sektorspezifische Regulierung in den Netzwirtschaften, 2004, S. 11, 14; *Schmitt*, Die Bedarfsplanung von Infrastrukturen als Regulierungsinstrument, 2015, S. 11; zur historischen Ableitung aus der „economic regulation" eingehend *Kay*, Regulierung als Erscheinungsform der Gewährleistungsverwaltung, 2013, S. 24 ff., 88 ff.

[47] *Ziekow*, Öffentliches Wirtschaftsrecht, 5. Aufl. 2020, § 13 Rn. 1, 5.

[48] So bei *Schaefer*, GewArch 2017, 401 (402); *Franzius*, ZUR 2018, 11 (12); ähnlich *Schmitt*, Die Bedarfsplanung von Infrastrukturen als Regulierungsinstrument, 2015, S. 11 ff.

[49] Terminologie und Systematisierung der Ansätze hier insgesamt nach *Schaefer*, GewArch 2017, 401 (402).

[50] *Eifert*, Regulierungsstrategien, in: Voßkuhle/Eifert/Möllers, GrVwR I, § 19 Rn. 5 f.

[51] *Schaub-Englert*, Rechtsschutz gegen privatrechtsgestaltende Verwaltungsakte im Regulierungsrecht, 2020, S. 30; kritisch auch *Kühling*, Sektorspezifische Regulierung in den Netzwirtschaften, 2004, S. 11 f.

Regulierung also als spezifisches „Wettbewerbsförderungsrecht"[52] begreifen. Dabei beschränkt sich ein enger, sog. netzbezogener Begriff abschließend auf die Netzwirtschaften der Daseinsvorsorge[53], d. h. die ehemals (staats-)monopolistisch[54] und als „wettbewerbliche Ausnahmebereiche"[55] strukturierten Sektoren der Energie, Telekommunikation, Post und Eisenbahn.[56] Hierneben findet sich ein ebenfalls marktbezogener, jedoch sektoral offener Definitionsansatz gleichsam als „Mittelweg". Kerngehalt der Regulierung ist nach beiden, dass ein marktsteuerndes Verhalten des Staates vorliegen muss, welches sich auf die Sicherung von Gemeinwohlzielen durch Wettbewerb richtet[57] und hierzu einerseits gezielt Marktmechanismen beschränken, andererseits bestimmte Marktfunktionen gleichsam „imitierend" übernehmen kann, um ein Marktversagen oder jedenfalls ein erhöhtes Risiko hierfür[58] in unvollkommenen Märkten zu kompensieren[59].

Dabei wird deutlich, dass der Wettbewerb anders als im Kartellrecht nicht selbst das Schutzgut entsprechender Regelungen bildet, sondern jenem vielmehr im Sinne eines sozialpflichtigen Wettbewerbs dienende Funktion für anderweitige wirtschaftliche oder soziale Ordnungszwecke („Meta-Ziele"[60]) zukommt.[61] Im Hinblick auf diese Eigenschaft als Gemeinwohlkonzept steht die Regulierung einer staatlichen Eigenvornahme öffentlicher Aufgaben alternativ

---

[52] *Säcker*, EnWZ 2015, 531 (532).

[53] *Schaefer*, GewArch 2017, 401 (402).

[54] In diesem Kontext wird Regulierungsrecht oftmals auch als „Privatisierungsfolgenrecht" qualifiziert, s. etwa *Ziekow*, Öffentliches Wirtschaftsrecht, 5. Aufl. 2020, § 13 Rn. 5.

[55] *Eifert*, Regulierungsstrategien, in: Voßkuhle/Eifert/Möllers, GrVwR I, § 19 Rn. 4.

[56] *Schaefer*, GewArch 2017, 401 (402); *Schmitt*, Die Bedarfsplanung von Infrastrukturen als Regulierungsinstrument, 2015, S. 12 f.; vgl. auch *Eifert*, Regulierungsstrategien, in: Voßkuhle/Eifert/Möllers, GrVwR I, § 19 Rn. 4.

[57] *Franzius*, EnWZ 2022, 302 (302 f.); *Schmitt*, Die Bedarfsplanung von Infrastrukturen als Regulierungsinstrument, 2015, S. 31.

[58] Vgl. *Ruthig/Storr*, Öffentliches Wirtschaftsrecht, 5. Aufl. 2020, Rn. 495.

[59] *Ruffert*, in: Fehling/Ruffert, Regulierungsrecht, 2010, § 7 Rn. 58; *Ziekow*, Öffentliches Wirtschaftsrecht, 5. Aufl. 2020, § 13 Rn. 7; *Franzius*, DV (48) 2015, 175 (176); *Hellermann*, VVDStRL 70 (2011), S. 366 (369 f.); Schmitt, Die Bedarfsplanung von Infrastrukturen als Regulierungsinstrument, 2015, S. 37; vgl. zudem *Eifert*, Regulierungsstrategien, in: Voßkuhle/Eifert/Möllers, GrVwR I, § 19 Rn. 4. Zur beeinträchtigten Funktionsfähigkeit des Wettbewerbs speziell in den Netzindustrien *Säcker*, EnWZ 2015, 531 (531 f.).

[60] *Lepsius*, in: Fehling/Ruffert, Regulierungsrecht, 2010, § 19 Rn. 33; *Kay*, Regulierung als Erscheinungsform der Gewährleistungsverwaltung, 2013, S. 221.

[61] *Franzius*, ZUR 2018, 11 (12); *ders.*, DV (48) 2015, 175 (176 f.); vgl. zudem *ders.*, EnWZ 2022, 302 (302 f.). Abweichend hiervon wird der Wettbewerb auch als eigenes Regulierungsziel anerkannt, welches neben weitere, insbesondere sozialpolitische oder ökologische Zwecke tritt, s. insbesondere *Säcker*, EnWZ 2015, 531 (532 ff.); *Masing*, DV 36 (2003), 1 (7); *Kay*, Regulierung als Erscheinungsform der Gewährleistungsverwaltung, 2013, S. 221; *Schmitt*, Die Bedarfsplanung von Infrastrukturen als Regulierungsinstrument, 2015, S. 29.

gegenüber und gestaltet sich letztlich als Ausprägung staatlicher Gewährleistungsverantwortung[62] in den „systemrelevanten" Märkten, deren Güter und Leistungen zwar privat erbracht, aber öffentlich garantiert werden[63].[64]

Stehen somit die „Grundpfeiler" des Regulierungsbegriffs fest, kann der Streit um dessen mögliche Beschränkung auf die netzgebundenen Wirtschaftszweige im Rahmen dieser Arbeit offenbleiben, denn der (Wind-)Energiesektor, dessen Funktionieren klar auf Netze, definiert als „raumübergreifende, verzweigte Transport- und Logistiksysteme für Güter, Personen oder Information"[65], angewiesen ist, wird selbst von diesem engsten Verständnis erfasst. Klärungsbedürftig bleibt allerdings das mögliche Instrumentarium der Regulierung, welches vereinzelt allein auf imperatives, also im Sinne von Ge- und Verboten verstandenes, oder gar ausschließlich administratives Staatshandeln beschränkt wird[66]. Muss man Regulierung aber nach dem oben Gesagten als ein anhand seiner (gemeinwohlorientierten) Zielsetzung definiertes Konzept verstehen[67], sind Handlungsformbeschränkungen mit diesem nicht vereinbar.[68] In der Folge gestalten sich die möglichen Regulierungsinstrumente je nach Regulierungstypus[69] und intendierter Steuerungsintensität vielfältig und umfassen nicht nur einseitig-befehlendes Staatshandeln, sondern auch etwa die Beeinflussung von Marktakteuren durch (ökonomische) Anreize[70], wie sie durch

---

[62] Vgl. *Säcker*, AöR 130 (2005), 180 (186 f.); zu den Stufen staatlicher Verantwortung etwa *Schmitt*, Die Bedarfsplanung von Infrastrukturen als Regulierungsinstrument, 2015, S. 20 ff.; *Ziekow*, Öffentliches Wirtschaftsrecht, 5. Aufl. 2020, § 13 Rn. 9.

[63] *Lepsius*, in: Fehling/Ruffert, Regulierungsrecht, 2010, § 19 Rn. 4 f., 8; *Schaefer*, GewArch 2017, 401 (402); *Säcker*, EnWZ 2015, 531 (533).

[64] *Ruffert*, in: Fehling/Ruffert, Regulierungsrecht, 2010, § 7 Rn. 25, 58; *Schaub-Englert*, Rechtsschutz gegen privatrechtsgestaltende Verwaltungsakte im Regulierungsrecht, 2020, S. 35.

[65] *V. Weizsäcker*, Energiewirtschaft und Wettbewerb in: ewi – Energiewirtschaftliches Institut an der Universität zu Köln (Hrsg.), Energiepolitik für den Wirtschaftsstandort Deutschland, 1995, S. 9 (13); *Braun*, Der Zugang zu wirtschaftlicher Netzinfrastruktur, 2017, 27.

[66] Für ausschließlich imperative Handlungsformen *Berringer*, Regulierung als Erscheinungsform der Wirtschaftsaufsicht, 2004, S. 101.

[67] *Schmitt*, Die Bedarfsplanung von Infrastrukturen als Regulierungsinstrument, 2015, S. 30 („Zielorientierung als Wesensmerkmal der Regulierung").

[68] Für eine instrumentelle Offenheit auch *Schmitt*, Die Bedarfsplanung von Infrastrukturen als Regulierungsinstrument, 2015, S. 32 ff.; *Bader*, Die Bedeutung der Interdependenz zwischen Planung und Regulierung für die Steuerung des Ausbaus der Onshore-Windenergieerzeugung, 2021, S. 46; implizit auch *Schaefer*, GewArch 2017, 401.

[69] Zu den verschiedenen Regulierungsformen *Ziekow*, Öffentliches Wirtschaftsrecht, 5. Aufl. 2020, § 13 Rn. 6 f.

[70] Eingehend zum Anreizbegriff *J. Wolff*, Anreize im Recht, 2021, insbesondere S. 7 ff.

Subventionen erfolgen kann[71]. Soweit politisch eine handlungsermöglichende und nicht -begrenzende Steuerung beabsichtigt wird – etwa im Hinblick auf private Investitionen in den Windenergieausbau –, kann sich letzteres sogar als effektiver erweisen.[72] Im Verhältnis zu Maßnahmen des Wettbewerbsrechts setzen die Wirkungen von Regulierungsinstrumenten dabei typischerweise auf Dauer und ex ante an.[73]

In organisationsrechtlicher Hinsicht schließlich ist zu erwähnen, dass die regulierten Märkte durch eine gewisse – europäische wie nationale – Tendenz zu behördlichen Zuständigkeitskonzentrationen gekennzeichnet sind, infolge derer die administrative Umsetzung oftmals Sonderbehörden obliegt.[74] Gleichwohl bildet die Betrauung einer spezialisierten Regulierungsbehörde anerkanntermaßen kein konstitutives Merkmal der Regulierung.[75]

Im Ergebnis unterfallen dem Regulierungsbegriff also hoheitliche Interventionen jedenfalls in Märkte der netzgebundenen Daseinsvorsorge, die auf die Herstellung von Wettbewerb gerichtet sind und diesen zugleich instrumentalisieren, um bestimmte Allgemeinwohlziele zu fördern. Eine Beschränkung auf bestimmte Handlungsformen besteht hierbei nicht.

b) Regulierungscharakter der Förderung regenerativer Energien

Für das Energierecht haben sich indessen, wie für andere Netzwirtschaften auch, sektorspezifische Regulierungsformen herausgebildet, die insbesondere Netzzugang, -entgelte und -investitionen komplexen Regeln unterwerfen.[76] In diese energiewirtschaftliche Regulierungsdogmatik fügen sich die unmittelbar netzbezogenen Vorschriften im dritten Teil des WindSeeG – insbesondere die Ansprüche des bezuschlagten Bieters auf Netzanschluss und Übertragung einer bestimmten Strommenge (§§ 24 Abs. 1 Nr. 3, 55 Abs. 1 Nr. 2 WindSeeG) – unproblematisch ein. Auch am Maßstab der oben genannten, allgemeinen Definitionselemente lassen diese sich als gezielt wettbewerbsschaffende staatliche Markteinwirkungen mit gemeinwohlorientierter, d. h. klima-, umwelt- und verbraucherpolitischer Zwecksetzung (vgl. § 1 WindSeeG) und mithin als Regulierung qualifizieren. Für die Realisierung des Ausbaupfads – und damit den

---

[71] Ebenso *Kühling*, Sektorspezifische Regulierung in den Netzwirtschaften, 2004, S. 356 f. („Regulierung durch Sonderfördermaßnahmen"); *Ide*, Grenzüberschreitende Förderung erneuerbarer Energien im europäischen Strombinnenmarkt, 2017, S. 40.

[72] Eingehend *Schmitt*, Die Bedarfsplanung von Infrastrukturen als Regulierungsinstrument, 2015, S. 33 ff.

[73] Vgl. *Säcker*, EnWZ 2015, 531 (531 f.).

[74] So insbesondere die Bundesnetzagentur als umfassend zuständige Bundesoberbehörde; zu den europäischen Regulierungsbehörden wie etwa ACER s. *Ruthig/Storr*, Öffentliches Wirtschaftsrecht, 5. Aufl. 2020, Rn. 501.

[75] *Ziekow*, Öffentliches Wirtschaftsrecht, 5. Aufl. 2020, § 13 Rn. 12.

[76] *Ruffert*, in: Fehling/Ruffert, Regulierungsrecht, 2010, § 7 Rn. 20; *Hellermann*, VVDStRL 70 (2011), S. 366 (386).

hiesigen Kontext der Mengensteuerung – erlangt aber gerade auch der Marktprämienanspruch nach §§ 19 Abs. 1 Nr. 1, 20 EEG, § 24 Abs. 1 Nr. 2 Wind-
SeeG Bedeutung. Für seine dogmatische und begriffliche Einordnung stellt
sich zunächst die Frage, worin der Regulierungscharakter solcher gesetzlicher
Vergütungssysteme begründet liegt.

Klargestellt wurde bereits, dass der hier vertretene, instrumentenoffene Regulierungsbegriff rein anreizbasierte staatliche Maßnahmen grundsätzlich erfassen kann. Fraglich ist im Hinblick auf die Marktprämie vielmehr, ob eine
regulierungstypische Zweckverknüpfung, also eine Sicherung von Gemeinwohlzielen gerade durch die Schaffung und Förderung von Wettbewerb, vorliegt. Dabei liegen die Effekte der gleitenden Marktprämie, indem diese – vereinfacht dargestellt – den für den Produzenten erzielbaren Strommarktpreis
„aufstockt", offensichtlich in der wirtschaftlichen Besserstellung ihrer Emp-
fänger und den damit verbundenen Investitionsanreizen.[77] In Verbindung mit
den gesetzlichen Ansprüchen der Anlagenbetreiber auf vorrangigen bzw. ex-
klusiven Netzanschluss sowie auf Abnahme, Übertragung und Verteilung des
Stroms (§§ 8 ff. EEG, § 24 Abs. 1 Nr. 3 WindSeeG) kann sie Akteuren so
potenziell den Marktzutritt erleichtern und zugleich deren Bestehen am Markt
sichern. Damit aber wird von hoheitlicher Seite gestaltend auf die Anbieterzahl
und -zusammensetzung in der Stromerzeugung eingewirkt; der so geförderte
Wettbewerb wird seinerseits in den Dienst der Realisierung von staatlichen
Ausbauzielen im Rahmen der Energiewende gestellt.[78] Im Ergebnis erfolgt die
Umsetzung der umweltpolitischen (Gemeinwohl-)Zwecke nach § 1 WindSeeG
und § 1 EEG also gezielt im Wege einer hoheitlichen Wettbewerbsgestaltung.
Letztere stellt sich zudem „regulierungstypisch" als Reaktion auf ein partielles
Marktversagen dar, welches den Markteingriff zugleich rechtfertigt: War
schon die ursprüngliche Einführung des Förderregimes mit dem Stromeinspei-
sungsgesetz von 1990 vor allem[79] den deutlich höheren Stromgestehungskosten entsprechender Anlagen geschuldet[80], lassen sich solche trotz voranschrei-
tender Netzparität[81] für einige EE-Technologien auch aktuell noch verzeich-

---

[77] *Butler/Heinickel/Hinderer*, NVwZ 2013, 1377 (1379 f.); zu den praktischen Auswirkungen auf die Projektfinanzierung *Bauer/Kantenwein*, EnWZ 2017, 3 (4).

[78] Vgl. auch BT-Drs. 18/1304, S. 88.

[79] Ein weiteres Hindernis bildete etwa die Notwendigkeit eines unwirtschaftlichen de-
zentralen Netzausbaus, wie sie für konventionelle Großkraftwerke nicht bestand, dazu
Schaefer, GewArch 2017, 401; weiterführend *Schneider*, in: Schneider/Theobald, Recht der
Energiewirtschaft, § 23 Rn. 18.

[80] *Burgi*, JZ 2013, 745 (747); *Ertel*, Europarechtliche und verfassungsrechtliche Grenzen
bei der Förderung von Offshore-Windenergie, 2020, S. 24.

[81] Vgl. *Haucap/Klein/Kühling*, Die Marktintegration der Stromerzeugung aus erneuerbaren Energien, 2013, S. 79.

nen[82]. Der Kostennachteil ist hierbei jedenfalls auch durch die mangelnde Einbeziehung externer (Umwelt-)Effekte bedingt, von welcher die konventionelle Produktion ungleich stärker profitiert.[83] Dieses Fehlen einer adäquaten Internalisierung begründet bereits für sich ein Marktversagen, welches durch die marktprämienbasierte Förderung erneuerbarer Energien im Rahmen der staatlichen Allokationsfunktion[84] kompensiert wird.[85] All dies spricht dafür, die (ausschreibungsbasierte) Gewährung der Marktprämie nach dem EEG und auch dem WindSeeG als Regulierungsinstrument einzuordnen.[86]

c) Preis- und Mengensteuerung

Wie bereits verdeutlicht, zielt die Förderung von EE-Anlagen im Wege des Marktprämienmodells also im Ausgangspunkt darauf ab, Investitionsanreize für private Unternehmen zu setzen, die in der Folge durch den Aufbau einer ökologisch nachhaltigen Erzeugungsinfrastruktur für Strom die Erfüllung öffentlicher Aufgaben „staatsentlastend […] übernehmen"[87]. Gleichzeitig jedoch ist dem Gesetzgeber gerade im Bereich der Offshore-Windenergie daran gelegen, diese Anreizwirkung nicht extensiv, sondern nur so weit einzusetzen, dass eine kapazitive Abstimmung der Stromproduktion mit der Netzanbindung gewährleistet bleibt (vgl. §§ 1 Abs. 2 S. 24, 4 Abs. 2 Nr. 3 WindSeeG) und zudem die Kosten der Förderung insgesamt möglichst niedrig gehalten werden[88]. Beides soll im Rahmen einer regulatorischen Mengensteuerung verwirklicht wer-

---

[82] Kostenvergleich bei *Steingrüber*, Die geförderte Direktvermarktung nach dem EEG 2021, 2021, S. 59 ff. Gerade im Bereich der Offshore-Windenergie zeigt das Vorkommen von „0-Cent-Geboten" allerdings eine erhebliche Kostendegression der letzten Jahre an.

[83] Ausführlich *Ide*, Grenzüberschreitende Förderung erneuerbarer Energien im europäischen Strombinnenmarkt, 2017, S. 40 ff. sowie *Steingrüber*, Die geförderte Direktvermarktung nach dem EEG 2021, 2021, S. 65 ff.; vgl. zudem *Springmann*, Förderung erneuerbarer Energieträger in der Stromerzeugung, 2005, S. 52 ff.

[84] *Ide*, Grenzüberschreitende Förderung erneuerbarer Energien im europäischen Strombinnenmarkt, 2017, S. 40.

[85] *Ide*, Grenzüberschreitende Förderung erneuerbarer Energien im europäischen Strombinnenmarkt, 2017, S. 40; *Steingrüber*, Die geförderte Direktvermarktung nach dem EEG 2021, 2021, S. 72 f.

[86] I. E. ebenso *Kühling*, Sektorspezifische Regulierung in den Netzwirtschaften, 2004, S. 356 f.; *Schaefer*, GewArch 2017, 401 (404); *Ide*, Grenzüberschreitende Förderung erneuerbarer Energien im europäischen Strombinnenmarkt, 2017, S. 40; wohl auch *Säcker*, EnWZ 2015, 531 (534); *Franzius*, ZUR 2018, 11 (13 f.).

[87] S. *Säcker*, EnWZ 2015, 531 (534).

[88] S. BT-Drs. 80/8860, S. 2, 7, 155.

den[89], welche im Kontext staatlicher EE-Förderungen vor allem dem Modell der (reinen) Preissteuerung gegenübersteht.[90]

Die Wirkung solcher preisgesteuerter Systeme basiert dabei auf einer hoheitlichen Beeinflussung der Strompreise, während die Entwicklung der Zubaumenge im Übrigen dem privaten Markt überlassen bleibt.[91] Ein im Kontext regenerativer Energien bis vor einigen Jahren europaweit verbreitetes Beispiel hierfür stellt die Einspeisevergütung („feed-in tariff") dar, also eine gesetzlich oder administrativ festgelegte Vergütung für die jeweils eingespeiste Strommenge, die Betreibern von EE-Anlagen für einen vordefinierten Zeitraum gewährt wird.[92] Auch in Deutschland bildete diese den vorherrschenden Fördermechanismus, bevor das EEG 2014 die geförderte Direktvermarktung zum Regelfall erklärte. Die Vorteile von Einspeisevergütungen werden insbesondere in der hohen Planungs- und Investitionssicherheit für Projektträger und ihrem vergleichsweise geringen Verwaltungsaufwand gesehen; ihre Defizite liegen insbesondere in der Marktferne und den fehlenden Anreizen zur Preisanpassung.[93]

Im Falle der Mengensteuerung werden demgegenüber bestimmte Produktionsleistungen über Ausbauziele initial hoheitlich definiert.[94] Gerade für die Stromerzeugung aus regenerativen Quellen sind insofern Quotenmodelle anzutreffen, in deren Rahmen staatlicherseits ein Mindestanteil für EE-Strom an der Gesamtstromerzeugung festgelegt und sodann etwa entsprechende Verpflichtungen an die Stromversorger adressiert werden.[95] Zunehmend verbreiten sich auch Ausschreibungsmodelle europaweit als Instrument staatlicher Strommengensteuerung, wofür die dahingehenden Vorgaben der Kommission im Rahmen des europäischen Beihilferechts und auch die EE-RL II jedenfalls mitursächlich waren.[96] In entsprechenden Ausschreibungsverfahren werden die

---

[89] BT-Drs. 18/8860, S. 154 f.

[90] *Schaefer*, GewArch 2017, 401 (404); *Schneider*, in: Schneider/Theobald, Recht der Energiewirtschaft, § 23 Rn. 19; *Steingrüber*, Die geförderte Direktvermarktung nach dem EEG 2021, 2021, S. 76 ff.

[91] *Schaefer*, GewArch 2017, 401 (404).

[92] *Steingrüber*, Die geförderte Direktvermarktung nach dem EEG 2021, 2021, S. 79 f.; *Bardt u. a.*, Die Förderung erneuerbarer Energien in Deutschland, 2012, S. 8.

[93] *Steingrüber*, Die geförderte Direktvermarktung nach dem EEG 2021, 2021, S. 80 m. w. N.; zum Aspekt der Investitionssicherheit auch BT-Drs. 18/8860, S. 155 und *Springmann*, Förderung erneuerbarer Energieträger in der Stromerzeugung, 2005, S. 67.

[94] *Schaefer*, GewArch 2017, 401 (404); *Vollprecht/Altrock*, EnWZ 2016, 387 (388); *Springmann*, Förderung erneuerbarer Energieträger in der Stromerzeugung, 2005, S. 67.

[95] Dies wurde auch vor Erlass des EEG 2016 erwogen, s. BT-Drs. 18/8860, S. 155; weiterführend zum Quotenmodell etwa *Bardt u. a.*, Die Förderung erneuerbarer Energien in Deutschland, 2012, S. 8 ff.; *Drillisch*, Quotenmodell für regenerative Stromerzeugung, 2001.

[96] *Schneider*, in: Schneider/Theobald, Recht der Energiewirtschaft, § 23 Rn. 19; vgl. auch BT-Drs. 18/8860, S. 154.

Förderhöhe und -berechtigten anhand zuvor definierter Auswahlkriterien, zu-meist vor allem der „Preisgünstigkeit", ermittelt, wobei sowohl eine erzeu-gungs- als auch investitionsbasierte Ausgestaltung denkbar ist je nachdem, ob dem bezuschlagten Bieter ein Investitionskostenzuschuss für die installierte Kapazität gewährt wird oder eine an die erzeugte Strommenge gekoppelte, lau-fende Zahlung.[97] In jedem Fall bildet das Vorhandensein ausreichenden Wett-bewerbs eine Funktionsbedingung für die Ausschreibungen.[98]

d) Einordnung des marktprämiengeförderten Ausschreibungsmodells nach Teil 3 Abschnitt 2 WindSeeG

Im konkreten System der marktprämiengeförderten, ausschreibungsbasierten Direktvermarktung nach dem EEG und Teil 3 Abschnitt 2 WindSeeG 2023 ergibt sich die Vergütungshöhe, von Rahmenbedingungen wie Höchstgeboten abgesehen, nicht unmittelbar aus staatlichen Vorgaben, sondern wird (markt-)„endogen"[99] durch privaten Bieterwettbewerb gebildet. Hierin unter-scheidet sich das Modell insbesondere vom „klassisch" preisgesteuerten Sys-tem der Einspeisevergütung. Andererseits kam es dem Gesetzgeber ausdrück-lich auch auf eine gewisse Planbarkeit der Erlöse im Interesse der Investitions-sicherheit für Projektträger an, was 2016 mitunter zur Ablehnung eines Quo-tenmodells führte.[100] Die Lösung der Marktprämienzahlung zielt gerade im zentralen Modell, wo sie sich ihrem Umfang nach auf staatlich festgelegte An-lagenkapazitäten bezieht[101], vor allem auf eine mengenmäßige Beeinflussung des Anlagenzubaus. Da jedoch auch hier letztlich eine Beeinflussung des Strompreises erfolgt, weist jenes Fördermodell zugleich ein Element der Preis-steuerung auf.[102] In der Folge lässt sich der Regulierungsansatz des ausschrei-bungsbasierten Marktprämienmodells letztlich als hybride Form aus Preis- und Mengensteuerung qualifizieren.[103] Speziell auf die mengensteuernde Wirkung

---

[97] *Steingrüber*, Die geförderte ausschreibungsbasierte Direktvermarktung nach dem EEG 2021, 2021, S. 85.

[98] BT-Drs. 18/8860, S. 155; *Steingrüber*, Die geförderte ausschreibungsbasierte Direkt-vermarktung nach dem EEG 2021, 2021, S. 86.

[99] *Haucap/Klein/Kühling*, Die Marktintegration der Stromerzeugung aus erneuerbaren Energien, 2013, S. 81.

[100] S. BT-Drs. 18/8860, S. 155: „[…] Denn in Quotensystemen besteht eine hohe Unsi-cherheit über die Höhe der zukünftigen Erlöse. Auch nach der Errichtung einer Anlage kön-nen Strompreise und Zertifikatspreise stark schwanken. Beides führt zu hohen Kosten für Zinsen und zu Risikoaufschlägen."

[101] Näher sogleich

[102] *Steingrüber*, Die geförderte ausschreibungsbasierte Direktvermarktung nach dem EEG 2021, 2021, S. 146.

[103] *Steingrüber*, Die geförderte ausschreibungsbasierte Direktvermarktung nach dem EEG 2021, 2021, S. 86, 146 f.; *Bader*, Die Bedeutung der Interdependenz zwischen Planung

des Zuschlags nach § 24 WindSeeG wird im Folgenden noch näher einzugehen sein.[104]

3. Bedarfsplanung als Regulierung?

Die eben geschilderte hergebrachte begriffliche Trennung von Planung und Regulierung wird in der Literatur zum Teil aufgelöst und dabei insbesondere die Bedarfsplanung als denkbares Instrument der Regulierung aufgefasst.[105] Der hier vertretene, instrumentell offene Regulierungsbegriff schließt jedenfalls nicht von Vornherein aus, dass (staatliche) Pläne als Handlungsmodus der Marktregulierung in Erscheinung treten können. Immerhin sind beiden Kategorien ihr zukunftsgerichteter Charakter, ihre final orientierte Konzeption und eine abwägende Entscheidung gemeinsam.[106] Spätestens wenn man berücksichtigt, dass etwa im Rahmen der Netzplanung „hybride Erscheinungsformen"[107] aus Bedarfsplanung und Regulierung anerkannt sind[108], zeigt sich, dass sich jedenfalls eine kategorische Trennung beider Regime nicht durchhalten lässt.[109]

Hierzu ist zunächst auf die oben herausgearbeiteten Merkmale der Regulierung zurückzukommen. Diese fordern ein marktsteuerndes Verhalten des Staates, welches durch die Herstellung und Sicherung wettbewerblicher Bedingungen auf einem Markt bestimmte Gemeinwohlziele zu erreichen sucht. Dabei stellt sich jener Vorgang gerade als Ausprägung und Wahrnehmung der staatlichen Gewährleistungsverantwortung dar. Fraglich ist, ob diese Merkmale im Hinblick auf Bedarfspläne erfüllt sind. Eindeutig ist zunächst, dass sich jedenfalls eine verbindliche Produktions(anlagen)planung des Staates für ein Wirtschaftsgut – hier: Offshore-Windstrom – als dessen gezielte Marktintervention darstellt. Auch werden mit einer solchen in der Regel gemeinwohlbezogene Zielsetzungen verfolgt (vgl. § 1, 4 Abs. 2 WindSeeG) und die eingangs angesprochene Gewährleistungsverantwortung kann bei der Bedarfsplanung in ihrer speziellen Form der staatlichen Infrastrukturverantwortung in Erscheinung

---

und Regulierung für die Steuerung des Ausbaus der Onshore-Windenergieerzeugung, 2021, S. 93 f.; vgl. auch *Springmann*, Förderung erneuerbarer Energieträger in der Stromerzeugung, 2005, S. 68.

[104] S. u. Kapitel 3 III. 4. b) aa).

[105] S. *Schmitt*, Die Bedarfsplanung von Infrastrukturen als Regulierungsinstrument, 2015, S. 62 ff.; speziell der Flächenentwicklungsplan wird auch von *Schaefer*, GewArch 2017, 401 (404), ausdrücklich als „Regulierungsinstrument" bezeichnet.

[106] Vgl. *Schmitt*, Die Bedarfsplanung von Infrastrukturen als Regulierungsinstrument, 2015, S. 95, 99 f.

[107] *Franzius*, ZUR 2018, 11 (12).

[108] Die Bestätigung des Netzentwicklungsplans wird als Regulierungsentscheidung und zugleich erste Stufe der Bedarfsplanung für Übertragungsnetze qualifiziert, s. *Franke/Wabnitz*, ZUR 2017, 462 (463); *Franzius*, ZUR 2018, 11 (12).

[109] Vgl. *Franzius*, EnWZ 2022, 302 (304).

treten[110]. Problematischer verhält es sich indes mit dem oben angesprochenen Merkmal des Wettbewerbsbezugs. Im Hinblick auf die netzbezogene Bedarfsplanung mag sich noch argumentieren lassen, dass diese auf die Schaffung und Erhaltung kostenarmer, verlässlicher und angemessen dimensionierter Netze als wettbewerbstragende Infrastruktur angelegt ist und den Wettbewerb „auf dem Netz" als solche mittelbar fördert und bedingt.[111] Halt findet dies sogar in der Formulierung des § 1 Abs. 2 EnWG.[112]

Anders liegt es aber, soweit sich Bedarfspläne nicht auf (Netz-)Infrastrukturen als Voraussetzung einer von ihnen abtrennbaren Marktleistung beziehen, sondern auf die Marktleistung als solche, wie es sich im Fall der staatlichen Erzeugungsplanung für Offshore-Windstrom verhält. Solche Planungen sind zwar im Ausgangspunkt auf eine gemeinwohlorientierte „Korrektur" des Marktmechanismus' von Angebot und Nachfrage angelegt; die Bedarfsplanung jedoch anders als die Regulierung nicht notwendig im Hinblick auf eine Schaffung oder Förderung von Wettbewerb. Jedenfalls die den Regulierungsbegriff (nach hiesigem Verständnis) prägende „finale Verknüpfung", wonach Gemeinwohlziele gerade durch Wettbewerb auf einem bestimmten Markt verwirklicht werden sollen, stellt sehr spezifische Anforderungen, die Bedarfspläne nicht generell erfüllen. Letztere allgemein als Regulierungsinstrumente aufzufassen, würde den Regulierungsbegriff somit überspannen.

Speziell im Hinblick auf den Flächenentwicklungsplan ließe sich allerdings anführen, dass dieser die wettbewerblich angelegte Bestimmung der Marktprämie unmittelbar vorbereitet; dabei entfalten seine Kapazitätsfestlegungen, wie zu zeigen sein wird, vielmehr im Rahmen der weiteren (Netz- und Förder-)Regulierung Verbindlichkeit als für die weitere Fachplanung[113]. Insoweit weist er in seiner Funktion als Bedarfsplan eine besondere Nähe zum Regulierungsregime auf[114], die es vertretbar erscheinen lässt, ihn letztlich als hybrid gestaltetes Steuerungsinstrument zu qualifizieren[115]. Grundsätzlich aber ist aus den oben genannten Gründen an der Trennung beider Begriffe festzuhalten.[116]

---

[110] Vgl. *Schmitt*, Die Bedarfsplanung von Infrastrukturen als Regulierungsinstrument, 2015, S. 26, 98.

[111] So argumentiert *Schmitt*, Die Bedarfsplanung von Infrastrukturen als Regulierungsinstrument, 2015, S. 93.

[112] Vgl. *Schmitt*, Die Bedarfsplanung von Infrastrukturen als Regulierungsinstrument, 2015, S. 91 f.

[113] S. u. Kapitel 3 II. 2. c) cc) (1).

[114] Vgl. auch *Franzius*, EnWZ 2022, 302 (305 f.).

[115] Vgl. insbes. auch *Schaefer*, GewArch 2017, 401 (404) der den Flächenentwicklungsplan ausdrücklich als „Regulierungsinstrument" bezeichnet; zur grundsätzlichen Möglichkeit „hybrider" Steuerungsformen *Bader*, Die Bedeutung der Interdependenz zwischen Planung und Regulierung für die Steuerung des Ausbaus der Onshore-Windenergieerzeugung, 2021, S. 206 f.

[116] I. E. ebenso *Bader*, Die Bedeutung der Interdependenz zwischen Planung und Regulierung für die Steuerung des Ausbaus der Onshore-Windenergieerzeugung, 2021, S. 207 f.

4. Zieldefinition und Bietparameter

Zuletzt bedarf es einer Klarstellung der im Weiteren maßgeblichen physikalischen Größen. Denn dem Gesetzgeber stehen sowohl bei der Bedarfsplanung als auch der regulatorischen Mengensteuerung grundsätzlich die Optionen zur Verfügung, mit quantitativen Zielvorgaben bzw. den Ausschreibungsparametern bei der Leistung (üblicherweise in der Einheit MW oder kW) oder aber bei der Arbeit (kWh) anzusetzen.[117] Die Leistung oder – in der politisch-rechtswissenschaftlichen Literatur gebräuchlicher – Leistungs- bzw. Erzeugungskapazität[118] beschreibt dabei, untechnisch ausgedrückt, das Produktionspotenzial der betreffenden Anlagen[119], wohingegen die Arbeit die im späteren Anlagenbetrieb tatsächlich erzeugte Energie angibt.

Im hiesigen Kontext beziehen sich sowohl die bedarfsbezogenen Festlegungen des Flächenentwicklungsplans und der Voruntersuchungsergebnisse[120] als auch das durch die Bundesnetzagentur zu bestimmende Ausschreibungsvolumen und die einzelnen Gebotsmengen im Ausschreibungsverfahren – also letztlich der Ausschreibungsgegenstand – auf die jeweils „zu installierende Leistung" (§ 3 Nrn. 5, 24 EEG, § 5 Abs. 1 S. 1 Nr. 5 WindSeeG). Damit ist die elektrische Wirkleistung[121] gemeint, welche „eine Anlage bei bestimmungsgemäßem Betrieb ohne zeitliche Einschränkungen und unbeschadet kurzfristiger geringfügiger Abweichungen technisch erbringen kann" (vgl. § 3 Nr. 31 EEG). Insofern erfolgt also eine leistungsbasierte Steuerung.

Der Gebotswert im Rahmen der Ausschreibungen nach §§ 16 25 WindSeeG und die Zahlung der auf seiner Grundlage berechneten Marktprämie knüpfen indessen prinzipiell an die Arbeit und mithin die tatsächlich erzeugten Strommengen an. Daher sind die Gebote in der Einheit Cent/kWh anzugeben (§ 17 Abs. 1 Nr. 3 WindSeeG). Diese Ausgestaltung bietet Windparkbetreibern prinzipiell Anreiz, das Anlagenpotenzial während der Betriebsphase möglichst

---

[117] Vgl. *Springmann*, Förderung erneuerbarer Energieträger in der Stromerzeugung, 2005, S. 69; *Klessmann u. a.*, Ausgestaltung des Pilotausschreibungssystems für Photovoltaik-Freiflächenanlagen, Wissenschaftliche Empfehlungen v. 10.07.2014, S. 16 ff., abrufbar unter https://www.bundesregierung.de/breg-de/service/publikationen/ausgestaltung-des-pilotausschreibungssystems-fuer-photovoltaik-freiflaechenanlagen-726518.

[118] S. *Springmann*, Förderung erneuerbarer Energieträger in der Stromerzeugung, 2005, S. 69; *Steingrüber*, Die geförderte Direktvermarktung nach dem EEG 2021, 2021, S. 85, *Klessmann u. a.*, Ausgestaltung des Pilotausschreibungssystems für Photovoltaik-Freiflächenanlagen, Wissenschaftliche Empfehlungen v. 10.07.2014, S. 28, abrufbar unter https://www.bundesregierung.de/breg-de/service/publikationen/ausgestaltung-des-pilotausschreibungssystems-fuer-photovoltaik-freiflaechenanlagen-726518. Der Begriff der (Erzeugungs-)Kapazität wird nachfolgend ausschließlich in diesem Sinne verwendet.

[119] So *v. Oppen*, in: Greb/Boewe, EEG, § 3 Nr. 31, Rn. 10.

[120] Zu diesen unter II. 2. a) und b).

[121] Hierzu *v. Oppen*, in: Greb/Boewe, EEG, § 3 Nr. 31, Rn. 5 ff.

auszuschöpfen und die Produktion zu maximieren.[122] Gleichzeitig aber wird der Marktprämienanspruch quantitativ auf den „Umfang der bezuschlagten Gebotsmenge" begrenzt (§ 24 Abs. 1 Nr. 2 WindSeeG), besteht also – hier wieder auf die Leistung bezugnehmend – nur für diejenigen Strommengen, die durch Anlagen mit der konkret bezuschlagten Leistung produziert wurden.[123] Dasselbe gilt allgemein für den Anspruch des Bezuschlagten auf Netzanschluss und die Netzanbindungskapazität (§§ 24 Abs. 1 Nr. 3, 55 Abs. 1 Nr. 2 WindSeeG). Selbst wenn ein Windparkbetreiber also die Zulassung für eine (Gesamt-)Anlagenleistung erhalten sollte, die die Gebotsmenge übersteigt, wird der Strom aus diesen zusätzlichen Anlagen nicht gefördert.[124]

Festzuhalten bleibt damit, dass die quantitative staatliche Lenkung der Offshore-Windenergie durch Bedarfsplanung und Mengensteuerung weitgehend eine Steuerung des künftig zuzubauenden Anlagenpotenzials, nicht aber der durch diese tatsächlich produzierten Strommengen darstellt. Da der tatsächliche Stromertrag gerade aus Windenergieanlagen volatil und von einer Vielzahl von Faktoren abhängig ist, entspricht dies letztlich dem prospektiven Charakter, der der Planung und mengensteuernden Regulierung gemein ist. Um eine „Erzeugungsplanung" handelt es sich in der Folge nur mittelbar.

II. Synchronisierte Bedarfspläne für die Erzeugung und Übertragung von Offshore-Windstrom

1. *Ganzheitlicher Planungsanspruch des zentralen Modells*

Während sich energiewirtschaftliche Bedarfspläne an Land jedenfalls bis vor Kurzem[125] noch „asymmetrisch"[126] ganz vornehmlich auf den Netzausbau bezogen haben, war das zentrale Modell von Vornherein durch eine umfassende Bedarfsplanung (gerade) auch für Erzeugungsanlagen geprägt. Dahingehende bedarfsplanerische Elemente weist vor allem der Flächenentwicklungsplan auf; in Teilen werden jene durch die Voruntersuchungen fortgeführt (hierzu u.

---

[122] S. *Ecofys u. a.*, Ausgestaltung des Pilotausschreibungssystems für Photovoltaik-Freiflächenanlagen, Wissenschaftliche Empfehlungen v. 10.07.2014, S. 16.

[123] Exakter im Hinblick auf die Abgrenzung zwischen Strommenge (Arbeit) und installierter Leistung ist etwa § 22 Abs. 2 S. 1 Hs. 2 EEG formuliert: „[…] der Anspruch besteht für Strommengen, die mit einer installierten Leistung erzeugt werden, […]."

[124] BT-Drs. 18/8860, S. 293.

[125] Zum jüngst in Kraft getretenen Windenergieflächenbedarfsgesetz s. u. Kapitel 5 II. 3. b).

[126] Hierzu näher u. Kapitel 5 II. 2. b) sowie *Hermes*, Planungsrechtliche Sicherung einer Energiebedarfsplanung – ein Reformvorschlag, in: Faßbender/Köck, Versorgungssicherheit in der Energiewende, 2018, S. 71 (72 ff.); *Ders.*, ZUR 2014, 259; *Franzius*, ZUR 2018, 11 (13); *Rodi*, ZUR 2017, 658 (660 f.);

2.). Ergänzt durch die 2017 modifizierte Netzplanung für Offshore-Anbindungsleitungen (s. u. 3.), gewährleisten jene Instrumente eine durchaus komplex verzahnte Netz- und Erzeugungsplanung für Offshore-Windenergie aus der AWZ, die im Folgenden ausführlich erörtert wird. Für Ausführungen zu den Zuständigkeiten wie auch zum Aufstellungsverfahren des Flächenentwicklungsplans sei hierbei auf das vorangegangene Kapitel verwiesen.[127]

2. Bedarfsplanung für Offshore-Windparks

a) Flächenentwicklungsplan

Der Flächenentwicklungsplan legt auf erster Fachplanungsebene die auf den Gebieten und Flächen jeweils zu installierende Anlagenleistung fest; zudem nimmt er eine zeitliche Priorisierung der Ausbaustandorte vor, die Konsequenzen für die nachfolgenden Voruntersuchungs- und Ausschreibungsverfahren, aber auch die Netzplanung entfaltet.

aa) Festlegung gebiets- und flächenspezifischer Anlagenkapazitäten

Gem. § 5 Abs. 1 S. 1 Nr. 5 WindSeeG trifft der Flächenentwicklungsplan Festlegungen zu der auf den Gebieten und Flächen „jeweils voraussichtlich zu installierenden Leistung von Windenergieanlagen auf See", mithin zur (Gesamt-)Erzeugungskapazität der dort zu errichtenden Anlagen.[128] Damit beinhalten die Planungen des BSH insoweit eine Bedürfnisprüfung, als jenes am Maßstab der Ausbauziele gem. § 1 Abs. 2 S. 1 WindSeeG – nämlich einer anzustrebenden Gesamtleistung der Offshore-Windenergie von mindestens[129] 30 Gigawatt bis zum Jahr 2030, 40 Gigawatt bis 2035 und 70 Gigawatt bis 2045 – gemessene Leistungsdefizite und mithin den aktuellen Ausbaubedarf zu ermitteln hat[130]. Dabei fungieren die gesetzlichen Ausbauziele als Planungsleitsätze; zudem muss der in § 2a WindSeeG normierte Ausschreibungspfad besonders berücksichtigt werden (s. § 5 Abs. 5 S. 1 WindSeeG). Im zweiten Schritt konkretisiert der Plan diesen Bedarf räumlich im Sinne einer „Zuteilung" auf die Gebiete und Flächen, wobei eine Anlagenauslegung und ein Parkdesign zugrunde zu legen sind, wie sie nach dem Stand der Technik erwartet werden können[131]. Gerade die Berücksichtigung eingeschränkter Netzanbin-

---

[127] S. Kapitel 2 III. 1.

[128] S. bereits oben Kapitel 3 I. 4.

[129] Die Ausbauziele durften schon vor dem WindSeeG 2023, das zur wörtlichen Einfügung des Zusatzes „mindestens" in den § 1 Abs. 2 S. 1 WindSeeG führte, übererfüllt werden, soweit eine entsprechende Flächenentwicklung realisierbar war, s. BT-Drs. 19/20429, S. 42.

[130] Zur Ausrichtung der zu installierenden Leistung an den Ausbauzielen in der Praxis s. *Bundesamt für Seeschifffahrt und Hydrographie*, Flächenentwicklungsplan 2023 für die deutsche Nordsee und Ostsee v. 20.01.2023, S. 53 f.

[131] Vgl. BT-Drs. 18/8860, S. 272.

dungskapazitäten und der erforderlichen Abstände zu benachbarten Windparks, um einen durch Abschattungs- bzw. Nachlaufeffekte (kosten-)ineffizienten Anlagenbetrieb zu vermeiden, führt hierbei oftmals zu Einschränkungen der auf einer Fläche „eigentlich" erzielbaren Leistungsdichte.[132] Im Ergebnis soll für die Flächen jeweils eine Kapazität zwischen 500 und 2000 MW festgelegt werden (vgl. § 2a Abs. 2 S. 2 WindSeeG).

Bereits der vormalige Bundesfachplan Offshore beinhaltete Angaben zu clusterspezifischen Erzeugungs- und Übertragungsleistungen.[133] Allerdings handelte es sich dabei nicht um verbindliche Festlegungen, die im Sinne einer Bedarfsplanung gewirkt hätten[134], sondern um rechnerische Prognosen auf Basis des räumlichen Clusterumfangs (sog. Flächenansatz[135]), die als praktischer Anknüpfungspunkt der Netzplanung durch den vormaligen Offshore-Netzentwicklungsplan dienen sollten[136]. Sie wurden weit weniger präzise berechnet, als es bei der Erstellung des Flächenentwicklungsplans der Fall ist.[137] Demgegenüber zeichnen die Festlegungen des Flächenentwicklungsplans nach § 5 Abs. 1 S. 1 Nr. 5 WindSeeG neben ihrer rechtlichen Bedeutung für die Netzbedarfsplanung (vgl. § 12b Abs. 1 S. 4 Nr. 7 HS. 2 EnWG) insbesondere auch die späteren Ausschreibungsvolumina verbindlich vor (§ 2a Abs. 1 S. 2 WindSeeG)[138].

---

[132] Vgl. *Bundesamt für Seeschifffahrt und Hydrographie*, Flächenentwicklungsplan 2023 für die deutsche Nordsee und Ostsee v. 20.01.2023, S. 37 ff.

[133] S. *Bundesamt für Seeschifffahrt und Hydrographie*, Bundesfachplan Offshore für die deutsche ausschließliche Wirtschaftszone der Nordsee 2016/17 und Umweltbericht, S. 18 ff., https://www.BSH.de/DE/THEMEN/Offshore/Meeresfachplanung/Bundesfachplaene_Offshore/bundesfachplaene-offshore_node.html.

[134] S. *Bundesamt für Seeschifffahrt und Hydrographie*, Bundesfachplan Offshore für die deutsche ausschließliche Wirtschaftszone der Nordsee 2016/17 und Umweltbericht, S. 14 f.: „In diesem Zusammenhang ist darauf hinzuweisen, dass die Ermittlung der erwarteten Offshore-Windenergieleistung vor dem Hintergrund des Zwecks des BFO – nämlich der räumlichen Planung – erfolgt. [...] Eine Aussage zu etwa [der] Bedarfsgerechtigkeit ist damit nicht verbunden."

[135] S. *Bundesamt für Seeschifffahrt und Hydrographie*, Bundesfachplan Offshore für die deutsche ausschließliche Wirtschaftszone der Nordsee 2016/17 und Umweltbericht, S. 19, https://www.BSH.de/DE/THEMEN/Offshore/Meeresfachplanung/Bundesfachplaene_Offshore/bundesfachplaene-offshore_node.html.

[136] Vgl. *Bundesnetzagentur*, Bestätigung des Offshore-Netzentwicklungsplans 2017–2023 v. 22.12.2017, S. 46 f., abrufbar unter https://www.netzentwicklungsplan.de/sites/default/files/paragraphs-files/O-NEP_2030_2017_Bestaetigung.pdf.

[137] Vgl. *Bundesamt für Seeschifffahrt und Hydrographie*, Flächenentwicklungsplan 2020 für die deutsche Nord- und Ostsee v. 18.12.2020, S. 66, abrufbar unter https://www.bsh.de/DE/THEMEN/Offshore/Meeresfachplanung/Flaechenentwicklungsplan/flaechenentwicklungsplan_node.html.

[138] BT-Drs. 18/8860, S. 272, wenngleich dies bei zentral vorzuuntersuchenden Flächen wegen §§ 10 Abs. 3, 12 Abs. 5 S. 1 WindSeeG unter dem Vorbehalt einer späteren Bestätigung im Voruntersuchungsverfahren steht, s. ebenda.

bb) Zeitliche Maßnahmenplanung

Zugleich wurde die bisher durch den Offshore-Netzentwicklungsplan vorgenommene zeitliche Staffelung von Ausbaumaßnahmen – einschließlich der Bestimmung konkreter Fertigstellungstermine (vgl. § 17b Abs. 1 S. 2, Abs. 2 S. 1 EnWG) – in den Flächenentwicklungsplan und somit aus dem (primären) Verantwortungsbereich der Netzbetreiber in die unmittelbar hoheitliche Planung überführt. Der Flächenentwicklungsplan trifft mithin diverse Festlegungen auch in zeitlicher Hinsicht:

(1) Festlegung der Ausschreibungs- und Inbetriebnahmezeitpunkte

So bestimmt er insbesondere die Kalenderjahre und Reihenfolge, in welcher die Flächen zur Ausschreibung kommen sollen (§ 5 Abs. 1 S. 1 Nr. 3 Alt. 1 WindSeeG), sowie die Kalenderjahre einschließlich des Quartals, in denen die Windenergieanlagen samt der entsprechenden Offshore-Anbindungsleitungen in Betrieb genommen werden sollen (§ 5 Abs. 1 S. 1 Nr. 4 WindSeeG). Ergänzend legt er nach § 5 Abs. 1 S. 1 Nr. 4 WindSeeG das jeweilige Quartal für den Kabeleinzug der Innerparkverkabelung an die Konverter- oder Umspannplattformen fest, der eine zentrale technische Schnittstelle bei der Inbetriebnahme des Offshore-Windparks einerseits und der Anbindungsleitung andererseits darstellt[139]. Die mit diesen Festlegungen verbundene Vorhabenpriorisierung weist inhaltlich eine grobe Ähnlichkeit zu den im Bedarfsplan für Fernstraßen bestimmten Dringlichkeitsstufen (vgl. § 2 FStrAbG)[140] auf.

Im Hinblick auf ihre Rechtsverbindlichkeit gilt es indessen zu differenzieren. So räumt die Gesetzesbegründung selbst ein, dass die Festlegung der Inbetriebnahmezeitpunkte für Anlagen und Leitungen gegenüber derjenigen der Ausschreibungsreihenfolge mit deutlich größeren Unsicherheiten behaftet sei, da sich in der Realisierungsphase praktisch häufig Verzögerungen ergäben.[141] Vor diesem Hintergrund sind die Festlegungen nach § 5 Abs. 1 S. 1 Nr. 4 WindSeeG mehr als „Soll"-Vorgaben mit abgeschwächter Verbindlichkeit denn als strikter zeitlicher Rahmen für die späteren Zulassungsverfahren zu verstehen.[142] Entsprechendes muss im Hinblick auf die zeitliche Festlegung des Kabeleinzugs gelten. Für den Netzentwicklungsplan indes sind die Prognosen des BSH zur voraussichtlichen Inbetriebnahme der Offshore-Anbindungsleitungen verbindlich (§ 12b Abs. 1 S. 4 Nr. 7 HS. 2 und 3 EnWG). Auch die Bundesnetzagentur ist bei der Durchführung der Ausschreibungen grundsätz-

---

[139] BT-Drs. 19/24039, S. 26.

[140] Zu den Stufen gem. § 2 FStrAbG *Maaß/Vogt*, in: Dies., FStrAbG, § 2 Rn. 2 ff.; *Tausch*, Gestufte Bundesfernstraßenplanung, 2011, S. 77 f.

[141] BT-Drs. 18/8860, S. 272; ähnlich *Kerth*, in: Säcker/Steffens, BerlKommEnR VIII, § 5 WindSeeG Rn. 19.

[142] *Spieth*, in: Ders./Lutz-Bachmann, Offshore-Windenergierecht, § 5 WindSeeG Rn. 12.

lich an die nach § 5 Abs. 1 S. 1 Nr. 3 Alt. 1 WindSeeG festgelegte Reihenfolge gebunden (§ 2a Abs. 3 und 4 WindSeeG). In diese müssen sich letztlich auch die Flächenvoruntersuchungen einfügen (vgl. § 9 Abs. 1 und Abs. 3 S. 1 Wind-SeeG); insoweit erfährt neben dem Ausschreibungsverfahren selbst also auch die dem Flächenentwicklungsplan nachfolgende Fachplanung eine zeitliche Vorstrukturierung.

(2) Festlegung von Zwischenschritten für den gemeinsamen Realisierungsfahrplan

Eng mit den zeitlichen Festlegungen nach § 5 Abs. 1 S. 1 Nrn. 3 und 4 Wind-SeeG verknüpft ist auch die Möglichkeit des BSH, gem. § 5 Abs. 1 S. 2 Wind-SeeG wesentliche Zwischenschritte für den gemeinsamen Realisierungsfahr-plan nach § 17d Abs. 2 S. 6 EnWG vorzugeben. Die Vorschrift wurde nach-träglich im Rahmen der WindSeeG-Novelle 2020[143] eingefügt. Der Realisie-rungsfahrplan stellt eine unverbindliche Vereinbarung zwischen dem bezu-schlagten Windparkbetreiber und dem anbindungsverpflichteten Übertra-gungsnetzbetreiber dar und beinhaltet die zeitlichen Planung notwendiger (technischer) Umsetzungsschritte sowohl für die Windparkerrichtung als auch die Herstellung des Netzanschlusses.[144] Er soll eine transparente und effektive Abstimmung der beteiligen Akteure gewährleisten und so einer verzögerten Inbetriebnahme der Anlagen vorbeugen.[145] Jene Koordinationsfunktion an der Schnittstelle zwischen Windpark- und Netzplanung[146] übernimmt der Flächen-entwicklungsplan also, soweit er relevante Zwischenschritte und deren zeitli-che Abfolge[147] gem. § 5 Abs. 1 S. 2 WindSeeG vorab determiniert.

cc) Materielle Kriterien für die Flächenpriorisierung

Die Festlegung der Ausschreibungsreihenfolge und die damit verbundene Flä-chenpriorisierung durch das BSH unterliegen dabei besonderen materiell-rechtlichen Kriterien. Dabei gilt im Ausgangspunkt – wie schon im Hinblick auf die raumplanerischen Festlegungen des Flächenentwicklungsplans – das Abwägungsgebot ((1)). Zudem setzen §§ 2a, 5 Abs. 4 und 5 WindSeeG der Abwägung teils einen zwingenden gesetzlichen Rahmen; teils beeinflussen sie

---

[143] S. das Gesetz zur Änderung des Windenergie-auf-See-Gesetzes und anderer Vor-schriften v. 03.12.2020 (BGBl. I S. 2682) und hierzu bereits Kapitel 1 III. 4. a).

[144] Hierzu *Uibeleisen*, in: Säcker, BerlKommEnR I, § 17d EnWG Rn. 26; *Schink*, in: Kment, EnWG, § 17d Rn. 30; *Bader*, in: Steinbach/Franke, Kommentar zum Netzausbau, § 17d EnWG Rn. 14.

[145] BT-Drs. 17/11705, S. 54.

[146] Vgl. *Schink*, in: Kment, EnWG, § 17d Rn. 26.

[147] Vgl. BT-Drs. 19/24039, S. 26.

jene auch gleichsam „von innen"[148] durch verschiedene Zielvorgaben (zu beidem (2)).

(1) Abwägungsgebot im Rahmen der Bedarfsplanung

Die Grundsätze der planerischen Gestaltungsfreiheit und des mit ihr verknüpften Abwägungsgebots können grundsätzlich auch im Rahmen hochstufiger (administrativer) Bedarfsplanungen zur Geltung gelangen.[149] So wird etwa im Rahmen der landseitigen Netzbedarfsplanung den Übertragungsnetzbetreibern bzw. der Bundesnetzagentur ein planerischer Gestaltungsspielraum zugestanden, der nur nach Maßgabe der Abwägungsfehlerlehre kontrollierbar ist.[150] Die für den Flächenentwicklungsplan geltende „Abwägungsklausel" gem. § 5 Abs. 3 S. 1 WindSeeG nimmt zwar explizit nur die raumplanerischen Festlegungen nach § 5 Abs. 1 S. 1 Nrn. 1, 2 sowie 611 WindSeeG in Bezug. Doch kann planerische Gestaltungsfreiheit darüber hinaus als ungeschriebenes, aus dem Verhältnismäßigkeitsgrundsatz und dem „Wesen rechtsstaatlicher Planung"[151] abgeleitetes Gebot bestehen, soweit der materielle Gegenstand einer Entscheidung aufgrund seiner Komplexität und Multipolarität ein „Bedürfnis nach spezifisch planerischer Abwägung" hervorruft (sog. materieller Planungsbegriff) bzw. die zugrundeliegenden Normen eine „planungstypische Finalstruktur"[152] aufweisen.[153]

Im Hinblick auf den Flächenentwicklungsplan sind (auch) diejenigen Vorschriften, die Bedarfsfestlegungen betreffen, durch eine finale Struktur mit erhöhter Entscheidungsoffenheit gekennzeichnet (vgl. insbesondere § 5 Abs. 4 und 5 i. V. m. § 2a WindSeeG). Sie erfordern Prognosen, gestalterische Konzeptionen und das Vor- und Zurückstellen gegenläufiger Ziele, indem etwa die Verwirklichung hoher Jahresausbauziele mit dem gesetzlichen Belang der Kosten- und Netzeffizienz (vgl. §§ 1 Abs. 2, 4 Abs. 2 WindSeeG) in Einklang zu bringen ist. Folglich ist die planerische Gestaltungsfreiheit auch im Hinblick auf die Festlegungen nach § 5 Abs. 1 S. 1 Nrn. 35 WindSeeG eröffnet. Dies

---

[148] Vgl. insoweit zur Dogmatik der Abwägungsdirektiven *Dreier*, die normative Steuerung der planerischen Abwägung, 1995, S. 96 ff.

[149] *Gottschewski*, Zur rechtlichen Durchsetzung von europäischen Straßen, 1998, S. 50 f.

[150] *Antweiler*, NZBau 2013, 337 (340); *Schmitz/Uibeleisen*, Netzausbau, 2016, Rn. 109; a. A. wohl *Schmitt*, Die Bedarfsplanung von Infrastrukturen als Regulierungsinstrument, 2015, S. 183 f.

[151] BVerwG, Urt. v. 11.12.1981 – 4 C 69/78 – NJW 1982, 1473; ähnlich Urt. v. 04.06.2020 – 7 A 1/18 – NuR 2020, 709 (715); Urt. v. 14.02.1975 – IV C 21.74 – BVerwGE 48, 56 (63); Urt. v. 20.10.1972 – IV C 14.71 – BVerwGE 41, 67 (68); Urt. v. 30.04.1969 – IV C 6/68 – NJW 1969, 1868 (1869).

[152] *Buus*, Bedarfsplanung durch Gesetz, 2018, S. 141.

[153] Ausführlich zum Geltungsbereich des Abwägungsgebots und den hier genannten Ansätzen *Durner*, Konflikte räumlicher Planungen, 2005, S. 317 ff.; *Buus*, Bedarfsplanung durch Gesetz, 2018, S. 141.

aber verpflichtet das BSH – gleichsam als „andere Seite der Medaille"[154] – auch zur Einhaltung der Grenzen des Abwägungsgebots[155].

(2) Abwägungsgrenzen und -direktiven gem. §§ 2a, 5 Abs. 4 und 5 WindSeeG

Zusätzlich wird der Abwägung des BSH im Hinblick auf die zeitliche Ausbauplanung ein verbindlicher fachgesetzlicher Rahmen gesetzt. So gibt § 5 Abs. 4 S. 1 WindSeeG einen zwingenden Beginn der Inbetriebnahme von Windparks im zentralen Modell ab 2026 und die gleichzeitige Fertigstellung der Offshore-Anbindungsleitungen zu den entsprechenden Flächen vor. Nach derselben Vorschrift muss die zeitliche Staffelung der Inbetriebnahmen so erfolgen, dass vorhandene Anbindungsleitungen ausgelastet werden.[156] Zudem müssen die Ausschreibungs- und Inbetriebnahmezeitpunkte notwendig so aufeinander abgestimmt sein, dass die Realisierungsfristen gem. § 81 WindSeeG den Projektträgern tatsächlich zur Verfügung stehen und nicht unterlaufen werden (§ 5 Abs. 5 S. 3 WindSeeG).

Außerdem normieren sowohl § 5 Abs. 4 als auch § 5 Abs. 5 S. 1 i. V. m. § 2a WindSeeG fachplanungsinterne Optimierungsgebote für die Festlegung der zeitlichen Reihenfolge der Flächenausschreibungen. Sie sind bei der Abwägung aufgrund ihres besonderen Gewichts „möglichst weitgehend" zu beachten, jedoch nicht schlechthin unwägbar.[157] Insoweit gibt § 5 Abs. 5 S. 1 i. V. m. § 2a Abs. 1 S. 1 WindSeeG dem BSH zunächst Gesamtwirkleistungen vor, die jährlich zur Ausschreibung gelangen sollen. Die gem. § 5 Abs. 1 S. 1 Nr. 3 WindSeeG festzulegenden Ausschreibungszeitpunkte werden also insofern gesetzlich vorbestimmt, als die Behörde für die genannten Jahre eine Kombination nur solcher Flächen zur Ausschreibung terminieren kann, die in ihrer Summe – in etwa – die gesetzlich bestimmte Kapazität bereitstellen. Abweichungen von dem so vorgegebenen Ausbaupfad sind allerdings ausdrücklich zulässig, sofern die Ausbauziele nach § 1 Abs. 2 S. 1 WindSeeG erreicht werden. Der Gesetzgeber hielt hier eine Flexibilisierung für zweckmäßig, um etwa auf Verzögerungen beim Ausbau der erforderlichen Anbindungsleitungen reagieren zu können.[158] Die zeitliche Flächenreihung muss dabei stets einen gleichmäßigen Zubau gewährleisten und ab dem Jahr 2027 das jährliche Aus-

---

[154] Vgl. *Hoppe u. a.*, Rechtsschutz bei der Planung von Verkehrsanlagen, 4. Aufl. 2011, Rn. 752.

[155] Zu diesen s. o. Kapitel 2 III. 3. c).

[156] Die in § 5 Abs. 4 S. 1 WindSeeG ebenfalls vorzufindende Vorgabe, bestehende Anbindungsleitungen effizient zu nutzen, eröffnet demgegenüber einen weit größeren Spielraum der planerischen Konkretisierung und kann folglich auch als Abwägungsdirektive eingeordnet werden.

[157] S. zur entsprechenden Definition der Abwägungsdirektive und des Optimierungsgebots *Riese*, in: Schoch/Schneider, § 114 VwGO Rn. 197 sowie oben Kapitel 2 III. 3. c) cc).

[158] Vgl. BT-Drs. 19/20429, S. 46.

schreibungsvolumen je zur Hälfte auf zentral voruntersuchte und nicht voruntersuchte Flächen zuteilen (§§ 2a Abs. 2 S. 1, 5 Abs. 5 S. 2 WindSeeG).

Daneben benennt § 5 Abs. 4 S. 2 WindSeeG bestimmte Standortkriterien, die zu einer vorrangigen Ausschreibung der Fläche führen sollen. Diese sind teils den Kriterien des § 17b Abs. 1, 2 EnWG zum vormaligen Offshore-Netzentwicklungsplan entlehnt (vgl. insbesondere § 17b Abs. 2 S. 3 EnWG)[159], was bereits deshalb naheliegt, weil der Flächenentwicklungsplan nunmehr teils dessen Funktionen übernimmt (vgl. § 7 Nr. 2 WindSeeG, § 17b Abs. 5 EnWG)[160]. Prioritär sind hiernach aus Kostengründen[161] möglichst küstennahe Flächen wie auch solche, die wegen ihrer (sonstigen) Lage und Kapazität eine effiziente Netznutzung und -planung sicherstellen (§ 5 Abs. 4 S. 2 Nrn. 1–3 WindSeeG). Hierneben ermöglicht § 5 Abs. 4 S. 2 Nr. 6 WindSeeG, die Ausschreibung besonders kleiner und somit kostenineffizienter Erzeugungsflächen zeitlich zurückzustellen.[162] Zusammenfassend ist mithin all solchen Anlagenstandorten der Vorzug zu geben, von welchen entweder ein möglichst zeitnaher Beitrag zur Erhöhung des Bruttostromerzeugungsanteils der Offshore-Windenergie zu erwarten ist (z. B. infolge bereits vorhandener Netzkapazitäten, vgl. § 5 Abs. 4 S. 2 Nr. 1 WindSeeG) oder die den Ausbau der Offshore-Windenergie voraussichtlich besonders kosteneffizient gestalten (vgl. § 5 Abs. 4 S. 2 Nrn. 2, 3, 6 WindSeeG). Sofern eine Fläche anhand dieser Zielkriterien widerstreitende Eigenschaften aufweisen sollte, obliegt deren Gewichtung und Ausgleich der Abwägung durch das BSH.

Weitere Flächenkriterien, die auf eine hohe Realisierungswahrscheinlichkeit der dort anzusiedelnden Projekte infolge der raumplanerischen Standorteignung abstellten (insbesondere „Nutzungskonflikte" auf einer Fläche und ihre „voraussichtliche tatsächliche Bebaubarkeit" gem. § 5 Abs. 4 S. 2 Nrn. 4 und 5 WindSeeG a. F.) wurden mit dem WindSeeG 2023 gestrichen.[163] Dies dürfte die diesbezügliche Abwägung des BSH – auch im Hinblick darauf, dass eine umfassende Datengrundlage für die Beurteilung dieser Aspekte frühestens mit dem Voruntersuchungsverfahren geschaffen wird – praktisch erleichtern.

b) *Voruntersuchungsverfahren*

Sofern eine Fläche nach dem Flächenentwicklungsplan voruntersucht werden soll (vgl. § 5 Abs. 1 S. 1 Nr. 3 Alt. 2 WindSeeG), wird die diesbezügliche

---

[159] *Chou*, EurUP 2018, 296 (299).

[160] Vgl. auch *Schulz/Appel*, ER 2016, 231 (233).

[161] Vgl. BT-Drs. 18/8860, S. 275; *Wetzer*, Die Netzanbindung von Windenergieanlagen auf See nach §§ 17a ff. EnWG, 2015, S. 31.

[162] BT-Drs. 18/8860, S. 275. Darüber hinaus soll die Behörde im Rahmen ihrer planerischen Gestaltungsfreiheit sogar vollständig auf eine Festlegung kleiner Flächen verzichten dürfen, s. ebd.

[163] S. BT-Drs. 20/1634, S. 74.

Kapazitätsfestlegung nach § 5 Abs. 1 S. 1 Nr. 5 WindSeeG zudem im Rahmen der Eignungsprüfung fortgeführt und ist hier prinzipiell der nachträglichen Korrektur zugänglich. So ist denkbar, dass sich insbesondere aus den umwelt-, boden- und verkehrsbezogenen Untersuchungen gem. §§ 10 Abs. 1, 12 Abs. 3 WindSeeG Einschränkungen für die Lage und Ausmaße einzelner Windparks ergeben und somit einer Realisierbarkeit der zuvor festgelegten Wirkleistung (partiell) entgegenstehen. Andererseits wirken sich etwa artenschutzrechtlich begründete Einschränkungen der Stromerzeugung wie später notwendige Abschaltzeiten gerade nicht auf die Planung der zu installierenden Leistung aus, da letztere ohnehin nur das „technische Potenzial" der geplanten Anlagen, nicht aber die tatsächlich erzeugten Strommengen beschreibt[164]. Praktisch werden die im Flächenentwicklungsplan festgelegten Leistungen deshalb in aller Regel in die Eignungsfeststellung übernommen.[165]

c) Rechtswirkungen der vorgelagerten Kapazitätsplanung

aa) Bestimmung der Ausschreibungsvolumina und flächenspezifischen Gebotsmengen

In regulierungsrechtlicher Hinsicht zeichnen die Festlegungen des BSH nach § 5 Abs. 1 S. 1 Nr. 3 Alt. 1 und Nr. 4 WindSeeG unmittelbar das Ausschreibungsvolumen (§ 3 Nr. 5 EEG) und die flächenspezifische Gebotsmenge (§ 3 Nr. 24 EEG) im Rahmen der Ausschreibungen vor (§ 2a Abs. 1 S. 2 WindSeeG i. V. m. §§ 17 Abs. 2 S. 1 bzw. 51 Abs. 2 S. 1 WindSeeG). Für nicht voruntersuchte Flächen, die auch im neuen Modell noch eine Marktprämienförderung erhalten können, bestimmt die vorbereitende Fachplanung damit letztlich über den Förderumfang[166]; zudem werden über das Ausschreibungsvolumen mittelbar die späteren Netzanbindungskapazitäten bestimmt[167].

Abweichungen von den zeitlichen und quantitativen Vorgaben des Flächenentwicklungsplans sind dabei nur ausnahmsweise nach Maßgabe des § 14 Abs. 4 WindSeeG erlaubt. Hiernach ist nicht nur die gegenseitige Abstimmung zwischen Bundesnetzagentur und BSH erforderlich, sondern auch, dass eine der tatbestandlich definierten Fallgruppen zu einer Gefährdung der Ausbauziele führt (§ 14 Abs. 4 S. 1 WindSeeG). Die Tatbestände begründen jeweils einen dringenden Aktualisierungsbedarf bzw. eine Unmöglichkeit des Planvollzugs, so etwa, wenn die Voruntersuchung einer Fläche nicht rechtzeitig abgeschlossen wird (§ 14 Abs. 4 S. 2 WindSeeG). Selbst dann sind allerdings die übrigen

---

[164] S. o. Kapitel 3 I. 4. sowie *v. Oppen*, in: Greb/Boewe, EEG, § 3 Nr. 31 Rn. 10.
[165] Vgl. etwa zu den Flächen N-6.6 und N-6.7 § 37 der 3. WindSeeV und *Bundesamt für Seeschifffahrt und Hydrographie*, Flächenentwicklungsplan 2023 für die deutsche Nordsee und Ostsee v. 20.01.2023, S. 3 (Tabelle 1).
[166] Zur Ermittlung der Förder*höhe* s. dagegen u. Kapitel 3 III. 2. b).
[167] Hierzu Kapitel 3 III. 4. b) aa).

Priorisierungsvorgaben des Flächenentwicklungsplans und die zugrundeliegenden Kriterien des § 5 Abs. 4 WindSeeG zu beachten, sodass grundsätzlich
nur die nachrangig eingeplanten Flächen einstweilen „aufrücken", bis die Aus-
schreibungsvoraussetzungen auch für die zurückgestellte Fläche vorliegen (§
14 Abs. 4 S. 3 WindSeeG). Dabei gewährleistet § 9 Abs. 3 S. 2 WindSeeG
bereits präventiv einen größeren zeitlichen Vorlauf der Flächenvoruntersuchungen, gerade auch um entsprechende „Nachrückflächen" vorhalten zu können.[168] Der Flächenentwicklungsplan ist auf entsprechende Anpassungen hin
fortzuschreiben, wenn andernfalls die Planumsetzung in den Folgejahren gefährdet würde (§ 14 Abs. 4 S. 4 WindSeeG).

Im Ergebnis sind die bedarfsplanerischen Inhalte des Flächenentwicklungsplans also grundsätzlich verbindlich für die nachfolgende Förderregulierung
von Offshore-Windenergieanlagen; Abweichungen sind lediglich in eng umgrenzten Ausnahmefällen zulässig. Für diese weitgehende Rechtsbindung hat
sich der Gesetzgeber bewusst entschieden, nachdem u. a. im Rahmen der Ver-
bändeanhörung zum Gesetzentwurf weiterreichende Abweichungsmöglichkei-
ten im Sinne einer „Öffnungsklausel" für sonstige Konstellationen vorgeschlagen worden waren[169].

bb) Entwicklungsgebot für den Netzentwicklungsplan

Für den Netzentwicklungsplan gilt gem. § 12b Abs. 1 S. 1, S. 4 Nr. 7 letzt. Hs.
EnWG ein ausdrückliches Entwicklungsgebot aus dem Flächenentwicklungsplan. Demnach hat die Netzplanung insbesondere ausgehend von den nach § 5
Abs. 1 S. 1 Nrn. 4 und 5 WindSeeG festgelegten Inbetriebnahmezeitpunkten
und flächenspezifischen Leistungsvorgaben zu erfolgen und in Anknüpfung
hieran u. a. Maßnahmen zum Weitertransport des Stroms an Land zu ermitteln.

cc) Zulassungsebene

Im Hinblick auf die Zulassung von Windenergieanlagen auf See nimmt die
Kapazitätsplanung vor allem – wie bereits dargelegt[170] – die Frage der Planrechtfertigung verbindlich vorweg. Darüber hinaus wirkt sie im Zulassungsverfahren nicht strikt bindend, sondern ihre Realisierung ist im Einzelfall abwägbar (1). Vorbestimmt wird die spätere Windparkdimensionierung vielmehr
mittelbar durch den regulierungsrechtlichen Rahmen (2).

---

[168] BT-Drs. 19/20429, S. 45.

[169] S. die Branchenstellungnahme zum Entwurf eines Gesetzes zur Einführung von Ausschreibungen für Strom aus erneuerbaren Energien und zu weiteren Änderungen des Rechts
der erneuerbaren Energien, S. 5, abrufbar unter https://www.bmwk.de/Redaktion/DE/
Downloads/Stellungnahmen/Stellungnahmen-EEG-2016/offshore-windeenergie.pdf?
__blob=publicationFile&v=6.

[170] S. oben Kapitel 2 V. III. a).

(1) Keine über die Planrechtfertigung hinausgehende Bindungswirkung

Hinsichtlich der Kapazität planfestzustellender bzw. zu genehmigender Off-shore-Windparks ging der Gesetzgeber grundsätzlich davon aus, dass das BSH nicht unmittelbar an die von der Bundesnetzagentur bezuschlagte Gebots-menge gebunden sei.[171] Mithin mündet die der Gebotsmenge zugrundeliegende Kapazitätsplanung des Flächenentwicklungsplans nicht in strikte Leistungs-vorgaben für die Anlagen im Rahmen der Zulassung. Auch der Wortlaut des § 24 Abs. 1 Nr. 1 WindSeeG legt dies im systematischen Vergleich zu den Nrn. 2 und 3 nahe.[172] Im Übrigen jedoch fügt sich dieses Ergebnis teleologisch und systematisch nur schwerlich in das Normgefüge des WindSeeG ein und läuft letztlich auch dem Wortlaut des § 6 Abs. 9 S. 2 WindSeeG zuwider. Die mit dem zentralen Modell gerade intendierte „Verzahnung von Zulassungs-recht und Ausschreibungen"[173] wird durch eine vom Zuschlag mengenmäßig losgelöste Anlagenzulassung vielmehr punktuell durchbrochen.

Gleichwohl darf das BSH in keinem Fall ohne angemessene Auseinander-setzung mit den Kapazitätsfestlegungen des Flächenentwicklungsplans von diesen abweichen. Denn diese dienen nicht nur dem Ziel der Synchronisierung von Anbindungs- und Produktionskapazitäten (vgl. § 1 Abs. 2 S. 2, 3, § 4 Abs. 2 Nr. 3 WindSeeG), sondern vor allem auch der konkreten Umsetzung des Ausbaupfads und der zwingenden gesetzlichen Ausbauziele. Beide Aspekte bilden öffentliche Belange von herausragender Bedeutung, die im Rahmen der Abwägung durch die Planfeststellungs- bzw. -genehmigungsbehörde mit ent-sprechendem Gewicht zu berücksichtigen ist.

Zu beachten ist ferner, dass, sollte das BSH tatsächlich im Einzelfall Wind-parks mit größerer Kapazität zulassen als durch den Flächenentwicklungsplan oder die Eignungsprüfung ermittelt (sog. Overplanting[174]), die Planrechtferti-gung insoweit nicht schon aufgrund der vorangegangenen Bedarfsplanung fest-steht, sondern nach allgemeinen Maßstäben gesondert dargelegt werden muss.

---

[171] S. ausdrücklich BT-Drs. 18/8860, S. 291: „Hiervon zu trennen ist die Frage, mit wel-cher installierten Leistung Windenergieanlagen tatsächlich auf der Fläche errichtet und be-trieben werden dürfen."

[172] Denn letztere weisen explizit den einschränkenden Zusatz „im Umfang des bezu-schlagten Gebotswerts" auf.

[173] BT-Drs. 18/8860, S. 309.

[174] Overplanting beschreibt in der Branche die Mehrbelegung von Flächen mit einer grö-ßeren Anlagenzahl, s. etwa *BWO*, Stellungnahme zum Referentenentwurf der Bundesregie-rung eines Zweiten Gesetzes zur Änderung des Windenergie-auf-See-Gesetzes und anderer Vorschriften, S. 6, abrufbar unter https://www.bmwk.de/Redaktion/DE/Downloads/Stel-lungnahmen/Stellungnahmen-Windenergie-auf-See/stellungnahme-bwo.pdf?__blob=publi-cationFile&v=4. Daneben sind Leistungssteigerungen bei den einzelnen Anlagen denkbar, ohne deren Zahl zu erhöhen.

(2) Mittelbare Wirkungen

Faktisch allerdings werden sich Abweichungen der späteren Anlagenzahl und -dimension von der bezuschlagten Leistung in Grenzen halten. Denn erstens hat das BSH im Rahmen der Bedarfsplanung mit Berücksichtigung des Faktors der „Leistungsdichte"[175] bereits eine gewisse, wenn auch gröbere, fachliche Vorprüfung der tatsächlich möglichen Windparkgestaltung vorgenommen. Zweitens müssen die Projektträger ihre Pläne praktisch schon deshalb auf die Gebotsmenge auslegen, weil über diese hinaus gem. § 24 Abs. 1 Nr. 3 bzw. § 55 Abs. 1 Nr. 2 WindSeeG grundsätzlich kein Anspruch auf Einspeisung und Übertragung des erzeugten Stroms besteht[176]. Auch „nach unten" sind den Projektträgern regulierungsrechtliche Grenzen gesetzt, indem sie zur Zahlung von Pönalen an den Übertragungsnetzbetreiber verpflichtet werden, sofern die letztlich installierte Anlagenleistung erheblich – nämlich um mehr als 5 % – geringer ausfällt als die bezuschlagte Gebotsmenge (§ 82 Abs. 1, Abs. 2 S. 1 Nr. 5 i. V. m. § 81 Abs. 2 S. 1 Nr. 5 WindSeeG).

dd) Zwischenfazit: Vorwiegend fachplanungsexterne Umsetzung

Festzuhalten bleibt damit, dass die fachplanungsinternen Wirkungen der Bedarfsplanung durch den Flächenentwicklungsplan und die Voruntersuchung selbst keine strikte Kapazitätssteuerung gewährleisten. Diese liegt vielmehr in ihrer regulierungsrechtlichen Umsetzung durch die ausschreibungsbasierte Vergabe gerade mengenbezogener Netzanschluss-, Transport- und Förderansprüche. Sowohl regulierungs- als auch fachplanerisch umgesetzt wird schließlich die bedarfsplanerische Priorisierung von Flächen, indem sich die zeitliche Reihenfolge der Ausschreibungs- und Planfeststellungsverfahren grundsätzlich hiernach richtet.

d) Einordnung als sektorale Bedarfsplanung

Fraglich ist, ob und inwieweit die dargestellten Inhalte und Rechtsfolgen des Flächenentwicklungsplans und der Flächenvoruntersuchung anhand der obigen Definition als Bedarfsplanung eingeordnet werden können.

aa) Flächenentwicklungsplan

Wie bereits angemerkt, geht den Festlegungen des Flächenentwicklungsplans gem. § 5 Abs. 1 S. 1 Nr. 5 WindSeeG jedenfalls insoweit eine materielle Bedürfnisprüfung voraus, als die Behörde vorhandene Defizite der offshore installierten Leistung im Vergleich zu den Ausbauzielen gem. § 1 Abs. 2 S. 1 WindSeeG und mithin den Ausbaubedarf für Offshore-Windenergieanlagen

---

[175] S. o. II. 2. a) aa).
[176] BT-Drs. 18/8860, S. 293.

insgesamt ermitteln muss. Weniger eindeutig als bedarfsplanerischer Vorgang qualifizieren lassen sich allerdings die Folgeschritte, bei welchen der so ermittelte Gesamtbedarf konkreten, raumplanerisch ermittelten Erzeugungsflächen „zugeteilt" und für deren weitere Entwicklung (i. S. der Untersuchung, Ausschreibung sowie projektspezifischen Beplanung und Bebauung) ein zeitlicher Rahmen verfasst wird. Zwar stellt die hoheitliche Priorisierung von Vorhaben grundsätzlich eine Aufgabe der Bedarfsplanung dar.[177] Sie findet sich in anderen Ausprägungen etwa im Bedarfsplan für Fernstraßen (vgl. die in § 2 FStrAbG verankerten Dringlichkeitsstufen[178]) und im Bedarfsplan für Bundesschienenwege (vgl. § 2 Abs. 1 und die Anlage zum BSWG) wieder.[179] Die zeitliche und räumliche Staffelung der zu installierenden Gesamtleistung durch den Flächenentwicklungsplan fordert allerdings infolge der dezidierten Vorgaben der §§ 2a, 5 Abs. 4 und 5 WindSeeG, insbesondere im Hinblick auf die detaillierte Abstimmung mit den Netzkapazitäten, bereits eine weitreichende gedankliche Vorwegnahme der notwendigen Umsetzungsschritte von der Behörde. Mithin handelt es sich nicht ausschließlich um Planungsvorgänge, die zur Anerkennung eines bestimmten Bedarfs und zur Identifizierung derjenigen Vorhaben führen, die ihn erfüllen (Bedarfsplanung), sondern auch um solche, die die Vorhabenrealisierung umfassend zeitlich und räumlich koordinieren und somit Aspekte der Planverwirklichung – des „Wie" – vorwegnehmen (Verwirklichungsplanung[180]). Ergebnis dieses Vorgangs ist jedoch zugleich die Anerkennung eines jeweils flächenspezifischen Ausbaubedarfs zu einem bestimmten Zeitpunkt[181]. Somit kann jener zumindest auch der Bedarfsplanung zugeordnet werden.[182] Die antizipierte Verwirklichungsplanung ist dabei gewissermaßen zwingend dem hohen Konkretisierungsgrad der Festlegungen gem. § 5 Abs. 1 S. 1 Nrn. 35 WindSeeG geschuldet; zudem sind Mischformen verschiedener „Idealtypen" von Plänen nicht ausgeschlossen[183]. So beinhaltet

---

[177] Vgl. *Hermes*, Staatliche Infrastrukturverantwortung, 1998, S. 361 f.

[178] Hierzu *Maaß/Vogt*, in: Dies., FStrAbG, § 2 Rn. 2 ff.; *Tausch*, Gestufte Bundesfernstraßenplanung, 2011, S. 77 f.

[179] *Schmitt*, Die Bedarfsplanung von Infrastrukturen als Regulierungsinstrument, 2015, S. 84.

[180] Zum Begriff oben I. 1. b).

[181] Denn für ein Windparkvorhaben etwa auf einer Fläche, für die erst im Jahr X eine sinnvolle Netzanbindung realisiert werden kann, besteht zuvor kein nach Maßgabe politischer Zielsetzungen bestimmtes Bedürfnis.

[182] So i. E. auch *Schulz/Appel*, ER 2016, 231 (233): „Darüber hinaus enthält der FEP [...] aber auch Elemente der Bedarfsplanung".

[183] Vgl. *Köck*, Pläne und andere Formen des prospektiven Verwaltungshandelns, in: Voßkuhle/Eifert/Möllers, GrVwR II, § 36 Rn. 53; *Schmitt*, Die Bedarfsplanung von Infrastrukturen als Regulierungsinstrument, 2015, S. 77.

auch etwa die Bedarfsplanung für Übertragungsnetze Aspekte der Verwirklichungsplanung.[184]

Da der flächenspezifische Bedarf am Zubau von Offshore-Windkraftanlagen hierbei administrativ durch das BSH bestimmt wird und Grundlage einer sektoralen Planung in Rahmen der öffentlichen Daseinsvorsorge (Energieversorgung) ist, beinhaltet der Flächenentwicklungsplan auch Bedarfsplanungen im engeren Sinne. Infolge des konkreten Flächenbezugs der Mengenfestlegungen handelt es sich schließlich um eine raumwirksame Bedarfsplanung.[185]

Unter Bedarfsplanungen im formellen Sinne sind, wie eingangs dargestellt, solche zu verstehen, die in einen eigenständigen, förmlichen Akt der Bedarfsfeststellung münden, der als bindende Grundlage nachfolgender Planungsstufen fungiert.[186] Formelle Bedarfsplanungen stellen somit „echte" Entscheidungsstufen[187] dar. Hierzu haben die vorangegangenen Ausführungen dieses und des letzten Kapitels ergeben, dass die Erstellung des Flächenentwicklungsplans jedenfalls verfahrensrechtlich verselbständigt erfolgt (vgl. allein § 6 WindSeeG) und mit dem Planerlass als jedenfalls verwaltungsintern bindendem Akt endet (vgl. § 6 Abs. 9 WindSeeG). Vor diesem Hintergrund kann der Flächenentwicklungsplan hinsichtlich seiner Festlegungen gem. § 5 Abs. 1 S. 1 Nrn. 3 und 5 WindSeeG[188] als Bedarfsplan im formellen Sinne qualifiziert werden.

Speziell für die Festlegungen des BSH zu Zwischenschritten des gemeinsamen Realisierungsfahrplans (§ 5 Abs. 1 S. 2 WindSeeG), welche die koordinative Umsetzung des Ausbauplans zwischen Windpark- und Übertragungsnetzbetreiber betreffen, gilt schließlich, dass hier letztlich Aspekte des „Wie" der Planrealisierung und mithin der Verwirklichungsplanung überwiegen. In der Folge können jene nicht mehr zu den bedarfsplanerischen Inhalten des Flächenentwicklungsplans an sich zählen, gleichwohl sie inhaltlich einen engen Bezug hierzu aufweisen.

bb) Voruntersuchungsverfahren

Dass auch die Eignungsfeststellung als Planungsentscheidung zu qualifizieren ist, wurde bereits oben im Kontext der Raumplanung festgestellt.[189] Zudem muss ihr insoweit bedarfsplanerischer Charakter zugesprochen werden, als sie

---

[184] *Hook*, ‚Energiewende': Von internationalen Klimaabkommen bis hin zum deutschen Erneuerbaren-Energien-Gesetz, in: Kühne/Weber, Bausteine der Energiewende, 2017, S. 279.

[185] Zum Begriff s. o. I. 1. a).

[186] *Köck*, ZUR 2016, 579 (582 f.).

[187] Zum Begriff s. *Siegel*, Entscheidungsfindung im Verwaltungsverbund, 2009, S. 185.

[188] Zur fehlenden Verbindlichkeit der Festlegungen gem. § 5 Abs. 1 S. 1 Nr. 4 WindSeeG s. dagegen oben a) bb) (1).

[189] S. Kapitel 2 IV. 5.

die bedarfsplanerischen Inhalte der vorausgehenden Flächenentwicklungsplanung fortführt bzw. korrigiert. Insbesondere die flächenspezifische Wirkleistung wird hierzu im Wege der Rechtsverordnung festgestellt (§ 12 Abs. 5 S. 1 WindSeeG), wodurch die Festlegungen Verbindlichkeit für die weitere Netzplanung und die Bestimmung des Ausschreibungsvolumens durch die Bundesnetzagentur erlangen. Insofern kann das Voruntersuchungsverfahren als die zweite und finale förmliche Stufe der Bedarfsplanung für Windenergie in der AWZ qualifiziert werden. Indem sie die Kapazitätsfestlegungen des Flächenentwicklungsplans ggf. mit Blick auf deren tatsächliche Realisierbarkeit korrigieren kann, weist sie dabei allerdings noch weiterreichende Elemente einer Verwirklichungsplanung auf.

e) Zusammenfassung zu 2.

Der Flächenentwicklungsplan und das auf ihn folgende Voruntersuchungsverfahren gewährleisten mithin eine zweistufige Bedarfsplanung für den Ausbau von Windparks in der AWZ. Diese wiederum entfaltet unmittelbare Verbindlichkeit für die Bedarfsplanung von Offshore-Anbindungsleitungen (zu dieser sogleich 3.) und grundsätzlich auch die Bestimmung und Verteilung des Ausschreibungsvolumens im Rahmen der Förderregulierung. Eine strikte Beachtung der geplanten Anlagenleistung im Zulassungsverfahren und damit eine weitreichende „fachplanungsinterne" Verbindlichkeit ist hingegen durch den Gesetzgeber nicht vorgesehen.

3. Bedarfsplanung für Offshore-Anbindungsleitungen

Während der räumliche Verlauf von Offshore-Anbindungsleitungen durch die AWZ weitgehend durch den Flächenentwicklungsplan selbst gesteuert wird (§ 5 Abs. 1 S. 1 Nrn. 7 und 8 WindSeeG), erfolgt die diesbezügliche Bedarfsplanung ab 2026 grundsätzlich durch den gemeinsamen nationalen Netzentwicklungsplan gem. § 12b Abs. 1 S. 4 Nr. 7 EnWG (im Folgenden: Netzentwicklungsplan) und den gesetzesförmigen Bundesbedarfsplan (vgl. § 2 Abs. 3 BBPlG). Insofern wurde die Offshore-Netzplanung mit Einsetzen des zentralen Modells in das ursprünglich landseitige Bedarfsplanungsmodell für den Übertragungsnetzausbau integriert. Gleichwohl werden deren wesentliche Eingangsgrößen durch den Flächenentwicklungsplan vorbestimmt, sodass der Flächen- und der Netzentwicklungsplan als zentrale Steuerungsinstrumente[190] unmittelbar ineinandergreifen. Dies trägt der Erkenntnis Rechnung, dass ein praktisch sinnvoller Zubau von Offshore-Windparks nur synchron zu einem strategischen, mittel- bis langfristig geplanten Aufbau einer entsprechenden

---

[190] Vgl. BT-Drs. 18/8860, S. 332.

Netztopologie auf dem Meer und dorthin erfolgen kann.[191] Deren Fehlen hat in der Vergangenheit oftmals den „Flaschenhals" möglicher Leistungssteigerungen bei den Windenergieanlagen gebildet.[192]

a) Definition der Offshore-Anbindungsleitung und Abgrenzung zu Interkonnektoren

Der Begriff der Offshore-Anbindungsleitung wird in § 3 Nr. 5 WindSeeG legaldefiniert. Jene Leitungen sind – wenngleich als Sonderfall – Bestandteil des Übertragungsnetzes.[193] Die Definitionsmerkmale wurden mit dem WindSeeG 2023 dem technischen Fortschritt entsprechend angepasst[194], sodass sie nunmehr neben dem bisherigen Anbindungskonzept mit zwei Leitungskomponenten auch Anbindungen erfassen, die nach dem neueren Direktanbindungskonzept errichtet werden. Letzteres legt der aktuelle Flächenentwicklungsplan 2023 aufgrund von § 5 Abs. 1 S. 1 Nr. 11 WindSeeG („standardisierte Technikgrundsätze") als Standard-Anbindungskonzept für Offshore-Windparks fest.[195] Hierbei werden die Windparks unmittelbar über Drehstrom-Seekabelsysteme (66 kV) an durch die ÜNB betriebene Konverter- oder Umspannplattformen herangeführt mit der Folge, dass die Windparkbetreiber nicht jeweils eigene Umspannanlagen errichten müssen.[196] Anbindungsleitungen nach diesem Konzept erfasst § 3 Nr. 5 WindSeeG nunmehr unter lit. a).

Bei Leitungen, die nach dem bisherigen „Anbindungskonzept mit Umspannplattform"[197] errichtet wurden, schließt der Begriff der Offshore-Anbindungsleitung dagegen nach § 3 Nr. 5 b) WindSeeG unverändert sowohl die Gleichstrom-Clusteranbindungen von den Konverterplattformen der ÜNB zum Festland (bis ca. 525 kV) als auch die Drehstromleitungen von diesen zu den Umspannwerken der jeweiligen Windparks (66 kV) ein.[198] Im letzteren Fall setzt sich der Begriff der Anbindungsleitung also aus zwei technischen Kom-

---

[191] S. bereits BT-Drs. 17/10754, S. 1, 18 zur Einführung des Bundesfachplans Offshore sowie *Kerth*, EurUP 2022, 91 (93).

[192] Vgl. *Uibeleisen*, in: Säcker, BerlKommEnR I, Vorbem. §§ 17a–17j Rn. 8 f.

[193] *Schöpf*, Das neue Planungsrecht der Übertragungsnetze, 2017, S. 13.

[194] BT-Drs. 20/1634, S. 71.

[195] S. *Bundesamt für Seeschifffahrt und Hydrographie*, Flächenentwicklungsplan 2023 für die deutsche Nordsee und Ostsee v. 20.01.2023, S. 17.

[196] S. *TenneT TSO GmbH*, Stellungnahme zum Entwurf eines Gesetzes zur Änderung des Windenergie-auf-See-Gesetzes und anderer Vorschriften unter https://www.bmwk.de/Redaktion/DE/Downloads/Stellungnahmen/Stellungnahmen-Windenergie-auf-See/tennet.pdf?__blob=publicationFile&v=4.

[197] S. *Bundesamt für Seeschifffahrt und Hydrographie*, Flächenentwicklungsplan 2020 für die deutsche Nord- und Ostsee, S. 24 unter https://www.bsh.de/DE/THEMEN/Offshore/Meeresfachplanung/Flaechenentwicklungsplan/flaechenentwicklungsplan_node.html.

[198] Vgl. BT-Drs. 18/8860, S. 268.

ponenten zusammen, die es vor allem bei der Ermittlung des Fertigstellungs-
termins (vgl. § 17e Abs. 2 S. 1 EnWG) in der Gesamtschau zu betrachten gilt.[199]
Unmittelbar erforderliche Nebenanlagen sind nach der neuen Definition
ausdrücklich eingeschlossen, auch soweit sie landseitig liegen. Im Hinblick auf
die jeweilige Übertragungstechnologie sieht der Flächenentwicklungsplan
2023 grundsätzlich den Einsatz von HGÜ-Technik vor.[200]

Praktisch abzugrenzen ist der Begriff der Offshore-Anbindungsleitung
schließlich von dem des Interkonnektors.[201] Dabei handelt es sich um grenzüberschreitende unterseeische Stromkabel, die nicht der Anbindung von
(Wind-)Energieanlagen an das Festland dienen, sondern der internationalen
Verbindung von Übertragungsnetzen. In der Folge verlaufen sie über das Ho-
heits- bzw. Funktionshoheitsgebiet mindestens zweier Staaten.[202] Die hohe
energiepolitische Relevanz solcher internationaler Stromleitungssysteme hat
sich etwa anhand der Esbjerg-Erklärung[203] gezeigt, nach der die Nordsee-An-
rainerstaaten auf den kooperativen Ausbau eines gemeinsamen Offshore-Ener-
gienetzes abzielen. Gleichwohl sind die seevölkerrechtlichen Befugnisse der
Küstenstaaten zur Reglementierung reiner Interkonnektoren in vieler Hinsicht
umstritten.[204]

*b) Übergang vom Offshore-Netzentwicklungsplan und Integration in das
landseitige Bedarfsplanungsmodell*

Angesichts der hohen Ausbauziele des WindSeeG 2023 konkretisiert sich die
Pflicht der Übertragungsnetzbetreiber zur Gewährleistung einer nachfragege-
rechten Netzkapazität aus § 11 Abs. 1 S. 1 EnWG im Offshore-Bereich vor
allem in einer Ausbaupflicht.[205] Zu deren Regulierung wurde mit dem Einsetzen des zentralen Modells die Bedarfsplanung für Offshore-Anbindungsleitungen in das ursprünglich landseitige Bedarfsplanungsregime nach §§ 12a-e
EnWG integriert. Insbesondere wurde der räumliche Geltungsbereich des
Netzentwicklungsplans auf das Küstenmeer und die AWZ erweitert, sodass

---

[199] *Kerth*, in: Säcker/Steffens, BerlKommEnR VIII, § 3 WindSeeG Rn. 14.

[200] S. *Bundesamt für Seeschifffahrt und Hydrographie*, Flächenentwicklungsplan 2023
für die deutsche Nordsee und Ostsee v. 20.01.2023, S. 17, 55.

[201] *Schulz/Appel*, ER 2016, 231 (236); *Spieler*, NVwZ 2012, 1139 (1140); *Kistner*, ZUR
2015, 459 (460).

[202] Vgl. *Bader*, in: Steinbach/Franke, Kommentar zum Netzausbau, § 17a EnWG Rn. 19.

[203] S. *Beckmann*, „Nordseegipfel in Esbjerg – Dänemark hat mit dem Wind große Pläne",
Tagesschau v. 18.05.2022, abrufbar unter https://www.tagesschau.de/wirtschaft/weltwirt-
schaft/nordsee-gipfel-101.html.

[204] Ausführlich VG Hamburg, Urt. v. 22.08.2022 – 3 K 3255/19 – juris.

[205] Vgl. *Bundesnetzagentur*, Bestätigung des Netzentwicklungsplans Strom für das Zieljahr 2035 v. 14.01.2022, S. 48. Entsprechend zur landseitigen Situation schon *Ruge*, EnWZ
2015, 497; *Moench/Ruttloff*, NVwZ 2011, 1040.

dieser den vormals eigenständigen Offshore-Netzentwicklungsplan[206] gem. § 17b EnWG ersetzt (§ 12b Abs. 1 S. 4 Nr. 7 EnWG, § 7 Nr. 2 WindSeeG).

Bereits im vormaligen System der separaten Offshore-Netzplanung sind die Inhalte des Offshore-Netzentwicklungsplans letztlich in den Entwurf des Bundesbedarfsplans eingeflossen (§ 12e Abs. 1 S. 1 EnWG a. F.[207])[208]; das Ergebnis eines formell-gesetzlichen Bedarfsplans (auch) für Offshore-Anbindungsleitungen bildet also keine spezifische Neuerung des zentralen Modells. Gleichwohl hielt der Gesetzgeber im Zuge der Einführung der zentralen Flächenentwicklung auch eine Vereinheitlichung der Netzplanung für sinnvoll, um deren Transparenz und Koordinierbarkeit zu erhöhen, aber auch die Synchronisierung mit der Kapazitätsplanung durch den Flächenentwicklungsplan zu vereinfachen.[209]

Während sich der „Onshore-" und der Offshore-Netzentwicklungsplan zuvor in mehreren Aspekten funktional unterschieden haben[210], ist ersterer nun teilweise in die Funktionen des letzteren eingetreten und zählt so insbesondere zu den planerischen Grundlagen für die Ausbauverpflichtungen der Übertragungsnetzbetreiber nach § 17d EnWG. Auch auf die materielle Planungsträgerschaft sind Auswirkungen zu verzeichnen, denn mit der Überführung der Festlegungen zur zeitlichen Staffelung von Ausbaumaßnahmen vom vormaligen Offshore-Netzentwicklungsplan (vgl. § 17b Abs. 1 S. 2, Abs. 2 S. 1 EnWG) als privatwirtschaftlichem Investitionsplan in den behördlich erstellten Flächenentwicklungsplan wurden letztlich wesentliche Inhalte in die unmittelbar staatliche Planung überführt.

Da die Bedarfsplanung für Übertragungsnetze nach §§ 12a-e EnWG seit ihrer Einführung 2011[211] bereits umfassende Reflektion durch die Literatur erfahren hat[212], beschränken sich die folgenden Darstellungen auf deren Grund-

---

[206] Zu diesem etwa *Geber*, Die Netzanbindung von Offshore-Anlagen im europäischen Supergrid, 2014, S. 193 ff.; *Wetzer*, Die Netzanbindung von Windenergieanlagen auf See nach §§ 17a ff. EnWG, 2015, S. 29 ff.; *Zierau*, Umweltstaatsprinzip aus Art. 20a GG in Raumordnung und Fachplanung für Offshore-Windenergie in der deutschen ausschließlichen Wirtschaftszone (AWZ) Ostsee, S. 127 ff.

[207] In der bis zum 03.03.2021 gültigen Fassung, geändert mit dem Gesetz zur Änderung des Bundesbedarfsplangesetzes und anderer Vorschriften v. 25.02.2021 (BGBl. I S. 298).

[208] Hierzu *Geber*, Die Netzanbindung von Offshore-Anbindungsleitungen im europäischen Supergrid, 2014, S. 204 f.

[209] BT-Drs. 18/8860, S. 332.

[210] Zu den funktionalen Besonderheiten des vormaligen Offshore-Netzentwicklungsplans ggü. dem landseitigen Netzentwicklungsplan *Geber*, Die Netzanbindung von Offshore-Anlagen im europäischen Supergrid, 2014, S. 194.

[211] Durch das Gesetz zur Neuregelung energiewirtschaftsrechtlicher Vorschriften v. 26.07.2011 (BGBl I S. 1545).

[212] S. etwa *Schöpf*, Das neue Planungsrecht der Übertragungsnetze, 2017, insbes. S. 38 ff.; *Schäfer*, Die koordinierte Bedarfsplanung der Elektrizitätsnetze als Anwendungsfeld

züge unter Einschluss punktuell weiterführender Verweise. Ausführlicher wird indes auf die leitungsbezogenen Inhalte des Flächenentwicklungsplans selbst und die „offshore-spezifischen" Festlegungen des Netzentwicklungsplans eingegangen werden.

c) Aufnahme von Ausbaumaßnahmen in den Netzentwicklungsplan

Im Wege des Netzentwicklungsplans, dessen Einführung in das EnWG im Jahre 2011 auf Art. 22 Abs. 1 der ehem. Elektrizitätsbinnenmarktrichtlinie[213] zurückgeht[214] und der seither in seiner Funktion als „Investitionsrahmenplan"[215] eine spezielle Ausprägung der in § 11 Abs. 1, 12 Abs. 1, 2 EnWG normierten Betriebs- und -Kooperationspflichten bildet[216], bestimmen die regelzonenverantwortlichen ÜNB grundsätzlich im Zweijahresturnus alle wirksamen Maßnahmen zur bedarfsgerechten Optimierung, Verstärkung und zum Ausbau des Übertragungsnetzes, die sie innerhalb der nächsten zehn bis fünfzehn Jahre für einen sicheren und zuverlässigen Netzbetrieb für erforderlich halten (§ 12b Abs. 1 S. 1, 2 EnWG).

Speziell für die Offshore-Netzplanung konkretisiert § 12b Abs. 1 S. 4 Nr. 7 HS. 1 EnWG die Pflichtangaben des Plans dahingehend, dass dies auch „alle Maßnahmen zur bedarfsgerechten Optimierung, Verstärkung und zum Ausbau der Offshore-Anbindungsleitungen in der ausschließlichen Wirtschaftszone und im Küstenmeer einschließlich der Netzanknüpfungspunkte an Land, die bis zum Ende des Betrachtungszeitraums nach § 12a Abs. 1 S. 2 EnWG für einen schrittweisen, bedarfsgerechten und wirtschaftlichen Ausbau sowie einen sicheren und zuverlässigen Betrieb der Offshore-Anbindungsleitungen sowie zum Weitertransport des auf See erzeugten Stroms […] erforderlich sind", umfasst. Ausdrücklich sind hierin auch Maßnahmen an den landseitigen Netzanknüpfungspunkten sowie eventuell erforderliche Schritte zum Ausbau und/oder der Verstärkung des weiterführenden Netzes einzubeziehen.[217] Zudem müssen Angaben zum geplanten Fertigstellungszeitpunkt der Anbindungsleitungen erfolgen (§ 12b Abs. 1 S. 4 Nr. 7 HS. 2 EnWG).

---

staatlicher Gewährleistungsverantwortung, 2016; *Ruge*, EnWZ 2015, 497 ff.; *Schneider*, EnWZ 2013, 339 ff.; *Moench/Ruttloff*, NVwZ 2011, 1040 (1041 f.); *Appel*, UPR 2011, 406 ff.; *Grigoleit/Weisensee*, UPR 2011, 401 (insbes. 403 f.).

[213] Richtlinie 2009/72/EG des Europäischen Parlaments und des Rates vom 13. Juli 2009 über gemeinsame Vorschriften für den Elektrizitätsbinnenmarkt und zur Aufhebung der Richtlinie 2003/54/EG (ABl. L 211/55, ber. 2018 L 72/42), aufgeh. durch Art. 72 Abs. 1 RL (EU) 2019/944 mit gemeinsamen Vorschriften für den Elektrizitätsbinnenmarkt v. 05.06.2019 (ABl. L 158/125).

[214] *Moench/Ruttloff*, NVwZ 2011, 1040 (1041); *Ruge*, in: Säcker, BerlKommEnR I, § 12b EnWG Rn. 2.

[215] So *Appel*, UPR 2011, 406 (412).

[216] Vgl. *Bourwieg*, in: Ders./Hellermann/Hermes, EnWG, § 12a Rn. 13.

[217] S. auch BT-Drs. 18/8860, S. 333.

Insgesamt sind die ÜNB dabei – ähnlich dem BSH bei Festlegungen nach § 5 Abs. 1 S. 1 Nr. 3 Alt. 1 und Nr. 4 WindSeeG – zur Vornahme einer zeitlichen Priorisierung unter allen gewählten Netzmaßnahmen verpflichtet, indem sie vorrangige Dreijahresvorhaben bestimmen müssen (§ 12b Abs. 1 S. 4 Nr. 1 EnWG).[218] Im weiteren Bedarfsplanungsverfahren bilden die Festlegungen gem. § 12b Abs. 1 S. 2, 4 EnWG sodann die Grundlage des durch den Bundesgesetzgeber zu erlassenen Bundesbedarfsplans (§ 12e Abs. 1 S. 1, 2 EnWG). Dieser hält grundsätzlich schon seit 2015 die Möglichkeit zur Ausweisung von Offshore-Anbindungsleitungen bereit (vgl. § 3 Abs. 2 BBPlG[219]), von der bisher jedoch kein Gebrauch gemacht wurde[220].

aa) Planungshorizont

Im Hinblick auf den zeitlichen Horizont des Netzentwicklungsplans verweist § 12b Abs. 1 S. 1 EnWG auf den Betrachtungszeitraum des vorangehenden Szenariorahmens (§ 12a Abs. 1 S. 2 EnWG), welcher seit seiner Flexibilisierung im Jahr 2015[221] grundsätzlich die nächsten „mindestens […] zehn und höchstens 15 Jahre" umfasst. Ein entsprechender Planungshorizont soll nach Vorstellung des Gesetzgebers, um die intendierte Planungssynchronisation zu erreichen (vgl. § 1 Abs. 2 S. 3 WindSeeG), in der Regel auch dem Flächenentwicklungsplan zugrunde gelegt werden, wenngleich der Betrachtungszeitraum hier je nach Art und Zweck der Festlegungen variieren darf.[222]

bb) Planungsträger

§§ 12a, b EnWG adressieren mit der Pflicht zur Erstellung des Netzentwicklungsplans und des ihm vorgelagerten Szenariorahmens zunächst die regelzonenverantwortlichen ÜNB i. S. d. § 3 Nr. 10 EnWG.[223] Gleichwohl ist mit Blick auf die Genehmigung bzw. Bestätigung beider Planungsschritte durch die Regulierungsbehörde (§§ 12a Abs. 2, 3, 12c EnWG) streitig, wer als originärer Träger der Bedarfsplanung für Übertragungsnetze zu gelten hat. Die Entscheidung hat mitunter Auswirkungen auf die Reichweite der Kontrollbefugnisse der Bundesnetzagentur bzw. – aus umgekehrter Perspektive – der Gestaltungs-

---

[218] Hierzu *Ruge*, in: Säcker, BerlKommEnR I, § 12b EnWG Rn. 37.

[219] Eingeführt mit dem Gesetz zur Änderung von Bestimmungen des Rechts des Energieleitungsbaus v. 21.12.2015 (BGBl. I S. 2490).

[220] Mit „C" gekennzeichnete Vorhaben finden sich im aktuellen Bundesbedarfsplan 2022 nicht.

[221] Mit Gesetz v. 10.12.2015 (BGBl. I S. 2194); hierzu etwa *Ruge*, EnWZ 2015, 497 (499 f.).

[222] BT-Drs. 18/8860, S. 271.

[223] *Busch*, in: Bourwieg/Hellermann/Hermes, EnWG, § 12b Rn. 8.

freiheit der Übertragungsnetzbetreiber im Hinblick auf ihre Investitionsent-scheidungen.[224]

Im Ausgangspunkt ist hierbei insbesondere aus dem Kontext des Planfest-stellungsrechts anerkannt, dass auch private Akteure Träger von Planungen im planungsrechtlichen Sinne darstellen können.[225] Speziell im Hinblick auf die Erstellung von Szenariorahmen und Netzentwicklungsplan wird dabei über-wiegend angenommen, dass sowohl §§ 12a f. EnWG als auch der ihnen zu-grundeliegende Art. 22 Abs. 1 der Elektrizitätsbinnenmarktrichtlinie die mate-rielle Planungsaufgabe den ÜNB zuweisen[226] und es sich mithin um privatwirt-schaftliche Investitionspläne handele, indessen (noch) keine staatliche Be-darfsplanung.[227]

Gleichwohl nehmen die ÜNB in diesem Rahmen eine Doppelstellung ein, indem sie einerseits in einem Bereich der staatlichen Gewährleistungsverant-wortung tätig werden[228], dessen Planung prinzipiell, wie in anderen Infrastruk-tursektoren auch, staatlicherseits übernommen werden könnte[229], andererseits jedoch von den behördlich bestätigten Investitionsmaßnahmen auch in ihrer Eigenschaft als regulierte Akteure der Privatwirtschaft betroffen sind[230]. So entziehen die behördliche Bestätigung des Netzentwicklungsplans gem. § 12c Abs. 4 EnWG und die Festlegung der Vorhabenliste im Bundesbedarfsplange-setz die Netzausbauplanung letztlich der privatwirtschaftlich-unternehmeri-schen Disposition der Übertragungsnetzbetreiber[231], indem für diese fest defi-nierte Realisierungspflichten ausgelöst werden (vgl. etwa §§ 17d, 65 Abs. 2a

---

[224] *Buus*, Bedarfsplanung durch Gesetz, 2018, S. 139.

[225] *Buus*, Bedarfsplanung durch Gesetz, 2018, S. 142; ebenso im Hinblick auf die Bun-desfachplanung *Sangenstedt/Salm*, in: Steinbach/Franke, Kommentar zum Netzausbau, § 7 NABEG Rn. 39.

[226] *Buus*, Bedarfsplanung durch Gesetz, 2018, S. 143 f.; *Kober*, in: Theobald/Kühling, § 12c EnWG Rn. 12; *Strobel*, Die Investitionsplanungs- und Investitionspflichten der Über-tragungsnetzbetreiber, 2017, S. 140 f.; *Knauff*, EnWZ 2019, 51 (54); *Busch*, in: Bour-wieg/Hellermann/Hermes, EnWG, § 12a Rn. 11 und § 12c Rn. 28; a. A. wohl *Leidinger*, in: Posser/Faßbender, Praxishandbuch Netzplanung und Netzausbau, 2013, Kap. 3, Rn. 286 f. und *Hermes*, EnWZ 2013, 395 (396), der von einer „prognostisch-planerische[n] Qualität" der Prüfung durch die Bundesnetzagentur spricht.

[227] *Geber*, Die Netzanbindung von Offshore-Anlagen im europäischen Supergrid, 2014, S. 194.

[228] Eingehend *Strobel*, Die Investitionsplanungs- und Investitionspflichten der Übertra-gungsnetzbetreiber, 2017, S. 134 ff.; *Leidinger*, in: Posser/Faßbender, Praxishandbuch Netz-planung und Netzausbau, 2013, Kap. 3, Rn. 13 ff.; *Schmitt*, Bedarfsplanung von Infrastruk-turen als Regulierungsinstrument, 2015, S. 178 f.; *Weyer*, Wer plant die Energienetze?, in: FS Gunther Kühne, 2009, S. 423.

[229] Vgl. *de Witt/Kause*, ER 2013, 109.

[230] Vgl. *Franke*, Beschleunigung der Planungs- und Zulassungsverfahren beim Ausbau der Übertragungsnetze in: FS Salje, S. 121 (128); *Hermes*, ZUR 2014, 259 (260).

[231] Vgl. *Weyer*, Wer plant die Energienetze?, in: FS Gunther Kühne, 2009, S. 423 (429).

EnWG)[232]. Dennoch muss jene staatliche Gewährleistungsverantwortung, welcher die Kontrollbefugnisse der Bundesnetzagentur und die damit verbundene „Kombination selbstregulativer und regulativer Planungselemente"[233] geschuldet sind, letztlich von einer hoheitlichen Erfüllungsverantwortung abgegrenzt werden[234], was dafür spricht, die Bedarfsplanung für Übertragungsnetze bis zum Stadium des Netzentwicklungsplans als regulatorisch stark determinierte[235], aber im Kern durchaus privatwirtschaftliche Investitionsplanung einzuordnen.

Speziell im Hinblick auf Offshore-Anbindungsleitungen im zentralen Modell ist jedoch zu berücksichtigen, dass die ÜNB bei ihrer Netzplanung bereits weitreichenden Vorabbindungen an den (unmittelbar staatlich erstellten) Flächenentwicklungsplan unterliegen.[236] Deshalb muss in dessen Geltungsbereich von der oben dargestellten, grundsätzlichen Annahme abgerückt werden, die materielle Aufgabe der Netzplanung obliege (primär) den ÜNB als Privatrechtsakteure. Vielmehr werden die wesentlichen Eingangsgrößen der Offshore-Netzplanung durch die umfassende Verzahnung mit der staatlichen Erzeugungsplanung bereits so umfassend vorbestimmt, dass die Bedarfsplanung insoweit dem BSH zugeordnet werden muss. Dies ist auch der Grund, weshalb die vormals an die ÜNB gerichteten Abwägungsdirektiven für die Priorisierung von Leitungsvorhaben nunmehr das BSH adressieren (vgl. etwa § 17b Abs. 2 S. 3 EnWG und § 5 Abs. 4 S. 2 WindSeeG).

cc) Grundzüge des Aufstellungsverfahrens

Das Aufstellungsverfahren des Netzentwicklungsplans ist vor allem durch die in §§ 12b Abs. 3, 12c Abs. 3 EnWG vorgesehene „doppelte Öffentlichkeitsbeteiligung"[237] wie auch die frühzeitige Erstellung des Umweltberichts in Vorbereitung des Bundesbedarfsplans gem. § 12c Abs. 2 S. 1 EnWG gekennzeichnet: So erstellen die ÜNB zunächst den Planentwurf und veröffentlichen ihn einschließlich aller weiteren erforderlichen Informationen auf ihren Internetseiten, um der Öffentlichkeit einschließlich tatsächlicher und potenzieller Netznutzer, den nachgelagerten Netzbetreibern sowie den Energieaufsichtsbehörden der Länder und sonstigen Trägern öffentlicher Belange Gelegenheit zur Äußerung zu geben (§ 12b Abs. 3 S. 1, 2 EnWG).[238] Nach Abschluss der

---

[232] Vgl. *Recht*, Rechtsschutz im Rahmen des beschleunigten Stromnetzausbaus, 2019, S. 16.

[233] *Schneider*, EnWZ 2013, 339 (341).

[234] Hierzu *Weyer*, Wer plant die Energienetze?, in: FS Gunther Kühne, 2009, S. 423 (423 f.); *Ruge*, Die Gewährleistungsverantwortung des Staates, 2004, S. 172 ff.

[235] So *Schneider*, EnWZ 2013, 339 (340).

[236] Näher sogleich u. dd) (3).

[237] *Moench/Ruttloff*, NVwZ 2011, 1040 (1041).

[238] Hierzu *Schmitz/Uibeleisen*, Netzausbau, 2016, Rn. 121 ff.

Öffentlichkeitsbeteiligung ist der Plan mit einer zusammenfassenden Erklärung darüber zu versehen, wie deren Ergebnisse berücksichtigt wurden und aus welchen Gründen der Plan nach Abwägung mit den geprüften anderweitigen Planungsmöglichkeiten gewählt wurde (§ 12b Abs. 4 EnWG). Mithin umfasst die Begründungspflicht der ÜNB insbesondere auch die Offenlegung ihrer Alternativenprüfung, wobei diese sich im Wesentlichen auf Konzept- und (technische) Ausführungsalternativen[239] beschränkt, da konkrete räumliche Festlegungen insbesondere zu Trassenverläufen nicht Gegenstand des Plans sind.[240]

In dieser Form wird der Netzentwicklungsplan unverzüglich nach Fertigstellung der Bundesnetzagentur zur Prüfung und Bestätigung vorgelegt (§ 12 Abs. 1 S. 1, Abs. 5 EnWG). Die Behörde ist insoweit von der Pflicht zur Entscheidung durch Beschlusskammern ausgenommen (§ 59 Abs. 1 S. 2 Nr. 4 EnWG) und nimmt eine materielle Prüfung nach Maßgabe des § 12c Abs. 1 EnWG vor. Zudem erstellt sie mit Blick auf die für den Bundesbedarfsplan nach § 12e EnWG bestehende SUP-Pflicht (s. § 35 Abs. 1 Nr. 1 i. V. m. Ziff. 1.10 der Anlage 5 UVPG) frühzeitig einen Umweltbericht (§ 12c Abs. 2 S. 1 EnWG).[241] Dieser kann sich von Vornherein auf das Festland und das Küstenmeer beschränken (§ 12c Abs. 2 S. 3 EnWG), da Umweltauswirkungen des Netzausbaus in der AWZ bereits Gegenstand des Umweltberichts zum Flächenentwicklungsplan sind (§ 6 Abs. 4 S. 2 WindSeeG).[242] Sollten sich dennoch inhaltliche Überschneidungen mit letzterem ergeben, können dessen Ergebnisse dem Bericht zum Netzentwicklungsplan zugrunde gelegt werden mit der Folge, dass dieser sich infolge der Abschichtung auf „zusätzliche oder andere […] erhebliche Umweltauswirkungen" beschränken darf (§ 12c Abs. 2 S. 2 EnWG). Zu beachten ist letztlich, dass der Umweltbericht als Vorbereitung des Bundesbedarfsplans nur dann erforderlich ist, wenn der Netzentwicklungsplan als dessen Entwurf der Bundesregierung zugeleitet werden soll; mindestens alle vier Jahre ist dies allerdings zwingend (vgl. § 12e Abs. 1 S. 1 EnWG).[243]

Nach Abschluss der Prüfung führt die Bundesnetzagentur unverzüglich eine (weitere) Behörden- und Öffentlichkeitsbeteiligung durch, die sich im Grundsatz ebenfalls nach den Vorgaben der §§ 41 ff. UVPG zu richten hat (§ 12c Abs. 3 S. 1 EnWG).[244] Die Bundesnetzagentur kann – basierend auf der ent-

---

[239] Zur Terminologie vgl. *Köck*, ZUR 2016, 579 (582); *Kment*, DVBl. 2008, 364 (367); *Sauthoff*, ZUR 2006, 15 (19).

[240] *Ruge*, in: Säcker, BerlKommEnR I, § 12b EnWG Rn. 82.

[241] *Recht*, Rechtsschutz im Rahmen des beschleunigten Netzausbaus, 2019, S. 16; ausführlich *Heimann*, in: Steinbach/Franke, Kommentar zum Netzausbau, § 12c EnWG Rn. 14 ff.

[242] So BT-Drs. 19/23491, S. 35.

[243] *Heimann*, in: Steinbach/Franke, Kommentar zum Netzausbau, § 12c EnWG Rn. 14.

[244] Hierzu *Stracke*, Öffentlichkeitsbeteiligung im Übertragungsnetzausbau, 2017, S. 195; *Heimann*, in: Steinbach/Franke, Kommentar zum Netzausbau, § 12c EnWG Rn. 43 ff.

sprechenden unionsrechtlichen Vorgabe in Art. 22 Abs. 5 der Elektrizitätsbinnenmarktrichtlinie – Änderungen am Entwurf des Netzentwicklungsplans verlangen (§ 12c Abs. 1 S. 2 EnWG)[245], muss sich dabei allerdings wegen der grundsätzlichen Planungsträgerschaft und inhaltlichen Methodenfreiheit der ÜNB[246] auf eine nachvollziehende Prüfung beschränken. Der Bestätigung des Netzentwicklungsplans nach § 12c Abs. 4 S. 1 EnWG kommt gegenüber den ÜNB Verwaltungsakts-[247] und Genehmigungscharakter[248] zu. Mindestens alle vier Jahre übermittelt die Bundesnetzagentur den bestätigten Netzentwicklungsplan schließlich der Bundesregierung als Entwurf für den Bundesbedarfsplan (§ 12e Abs. 1 S. 1 EnWG).

dd) Inhaltliche Maßgaben für die Übertragungsnetzbetreiber

Inhaltlich haben die Übertragungsnetzbetreiber bei der Erstellung des Netzentwicklungsplans trotz ihrer grundsätzlichen Methodenfreiheit – hierzu (1) – verschiedene gesetzliche Maßgaben zu beachten, hierunter insbesondere diverse Entwicklungsgebote aus vorgelagerten Plänen und Maßnahmen – s. (2)-(4) – sowie die Grenzen der Abwägungsfreiheit bei der Ausübung ihrer planerischen Gestaltungsfreiheit – (5).

(1) Grundsätzliche Methodenfreiheit der Übertragungsnetzbetreiber

Im Ausgangspunkt wird den Übertragungsnetzbetreibern bei den zur Ermittlung des Netzbedarfs erforderlichen Prognosen und Berechnungen eine weitgehend freie Wahl der Fachmethodik („Methodenhoheit"[249]) zuerkannt.[250] Detaillierte normative Methodenvorgaben, wie sie etwa in der Anreizregulierung zu finden sind (vgl. Anlagen 1 bis 4 ARegV[251]), oder bindende Verweisungen auf private Regelwerke fehlen insoweit.[252] Vielmehr überlassen die unbestimmt formulierten Maßgaben, die Entwicklungspfade des Szenariorahmens auf „angemessene" Grundannahmen zu stützen (§ 12a Abs. 1 S. 4 EnWG), im Netzentwicklungsplan selbst „eine geeignete und für einen sachkundigen Dritten nachvollziehbare Modellierung des deutschen Übertragungsnetzes" zu

---

[245] Eingehend hierzu bereits *Ruge*, EnWZ 2020, 99.

[246] S. o. Kapitel 3 II. 3. c) bb) und sogleich dd) (1).

[247] *Buus*, Bedarfsplanung durch Gesetz, 2018, S. 145.

[248] *Schneider*, EnWZ 2013, 395 (341).

[249] *Knauff*, EnWZ 2019, 51 (54).

[250] *Buus*, Bedarfsplanung durch Gesetz, 2018, S. 135; eingehend *Knauff*, EnWZ 2019, 51 (55 f.).

[251] Verordnung über die Anreizregulierung der Energieversorgungsnetze v. 29.10.2007 (BGBl. I S. 2529), zul. geänd. durch Art. 8 des Gesetzes zu Sofortmaßnahmen für einen beschleunigten Ausbau der erneuerbaren Energien und weiteren Maßnahmen im Stromsektor vom 20.07.2022 (BGBl. I S. 1237).

[252] *Knauff*, EnWZ 2019, 51 (52, 54).

nutzen (§ 12b Abs. 1 S. 5 EnWG) sowie im Ergebnis „wirksame", „bedarfsgerechte" und „erforderliche" Maßnahmen zu treffen, die exakte fachmethodische Ausgestaltung den Übertragungsnetzbetreibern, die insoweit über die notwendige Sachkenntnis verfügen.[253] Insoweit gilt letztlich nur die allgemeine Anforderung, dass die Annahmen fachlich vertretbar sein müssen, d. h. vorhandene Standardmethoden und Fachkonventionen zu beachten haben oder, wo solche fehlen, jedenfalls transparenten, funktionsgemäßen und schlüssigen Methoden zu folgen haben, wobei der Sinngehalt der angewandten Kriterien nachvollziehbar dargelegt werden können muss.[254]

In der Praxis gehen die Übertragungsnetzbetreiber bei der Erstellung des Netzentwicklungsplans derart vor, an die im Szenariorahmen vorgenommene Modellierung und Regionalisierung der Verbrauchs- und Erzeugungswerte eine Marktsimulation sowie im zweiten Schritt die Netzanalyse als „eigentliche" Bedarfsplanung im oben erläuterten Sinne anzuschließen.[255] Im Rahmen der Marktsimulation werden insbesondere aus den Grundannahmen zur installierten Leistung an den jeweiligen Netzknoten die tatsächlichen Lastenflüsse im Zieljahr prognostiziert, mithin Einspeisezeiten und -mengen errechnet und mit den Prognosen zu den Abnahmemengen zusammengeführt, um die relevanten Netznutzungsfälle zu errechnen.[256] Die Leistungsflüsse werden sodann für jedes Szenario im sog. Startnetz simuliert, welches sich aus dem „Ist-Netz" und allen verbindlich für die Zukunft festgelegten, d. h. insbesondere bereits planfestgestellten, Netzmaßnahmen zusammensetzt, um mögliche Überlastungen vorauszusagen. Ergänzend werden Stabilitätsuntersuchungen angestellt, die für das landseitige Netz insbesondere den Einsatz des sog. „n-1"-Kriteriums[257] beinhalten, welches den Ausfall eines Netzelements modelliert.[258] Im Offshore-Bereich kommt jenes (noch) nicht standardmäßig zur Anwendung, um Redundanzen angesichts der größeren Netzknappheit möglichst zu vermeiden[259]; gleichwohl hat der Gesetzgeber diese Möglichkeit – etwa im Wege ergänzender „Quer"-Netzverbindungen unter den einzelnen Gebieten und Fläch-

---

[253] *Knauff*, EnWZ 2019, 51 (54 f.).

[254] *Knauff*, EnWZ 2019, 51 (52) m. w. N.

[255] *Leidinger*, in: Posser/Faßbender, Praxishandbuch Netzplanung und Netzausbau, 2013, Kap. 3 Rn. 271 ff.

[256] *Ruge*, in: Säcker, BerlKommEnR I, § 12b Rn. 19.

[257] Zu diesem und seiner Verankerung im Transmission Code *Wetzer*, Die Netzanbindung von Windenergieanlagen auf See nach §§ 17a ff. EnWG, 2015, S. 68 ff.

[258] *Leidinger*, in: Posser/Faßbender, Praxishandbuch Netzplanung und Netzausbau, 2013, Kap. 3 Rn. 275.

[259] *Busch*, in: Bourwieg/Hellermann/Hermes, EnWG, § 12b Rn. 15; *Wetzer*, Die Netzanbindung von Windenergieanlagen auf See nach §§ 17a ff. EnWG, 2015, S. 69; auf die daraus resultierende höhere Netzunsicherheit wurden auch die speziellen Haftungsregelungen der §§ 17e ff. EnWG ausgelegt, s. BT-Drs. 17/10754, S. 26, sowie *Riedle*, Überwachung der Offshore-Haftungsregelungen, 2018, S. 93 (dort Fn. 250).

en – für die Zukunft explizit nicht ausschließen wollen[260]. Hierauf basierend ermitteln die Übertragungsnetzbetreiber wiederum das sog. „Zubaunetz", d. h. diejenigen Maßnahmen, die zur bedarfsgerechten Optimierung, Verstärkung und zum Ausbau des Netzes erforderlich sind (vgl. § 12b Abs. 1 S. 2 EnWG), zuzüglich solcher, deren energiewirtschaftlicher Bedarf bereits durch die Anlage zum BBPlG verbindlich festgestellt wurde[261].[262] Jener Soll-Ist-Vergleich zeigt deutlich den Charakter des Netzentwicklungsplans als materielle Bedarfsplanung auf.

Kehrseite der grundsätzlichen Methodenfreiheit der Übertragungsnetzbetreiber ist für die Regulierungsbehörde, dass diese sich bei der Bestätigung des Netzentwicklungsplans auf eine nachvollziehende Prüfung beschränken muss und Änderungsverlangen gem. § 12c Abs. 1 S. 2 EnWG lediglich bei Nichterfüllung der in § 12b Abs. 1, 2 und 4 EnWG genannten gesetzlichen Anforderungen erlassen darf.[263] Auch hierin äußert sich der – zumindest grundsätzliche[264] – Charakter der Übertragungsnetzplanung als privatwirtschaftlich-unternehmerischer Investitionsplan[265].

(2) Bindung an die im Szenariorahmen gebildeten Grundannahmen

Bei alledem ist der Netzentwicklungsplan ausdrücklich auf Grundlage des zuvor erstellten Szenariorahmens gem. § 12a EnWG zu erstellen (§ 12b Abs. 1 S. 1 EnWG). Dessen Genehmigung durch die Bundesnetzagentur nach § 12c EnWG begründet also ein diesbezügliches Entwicklungsgebot.[266] Die Betrachtungen des Szenariorahmens beziehen bereits seit 2012 den gesamten Offshore-Bereich ein (vgl. § 17b Abs. 1 S. 1 EnWG).

Durch jenen ermitteln die ÜNB zunächst mindestens drei wahrscheinliche Entwicklungspfade (Szenarien) des Strommarktes für die nächsten zehn bis fünfzehn Jahre (§ 12a Abs. 1 S. 2 EnWG). Drei weitere (Langfrist-)Szenarien müssen das Jahr 2045 betrachten und eine Bandbreite wahrscheinlicher Entwicklungen darstellen, welche sich an den gesetzlich festgelegten wie auch sonstigen klima- und energiepolitischen Zielen der Bundesregierung ausrichten

---

[260] BT-Drs. 17/6073, S. 33.

[261] Letztere werden, solange sie sich nicht im konkreten Zulassungs- oder Umsetzungsstadium befinden, nicht bereits als Teil des Startnetzes berücksichtigt, obgleich dies denkbar wäre, s. *Ruge*, in: Säcker, BerlKommEnR I, § 12b Rn. 22.

[262] S. die Erläuterungen der Übertragungsnetzbetreiber unter https://www.netzentwicklungsplan.de/de/projekte/projekte-und-massnahmen-im-nep.

[263] Weiterführend *Ruge*, EnWZ 2020, 99 (100 f.).

[264] Zur abweichenden Bewertung für den Bereich der AWZ s. Kapitel 3 II. 3. c) bb).

[265] Vgl. auch *Ruge*, EnWZ 2015, 497 (501).

[266] *Leidinger*, in: Posser/Faßbender, Handbuch Netzplanung und Netzausbau, 2013, Kap. 3 Rn. 296.

(§ 12a Abs. 1 S. 3 EnWG).[267] Dabei soll die Kombination unterschiedlicher Planungshorizonte die inhaltliche Kohärenz zwischen mittel- und langfristiger Netzplanung sicherstellen.[268]

Einen entsprechenden Entwurf legen die Übertragungsnetzbetreiber in jedem geraden Kalenderjahr, beginnend 2016, bis spätestens zum 10. Januar der Bundesnetzagentur vor (§ 12a Abs. 2 S. 1 EnWG). Diese macht den Entwurf auf ihrer Internetseite bekannt und gibt der Öffentlichkeit, einschließlich tatsächlicher und potenzieller Netznutzer, den nachgelagerten Netzbetreibern, sowie den Trägern öffentlicher Belange Gelegenheit zur Äußerung (§ 12a Abs. 2 S. 2 EnWG), bevor sie den Szenariorahmen schließlich unter Berücksichtigung der Ergebnisse der Öffentlichkeitsbeteiligung[269] genehmigt (§ 12a Abs. 3 S. 1 EnWG). Die Pflicht zur Durchführung einer Strategischen Umweltprüfung besteht für den Szenariorahmen selbst nicht, da dieser zum einen lediglich tatsächlich vorhandene Rahmenbedingungen für weitere Planungen darstellt bzw. prognostiziert, und zum anderen keine (unmittelbare) Verbindlichkeit für spätere Genehmigungsverfahren entfaltet, sodass er keinen Plan i. S. d. SUP-Richtlinie[270] darstellt.[271]

Im Ergebnis kommt den Übertragungsnetzbetreibern ein Anspruch auf Erteilung der verwaltungsaktsförmigen Genehmigung zu, soweit sie die rechtlichen Anforderungen an die Erstellung des Szenariorahmens eingehalten haben.[272] Nach wie vor umstritten ist in diesem Kontext, ob und inwieweit die Regulierungsbehörde Änderungen an den Inhalten verlangen darf[273]; in jedem Fall aber kann die Bundesnetzagentur im Vorhinein Festlegungen gem. § 29 Abs. 1 i. V. m. § 12a Abs. 3 S. 2 EnWG zu den Inhalten wie auch zum Verfahren treffen.

Inhaltlich sind die festzulegenden Szenarien dabei als sog. Referenzszenarien zu qualifizieren, d. h. sie bilden Entwicklungen ab, die sich unter gleichbleibenden bzw. prognostisch vorausgesetzten politischen und technischen Umständen in Zukunft einstellen werden; eine Bildung von (bedarfsplanerisch-

---

[267] S. zur Flexibilisierung des Planungshorizonts durch das Gesetz zur Änderung des Energiewirtschaftsrechts im Zusammenhang mit dem Klimaschutz-Sofortprogramm und zu Anpassungen im Recht der Endkundenbelieferung v. 19.07.2022 (BGBl. I S. 1214) *Busch*, in: Bourwieg/Hellermann/Hermes, EnWG, § 12a Rn. 25 f.

[268] BT-Drs. 17/6072, S. 68.

[269] Hierzu *Stracke*, Öffentlichkeitsbeteiligung im Übertragungsnetzausbau, 2017, S. 192 ff.

[270] Richtlinie 2001/42/EG des Europäischen Parlaments und des Rates vom 27. Juni 2001 über die Prüfung der Umweltauswirkungen bestimmter Pläne und Programme.

[271] *Calliess/Dross*, ZUR 2013, 76 (79); *Stracke*, Öffentlichkeitsbeteiligung im Übertragungsnetzausbau, 2017, S. 192; *Busch*, in: Bourwieg/Hellermann/Hermes, EnWG, § 12a Rn. 19.

[272] *Ruge*, in: Säcker, BerlKommEnR I, § 12a EnWG Rn. 54.

[273] Weiterführend *Ruge*, in: Säcker, BerlKommEnR I, § 12a EnWG Rn. 56 ff.

en) Zielszenarien, welche ausgehend von einem bestimmten Ziel die zu seiner Erreichung erforderlichen politischen und tatsächlichen Änderungen ermitteln, ist im Szenariorahmen nicht vorgesehen.[274] Methodisch verfassen die ÜNB hierzu Prognosen über die maßgeblichen Netzvariablen in den Zieljahren, indem sie Annahmen über die erwartbaren Leistungs-, Verbrauchs-, Speicher- und grenzüberschreitenden Austauschkapazitäten bilden[275]; hierin eingeschlossen sind Erwartungen zum Erzeugungsmix[276]. Jene Netzlasterwartungen werden sodann räumlich konkreten Bundesländern und Netzknoten zugeordnet (sog. Regionalisierung)[277], wobei jene Regionalisierung speziell für Offshore-Anlagen nicht gleichermaßen kleinräumig wie zu Land, sondern lediglich im Wege der Aufteilung auf Nord- und Ostsee erfolgt[278]. Diese Orts- und Mengenprognosen stellen die Basisfaktoren der späteren elektrotechnischen Bedarfsberechnungen im Netzentwicklungsplan dar. Dabei beziehen sich insbesondere die Angaben zur Erzeugung zunächst nur auf die in den jeweiligen Regionen installierten Anlagenleistungen, während die daraus resultierenden tatsächlichen Einspeisemengen erst bei der Erstellung des Netzentwicklungsplans ermittelt werden.[279]

Formell-gesetzlich festgelegte Ausbaupfade wie diejenigen in § 4 EEG müssen dabei grundsätzlich bereits in die Szenarien integriert werden.[280] Für den Bereich der Offshore-Windenergie gilt insoweit allerdings zu beachten, dass die ÜNB angesichts der Flexibilisierung des Ausbaupfades in §§ 2a Abs. 1, 5 Abs. 5 S. 1 WindSeeG vielmehr auf die Festlegungen nach § 5 Abs. 1 S. 1 Nrn. 35 WindSeeG im Flächenentwicklungsplan abzustellen haben. Deren grundsätzliche Verbindlichkeit bei der Erstellung des Szenariorahmens ergibt sich nicht nur aus dem Kriterium der „Angemessenheit" der Annahmen zur künftigen Stromerzeugung (§ 12a Abs. 1 S. 4 EnWG), sondern mittelbar auch aus § 12b Abs. 1 S. 4 Nr. 7 letzt. Hs. EnWG, da angesichts des Zwecks des Szenariorahmens, als vorbereitende Maßnahme für den Netzentwicklungsplan zu fungieren, keine anderen Maßstäbe gelten können als für den Netzentwicklungsplan selbst. Bei der Beurteilung der Wahrscheinlichkeit der einzelnen Szena-

---

[274] *Busch*, in: Bourwieg/Hellermann/Hermes, § 12a Rn. 10.

[275] *Leidinger*, in: Posser/Faßbender, Handbuch Netzplanung und Netzausbau, 2013, Kap. 3 Rn. 257; *Ruge*, in: Säcker, BerlKommEnR I, § 12a EnWG Rn. 14 ff.

[276] Vgl. *Busch*, in: Bourwieg/Hellermann/Hermes, EnWG, § 12a Rn. 7.

[277] *Recht*, Rechtsschutz im Rahmen des beschleunigten Stromnetzausbaus, 2019, S. 15; *Leidinger*, in: Posser/Faßbender, Handbuch Netzplanung und Netzausbau, 2013, Kap. 3 Rn. 270.

[278] S. *Übertragungsnetzbetreiber*, 2. Entwurf des Szenariorahmens zum Netzentwicklungsplan Strom, S. 59 ff., abrufbar unter https://www.netzentwicklungsplan.de/de/netzentwicklungsplaene/netzentwicklungsplan-20352021.

[279] *Ruge*, in: Säcker, BerlKommEnR I, § 12b EnWG Rn. 18.

[280] Zur Bindung der Übertragungsnetzbetreiber an formell-gesetzliche Ausbauziele *Ruge*, in: Säcker, BerlKommEnR I, § 12a EnWG Rn. 42.

rien wird den Übertragungsnetzbetreibern schließlich überwiegend ein Einschätzungsspielraum zugestanden.[281]

Angesichts seines vorbereitenden Charakters ist der Szenariorahmen selbst (noch) nicht der Bedarfsplanung zuzuordnen, sondern ähnelt vielmehr einem Fachgutachten der Übertragungsnetzbetreiber.[282] Gleichwohl sind seine Erstellung und abschließende behördliche Genehmigung als formell eigenständiger, abschichtender[283] Verfahrensschritt in den Bedarfsplanungsprozess eingebunden.[284] So erfolgte die gesonderte Kodifizierung in § 12a EnWG gerade mit Blick auf die hohe praktische Bedeutung der hier ermittelten energiewirtschaftlichen Kennzahlen als „wesentlicher Teilschritt"[285] der Netzplanung, und zwar obgleich die verfahrensrechtliche Abgrenzung unionsrechtlich nicht unmittelbar vorgegeben war.[286]

(3) Bindung an die Festlegungen des Flächenentwicklungsplans

Im Sinne der schon angesprochenen, gesetzgeberisch intendierten Verzahnung von Erzeugungs- und Netzplanung wurde § 12b EnWG zudem mit Einführung des Flächenentwicklungsplans um ein diesbezügliches Entwicklungsgebot ergänzt (vgl. § 12b Abs. 1 S. 4 Nr. 7 letzt. Hs EnWG). Dieses reicht so weit, als die zu den Pflichtangaben des Netzentwicklungsplans zählenden voraussichtlichen Inbetriebnahmezeitpunkte für Offshore-Anbindungsleitungen (§ 12b Abs. 1 S. 4 Nr. 2 EnWG) letztlich „nachrichtlich"[287] – d. h. insbesondere ohne eigenständigen planerischen Entscheidungsprozess der Übertragungsnetzbetreiber[288] – aus den Festlegungen nach § 5 Abs. 1 S. 1 Nr. 4 WindSeeG zu übernehmen sind. Auf diese Weise wie auch mittelbar über den Szenariorahmen, welcher bereits die Kapazitätsplanungen des BSH aufgreift, determiniert der Flächenentwicklungsplan also die wesentlichen Einflussgrößen für die Planung des Offshore-Übertragungsnetzes.[289]

(4) Bindung an supranationale Planungsinstrumente

Zudem ist nicht zu vernachlässigen, dass sich im Zuge jahrelanger Intentionen zur Erhöhung der Interoperabilität und des Verbundgrades europäischer Energienetze – im Strombereich bis hin zur Schaffung eines europäischen Super-

---

[281] *Ruge*, EnWZ 2020, 99 m. w. N.

[282] *Buus*, Bedarfsplanung durch Gesetz, S. 136.

[283] Vgl. auch *Busch*, in: Bourwieg/Hellermann/Hermes, EnWG, § 12a Rn. 1.

[284] *Buus*, Bedarfsplanung durch Gesetz, S. 136.

[285] So BT-Drs. 17/6072, S. 68.

[286] *Ruge*, EnWZ 2020, 99 (100); *Busch*, in: Bourwieg/Hellermann/Hermes, EnWG, § 12a Rn. 7.

[287] BT-Drs. 18/8860, S. 332.

[288] Vgl. *Eding*, Bundesfachplanung und Landesplanung, 2016, S. 58.

[289] Vgl. BT-Drs. 18/8860, S. 332.

grids[290] – zunehmend auch Instrumente einer unionsweiten Netzplanung herausgebildet haben.

Als solche ist insbesondere die Ausweisung sog. Vorhaben von gemeinsamem und gegenseitigem Interesse nach der 2022 novellierten TEN-E-Verordnung (VO (EU) 2022/869 – im Folgenden TEN-E-VO 2022)[291] zu nennen. In diesem „europäischen Bedarfsermittlungsverfahren"[292] legt die Kommission grundsätzlich alle zwei Jahre auf Grundlage regionalspezifisch erstellter Vorschlagslisten[293] eine Liste unionsweiter (Ausbau-)Vorhaben fest, die zum Aufbau eines europäischen Energienetzverbundes i. S. d. Art. 170 Abs. 1 AEUV notwendig sind.[294] Gem. Art. 3 Abs. 6 S. 1 TEN-E-VO 2022 werden die so ausgewiesenen Vorhaben ipso iure, mithin im Wege eines „Aufnahmeautomatismus", Teil des nationalen Netzentwicklungsplans[295], aber auch des Bundesbedarfsplans[296]. Auf diese Weise werden die Inhalte der nationalen Bedarfsplanung also bereits verbindlich determiniert[297]; auch ohnedies gilt für entsprechende Vorhaben jedoch infolge der Regelung des Art. 7 Abs. 1 TEN-E-VO 2022 die Planrechtfertigung als festgestellt und ist somit einer Überprüfung durch die Planfeststellungsbehörde im Zulassungsverfahren entzogen[298]. Eine ausdrückliche Aufnahme der Vorhaben in den nationalen Netzentwicklungs-

---

[290] *Kistner*, EnWZ 2014, 405; *Geber*, Die Netzanbindung von Offshore-Anlagen im europäischen Supergrid, 2014, S. 13 ff.

[291] Verordnung (EU) 2022/869 des Europäischen Parlaments und des Rates vom 30. Mai 2022 zu Leitlinien für die transeuropäische Energieinfrastruktur, zur Änderung der Verordnungen (EG) Nr. 715/2009, (EU) 2019/942 und (EU) 2019/943 sowie der Richtlinien 2009/73/EG und (EU) 2019/944 und zur Aufhebung der Verordnung (EU) Nr. 347/2013 (ABl. L 152/45).

[292] *Vogt/Maaß*, RdE 2013, 151 (152); *Strobel*, EnWZ 2014, 299

[293] Näher zur Erstellung der regionalen Listen nach Art. 3 Abs. 13 der vormaligen TEN-E-VO *Dross/Bovet*, ZNER 2014, 430 (434); *Strobel*, EnWZ 2014, 299 (300); *Geber*, Die Netzanbindung von Offshore-Anlagen im europäischen Supergrid, 2014, S. 68 f.

[294] *Guckelberger*, DVBl 2014, 805 (807); *Vogt/Maaß*, RdE 2013, 151 (153); *Geber*, Die Netzanbindung von Offshore-Anlagen im europäischen Supergrid, 2014, S. 68 ff.; *Kistner*, EnWZ 2014, 405 (407); *Strobel*, EnWZ 2014, 299 (300).

[295] Vgl. Art. 3 Abs. 6 S. 1 TEN-E-VO: „[…] werden zu einem festen Bestandteil der regionalen Investitionspläne […]."

[296] *Strobel*, EnWZ 2014, 299 (303).

[297] Vgl. *Leidinger*, DVBl 2015, 400 (403); *Fest/Operhalsky*, NVwZ 2014, 1190 (1194); *Schneider*, EnWZ 2013, 339 (343), die von einer Überlagerung der nationalen durch die europäische Bedarfsplanung sprechen.

[298] *Schadtle*, ZNER 2013, 126 (131); *Guckelberger*, DVBl 2014, 805 (807 f.); *Dietrich/Steinbach*, DVBl 2014, 488 (490); *Leidinger*, DVBl 2015, 400 (403); *Vogt/Maaß*, RdE 2013, 151 (154); *Kistner*, EnWZ 2014, 405 (408); *Dross/Bovet*, ZNER 2014, 430 (434); *Schubert*, Maritimes Infrastrukturrecht, 2015, S. 106; *Rung*, Strukturen und Rechtsfragen europäischer Verbundplanungen, 2013, S. 98.

plan dürfte vor diesem Hintergrund zwar deklaratorisch, aber dennoch durch Art. 7 Abs. 3 der TEN-E-VO 2022 geboten sein.[299]

Zusätzlich werden die Listenvorhaben gem. Anhang III Nr. 2 Ziff. 3 TEN-E-VO 2022 Teil des unionsweiten Zehnjahresnetzentwicklungsplans (engl. Ten Year Network Development Plan, im Folgenden: TYNDP). Dieser wird ebenfalls im Zweijahresrhythmus unionsweit durch den Verband europäischer Übertragungsnetzbetreiber (ENTSO-E) erarbeitet (Art. 30 Abs. 1 lit. b) Elektrizitätsbinnenmarkt-VO[300]) und beinhaltet neben diversen Entwicklungsszenarien u. a. die Modellierung eines integrierten Netzes (Art. 48 Abs. 1 UAbs. 1 S. 1 Elektrizitätsbinnenmarkt-VO).[301] Die Integrierten Nationalen Energie- und Klimapläne[302] der Mitgliedstaaten werden bei seiner Erstellung bereits berücksichtigt.[303] Bei der Aufstellung des nationalen Netzentwicklungsplans ist der TYNDP indes lediglich zu „berücksichtigen" (§ 12b Abs. 1 S. 6 EnWG)[304] und entfaltet gem. Art. 30 Abs. 1 lit. b) Elektrizitätsbinnenmarkt-VO explizit keine Rechtsverbindlichkeit. Mithin sind ÜNB und Bundesnetzagentur nur zur Kenntnisnahme und Einbeziehung der Planinhalte in ihre Entscheidung verpflichtet, ohne dass Abweichungen von diesen ausgeschlossen wären.[305] Letztlich sieht Art. 14 der VO (EU) 2022/869 nunmehr auch eine unionsweite Offshore-Netzplanung der ENTSO-E für alle zum Gebiet eines Mitgliedstaates gehörenden Meeresbecken vor, die ebenfalls Teil des TYNDP wird und somit eine ebenfalls „nur" unverbindliche Zusammenarbeit der Mitgliedstaaten im Bereich der Offshore-Netze eröffnet[306].

---

[299] *Dietrich/Steinbach*, DVBl. 2014, 488 (490); *Guckelberger*, DVBl 2014, 805 (807); *Strobel*, EnWZ 2014, 299 (303); anders *Kistner*, EnWZ 2014, 405 (408), die den mit § 7 Abs. 3 TEN-E-VO in Bezug genommenen nationalen Vorrangstatus erst im Anwendungsbereich des NABEG begründet sieht.

[300] Verordnung (EU) 2019/943 des Europäischen Parlaments und des Rates vom 5. Juni 2019 über den Elektrizitätsbinnenmarkt (ABl. L 158/54), zul. geänd. durch durch Art. 27 VO (EU) 2022/869 vom 30.05.2022 (ABl. L 152/45).

[301] *Dross/Bovet*, ZNER 2014, 430 (432); *Fest/Operhalsky*, NVwZ 2014, 1190 (1193); *Strobel*, Die Investitionsplanungs- und Investitionspflichten der Übertragungsnetzbetreiber, 2017, S. 271.

[302] Weiterführend hierzu etwa *Shirvani*, ZUR 2022, 579 (580 f.); *Schlacke/Knodt*, ZUR 2019, 404 (406 f.);

[303] Vgl. *ENTSOG/ENTSO-E*, TYNDP 2022 Scenario Report – Version April 2022, S. 7, abrufbar unter https://2022.entsos-tyndp-scenarios.eu/.

[304] Entsprechend für den vormaligen Offshore-Netzentwicklungsplan § 17b Abs. 2 S. 6 EnWG.

[305] *Strobel*, Die Investitionsplanungs- und Investitionspflichten der Übertragungsnetzbetreiber, 2017, S. 280.

[306] So auch *Rat der EU*, „TEN-E: Rat gibt grünes Licht für neue Vorschriften für grenzüberschreitende Energieinfrastruktur", Pressemitteilung v. 16.05.2022, abrufbar unter https://www.consilium.europa.eu/de/press/press-releases/2022/05/16/ten-e-council-gives-green-light-to-new-rules-for-cross-border-energy-infrastructure/.

(5) Beachtung des Abwägungsgebots

Letztlich ergibt sich bereits aus § 12b Abs. 4 EnWG eine Pflicht der Übertragungsnetzbetreiber zur Berücksichtigung der relevanten Belange und zur Abwägung verschiedener Planungsalternativen bei der Erstellung des Netzentwicklungsplans.[307] Insgesamt gelten auch hier die bereits oben dargestellten inhaltlichen Grundsätze des Abwägungsgebots, welches die planerische Gestaltungsfreiheit der Übertragungsnetzbetreiber gleichsam als deren Kehrseite begrenzt.

d) Offshore-Anbindungsleitungen im Bundesbedarfsplan

Den bestätigten Netzentwicklungsplan übermittelt die Bundesnetzagentur schließlich mindestens alle vier Jahre der Bundesregierung als Entwurf für den Bundesbedarfsplan, den jene wiederum nach Prüfung und ggf. Modifikationen[308] in demselben zeitlichen Turnus dem Gesetzgeber vorlegt (§ 12e Abs. 1 S. 1, 2 EnWG). Dieser erlässt den Bedarfsplan in Form eines Bundesgesetzes (s. Anlage zum BBPlG)[309]; insofern wurde mit § 12e EnWG ein aus der Verkehrswegeplanung und auch dem EnLAG[310] bekannter Regelungsansatz aufgegriffen[311]. Offshore-Anbindungsleitungen kennzeichnet die Regulierungsbehörde bereits bei der Übermittlung des Entwurfs besonders (§ 12e Abs. 2 S. 1 EnWG), was erkennen lässt, dass der Bundesbedarfsplan ebenso im maritimen Bereich der AWZ Geltung erlangen kann[312].

Beim Erlass des Bundesbedarfsplangesetzes sind Bundestag und ggf. – denn es handelt sich um ein Einspruchsgesetz[313] – Bundesrat nach ihrer verfassungsrechtlichen Stellung nicht an die im Netzentwicklungsplan dargestellten Maßnahmen gebunden.[314] Faktisch werden hier allerdings Funktionsgrenzen des Gesetzgebers zu bedenken gegeben, denn der Bedarfsermittlung durch die Übertragungsnetzbetreiber und die Regulierungsbehörde liegt letztlich eine

---

[307] *Antweiler*, NZBau 2013, 337 (340); *Kober*, in: Theobald/Kühling, § 12b EnWG Rn. 44 f.

[308] Ausführlich zum Änderungsrecht der Bundesregierung *Heimann*, in: Steinbach/Franke, § 12e EnWG Rn. 10.

[309] *Moench/Ruttloff*, NVwZ 2011, 1040 (1042); *Schneider*, EnWZ 2013, 339 (341).

[310] Gesetz zum Ausbau von Energieleitungen (Energieleitungsausbaugesetz – EnLAG) v. 21.08.2009 (BGBl. I S. 2870), zul. geänd. durch Art. 3 des Gesetzes über den wasserwirtschaftlichen Ausbau an Bundeswasserstraßen zur Erreichung der Bewirtschaftungsziele der Wasserrahmenrichtlinie vom 02.06.2021 (BGBl. I S. 1295).

[311] *Appel*, UPR 2011, 406 (413).

[312] Ausführlich *Schubert*, Maritimes Infrastrukturrecht, 2015, S. 178 f., 217.

[313] *Recht*, Rechtsschutz im Rahmen des beschleunigten Stromnetzausbaus, 2019, S. 19.

[314] *Schäfer*, Die koordinierte Bedarfsplanung der Elektrizitätsnetze als Anwendungsfeld staatlicher Gewährleistungsverantwortung, 2016, S. 126; *Recht*, Rechtsschutz im Rahmen des beschleunigten Stromnetzausbaus, 2019, S. 19; *Sellner/Fellenberg*, NVwZ 2011, 1025 (1031); *Moench/Ruttloff*, NVwZ 2011, 1040 (1042); *Appel*, UPR 2011, 406 (408).

komplexe Fachprüfung zugrunde, die im parlamentarischen Verfahren schwerlich zur Gänze nachvollzogen werden kann.[315]

Im Ergebnis entscheidet der Bundesbedarfsplan nicht nur über den Bedarf nach einem Leitungsvorhaben an sich, sondern durch die Buchstaben-Kennzeichnung nach § 2 auch bereits über die konkrete Ausführungsart – etwa als Erdkabel oder Freileitung – und mitunter auch das weiterhin einschlägige Planungsregime.[316] Zudem werden die zu verwendende Übertragungstechnik (Gleich- oder Drehstrom) und ggf. die Nennspannung festgelegt. Gleichwohl bleibt der Umfang der Festlegungen des BBPlG im Ergebnis deutlich hinter den ihnen zugrundeliegenden Pflichtinhalten des Netzentwicklungsplans zurück.[317]

e) Rechtswirkungen der Bedarfsfeststellung

aa) Planrechtfertigung

Für die Rechtswirkungen des Bundesbedarfsplans als abschließende Stufe der Energienetzplanung gilt zunächst wie bereits im Rahmen der Erzeugungsplanung[318], dass Bedarfsplanungen in erster Linie als „Planrechtfertigungsplanung[en]" konzipiert sind[319]. So stehen mit der Aufnahme eines Projektes in die Anlage zum Bundesbedarfsplangesetz ausdrücklich dessen „vordringlicher Bedarf" und „energiewirtschaftliche Notwendigkeit" für nachfolgende Planfeststellungs- oder -genehmigungsverfahren nach §§ 43–43d EnWG und §§ 18–24 NABEG verbindlich fest (§ 12e Abs. 4 EnWG), was die Planfeststellungsbehörde vom Nachweis der Planrechtfertigung entlasten soll[320], um insoweit die Zulassungsverfahren zu beschleunigen[321]. Abweichungen von der formell-gesetzlichen Bedarfsfeststellung kommen nach der Rechtsprechung ausschließlich bei „evident unsachlichen" Planinhalten in Betracht; im Übrigen sind Behörden und Gerichte aufgrund ihrer Gesetzesbindung von einer eigenen Nachprüfung der Vorhabenliste ausgeschlossen.[322]

Dabei nennt § 12e Abs. 4 S. 2 EnWG explizit nur Planfeststellungen gem. §§ 43–43d EnWG bzw. – je nach Kennzeichnung der Leitung im BBPl – §§

---

[315] So *Franke*, Beschleunigung der Planungs- und Zulassungsverfahren beim Ausbau der Übertragungsnetze in: FS Salje, S. 121 (128).

[316] *Buus*, Bedarfsplanung durch Gesetz, 2018, S. 135; *Schmitz/Uibeleisen*, Netzausbau, 2016, Rn. 140.

[317] *Heimann*, in: Steinbach/Franke, § 12e EnWG Rn. 10.

[318] Vgl. Kapitel 2 V. 3. a).

[319] *Buus*, Bedarfsplanung durch Gesetz, 2018, S. 207.

[320] *Grigoleit/Weisensee*, UPR 2011, 401 (404); *Hermes*, EnWZ 2013, 395 (397).

[321] *Appel*, UPR 2011, 406 (414).

[322] BVerwG, Urt. v. 05.10.2021 – 7 A 13/20 – NVwZ 2022, 726 (730); Urt. v. 06.04.2017 – 4 A 1/16 – NVwZ 2018, 336 (337); Urt. v. 21.01.2016 – 4 A 5/14 – NVwZ 2016, 844 (849); zusammenfassend *Pleiner*, Überplanung von Infrastruktur, 2016, S. 207.

18–24 NABEG, deren seeseitiger Geltungsbereich sich jeweils auf das Küstenmeer beschränkt (s. bereits den Wortlaut des § 43 Abs. 1 S. 1 Nrn. 1 und 2 EnWG). Jenseits dessen, im Bereich der deutschen AWZ, ergibt sich für Offshore-Anbindungsleitungen indes die Pflicht zur Plangenehmigung aus § 66 Abs. 1 S. 1 WindSeeG. Da sich der Anwendungsbereich des Bundesbedarfsplans allerdings, wie bereits angemerkt, durchaus auf die AWZ erstreckt[323], muss für letztere konsequenterweise Entsprechendes gelten.[324] Sollten durch die AWZ verlaufende Offshore-Anbindungsleitungen also (zukünftig[325]) in die Anlage des BBPlG aufgenommen werden, würde das BSH als Plangenehmigungsbehörde für dortige Übertragungseinrichtungen von einer Prüfung der Planrechtfertigung weitgehend entlastet.

Umgekehrt kann die Planrechtfertigung für entsprechende Leitungsvorhaben bestehen, obgleich jene (noch) nicht in den Bundesbedarfsplan eingegangen sind; die Nichtaufnahme des Projekts in die gesetzliche Bedarfsliste begründet insoweit keine Regelungswirkung hin zu deren Ausschluss.[326] Gegen eine solche spricht auch bereits, dass die Umsetzungspflichten der Übertragungsnetzbetreiber für den Offshore-Netzausbau gem. § 17d Abs. 1 S. 1 EnWG unabhängig von der Aufnahme einer Maßnahme in den Bundesbedarfsplan vielmehr unmittelbar an die Planungen des Flächen- und Netzentwicklungsplans anknüpfen und so im Grundsatz dennoch umgesetzt werden müssen. Der Unterschied liegt lediglich darin, dass in diesen Fällen seitens des Übertragungsnetzbetreibers als Vorhabenträger ein konkreter Bedarfsnachweis geführt und jener durch die Planfeststellungsbehörde überprüft werden muss; dessen Vorliegen darf aber wiederum mit der Bestätigung der Maßnahme im Netzentwicklungsplan durch die Bundesnetzagentur oder einer Kennzeichnung des Projekts als VGI begründet werden.[327]

bb) Raumplanerische Wirkungen?

Darüber hinaus werden raumplanerische Wirkungen des Bundesbedarfsplans diskutiert, soweit jener die landseitigen Netzverknüpfungspunkte und mithin gewisse räumlich konkretisierte Scheitel- und Abzweigorte der aufgenommenen Leitungen verbindlich festlegt (vgl. § 1 Abs. 2 S. 2 BBPlG).[328] Gleichwohl

---

[323] Dazu näher *Schubert*, Maritimes Infrastrukturrecht, 2015, S. 178 f., 217.

[324] So i. E. auch *Busch*, in: Bourwieg/Hellermann/Hermes, EnWG, § 12e Rn. 27, der insoweit „alle nachfolgend befassten Behörden" gebunden sieht.

[325] Der aktuelle Bundesbedarfsplan enthält keine nach § 2 Abs. 3 BBPlG als Offshore-Anbindungsleitung („C") gekennzeichneten Vorhaben.

[326] *Busch*, in: Bourwieg/Hellermann/Hermes, EnWG, § 12e Rn. 29; *Heimann*, in: Steinbach/Franke, § 12e Rn. 27.

[327] Vgl. *Faßbender/Gläß*, in: Posser/Faßbender, Praxishandbuch Netzplanung und Netzausbau, 2013, Rn. 56 ff.

[328] S. *Buus*, Bedarfsplanung durch Gesetz, 2018, S. 193 f. m. w. N

der räumliche Umkreis für dort anzuschließende Anlagen und Betriebseinrichtungen, insbesondere Konverter- und Umspannstationen, hierdurch in gewissem Umfang eingegrenzt wird[329], geht mit der Festlegung jedoch noch keine (parzellenscharfe) Standortentscheidung für jene einher, da sie in der Regel mittels sog. Stichleitungen flexibel an den entsprechenden Netzknoten herangeführt werden können.[330] Speziell in der AWZ stehen zwar auch die Standorte der Konverter- und Umspannstationen weitgehend fest; dies liegt jedoch an der entsprechenden Standortbestimmungen im Flächenentwicklungsplan (§ 5 Abs. 1 S. 1 Nr. 6 WindSeeG), nicht des Bundesbedarfsplanes selbst. Da dieser also auch insoweit keine (originär) raumwirksamen Inhalte aufweist, ist ihm in keinem Fall raumplanerischer Charakter zuzusprechen.[331]

cc) Umsetzungspflichten der ÜNB

In regulierungsrechtlicher Hinsicht schließlich werden Umsetzungspflichten der anbindungsverpflichteten Übertragungsnetzbetreiber unabhängig von der Aufnahme einer Maßnahme in den Bundesbedarfsplan bereits mit der Bestätigung des Netzentwicklungsplans und dem Erlass des Flächenentwicklungsplans begründet (§ 17d Abs. 1 S. 1 EnWG). „Anbindungsverpflichtet" i. S. d. § 17d Abs. 1 S. 1 EnWG sind für bestehende und geplante Offshore-Anbindungsleitungen derzeit die Übertragungsnetzbetreiber TenneT und Amprion (Nordsee) sowie 50Hertz (Ostsee).[332] Jene sind in zeitlicher Hinsicht grundsätzlich an die im Flächenentwicklungsplan quartalsspezifisch festgelegten – und in den Netzentwicklungsplan gem. § 12b Abs. 1 S. 4 Nr. 7 letzt. Hs. EnWG nachrichtlich übernommenen – Fertigstellungstermine für die Leitungen gebunden (§ 17d Abs. 2 S. 1 EnWG). Soweit die anzubindende Fläche voruntersuchungspflichtig ist, muss dabei nach § 17d Abs. 2 S. 2 EnWG in der seit dem 01.01.2023 gültigen Fassung nicht mehr die positive Eignungsfeststellung abgewartet werden, bevor die ÜNB den Bau der Anbindungsleitung beauftragen dürfen; vielmehr knüpft die diesbezügliche Rechtspflicht der ÜNB nunmehr unmittelbar an die Festlegung der Fläche im Flächenentwicklungsplan an.[333]

Die regulierungsbehördlichen Eingriffsmöglichkeiten im Falle einer Nichterfüllung der Umsetzungspflichten durch die Übertragungsnetzbetreiber regelt § 65 Abs. 2a EnWG.[334] Ergänzende Bedeutung erlangt hierneben insbesondere

---

[329] Vgl. BT-Drs. 18/6909, S. 49.

[330] *Heimann*, in: Steinbach/Franke, § 12e Rn. 28 f.; *Buus*, Bedarfsplanung durch Gesetz, 2018, S. 193 f.; *Ruge*, EnWZ 2015, 497 (502 f.); i. E. auch *Elspaß*, NVwZ 2014, 489 (490).

[331] Entsprechend für den Netzentwicklungsplan *Schmitz/Uibeleisen*, Netzausbau, 2016, Rn. 116.

[332] Vgl. die (Offshore-)Regelzonen unter https://www.netzentwicklungsplan.de/de/wissen/uebertragungsnetz-betreiber.

[333] S. hierzu BT-Drs. 20/1634, S. 112.

[334] Ausführlich etwa *Theobald/Werk*, in: Theobald/Kühling, § 65 EnWG Rn. 30 ff.

§ 17e Abs. 2 EnWG, welcher den Windparkbetreibern im Falle der verspäteten Fertigstellung einer Offshore-Anbindungsleitung unter bestimmten Voraussetzungen privatrechtliche Entschädigungsansprüche gegen den anbindungsverpflichteten Übertragungsnetzbetreiber gewährt.[335]

III. Regulatorische Mengensteuerung

Der staatlichen Bedarfsermittlung für Offshore-Erzeugungskapazitäten folgen im zweiten Schritt regulatorische Markteinwirkungen zur Deckung dieses Bedarfs.[336] Hierzu hält das WindSeeG spezifische Ausschreibungsvorschriften bereit, die grundsätzlich eigenständig neben das Ausschreibungsregime des EEG treten.[337] Die Ausschreibungen dienen in jeder Verfahrensart des zentralen Modells der Ermittlung des Zuschlagsberechtigten (§ 14 Abs. 2 S. 1 Nrn. 1 und 2 WindSeeG), welchem in der Folge vor allem ein Anspruch auf Netzanschluss seiner Anlagen und die Antragsberechtigung im Zulassungsverfahren zustehen (§§ 24 Abs. 1, 55 Abs. 1 WindSeeG); bei nicht voruntersuchten Flächen dient sie zudem der Ermittlung des anzulegenden Wertes im Rahmen der Marktprämienförderung (§ 14 Abs. 2 S. 1 Nr. 2 WindSeeG). Weil die Netzanschluss- und Förderansprüche durch den Zuschlag jeweils auch quantitativ begrenzt werden[338], bestimmt das Ausschreibungsergebnis somit letztlich einheitlich über Förderhöhe, -umfang und -berechtigten.

Im Folgenden werden die Grundzüge der Ausschreibungsverfahren nach den Abschnitten 2 und 5 des dritten Teils WindSeeG einschließlich ihrer inhaltlichen Verknüpfung mit der vorangehenden Bedarfsplanung für Erzeugungsanlagen dargestellt und der Zuschlag sodann anhand seiner Rechtsfolgen systematisch verortet. Beide Verfahrensarten gliedern sich hierbei grundsätzlich in das eingangs stattfindende Gebotsverfahren und das ihm folgende Zuschlagsverfahren als unselbständige Verfahrensabschnitte.[339] Insgesamt sind mit den Schritten der Ausschreibungsbekanntmachung, Gebotsabgabe und -prüfung, der Prüfung von Ausschlussgründen und schließlich der Zuschlagserteilung deutliche strukturelle Anleihen aus dem öffentlichen Vergabeverfah-

---

[335] Eingehend *Herbold/Kirch*, EnWZ 2020, 392.

[336] So allgemein zur mengensteuernden Regulierung *Bader*, Die Bedeutung der Interdependenz zwischen Planung und Regulierung für die Steuerung des Ausbaus der Onshore-Windenergieerzeugung, 2021, S. 92.

[337] *Lehberg*, Rechtsfragen der Marktintegration Erneuerbaren Energien, 2017, S. 197.

[338] S. u. Kapitel 3 III. 4. b).

[339] Zum diesbezüglichen Verfahrensaufbau im Hinblick auf §§ 28 ff. EEG *Kühling/Rasbach/Busch*, Energierecht, 5. Aufl. 2022, Kap. 9 Rn. 20.

ren gem. §§ 97 ff. GWB vorzufinden.[340] Zuständig für die Durchführung der Ausschreibungen sind abweichend von § 85 Abs. 4 S. 2 EEG die Beschlusskammern der Bundesnetzagentur (§ 103 Abs. 2 WindSeeG); eine Zuständigkeitsübertragung an das BSH nach § 14 Abs. 3 WindSeeG ist bisher nicht erfolgt[341].

1. *Systematik des dritten Teils WindSeeG und Verhältnis zum EEG*

Dabei sieht der dritte Teil des WindSeeG für Offshore-Windparks, die im zentralen Modell geplant und errichtet werden, grundsätzlich zwei Ausschreibungsmodelle vor, die jeweils in Abhängigkeit davon einschlägig sind, ob die betreffende Fläche – entsprechend den Festlegungen des Flächenentwicklungsplans nach § 5 Abs. 1 S. 1 Nr. 3 Alt. 2 WindSeeG – zentral voruntersucht wurde oder nicht (§§ 16 bis 25 und §§ 50 bis 55 WindSeeG). Ausnahmsweise ist dabei ein Wechsel der Verfahrensart möglich, wenn im Ausgangsverfahren kein wirksames Gebot abgegeben wird (§ 14 Abs. 2 S. 4 und 5 WindSeeG). Diese jeweils verfahrensspezifischen Vorschriften schließen sich in systematischer Hinsicht an einen allgemeinen Teil (§§ 14 bis 15 WindSeeG) an und stehen zudem neben einem gesonderten Übergangsregime für sog. bestehende Projekte (§§ 26 bis 38 WindSeeG). §§ 39 bis 49 sind seit der Novelle durch das WindSeeG 2023 – wohl infolge der kurzfristigen Änderungen im parlamentarischen Verfahren[342] – unbesetzt. In zeitlicher Hinsicht erfassen §§ 16 bis 25 und §§ 50 bis 55 WindSeeG all solche Flächen, für die vor dem 01.01.2023 kein Zuschlag erteilt worden ist (§§ 14 Abs. 2 S. 1, 102 Abs. 3 WindSeeG).

Innerhalb dieses spezialgesetzlichen Rahmens können subsidiär die §§ 30–35a, § 55 sowie § 55a EEG zum Tragen kommen (§ 15 Abs. 1 WindSeeG). Zudem soll das EEG generell ergänzend zu den §§ 14 ff. WindSeeG anwendbar sein, soweit sich aus letzteren nichts Abweichendes ergibt[343], sodass der dritte Teil WindSeeG letztlich eine zwar selbständige, aber unvollkommene[344] Kodifizierung von Ausschreibungsregeln bereithält. Das finanzielle Umlagesystem richtet sich seit dem 01.01.2023 für alle Träger erneuerbarer Energien nach dem Energiefinanzierungsgesetz[345]; insoweit bedarf es keiner entsprechenden Anwendung der vormaligen Ausgleichsvorschriften des EEG mehr.

---

[340] *Schneider*, in: Schneider/Theobald, Recht der Energiewirtschaft, 5. Aufl. 2021, § 23 Rn. 60; *Bahmer/Loehrs*, GewArch 2017, 406 (407), jeweils zu den parallel strukturierten Ausschreibungen nach dem EEG.

[341] Insbesondere erfolgten die Ausschreibungen zum Gebotstermin 1. August 2023 durch die Bundesnetzagentur selbst, s. https://www.bundesnetzagentur.de/DE/Beschlusskammern/BK06/BK6_72_Offshore/Ausschr_vorunters_Flaechen/start.html.

[342] S. o. Kapitel 1 III. 4. b) cc).

[343] BT-Drs. 18/8860, S. 287.

[344] S. *Uibeleisen/Mlynek*, Säcker/Steffens, BerlKommEnR VIII, § 23 WindSeeG Rn. 1.

[345] Gesetz zur Finanzierung der Energiewende im Stromsektor durch Zahlungen des Bundes und Erhebung von Umlagen v. 20.07.2022 (BGBl I S. 1237).

2. Grundzüge des Ausschreibungsverfahrens für nicht staatlich voruntersuchte Flächen

Soweit Flächen nicht für die zentrale Voruntersuchung vorgesehen sind, werden sie nach der im Flächenentwicklungsplan festgelegten Reihenfolge zum jährlichen Gebotstermin des 1. Juni ausgeschrieben (§ 2a Abs. 4 WindSeeG), wobei die Verfahrensvorschriften nach Teil 3 Abschnitt 2 WindSeeG 2023 maßgeblich sind.

a) Gebotsverfahren

Die erste Verfahrensphase (Gebotsverfahren) beinhaltet die verfahrenseinleitende Bekanntmachung der Ausschreibung durch die Bundesnetzagentur sowie die Gebotsabgabe selbst. Das Ausschreibungsvolumen i. S. d. § 3 Nr. 5 EEG und die pro Fläche zu installierende Leistung richten sich nach den Festlegungen des Flächenentwicklungsplans (§ 2a Abs. 1 S. 2, Abs. 4 WindSeeG), sofern nicht ein Ausnahmetatbestand nach § 14 Abs. 4 WindSeeG gegeben ist[346].

aa) Bekanntmachung durch die Bundesnetzagentur

Die Bundesnetzagentur hat die Ausschreibungen mindestens vier Monate vor dem jährlichen Gebotstermin – mithin spätestens zum 1. Februar – auf ihrer Internetseite bekanntzumachen (§ 19 S. 1 i. V. m. § 73 Nr. 2 WindSeeG). Dabei zählen der Gebotstermin selbst, die Bezeichnung der Fläche(n) und ihr mengenmäßiger Anteil am Ausschreibungsvolumen zu den Pflichtangaben (§ 16 S. 2 Nrn. 1–3 WindSeeG). Weitere obligatorische Angaben beziehen sich insbesondere auf die der Fläche zugewiesene Anbindungsleitung (§ 16 S. 2 Nr. 4 WindSeeG) und all diejenigen Verfahrensaspekte, bzgl. derer der Bundesnetzagentur besondere Regelungsbefugnisse zukommen, so im Hinblick auf die Formatvorgaben nach § 30a EEG (Nr. 6), etwaige ausschreibungsrelevante Festlegungen aufgrund von § 85 Abs. 2 EEG (Nr. 7) und Regeln zur Durchführung des dynamischen Gebotsverfahrens nach § 22 Abs. 1 WindSeeG (Nr. 9). Schließlich sind der Höchstwert nach § 19 WindSeeG anzugeben und die Bieter auf das Erfordernis der Nachnutzungserklärung im Rahmen der Vorhabenzulassung und -realisierung (§ 90 Abs. 2 WindSeeG) hinzuweisen.

bb) Anforderungen an die Gebote

Auf die Bekanntmachung hin werden sodann alle Gebote einmalig und verdeckt abgegeben („Geheimwettbewerb"[347]).[348] Dabei müssen jene neben den

---

[346] S. zum Verfahren in diesem Fall s. o. Kapitel 3 II. 2. c) aa).
[347] Eingehend hierzu *Walzel/Schneider*, EnWZ 2019, 339.
[348] BT-Drs. 18/8860, S. 148.

allgemeinen, überwiegend formellen Kriterien der §§ 30, 30a EEG[349] den besonderen Vorgaben des § 17 WindSeeG genügen (s. §§ 15 Abs. 1[350], 17 Abs. 1 Nr. 1 WindSeeG). Gebote, die jene Anforderungen nicht erfüllen, sind nach § 20 Abs. 1 S. 2 WindSeeG und § 33 Abs. 1 S. 1 EEG vom Zuschlagsverfahren ausgeschlossen. Ergänzend ist das Bundesministerium für Wirtschaft und Energie ermächtigt, durch Rechtsverordnung zusätzliche Präqualifikationen zu formulieren und eine Mindestgebotshöhe festzulegen (§ 96 Nr. 2 a) und b) WindSeeG); von der Ermächtigung wurde jedoch bisher kein Gebrauch gemacht.

(1) Formelle Kriterien

In formeller Hinsicht hat das Gebot zunächst die Fläche(n) zu bezeichnen, auf die es sich bezieht (§ 17 Abs. 1 Nr. 4 WindSeeG), wobei Bieter auch mit mehreren Geboten zugleich auf verschiedene Flächen bieten dürfen (§ 17 Abs. 2 S. 2 WindSeeG). Hierdurch wird der Ausschreibungsgegenstand konturiert, welcher sich durch die konkrete räumliche Bezugnahme und die hierauf zugeschnittene Erzeugungskapazität deutlich von demjenigen für Windenergieanlagen an Land abhebt.[351] Denn dort wird lediglich ein Gesamtvolumen an Erzeugungsleistung für den Energieträger ausgeschrieben (vgl. § 29 Abs. 1 S. 2 Nr. 2 EEG) und ein verbindlicher Standortbezug einzelner Gebotsmengen vielmehr erst mit dem verfahrensbeendenden Zuschlag hergestellt (vgl. § 35 Abs. 1 Nr. 2 a), § 36f EEG). Naturgemäß erübrigt sich infolge der flächenspezifischen Gebote für Offshore-Windenergieanlagen auf See auch die Notwendigkeit für die Bietenden, ihren Gebotswert wie für landseitige Anlagen nach Maßgabe des Referenzertragsmodells[352] zu kalkulieren. Für letzteren ist vielmehr nur die mit § 17 Abs. 1 Nr. 3 WindSeeG vorgeschriebene Einheit (Cent pro Kilowattstunde mit höchstens zwei Nachkommastellen) zu beachten.

Zusätzlich müssen Bietende bereits mit Gebotsabgabe eine Einverständniserklärung zur behördlichen Nutzung und Weitergabe ihrer ggf. im späteren Zulassungsverfahren eingereichten Unterlagen abgeben, die allerdings nur im Fall der Unwirksamkeit oder Aufhebung des Planfeststellungsbeschlusses relevant wird (§ 17 Abs. 1 Nr. 2 i. V. m. § 91 Abs. 1 WindSeeG). Im Übrigen darf die Bundesnetzagentur eigene Formatvorgaben machen und ein vollständig oder teilweise elektronisches Ausschreibungsverfahren vorgeben (§ 30a Abs. 1 und 5 EEG). Auf das elektronische Verfahren muss dabei allerdings in der Bekanntmachung explizit hingewiesen worden sein (§ 30a Abs. 5 S. 3 EEG).

---

[349] Hierzu eingehend *Greb*, in: Greb/Boewe, EEG, § 30 Rn. 5 ff.; *Boewe/Nuys*, in: Greb/Boewe, EEG, § 30a Rn. 3 ff.

[350] Auf eine Zitierung der Verweisungsnorm wird im Folgenden verzichtet.

[351] Vgl. *Lehberg*, Rechtsfragen der Marktintegration Erneuerbarer Energien, 2017, S. 184; *Knauff*, NVwZ 2017, 1591 (1593).

[352] Zum landseitig geltenden Referenzertragsmodell etwa *Mohr*, RdE 2018, 1 (8).

In zeitlicher Hinsicht schließlich muss der Zugang der Gebote bis zum jeweiligen Gebotstermin erfolgen (§ 30a Abs. 2 EEG), wobei sich das Fristende für den Zugang, nicht aber der gesetzlich festgelegte Gebotstermin selbst auf den nächsten Werktag verschieben, sofern der 1. Juli auf einen Sonnabend, Sonn- oder Feiertag fällt (§ 31 Abs. 3 VwVfG).[353] Bis dahin können Gebote gleichfalls wirksam zurückgenommen werden (§ 30a Abs. 3 EEG); ohne entsprechende Rücknahme ist der Bietende an sein Gebot gebunden (§ 30a Abs. 4 EEG).

(2) Materielle Kriterien

Zusätzlich statuieren §§ 17–19 WindSeeG gesetzliche Grenzen im Hinblick auf den Gebotsinhalt, insbesondere die Gebotshöhe und -menge, und stellen insbesondere mit der Voraussetzung der anteiligen Vermarktung des Stroms per Power-Purchase-Agreement (PPA)[354] gem. § 17 Abs. 1 Nr. 5 WindSeeG eine neue materielle Präqualifikation auf.

So muss die Gebotsmenge, um die Kapazitätsplanung des Flächenentwicklungsplans nicht zu unterlaufen[355], exakt der flächenspezifischen Ausschreibungsmenge entsprechen (§ 17 Abs. 2 S. 1 WindSeeG), was etwa ausschließt, dass mit geringeren Mengen auf Teilflächen geboten wird.[356] Nicht die spätere Anlagenzulassung, wohl aber Förder- und Netzanschlussansprüche des Parkbetreibers sind später auf diese Menge beschränkt (§ 24 Abs. 1 Nrn. 2 und 3 WindSeeG). Im Hinblick auf die Gebotshöhe dürfen seit der Novelle 2020 ausdrücklich keine negativen Gebote abgegeben werden (§ 17 Abs. 3 WindSeeG), womit der niedrigste zulässige Gebotswert „0" beträgt. Neben dieser Grenze „nach unten" werden mögliche Gebote „nach oben" durch den unmittelbar gesetzlich bestimmten[357] Gebotshöchstwert gem. § 19 WindSeeG gedeckelt. Solche Höchstwerte finden sich auch für andere EE-Technologien (vgl. §§ 36b, 37b EEG) und sollen allgemein plötzliche Kostensteigerungen in Fällen kurzfristigen Marktversagens abfangen.[358]

Zudem müssen Bieter bei der Gebotsabgabe nachweisen, dass der Strom aus mindestens 20 Prozent der jeweils ausgeschriebenen Leistung über wenigstens fünf Jahre per PPA vermarktet wird. Der Nachweis kann entsprechend den An-

---

[353] *Uibeleisen/Mlynek*, in: Säcker/Steffens, BerlKommEnR VIII, § 19 WindSeeG Rn. 12.

[354] Weiterführend zu sog. Power Purchase Agreements und den vertraglichen Gestaltungsmöglichkeiten etwa *Ludwig/Wiederholt*, EnWZ 2019, 110.

[355] *Pflicht*, EnWZ 2016, 550 (552).

[356] BT-Drs. 18/8860, S. 291; *Ertel*, Europarechtliche und verfassungsrechtliche Grenzen bei der Förderung von Offshore-Windenergie, 2020, S. 185.

[357] Zur diesbezüglichen Entwicklung, da sich der Höchstwert in der Ursprungsfassung des WindSeeG noch nach dem niedrigsten Vorjahreswert bemaß, *Spieth/Lutz-Bachmann*, EnWZ 2020, 243.

[358] Hierzu wie auch insgesamt zu den Höchstwerten nach dem EEG *Dingemann*, EnWZ 2018, 67.

forderungen des § 51 Abs. 3 S. 1 Nr. 2 WindSeeG[359] durch Vorlage des Stromliefervertrages selbst oder durch einen im Rahmen von Kooperationsvereinbarungen geschlossenen Vorvertrag, welcher neben der beabsichtigten Vertragsdauer auch den Lieferumfang benennen muss, erbracht werden.[360] Die Präqualifikation kann nach derzeitiger Ansicht der Bundesnetzagentur insbesondere auch durch konzerninterne Vereinbarungen erfüllt werden[361]; insoweit weicht diese von der ausdrücklich anderslautenden Gesetzesbegründung ab[362].

Letztlich müssen Bietende die bis zum jeweiligen Gebotstermin fällige Verwaltungsgebühr nach § 1 Abs. 1 i. V. m. Ziffer 1.1 der Anlage StromBGebV gezahlt und zur Absicherung möglicher Pönalen ein Viertel der Sicherheit nach § 31 EEG (sog. „Erstsicherheit"[363]) hinterlegt haben (§ 33 Abs. 1 S. 1 Nr. 3 EEG und § 18 Abs. 2 S. 1 WindSeeG). Die Gesamthöhe der Sicherheit richtet sich nach § 18 Abs. 1 WindSeeG; die übrigen zwei Drittel („Zweitsicherheit"[364]) sind im Falle einer Zuschlagserteilung innerhalb von drei Monaten nachzuzahlen (§ 18 Abs. 2 S. 2 WindSeeG). Denjenigen Bietern, die keinen Zuschlag erhalten, ist sie dagegen nach Verfahrensende unverzüglich zurückzuerstatten (§ 25 WindSeeG).

b) Zuschlagsverfahren

Im Zuschlagsverfahren als finalem, unselbständigem Abschnitt des Ausschreibungsverfahrens erfolgt schließlich die Auswertung der Gebote durch die Bundesnetzagentur mit den Zielen, einerseits den Anspruchsberechtigten im Hinblick auf Marktprämie und Netzanschluss, andererseits die Höhe des anzulegenden Wertes i. S. d. § 23 Abs. 1 EEG zu ermitteln. Den Zuschlag erhält hierbei grundsätzlich, nachdem die Behörde alle fristgerecht eingegangenen Gebote auf den Gebotstermin hin geöffnet, sortiert und auf ihre Zulässigkeit nach Maßgabe der §§ 33, 34 EEG geprüft hat (§ 32 Abs. 1 EEG), das Gebot mit dem niedrigsten Gebotswert i. S. d. § 3 Nr. 26 EEG (§ 20 Abs. 1 S. 1 WindSeeG). Hieran anknüpfend, entspricht der anzulegende Wert nach dem Grundsatz der

---

[359] Vgl. BT-Drs. 20/2657, S. 9.

[360] BT-Drs. 20/1634, S. 91.

[361] S. *Bundesnetzagentur*, „Anfragen zu den Ausschreibungen für nicht zentral voruntersuchte Flächen 2023", einsehbar unter https://www.bundesnetzagentur.de/DE/Beschlusskammern/BK06/BK6_72_Offshore/Ausschr_nicht_zentral_vorunters_Flaechen/start.html.

[362] BT-Drs. 20/2657, S. 9: „Konzerninterne Stromgeschäfte erfüllen diese Anforderungen nicht."

[363] BT-Drs. 20/1634, S. 91.

[364] BT-Drs. 20/1634, S. 91.

Gebotspreis-[365] oder „Pay-as-bid"-Auktion[366] dem Gebotswert, also dem Preis des bezuschlagten Gebots (§ 20 Abs. 2 WindSeeG). Weil dieses Ausschreibungsdesign auf die Erteilung lediglich eines Zuschlags je Fläche abzielt, entfällt für die Bundesnetzagentur eine Reihung der Gebote, wie sie im Zuschlagsverfahren für Windenergieanlagen an Land vorgesehen ist (vgl. insoweit § 33 Abs. 1 S. 3, 4 EEG).[367]

Der so ermittelte anzulegende Wert bildet die zentrale Einflussgröße bei der anschließenden Berechnung der „gleitenden" Marktprämie[368], die sich – im Grundsatz – aus jenem abzüglich des gemittelten aktuellen Börsenpreises für Strom aus Offshore-Windenergieanlagen zusammensetzt (§ 23a i. V. m. Anlage 1, Ziff. 3.1.2, 3.3.3 EEG). Nach den maßgeblichen Berechnungsgrundsätzen kann auch die Marktprämie im geringsten Falle „0" betragen[369] mit der Folge, dass der Bezuschlagte seine Anlagen letztlich ohne (direkte) finanzielle Förderung zu betreiben hat.

Ergibt die Prüfung eines Gebotes indes, dass einer der in § 33 EEG genannten Tatbestände – wie etwa die Nichtleistung der Sicherheit zum Gebotstermin, § 33 Abs. 1 S. 1 Nr. 3 EEG – vorliegt, schließt die Bundesnetzagentur jenes vom Zuschlagsverfahren aus, wobei der Behörde grundsätzlich kein Ermessen zusteht (§ 33 Abs. 1 S. 1 EEG). Sie kann hierneben nach pflichtgemäßem Ermessen solche Gebote ausschließen, denen die notwendig zu entrichtende Sicherheit oder Gebühr nicht eindeutig zugeordnet werden können (§ 33 Abs. 1 S. 2 EEG); mithin unterscheidet der Tatbestand zwischen zwingenden und fakultativen Ausschlussgründen[370]. Neben Geboten können auch Bietende vom Zuschlagsverfahren ausgeschlossen werden, insbesondere soweit diese untereinander wettbewerbswidrige Absprachen getroffen haben (§ 34 Nr. 1 b) EEG). Da abgesehen von diesen Ausschlussgründen ausschließlich der Gebotswert für die Zuschlagsentscheidung maßgeblich ist (s. o.), ist deren materielle Komplexität insgesamt als eher gering einzustufen; dies gilt insbesondere im Vergleich zu dem Punktesystem auf Basis qualitativer Zuschlagskriterien, welches für voruntersuchte Flächen gilt (§ 53 WindSeeG)[371] und Zuschlagsentschei-

---

[365] *Fiedler*, Die Umstellung von der staatlich festgelegten Vergütungshöhe auf das Ausschreibungsmodell, 2017, S. 18.

[366] *Pflicht*, EnWZ 2016, 550 (552). Die im Rahmen des § 32 EEG häufig diskutierte Alternative eines „uniform pricings" kommt für das flächenspezifische Ausschreibungsdesign des WindSeeG mit lediglich einem Bezuschlagten auch nicht in Betracht.

[367] BT-Drs. 18/8860, S. 292.

[368] *Schneider*, in: Schneider/Theobald, Recht der Energiewirtschaft, § 23 Rn. 56.

[369] S. § 23 i. V. m. Anlage 1, Ziff. 3.1.2 EEG.

[370] *Uibeleisen/Mlynek*, in: Säcker/Steffens, BerlKommEnR VIII, § 23 WindSeeG Rn. 12.

[371] Hierzu sogleich u. 3.

dungen im Vergaberecht[372], die vielfältige qualitative oder soziale Aspekte einbeziehen können[373].

Die Bekanntmachung des Zuschlags erfolgt schließlich unter Einhaltung der in § 35 EEG genannten Pflichtangaben auf der Internetseite der Bundesnetzagentur; der bezuschlagte Bieter ist zudem unverzüglich individuell zu unterrichten (§ 35 Abs. 1–3 EEG). Der Zuschlag wird standardmäßig unter Vorbehalt des Widerrufs nach § 82 Abs. 3 WindSeeG und der auflösenden Bedingung erteilt, dass die Zweitsicherheit gem. § 18 Abs. 2 S. 2 WindSeeG nicht fristgemäß hinterlegt wird (§ 20 Abs. 1 S. 2 WindSeeG).

c) Dynamisches Gebotsverfahren und zweite Gebotskomponente

Für den Fall, dass mehrere Gebote zu einem Wert von Null Cent pro Kilowattstunde abgegeben werden und mithin mehrere Bieter auf die Marktprämienförderung verzichten[374], wird nunmehr anstelle des früheren Losentscheids (§ 23 Abs. 1 S. 2 WindSeeG a. F.)[375] das sog. dynamische Gebotsverfahren durchgeführt (§§ 20 Abs. 3, 21 Abs. 1 WindSeeG), welches sich als zusätzlicher, unselbständiger Abschnitt des Ausschreibungsverfahrens für nicht voruntersuchte Flächen jeweils möglichst zeitnah[376] an das reguläre Gebotsverfahren anschließen muss.

Jenes beginnt damit, dass die Bundesnetzagentur alle teilnahmeberechtigten Bieter – nämlich alle mit Geboten in Höhe von Null Cent für die betreffende Fläche – über ihr Teilnahmerecht und die Zahl der weiteren Teilnehmer „informiert" (§ 21 Abs. 2 WindSeeG). Entgegen dem Wortlaut der Vorschrift liegt hierin eine behördliche Regelung, indem die Bundesnetzagentur den Bietern gegenüber rechtsverbindlich feststellt, dass die Voraussetzungen des dynamischen Gebotsverfahrens nach §§ 20 Abs. 3, 21 Abs. 1 WindSeeG vorliegen, und die Adressaten als Teilnahmeberechtigte i. S. d. § 21 Abs. 2 S. 1 WindSeeG konkretisiert. Mithin ist die Benachrichtigung als (feststellender) Verwaltungsakt zu qualifizieren.

Das dynamische Gebotsverfahren selbst besteht in der Regel aus mehreren Gebotsrunden mit jeweils ansteigenden Gebotsstufen (§ 21 Abs. 3 WindSeeG). Die Höhe der Gebotsstufe (Inkrement[377]) wird vor jeder Gebotsrunde durch die Bundesnetzagentur „unter Berücksichtigung der Wettbewerbssituation" bestimmt (§§ 21 Abs. 3 S. 3, 22 Abs. 3 WindSeeG). Innerhalb einer Gebotsrunde können die Bieter sodann der jeweiligen Gebotsstufe zustimmen, indem sie

---

[372] Vgl. *Otting/Opel*, CuR 2018, 3 (5).

[373] Hierzu etwa *Ziekow*, Öffentliches Wirtschaftsrecht, 5. Aufl. 2020, § 9 Rn. 60 f.

[374] Hierzu *Kerth*, EurUP 2022, 91 (95); BT-Drs. 20/2657, S. 10.

[375] Zur Entstehungsgeschichte des dynamischen Gebotsverfahrens s. o. Kapitel 1 III. 4. a).

[376] BT-Drs. 20/2657, S. 11.

[377] BT-Drs. 20/2657, S. 12.

fristgemäß das Angebot einer Zahlung abgeben, deren Höhe der aktuellen Gebotsstufe entspricht (sog. zweite Gebotskomponente). Die maßgebliche Einheit ist dabei €/MW der auf der Fläche zu installierenden Leistung mit zwei Nachkommastellen (§ 21 Abs. 3 S. 2 WindSeeG). Stimmen mehrere Bieter der Gebotsstufe zu, beginnt eine neue Gebotsrunde, an welcher ausschließlich jene Bieter teilnehmen (§ 21 Abs. 4 S. 4 WindSeeG). Dieses Verfahren führt die Bundesnetzagentur grundsätzlich so lange fort, bis nur noch ein Bieter der Gebotsstufe zustimmt, welcher in der Folge als Meistbietender den Zuschlag erhält (§ 21 Abs. 4 S. 5, Abs. 5 WindSeeG). Alternativ dazu, einer Gebotsstufe zuzustimmen, können die Bieter innerhalb der Gebotsabgabefrist sog. Zwischenrunden-Gebote abgeben (§ 21 Abs. 6 S. 1 WindSeeG). Deren zweite Gebotskomponente bleibt hinter der aktuellen Gebotsstufe zurück, ist jedoch höher als die vorangegangene Stufe. Das Zwischenrundengebot mit der höchsten zweiten Gebotskomponente erhält den Zuschlag, wenn in der Gebotsrunde kein Bieter der Gebotsstufe (vollständig) zustimmt (§ 21 Abs. 6 S. 2 WindSeeG).

Bei alledem erfolgt die Gebotsabgabe verdeckt (§ 21 Abs. 4 S. 2 WindSeeG); zudem hat die Bundesnetzagentur aufgrund von § 22 Abs. 1 WindSeeG nähere Regeln zur Durchführung des Verfahrens in Form von Eckpunkten bestimmt[378]. Entscheidendes Zuschlagskriterium ist in allen Verfahrensvarianten, d. h. auch im Falle von Zwischenrunden-Geboten, grundsätzlich die Höhe der zweiten Gebotskomponente.[379] Ein Losentscheid erfolgt nur noch ausnahmsweise dann, wenn in einer Gebotsrunde entweder kein Bieter ein Gebot abgegeben hat oder zwei oder mehr Zwischenrunden-Gebote mit einer zweiten Gebotskomponente in derselben Höhe abgegeben wurden (§ 21 Abs. 6 S. 3 WindSeeG). In diesen Fällen lost die Bundesnetzagentur zwischen den jeweils letzten Geboten bzw. Zwischenrundengeboten der betreffenden Bieter (s. § 21 Abs. 6 S. 4 WindSeeG für den ersteren Fall).

Im Ergebnis wird der Zuschlag unter den Maßgaben des § 20 Abs. 1 S. 2 WindSeeG und mit einem anzulegenden Wert von Null Cent erteilt (§ 21 Abs. 7 WindSeeG). Die zweite Gebotskomponente ist nach Verfahrensabschluss zu 90 % als Zahlung zur Senkung der Offshore-Netzumlage wie auch – zu jeweils 5 % – als Meeresnaturschutz- und Fischereikomponente durch den bezuschlagten Bieter zu leisten (§ 23 Abs. 1 WindSeeG), wobei die Zahlungshöhe anhand der Höhe der bezuschlagten Komponente, multipliziert mit der flächenspezifischen Gebotsmenge, zu berechnen ist (§ 23 Abs. 2 WindSeeG).

---

[378] S. *Bundesnetzagentur*, Eckpunkte der Ausgestaltung des dynamischen Gebotsverfahrens v. 17.10.2022, abrufbar unter https://www.bundesnetzagentur.de/DE/Beschlusskammern/1_GZ/BK6-GZ/2022/BK6-22-326/eckpunkte_dynamisches_gebotsverfahren.html.

[379] Vgl. BT-Drs. 20/2657, S. 11.

3. Abweichende Zuschlagskriterien für staatlich voruntersuchte Flächen

Zentral voruntersuchte Flächen werden zum jährlichen Gebotstermin des 1. August in der durch den Flächenentwicklungsplan bestimmten Reihenfolge und jeweils mit der Leistung ausgeschrieben, die die betreffende Eignungsverordnung nach § 12 Abs. 5 S. 1 WindSeeG feststellt (§ 2a Abs. 4 WindSeeG). Die diesbezüglichen Ausschreibungsverfahren nach Teil 3 Abschnitt 5 WindSeeG (§§ 50–56) folgen einem grundsätzlich identischen Ablauf aus Gebots- und Zuschlagsverfahren wie die Ausschreibungen für nicht voruntersuchte Flächen. Im Rahmen des Gebotsverfahrens ergeben sich die Pflichtinhalte der Bekanntmachung aus § 50 WindSeeG; hinsichtlich der inhaltlichen Anforderungen an die Gebote ist insbesondere zu beachten, dass diese eine Projektbeschreibung nach § 51 Abs. 3 WindSeeG umfassen müssen (§ 51 Abs. 1 Nr. 5 WindSeeG). Hieran zeigen sich bereits die von Teil 3 Abschnitt 2 WindSeeG abweichenden qualitativen Zuschlagskriterien (§ 53 Abs. 1 S. 1 Nrn. 2–5 WindSeeG), welche die Bundesnetzagentur später anhand der Projektbeschreibung bewertet (hierzu b)). Das zweite Zuschlagskriterium bildet die Höhe des Gebotswerts (§ 53 Abs. 1 S. 1 Nr. 1 WindSeeG), wobei dessen Charakter als Zahlungskomponente gleichfalls erhebliche Abweichungen gegenüber dem Ausschreibungsmodell für nicht voruntersuchte Flächen begründet (hierzu a)). Im Verhältnis zueinander sind beide Kriterien nach einem gesetzlichen Punktesystem zu gewichten (§ 53 Abs. 2 bis 6 WindSeeG).

a) Bedeutung des Gebotswerts in Abgrenzung zu § 3 Nr. 26 EEG

Der Gebotswert i. S. d. §§ 51 Abs. 1 Nr. 3, 53 Abs. 1 S. 1 Nr. 1 WindSeeG ist insoweit besonders, als er in seiner Bedeutung erheblich von der allgemeinen Legaldefinition in § 3 Nr. 26 EEG abweicht. Letztere liegt vielmehr nur den Ausschreibungsverfahren für nicht voruntersuchte Flächen zugrunde und beschreibt in deren Rahmen mithin den anzulegenden Wert (§ 23 Abs. 1 EEG), den das Gebot nennt (vgl. auch § 20 Abs. 2 WindSeeG). Der Gebotswert im Rahmen der Ausschreibung voruntersuchter Flächen beziffert dagegen ein Zahlungsangebot des Bieters, was sich auch daran zeigt, dass er in der Einheit Euro ohne Nachkommastelle anzugeben ist und keinesfalls negativ sein darf (§ 51 Abs. 1 Nr. 3 WindSeeG). Die Zahlungen werden nach Zuschlagserteilung anteilig auf Maßnahmen des Meeresnaturschutzes sowie zur umweltschonenden Fischerei und zur Senkung der Offshore-Netzumlage verwendet (§§ 57–59 WindSeeG). Damit einhergehend entfällt die Marktprämienförderung für Projekte auf zentral voruntersuchten Flächen fortan, was im Einklang damit steht, dass politisch mittel- bis langfristig ein rein marktgetriebener Ausbau sämtlicher erneuerbaren Energien in Betracht gezogen wird (vgl. § 99 Abs. 1 S. 3 EEG).[380]

b) Qualitative Zuschlagskriterien

Daneben wurden mit dem WindSeeG 2023 erstmals sog. qualitative Zuschlagskriterien eingeführt, anhand derer die Bundesnetzagentur Gebote zusätzlich nach wirtschaftlichen und ökologischen Aspekten bewertet. Solche bilden neben dem Beitrag des Projekts zur Dekarbonisierung des Windenergieausbaus auf See auch der Umfang der beabsichtigten PPA-Vermarktung des produzierten Stroms, die mit den eingesetzten Gründungstechnologien verbundene Schallbelastung und Versiegelung des Meeresbodens und der Beitrag des bietenden Unternehmens zur Fachkräftesicherung (§ 53 Abs. 1 S. 1 Nrn. 2–5 WindSeeG). Das erste und das letzte Kriterium gehen dabei auf die Ausschussfassung des Gesetzentwurfs zurück[381], die Übrigen bereits auf den Regierungsentwurf[382]. In der Branche werden entsprechende Verfahren, wie sie schon länger etwa in den Niederlanden existieren[383], oftmals als „beauty contest" der Projektierer betitelt.[384]

Der erste Bewertungsaspekt des Dekarbonisierungsbeitrags in § 53 Abs. 1 S. 1 Nr. 2 WindSeeG bezieht sich auf den Energiebedarf im Herstellungsprozess der durch den Bieter verwendeten wesentlichen Anlagenbestandteile (Fundamente, Verbindungsstücke, Türme und Turbine, letztere mit den Einzelkomponenten Rotorblätter, Generator, Getriebe und Welle[385]). Dabei kommt es grundsätzlich auf einen möglichst hohen Anteil ungeförderten Grünstroms wie auch grünen Wasserstoffs an der aufgewendeten Gesamtenergie an (vgl. § 53 Abs. 3 S. 1 WindSeeG); jedoch ist die Bewertung des Wasserstoffanteils vorerst noch bis zum Erlass einer Verordnung nach § 93 EEG ausgesetzt (§ 53 Abs. 3 S. 4 WindSeeG). Gegenstand der Bewertung ist ausschließlich der Fertigungsprozess beim Endproduzenten bis zur Herstellung

---

[380] Insoweit will die Bundesregierung spätestens 2027 einen Vorschlag für einen entsprechenden Umstieg in die „Post-Förderung-Ära" vorlegen, s. https://www.bmwi.de/Redaktion/DE/Dossier/erneuerbare-energien.html.

[381] S. BT-Drs. 20/2657, S. 13.

[382] BT-Drs. 20/1634, S. 90.

[383] Hierzu *Ertel*, Europarechtliche und verfassungsrechtliche Grenzen bei der Förderung von Offshore-Windenergie, 2020, S. 216 ff.; *Böhme/Bukowski*, EnWZ 2019, 243 (245 f.).

[384] *Kerth*, EurUP 2022, 91 (97); *Böhme/Bukowski*, EnWZ 2019, 243 (243, 245); *Lutz-Bachmann/Liedtke*, EnWZ 2022, 313 (313 f.).

[385] S. *Bundesnetzagentur*, Ergebnisse der Konsultation zur Ausschreibungsverfahren für zentral voruntersuchte Flächen, einsehbar unter https://www.bundesnetzagentur.de/DE/Beschlusskammern/1_GZ/BK6-GZ/2022/BK6-22-368/BK6-22-368_konsultationsergebnisse.html?nn=1055516.

der transportfähigen Anlagenkomponente[386], nicht aber derjenige etwaiger Zulieferer. Ökologisch ungünstige Transportwege und die Herstellungsbedingungen des Rohmaterials bleiben mithin unberücksichtigt.[387] Dass hierdurch gerade die energieintensive Stahlproduktion für die Anlagen aus der Bewertung ausgeklammert wird[388], erscheint durch die damit bewirkte Eingrenzung des Nachweis- und Prüfungsaufwands zugunsten der Verfahrensbeschleunigung und -vereinfachung[389] gerechtfertigt.

Zudem sollten Bieter nach § 53 Abs. 1 S. 1 Nr. 3 WindSeeG einen möglichst großen Anteil an der Gesamtstromproduktion des Windparks mittels PPA[390] vermarkten. Mit diesem Kriterium zielte der Gesetzgeber auf eine fortschreitende Marktintegration der Offshore-Windenergie ab.[391] § 53 Abs. 1 S. 1 Nr. 4 WindSeeG will dagegen alternative Gründungstechnologien fördern, die zur Verringerung mariner Umweltbelastungen ohne Impulsrammverfahren[392] und Schwergewichtsgründungen auskommen (vgl. § 51 Abs. 3 S. 1 Nr. 3 WindSeeG). Das Kriterium der Fachkräftesicherung letztlich stellt auf einen möglichst hohen Anteil an Auszubildenden bei den bietenden Unternehmen ab, wobei europäische Äquivalente wie Trainees gleichermaßen anerkannt werden sollen, solange das Ausbildungsverhältnis von einer gewissen Dauer und Relevanz für das berufliche Fortkommen ist; nicht zu berücksichtigen sind demnach etwa Praktikumsverhältnisse.[393] Zudem muss der Ausbildung nach dem normativen Kontext jedenfalls eine gewisse, wenn auch nur mittelbare Relevanz für die Offshore- oder Windenergie-Branche insgesamt zukommen.[394]

c) Gewichtung und Bewertung im Rahmen des Punktesystems

Die Erfüllung jener Kriterien wird gem. § 53 Abs. 1 S. 2 WindSeeG anhand eines Punktesystems bewertet, wobei das Gesetz der Bundesnetzagentur ausdrücklich einen Beurteilungsspielraum einräumt (§ 53 Abs. 1 S. 3 WindSeeG). Diese normative Klarstellung ist zu begrüßen, da die „nicht-monetären"[395] Bewertungsaspekte, gleichwohl sie – insbesondere im Vergleich zu den Kriterien

---

[386] S. *Bundesnetzagentur*, Ergebnisse der Konsultation zur Ausschreibungsverfahren für zentral voruntersuchte Flächen, einsehbar unter https://www.bundesnetzagentur.de/DE/Beschlusskammern/1_GZ/BK6-GZ/2022/BK6-22-368/BK6-22-368_konsultationsergebnisse.html?nn=1055516.

[387] BT-Drs. 20/2657, S. 13.

[388] S. *Lutz-Bachmann/Liedkte*, EnWZ 2022, 313 (315).

[389] Vgl. auch BT-Drs. 20/2657, S. 13.

[390] Eingehend zu sog. Power Purchase Agreements und den vertraglichen Gestaltungsmöglichkeiten etwa *Ludwig/Wiederholt*, EnWZ 2019, 110.

[391] Vgl. BT-Drs. 20/1634, S. 92.

[392] Zum Begriff wie auch zu dem der Schwergewichtsgründung BT-Drs. 20/1634, S. 92.

[393] BT-Drs. 20/2657, S. 13.

[394] Vgl. auch *Lutz-Bachmann/Liedtke*, EnWZ 2022, 313 (316).

[395] *Böhme/Bukowski*, EnWZ 2019, 243 (245).

im niederländischen System[396] – durch § 53 Abs. 3–6 WindSeeG schon weitgehend klar und detailliert geregelt werden[397], naturgemäß von deutlich höherer tatbestandlicher Offenheit sind als das Zuschlagsverfahren allein nach Gebotswert (vgl. § 20 Abs. 1 S. 1 WindSeeG).

Die höchstmögliche Bewertung für ein Gebot beträgt grundsätzlich[398] 100 Punkte, wobei zehn Punkte für jedes der vier qualitativen Kriterien (s. im Einzelnen § 53 Abs. 3–6 WindSeeG) sowie maximal 60 Punkte im Hinblick auf den Gebotswert erreichbar sind (§ 53 Abs. 2 WindSeeG).[399] Mithin bildet der Gebotswert das deutlich überwiegende Kriterium. Den Zuschlag erhält unter allen fristgemäß abgegebenen und den Anforderungen des § 51 WindSeeG entsprechenden Geboten letztlich dasjenige mit der höchsten Bewertungspunktzahl (§ 54 Abs. 1 S. 1 Nr. 5 WindSeeG). Im Falle eines Punktegleichstandes wird indessen das Gebot mit dem Höchstpreis bezuschlagt (§ 54 Abs. 2 S. 1 WindSeeG).[400] Gleichwohl dies die Bedeutung der Zahlungskomponente im Rahmen des Zuschlagsverfahrens nochmals steigert[401], ist grundsätzlich nicht von einer erhöhten Gefahr auszugehen, dass sich Bieter im Rahmen eines „Überbietungswettbewerbs" zu unwirtschaftlichen Geboten verleitet sehen werden, die letztlich die Projektrealisierung hindern[402]. Vielmehr handelt es sich bei den Ausschreibungsteilnehmern um typischerweise große Energiekonzerne[403], denen anders als etwa Bürgerenergiegesellschaften im Rahmen des EEG[404] der privatwirtschaftliche Wettbewerb auch sonst das (rationale) Vorgehen nach komplexen Wirtschaftlichkeitserwägungen abverlangt. Es ist daher

---

[396] Zu diesen *Ertel*, Europarechtliche und verfassungsrechtliche Grenzen bei der Förderung von Offshore-Windenergie, 2020, S. 216 ff.; *Böhme/Bukowski*, EnWZ 2019, 243 (245 f.).

[397] A. A. wohl *Lutz-Bachmann/Liedtke*, EnWZ 2022, 313 (319): „[…] bringt die Ausgestaltung der neuen qualitativen Kriterien […] rechtliche Unsicherheiten mit sich."

[398] Praktisch sind derzeit, solange das Kriterium des Wasserstoffanteils mit möglichen fünf Punkten bei der Bewertung des Dekarbonisierungsbeitrags noch nach § 53 Abs. 3 S. 4 WindSeeG ausgeklammert wird, allerdings maximal 95 Punkte erreichbar, s. *Bundesnetzagentur*, „Anfragen zu den Ausschreibungen 2023", Frage 13, einsehbar unter https://www.bundesnetzagentur.de/DE/Beschlusskammern/BK06/BK6_72_Offshore/Ausschr_vorunters_Flaechen/Ausschr_zentral_vorunters_Flaechen.html?nn=1055516.

[399] Näher zum Bewertungsverfahren *Lutz-Bachmann/Liedtke*, EnWZ 2022, 313 (314 ff.).

[400] S. zudem die Erhöhungsoption für den Fall eines nochmaligen Patts in § 54 Abs. 2 S. 3 WindSeeG.

[401] *Lutz-Bachmann/Liedtke*, EnWZ 2022, 313 (315).

[402] So aber *Lutz-Bachmann/Liedtke*, EnWZ 2022, 313 (315); vgl. zu entsprechenden Situationen im EU-Ausland auch *Bahmer/Loers*, GewArch 2017, 406 (408).

[403] S. zur „industriell-professionellen" Akteursstruktur der Branche *Kerth*, EurUP 2022, 91 (92).

[404] Vgl. etwa *Duncker*, VR 2019, 8 (12) zur praktischen Gefahr von „Dumpingpreisen" infolge von Fehleinschätzungen der Bürgerenergiegesellschaften.

nicht ersichtlich, weshalb sie dies im „staatlich moderierten" Bieterwettbewerb des Zuschlagsverfahrens überfordern sollte.

4. Rechtsnatur und Rechtswirkungen des Zuschlags

a) Qualifikation als Verwaltungsakt

Nachdem die Zuordnung des Zuschlags und des Ausschreibungsverfahrens selbst zum öffentlichen oder Privatrecht zunächst lange umstritten war[405], hat § 3 Nr. 50a des EEG 2021 dessen Verwaltungsaktsqualität ausdrücklich klargestellt. Die dahingehende Auffassung des Gesetzgebers hatte sich bereits in den Gesetzgebungsmaterialien zum EEG 2016 angedeutet.[406] Mangels anderweitiger Regelungen im WindSeeG muss diese gesetzliche Zuordnung zum öffentlichen Recht für den Bereich der Offshore-Windenergie entsprechend gelten. Das Ausschreibungsverfahren nach §§ 14–23 WindSeeG ist demnach i. S. d. § 9 VwVfG auf den Erlass eines Verwaltungsaktes gerichtet und somit als Verwaltungsverfahren zu qualifizieren. Adressaten des Zuschlags sind alle am Ausschreibungsverfahren beteiligten Bieter, was vor allem in prozessualer Hinsicht relevant werden kann.[407]

b) Mengensteuernde Rechtswirkungen

aa) Anspruchskomponenten und jeweiliger Umfang

Die Rechtsfolgen des Zuschlags variieren abhängig von der Verfahrensart nach Maßgabe der §§ 24 und 55 WindSeeG. Hiernach erwirbt sein Inhaber – in der Regel für die Dauer von 20 bzw. 25 Jahren[408] – in jedem Falle die Antragsberechtigung im Rahmen der Vorhabenzulassung auf der Fläche sowie jeweils „im Umfang der bezuschlagten Gebotsmenge" gesetzliche Ansprüche auf den Netzanschluss seiner Anlagen ab dem verbindlichen Fertigstellungstermin nach § 17d Abs. 2 S. 8 EnWG und die zugewiesene Anbindungskapazität i. S. d. § 3 Nr. 13 WindSeeG auf der im Flächenentwicklungsplan bestimmten Offshore-Anbindungsleitung, d. h. letztlich Netznutzung[409] (§§ 24 Abs. 1 Nrn. 1, 3, 55 Abs. 1 WindSeeG). Bei nicht voruntersuchten Flächen hat der Zuschlags-

---

[405] Eingehend zu der Frage im Rahmen des EEG damals *Salje*, RdE 2017, 437, der das Ausschreibungsergebnis als privatrechtlichen Zuschlag einordnete, welcher auf Zustandekommen eines Kapazitätsnutzungsvertrags zwischen Bieter und Übertragungsnetzbetreiber gerichtet sei und dessen Verfahren lediglich treuhänderisch durch die Bundesnetzagentur als „Versteigerer" durchgeführt werde.

[406] Vgl. BT-Drs. 18/8860, S. 208.

[407] S. u. Kapitel 4 II. 3.

[408] S. § 55 Abs. 3 S. 1 i. V. m. § 69 Abs. 7 S. 1 WindSeeG für voruntersuchte und § 24 Abs. 2 S. 1 WindSeeG i. V. m. § 25 Abs. 1 S. 1 EEG für nicht voruntersuchte Flächen.

[409] *Kerth*, EurUP 2022, 91 (95).

inhaber zudem einen Anspruch auf Marktprämienförderung, deren Umfang sich ebenfalls nach der Zuschlagsmenge richtet und für deren Höhe der bezuschlagte Gebotswert maßgeblich ist (§§ 24 Abs. 1 Nr. 2, 20 Abs. 2 WindSeeG). Der Gesetzgeber ging dabei von einer Untrennbarkeit aller mit dem Zuschlag verliehenen Anspruchskomponenten aus[410], die deshalb auch stets einheitlich unwirksam werden (§ 87 Abs. 1 WindSeeG).

bb) Negative Anreizelemente, insbesondere Pönalen

Während die o. g. Marktprämien- und Übertragungsansprüche den Anlagenbetreibern jeweils positive Anreize zur Einhaltung der im Flächenentwicklungsplan bestimmten Zeit- und Mengenvorgaben setzen, knüpft das WindSeeG außerdem verschiedene negative Anreizwirkungen an den Zeitpunkt und Inhalt des Zuschlags (vgl. insbes. § 81 Abs. 1 S. 1 WindSeeG). So sind zunächst Netzeinspeisungen über die bezuschlagte Gebotsmenge hinaus (grundsätzlich[411]) unzulässig.[412] Einer Unterschreitung der geplanten Zubaumengen andererseits soll, entsprechend dem Anreizsystem des EEG[413], durch gesetzliche Realisierungsfristen und Strafzahlungen (Pönalen) nach den §§ 81–83 WindSeeG vorgebeugt werden. Insbesondere müssen die Zulassungsanträge samt erforderlicher Unterlagen innerhalb von zwölf Monaten ab der Zuschlagserteilung bei voruntersuchten Flächen bzw. von 24 Monaten bei nicht voruntersuchten Flächen gestellt werden (§ 81 Abs. 2 Nr. 1 WindSeeG); andernfalls ist der Zuschlag durch die Bundesnetzagentur zwingend zu widerrufen (§ 82 Abs. 3 Nr. 1 WindSeeG). Zusätzlich hat der Zuschlagsinhaber in diesem Fall eine Pönale in vollständiger Höhe der durch ihn geleisteten Sicherheit an den regelverantwortlichen ÜNB zu zahlen (§ 82 Abs. 2 S. 1 Nr. 1 i. V. m. § 81 Abs. 2 Nr. 1 WindSeeG). Auch etwa bei erheblich unvollständiger Vorhabenrealisierung (< 95 % der bezuschlagten Gebotsmenge) fallen gem. § 82 Abs. 1, 2 Nr. 5 i. V. m. § 81 Abs. 2 S. 1 Nr. 5 WindSeeG Strafzahlungen an, wobei hier jedoch nur in quantitativer Hinsicht der Inhalt des Zuschlags maßgeblich ist, während es zeitlich auf den verbindlichen Fertigstellungstermin der Offshore-Anbindungsleitung gem. § 17d Abs. 2 S. 8 EnWG ankommt.

---

[410] BT-Drs. 17/8860, S. 292.

[411] D. h. vorbehaltlich ergänzender Kapazitätszuweisungen nach § 14a WindSeeG, hierzu eingehend *Fischer/Randau*, IR 2022, 235.

[412] BT-Drs. 18/8860, S. 293.

[413] S. für Windenergie an Land *Bader*, Die Bedeutung der Interdependenz zwischen Planung und Regulierung für die Steuerung des Ausbaus der Onshore-Windenergieerzeugung, 2021, S. 108 ff.

IV. Zusammenfassung: Wesentliche Merkmale der Kapazitätssteuerung im zentralen Modell

Insgesamt haben sich für die Kapazitätssteuerung im zentralen Modell vor allem die folgenden Aspekte als prägend erwiesen:

1. Sowohl die Bedarfsplanung als auch die regulatorische Mengensteuerung nach dem WindSeeG zeichnen sich durch ihren konkreten Raumbezug aus, der im Gesamtprozess aus Planung, Regulierung und Zulassung frühzeitig hergestellt wird. Schon die Bedarfsplanung auf erster Stufe erfolgt flächenspezifisch und mit Blick auf ihre Realisierbarkeit in raumplanerischer Hinsicht, indem u. a. Größe und voraussichtliche Bebaubarkeit der Fläche maßgebliche Kriterien für die Kapazitätsfestlegung bilden[414]. Der Ausschreibungsgegenstand wird von der Bundesnetzagentur aus der vorbereitenden Fachplanung entwickelt und bezieht sich daher ebenfalls auf eine räumlich konkret umgrenzte Erzeugungsfläche, während nach dem Ausschreibungsdesign des EEG ein konkreter Standort- bzw. Projektbezug erst mit der Zuschlagserteilung, d. h. zum Verfahrensende hergestellt wird (vgl. § 35 Abs. 1 Nr. 2 a), § 36f EEG). Dementsprechend macht der Flächenbezug der Ausschreibungen nach dem WindSeeG auch eine Berücksichtigung von Standortaspekten bei den Gebotswerten, wie sie das Referenzertragsmodell des EEG vorsieht, überflüssig.

2. Eine weitere Besonderheit der Bedarfsplanung durch den Flächenentwicklungsplan stellt ihr umfassender Planungsanspruch in zeitlicher Hinsicht dar. Grundsätzlich beinhalten Bedarfspläne zwar oftmals zeitliche Projektpriorisierungen etwa in Form von – weitgehend abstrakt gehaltenen – Dringlichkeitsstufen (s. § 2 FStrABG, § 2 Abs. 1 BSWG); jedoch hat sich gezeigt, dass die Zeitplanung des Flächenentwicklungsplans darüber erheblich hinausgeht. Sie ist im Hinblick auf ihren Umfang und Differenzierungsgrad mit derjenigen im Netzentwicklungsplan nach §§ 12b und c EnWG vergleichbar, der insbesondere einen „Zeitplan für alle Netzausbaumaßnahmen" und eine zusätzliche Priorisierung durch die Benennung sog. Dreijahresprojekte beinhaltet (§ 12b Abs. 1 S. 4 Nrn. 1 und 2 EnWG). Verglichen mit dem Netzentwicklungsplan sind die zeitlichen Vorgaben des Flächenentwicklungsplans jedoch mit weiterreichender Verbindlichkeit für nachfolgende Planungsstufen ausgestattet.[415]

3. Im Anschluss an die Bedarfsplanung setzt sich die Kapazitätssteuerung im zentralen Modell nicht fachplanungsintern, sondern vielmehr über eine mit der Fachplanung intensiv verknüpfte Förder- und Netzregulierung fort[416], welche ihrerseits Elemente der Preis- und Mengensteuerung vereint[417]. Damit basiert die quantitative Steuerung des Anlagenzubaus auf einer umfassenden In-

---

[414] S. o. Kapitel 3 II. 2. a) aa) und cc) (2).
[415] Vgl. oben Kapitel 3 II. 2. c).
[416] S. o. Kapitel 3 II. 2. c) dd).
[417] S. o. Kapitel 3 I. 2. d).

terdependenz zwischen Planung und Regulierung.[418] Auch in kompetenzieller Hinsicht stehen Fachplanungs- und Regulierungsbehörde in einem engen Verhältnis zueinander, teils in Form intensiver wechselseitiger Beteiligungspflichten (vgl. § 14 Abs. 4 S. 1 wie auch bereits § 6 Abs. 7 WindSeeG), teils sogar im Rahmen übertragener Zuständigkeiten (vgl. §§ 11, 14 Abs. 3 WindSeeG). An einer spezifischen Verknüpfung der Kapazitätsvorgaben mit der Zulassungsebene fehlt es demgegenüber. In das Zulassungsverfahren wirkt die Bedarfsplanung lediglich nach allgemeinen Maßstäben derart hinein, dass sie die Frage der Planfeststellung grundsätzlich verbindlich vorwegnimmt. Die zuzulassende Anlagenleistung wird lediglich mittelbar über den regulierungsrechtlichen Projektrahmen vorbestimmt.

4. Der konkrete Raumbezug der Bedarfsplanung ermöglicht auch die mengenmäßige Abstimmung des Anlagenzubaus auf vorhandene und geplante Übertragungskapazitäten. Diese Synchronisierung von Netz- und Erzeugungsplanung, auf die es dem Gesetzgeber beim Erlass des WindSeeG ausdrücklich ankam[419], erfolgt insbesondere im Wege eines Entwicklungsgebots zwischen Flächen- und Netzentwicklungsplan durch die Vorschrift des § 12b Abs. 1 S. 1, S. 4 Nr. 7 letzt. Hs. EnWG, aber auch, indem der Anspruch der Windparkbetreiber auf Netzanschluss und die zugewiesene Netzanbindungskapazität für die konkrete Fläche grundsätzlich strikt auf den Umfang der bezuschlagten Gebotsmenge beschränkt werden (§§ 24 Abs. 1 Nr. 3, 55 Abs. 1 Nr. 2 WindSeeG).

---

[418] Weiterführend insbesondere *Bader*, Die Bedeutung der Interdependenz zwischen Planung und Regulierung für die Steuerung des Ausbaus der Onshore-Windenergieerzeugung, 2021; *Franzius*, ZUR 2018, 11 und *Korbmacher*, Ordnungsprobleme der Windkraft, 2020, S. 8 ff.

[419] BT-Drs. 18/8860, S. 270, 272.

Kapitel 4

Rechtsschutz

Im Anschluss an die geschilderten Planungs- und Verwaltungsverfahren gilt es den diesbezüglichen Rechtsschutz zu erörtern. Grundlegend unterscheiden sich insoweit die Rechtswege und -mittel, die Projektinhabern im Hinblick auf die gestufte Fachplanung und Zulassung von Offshore-Windparks zustehen (hierzu I.) gegenüber denjenigen der im Ausschreibungsverfahren unterlegenen Bieter (hierzu II.).

I. Rechtsschutz im Rahmen der gestuften Fachplanung für Offshore-Windparks

Fachplanungsrechtlicher Rechtsschutz ist zunächst grundsätzlich Verwaltungsrechtsschutz.[1] Dieser ist im Hinblick auf gestufte sektorale Planungsverfahren typischerweise als konzentriertes „Schlusspunktmodell" ausgestaltet[2], was auch auf die Offshore-Fachplanung des WindSeeG zutrifft (eingehend unter 1.). In der Folge stellt sich die Frage nach den einschlägigen Rechtsbehelfen weitgehend nur im Hinblick auf die Zulassung von Offshore-Windparks, wobei prozessuale Besonderheiten insbesondere der Klagebefugnis zu beachten sind (2.).

1. Verortung im System aus konzentriertem und phasenspezifischem Rechtsschutz

Fraglich ist somit zunächst, welche Aspekte der Definition konzentrierten Rechtsschutzes zulässigerweise unterfallen können (a)), welche hiervon der fachplanerische Rechtsschutz des WindSeeG erfüllt und wie jener folglich in die systematische Dichotomie aus „phasenspezifischem" und „konzentriertem" Rechtsschutz einzuordnen ist (b)).

---

[1] Vgl. allein § 48 Abs. 1 S. 1 Nrn. 4, 4a sowie 7–12 VwGO; anderes gilt insbesondere im Fall der gesetzesförmigen Planung, welche selbst nur mittels Verfassungsbeschwerde oder konkreter Normenkontrolle angreifbar ist, s. *Ludwig*, ZUR 2017, 67 (68).

[2] *Durner*, ZUR 2022, 3 (7 f.).

a) Definition und Zulässigkeit konzentrierten Rechtsschutzes

Gebräuchlich ist der Begriff der Rechtsschutzkonzentration allgemein im Kontext vertikal gestufter Administrativentscheidungen, insbesondere aber von Planungskaskaden.[3] Hier findet er im Regelfall im Sinne einer – beim Streitgegenstand ansetzenden – Verfahrenskonzentration[4] Verwendung. So können mehrstufige Verwaltungsverfahren für den Rechtsschutz Betroffener einerseits insofern Relevanz entfalten, als sie mit Bestandskraftpräklusionen[5] einhergehen. In diesem Fall bilden die Teilentscheidungen isolierte Prozessgegenstände, deren Überprüfung nur unmittelbar in Bezug auf das jeweils abgeschlossene Verfahrensstadium, nicht hingegen inzident im Rahmen der gerichtlichen Kontrolle nachfolgender Ebenen erfolgen darf.[6] Dieser im Grundsatz „phasen-" oder „ebenenspezifischen"[7] Überprüfung gegenüberstehend, beschreibt der „konzentrierte" Rechtsschutz ein Konzept, das Anfechtungsmöglichkeiten formell auf die letztstufige Verwaltungsentscheidung beschränkt, hierbei jedoch im Gegenzug vorangegangene Entscheidungen einer inzidenten Nachprüfung unterzieht.[8] Damit einhergehend gewährt dieses Modell typischerweise keine isolierte gerichtliche Überprüfung von Verfahrenshandlungen.[9]

Jenseits solch streitgegenstandsbezogener Bündelungseffekte kann der Konzentrationsbegriff im Prozessrecht Zusammenfassungen von Streitigkeiten auf demselben Rechtsweg[10] oder bei bestimmten Spruchkörpern im Sinne einer

---

[3] S. bereits *Blümel*, DVBl 1972, 796 (798); *Wahl*, DÖV 1975, 373 (374); *Schmidt-Aßmann*, DVBl 1981, 334; *Erbguth*, NVwZ 2005, 241; *de Witt/Kause*, ER 2013, 109 (113); *Ewer*, Rechtsschutz bei mehrstufigen Planungs- und Zulassungsverfahren am Beispiel der Energiewende, in: Kloepfer, Rechtsschutz im Umweltrecht, 2014, S. 61 (70); *Geber*, Die Netzanbindung von Offshore-Anlagen im europäischen Supergrid, 2014, S. 242 ff.; *Knappe*, DVBl 2016, 276; *Schlacke*, ZUR 2017, 456; *Uechtritz*, ZUR 2017, 479; *Franke/Wabnitz*, ZUR 2017, 462 (464); *Dammert/Brückner*, ZUR 2017, 469; *Ludwig*, ZUR 2017, 67 (68); *Baumann/Brigola*, DVBl 2017, 1385 (1386).

[4] Terminologie nach *Baumann/Brigola*, DVBl. 2017, 1385 (1386); eingehend zu den Grundarten der Konzentrationswirkung *Siegel*, Entscheidungsfindung im Verwaltungsverbund, 2009, S. 127 ff.

[5] Zum Begriff *Schröder*, Genehmigungsverwaltungsrecht, 2016, S. 168 (Fn. 1018); *Niedzwicki*, Präklusionsvorschriften des öffentlichen Rechts, 2007, S. 41. Dem gleich steht der Begriff der vertikalen Einwendungspräklusion, *Niedzwicki*, ebd.

[6] *Schenke*, Verwaltungsprozessrecht, 17. Aufl. 2021, Rn. 538 f.

[7] *Erbguth*, NVwZ 2005, 241 (242).

[8] So schon *Scholz*, VVDStRL 34 (1976), 145 (201, Fn. 232); *Schlacke*, ZUR 2017, 456; *Franke/Wabnitz*, ZUR 2017, 462 (464); *Erbguth*, ZUR 2017, 449 (449 f.); *Knappe*, DVBl 2016, 276 (280); *Sangenstaedt*, in: Steinbach/Franke, § 15 NABEG Rn. 67.

[9] *Schlacke*, ZUR 2017, 456.

[10] In diesem Sinne etwa *Papier/Shirvani*, in: Dürig/Herzog/Scholz, GG, Art. 34 Rn. 98.

Zuständigkeitskonzentration[11] beschreiben, mithin solche hinsichtlich des Kontrollorgans. Sie bezwecken neben der Beschleunigung und Ökonomisierung des Verfahrens[12] vor allem auch eine Bündelung spezifischer Sach- und Fachkompetenz[13] und die Vermeidung von Entscheidungsdivergenzen[14]. Gerade Zuständigkeitskonzentrationen bei den Ober- und Bundesgerichten können hierbei zu erheblichen Verkürzungen des Instanzenzuges und damit beschränkten Rechtsmittelmöglichkeiten des Betroffenen führen.

Nachdem die Zulässigkeit derart konzentriert gestalteter Rechtsschutzmodelle und der mit ihnen verbundenen fachgesetzlichen Rechtsbehelfsausschlüsse (vgl. § 15 Abs. 2 S. 2 NABEG, § 17a Abs. 5 S. 1 EnWG) insbesondere vor dem Hintergrund des Art. 19 Abs. 4 GG lange umstritten war[15], ist diese Frage schließlich im Jahr 2021 durch das Bundesverwaltungsgericht[16] höchstrichterlich geklärt worden. Demnach verstoßen verfahrenskonzentrierende Regelungen wie § 15 Abs. 2 S. 3 NABEG, wonach die Entscheidung über die vorbereitende Bundesfachplanung nur im Rahmen des Rechtsbehelfsverfahrens gegen die Zulassungsentscheidung für die jeweilige Ausbaumaßnahme überprüft werden kann, weder gegen Verfassungs- noch gegen Völker- und Unionsrecht.[17] Rechtspolitisch gilt gleichwohl zu beachten, dass dieses prozessuale „Schlusspunktmodell" je nach Gestaltung der Planungskaskade hohe Investitionsrisiken der Projektinhaber für den Fall begründen kann, dass Planungsfehler das Vorhaben nachträglich zu Fall bringen.[18] Hinsichtlich instan-

---

[11] Vgl. BT-Drs. 18/8832, S. 333; *Franke/Wabnitz*, ZUR 2017, 462 (465); *Schmitz/Uibeleisen*, Netzausbau, Rn. 97.

[12] Vgl. BT-Drs. 17/12638, S. 13, 17; *Moench/Ruttloff*, NVwZ 2014, 897; wenngleich der tatsächliche Beschleunigungseffekt z. T. streitig ist, vgl. *Schlacke*, ZUR 2017, 456 (459); *Posser/Schulze*, in: Posser/Faßbender, Handbuch Netzplanung und Netzausbau, Kap. 13 Rn. 3.

[13] *Ehricke*, NJW 1996, 812 (815).

[14] Vgl. BT-Drs. 17/12638; BVerwG, Beschl. v. 12.06.2007 – 7 VR 1/07 – NVwZ 2007, 1095 (1096); *Scheidler*, DVBl. 2011, 466 (471); *Kresse/Vogl*, WiVerwR 2016, 275 (287); *Schröder*, Gesetzesbindung des Richters und Rechtsweggarantie im Mehrebenensystem, 2010, S. 59.

[15] Dies galt insbesondere am Beispiel des NABEG, hierzu *Salm*, Individualrechtsschutz bei Verfahrensstufung, 2019, insbes. S. 215 ff.; *Recht*, Rechtsschutz im Rahmen des beschleunigten Stromnetzausbaus, 2019, insbes. S. 175 ff.; *Langstädtler*, Effektiver Umweltrechtsschutz in Planungskaskaden, 2021, S. 474 ff.; zu §§ 17a ff. EnWG *Geber*, Die Netzanbindung von Offshore-Anlagen im europäischen Supergrid, 2014, S. 243 ff. S. außerdem *Schlacke*, ZUR 2017, 456; *Franke/Wabnitz*, ZUR 2017, 462; *Uechtritz*, ZUR 2017, 479.

[16] Beschl. v. 24.03.2021 – 4 VR 2/20 – NVwZ 2022, 564.

[17] Weiterführend BVerwG, Beschl. v. 24.03.2021 – 4 VR 2/20 – NVwZ 2022, 564 (565 ff.) und hierzu *Kümper*, NVwZ 2021, 1595.

[18] *Durner*, ZUR 2022, 3 (7).

zenverkürzender Zuständigkeitskonzentrationen schließlich ist die Vereinbarkeit mit den Anforderungen der Rechtsschutzgarantie weitgehend anerkannt.[19]

b) Einordnung des Rechtsschutzes gegen die Fachplanung im zentralen Modell

Damit stellt sich im zweiten Schritt die Frage, ob und inwieweit im Hinblick auf die Fachplanung des zentralen Modells Aspekte der prozessualen Zuständigkeits- und Verfahrenskonzentration zu verzeichnen sind.

aa) Zuständigkeitskonzentration

Erstinstanzlich zuständig für die Überprüfung von Planfeststellungen und -genehmigungen für die Errichtung, den Betrieb und die Änderung von Windenergieanlagen auf See in der AWZ ist das Hamburgische Oberverwaltungsgericht (§ 48 Abs. 1 S. 1 Nr. 4a VwGO). Die örtliche Zuständigkeit ergibt sich dabei aus § 52 Nr. 2 S. 1 bzw. 2 VwGO, da der Sitz des BSH in Hamburg liegt; der ausschließliche Gerichtsstand des § 52 Nr. 1 VwGO (Belegenheit unbeweglichen Vermögens oder ortsgebundenes Recht) ist dagegen in der AWZ, die selbst keinem deutschen Gerichtsbezirk zugeordnet ist, unanwendbar.[20] Für die Überprüfung von Plangenehmigungen von Offshore-Anbindungsleitungen ist indes gem. § 76 Abs. 1 WindSeeG i. V. m. § 50 Abs. 1 Nr. 6 VwGO das Bundesverwaltungsgericht zuständig. Mithin wird der Instanzenzug in jedem Fall um die Eingangsinstanz verkürzt und im Hinblick auf Anbindungsleitungen auf gar eine einzige reduziert, was eine erhebliche prozessuale Zuständigkeitskonzentration anzeigt.

bb) Verfahrenskonzentration: Potenzielle Klagegegenstände

Zudem sind angesichts des gestuften Planungs- und Zulassungsverfahrens nach §§ 4 ff., 65 ff. WindSeeG mögliche Konzentrationstendenzen im Hinblick auf den Prozessgegenstand zu klären. Für den Flächenentwicklungsplan zunächst normiert § 6 Abs. 9 S. 1 WindSeeG („Der Flächenentwicklungsplan ist nicht selbständig gerichtlich überprüfbar.") einen expliziten Rechtsweg- und Rechtsbehelfsausschluss, der inhaltlich § 17a Abs. 5 S. 1 EnWG[21] und § 15

---

[19] Art. 19 Abs. 4 GG verlangt nach ganz h. M. keinen Instanzenzug, s. *Schmidt-Aßmann*, in: Dürig/Herzog/Scholz, GG, Art. 19 Abs. 4 Rn. 179 m. w. N.; kritisch aber *Roth*, DVBl. 2023, 10 (13 ff.).

[20] Eingehend zur örtlichen Zuständigkeit VG Hamburg, Urt. v. 01.12.2003 – 19 K 3585/03 – NuR 2004, 547 (547 f.).

[21] S. auch BT-Drs. 18/8860, S. 278.

Abs. 3 S. 2 NABEG entspricht.[22] Das verordnungsförmige Voruntersuchungs-ergebnis (§ 12 Abs. 5 S. 1 WindSeeG) soll dagegen nach den „allgemeinen Regeln zum Rechtsschutz gegen Verordnungen" angreifbar sein.[23] Konkret kommt damit, da Rechtsverordnungen des Bundes nicht Gegenstand der Nor-menkontrolle gem. § 47 Abs. 1 VwGO sein können[24], allenfalls die Möglich-keit einer gegen den Bund als Normgeber gerichteten verwaltungsprozessualen Feststellungsklage (§ 43 Abs. 1 Var. 1 VwGO) in Betracht (sog. atypische Feststellungsklage[25] oder „heimliche Normenkontrolle"[26]). Solche lässt die Rechtsprechung insbesondere im Falle sog. selbstvollziehender („self-execu-ting") Normen zu, mithin solchen, die den Normadressaten ohne weiteren Voll-zugsakt unmittelbar beschweren.[27] Andernfalls aber fehlt dem Kläger grund-sätzlich das erforderliche Rechtsschutzbedürfnis und er hat zunächst einen an ihn ergehenden Vollzugsakt (hier: Erteilung bzw. Versagung der Anlagenzu-lassung) abzuwarten.[28] Dass die positive Eignungsfeststellung Rechtsträger be-reits unmittelbar beschweren kann, erscheint jedoch ausgeschlossen: Soweit jene etwaige Auflagen der Zulassung nach § 12 Abs. 5 S. 3 und 4 WindSeeG vorbestimmt („Vorgaben für das spätere Vorhaben"), steht der hiervon be-troffene Projektträger noch nicht fest, sondern wird erst durch das zeitlich nachfolgende Ausschreibungsverfahren ermittelt. Dritte dagegen wären allen-falls durch den Bau und Betrieb des Vorhabens betroffen, für welche die Eig-nungsfeststellung selbst jedoch keine gestattende Wirkung entfaltet[29]. Somit unterliegt das Voruntersuchungsergebnis schon nach dem allgemeinen Ver-waltungsprozessrecht der lediglich inzidenten Überprüfung im Rahmen von Rechtsmitteln gegen die Zulassungsentscheidung[30], ohne dass es eines aus-drücklichen Rechtsbehelfsausschlusses bedürfte.

Zulässiger Klagegegenstand ist mithin grundsätzlich allein der Planfeststel-lungsbeschluss bzw. die Plangenehmigung nach § 66 Abs. 1 WindSeeG. Le-diglich die in engem Kontext der Zulassung ergehende Einrichtung von Sicher-heitszonen um die Windparkflächen[31] und die zeitgleich mit der Zulassung,

---

[22] Der Ausschluss kann wegen Art. 19 Abs. 4 GG nicht gelten, soweit der Flächenent-wicklungsplan sich gem. § 17d Abs. 2 S. 2 EnWG als Regulierungsverwaltungsakt gegen-über dem anbindungsverpflichteten ÜNB darstellt und für diese unmittelbar die Pflicht zur Beauftragung der Anbindungsleitung auslöst, s. o. Kapitel 2 III. 4. a).

[23] BT-Drs. 18/8860, S. 329.

[24] *Wysk*, in: Ders., VwGO, § 47 Rn. 7; vgl. auch *Ludwig*, ZUR 2017, 67 (68).

[25] Eingehend zum Begriff *Engels*, NVwZ 2018, 1001 (1001 f.).

[26] Vgl. *Hufen*, Verwaltungsprozessrecht, 12. Aufl. 2021, § 18 Rn. 8.

[27] S. BVerwG, Urteil vom 28.06.2000 – 11 C 13/99 – NJW 2000, 3584; OVG Lüneburg, Urt. v. 16.03.2017 – 7 LC 80/15 –, ZUR 2017, 494.

[28] BVerwG, Urt. v. 28.01.2010 – 8 C 19/09 – NVwZ 2010, 1300 (1303).

[29] S. auch u. Kapitel 5 I. 1. b) aa) (1).

[30] Vgl. allgemein zu verordnungsförmigen Bedarfsfeststellungen *Ludwig*, ZUR 2017, 67 (68).

[31] S. hierzu Kapitel 2 V. 4. c).

jedoch ebenfalls als gesonderter Verwaltungsakt ergehende Festsetzung von Kompensationszahlungen nach § 72a Abs. 2 S. 5 und 6 WindSeeG n. F. bleiben hierneben selbständig anfechtbar.[32] Insoweit folgt die prozessuale Gestaltung des WindSeeG also weitgehend dem verfahrenskonzentrierenden Schlusspunktmodell.

2. *Anschlussfrage: Rechtsbehelfe gegen die Zulassungsentscheidung als maßgeblicher Prozessgegenstand*

Eine naheliegende Anschlussfrage bildet diejenige, welche Rechtsmittel nun gegen die anzugreifenden Zulassungsakte (Plangenehmigung bzw. Planfeststellungsbeschluss) statthaft sind. Insoweit gelten grundsätzlich die allgemeinen Regeln des VwVfG und der VwGO.[33] Projektträger können sich mithin gegen die etwaige Versagung der Plangenehmigung bzw. Planfeststellung ohne Vorverfahren (§ 74 Abs. 1 S. 2 i. V. m. § 70, § 74 Abs. 6 S. 3 VwVfG) mittels Verpflichtungsklage gem. § 42 Abs. 1 Alt. 2 VwGO (in Form der Bescheidungsklage[34]) wenden[35] und Nebenbestimmungen der Zulassung isoliert nach § 42 Abs. 1 Alt. 1 VwGO anfechten[36]. Dritten kann im Falle ihrer Klagebefugnis – dazu sogleich a) – ebenfalls die Anfechtungsklage offenstehen. Bei alledem sind stets auch die prozessualen Sondervorgaben des (Energie-)Infrastrukturrechts zu beachten (hierzu b)).

a) *Klagebefugnis: Weitgehend eingeschränkte Drittanfechtbarkeit*

Hinsichtlich der Zulassungsentscheidungen für Offshore-Windenergieanlagen hielt der Gesetzgeber selbst „Klagen Dritter [für] denkbar, die sich durch die Nutzung der Fläche zur Stromerzeugung aus Windenergieanlagen auf See nachteilig betroffen sehen.“[37] Die These bedarf deshalb der Überprüfung, weil die Eigentumsfreiheit der AWZ und die fehlende subjektiv-rechtliche Qualität des sie determinierenden Seevölkerrechts[38] durchaus nahelegen, dass für die dort typischen Meeresnutzungen oftmals gerade keine subjektiven öffentlichen

---

[32] So im Hinblick auf die Sicherheitszonen auch VG Schleswig, Urt. v. 16.09.2014 – 3 A 223/13 – RdTW 2015, 117 (118); zu Nebenbestimmungen s. sogleich.

[33] BT-Drs. 18/8860, S. 329.

[34] Infolge der planerischen Abwägungsfreiheit des BSH wird es regelmäßig an der für eine Vornahmeklage erforderlichen Spruchreife fehlen, vgl. *Riese*, in: Schoch/Schneider, Verwaltungsrecht, § 113 VwGO Rn. 219.

[35] VG Hamburg, Urt. v. 19.06.2020 – 7 K 6193/15 –, juris-Rn. 82 (LS in UWP 2020, 142).

[36] S. zur grundsätzlichen Statthaftigkeit BVerwG, Urt. v. 06.11.2019 – 8 C 14/18 – NVwZ 2021, 163; zur Anfechtung naturschutzrechtlicher Nebenbestimmungen zur Zulassung eines Interkonnektors in der AWZ jüngst VG Hamburg, Urt. v. 22.08.2022 – 3 K 3255/19 –, juris-Rn. 37.

[37] BT-Drs. 18/8860, S. 329.

[38] S. o. Kapitel 2 V. 3. b) dd) (3).

Rechte existieren, die Dritten nach § 42 Abs. 2 VwGO Individualrechtsschutz eröffnen würden.[39]

So verneint die Rechtsprechung zunächst einen grundrechtlichen Anspruch auf (Hochsee-)Fischerei in den mit Anlagen bebauten, eigentumsfreien Meeresräumen der AWZ.[40] Ein subjektives Recht von Küstengemeinden auf Freihaltung ihres „Meeresblicks" von sichtbaren, küstenfernen Anlagen in der AWZ aus Art. 28 Abs. 2 GG oder dem seevölkerrechtlichen Verschmutzungsverbot[41] wird richtigerweise ebenfalls abgelehnt[42]; ebenso ein Schutznormcharakter des Abwägungsbelangs der Sicherheit und Leichtigkeit des (Schiffs-)Verkehrs[43]. Schließlich findet auch das baunachbarrechtliche Rücksichtnahmegebot[44] auf den Anlagenbau in der AWZ keine Anwendung.[45] Soweit im Wirkungsbereich der Anlagen ausnahmsweise grundrechtlich geschützte[46] Gewinnungsrechte aus bergrechtlichen Erlaubnissen oder Bewilligungen (§§ 7, 8 BBergG) bestehen sollten, werden jene durch eine Zulassung nach § 66 Abs. 1 WindSeeG dagegen regelmäßig nicht berührt sein; denn ihre Ausübbarkeit steht nach der Rechtsprechung von Vornherein unter dem Vorbehalt anderweitiger Gebietsnutzungen[47].

Als die Klagebefugnis begründendes subjektives Recht Dritter wird damit regelmäßig nur das Recht auf gerechte Abwägung[48] der eigenen Belange in

---

[39] Eingehend zur Problematik des eingeschränkten Drittrechtsschutzes in der AWZ bereits *Pestke*, Offshore-Windfarmen in der ausschließlichen Wirtschaftszone, 2008, S. 181 ff.; *Keller*, ZUR 2005, 184. Ein diesbezüglicher Rechtsprechungswandel war seither nicht zu verzeichnen.

[40] S. BVerfG, Beschl. v. 26.04.2010 – 2 BvR 2179/04 – NVwZ-RR 2012, 555 (insbes. 556 f.); BVerwG, Urt. v. 01.12.1982 – 7 C 111/81 –, NVwZ 1983, 151 (Dünnsäure); zust. *Wemzio/Ramin*, NuR 2011, 189 (193 f.); kritisch *Pestke*, Offshore-Windfarmen in der ausschließlichen Wirtschaftszone, 2008, S. 182 ff.

[41] S. bereits oben Kapitel 2 V. 3. b) dd) (3).

[42] OVG Hamburg, Beschl. v. 15.09.2004 – 1 Bf 128/04 –, NVwZ 2005, 347; ebenso zur Antragsbefugnis einer Gemeinde gegen die Ausweisung eines marinen Vorranggebietes für Windenergie im Küstenmeer OVG Greifswald, Beschl. v. 26.06.2019 – 3 KM 83/17 –, ZNER 2019, 492 (493 f.).

[43] OVG Hamburg, Beschl. v. 30.09.2004 – 1 Bf 162/04 –, ZUR 2005, 208 (208 f.); zust. *Keller*, ZUR 2005, 184 (189).

[44] Hierzu *Siegel*, in: Siegel/Waldhoff, Öffentliches Recht in Berlin, 3. Aufl. 2020, § 4 Rn. 138 f.

[45] VG Hamburg, Urt. v. 19.06.2009 – 19 K 1782/08 – juris-Rn. 51.

[46] Zum Schutz von Bergbauberechtigungen durch Art. 14 Abs. 1 GG s. BVerwG, Urt. v. 23.05.2023 – 4 C 1/22 – juris-Rn. 16 m. w. N.

[47] S. BGH, Urt. v. 14. 04. 2011 – III ZR 30/10 – NVwZ 2011, 1081 (1082). Diese Wertung hat auch der Gesetzgeber aufgegriffen und ausdrücklich klargestellt, dass Aufsuchungserlaubnisse und Bewilligungen gerade keine „vorrangige[n] bergrechtliche[n] Aktivitäten" i. S. d. § 69 Abs. 3 S. 1 Nr. 4 WindSeeG begründen, s. BT-Drs. 18/8860, S. 311.

[48] Zu diesem etwa *Riese*, in: Schoch/Schneider, Verwaltungsrecht, § 114 VwGO Rn. 205 ff.

Betracht kommen. Daneben können Drittrechtsbehelfe – neben dem ausnahmsweise denkbaren Sonderfall des verwaltungsprozessualen „Organstreits"[49] im Hinblick auf Belange des Bundes selbst[50] – vor allem in Fällen des umweltrechtlichen Verbandsrechtsschutzes zulässig sein.[51] Letzterem lässt sich im Offshore-Bereich also eine noch höhere praktische Bedeutung für die Sicherstellung der umweltrechtlichen Konformität von Vorhaben attestieren, als dies allgemein schon der Fall ist[52].

b) Ergänzende Maßnahmen des Gesetzes zur Beschleunigung von verwaltungsgerichtlichen Verfahren im Infrastrukturbereich

Als weitere Besonderheit gilt im Rahmen der oben genannten Rechtsbehelfe zu beachten, dass die streitgegenständlichen Zulassungsentscheidungen nach § 66 Abs. 1 WindSeeG nicht nur dem Anwendungsbereich des § 43e Abs. 1 bis 3 EnWG unterfallen (§ 76 Abs. 2 WindSeeG), sondern auch von den Maßnahmen des Gesetzes zur Beschleunigung von Verwaltungsgerichtsverfahren im Infrastrukturbereich[53] vom März 2023[54] betroffen sind. Mit § 43e Abs. 1 S. 1 EnWG wird insbesondere die aufschiebende Wirkung der Anfechtungsklage gegen Planfeststellungsbeschlüsse und Plangenehmigungen ausgeschlossen. Vor allem aber ist im Hinblick auf den Eilrechtsschutz nach §§ 80, 80a VwGO ein besonderer gerichtlicher Entscheidungsmaßstab zu beachten, der sämtliche Infrastrukturvorhaben nach § 48 Abs. 1 S. 1 Nrn. 3 bis 15 und § 50 Abs. 1 Nr. 6 VwGO umfasst (§ 80c VwGO n. F.)[55]. Zudem gelten die präklusionsbewehrte Klagebegründungsfrist des § 43e Abs. 3 EnWG n. F. und ein spezielles Vorrang- und Beschleunigungsgebot (§ 87c VwGO n. F.). Insoweit bleibt abzu

---

[49] S. zu solchen intrapersonalen Streitigkeiten und subjektiven öffentlichen Rechten innerhalb eines Rechtsträgers *Hartwig/Himstedt/Eisentraut*, DÖV 2018, 901 (903, 906).

[50] S. zur Einklagbarkeit der Rechte der Bundeswehr auf die Funktionalitätserhaltung militärischer Übungsgebiete aus Art. 87a GG (hier gegen das im Küstenmeer zuständige Land) OVG Greifswald Urt. v. 22.03.2012 – 5 K 6/10 –, juris-Rn. 91 ff. (LS in NVwZ-RR 2012, 884).

[51] Eingehend zur Zulässigkeit von Verbandsrechtsbehelfen nach dem UmwRG etwa *Guckelberger*, in: Frenz/Müggenborg, BNatSchG, Nach § 64 Rn. 1 ff.; zur naturschutzrechtlichen Vereinigungsklage *Heselhaus* a. a. O, § 65 Rn. 1 ff. Zur Verbandsklagebefugnis im Hinblick auf Untersagungsverfügungen des BSH jüngst BVerwG, Urt. v. 29.04.2021 – 4 C 2/19 – NVwZ 2021, 1630 (1632 f.); OVG Hamburg, Urt. v. 08.04.2019 – 1 Bf 200/15 –, ZUR 2019, 618.

[52] Zur tatsächlichen Bedeutung der Verbandsklage in der Gerichts- und Verwaltungspraxis *Fellenberg/Schiller*, in: Landmann/Rohmer, Vorbem. UmwRG Rn. 8 ff.

[53] Weiterführend zum Ganzen *Bier/Bick*, NVwZ 2023, 457; *Scheffczyk*, NordÖR 2023, 177.

[54] Gesetz v. 14.03.2023 (BGBl. I Nr. 71).

[55] Eingehend hierzu *Siegel*, NVwZ 2023, 462; *Wysk*, Stellungnahme zum Entwurf eines Gesetzes zur Beschleunigung von verwaltungsgerichtlichen Verfahren im Infrastrukturbereich, 2023, S. 2 ff.

warten, ob die Neuregelungen die mit ihnen intendierten Beschleunigungseffekte tatsächlich herbeiführen können und die bestehenden Ansätze der Prozesskonzentration im Infrastrukturbereich – s. o. – auf diese Weise sinnvoll zu ergänzen vermögen.

II. Rechtsschutz unterlegener Bieter im Beschwerdeverfahren

Für die im Ausschreibungsverfahren unterlegenen Bieter erlangt dagegen die Frage nach Rechtsbehelfen gegen den Zuschlag erhebliche praktische Bedeutung. Dabei ist die Durchsetzbarkeit von Konkurrentenansprüchen umso dringlicher, als die Bieter im Rahmen der Offshore-Ausschreibungen nicht „nur" – wie im landseitigen Regulierungsmodell – um Fördermittel konkurrieren; vielmehr geht es auch um den konkreten Projektstandort einschließlich des zugehörigen Netzanschlusses, indem der Zuschlag seinem Inhaber einen territorialen „Claim"[56] auf jenen sichert. Wurden Standortkollisionen verschiedener Projektpläne zuvor nach Maßgabe des ehemaligen § 3 SeeAnlV[57] aufgelöst, übernimmt diese räumliche Zuweisungsfunktion also nunmehr der Zuschlag.[58]

Da ein außergerichtliches Widerspruchs- oder Nachprüfungsverfahren nicht vorgesehen ist[59], steht rechtsschutzsuchenden Bietern insbesondere das gerichtliche Beschwerdeverfahren zur Verfügung[60], auf welches nachfolgend schwerpunktmäßig eingegangen wird. Infolge des Beihilfecharakters der Marktprämie[61] können Bietern für nicht voruntersuchte Flächen zudem allgemein diejenigen Rechtsbehelfe zur Verfügung stehen, die das Unionsrecht für den Fall einer Verletzung des Notifikationsverfahrens bereithält.[62]

---

[56] Vgl. terminologisch etwa *Dahlke/Trümpler*, in: Böttcher, Handbuch Offshore-Windenergie, 2013, S. 95.

[57] Zu diesem *Durner*, ZUR 2022, 3 (4); zum ehem. § 3 SeeAnlV auch *Büllesfeld/Koch/v. Stackelberg*, ZUR 2012, 274 (276 f.); *Spieth/Uibeleisen*, NVwZ 2012, 321 (324); *Zabel*, NordÖR 2012, 263 (265 f.).

[58] Vgl. auch *Spieth*, in: Ders./Lutz-Bachmann, Offshore-Windenergierecht, § 47 WindSeeG Rn. 3.

[59] *Hilzinger*, in: Baur/Salje/Schmidt-Preuß, Regulierung in der Energiewirtschaft, 2. Aufl. 2016, Kap. 56 Rn. 24. Auch die Verwaltungsaktsqualität des Zuschlags begründet nicht per se ein Vorverfahrenserfordernis, s. *Kallerhoff/Keller*, in: Stelkens/Bonk/Sachs, VwVfG, § 79 Rn. 29.

[60] Zum Rechtsbeschwerdeverfahren in zweiter Instanz ausführlich *Peters*, Rechtsschutz Dritter im Rahmen des EnWG, 2008, S. 184 ff.

[61] Eingehend *Ertel*, Europarechtliche und verfassungsrechtliche Grenzen bei der Förderung von Offshore-Windenergie, 2020, S. 75 ff.; *Steingrüber*, Die geförderte ausschreibungsbasierte Direktvermarktung nach dem EEG 2021, 2021, S. 245 ff.

[62] Weiterführend *Maslaton/Urbanek*, ER 2017, 15 (20 f.); allgemein zum beihilferechtlichen Konkurrentenrechtsschutz *Ziekow*, Öffentliches Wirtschaftsrecht, 5. Aufl. 2020, § 6 Rn. 131 ff.

1. Entsprechende Geltung des achten Teils EnWG

Dabei richtet sich der nationalrechtliche Rechtsschutz unterlegener Bieter im Ausgangspunkt nach Teil 8 EnWG (§ 103 Abs. 1 WindSeeG). Somit sind entsprechende Konkurrentenstreitigkeiten, gleichwohl die Zuschläge nach §§ 24, 55 WindSeeG als Verwaltungsakte qualifiziert werden müssen (§ 3 Nr. 50a EEG), infolge der abdrängenden Sonderzuweisung des § 75 Abs. 4 S. 1 EnWG den ordentlichen Gerichten zugewiesen. Folge dessen ist zum einen, dass sich die im Energierecht generell vieldiskutierte „Rechtswegspaltung"[63] auch auf den Bereich der Offshore-Windenergie erstreckt; zum anderen scheint der „eigentlich verwaltungsrechtliche"[64] Charakter entsprechender Streitigkeiten in verschiedenen Verfahrensaspekten durch, so etwa in der Geltung des Untersuchungsgrundsatzes (§ 78 Abs. 1 WindSeeG i. V. m. § 82 Abs. 1 EnWG)[65] oder den in der Praxis anerkannten Beschwerdearten. In kompetenzieller Hinsicht begründet die Verweisung in § 103 Abs. 1 WindSeeG über die §§ 75 Abs. 4 S. 1, 108 EnWG eine ausschließliche Zuständigkeit des Oberlandesgerichts Düsseldorf[66], wobei die funktionelle Zuständigkeit bei den Kartellsenaten liegt (§ 106 Abs. 1 EnWG).[67]

2. Statthafter Rechtsbehelf und Verortung im System der Konkurrentenklagen

Hinsichtlich der Rechtsschutzform verweist § 75 EnWG auf die Beschwerde. Diese wurde als spezifischer Rechtsbehelf gegen regulierungsbehördliche Entscheidungen in Anlehnung an das Verwaltungsprozessrecht fortentwickelt kommt somit insbesondere in den „Grundformen" der Anfechtungs- und Verpflichtungsbeschwerde gem. § 75 Abs. 1 EnWG vor.[68] Deren Einschlägigkeit hängt mitunter von der vorliegenden Art der Konkurrentenklage ab – hierzu a) –, worin sich Abweichungen insbesondere vom Rechtsschutzmodell für Windenergie an Land zeigen – b).

---

[63] Hierzu etwa *Schütte*, EnWZ 2020, 398 ff.; *Franke*, DV 49 (2016), 25 (25, 51 f.); *Schoch*, VBlBW 2013, 361 (362); *Gärditz*, DV (43) 2010, 309 (322); *Eder/de Wyl/Becker*, ZNER 2004, 3 (10); *Kresse/Vogl*, WiVerwR 2016, 275 (275).

[64] So *Boos*, in: Theobald/Kühling, Vorbem. §§ 75–85 EnWG, Rn. 5.

[65] Eingehend zu dessen Inhalt und Folgen *Hilzinger*, in: Baur/Salje/Schmidt-Preuß, Regulierung in der Energiewirtschaft, 2. Aufl. 2016, Kap. 58 Rn. 2 ff.

[66] S. insoweit § 106 Abs. 2 EnWG i. V. m. § 92 GWB i. V. m. § 2 Kartellgerichte-Bildungs VO NRW.

[67] *Hilzinger*, in: Baur/Salje/Schmidt-Preuß, Regulierung in der Energiewirtschaft, 2. Aufl. 2016, Kap. 56 Rn. 22.

[68] *Hilzinger*, in: Baur/Salje/Schmidt-Preuß, Regulierung in der Energiewirtschaft, 2. Aufl. 2016, Kap. 56 Rn. 1, 9 ff., 22.

a) *Einordnung als Konkurrentenverdrängungsklage*

Überträgt man auf die Beschwerde (auch) die verwaltungsprozessuale Dogmatik, die sich speziell im Hinblick auf Konkurrentenstreitigkeiten herausgebildet hat[69], gilt es im Ausgangspunkt zwischen sog. negativen und positiven Konkurrentenrechtsbehelfen zu differenzieren: Während sich erstere auf die Beseitigung einer Begünstigung richtet, die einem Konkurrenten des Beschwerdeführers oder Klägers erteilt wurde, wird mit letzterer gerade die eigene Begünstigung begehrt.[70] Weiter unterscheidet insbesondere das Wirtschaftsverwaltungsrecht zwischen sog. „echten" und „unechten" Konkurrentenklagen je nachdem, ob die angestrebte Begünstigung einem begrenzten Kontingent unterliegt (echte Konkurrenzsituation) oder prinzipiell alle Bewerber – bzw. Bieter oder Antragsteller – bedient werden könnten (unechte Konkurrenzsituation).[71] Im erstgenannten Fall einer Kontingentierung, so etwa von Fördermitteln, kann es wiederum zur speziellen Situation der „Mitbewerber-" oder „Konkurrentenverdrängungsklage" kommen, in deren Rahmen der Kläger eine bestimmte Begünstigung gerade anstelle eines Dritten begehrt.[72] Für diesen Fall ist verwaltungsprozessual ungeklärt, ob der Kläger mittels einer Kombination aus Anfechtungs- und Verpflichtungsklage im Wege der Stufenklage gem. § 113 Abs. 4 VwGO[73] vorgehen muss[74], oder ob er sich jedenfalls in bestimmten Fällen auf die Erhebung einer Verpflichtungsklage, dies ggf. in Form der Bescheidungsklage[75], beschränken darf[76].

Ordnet man die Situation, dass ein im Ausschreibungsverfahren nach Teil 3 WindSeeG unterlegener Bieter den an seinen Konkurrenten erteilten Zuschlag für rechtswidrig hält und letzteren stattdessen für sich selbst begehrt, in die eben vorgestellte Systematik ein, so ergibt sich aus der Kontingentierung der Erzeugungsflächen nach Maßgabe des Flächenentwicklungsplans zunächst der Fall einer „echten" Konkurrentenklage, die zugleich „positiven" als auch „negativen" Charakters ist, weil der Weg für einen eigenen Zuschlag des Beschwerdeführers erst durch die Beseitigung des (vermeintlich) rechtswidrigen

---

[69] So auch *Siegel*, IR 2017, 122 (123 f.); *Huerkamp/Lutz-Bachmann*, in: Spieth/Lutz-Bachmann, Offshore-Windenergierecht, § 72 WindSeeG Rn. 13.

[70] S. etwa *Ziekow*, Öffentliches Wirtschaftsrecht, 5. Aufl. 2020, § 6 Rn. 128 f.

[71] *Siegel*, IR 2017, 122 (123) m. w. N.

[72] *Rennert*, DVBl. 2009, 1333.

[73] *R. P. Schenke*, in: Kopp/Schenke, VwGO, § 42 Rn. 48.

[74] Hierzu *Pietzcker/Marsch*, in: Schoch/Schneider, Verwaltungsrecht, § 42 Abs. 1 VwGO Rn. 145; *R. P. Schenke*, in: Kopp/Schenke, VwGO, 27. Aufl. 2021, § 42 Rn. 48; *Ehlers*, Jura 2012, 849 (856), jeweils m. w. N.

[75] Zu diesem Aspekt *Rennert*, DVBl 2009, 1333 (1340).

[76] So BVerwG, Urt. v. 07.10.1988 – 7 C 65/87 –, BVerwGE 80, 270 (272 f.). Indessen sollen entsprechende Drittanfechtungsklagen, wenngleich sie nicht zwingend sind, jedenfalls zulässig sein, s. BVerwG, Urt. v. 26.01.2011 – 6 C 2/10 – NVwZ 2011, 613 (614); Urt. v. 23.08.1994 – 1 C 19/91 – NVwZ 1995, 478.

Zuschlags und seiner „Reservierungswirkung"[77] im Hinblick auf die Fläche bereitet wird. Insofern handelt es sich um den geschilderten Typus einer Konkurrentenverdrängungsklage, was die Frage aufwirft, ob der unterlegene Bieter zusätzlich zu einer Verpflichtungsbeschwerde im Wege der (Dritt-)Anfechtungsbeschwerde gegen den bestehenden Zuschlag vorzugehen hat. Hierbei führt die Erwägung, dass die infolge des Zuschlags „besetzte" Fläche zunächst „geräumt" werden müsse[78], als solche noch nicht zwingend zur Notwendigkeit einer Anfechtungsbeschwerde, da auch die Bundesnetzagentur selbst den rechtswidrigen Zuschlag zurücknehmen und entwerten (§ 48 VwVfG, § 35 Abs. 1 Nr. 3 EEG) und auf diese Weise der rechtlichen Unmöglichkeit des Verpflichtungsbegehrens abhelfen könnte.[79] Speziell für die Ausschreibungen im zentralen Modell muss jedoch auch der Umstand Beachtung finden, dass je Fläche lediglich ein einziger Bieter bezuschlagt wird, dessen Name einschließlich weiterer Identifikationsdaten wie der Zuschlagsnummer durch die Bundesnetzagentur öffentlich bekanntgemacht wird (§ 15 Abs. 1 WindSeeG i. V. m. § 35 Abs. 1 Nr. 2 EEG). Der Beschwerdeführer wird insoweit durchaus zu einem hinreichend bestimmten Anfechtungsantrag befähigt, sodass die für das BVerwG teils maßgebliche Befürchtung, dem erfolglosen Bewerber werde durch das Anfechtungserfordernis bei einer Vielzahl unbekannter Mitbewerber der Rechtsweg vor Art. 19 Abs. 4 GG unzumutbar erschwert[80], hier jedenfalls nicht zutrifft.[81] Vielmehr verhindert die Anfechtung eines zu Unrecht erteilten Zuschlags, dass dieser in formelle Bestandskraft erwächst, und bietet gegenüber einem „Verlass" auf die behördliche Rücknahme effektiveren Rechtsschutz. Denn es ist nicht auszuschließen, dass letzterer ausnahmsweise materiell-rechtliche Gründe wie der Vertrauensschutz des bezuschlagten Bieters entgegenstehen[82]. Somit ging wohl auch der Gesetzgeber von der Möglichkeit einer Anfechtungsbeschwerde aus und hat diese für das Ausschreibungsmodell des EEG schließlich gezielt ausgeschlossen (zum entsprechenden § 83a EEG sogleich).[83] Mithin empfiehlt sich für unterlegene Bieter in jedem Fall ein kom-

---

[77] *Huerkamp/Lutz-Bachmann*, in: Spieth/Lutz-Bachmann, Offshore-Windenergierecht, § 72 WindSeeG Rn. 11.

[78] So BT-Drs. 18/8860, S. 329.

[79] Vgl. BVerwG, Urt. v. 07.10.1988 – 7 C 65/87 –, BVerwGE 80, 270 (273).

[80] BVerwG, Urt. v. 07.10.1988 – 7 C 65/87 –, BVerwGE 80, 270 (273).

[81] Vergleichbar differenziert auch *R. P. Schenke*, in: Kopp/Schenke, VwGO, § 42 Rn. 48: „Die Erhebung der Anfechtungsklage ist nur in den (seltenen) Fällen unentbehrlich, in welchen dem Übergangenen die den Begünstigten ggü. ergangenen Verwaltungsakte mitgeteilt werden."

[82] *Pietzcker/Marsch*, in: Schoch/Schneider, Verwaltungsrecht, § 42 Abs. 1 VwGO Rn. 145. Die teils beihilferechtliche Prägung des Ausschreibungsverfahrens lässt dies zwar unwahrscheinlich, aber nicht ausgeschlossen erscheinen.

[83] Vgl. BT-Drs. 18/8860, S. 249, 329: Der unterlegene Bieter könne „sein Begehr (selbst auf der Fläche Windenergieanlagen zu errichten und den darin erzeugten Strom ins Netz

biniertes Vorgehen aus Drittanfechtungs- und Verpflichtungsbeschwerde[84]; denn auch die Rechtsprechung erachtet eine Anfechtung in solchen Fällen, wenngleich sie nicht zwingend sei, jedenfalls als zulässig[85].

b) *Unterschiede zum Rechtsschutzmodell für Windenergie an Land*

Weiteren Aufschluss über die systematische Verortung des so gestalteten Konkurrentenschutzes kann ein Vergleich mit dem Rechtsschutzsystem für Ausschreibungen für Windenergieanlagen an Land nach §§ 28 ff., 36 ff. EEG geben. Jenes ist nämlich durch die Sondervorschrift des § 83a EEG geprägt, die für Offshore-Ausschreibungen im zentralen Modell keine Geltung erlangt.[86] Insbesondere sind mit § 83a Abs. 2 S. 1 EEG Drittanfechtungsbeschwerden gegen etwaige rechtsfehlerhaft erteilte Zuschläge, mithin sog. negative Konkurrentenklagen, explizit ausgeschlossen; zudem beschränkt § 83a Abs. 1 S. 1 EEG den Rechtsschutz des unterlegenen Bieters letztlich auf die Verpflichtungsbeschwerde in Form einer auf Zuschlagserteilung gerichteten Vornahmebeschwerde[87], was nach der oben vorgestellten Dogmatik der „positiven" Konkurrentenklage entspricht.[88]

Die Möglichkeit der Aufhebung eines rechtsfehlerhaft erteilten Zuschlags bleibt somit dem Ermessen der Bundesnetzagentur nach Maßgabe der §§ 48 f. VwVfG (vgl. § 35a Abs. 1 Nr. 3 EEG) überlassen.[89] Anders als im Anwendungsbereich des WindSeeG hängt der Erfolg des Verpflichtungsbegehrens jedoch auch nicht von der Rücknahme eines anderweitigen Zuschlags ab: Vielmehr wird dem Beschwerdeführer im Falle des Obsiegens ein entsprechender Zuschlag über das Ausschreibungsvolumen hinaus erteilt (§ 83a Abs. 1 S. 3 EEG), d. h. es werden gleichsam beide Konkurrenten „bedient". Wenngleich also in materiell-rechtlicher Hinsicht eine Kontingentierung der Fördermittel besteht (§ 25 Abs. 2 S. 1 EEG), wird jene letztlich im Klagefall, also auf prozessualer Ebene, durchbrochen. Folglich handelt es sich bei der Verpflich-

---

einspeisen zu können) nur erreichen, wenn diese wieder „geräumt" werden – und das dafür allgemein anerkannte [prozessuale] Instrumentarium kann verwendet werden."

[84] So auch *Huerkamp/Lutz-Bachmann*, in: Spieth/Lutz-Bachmann, Offshore-Windenergierecht, § 72 WindSeeG Rn. 15 f., schon „aus anwaltlicher Vorsicht".

[85] BVerwG, Urt. v. 07.10.1988 – 7 C 65/87 –, BVerwGE 80, 270 (273); Urt. v. 26.01.2011 – 6 C 2/10 – NVwZ 2011, 613 (614); Urt. v. 23.08.1994 – 1 C 19/91 – NVwZ 1995, 478.

[86] Im Übergangsregime für bestehende Anlagen fand § 83a EEG indes noch entsprechende Anwendung (s. § 72 WindSeeG).

[87] Zur Terminologie *Lange*, in: Schneider/Theobald, Recht der Energiewirtschaft, 5. Aufl. 2021, § 22 Rn. 17; der aus dem Verwaltungsprozessrecht entlehnte Begriff ist im Rahmen des regulierungsrechtlichen Rechtsschutzes indes weit weniger gebräuchlich.

[88] *Siegel*, IR 2017, 122 (123 f.); einen entsprechenden Fall behandelt OLG Düsseldorf, Beschl. v. 05.09.2018 – VI-3 Kart 80/17 (V), 3 Kart 80/17 (V) – RdE 2019, 71.

[89] *Maslaton/Urbanek*, ER 2017, 15 (16); vgl. auch OLG Düsseldorf, Beschl. v. 05.09.2018 – VI-3 Kart 80/17 (V), 3 Kart 80/17 (V) – RdE 2019, 71 (73).

tungsbeschwerde nach § 83a Abs. 1 S. 1 EEG um einen Fall der „unechten"
Konkurrentenklage[90], die der echten Konkurrenzsituation um Offshore-Flä-
chen im zentralen Modell gegenübersteht. Bedenkt man, dass die mit § 83a
Abs. 1 S. 3 EEG verbundene Überschreitung des Fördervolumens nicht etwa –
wie nach § 18 Abs. 2 WindSeeG a. F.[91] – durch dessen Reduzierung im nachfolgenden Kalenderjahr kompensiert wird[92,] kann diese Rechtsschutzgestal-
tung jedenfalls potenziell[93] dazu führen, dass der gesetzliche Ausbaupfad nicht
(strikt) eingehalten, sondern in einzelnen Jahren überschritten wird.

Hinter der Vorschrift des § 83a EEG stand vor allem die Intention des Gesetzgebers, etwaigen Projektverzögerungen durch langwierige gerichtliche
Konkurrentenstreitverfahren vorzubeugen.[94] Ein vergleichbares Beschleuni-
gungs- und Rechtssicherheitsbedürfnis ließe sich zwar auch für Offshore-
Windparkprojekte ins Feld führen, zumal die Investitionssummen hier typischerweise höher sind. Gleichwohl hielt der Gesetzgeber eine entsprechende
Rechtsschutzbeschränkung hier schon deshalb für ausgeschlossen, weil infolge
der Flächenbindung des Zuschlags letztlich keine Option bestehe, beide Bieter
zu bezuschlagen.[95] Dieser Schluss verfängt wegen der grundsätzlichen Möglichkeit der Bundesnetzagentur, rechtswidrig erteilte Zuschläge selbst zurück-
zunehmen, zwar nicht zur Gänze; aus rechtsstaatlicher Sicht ist die gesetzgeberische Entscheidung dennoch zu begrüßen. Denn wenngleich § 83a EEG in
seinem unmittelbaren Anwendungsbereich mit dem verfassungsrechtlichen
Gebot effektiven Rechtsschutzes vereinbar sein mag[96], kann der gesetzliche
Ausschluss der Anfechtungsbeschwerde im Offshore-Bereich unter Umständen[97] durchaus auf einen gänzlichen Ausschluss des Primärrechtsschutzes für
den unterlegenen Bieter hinauslaufen. Ein solcher aber unterliegt vor dem Hintergrund des Art. 19 Abs. 4 GG[98] strengen verfassungsrechtlichen (Rechtferti-
gungs-)Anforderungen und kann allenfalls ausnahmsweise zulässig sein.[99]

---

[90] So bereits *Siegel*, IR 2017, 122 (123).

[91] S. die bis zum 09.12.2020 gültige Fassung, geänd. m. G. v. 03.12.2020 (BGBl. I S.
2682).

[92] Hierzu *Siegel*, IR 2017, 122 (123).

[93] Aktuell steht dies indes nicht zu befürchten, da die Onshore-Ausschreibungen in den
letzten Jahren vielmehr unterzeichnet waren, s. näher Kapitel 5 II.

[94] BT-Drs. 18/8860, S. 249.

[95] Vgl. BT-Drs. 18/8860, S. 329.

[96] *Siegel*, IR 2017, 122 (124); kritisch in Hinblick auf die Parallelregelung im ehemaligen
§ 39 Abs. 2 S. 2 FFAV *Huerkamp*, EnWZ 2015, 195 (199 f.).

[97] D. h. zumindest in allen Fällen, in denen keine Aufhebung des rechtswidrig erteilten
Zuschlags durch die Bundesnetzagentur selbst erfolgt.

[98] Zum damit vorausgesetzten subjektiven öffentlichen Recht des Bieters sogleich u.
3. b).

[99] Weiterführend und m. w. N. *Siegel*, DÖV 2007, 237 (240 f.).

3. Beschwerdebefugnis unterlegener Bieter

Während für die Mehrzahl der Sachentscheidungsvoraussetzungen der Anfechtungs- und Verpflichtungsbeschwerde gegen Zuschläge nach §§ 24, 55 WindSeeG die allgemeinen Regelungen der §§ 75 ff. EnWG eingreifen, sodass insoweit auf die einschlägige Literatur verwiesen sei[100], bedarf die Frage nach der Beschwerdebefugnis rechtswidrig übergangener Bieter spezifischer Betrachtungen. Denn nicht nur steht die Beschwerde ausschließlich „den am Verfahren vor der Regulierungsbehörde Beteiligten" zu (§ 75 Abs. 2 EnWG); auch setzt ihre Zulässigkeit als ungeschriebenes Erfordernis eine Beschwer des Beschwerdeführers voraus, die als besondere Ausprägung des Rechtsschutzinteresses verstanden wird.[101]

Als Beschwerdeberechtigung[102] oder „formalisiertes"[103] Element der Beschwerdebefugnis verlangt zunächst § 75 Abs. 2 EnWG, dass der Beschwerdeführer im betreffenden Verwaltungsverfahren vor der Bundesnetzagentur Beteiligtenstatus innehatte. Ein solcher ergibt sich für unterlegene Bieter im Ausschreibungsverfahren nach Teil 3 Abschnitt 2 und 5 WindSeeG bereits aus ihrem Status als Zuschlagsadressaten gem. § 66 Abs. 2 Nr. 2 EnWG oder, soweit man in der Gebotsabgabe einen „Antrag" auf Zuschlagserteilung sehen will[104], aus § 66 Abs. 2 Nr. 1 EnWG. Jedenfalls handelt es sich bei den nicht bezuschlagten Bietern keineswegs um dritte und damit lediglich „kollateral" betroffene[105] Nichtadressaten[106] im Sinne des § 66 Abs. 2 Nr. 3 EnWG, sodass es für die Beschwerdeberechtigung auf deren Beiladung ankäme[107]. Vielmehr sind im multipolaren Rechtsverhältnis zwischen Staat und Bietern im Rahmen der Flächenausschreibungen die unterlegenen Bieter stets Mitadressaten des

---

[100] Weiterführend insoweit *Peters*, Rechtsschutz Dritter im Rahmen des EnWG, 2008, S. 158 ff.; *Hilzinger*, in: Baur/Salje/Schmidt-Preuß, Regulierung in der Energiewirtschaft, 2. Aufl. 2016, Kap. 56 Rn. 22 ff.

[101] *Peters*, Rechtsschutz Dritter im Rahmen des EnWG, 2008, S. 160 ff.; *Hilzinger*, in: Baur/Salje/Schmidt-Preuß, Regulierung in der Energiewirtschaft, 2. Aufl. 2016, Kap. 56 Rn. 37, 43.

[102] BGH, Beschl. v. 25.09.2007 – KVR 25/06 – NJW-RR 2008, 425 (427); *Boos*, in: Theobald/Kühling, Energierecht, § 75 EnWG Rn. 39.

[103] Vgl. *Peters*, Rechtsschutz Dritter im Rahmen des EnWG, 2008, S. 160; *Schmidt*, in: Immenga/Mestmäcker, Wettbewerbsrecht, § 63 GWB Rn. 21. Unschädlich ist hierfür, wenn das Verfahren im Zeitpunkt der Beschwerdeerhebung bereits beendet ist, s. BGH, Beschl. v. 25.09.2007 – KVR 25/06 – NJW-RR 2008, 425 zur Beschwerde im Rahmen des GWB.

[104] Der Wortlaut des § 66 Abs. 2 EnWG passt insgesamt wenig auf die multilateral gestalteten Ausschreibungsverfahren zur Förderung erneuerbarer Energien.

[105] Vgl. *Geis*, in: Schoch/Schneider, Verwaltungsrecht, § 13 VwVfG Rn. 17.

[106] Vgl. terminologisch *Schaub-Englert*, Rechtsschutz gegen privatrechtsgestaltende Verwaltungsakte im Regulierungsrecht, 2020, S. 124 f., 129.

[107] Hierzu im Rahmen des GWB *Säcker/Boesche*, ZNER 2003, 76 (81 ff.); zur Beschwerdebefugnis Dritter bei rechtswidrig unterbliebener Beiladung etwa *Günther/Brucker*, NVwZ 2015, 1735 (1736 ff.).

Zuschlags, welcher – vergleichbar der Auswahlentscheidung im beamtenrecht-lichen Konkurrentenstreit – eine an alle Konkurrenten gerichtete „einheitliche Auswahlentscheidung" darstellt.[108] Im Rahmen solcher mehrpoliger Verwal-tungsrechtsverhältnisse ist es für die Adressateneigenschaft der Mitbewerber unschädlich, dass derselbe Verwaltungsakt für diese jeweils unterschiedliche Regelungen beinhaltet, mithin als „Bewilligungsbescheid"[109] für den Bezu-schlagten und gleichzeitig als Versagungsbescheid für die unterlegenen Kon-kurrenten wirkt[110].

Indessen wird die Beschwerdeberechtigung des Beschwerdeführers über-wiegend[111] zwar als notwendiges, jedoch nicht hinreichendes Zulässigkeitskri-terium verstanden. Vielmehr muss jener sein berechtigtes Rechtsschutzinte-resse zusätzlich durch Geltendmachung einer formellen wie materiellen Be-schwer darlegen. Von einer formellen Beschwer wird dabei ausgegangen, so-weit die streitgegenständliche Behördenentscheidung hinter dem Ziel zurück-bleibt, mit welchem sich der Beschwerdeführer am Verwaltungsverfahren be-teiligt hat.[112] Da sich die Bieter eines Ausschreibungsverfahrens nach Teil 3 WindSeeG an diesem stets mit dem Ziel beteiligen werden, den Zuschlag für die betreffende Fläche zu erlangen, ist deren formelle Beschwer offensichtlich gegeben, wenn stattdessen ein Konkurrent bezuschlagt wird.

Komplexer verhält es sich indessen mit der materiellen Beschwer. Für diese ist grundsätzlich die unmittelbare Betroffenheit des Beschwerdeführers in ei-genen, nicht unerheblichen wirtschaftlichen Interessen ausreichend[113]; nicht erforderlich ist die Verletzung eines subjektiven öffentlichen Rechts, wie sie im Rahmen des § 42 Abs. 2 VwGO gefordert wird[114]. Speziell für die hier be-deutsame Verpflichtungsbeschwerde gelten insofern aber Modifikationen. Denn der Wortlaut des § 75 Abs. 3 S. 1 HS. 1 EnWG verlangt ausdrücklich, dass der Beschwerdeführer im Hinblick auf die begehrte Verwaltungshandlung

---

[108] Vgl. *Schaub-Englert*, Rechtsschutz gegen privatrechtsgestaltende Verwaltungsakte im Regulierungsrecht, 2020, S. 129 f.; *Burghardt*, Verwaltungsprozessuale Defizite der Rechts-schutzpraxis im Konkurrentenstreit, 2020, S. 128.

[109] Der subventionsrechtlich geprägte Begriff trifft jedenfalls im Hinblick auf die förder-rechtliche Komponente des Zuschlags gem. § 24 Abs. 1 Nr. 2 WindSeeG zu.

[110] Vgl. *Burghardt*, Verwaltungsprozessuale Defizite der Rechtsschutzpraxis im Konkur-rentenstreit, 2020, S. 128.

[111] Umfassende Nachweise im Hinblick auf die materielle Beschwer bei *Schmidt*, in: Im-menga/Mestmäcker, Wettbewerbsrecht, § 63 GWB Rn. 27.

[112] *Hilzinger*, in: Baur/Salje/Schmidt-Preuß, Regulierung in der Energiewirtschaft, 2. Aufl. 2016, Kap. 56 Rn. 44; vgl. auch *Peters*, Rechtsschutz Dritter im Rahmen des EnWG, 2008, S. 167.

[113] BGH, Beschl. v. 09.07.2019 – EnVR 5/18 – EnWZ 2019, 403 (404) m. w. N.; OLG Düsseldorf, Beschl. v. 10.01.2018 – VI-3 Kart 1202/16 (V) –, RdE 2018, 365.

[114] S. BGH, Beschl. v. 09.07.2019 – EnVR 5/18 – EnWZ 2019, 403 (404); *Hilzinger*, in: Baur/Salje/Schmidt-Preuß, Regulierung in der Energiewirtschaft, 2. Aufl. 2016, Kap. 56 Rn. 46 m. w. N.

„einen Rechtsanspruch geltend macht".[115] Muss jener also durch substantiierten Sachvortrag die Möglichkeit darlegen, dass ihm ein Anspruch auf eine bestimmte Handlung oder Unterlassung des betreffenden Hoheitsträgers zusteht[116], entspricht dies letztlich (doch) der Geltendmachung eines subjektiven öffentlichen Rechts[117]. Fraglich ist deshalb, ob und in welcher Form die Bieter eines Offshore-Ausschreibungsverfahrens ein solches für sich herleiten können.

a) Anspruchsziel

Vor einer Diskussion möglicher Anspruchsgrundlagen muss indes das Anspruchsziel bestimmt werden. In der hier zugrunde gelegten Situation eines verdrängenden Konkurrentenrechtsbehelfs mittels kombinierter Anfechtungs- und Verpflichtungsbeschwerde erstrebt der Bieter typischerweise eine Zuschlagserteilung an sich selbst, sodass fraglich ist, ob er dies – im Rahmen der Vornahmebeschwerde[118] – sogleich verlangen kann oder sein Begehren auf eine rechtsfehlerfreie Neubescheidung der Bundesnetzagentur über das Ausschreibungsverfahren (Bescheidungsbeschwerde[119]) beschränken muss.

Dabei scheint der Gesetzgeber jedenfalls im Rahmen des EEG von der Existenz eines auf Zuschlagserteilung gerichteten materiellen Anspruchs der Bieter auszugehen (§ 83a Abs. 1 S. 1 EEG: „[…] sind nur mit dem Ziel zulässig, die Bundesnetzagentur zur Erteilung eines Zuschlags zu verpflichten.") und auch die Rechtsprechung stellt bei Konkurrentenrechtsbehelfen, die Fördermittelausschreibungen für Windenergie an Land betreffen, auf ein subjektives öffentliches „Zuschlagsrecht" ab.[120] Für diese grundsätzliche Möglichkeit einer Vornahmebeschwerde spricht im Rahmen der Ausschreibung nicht voruntersuchter Flächen vor allem, dass die Anwendung der Zuschlagskriterien nach §§ 20 und 21 WindSeeG der Bundesnetzagentur keinerlei Letztentscheidungsbefugnisse belässt. Denn maßgeblich sind allein der Gebotswert und, für den Fall eines dynamischen Gebotsverfahrens, die Höhe der zweiten Gebotskomponente. Auch das „ob" einer Zuschlagserteilung steht nicht im (Entschlie-

---

[115] Hierzu *Boos*, in: Theobald/Kühling, Energierecht, § 75 EnWG Rn. 54.

[116] Grundlegend BGH, Beschl. v. 14.11.1968 – KVR 1/68 –, BGHZ 51, 61 (65); Beschl. v. 31.10.1978 – KVR 3/77 – NJW 1979, 2563.

[117] S. auch OLG Düsseldorf, Beschl. v. 04.11.2020 – 2 Kart 1/20 (V) – juris-Rn. 33 (LS und wesentliche Gründe bei NZKart 2020, 680); BGH, Beschl. v. 14.11.1968 – KVR 1/68 –, BGHZ 51, 61 (65).

[118] Zur Terminologie *Lange*, in: Schneider/Theobald, Recht der Energiewirtschaft, 5. Aufl. 2021, § 22 EnWG Rn. 17.

[119] Zu dieser *Laubenstein/Bourazeri*, in: Bourwieg/Hellermann/Hermes, EnWG, § 83 Rn. 19.

[120] S. OLG Düsseldorf, Beschl. v. 05.09.2018 – VI-3 Kart 80/17 (V) – RdE 2019, 71 (73); BGH, Beschl. v. 11.02.2020 – EnVR 101/18 – NVwZ-RR 2021, 106 (107).

ßungs-)Ermessen der Behörde. Insofern kann und muss[121] der Beschwerdeführer hier, die Subjektivität seiner Rechtsposition vorausgesetzt[122], seinen Rechtsbehelf grundsätzlich auf die Erteilung des Zuschlags richten. Lediglich in Fällen, in welchen jener rügt, der bezuschlagte Bieter oder dessen Gebot hätten nach Maßgabe der §§ 33 Abs. 1 S. 2, 34 EEG i. V. m. § 15 Abs. 1 WindSeeG vom Verfahren ausgeschlossen werden müssen – mit der Folge, dass der Beschwerdeführer selbst an dessen Stelle „aufrücke"–, kann sich sein Anspruch auf eine behördliche Neubescheidung unter Beachtung der Rechtsauffassung des Gerichts reduzieren, da diese Vorschriften Ermessen[123] zugunsten der Bundesnetzagentur eröffnen.

Anders verhält es sich indessen, wenn der Beschwerdeführer den Zuschlag für eine zentral voruntersuchte Fläche begehrt. Denn indem die Bewertung der qualitativen Gebotskriterien ausdrücklich einem Beurteilungsspielraum der Bundesnetzagentur unterfällt (§ 53 Abs. 1 S. 3 WindSeeG), wird das Gericht oftmals keine Entscheidungsreife hinsichtlich des Zuschlagsanspruchs insgesamt herstellen können. In der Folge ist hier in aller Regel die Bescheidungsbeschwerde statthaft.

b) Herleitung eines subjektiven öffentlichen Rechts auf Zuschlagserteilung

Unabhängig von der Reichweite des Klageanspruchs im Einzelfall bedarf jedoch der Klärung, aus welchen Rechtsvorschriften unterlegene Bieter überhaupt ein subjektives öffentliches Recht auf Zuschlagserteilung bzw. auf beurteilungsfehlerfreie Neubescheidung über diese für sich herleiten können.

aa) Schutznormtheorie und Konfliktschlichtungsformel

Für jene Beurteilung, ob und inwieweit Rechtssätze „subjektiven" Charakters sind, also einen objektiven Normbefehl derart mit der Rechtssphäre eines Individuums verknüpfen, dass letzterem ein Anspruch auf Normvollzug zugewiesen ist[124], fragt die (neuere) Schutznormtheorie in Fortentwicklung der

---

[121] Jedenfalls im Verwaltungsprozess werden Bescheidungsanträge bei gebundenen Behördenentscheidungen überwiegend als unstatthaft erachtet, s. etwa OVG Berlin-Brandenburg, LKV 2017, 77 (78); *Riese*, in: Schoch/Schneider, Verwaltungsrecht, § 113 VwGO Rn. 210.

[122] Hierzu sogleich u. b).

[123] Dabei handelt es sich angesichts der konditionalen Normstruktur der §§ 33 f. EEG um „normales" Ermessen der Bundesnetzagentur, nicht etwa Regulierungsermessen, welches demgegenüber gerade durch die „Verschmelzung" von Tatbestand und Rechtsfolge sowie eine besondere Gestaltungsfreiheit der Behörde geprägt ist und insoweit Nähe zum sog. Planungsermessen aufweist, s. hierzu *Geis*, in: Schoch/Schneider, Verwaltungsrecht, § 40 VwVfG Rn. 213; *Siegel*, Allgemeines Verwaltungsrecht, 14. Aufl. 2022, Rn. 224.

[124] *Krebs*, Subjektiver Rechtsschutz und objektive Rechtskontrolle, in: Erichsen u. a., Menger-FS, 1985, S. 191 (201).

„Bühler'schen Formel"[125] grundsätzlich danach, ob die betreffende Rechtsnorm „jedenfalls auch" den Interessen des Einzelnen zu dienen bestimmt ist.[126] Es liegt somit nahe, dass nach diesem Maßstab oftmals die Grundrechte des Rechtsbehelfsführers – insbesondere in ihren subjektiv-rechtlichen Wirkdimensionen als Abwehr- und Leistungsrechte[127] – als „Prototypen des subjektiven öffentlichen Rechts"[128] herangezogen werden. Nicht ausreichen soll demgegenüber, dass eine Begünstigung des Bürgers als bloßer Rechtsreflex eintrete.[129]

Praktisch hat sich das Anwendungsfeld jener verwaltungsprozessualen Schutznormlehre mittlerweile infolge der Adressatentheorie weitgehend auf Drittschutzkonstellationen verengt.[130] Gleichzeitig aber wird ihre Tauglichkeit gerade im Hinblick auf solche multipolaren Rechtsverhältnisse bezweifelt. Insbesondere die von Schmidt-Preuß entwickelte „Konfliktschlichtungsformel" liefert für jene alternative Subjektivierungskriterien, indem sie darauf abstellt, ob „eine Ordnungsnorm die kollidierenden Privatinteressen in ihrer Gegensätzlichkeit und Verflochtenheit wertet, begrenzt, untereinander gewichtet und derart in ein normatives Konfliktschlichtungsprogramm einordnet, daß die Verwirklichung der Interessen des einen Privaten notwendig auf Kosten des anderen geht"[131]. Erfasst sind dabei nicht nur kollidierende heterogene Gestaltungs- und Verschonungsinteressen zweier oder mehrerer Privater, wie sie klassischerweise im verwaltungsrechtlichen Baunachbarschaftsstreit vorliegen; auch Konkurrenzkonflikte, im Rahmen derer die Bewerber dasselbe Ziel und mithin homogene Interessen verfolgen, welche jedoch kapazitätsbedingt nur zu Lasten des jeweils anderen verwirklicht werden können, hatte die Formel ausdrücklich vor Augen.[132] Das gesetzliche Konfliktschlichtungsprogramm nimmt in diesen Fällen die Gestalt eines „Auswahl- und Verteilungsprogramms" an, welches die Zugangskonkurrenz unter den beteiligten Privaten im Wege des Leistungswettbewerbs auflöst.[133] „Ordnungsnormen" im Sinne der Formel sind typi-

---

[125] S. die grundlegende Definition des subjektiven öffentlichen Rechts von *Bühler*, Die subjektiven öffentlichen Rechte, 1914, S. 21, 224.

[126] Zur Schutznormtheorie *Siegel*, Allgemeines Verwaltungsrecht, 14. Aufl. 2022, Rn. 239 f.

[127] Eingehend zur entsprechenden Grundrechtsdogmatik gerade im Kontext staatlicher Verteilungsentscheidungen *Malaviya*, Verteilungsentscheidungen und Verteilungsverfahren, 2009, S. 195 ff.

[128] So *Bühler*, Die Reichsverfassung, 1929, S. 121 f.

[129] OVG Lüneburg, Beschl. v. 27.08.2018 – 7 ME 51/18 – NVwZ 2019, 89; OVG Berlin-Brandenburg, Urt. v. 14.06.2013 – 11 A 10.13 – LKV 2013, 513 (515).

[130] *Wahl/Schütz*, in: Schoch/Schneider, Verwaltungsrecht, Vorbem. § 42 Abs. 2 VwGO Rn. 95.

[131] *Schmidt-Preuß*, Kollidierende Privatinteressen im Verwaltungsrecht, 1992, S. 247 f.

[132] Vgl. *Schmidt-Preuß*, Kollidierende Privatinteressen im Verwaltungsrecht, 1992, S. 11, 30 ff., 392 ff.

[133] *Schmidt-Preuß*, Kollidierende Privatinteressen im Verwaltungsrecht, 1992, S. 392.

scherweise abstrakt-generelle, einfachrechtliche Normen, die die Verwaltung
unter Festlegung eines bestimmten Handlungsmodus' (etwa Ermessen) und
Sachmaßstabs zum Ausgleich kollidierender Privatinteressen durch Verwaltungsakt ermächtigen und verpflichten.[134] Selbst wenn Grundrechte die Auslegung der betreffenden Ordnungsnorm beeinflussen (sog. norminterne Funktion
der Grundrechte[135]), soll letztere die eigentliche Quelle des subjektiven Rechts
bleiben.[136] Auf Grundrechte in ihrer normexternen Funktion stellt Schmidt-
Preuß zur Gewinnung subjektiver Rechte dagegen nur ab, soweit einfachge-
setzliche Ordnungsnormen nicht existieren oder hinter dem grundrechtlich ga-
rantierten Mindeststandard offensichtlich zurückbleiben.[137]

Jene spezifischen Kriterien der Konfliktschlichtungsformel zeigen durchaus
Defizite der reinen Interessenformel in polygonalen Konstellationen auf. So
kann letztere für verwaltungsrechtliche Dreiecksverhältnisse nur unvollstän-
dige Betrachtungen liefern, indem sie isoliert auf die jeweiligen, für sich genommen zweipoligen Staat-Bürger-Relationen abstellt. Auch die im Rahmen
der Schutznormtheorie entwickelte Regel, im Zweifel sei ein Anspruch des
Bürgers zu bejahen, ist im mehrpoligen Verhältnis nicht haltbar.[138] Die sehr
„formalen" Kriterien der Konfliktschlichtungsformel dagegen kommen nicht
immer zu einer materiell adäquaten Zuweisung der Rechtsdurchsetzungsbefug-
nis und können insbesondere auch dann vorliegen, wenn eine gesetzliche Aus-
gleichsregelung ausschließlich öffentliche Zwecke verfolgt.[139] Im Ergebnis
muss die Konfliktschlichtungsformel daher nicht kategorisch als Gegenmodell
zur Schutznormtheorie verstanden werden, sondern kann diese im Hinblick auf
Drittschutzkonstellationen spezifisch erweitern.[140] Denn da beide Theorien im
Wege der Norminterpretation und ggf. unter Berücksichtigung grundrechtlicher Implikationen[141] verfahren sowie letztlich entscheidend danach fragen, ob
ein gesetzliches Entscheidungsprogramm jedenfalls auch Privatinteressen in-
kludiert, ist nicht ausgeschlossen, dass sie als sich ergänzende Auslegungs-
maßstäbe nebeneinander treten. Insbesondere ist der Interessenformel, wenngleich sie vorrangig im Hinblick auf bipolare (Subjektions-)Verhältnisse zwi-

---

[134] *Schmidt-Preuß*, Kollidierende Privatinteressen im Verwaltungsrecht, 1992, S. 213 ff.

[135] Zur Abgrenzung zwischen norminternen und -externen Grundrechtswirkungen s. etwa *Grzeszick*, Rechte und Ansprüche, 2002, S. 472 ff.; *Petersen*, Der Drittschutz in der Baunutzungsverordnung, 2020, S. 66 ff.

[136] *Schmidt-Preuß*, Kollidierende Privatinteressen im Verwaltungsrecht, 1992, S. 214.

[137] *Schmidt-Preuß*, Kollidierende Privatinteressen im Verwaltungsrecht, 1992, S. 213 f., 411.

[138] *Peters*, Rechtsschutz Dritter im Rahmen des EnWG, 2008, S. 87.

[139] *Petersen*, Der Drittschutz in der Baunutzungsverordnung, 1999, S. 32 f.

[140] So auch *Schmidt-Aßmann/Schenk*, in: Schoch/Schneider, Verwaltungsrecht, Einleitung VwGO Rn. 194.

[141] Zu solchen s. u. Kapitel 4 II. 3. b) bb) (2) und (3).

schen Staat und Bürger konstruiert wurde[142], kein striktes Verbot zu entnehmen, bei der Ermittlung des Interessenschutzes (auch) auf das Horizontalverhältnis zu anderen Privaten abzustellen.[143] Auf diese Weise nähert sich letztlich auch die Rechtsprechung der Konfliktschlichtungsformel an, ohne die Schutznormtheorie aufzugeben, indem sie bei der Auslegung von Normen danach fragt, ob diese auch der Rücksichtnahme auf die Interessen des betreffenden Dritten dient.[144] Im Ergebnis ist deshalb für Rechtssätze im mehrpoligen Verwaltungsrechtsverhältnis von einer Kombinationslösung beider Theorien derart auszugehen, dass diese als „Kanon an Methoden und Regeln, nach denen der subjektiv-rechtliche Gehalt eines Rechtssatzes erschlossen werden soll", fungieren.[145]

bb) Subjektiv-rechtlicher Charakter der §§ 14–25 und 50–59 WindSeeG

Auch was die Herleitung subjektiv-rechtlicher Wirkungen speziell für die Ausschreibungsregeln zur Förderung erneuerbarer Energien betrifft, ziehen Rechtsprechung und Literatur mitunter das „horizontale" Verhältnis unter den Bietern heran, wenn auch ohne ausdrücklich auf die Konfliktschlichtungsformel zu rekurrieren. So wird für den Anspruchscharakter der gesetzlichen Ausschreibungsregeln in §§ 28 ff., 36 ff. EEG bzw. der ehemaligen §§ 3 ff. FFAV[146] mitunter darauf abgestellt, dass diese „den Wettbewerb zwischen [den Bietern] grundlegend prägen"[147]. Vergleichbare Erwägungen nach den Kriterien der Konfliktschlichtungsformel können im Hinblick auf die Ausschreibungsregeln des WindSeeG für eine subjektiv-rechtliche Qualität herangezogen werden (hierzu (1)). Daneben sprechen aber auch grundrechtliche Implikationen aus Art. 12 Abs. 1 und Art. 3 Abs. 1 GG und die unionsrechtlichen Gebote der Gleichheit und Transparenz für eine dahingehende Auslegung (s. u. (2)-(4)). Im Ergebnis könnte das in den Abschnitten 1, 2 und 5 des dritten Teils WindSeeG normierte Entscheidungs- und Verfahrensprogramm deshalb einen klagbaren Anspruch auf Zuschlagserteilung für den nach den jeweiligen Gebotskriterien „besten" Bieter bereithalten, der selbst und dessen Gebote alle formellen und materiellen gesetzlichen Anforderungen erfüllen (5).

---

[142] *Schmidt-Preuß*, Kollidierende Privatinteressen im Verwaltungsrecht, 1992, S. 192 ff.

[143] So gelangt auch *Schmidt-Preuß* selbst mit einer „unvoreingenommene[n] Zugrundelegung des Interessenschutzkriteriums" teils zu einem Drittschutz, s. a. a. O., S. 194 ff., insbes. S. 196.

[144] *Peters*, Rechtsschutz Dritter im Rahmen des EnWG, 2008, S. 88.

[145] *Schmidt-Aßmann/Schenk*, in: Schoch/Schneider, Verwaltungsrecht, Einleitung VwGO Rn. 20, 194.

[146] Verordnung zur Einführung von Ausschreibungen der finanziellen Förderung für Freiflächenanlagen v. 06.02.2015 (BGBl. I S. 108), aufgehoben mit Gesetz v. 13.10.2016 (BGBl. I S. 2258, 2357).

[147] OLG Düsseldorf, Beschl. v. 05.09.2018 – VI-3 Kart 80/17 (V) – RdE 2019, 71 (73); *Huerkamp*, EnWZ 2015, 195 (199).

(1) Normatives Auswahl- und Verteilungsprogramm im Sinne der Konfliktschlichtungsformel

Die im zentralen Modell maßgeblichen Ausschreibungsregeln zielen ausdrücklich auf die Schaffung wettbewerblicher Strukturen im „Bieter-Bieter-Verhältnis" ab (s. bereits § 3 Nr. 4 EEG, der ergänzend zur Anwendung gelangt). Gemessen an der Konfliktschlichtungsformel lässt sich zudem feststellen, dass insbesondere die einfachgesetzlichen Zuschlagskriterien und Ausschlussgründe ein normatives Verfahrens- und Entscheidungsprogramm für die Bundesnetzagentur definieren, nach welchem die Kollision der sich widerstreitenden, gleichartigen Bieterinteressen, die jeweils in der Erlangung des Zuschlags liegen, aufzulösen ist. Dabei kann die Zuschlagserteilung an den einen Bieter infolge der Flächenkontingentierung ausschließlich „auf Kosten" des oder der Konkurrenten erfolgen und bildet somit eine wechselseitige Konfliktsituation im Sinne der Formel.

Aus Perspektive der – ergänzend anwendbaren[148] – Schutznormtheorie jedoch streitet gegen eine Einordnung der Zuschlagskriterien als subjektiv-rechtlich, dass die Gesetzesbegründung als Zweck des Bieterwettbewerbs im Ausschreibungsverfahren (regulierungstypisch) vor allem die Strompreissenkung ausweist[149] und damit Gemeinwohlinteressen; nicht dagegen werden private Wirtschaftsinteressen der Bietenden genannt. Jedoch könnten grundrechtliche Betrachtungen ergeben, dass die wettbewerblichen Ausschreibungsregeln auch kompensatorisch für die erhebliche staatliche Wirtschaftsintervention fungieren, die mit dem zentralen Modell verbunden ist. Insbesondere könnte die staatliche Regelung und Einhaltung derjenigen Verfahrensregeln, die die Wettbewerblichkeit, Transparenz und Fairness der Ausschreibungen sichern, zur Rechtfertigung eines staatlichen Eingriffs in die Berufsfreiheit (Art. 12 Abs. 1 GG) der Bieter wie auch durch deren Grundrecht auf gleiche Teilhabe im Wettbewerb (Art. 12 GG i. V. m. Art. 3 GG) geboten sein. In der Folge käme es zu einer „subjektiv-rechtlichen Aufladung" der einfachrechtlichen Ausschreibungsregeln durch die genannten Grundrechte.[150]

(2) Einordnung als Berufsausübungsregelungen

So ist für die Auslegung der Ausschreibungsregeln zu beachten, dass ein Grundrechtseingriff für die Windparkprojektierer nicht erst – dem Ausschreibungsverfahren nachgelagert – mit der Zuschlagserteilung an einen jeweiligen Konkurrenten erfolgt, sondern bereits die fachplanerische Kontingentierung von Erzeugungsflächen in der AWZ und der gesetzliche Zuschlagsvorbehalt

---

[148] S. o. aa).

[149] BT-Drs. 18/8860, S. 7, 147, insbes. 155.

[150] So *Huerkamp*, EnWZ 2015, 195 (199) im Hinblick auf die Ausschreibungsregeln der vorm. FFAV.

für die Errichtung und den Betrieb von Offshore-Windparks einen Eingriff in die Berufsfreiheit der betroffenen Unternehmen aus Art. 12 Abs. 1 GG darstellen.[151] Aus ähnlichen Erwägungen hatte das BVerfG auch bereits vor seinem Beschluss zum WindSeeG im Jahr 2020[152] die Eingriffsqualität „geschlossener" staatlicher Planungs- und Subventionssysteme anerkannt.[153]

Für die Art des Eingriffs – nach der sich wiederum dessen Rechtfertigungsanforderungen bestimmen[154] – stellt sich insofern die Frage, ob sich der Zuschlagsvorbehalt nach § 14 Abs. 1 und 2 WindSeeG als Berufswahl- oder Berufsausübungsregelungen darstellen. Ersteres läge umso näher, wenn man einen eigenständigen Beruf des Offshore-Windparkbetreibers annehmen wollte. In diesem Fall wäre eine berufliche Betätigung im Hoheitsgebiet bzw. Funktionshoheitsgebiet (AWZ) der Bundesrepublik ohne Zuschlag wenigstens erheblich erschwert, da sich der Offshore-Windparkbau tatsächlich wesentlich auf die AWZ konzentriert[155]. Geht man indes von den weiter gefassten Berufsbildern des „Windmüllers"[156] (an Land und zur See), des EE-Stromproduzenten oder, nach dem extensivsten Verständnis, des Stromproduzenten überhaupt aus, sind die Regelungen des WindSeeG als bloße Berufsausübungsschranken zu qualifizieren.[157] Maßgeblich für die Abgrenzung zwischen einem eigenständigen Beruf und seinen unselbständigen Tätigkeitsfacetten ist die Verkehrsanschauung, auch unter Berücksichtigung gesetzlicher Berufsbildfixierungen.[158] Für ein abgegrenztes Berufsbild des Offshore-Windparkbetreibers sprechen vor allem die spezifischen Bedingungen der Projektierung von Seeanlagen, dies sowohl in praktischer als auch – infolge der gegenüber dem EEG eigen-

---

[151] S. ausdrücklich BVerfG, Beschl. v. 30.06.2020 – 1 BvR 1679/17, 1 BvR 2190/17 – BVerfGE 155, 238 (277 f.).

[152] BVerfG, Beschl. v. 30.06.2020 – 1 BvR 1679/17, 1 BvR 2190/17 – BVerfGE 155, 238.

[153] Vgl. zur „staatliche[n] Planung und Subventionierung mit berufsregelnder Tendenz" BVerfG, Beschl. v. 12.06.1990 – 1 BvR 355/86 – NJW 1990, 2306 (2307); weiterführend zum Eingriffscharakter von Planungen auch *Multmeier*, Rechtsschutz in der Krankenhausplanung, 2011, S. 89 ff.

[154] Zur Rechtfertigung des Eingriffs durch das Koordinationsbedürfnis der Offshore-Windenergie zugunsten der Energiewende, des Meeresumweltschutzes und Kostensenkung für die Allgemeinheit (bejahend) *Ertel*, Europarechtliche und verfassungsrechtliche Grenzen bei der Förderung von Offshore-Windenergie, 2020, S. 181183.

[155] S. *Deutsche Windguard*, Status des Offshore-Windenergieausbaus in Deutschland – Jahr 2022, S. 6: „Hinsichtlich der Verteilung der installierten Leistung auf die ausschließliche Wirtschaftszone (AWZ) und das Küstenmeer überwiegt der in der AWZ installierte Anteil (7,8 GW) gegenüber dem im Küstenmeer (0,3 GW) deutlich."

[156] Vgl. *Rodi*, ZUR 2017, 658 (663).

[157] *Ertel*, Europarechtliche und verfassungsrechtliche Grenzen bei der Förderung von Offshore-Windenergie, 2020, S. 177 f.

[158] *Epping*, Grundrechte, 9. Aufl. 2021, Rn. 416.

ständigen Sonderregelungen des WindSeeG[159] – rechtlicher Hinsicht.[160] Gerade das für die Windparkrealisierung zwingende Zuschlagserfordernis hebt diese von anderen, auch regenerativen Erzeugungstechnologien ab. Gegen eine Qualifizierung des WindSeeG als gesetzliche Berufsbildfixierung spricht dennoch, dass dieses keineswegs, etwa vergleichbar mit den Handwerksordnungen, auf die Definition und Abgrenzung eines beruflichen Tätigkeitsfeldes abzielt; zudem unterscheidet sich das tatsächliche Produkt der Tätigkeit (Strom) letztlich nicht von dem anderer Erzeugungstechnologien.[161] Gestützt wird dies letztlich durch eine Betrachtung des Marktumfeldes, insbesondere seiner Akteure. Denn jenes ist im Bereich der Offshore-Windenergie vor allem durch Konzerne geprägt[162], die Strom regelmäßig auch durch andere Anlagen, und zwar sowohl aus regenerativen Trägern als auch fossilen Brennstoffen erzeugen und vermarkten.[163] Aus diesen Erwägungen ist im Ergebnis auf ein weit gefasstes Berufsbild des Stromproduzenten abzustellen.[164] Damit handelt es sich bei den mit Teil 3 WindSeeG verbundenen beruflichen Beschränkungen um Berufsausübungsregelungen.[165]

Solche lassen sich zwar grundsätzlich durch jedwede „vernünftige Erwägungen des Gemeinwohls" rechtfertigen.[166] Gleichwohl gilt im Rahmen der Verhältnismäßigkeitsprüfung zu berücksichtigen, dass die Beschränkungen für den betroffenen Berufsbereich der Offshore-Windenergie intensiv ausgeprägt sind, da ohne Zuschlag eine berufliche Betätigung in der AWZ faktisch unmöglich ist.[167] Dem für eine Fläche nicht bezuschlagten Bieter bleibt nur übrig, von einer Projektrealisierung abzusehen, oder aber sich durch die Teilnahme an weiteren Ausschreibungen den Zuschlag für eine andere Erzeugungsfläche zu sichern. Hier wiederum erlangt die Einhaltung der Ausschreibungsregeln – einschließlich ihrer Verfahrensregelungen – grundrechtliche Relevanz. So ist die Absicherung grundrechtlicher Garantien (auch) durch Verfahren nach dem Verhältnismäßigkeitsprinzip jedenfalls geboten, soweit hieraus ein milderer

---

[159] S. *Lehberg*, Rechtsfragen der Marktintegration Erneuerbaren Energien, 2017, S. 197.

[160] *Ertel*, Europarechtliche und verfassungsrechtliche Grenzen bei der Förderung von Offshore-Windenergie, 2020, S. 177.

[161] *Ertel*, Europarechtliche und verfassungsrechtliche Grenzen bei der Förderung von Offshore-Windenergie, 2020, S. 177 f.

[162] *Kerth*, EurUP 2022, 91 (92).

[163] *Ertel*, Europarechtliche und verfassungsrechtliche Grenzen bei der Förderung von Offshore-Windenergie, 2020, S. 178.

[164] *Ertel*, Europarechtliche und verfassungsrechtliche Grenzen bei der Förderung von Offshore-Windenergie, 2020, 178.

[165] Dies legt auch das BVerfG zugrunde, vgl. den Beschl. v. 30.06.2020 – 1 BvR 1679/17, 1 BvR 2190/17 – BVerfGE 155, 238 (281).

[166] S. hierzu im Rahmen der Drei-Stufen-Lehre *Ruffert*, in: Epping/Hillgruber, GG, Art. 12 Rn. 94.

[167] *Ertel*, Europarechtliche und verfassungsrechtliche Grenzen bei der Förderung von Offshore-Windenergie, 2020, S. 179.

Eingriff resultiert.[168] Dem Ausschreibungsverfahren nach Teil 3 Abschnitt 2 und 5 WindSeeG kommt dabei nicht nur in diesem Sinne die kompensatorische Funktion zu, die Intensität des ihm vorausgehenden Eingriffs in Art. 12 Abs. 1 GG durch Sicherstellung der Wettbewerblichkeit, Fairness und Transparenz im Auswahlprozess abzumildern; weiter noch wäre eine für die berufliche Betätigung zwingende Teilnahme an einem Verfahren, in dem diese Kriterien nicht sichergestellt sind, als unverhältnismäßige Beschränkung des Art. 12 Abs. 1 GG nicht rechtfertigungsfähig. Schon durch diese grundrechtliche Funktion muss den Ausschreibungsregelungen subjektiv-rechtliche Qualität dahingehend zugesprochen werden, dass diese einen Anspruch auf Zuschlagserteilung bzw. fehlerfreie Auswahlentscheidung der teilnehmenden Bieter begründen können. Vor ähnlichen grundrechtlichen Erwägungen hat das BVerwG ein subjektives Recht konkurrierender Krankenhäuser auf Aufnahme in den Krankenhausplan bzw. auf fehlerfreie Auswahl- und Aufnahmeentscheidung (vgl. § 8 Abs. 2 S. 2 KHG) mit der Begründung bejaht, dass das entsprechende Bedarfsplanungssystem und die staatliche Entscheidung über (Nicht-)Aufnahme in den Plan erhebliche Relevanz für die Berufsausübung des Krankenhausträgers entfalte.[169]

(3) Recht auf gleiche Teilhabe am Wettbewerb

Wo der Staat selbst den Wettbewerb eröffnet, wie es etwa bei der Entscheidung über die Aufnahme von Krankenhäusern in den Bedarfsplan nach § 8 KHG oder der Vergabe öffentlicher Studienplätze der Fall sein kann, kann Art. 12 Abs. 1 GG zudem – meist i. V. m. Art. 3 Abs. 1 GG herangezogen[170] – ein derivatives Recht auf gleiche Wettbewerbsteilhabe aller Mitbewerber bzw. Konkurrenten gewähren.[171] Dieses Teilhaberecht tritt neben die abwehrrechtliche Dimension des Grundrechts[172] und kann als solches die subjektiv-rechtliche Qualität der für das Konkurrenzverhältnis maßgeblichen, einfachgesetz-

---

[168] *Poscher*, Grundrechte als Abwehrrechte, 2003, S. 393.
[169] BVerwG, Urt. v. 25.09.2008 – 3 C 35/07 – NVwZ 2009, 525 (527).
[170] S. *Rennert*, DVBl. 2009, 1333 (1338).
[171] BVerwG, Urt. v. 25.09.2008 – 3 C 35/07 – NVwZ 2009, 525 (529): „Bislang Nichtprivilegierte [i. S. v. nicht in den Bedarfsplan aufgenommene Krankenhäuser] haben aus Art. 12 I GG ein Recht auf gleiche Teilhabe an diesem Wettbewerb oder – mit anderen Worten – auf gleichen Zutritt zum Kreis der privilegierten Plankrankenhäuser; sie dürfen nur aus Gründen ferngehalten werden, die gleich und verhältnismäßig sind." Auch BVerfG, Beschl. v. 04.03.2004 – 1 BvR 88/00 – NJW 2004, 1648 (1649) misst die Auswahlentscheidung am „Maßstab des Art. 12 I 1 i. V. m. Art. 3 I GG"; ebenso bzgl. der Vergabe begrenzter öffentlicher Studienplätze BVerfG, Urt. v. 19.12.2017 – 1 BvL 3/14, 1 BvL 4/14 – NVwZ 2018, 233 (236). Ausführlich zudem *Multmeier*, Rechtsschutz in der Krankenhausplanung, 2011, S. 83 ff.
[172] *Multmeier*, Rechtsschutz in der Krankenhausplanung, 2011, S. 86 ff.

lichen Auswahl- oder Ausschreibungsregeln begründen[173]. Sein derivativer Charakter, also die inhaltliche Ausrichtung auf eine „Partizipation am Vorhandenen", rückt dessen Gewährleistungsgehalt dabei nahe an den des allgemeinen Gleichheitssatzes.[174]

Im sog. Haushaltsvergaberecht unterhalb der EU-Schwellenwerte (§ 106 GWG)[175], in dessen Rahmen ebenfalls die öffentliche Hand selbst den Wettbewerb eröffnet, hat das BVerfG eine Berührung der Berufs- und Wettbewerbsfreiheit zwar abgelehnt.[176] Dies ist jedoch nur bedingt auf den hiesigen Kontext übertragbar. Denn die Vergabe von Aufträgen im Rahmen von Beschaffungsvorgängen steht, anders als in den erstgenannten Konstellationen der Krankenhausbedarfsplanung, der staatlichen Studienplatzvergabe und letztlich auch im hier interessierenden Fall des „Fördervergaberechts"[177] für erneuerbare Energien, gerade nicht im unmittelbaren Zusammenhang mit einem vorausgegangenen staatlichen (Planungs-)Eingriff in Art. 12 Abs. 1 GG, sondern der Staat wird lediglich als (zusätzlicher) Nachfrager am Markt tätig[178]. Zudem können selbst vergaberechtliche Regelungen nach Maßgabe des Art. 3 Abs. 1 GG über das Willkürverbot und Selbstbindungen der Vergabestelle zu subjektiven Rechtspositionen der Bietenden erhoben werden.[179] Vor diesem Hintergrund bildet es keinen Widerspruch, sondern erscheint sogar naheliegend, dass Rechtsprechung und Literatur auch Bietenden im Rahmen der Fördermittelausschreibungen für erneuerbare Energien an Land ein Recht auf gleiche Teilhabe am Wettbewerb aus Art. 12 Abs. 1, 3 Abs. 1 GG zuerkennen, um hieraus letztlich subjektiv-rechtliche Qualität der einfachgesetzlichen Ausschreibungs- und Zuschlagsregeln (insbesondere §§ 28 ff., 36 ff. EEG) herzuleiten.[180] Da sich das „Wettbewerbsdesign" für Windenergie auf See allerdings von demjenigen nach dem EEG unterscheidet, ist fraglich, ob dasselbe Vorgehen im Hinblick auf das WindSeeG angezeigt ist.

---

[173] Vgl. OLG Düsseldorf, Beschl. v. 05.09.2018 – VI-3 Kart 80/17 (V) – RdE 2019, 71 (73 f.) im Hinblick auf §§ 28 ff., 36 ff. EEG; *Huerkamp*, EnWZ 2015, 195 (196) bzgl. der Ausschreibungen nach der ehem. FFAV.

[174] *Multmeier*, Rechtsschutz in der Krankenhausplanung, 2011, S. 84 m. w. N. Zum Verhältnis beider Grundrechte im Kontext der Vergabe öffentlicher Aufträge auch *Siegel*, DÖV 2007, 237 (240).

[175] Hierzu eingehend *Siegel*, in: Säcker/Ganske/Knauff (Hrsg.), MüKo Wettbewerbsrecht, Band 4, S. 283–293.

[176] S. BVerfG, Beschl. v. 13.06.2006 – 1 BvR 1160/03 – DÖV 2007, 251 (252) und hierzu *Siegel*, DÖV 2007, 237 (239 f.).

[177] Terminologie nach *Huerkamp*, EnWZ 2015, 195.

[178] BVerfG, Beschl. v. 13.06.2006 – 1 BvR 1160/03 – DÖV 2007, 251 (252).

[179] S. BVerfG, Beschl. v. 13.06.2006 – 1 BvR 1160/03 – DÖV 2007, 251 (252 f.); *Siegel*, DÖV 2007, 237 (239).

[180] So OLG Düsseldorf, Beschl. v. 05.09.2018 – VI-3 Kart 80/17 (V) – RdE 2019, 71 (73 f.); *Huerkamp*, EnWZ 2015, 195 (196).

So gilt es Rahmen der Ausschreibungen für Windenergie insgesamt zunächst zwischen zwei möglichen Wettbewerbssituationen zu differenzieren. Der Zuschlagserteilung zeitlich nachgelagert ist der Wettbewerb „auf" oder „mit" der jeweiligen Erzeugungsfläche: Der bezuschlagte Bieter, der gem. § 20 Abs. 1 Nr. 1 EEG grundsätzlich zur Direktvermarktung des Stroms (§ 3 Nr. 16 EEG) verpflichtet ist, tritt mit Beginn des Windparkbetriebs am Markt in Konkurrenz zu anderen Produzenten und kann diesen gegenüber unter Umständen[181] durch den staatlich veranlassten Erhalt der Marktprämie wirtschaftlich bevorteilt sein. Wendet sich in diesem Fall ein Konkurrent gegen den Zuschlag, handelt es sich um eine im Rahmen der Wettbewerbsfreiheit „klassische" Konstellation, in welcher ein Grundrechtsträger die staatliche Begünstigung – hier: Subvention – eines Konkurrenten rügt.[182] Insbesondere im landseitig geltenden Ausschreibungsmodell des EEG kann jene relevant werden.[183] Demgegenüber sind der Windparkbau und -betrieb im Rahmen des zentralen Modells, wie schon dargelegt, ohne Zuschlag gar nicht erst möglich. Der hier relevante Wettbewerb ist vielmehr der dem Ausschreibungsergebnis vorgelagerte „um die Fläche", welchen die Bundesnetzagentur selbst mit jedem Ausschreibungsverfahren eröffnet. Denn infolge der bedarfsplanerischen Kontingentierung geeigneter Projektflächen in der AWZ und ihrer ausschließlich staatlichen „Zuteilung" an ausgewählte Marktakteure (siehe oben) konkurrieren letztere statt auf einem „freien" Markt vor allem innerhalb der gesetzlich determinierten Wettbewerbsstrukturen der §§ 14–25 und 50–59 WindSeeG miteinander. Gerade dieser Charakter als „Eingriffsfolgenrecht" macht es aber erforderlich, den Bietenden im Ausschreibungsverfahren einen grundrechtlichen Anspruch auf gleiche Teilhabe an einem fairen und transparenten Wettbewerb zuzuerkennen. Auch in dieser Ausprägung begründet Art. 12 Abs. 1 GG, verbunden mit dem Gleichheitsrecht aus Art. 3 Abs. 1 GG, also letztlich den subjektivrechtlichen Charakter der im zentralen Modell maßgeblichen Ausschreibungs- und Zuschlagsregeln des WindSeeG.

---

[181] Soweit diese nicht in vergleichbarer Weise von einer der vielzähligen, auch „impliziten" Subventionen für Stromerzeuger profitieren, s. zusammenfassend *Steingrüber*, Die geförderte ausschreibungsbasierte Direktvermarktung nach dem EEG 2021, 2021, S. 73 ff.; *Burger/Bretschneider*, Umweltschädliche Subventionen in Deutschland (UBA-Texte 143/2021), S. 35 ff.

[182] Zum grundrechtlichen Maßstab für solche s. insbesondere BVerwG, Urt. v. 23.03.1982 – 1 C 157/79 – NJW 1982, 2513 (2515); Urt. v. 30.08.1968 – VII C 122/66 – NJW 1969, 522 (523). Speziell zu staatlichen Wettbewerbsveränderungen im Zusammenhang mit staatlicher Planung und der Verteilung staatlicher Mittel s. BVerfG, Urt. v. 17.08.2004 – 1 BvR 378/00 – NJW 2005, 273 (274).

[183] Auf die so geartete wirtschaftliche Benachteiligung nicht bezuschlagter Konkurrenten im Rahmen des EEGs stellen auch *Maslaton/Urbanek*, ER 2017, 15 (16) ab; umgekehrt zu den Investitionsvorteilen durch den Marktprämienbezug *Butler/Heinickel/Hinderer*, NVwZ 2013, 1377 (1379 f.).

(4) Unionsrechtliche Gebote der Transparenz und Gleichbehandlung

Ergänzend können schließlich die allgemeinen unionsrechtlichen Gebote der Gleichheit, Transparenz und Wettbewerbsoffenheit[184] herangezogen werden.[185] Dass diese auch bei fehlendem Beschaffungsvorgang für eine subjektiv-rechtliche Auslegung einfachgesetzlicher Ausschreibungsvorschriften streiten können, wurde für die ausschreibungsbasierte Fördermittelvergabe für erneuerbare Energien an Land bereits ausführlich hergeleitet[186] und durch die Rechtsprechung aufgegriffen[187]; einer Übertragung auf die Offshore-Ausschreibungen nach dem WindSeeG steht insoweit nichts entgegen.

(5) Zwischenergebnis: Grundsätzlicher Schutznormcharakter der Ausschreibungsregeln

Die §§ 14–25 und 50–59 WindSeeG gewähren dem Kreis ihrer Anspruchsberechtigten – zu diesem sogleich – ein subjektives öffentliches Recht auf Zuschlagserteilung bzw. auf rechtsfehlerfreie Durchführung des Ausschreibungsverfahrens. Dies ergibt eine Auslegung der Vorschriften vor den grundrechtlichen Wirkungen der Berufsfreiheit der Bietenden (Art. 12 Abs. 1 GG) sowie deren Recht auf gleiche Teilhabe am Wettbewerb (Art. 12 Abs. 1 i. V. m. Art. 3 GG) und letztlich den unionsrechtlichen Geboten der Gleichheit, Transparenz und Wettbewerbsoffenheit.

c) Kreis der Anspruchsberechtigten

Aus den o. g. grundrechtlichen Erwägungen folgt zudem, dass sich auf den Anspruch auf Zuschlagserteilung ausschließlich solche Bieter berufen können, die auch am konkreten Ausschreibungsverfahren teilgenommen haben. Insbesondere sind Konkurrenten, die bereits einen Zuschlag für eine andere Fläche innehalten, durch die Wettbewerbsfreiheit nicht vor dem Marktzutritt eines Konkurrenten, also dessen Aufnahme in den Kreis der „Privilegierten" durch die Zuschlagserteilung, geschützt.[188] Ein im selben Ausschreibungsverfahren unterlegener Bieter muss zudem darlegen, dass im Fall eines ordnungsgemäß durchgeführten Ausschreibungsverfahrens eine Zuschlagserteilung an ihn selbst jedenfalls nicht von Vornherein und nach jeder Betrachtungsweise aus-

---

[184] Monographisch hierzu *Huerkamp*, Gleichbehandlung und Transparenz als Prinzipien der staatlichen Auftragsvergabe, 2010, insbes. S. 18 ff., 157 ff.

[185] Vgl. OLG Düsseldorf, Beschl. v. 05.09.2018 – VI-3 Kart 80/17 (V) – RdE 2019, 71 (74) im Hinblick auf §§ 28 ff., 36 ff. EEG.

[186] So bei *Huerkamp*, EnWZ 2015, 195 (196 f.).

[187] OLG Düsseldorf, Beschl. v. 05.09.2018 – VI-3 Kart 80/17 (V) – RdE 2019, 71 (74).

[188] Vgl. BVerwG, Urt. v. 25.09.2008 – 3 C 35/07 – NVwZ 2009, 525 (529).

geschlossen gewesen wäre[189]; denn das maßgebliche subjektive Recht ist seinem Inhalt nach grundsätzlich auf (eigene) Zuschlagserteilung gerichtet[190].

d) Reichweite der subjektiv-rechtlichen Qualität: Erfasste Normen

Dabei erstreckt sich die subjektiv-rechtliche Qualität nur auf solche Ausschreibungs- und Zuschlagsregeln der §§ 14–24 WindSeeG, die erstens – in der oben beschriebenen Weise – wettbewerbsprägend zwischen den Bietern wirken und zweitens für das Ausschreibungsergebnis im konkret betroffenen Verfahren kausal waren. Neben den materiellen Zuschlagskriterien nach §§ 20, 21 und 53, 54 WindSeeG und den Ausschlussgründen gem. § 15 Abs. 1 WindSeeG i. V. m. §§ 33 bis 35 EEG)[191] können dies auch etwa Vorschriften zur Bekanntmachung der Ausschreibung einschließlich aller relevanten Informationen zum Ausschreibungsgegenstand sein; denn auch solche dienen der Sicherung gleicher Teilhabemöglichkeiten im Bieterwettbewerb durch Transparenz[192]. Hierfür spricht zudem, dass es an einer § 29 Abs. 2 EEG entsprechenden Regelung, die subjektive Rechte der Bieter aus den Bekanntmachungsvorschriften explizit ausschließt, im WindSeeG fehlt.

Daneben muss der Beschwerdeführer die Nichteinhaltung solcher Verfahrensvorschriften rügen können, die selbst subjektive öffentliche Rechte bilden; dies kann etwa für Anhörungs- und Akteneinsichtsrechte gelten.[193] Der auf Zuschlag gerichteten Verpflichtungsklage allerdings kann eine solche Verletzung allein nicht zum Erfolg verhelfen, da die betroffenen Vorschriften als solche keinen Anspruch auf Zuschlagserteilung begründen.[194] Im Gegensatz zum Vergaberecht fehlt es schließlich auch einer Sonderregelung wie § 97 Abs. 6 GWB, die Verfahrensvorschriften allgemein subjektiviert[195].

---

[189] Vgl. *Uibeleisen/Mlynek*, in: Säcker/Steffens, BerlKommEnR VIII, § 23 WindSeeG Rn. 25; *Boos*, in: Theobald/Kühling, § 75 Rn. 55; BVerwG, Urt. v. 26.01.2011 – 6 C 2/10 – NVwZ 2011, 613.

[190] S. o. a).

[191] Zu deren subjektiv-rechtlicher Qualität ebenso *Uibeleisen/Mlynek*, in: Säcker/Steffens, BerlKommEnR VIII, § 23 WindSeeG Rn. 24; im Hinblick auf die EEG-Ausschreibungen auch OLG Düsseldorf, Beschl. v. 05.09.2018 – VI-3 Kart 80/17 (V) – RdE 2019, 71 (73 f.). Allgemein *Rennert*, DVBl. 2009, 1333 (1338): Dem Schutz der Interessen der Bewerber dienen im Rahmen von Konkurrentenklagen nicht nur „die sachlichen Auswahlkriterien, sondern auch [...] die Bestimmungen über das Auswahlverfahren."

[192] Vgl. BT-Drs. 18/8860, S. 290.

[193] Ausführlich zur subjektiv-rechtlichen Qualität von Verfahrensvorschriften *Hufen/Siegel*, Fehler im Verwaltungsverfahren, 7. Auflage 2021, Rn. 849 ff.

[194] *Siegel*, IR 2017, 122 (123).

[195] Hierzu etwa *Vogt*, E-Vergabe, 2019, S. 82; *Dreher*, in: Immenga/Mestmäcker, Wettbewerbsrecht, § 97 GWB Rn. 236 ff.

4. Einstweiliger Rechtsschutz

Sofern in der Hauptsache neben der Verpflichtungsbeschwerde eine gegen den Zuschlag des Konkurrenten gerichtete Anfechtungsbeschwerde eingelegt wird[196], kann der Beschwerdeführer die Anordnung der aufschiebenden Wirkung für letztere beantragen (§ 77 Abs. 3 S. 4 EnWG). Denn gem. § 76 Abs. 1 EnWG entfaltet die Beschwerde grundsätzlich keinen Suspensiveffekt.[197] Hat der Antrag Erfolg, muss dies für den bezuschlagten Konkurrenten konsequenterweise zu einer Aussetzung der Pönalen nach § 83 Abs. 1 WindSeeG bis zur Hauptsacheentscheidung führen.

In der Regel aber ist eine Inanspruchnahme einstweiligen Rechtsschutzes für die Gewährung von Primärrechtsschutz nicht zwingend erforderlich. Denn als Verwaltungsakt ist der Zuschlag nach §§ 24, 55 WindSeeG sowohl durch die Bundesnetzagentur selbst als auch das Beschwerdegericht nach den allgemeinen Regeln – d. h. §§ 48, 49 VwVfG[198] sowie § 83 Abs. 2 S. 1 EnWG – nachträglich aufhebbar. Insofern sind deutliche Unterschiede insbesondere zum vergaberechtlichen Eilrechtsschutz zu verzeichnen, der grundsätzlich dadurch geprägt ist, dass der dortige Zuschlag Vertragsbindungen der Vergabestelle auslöst und somit nicht mehr einseitig rückgängig gemacht werden kann[199].

5. Fazit zum Rechtsschutz im Hinblick auf die Mengensteuerung

Insgesamt bleibt aus den obigen Betrachtungen festzuhalten, dass die Beschwerden unterlegener Bieter gegen Zuschläge nach §§ 24 und 55 WindSeeG als „echte" Konkurrentenklagen zu qualifizieren sind, deren „verdrängende" Wirkung letztlich zu einer strikten Einhaltung der im Flächenentwicklungsplan festgelegten Erzeugungskontingente beiträgt. Insoweit unterscheidet sich das Rechtsschutzmodell gegen Zuschläge für Offshore-Windenergie nicht unerheblich von demjenigen für Windenergie an Land, das infolge des abweichenden Ausschreibungsgegenstands und der Sonderregelung des § 83a EEG vielmehr nur „unechte" Konkurrentenklagen vorsieht. Im Gegensatz zum EEG schließt das WindSeeG eine Drittanfechtung von Zuschlägen auch nicht aus, was sich zwar nachteilig auf die Ausbaugeschwindigkeit auswirken kann, aber letztlich dem konkreten Flächenbezug der ausgeschriebenen Leistung und den

---

[196] Zu den statthaften Rechtsbehelfen in der Hauptsache s. o. 2. a).

[197] Zum insoweit deklaratorischen Charakter der Vorschrift *Boos*, in: Theobald/Kühling, Energierecht, § 76 EnWG Rn. 4.

[198] Zu deren Anwendbarkeit *Maslaton/Urbanek*, ER 2017, 15 (16); OLG Düsseldorf, Beschl. v. 05.09.2018 – VI-3 Kart 80/17 (V) – RdE 2019, 71 (73).

[199] S. zum Bereich unterhalb der Schwellenwerte *Ziekow*, Öffentliches Wirtschaftsrecht, 5. Aufl. 2020, § 9 Rn. 100; *Ruthig/Storr*, Öffentliches Wirtschaftsrecht, 5. Aufl. 2020, Rn. 1114; *Rennert*, DVBl. 2009, 1333 (1335).

damit verbundenen rechtlichen Anforderungen an den Primärrechtsschutz unterlegener Bieter geschuldet ist.

Kapitel 5

Struktur und Perspektiven des zentralen Modells

Schließlich sollen aus den vorangegangenen Kapiteln Schlussfolgerungen über die Struktur und Merkmale des zentralen Modells gezogen (I.) und dessen Entwicklungsperspektiven im Sinne eines Ausblicks erörtert werden (II.). In letzterer Hinsicht legen jüngste Entwicklungen und Diskussionen im Hinblick auf Klimaschutz und Energiewende vor allem die Frage nahe, inwieweit das Planungs- und Regulierungskonzept für Offshore-Windkraft auf den landseitigen Windenergieausbau übertragbar ist.

I. Strukturelle Merkmale des zentralen Modells

So wurden in den Kapiteln 2 und 3 bereits Erkenntnisse über die Inhalte und Wirkungen der Stufen einer vollständigen „Flächenentwicklung" – chronologisch bestehend aus der Erstellung des Flächenentwicklungsplans, den Flächenvoruntersuchungen und den jeweils flächen- bzw. projektspezifischen Ausschreibungs- und Planfeststellungsverfahren – gewonnen und im jeweils relevanten Kontext erörtert. Mit Kapitel 2 wurde insbesondere herausgearbeitet, dass diese Verfahrenskaskade eine dreistufige räumliche Fachplanung für Erzeugungsflächen von Offshore-Windenergie beinhaltet; Kapitel 3 ergab die Existenz einer zweistufigen Bedarfsplanung für Offshore-Windparks, die insbesondere mit der allgemeinen Bedarfsplanung für den Übertragungsnetzausbau nach §§ 12a-e EnWG inhaltlich verknüpft ist. An die staatliche Erzeugungsplanung schließt sich auf nächster Stufe eine regulatorische Mengensteuerung in Form von flächenspezifischen Ausschreibungen an. Von dieser Bestandsaufnahme und dem „groben" Verfahrensrahmen ausgehend, kann nunmehr eine weitergehende Strukturbildung erfolgen, welche insbesondere die mit dem WindSeeG neu geschaffenen Instrumente des Flächenentwicklungsplans und der Flächenvoruntersuchung systematisch im Fachplanungsrecht verortet (1.) und die wesentlichen Wirkungsmechanismen des zentralen Modells schließlich im Sinne eines Fazits hervorhebt (2.).

1. Rechtssystematische und planungstheoretische Verortung von Flächenentwicklungsplan und Voruntersuchung

Fraglich ist mithin, wie sich die durch Teil 2 WindSeeG neugeschaffene Fachplanung systematisch in das bestehende Fachplanungsrecht einfügt und – vorrangig im Hinblick auf den Flächenentwicklungsplan – planungstheoretisch zu qualifizieren ist.

a) Flächenentwicklungsplan

Hierzu gilt zunächst zu klären, inwieweit der Flächenentwicklungsplan hinsichtlich seiner Planinhalte und Rechtswirkungen Parallelen zu anderen vorbereitenden Fachplänen aufweist (s. aa) bis cc)), aber auch, inwieweit er diesen gegenüber Besonderheiten behält, die im Ergebnis für seine Einordnung als Fachplan sui generis sprechen könnten (hierzu dd) (1)). Was die planungstheoretische[1] Verortung des Flächenentwicklungsplans betrifft, gilt es insbesondere dessen Charakter als „strategische Planung"[2] zu verifizieren (s. u. dd) (2)).

aa) Abgrenzung der Planinhalte zu den Inhalten des vormaligen Bundesfachplans Offshore und des Offshore-Netzentwicklungsplans

Bereits aus § 7 WindSeeG ergibt sich, dass die Inhalte des Flächenentwicklungsplans teilweise Fortentwicklungen aus denjenigen des vormaligen Bundesfachplans Offshore (§ 17a EnWG) und des Offshore-Netzentwicklungsplans (§ 17b EnWG) darstellen[3], die jeweils 2017 letztmalig fortgeschrieben wurden.[4] Deren Inhalte führt der Flächenentwicklungsplan einerseits zusammen[5], andererseits ergänzt er sie um neue Aspekte. So entsprechen zunächst die Gebietsfestlegungen gem. § 5 Abs. 1 S. 1 Nr. 1 WindSeeG der früheren Bestimmung von „Clustern" im vormaligen Bundesfachplan Offshore gem. § 17a Abs. 1 S. 2 Nr. 1 EnWG[6] und die Festlegungen nach § 5 Abs. 1 S. 1 Nrn. 6–11 WindSeeG – u. a. zu Standorten für Konverterplattformen, Trassen[-korridoren] für Anbindungsleitungen und Schnittstellen zur Leitungsführung im Küstenmeer – dessen räumlicher Netzplanung nach § 17a Abs. 1 S. 2 Nrn. 2–7 EnWG.[7]

---

[1] Zu Inhalt und Entwicklung der inter- und transdisziplinären Planungstheorie *Wiechmann*, in: ARL Handwörterbuch der Stadt- und Raumentwicklung, 2019, S. 1771 ff.

[2] So BT-Drs. 18/8860, S. 276, 283.

[3] Vgl. auch *Schulz/Appel*, ER 2016, 231 (232).

[4] S. *Bundesnetzagentur*, Bestätigung des Offshore-Netzentwicklungsplans 2017–2030, abrufbar unter https://www.netzentwicklungsplan.de/sites/default/files/paragraphs-files/O-NEP_2030_2017_Bestaetigung.pdf.

[5] *Schulz/Appel*, ER 2016, 231 (232).

[6] BT-Drs. 18/8860, S. 268.

[7] *Schulz/Appel*, ER 2016, 231 (233).

Als neuartiges Planelement stellt sich allerdings die staatlich-initiative Fein-Dislozierung konkreter Windparkstandorte durch die Bestimmung von Flächen im Sinne des § 3 Nr. 4 WindSeeG durch den Flächenentwicklungsplan dar. Der bisherige Bundesfachplan Offshore hat einzelne Projektgrenzen innerhalb der Cluster allenfalls nachrichtlich und nachträglich, also soweit diese bereits genehmigt oder beantragt waren, dargestellt.[8] Er hat insoweit also keine konstitutive und begriffsnotwendig zukunftsgerichtete[9] Planungsfunktion übernommen.[10] Die exakte Standortbestimmung innerhalb der Cluster oblag vielmehr dem Vorhabenträger und war der lediglich nachvollziehenden Abwägung[11] durch die Planfeststellungsbehörde nach der ehemaligen SeeAnlV unterworfen.[12] Mit der Hochzonung der Standortentscheidung auf den Flächenentwicklungsplan wird diese Planungsaufgabe mithin vollständig auf das BSH verlagert, das insoweit „echte" – also jenseits der Bindungen an das planerische Konzept eines Vorhabenträgers bestehende[13] – planerische Gestaltungsfreiheit ausübt. Die räumlichen Steuerungsmöglichkeiten der Behörde sind mithin erheblich gestärkt worden.

Ebenfalls neuartig ist die verbindliche flächenspezifische Kapazitätsplanung gem. § 5 Abs. 1 S. 2 Nr. 5 WindSeeG. Insoweit wurde bereits festgestellt, dass das BSH mit dem vormaligen Bundesfachplan Offshore keine bindenden Vorgaben über die Leistung zukünftiger Offshore-Windparks gemacht hat, sondern nur unverbindlich ein rechnerisches Erzeugungspotenzial für die Cluster insgesamt aufnahm, die der weiteren Netzplanung als Anhaltspunkt dienen konnten.[14]

Hingegen weist § 5 Abs. 1 S. 1 Nr. 4 WindSeeG, wonach der Flächenentwicklungsplan die voraussichtlichen Inbetriebnahmezeitpunkte für die auf den

---

[8] Vgl. *Bundesamt für Seeschifffahrt und Hydrographie*, Bundesfachplan Offshore für die ausschließliche Wirtschaftszone Nordsee v. 12.05.2015, S. 102 (dort Abbildung 10).

[9] Zur Definition s. Kapitel 2 I 1. a) aa).

[10] Noch weitergehend *Schubert*, Maritimes Infrastrukturrecht, 2015, S. 222, der zu dem Ergebnis gelangt, dass die „planerisch-konstitutive Funktion [des Bundesfachplans Offshore] auf die Trassenbestimmung für Netzanbindungsleitungen beschränkt" gewesen sei und somit keinerlei Standortvorentscheidungen für Offshore-Windparks getroffen habe.

[11] Zur nachvollziehenden Abwägung *Schüler*, Die Bedürfnisprüfung im Fachplanungs- und Umweltrecht, 2008, S. 119 ff.; *Riemer*, Investitionspflichten der Betreiber von Elektrizitätsübertragungsnetzen, 2017, S. 117 ff.; *Dreier*, Die normative Steuerung der planerischen Abwägung, 1995, S. 44 f.; *Runkel*, in: Ernst/Zinkahn u. a., BauGB, § 38 BauGB Rn. 49; zur Herkunft und (uneinheitlichen) Verwendung des Begriffs *Erbguth*, JZ 2006, 484 (488).

[12] Vgl. *Riemer*, Investitionspflichten der Betreiber von Elektrizitätsübertragungsnetzen, 2017, S. 193 ff.; *Spieth/Uibeleisen*, NVwZ 2012, 321 (322).

[13] S. zusammenfassend *Riemer*, Investitionspflichten der Betreiber von Elektrizitätsübertragungsnetzen, 2017, S. 117 f.

[14] S. *Bundesamt für Seeschifffahrt und Hydrographie*, Bundesfachplan Offshore für die Ausschließliche Wirtschaftszone 2016/2017, S. 18 ff.

Flächen bezuschlagten Windenergieanlagen und die zugehörigen Anbindungsleitungen, aber auch für den Bau der Innerparkverkabelung hin zu den Konverter- oder Umspannplattformen festlegt, teilweise Ähnlichkeit zu dem für den Offshore-Netzentwicklungsplan geltenden § 17a Abs. 1 S. 2, Abs. 2 EnWG auf. Dieser soll(te) „alle wirksamen Maßnahmen zur bedarfsgerechten Optimierung, Verstärkung und zum Ausbau der Offshore-Anbindungsleitungen" enthalten (§ 17b Abs. 1 S. 2 EnWG) und zu diesem Zweck wiederum unter Berücksichtigung der von der Bundesnetzagentur genehmigten Erzeugungskapazitäten „Angaben zum geplanten Zeitpunkt der Fertigstellung und [...] verbindliche Termine für den Beginn der Umsetzung" (§ 17b Abs. 2 S. 1, 2 EnWG) festlegen. Die neue Vorschrift zum Flächenentwicklungsplan ist demgegenüber aber deutlich dezidierter und umfänglicher, indem sie das BSH zusätzlich zur zeitlichen Abstimmung sämtlicher Planungen für die Erzeugungs-, Neben- und Transportanlagen verpflichtet.

Die Festlegungen gem. § 5 Abs. 1 S. 1 Nr. 3 WindSeeG hinsichtlich der Kalenderjahre und zeitlichen Reihenfolge der Flächenausschreibungen schließlich knüpfen an das mit Teil 3 WindSeeG eingeführte Ausschreibungsmodell an, sodass sie naturgemäß keinen Vorläufer in den vormaligen Planungen finden.

bb) Vergleichbare Fachpläne

Insbesondere aber kann für die systematische Einordnung des Flächenentwicklungsplans die Frage nach Parallelen zu anderen (vorbereitenden) Fachplänen aufschlussreich sein. So wurden im dritten Kapitel bereits vereinzelte Ähnlichkeiten zum Bedarfsplan für Bundesfernstraßen nach § 1 FStrABG festgestellt, was die zeitliche Priorisierung des Flächenausbaus nach § 5 Abs. 1 S. 1 Nrn. 3 und 4 WindSeeG betrifft.[15] Hinsichtlich der raumplanerischen Elemente des Flächenentwicklungsplans bietet sich eine vergleichende Heranziehung der Bundesfachplanung gem. §§ 4 ff. NABEG, der Linienführung für Wasser- und Bundesfernstraßen und des Standortauswahlverfahrens nach dem Standortauswahlgesetz[16] an. Ihre Rechtswirkungen und Inhalte unterscheiden sich gleichwohl im Einzelnen, wie zu zeigen sein wird, und zwar insbesondere in Abhängigkeit vom Aufbau der jeweiligen Planungskaskade und der spezifischen Funktion des Plans hierin.

---

[15] S. Kapitel 3 II. 2. d) aa) sowie Kapitel 3 IV.

[16] Gesetz zur Suche und Auswahl eines Standortes für ein Endlager für hochradioaktive Abfälle v. 05.05.2017 (BGBl. I S. 1074), zul. geänd. durch Art. 1 des Gesetzes zur Anpassung der Kostenvorschriften im Bereich der Entsorgung radioaktiver Abfälle sowie zur Änderung weiterer Vorschriften vom 07.12.2020 (BGBl. I S. 2760).

(1) Bundesfachplanung gem. §§ 4 ff. NABEG

In der Literatur wurden teils Ähnlichkeiten des Flächenentwicklungsplans mit der landseitigen Bundesfachplanung gem. §§ 4 ff. NABEG gesehen.[17] Dem ist insoweit zuzustimmen, als beide Pläne die räumliche Planung von Trassenkorridoren und Grenzübergangspunkten für Hoch- bzw. Höchstspannungsleitungen übernehmen (§ 12 Abs. 2 S. 1 Nr. 1 NABEG, § 5 Abs. 1 S. 1 Nrn. 7–9 WindSeeG)[18] und zudem funktional die landesplanerischen Raumordnungsverfahren ersetzen (können)[19]. Für den Flächenentwicklungsplan gilt letzteres auch insoweit, als er konkrete Windparkgrenzen bestimmt.[20] Inhaltlich haben beide Planungen umfassende räumliche Alternativenprüfungen zum Gegenstand[21]; zudem werden sie mit dem Ziel eines beschleunigten, effizienten und koordinierten Netz- bzw. Erzeugungsflächenausbaus (vgl. § 1 NABEG, § 1 Abs. 2 WindSeeG) zentralisiert durch Bundesoberbehörden[22] durchgeführt. Ihnen kommt keine unmittelbare Außenwirkung gegenüber den Vorhabenträgern oder -betroffenen zu[23], jedoch sind sie im Verhältnis zu nachfolgenden Planfeststellungs- bzw. Plangenehmigungsverfahren grundsätzlich verbindlich (S. §§ 6 Abs. 9 S. 2 WindSeeG, 15 Abs. 1 S. 1 NABEG).

Eine geringere Vergleichbarkeit könnte sich jedoch im Hinblick auf ihren Individualisierungsgrad, ihr Verhältnis zu anderen Raumplänen und ihre Funktion innerhalb der gestuften Fachplanung selbst ergeben. So sind bei der Aufstellung des Flächenentwicklungsplans die materiellen Erfordernisse der Raumordnung strikt beachtlich (§ 5 Abs. 3 S. 2 Nr. 1 WindSeeG), während der Bundesfachplanung jedenfalls grundsätzlich Vorrang gegenüber den Raumordnungsplänen der Länder zukommt (§ 15 Abs. 1 S. 2 NABEG)[24]. Was die Stellung der Pläne in ihrer jeweiligen Planungskaskade betrifft, bildet die Bun-

---

[17] So *Chou*, EurUP 2018, 296 (301 f.).

[18] Zusammenfassend zu den Inhalten der Bundesfachplanung etwa *Kupfer*, DV 47 (2014), 77 (101).

[19] Für den Flächenentwicklungsplan gilt dies potenziell im Bereich des Küstenmeeres, wo das Raumordnungsverfahren anders als in der AWZ prinzipiell Anwendung finden kann, s. Kapitel 2 I. 3. a) aa); zur „Substitutionsfunktion" der Bundesfachplanung für die Raumordnung insgesamt *Kment*, NVwZ 2015, 616 (618); *Mitschang*, UPR 2015, 1 (4); *Schink*, NWVBl 2018, 45 (47); *Schaller/Henrich*, UPR 2014, 361; *Appel*, NVwZ 2013, 457.

[20] Zu dieser Funktion des Raumordnungsverfahrens im Küstenmeer s. Kapitel 2 I. 3. a) aa).

[21] S. für die Bundesfachplanung §§ 5 Abs. 4, 12 Abs. 2 S. 1 Nr. 4 NABEG sowie *Hagenberg*, UPR 2015, 442; *Kment*, NVwZ 2015, 616 (618, 622 f.).

[22] Für das BSH s. § 5 Abs. 1 S. 1 SeeAufgG; für die Bundesnetzagentur § 1 S. 2 BNAG.

[23] S. § 15 Abs. 3 S. 1 NABEG und zum Flächenentwicklungsplan Kapitel 2 III. 4. a).

[24] Die zeitliche und sachliche Reichweite dieses Vorrangs sind umstritten, s. *Eding*, Bundesfachplanung und Landesplanung, 2016, S. 170 ff.*; Potschies*, Raumplanung, Fachplanung und kommunale Planung, 2017, S. 142 ff.; *Baumann/Brigola*, DVBl 2020, 324 (326 f.); *Kümper*, DVBl 2016, 1572; *Weghake*, DVBl 2016, 271 (272); *Mitschang*, UPR 2015, 1 (7) sowie *Sellner/Fellenberg*, NVwZ 2011, 1025 (1031).

desfachplanung die zweite Stufe einer insgesamt dreistufigen Fachplanung[25]; denn die Zulassungsstufe folgt ihr unmittelbar nach. Dem Flächenentwicklungsplan folgt im Hinblick auf seine leitungsbezogenen räumlichen Festlegungen nach § 5 Abs. 1 S. 1 Nrn. 7 und 8 WindSeeG – d. h. jene zum Verlauf von Trassen und Trassenkorridoren und zu den Grenzübergangspunkten für Offshore-Anbindungsleitungen – zwar ebenfalls als nächste formelle Stufe das Plangenehmigungsverfahren nach, da die Voruntersuchung Anbindungsleitungen nicht erfasst (§ 13 Hs. 1 WindSeeG). Doch bildet er selbst die initiale Stufe der Fachplanung. Dabei kombiniert er raum- und bedarfsplanerische Festlegungen, während der Bundesfachplanung ein eigenständiges Verfahren zur Bedarfsplanung vorgelagert ist (§§ 12a-e EnWG). In der Folge bewältigt jene spezifisch nur raumplanerische Konflikte. Zweitens beschränkt sie sich in der Regel auf einen konkreten Leitungsabschnitt[26] und damit einen erheblich kleineren Planungsraum, als er Gegenstand des Flächenentwicklungsplans ist, nämlich (mindestens[27]) der gesamten AWZ. Der individuelle Projektträger steht während der Bundesfachplanung – anders als bei der Erstellung des Flächenentwicklungsplans – bereits fest und die grundsätzliche Antragsbindung[28] des Verfahrens rückt dieses zusätzlich in die Nähe einer Planfeststellung. Gleichwohl kann der Flächenentwicklungsplan die Bundesfachplanung hinsichtlich des räumlichen Konkretisierungsgrades übertreffen, da er nicht nur Trassenkorridore, sondern auch bereits den Trassenverlauf selbst bestimmen kann[29], der nach dem System des NABEG erst Gegenstand des Planfeststellungsverfahrens auf der Folgeebene ist (vgl. § 19 S. 4 Nr. 1 NABEG)[30].

Insgesamt erweist sich die Bundesfachplanung damit als kleinräumigere, individualisierte Planung, die inhaltlich weit weniger breit aufgestellt ist als die des strategisch[31] und großräumig angelegten Flächenentwicklungsplans. Dafür weist sie hinsichtlich ihrer spezifischen Inhalte eine umfassende und abschließende Verbindlichkeit auf, die insbesondere auch das Verhältnis zur Raumordnung betrifft.

---

[25] Zu dieser allgemein *Franke/Wabnitz*, ZUR 2017, 463 (463 f.); *Otte*, UPR 2016, 451 (451 f.); *Moench/Ruttloff*, NVwZ 2014, 897 (897 f.); *Franke*, Beschleunigung der Planungs- und Zulassungsverfahren beim Ausbau der Übertragungsnetze, FS Salje, 2013, S. 121 (133–135); *de Witt/Kause*, ER 2013, 109 (109 f.); *Schirmer/Seiferth*, ZUR 2013, 515 (519 ff.); *Schneider*, EnWZ 2013, 359 (340); *Durner*, NuR 2012, 369 (370 ff.); *Appel*, UPR 2011, 406 (408 f.).

[26] S. zur Abschnittsbildung § 5 Abs. 8 NABEG sowie eingehend *Kment/Pleiner*, DVBl 2015, 542.

[27] Zur Möglichkeit einer zentralen Flächenentwicklung im Küstenmeer s. Kapitel 2 I. 3. a) bb).

[28] Wenngleich diese weitgehenden Einschränkungen unterliegt, s. etwa *Riemer*, Investitionspflichten der Betreiber von Elektrizitätsübertragungsnetzen, 2017, S. 120.

[29] Zur Abgrenzung s. § 3 Nrn. 6 und 7 NABEG.

[30] Zum Abstraktionsniveau der Bundesfachplanung *Kment*, NVwZ 2015, 616 (620 f.).

[31] Hierzu noch eingehend u. Kapitel 5 I. a) dd).

(2) Standortauswahlverfahren

Im Hinblick auf seine Funktion und Stellung in der Planungskaskade könnte der Flächenentwicklungsplan vielmehr Ähnlichkeiten zur ersten Phase des Standortauswahlverfahrens aufweisen, in welcher sog. Teilgebiete und Standortregionen nach §§ 13, 14 StandAG für einen Endlagerstandort ermittelt werden.[32] Denn auch diese bildet den funktional ersten Planungsschritt zur iterativen Eingrenzung und Identifikation rechtlich und tatsächlich geeigneter Vorhabenstandorte. Hierzu findet eine strategisch und großräumig, d. h. über das gesamte Bundesgebiet angelegte Raumplanung mit frühzeitigen Alternativenprüfungen statt. Das Ergebnis der ersten Planungsphase bildet die Grundlage weiterer geowissenschaftlicher bzw. geophysikalischer Untersuchungen mit dem Zweck einer „Wissensgenerierung im und durch Verfahren"[33].[34] In deren Rahmen können auf erster Stufe getroffene positive Standortentscheidungen korrigiert werden.[35]

Insoweit sind punktuelle Ähnlichkeiten zur Festlegung von Gebieten und Flächen für die Errichtung und den Betrieb von Windenergieanlagen auf See im Sinne des § 3 Nrn. 3 und 4 WindSeeG durch den Flächenentwicklungsplan (§ 5 Abs. 1 S. 1 Nrn. 1 und 2 WindSeeG) nicht von der Hand zu weisen. Denn nicht nur beinhaltet diese ebenfalls eine weitflächig angelegte Raumanalyse unter frühzeitigem Ausschluss ungeeigneter Standortalternativen; auch stehen ihre Ergebnisse unter dem Vorbehalt weiterer geologischer und geotechnischer, biologischer und ozeanografischer Flächenuntersuchungen (§ 10 Abs. 1 WindSeeG), in deren Rahmen schrittweise planungsrelevantes Wissen bei der Behörde generiert und kumuliert werden soll[36]. Positive Standortentscheidungen im Flächenentwicklungsplan sind insofern ebenso der Korrektur auf nachfolgender Planungsstufe zugänglich (vgl. § 12 Abs. 5 S. 3, 4 und Abs. 6 WindSeeG).

Deutliche Unterschiede ergeben sich indes hinsichtlich der Rechtsform der Planung: Während der Flächenentwicklungsplan ohne Rechtsnormqualität ergeht, werden die Standortregionen nach § 14 StandAG durch ein Bundesgesetz fixiert (§ 15 Abs. 3 StandAG). Überhaupt weist das Standortauswahlverfahren, der hohen Bedeutung der Planungsentscheidung geschuldet, eine höhe-

---

[32] Zum Verfahren *Kürschner*, Legalplanung, 2020, S. 194 ff.; *Langer*, Die Endlagersuche nach dem Standortauswahlgesetz, 2021, S. 290 ff.; *Hamacher*, Standortauswahl für ein Endlager für radioaktive Abfälle, 2022, 79 ff.

[33] *Hamacher*, Standortauswahl für ein Endlager für radioaktive Abfälle, 2022, S. 83 ff.

[34] Zunächst in Form der sog. übertägigen Erkundung gem. § 16 StandAG, s. auch hierzu *Kürschner*, Legalplanung, 2020, S. 197 f.

[35] *Hamacher*, Standortauswahl für ein Endlager für radioaktive Abfälle, 2022, S. 130.

[36] *Pflicht*, EnWZ 2016, 550 (551).

re Komplexität[37] und Zahl an Verfahrensstufungen[38] auf; gleichzeitig sind seine Inhalte rein raumplanerischer Natur[39]. Letztlich ist auch der Rechtsschutz nicht – wie im WindSeeG – nach dem konzentrierten („Schlusspunkt"-)Modell konzipiert, sondern phasenspezifisch ausgestaltet[40].

(3) Bundesfernstraßenplanung

Letztlich sind in einzelnen Aspekten auch Bezüge des Flächenentwicklungsplans zu den verschiedenen Stufen der Bundesfernstraßenplanung[41] zu verzeichnen. So verbindet ihn zunächst mit dem Bundesverkehrswegeplan der Bundesregierung eine hochzonige Bedarfsprognose und der inhaltliche Charakter als Konzept- und Strukturplan unter Einschluss umfassender Alternativenprüfungen.[42] Anders als dieser hat der Flächenentwicklungsplan jedoch insbesondere keinen trägerübergreifenden Charakter.[43] Inhaltliche Parallelen sowohl zum Verkehrswegeplan als auch dem darauf aufbauenden Bedarfsplan für die Bundesfernstraßen (§ 1 FStrAbG) bestehen zudem hinsichtlich der Projektpriorisierungen, die sich im Flächenentwicklungsplan vor allem durch Festlegung der Ausschreibungsreihenfolge (§ 5 Abs. 1 S. 1 Nr. 3 WindSeeG), in der Fernstraßenplanung im Wege der Bestimmung von Dringlichkeitsstufen (§ 2 FStrAbG)[44] vollzieht. Zur Linienführung gem. § 16 FStrG[45] besteht inhaltliche Ähnlichkeit im Hinblick auf die Bestimmung der Trassenführung nach § 5 Abs. 1 S. 1 Nrn. 7 und 9 WindSeeG wie auch, was die Rechtsfolge angeht, den Charakter als jedenfalls weitgehendes[46] Verwaltungsinternum.

---

[37] Ausführlich zu diesem Aspekt *Langer*, Die Endlagersuche nach dem Standortauswahlgesetz, 2021, S. 490 ff.

[38] Jedenfalls bei Einschluss auch interner Abschichtungen, s. zum Begriff *Siegel*, Entscheidungsfindung im Verwaltungsverbund, 2009, S. 185.

[39] Zur Einordnung als Raumplanung *Kürschner*, Legalplanung, 2020, S. 65 ff.

[40] *Langstädtler*, Effektiver Umweltrechtsschutz in Planungskaskaden, 2021, S. 427 ff., 502 ff.; *Schlacke*, ZUR 2017, 456 (461); ausführlich zum Rechtsschutz auch *Kürschner*, Legalplanung, 2020, S. 220 ff.; *Hamacher*, Standortauswahl für ein Endlager für radioaktive Abfälle, 2022, S. 226 ff.

[41] Ausführlich zu diesen etwa *Tausch*, Gestufte Bundesfernstraßenplanung, 2011, S. 26 ff.

[42] Zum Bundesverkehrswegeplan *Tausch*, Gestufte Bundesfernstraßenplanung, 2011, S. 42 ff.; *Kupfer* in Schoch/Schneider, Verwaltungsrecht, Vorbem. § 72 VwVfG Rn. 84.

[43] Hierzu *Erbguth*, ZUR 2021, 22; *Tausch*, Gestufte Bundesfernstraßenplanung, 2011, S. 50.

[44] Zu diesen *Maaß/Vogt*, in: Dies., FStrAbG, § 2 Rn. 2 ff.; *Tausch*, Gestufte Bundesfernstraßenplanung, 2011, S. 77 f.

[45] Zu dieser *Sauthoff*, in: Ziekow, Handbuch des Fachplanungsrechts, § 11 Rn. 20; *Kämper*, in: Johlen/Oerder, § 19 Rn. 110.

[46] S. zur punktuellen Außenwirkung des Flächenentwicklungsplans oben Kapitel 2 III. 4. a).

Wie schon der Vergleich mit der Bundesfachplanung nach §§ 4 ff. NABEG ergeben hat, vereint der Flächenentwicklungsplan also letztlich planerische Inhalte, die in anderen Fachplanungssystemen iterativ über mehrere Stufen abgearbeitet werden; dies vor allem, weil er Elemente der Raum- und Bedarfsplanung vereint.

cc) Fazit: Vorbereitende Fachplanung sui generis

Festzuhalten bleibt damit, dass der Flächenentwicklungsplan gegenüber anderweitigen Fachplänen mit (entfernt) vergleichbaren Planungsgegenständen die soeben dargestellten, teils erheblichen Unterschiede aufweist, was im Ergebnis für seine Einordnung als Fachplan sui generis spricht.[47] Fraglich bleibt gleichwohl seine systematische Verortung im Fachplanungsrecht, soweit letzteres zwischen vorbereitender und durchführender Fachplanung unterscheidet.[48] Vorbereitende Fachpläne sind grundsätzlich durch einen hohen Abstraktionsgrad und ihre regelmäßig fehlende rechtliche Außenwirkung gekennzeichnet.[49] In der Praxis ergehen sie typischerweise als Planungen des Bundes mit der Rechtsnatur eines „Planungs- oder Rechtsakts sui generis".[50] Demgegenüber erfasst die durchführende Fachplanung gerade letzt- und außenverbindliche Planungen und damit insbesondere die Planfeststellung.[51]

In Bezug auf den Flächenentwicklungsplan wurde bereits festgestellt, dass dieser sich überwiegend als Verwaltungsinternum darstellt[52]; schon hierdurch, aber auch durch seinen Charakter als Bundesplanung sui generis ist seine Einordnung als vorbereitender Fachplan indiziert. Besonderheiten bestehen einzig hinsichtlich seines räumlichen und sachlichen Konkretisierungsgrades. Denn dieser ist dem einer durchführenden Fachplanung jedenfalls angenähert, indem Vorhabenstandorte und -modalitäten bereits auf früher Planungsebene weitgehend vorbestimmt werden. Dies gilt nicht nur hinsichtlich der Art und der räumlichen Umgrenzung des Vorhabens an einem bestimmten Standort; auch die Leistungskapazität und technischen Nebenanlagen des Windparks werden durch der Flächenentwicklungsplan determiniert. Damit hebt er sich nicht nur von anderen vorbereitenden Fachplänen ab, soweit diese als Bedarfspläne Vorhaben lediglich räumlich abstrakt anhand einer Ortsbenennung für die An-

---

[47] So auch *Schulz/Appel*, ER 2016, 231 (233); *Chou*, EurUP 2018, 296 (302).

[48] Grundlegend zu dieser Systembildung *Forsthoff/Blümel*, Raumordnungsrecht und Fachplanungsrecht, 1970, S. 22.

[49] *Forsthoff/Blümel*, Raumordnungsrecht und Fachplanungsrecht, 1970, S. 22; s. außerdem *Blümel*, DVBl 1997, 205; *Deutsch*, ZUR 2021, 67 (68); *Kürschner*, Legalplanung, 2020, S. 61.

[50] *Deutsch*, ZUR 2021, 67 (68).

[51] *Forsthoff/Blümel*, Raumordnungsrecht und Fachplanungsrecht, 1970, S. 22; *Kürschner*, Legalplanung, 2020, S. 61.

[52] S. Kapitel 2 II. 4. a).

fangs-, End- und ggf. Zwischenpunkte beschreiben (vgl. etwa § 1 Abs. 2 S. 2 BBPlG[53]); auch übernimmt er funktional Planungen, die im vorherigen System erst der („durchführenden") Vorhabenzulassung vorbehalten waren.

Gleichwohl lässt sich eine weitgehende räumlich-sachliche Projektkonkretisierung auch bei anderen vorbereitenden Fachplanungen feststellen, so etwa der Linienbestimmung nach § 16 FStrG.[54] Entscheidend muss letztlich sein, dass der Flächenentwicklungsplan trotz seiner fortgeschrittenen räumlich-sachlichen Konkretisierungen eindeutig keine Einzelfall-[55] oder Letztentscheidung über die Zulässigkeit von Offshore-Windparkvorhaben trifft. Dies führt im Ergebnis dazu, dass er nach der dargestellten Systematik als vorbereitende Fachplanung zu qualifizieren ist.

dd) Strategische Planung?

Was die planungstheoretische[56] Verortung des Flächenentwicklungsplans betrifft, betonen die Gesetzgebungsmaterialien wiederholt dessen Charakter als „strategische Planung".[57] Dieser Begriff findet im deutschsprachigen Raum seit den 2000er Jahren (wieder[58]) vermehrt Verwendung, im Kontext der öffentlichen Raumplanung insbesondere als alternatives Konzept zur projektorientierten, sog. inkrementellen Planung, die durch räumlich punktuelle und eher kurzfristige Maßnahmen gekennzeichnet ist.[59] Jener soll die strategische Planung gleichsam als „Rückkehr der großen Pläne"[60] gegenüberstehen; dabei bleibt sie im Hinblick auf Steuerungsumfang und -komplexität jedoch hinter

---

[53] Zur fehlenden räumlichen Konkretisierung durch den Bundesbedarfsplan etwa *Kment*, NVwZ 2015, 616 (617); *Ruge*, ER 2013, 143 (144).

[54] In deren Rahmen werden u. a. der „grundsätzliche" Trassenverlauf, Verknüpfungen mit dem vorhanden Straßennetz, Schnittstellen mit Anlagen anderer Verkehrsträger und die Straßenführung über Brücken, durch Tunnel etc. festgelegt, zusammenfassend etwa *Kupfer*, in: Schoch/Schneider, VwVfG, § 72 Rn. 102.

[55] Der Projektträger ist in diesem Planungsstadium noch nicht individualisiert; dies erfolgt vielmehr erst mit Zuschlagserteilung.

[56] Zu Inhalt und Entwicklung der inter- und transdisziplinären Planungstheorie *Wiechmann*, in: ARL Handwörterbuch der Stadt- und Raumentwicklung, 2019, S. 1771 ff.

[57] BT-Drs. 18/8860, S. 276, 283.

[58] Insoweit wird von mehreren Stimmen auch eine „Renaissance" des Begriffs beschrieben, so etwa bei *Altrock*, Strategieorientierte Planung in Zeiten des Attraktivitätsparadigmas, in: Hamedinger u. a. (Hrsg.), Strategieorientierte Planung im kooperativen Staat, 2008, S. 61; *Wiechmann/Hutter*, Die Planung des Unplanbaren, in: Hamedinger u. a. (Hrsg.), Strategieorientierte Planung im kooperativen Staat, 2008, S. 102 (116).

[59] *Wiechmann*, Zum Stand der deutschsprachigen Planungstheorie, in: Wiechmann (Hrsg.), ARL Reader Planungstheorie, Band 2, S. 1 (7); *Hutter u. a.*, Strategische Planung, in: Wiechmann (Hrsg.), ARL Reader Planungstheorie, Band 2, S. 13 (17); *Kühn*, RuR 2008, 230 (232).

[60] *Hutter u. a.*, Strategische Planung, in: Wiechmann (Hrsg.), ARL Reader Planungstheorie, Band 2, S. 13 (17) m. w. N.

der sog. integrativen Entwicklungsplanung zurück, die – in Richtung einer „Masterplanung" – darauf abzielt, als geschlossenes Modell mit umfassenden, langfristig angelegten Planwerken alle bedeutenden öffentlichen Ressorts synoptisch zu steuern.[61] Demnach gilt strategische Planung als „Mittelweg" zwischen den genannten Grundmodellen und soll als solcher deren jeweilige Defizite beheben oder jedenfalls abschwächen.[62] So sind inkrementelle Planungen zwar flexibel und auf vergleichsweise kurze Sicht umsetzbar, verzichten aber auf eine Steuerung komplexerer, struktureller Defizite und orientieren sich typischerweise an Einzelinteressen der am Projekt beteiligten (Privat-)Akteure.[63] Die integrative Entwicklungsplanung andererseits unterliegt praktischen Funktionsgrenzen, die sich u. a. aus dem mit ihr verbundenen technokratischen Aufwand und der zwangsläufigen Unsicherheit von Langzeitprognosen ergeben.[64]

Ausgehend von diesen Schwächen, beschreibt die strategische Planung grundsätzlich ein Planungsmodell mit „mittlerem" Steuerungsumfang, das zwar auf eine projektübergreifende Rahmensetzung abzielt, hierbei jedoch keinen umfassenden Integrationsanspruch verfolgt, sondern sich auf selektive Planungsgegenstände beschränkt und konzentriert.[65] Sie ist dabei nicht gesamt-, sondern teilräumig angelegt und verbindet verschiedene Projekte nur bis zu einer „überschaubaren" Zahl. Wesentliches Merkmal ist zudem ein iteratives Vorgehen[66] mit Wechselwirkungen zwischen Konzept- und Projektentwicklung: Nicht nur werden Einzelprojekte deduktiv aus langfristigen Leitbildern und Gesamtkonzepten heraus konkretisiert, sondern letztere auch umgekehrt anhand projektbezogener Erkenntnisse laufend fortentwickelt und ihre Umsetzung – im Sinne eines „lernenden Systems" – evaluiert.[67] Durch diesen „Einbau von Rückkoppelungsschleifen"[68] wechseln sich Orientierungs- und Um-

---

[61] *Kühn*, RuR 2008, 230 (231 f.); *Ritter*, PND-online 2007, 1 (2), abrufbar unter: http://archiv.planung-neu-denken.de/fre-ausgaben-mainmenu-63.html.

[62] *Kühn*, RuR 2008, 230 (231).

[63] *Kühn*, RuR 2008, 230 (232); *Ritter*, PND-online 2007, 1 (3 f.), abrufbar unter: http://archiv.planung-neu-denken.de/fre-ausgaben-mainmenu-63.html.

[64] *Kühn*, RuR 2008, 230 (231 f.).

[65] Darstellung hier insgesamt nach *Kühn*, RuR 2008, 230 (233 ff.).

[66] *Hutter u. a.*, Strategische Planung, in: Wiechmann (Hrsg.), ARL Reader Planungstheorie, Band 2, S. 13 (18).

[67] *Kühn*, RuR 2008, 230 (234 ff.); *Fürst*, Internationales Verständnis von „Strategischer Regionalplanung, in: Vallée (Hrsg.), Strategische Regionalplanung, 2012, S. 18; *Ritter*, PND-online 2007, 1 (5 f.), abrufbar unter: http://archiv.planung-neu-denken.de/fre-ausgaben-mainmenu-63.html.

[68] *Ritter*, PND-online 2007, 1 (5), abrufbar unter: http://archiv.planung-neu-denken.de/fre-ausgaben-mainmenu-63.html.

setzungsphasen letztlich über mehrere Planungsebenen[69] hinweg zyklisch ab.[70] Neben der Evaluation bedient sich die strategische Planung im öffentlichen Sektor auch weiterer methodischer Rückgriffe auf die private Unternehmenssteuerung, so etwa der Szenarioplanung.[71] Sie erfolgt dabei idealerweise kooperativ und unter Einbeziehung und Entwicklung neuer Governance-Formen.[72]

Dabei gilt zu beachten, dass das dargestellte Modell strategischer Planung vor allem mit Blick auf die Stadt- und Regionalplanung entwickelt wurde.[73] Gleichwohl wird man nach dessen Kriterien auch mehrstufige Fachplanungssysteme mit vorbereitenden Elementen[74] wegen der Selektivität ihres Planungsgegenstandes einerseits und der projektübergreifenden Ausrichtung als „Konzeptplanung"[75] andererseits oftmals als strategische Planung ansehen können. Speziell die Fachplanung nach dem WindSeeG erfolgt so zunächst mehrstufig und projektübergreifend, jedoch selektiv im Hinblick auf die Erzeugung und Übertragung von Offshore-Windenergie. Dabei zeigt bereits deren historische Entwicklung klar einen schrittweisen Übergang von der „projektakzessorischen" zur mehr und mehr konzeptionellen Planung.[76] Ausgehend vom Charakter der §§ 4 ff. WindSeeG als Fachplanung des Bundes – insoweit bedürfen die für die Stadt- und Regionalplanung entwickelten Maßstäbe der Anpassung – ist sie als teilräumig anzusehen, indem sie sich grundsätzlich auf die deutsche AWZ beschränkt[77]; zudem bewegt sich die Zahl von Projekten

---

[69] Zum Aspekt der Mehrstufigkeit *Fassbinder*, Zum Begriff der strategischen Planung, in: Dies. (Hrsg.), Strategien der Stadtwicklung in europäischen Metropolen, 1993, S. 9 (12); *Fürst*, Internationales Verständnis von „Strategischer Regionalplanung, in: Vallée (Hrsg.), Strategische Regionalplanung, 2012, S. 18 (25).

[70] *Kühn*, RuR 2008, 230 (233 f.); *Ritter*, PND-online 2007, 1 (5), abrufbar unter: http://archiv.planung-neu-denken.de/fre-ausgaben-mainmenu-63.html.

[71] *Hutter u. a.*, Strategische Planung, in: Wiechmann (Hrsg.), ARL Reader Planungstheorie, Band 2, S. 13 (17).

[72] *Kühn*, RuR 2008, 230 (233 f.).

[73] Dies sowohl bei *Kühn*, RuR 2008, 230 als auch bei *Fürst*, Internationales Verständnis von „Strategischer Regionalplanung", in: Vallée (Hrsg.), Strategische Regionalplanung, 2012, S. 18 und *Ritter*, PND-online 2007, 1 (5 f.), abrufbar unter: http://archiv.planung-neudenken.de/fre-ausgaben-mainmenu-63.html.

[74] Zum Begriff der vorbereitenden Fachplanung s. o. cc).

[75] So etwa *Sauthoff*, in: Ziekow, Handbuch des Fachplanungsrechts, § 11 Rn. 14 f. zum Bundesverkehrswegeplan.

[76] S. hierzu Kapitel 1 III.

[77] Vgl. *Wagner/Faßbender/Gläß*, in: Posser/Faßbender, Praxishandbuch Netzplanung und Netzausbau, 2013, Kap. 7 Rn. 13: Der Inhalt der Begriffe Gesamt- und Teilraum sei „abhängig von der Ebene der Betrachtung."

mit insgesamt 17 ausgewiesenen Gebieten und 23 Flächen[78] samt zugehöriger Anbindungsplanung in einem überschaubaren Rahmen.

Vor allem aber sind im zentralen Modell Konzept- und Umsetzungsphasen – als erstere die Erstellung des Flächenentwicklungsplans, als letztere die Flächenvoruntersuchung, Ausschreibung und auch Planfeststellung – im Sinne eines „lernenden Systems" umfassend wechselseitig verknüpft. Dabei werden einerseits die Windparkprojekte „top-down" über die Stufen des Voruntersuchungs- und des Planfeststellungsverfahrens aus dem Gesamtkonzept des Flächenentwicklungsplans heraus konkretisiert. Andererseits sind die Ergebnisse der Umsetzungsphasen so an die Konzeptplanung rückgekoppelt, dass sie einen fortlaufenden „Soll-Ist-Abgleich" weitgehend gewährleisten können. So führen die negative Eignungsfeststellung für eine Fläche im Voruntersuchungsverfahren und spätere Anpassungen des Ausschreibungsvolumens zwingend zu entsprechenden Fortschreibungen des Flächenentwicklungsplans (§§ 12 Abs. 6 S. 3, 14 Abs. 4 S. 4 WindSeeG). Von der Fortschreibungspflicht in § 14 Abs. 4 S. 4 WindSeeG werden mittelbar auch Komplikationen in der Realisierungsphase der Projekte erfasst, da solche gem. § 82 Abs. 3 S. 1 Nr. 3 WindSeeG zum Widerruf des Zuschlags und in der Folge ebenfalls zu einer Anpassung des Ausschreibungsvolumens gem. § 14 Abs. 4 S. 1 WindSeeG führen können. Zudem verpflichtet § 69 Abs. 9 WindSeeG die Vorhabenträger nach Inbetriebnahme der Offshore-Windparks zur Übermittlung von Einspeisedaten an das BSH, um Annahmen des Flächenentwicklungsplans zu den Erzeugungskapazitäten zu validieren.[79] Insofern zeigt sich hier klar das für strategische Planungen typische Muster von „top-down und bottom-up in wechselnder Folge"[80].

Folglich kann festgehalten werden, dass weniger das isoliert betrachtete Planungsinstrument des Flächenentwicklungsplans als vielmehr die gestufte Fachplanung nach dem WindSeeG insgesamt als strategische Planung einzuordnen ist.

b) Flächenvoruntersuchung

Auch im Hinblick auf das Voruntersuchungsverfahren stellt sich die Frage nach vergleichbaren planungs- bzw. verwaltungsrechtlichen Instrumenten (bb)) und schließlich dessen fachplanungsrechtlicher Typisierung (cc)).

---

[78] S. *Bundesamt für Seeschifffahrt und Hydrographie*, Flächenentwicklungsplan 2023 für die deutsche Nordsee und Ostsee v. 20.01.2023, S. 3 (Tabelle 1). Das zahlenmäßige Verhältnis ergibt sich daraus, dass der aktuelle Plan (noch) nicht in allen Gebieten auch Flächen ausweist.

[79] BT-Drs. 20/1634, S. 101.

[80] *Fürst*, Internationales Verständnis von „Strategischer Regionalplanung", in: Vallée (Hrsg.), Strategische Regionalplanung, 2012, S. 18 (22).

aa) Vergleichbare Instrumente

Ausgangspunkt für die Auswahl der Vergleichsgegenstände muss dabei zum einen sein, dass jenes auf eine isolierte Betrachtung verbindlich vorgegebener Vorhabenstandorte beschränkt ist. In dessen Rahmen werden somit keine Standortalternativen mehr geprüft, sondern lediglich Ausführungsvarianten innerhalb der vorgegebenen Flächengrenzen. Hierin unterscheidet sich die Flächenvoruntersuchung von anderen, rein technisch betrachtet „mittleren" Fachplanungsstufen wie der Bundesfachplanung nach §§ 4 ff. NABEG, die gerade auf eine „offene" räumliche Alternativenprüfung angelegt ist und so inhaltlich vielmehr Parallelen zum Flächenentwicklungsplan aufweist. Stattdessen müssen die Ziele des Voruntersuchungsverfahrens maßgeblich sein, durch Erhebung und Bereitstellung von Informationen und – oftmals fachwissenschaftlichen – Prüfungen gleichsam gutachterlich Fragen der Zulassungsebene vorwegzunehmen, dies indes noch ohne konkreten Projektbezug. Vor diesen Aspekten drängt sich einerseits ein Vergleich mit dem Instrument des Vorbescheids auf (1), andererseits mit dem des sog. antizipierten Sachverständigengutachtens bzw., hiermit eng verwandt, der normkonkretisierenden Verwaltungsvorschrift (2).

(1) Vorbescheid

Insbesondere könnte die Eignungsfeststellung inhaltliche und systematische Parallelen zum Vorbescheid aufweisen, wie er im „gebundenen" Genehmigungsrecht etwa mit § 9 BImSchG existiert.[81] So kann jene zumindest funktional gleichsam als „antragsloser Standortvorbescheid" betrachtet werden, da sie ausdrücklich auf eine Abschichtung wesentlicher Standortfragen im Verhältnis zur Zulassung abzielt. Zudem wurde bereits festgestellt, dass die positive Eignungsfeststellung zwar in Form der Rechtsverordnung erlassen wird, ihrem Inhalt nach aber ebenso – gleich dem Vorbescheid – als Verwaltungsakt ergehen könnte, wobei beiden eine rein feststellende, nicht aber vorhabengestattende Wirkung[82] zukommt. Inhaltliche Parallelen bestehen weiterhin im Hinblick auf die „Vorgaben" gem. § 12 Abs. 5 S. 3 WindSeeG, die die Eignungsfeststellung etwa im Hinblick auf Anlagenbetrieb und -gestaltung[83] beinhalten kann; denn auch der Vorbescheid wird in der Praxis oftmals bereits mit Nebenbestimmungen zur Sicherstellung der Zulassungsvoraussetzungen nach Maßgabe des § 36 Abs. 1 Alt. 2 VwVfG versehen[84].

---

[81] Zum baurechtlichen Vorbescheid als weitere Form *Siegel*, in: Siegel/Waldhoff, Öffentliches Recht in Berlin, 3. Aufl. 2020, § 4 Rn. 192.

[82] Zu den Wirkungen des Vorbescheids *Siegel*, Entscheidungsfindung im Verwaltungsverbund, 2009, S. 163 f.; *Ders.*, in: Siegel/Waldhoff, Öffentliches Recht in Berlin, 3. Aufl. 2020, § 4 Rn. 192.

[83] Hierzu BT-Drs. 18/8860, S. 285.

[84] *Jarass*, in: Ders., BImSchG, § 9 Rn. 14; *Raschke/Roscher*, NVwZ 2021, 922 (927).

Bei genauerer Betrachtung werden allerdings – neben den formellen Aspekten der Form und Antragsbindung[85] – deutliche Unterschiede zwischen Vorbescheid und Eignungsfeststellung sichtbar, was ihr Verhältnis zur Zulassungsebene betrifft. So lässt sich feststellen, dass das Voruntersuchungsverfahren eine eigenständige, dem Planfeststellungsverfahren vorgelagerte Verfahrensstufe bildet, der Vorbescheid hingegen ein Instrument der internen Abschichtung im Zulassungsverfahren selbst[86]. Zweitens beurteilt der Standortvorbescheid die Standortfrage grundsätzlich abschließend und nach einem der Vollgenehmigung entsprechenden Prüfungsumfang und -maßstab[87], während die Voruntersuchung eine Prüfung gerade unter Vorläufigkeitsbedingungen beinhaltet[88], deren Konkretisierungsgrad hinter der projektbezogenen Zulassung zurückbleibt (vgl. § 10 Abs. 2 S. 1 Nr. 2 WindSeeG). Hiermit steht in engem Zusammenhang, dass auch die Bindungswirkung der (positiven) Eignungsfeststellung von Vornherein unter dem Vorbehalt der Aktualität und späteren Detailprüfung im Planfeststellungsverfahren steht (§ 69 Abs. 3 S. 4 WindSeeG). Der Vorbescheid ist dagegen, die Identität des Vorhabens im späteren Genehmigungsantrag vorausgesetzt, umfassend wirksam und für die Genehmigung verbindlich[89], selbst wenn sich Sach- oder Rechtslage nachträglich ändern.[90] Zuletzt ist die Eignungsfeststellung auch prozessual nicht mit einer § 11 BImSchG entsprechenden Präklusionswirkung versehen; vielmehr können ihre Feststellungen grundsätzlich im Rahmen eines Verfahrens über die Plangenehmigung inzident überprüft werden.[91]

Insgesamt kommt der Eignungsfeststellung damit anders als dem Vorbescheid kein Charakter als „vorweggenommener Teil"[92] der Zulassung selbst zu. Folglich kann sie weder selbst als Vorbescheid qualifiziert werden noch stellt sie – angesichts der dargestellten Differenzen – ein unmittelbar vergleichbares Instrument dar.

---

[85] S. zum Vorbescheid § 9 Abs. 1 BImSchG: „*Auf Antrag* soll durch Vorbescheid [...]".

[86] Eingehend *Siegel*, Entscheidungsfindung im Verwaltungsverbund, 2009, 163 ff.

[87] *Raschke/Roscher*, NVwZ 2021, 922 (927); *Dietlein*, in: Landmann/Rohmer, § 9 BImSchG Rn. 37; *Jarass*, in: Ders., BImSchG, § 9 Rn. 10.

[88] *Durner*, ZUR 2022, 3 (7).

[89] Hinsichtlich der abschließenden Beurteilung einzelner Genehmigungsvoraussetzungen gilt dies unstreitig; zur Frage der Bindungswirkung des Vorbescheids hinsichtlich der positiven vorläufigen Gesamtbeurteilung *Siegel*, Entscheidungsfindung im Verwaltungsverbund, 2009, S. 164; *Jarass*, in: Ders., BImSchG, § 9 Rn. 21; *Raschke/Roscher*, NVwZ 2021, 922 (924 f.).

[90] *Raschke/Roscher*, NVwZ 2021, 922 (927). Zur Möglichkeit des Widerrufs gem. § 9 Abs. 3 i. V. m. § 21 BImSchG in diesem Fall *Dietlein*, in: Landmann/Rohmer, § 9 BImSchG Rn. 90.

[91] S. Kapitel 4 I. 1. b) bb).

[92] *Siegel*, Entscheidungsfindung im Verwaltungsverbund, 2009, S. 165.

(2) Antizipiertes Sachverständigengutachten und normkonkretisierende Verwaltungsvorschrift

Hinsichtlich ihres eingeschränkten Verbindlichkeitsanspruchs (vgl. auch § 69 Abs. 3 S. 4 WindSeeG)[93] könnte die Eignungsfeststellung vielmehr Ähnlichkeit zu den Konstrukten des sog. antizipierten Sachverständigengutachtens und – mit diesen sachlich eng verknüpft – normkonkretisierenden Verwaltungsvorschriften aufweisen. Tatsächlich wurde auch die frühere Festlegung sog. Eignungsgebiete in der AWZ nach dem ehemaligen § 3a SeeAnlV als antizipiertes Sachverständigengutachten charakterisiert.[94]

Klarzustellen ist dabei zunächst, dass jedenfalls das antizipierte Sachverständigengutachten trotz bestimmter verwaltungsexterner Wirkungen keine Rechtsnormqualität aufweist[95] und sich schon insofern grundsätzlich von der verordnungsförmigen Eignungsfeststellung unterscheidet. Die Gemeinsamkeit liegt vielmehr in ihrer Rechtsverbindlichkeit unter Vorbehalt: Das antizipierte Sachverständigengutachten entfaltet Rechtsbindungen nur vorbehaltlich notwendiger Aktualisierungen und einer Prüfung des Einzelfalls auf möglicherweise atypische Aspekte.[96] Diese Einschränkungen sollen dem „vorgefertigten"[97] Charakter des Gutachtens, also seiner Vorgreiflichkeit in zeitlicher Hinsicht und dem fehlenden Einzelfallbezug, Rechnung tragen. Seine Verbindlichkeit erstreckt sich ausschließlich auf naturwissenschaftliche und technische, nicht aber auf (politisch) wertende Inhalte, insbesondere solche über die Zumutbarkeit von Belastungen.[98] Demgegenüber kann die normkonkretisierende Verwaltungsvorschrift gerade solche umfassen.[99] Hinsichtlich ihrer Rechtsfolgen gilt – auch hier trotz unmittelbarer Außenwirkungen – eine eingeschränkte Verbindlichkeit entsprechend der des antizipierten Sachverständigengutachtens, d. h. sie gilt stets unter Vorbehalt der Atypik und zeitlichen Überholung im Einzelfall.[100]

Was jene zeitliche Vorwegnahme tatbestandlicher Prüfungen und deren generellen Charakter ohne detaillierten Projektbezug angeht, lässt sich durchaus

---

[93] S. Kapitel 2 IV. 4. a) aa).

[94] *Brandt/Gassner*, SeeAnlV, 2002, § 3a Rn. 22 ff.

[95] *Riese*, in: Schoch/Schneider, Verwaltungsrecht, § 114 VwGO Rn. 172; für normkonkretisierende Verwaltungsvorschriften kann dies wegen ihres atypischen Charakters indes angenommen werden, vgl. *Geis*, in: Schoch/Schneider, Verwaltungsrecht, § 40 Rn. 174–177; zur Zulässigkeit der Normenkontrolle gem. § 47 Abs. 1 VwGO gegen solche BVerwG, Urt. v. 25.11.2004 – 5 CN 1/03 – NVwZ 2005, 602 (603).

[96] Grundlegend BVerwG, Urt. v. 17.02.1978 – I C 102.76 – BVerwGE 55, 250 (260 f.).

[97] Vgl. *Riese*, in: Schoch/Schneider, Verwaltungsrecht, § 114 VwGO Rn. 172.

[98] Zusammenfassend *Rudisile*, in: Schoch/Schneider, Verwaltungsrecht, § 98 VwGO Rn. 112.

[99] S. etwa zur TA Lärm *Fellenberg/Schiller*, in: Gerstner, Grundzüge des Rechts der Erneuerbaren Energien, 2013, Kap. 2 Rn. 13.

[100] Zusammenfassend *Siegel*, Allgemeines Verwaltungsrecht, 14. Aufl. 2022, Rn. 859 f.

eine Vergleichbarkeit zur Situation der (positiven) Eignungsfeststellung bejahen. Dabei nähert sich letztere inhaltlich insoweit mehr der normkonkretisierenden Verwaltungsvorschrift an als dem antizipierten Sachverständigengutachten, als sie prinzipiell auch wertende Inhalte – im Sinne einer Festlegung
von Zumutbarkeitsschwellen – aufweisen kann.[101] Andererseits bleibt der „in-
nere" Verbindlichkeitsanspruch des Voruntersuchungsergebnisses hinter dem
der vorgenannten zurück, da das BSH im späteren Plangenehmigungsverfahren
über Fälle der Atypik und fehlenden Aktualität hinaus grundsätzlich für jegliche nach ihrer Einschätzung gebotenen Vertiefungen abweichende Einzelfall-
prüfungen veranlassen darf (§ 69 Abs. 3 S. 4 WindSeeG). Auch deren äußere
Verbindlichkeit ist letztlich anders gestaltet, indem jene infolge der Verordnungsform generell besteht und insbesondere nicht von einer materiellen
„Konkretisierungsermächtigung"[102] im Fachrecht abhängt.

(3) Zwischenergebnis

Somit lässt sich festhalten, dass die Eignungsfeststellung im Rahmen des Voruntersuchungsverfahrens weniger mit dem Vorbescheid vergleichbar ist als
vielmehr mit den Instrumenten des antizipierten Sachverständigengutachtens
und der normkonkretisierenden Verwaltungsvorschrift. Zu jenen weist sie
deutliche Parallelen auf, wenngleich punktuelle Besonderheiten bestehen mögen, was ihre fachrechtlich angeordnete Rechtsform und -verbindlichkeit betrifft.

bb) Vorbereitende oder durchführende Fachplanung?

Innerhalb der Fachplanungskaskade nimmt das Voruntersuchungsverfahren
eine Mittelstellung zwischen der „klassisch" durchführenden Planung mittels
Plangenehmigungsverfahren und der hochzonigen, konzeptionell angelegten
Planung durch den Flächenentwicklungsplan ein. Hierdurch stellt sich die
Frage, wo sie in der fachplanungsrechtlichen Systematik aus vorbereitender
und durchführender Fachplanung[103] anzusiedeln ist. Für ihren „durchführenden" Charakter lässt sich insbesondere ihre Rechtsverbindlichkeit nach außen
anführen; zudem weist sie eine funktionelle Nähe zur Zulassungsebene auf,
weil es dem Gesetzgeber ausdrücklich darum ging, der Entscheidung über die
dort maßgeblichen Kriterien vorzugreifen. Auf der anderen Seite kommt ihr
keine Zulassungswirkung zu; ihr Zweck liegt nach dem oben Gesagten viel-

---

[101] So waren jedenfalls der bisherigen Verkehrsverträglichkeitsprüfung im Rahmen der
Voruntersuchung auch Aussagen über die Hinnehmbarkeit bestimmter Kollisionsrisiken immanent, s. Kapitel 2 IV. 3. a) bb).

[102] Näher hierzu *Ossenbühl*, Autonome Rechtssetzung der Verwaltung, in: Isensee/Kirch-
hoff, Handbuch des Staatsrechts V, § 104 Rn. 32.

[103] Nach *Forsthoff/Blümel*, Raumordnungsrecht und Fachplanungsrecht, 1970, S. 22; s.
bereits oben a) cc).

mehr darin, das Zulassungsverfahren vorzubereiten als es gleich einem Vorbescheid bereits in einzelnen Punkten selbst durchzuführen. Mithin ist das Voruntersuchungsverfahren ebenfalls klar der vorbereitenden Phase der Fachplanung zuzuordnen.

2. *Identifizierung der wesentlichen Wirkungsmechanismen*

Die verschiedenen Wirkungsweisen des zentralen Modells wurden in den Kapiteln 2 und 3 bereits getrennt im Hinblick auf die jeweiligen Regelungsgegenstände der räumlichen Steuerung und der Kapazitätssteuerung herausgearbeitet. Auf dieser Basis werden nachfolgend im Rahmen einer Gesamtschau einige zentrale Ansätze zur Realisierung der in § 1 Abs. 2 WindSeeG genannten Ziele identifiziert und zusammengetragen. Soweit das WindSeeG ergänzend auf die Beschleunigungseffekte punktuell wirkender Einzelmaßnahmen setzt, wie sie bereits vielmals Gegenstand vergangener „Beschleunigungsinitiativen" in verschiedenen Fachplanungssektoren waren[104], sei insbesondere auf das zweite Kapitel[105] und dortigen Literaturnachweise verwiesen.

a) *Eng koordinierte Raum- und Bedarfsplanung*

So ergaben die Betrachtungen der Kapitel 2 und 3 zunächst eine spezifische inhaltliche Abstimmung zwischen der räumlichen Fachplanung einerseits und der Bedarfsplanung andererseits. Dabei ist die vorbereitende Raumplanung quantitativ an die Ausbauziele gebunden, was eine bedarfsorientierte Flächensicherung gewährleistet.[106] Umgekehrt erfolgt die Bedarfsplanung für Erzeugungskapazitäten mit konkretem Flächenbezug und so bereits mit frühzeitigem Blick auf ihre Realisierbarkeit in raumplanerischer Hinsicht. In formeller, d. h. prozeduraler und kompetenzieller Hinsicht trägt zur inhaltlichen Synchronisierung der Raum- und Bedarfsplanung außerdem bei, dass diese auf den ersten zwei Fachplanungsstufen durch identische Verfahren und Instrumente (Flächenentwicklungsplan und ggf. Voruntersuchung) und zudem zentralisiert durch dieselbe Behörde (BSH) vorgenommen werden. Dies gilt, gleichwohl sie später auf unterschiedlichen Wegen realisiert werden, nämlich zum einen fachplanerisch und zum anderen regulatorisch.[107]

b) *Hochstufige Zeitplanung*

Zudem hat Kapitel 3 ergeben, dass der Flächenentwicklungsplan verbindliche Projektpriorisierungen vornimmt und differenzierte zeitliche Prognosen vor

---

[104] S. etwa zur Planfeststellung nach dem PBefG *Siegel/Himstedt*, DÖV 2021, 137.
[105] S. Kapitel 2 V. 2. f).
[106] Hierzu Kapitel 2 III. 3. a).
[107] S. Kapitel 2 III. 4 und IV. 4. a) zur Raumplanung und Kapitel 3 II. 2. c) zur Bedarfsplanung.

allem über die Inbetriebnahmezeitpunkte von Offshore-Windparks und -Anbindungsleitungen trifft.[108] Entsprechend umfangreiche Zeitpläne in der Bedarfsplanung sind per se kein Novum und finden sich auch etwa im fachlich eng verwandten Netzentwicklungsplan nach § 12b und c EnWG wieder (s. § 12b Abs. 1 S. 4 Nr. 2 EnWG). Im Gefüge des zentralen Modells jedoch ermöglicht erst diese – verbunden mit dem eben ausgeführten Raumbezug der Bedarfsplanung – eine effektive Abstimmung des Anlagenzubaus auf verfügbare Anbindungskapazitäten und die Synchronisierung zwischen Netz- und Ausbauplanung insgesamt, worauf es dem Gesetzgeber ausdrücklich ankam[109].

c) Mehrstufige Raumanalyse und „strategisches" Abschichtungskonzept

Zudem zeichnet sich das zentrale Modell durch eine planerische Hochzonung der Standortentscheidung und eine insgesamt dreistufige fachplanerische Raumanalyse aus, die wesentliche Zulassungsaspekte sehr weitgehend abschichtet. Die Koordination des Prüfungsstoffs über die verschiedenen Ebenen hinweg wird dabei nicht nur durch die allgemeinen Grundsätze der planerischen Abschichtung, insbesondere der Ebenenspezifik, vorgegeben, sondern auch durch spezielle Entwicklungsgebote und Abschichtungsklauseln des WindSeeG selbst.[110] Hiernach trifft der Flächenentwicklungsplan auf erster Stufe großräumig angelegte Alternativenprüfungen und schließt im Zuge einer Grobanalyse solche räumliche Optionen aus, denen von Vornherein erkennbar unüberwindbare Belange entgegenstünden. Das nachfolgende Voruntersuchungsverfahren dagegen betrachtet die vorausgewählten Flächen jeweils einzeln und untersucht deshalb in der Regel lokale Projektauswirkungen in größerer Detailtiefe. Dies entspricht auch der in seinem Zuge deutlich erweiterten und vertieften, gleichzeitig jedoch nur flächenspezifischen Datenbasis im Vergleich zur vorangehenden Erstellung des Flächenentwicklungsplans (vgl. § 10 Abs. 1 WindSeeG). Der Zulassungsebene schließlich bleibt vor allem die Beurteilung solcher Projektauswirkungen vorbehalten, die auf der konkreten Projektausführung, also etwa der Höhe der Anlagen oder ihrer Anordnung im Windpark, beruhen. Damit aber ist dem WindSeeG ein grundsätzlich kohärenter und wirksamer Mechanismus zur iterativen Komplexitätsbewältigung und Gewährleistung der Verfahrensökonomie[111] immanent.[112]

Zusätzlich beinhaltet das Abschichtungsmodell des WindSeeG Elemente der „umgekehrten" Abschichtung[113] von der nachgelagerten auf die höherstu-

---

[108] S. Kapitel 3 II. 2. a).

[109] S. § 1 Abs. 2 S. 2, 3 WindSeeG und BT-Drs. 18/8860, S. 270, 272, 332.

[110] S. Kapitel 2 IV. 3. b) aa).

[111] Zu dieser als Zweck der planerischen Abschichtung *Hagenberg*, UPR 2015, 442 (445).

[112] S. bereits *Himstedt*, NordÖR 2021, 209 (215).

[113] S. Kapitel 2 I. 2. b).

fige Planungsebene.[114] Derart „lernende" Systeme tragen durch die zyklische Rückkopplung nachgelagerter Verfahrensergebnisse an die hochstufige Konzeptplanung den Unsicherheiten Rechnung, mit denen planerische Prognosen zwangsläufig behaftet sind. Sie fangen insoweit die Möglichkeit von Fehlprognosen ab und kennzeichnen in planungstheoretischer Hinsicht speziell „strategische" Planungen[115].

d) Interdependenz zwischen Fachplanung und Regulierung

Letztlich verwirklicht das zentrale Modell ein Konzept, das in der Literatur unter dem Stichwort der „Interdependenz zwischen Planung und Regulierung"[116] diskutiert wird. Gemeint sind „normative Verflechtungen"[117] und systematische Wechselbeziehungen zwischen den beiden, grundsätzlich eigenständigen Rechtsregimen[118] des Planungs- und des Regulierungsrechts. Eine vergleichbar intensive Verknüpfung beider Regime weist die Steuerung der Windenergie an Land nach wie vor nicht auf.[119] Die entsprechenden Mechanismen des WindSeeG wurden in den Kapiteln 2 und 3 jeweils an den relevanten Stellen erörtert; jedoch lassen sich einige Aspekte besonders hervorheben.

So wird erstens der für die Netz- und Förderregulierung maßgebliche Ausschreibungsgegenstand aus der vorbereitenden Fachplanung entwickelt. Dies gilt sowohl hinsichtlich der Gebotsmenge als auch der Vorhabenfläche.[120] Dabei werden die durch die Bedarfsplanung ermittelten Kapazitätsvorgaben sogar vorrangig „regimefremd" realisiert, nämlich im Wege der Förder- und Netzregulierung und nicht über die weitere Fachplanung.[121]

Zweitens besteht eine spezifische Wechselbeziehung auch zwischen der Ausschreibungs- und der Zulassungsebene. Dabei verhalten sich jene zeitlich und funktional wesentlich anders zueinander als im landseitigen System. Denn während im zentralen Modell die Projektzulassung der Ausschreibung zeitlich nachfolgt und der Zuschlag sogar eine zwingende Antragsvoraussetzung im Rahmen der Planfeststellung bzw. -genehmigung bildet, setzt die Ausschreibungsteilnahme im Rahmen des EEG umgekehrt eine immissionsschutzrecht-

---

[114] Hierzu Kapitel 2 IV. 3. b) aa) (2).

[115] S. o. 1. a) dd).

[116] So bei *Franzius*, ZUR 2018, 11; *Bader*, Die Bedeutung der Interdependenz zwischen Planung und Regulierung für die Steuerung des Ausbaus der Onshore-Windenergieerzeugung, 2021; *Korbmacher*, Ordnungsprobleme der Windkraft, 2020, S. 8 ff.

[117] *Bader*, Die Bedeutung der Interdependenz zwischen Planung und Regulierung für die Steuerung des Ausbaus der Onshore-Windenergieerzeugung, 2021, S. 251.

[118] S. hierzu Kapitel 3 I. 3.

[119] Vgl. auch *Bader*, Die Bedeutung der Interdependenz zwischen Planung und Regulierung für die Steuerung des Ausbaus der Offshore-Windenergie, 2021, S. 238 ff.

[120] S. Kapitel 2 III. 4. b) und Kapitel 3 II. 2. c) aa).

[121] S. Kapitel 3 II. 2. c) cc) und dd).

liche Genehmigung als Präqualifikation voraus (§ 36 Abs. 1 Nr. 1 EEG)[122]. Infolgedessen kommt dem Zuschlag im Rahmen des WindSeeG eine standort-zuweisende Funktion zu, welche zuvor nach der SeeAnlV und auch im land-seitigen System auf der Zulassungsebene angesiedelt war bzw. ist.[123]

Zusätzlich stehen Zuschlag und Planfeststellungsbeschluss als jeweils ver-fahrensbeende Akte der Planung und Regulierung auch deshalb in einer unmit-telbaren Wechselbeziehung zueinander, weil die Unwirksamkeit des Zuschlags ipso iure die Unwirksamkeit des auf seiner Basis ergangenen Planfeststellungs-beschlusses bewirkt und umgekehrt die ablehnende Entscheidung über den Planfeststellungsantrag und die Unwirksamkeit eines Planfeststellungsbe-schlusses zur Unwirksamkeit des Zuschlags „in dem gleichen Umfang" führen (§ 87 Abs. 1 S. 1 Nr. 1 Hs. 2 und Abs. 2 WindSeeG). Im Falle einer Übertra-gung des Zuschlags folgt ihm der Planfeststellungsbeschluss bzw. die Plange-nehmigung für die Fläche zudem automatisch nach (§ 85 Abs. 2 S. 4 Wind-SeeG); Entsprechendes gilt umgekehrt (§ 85 Abs. 3 WindSeeG).

II. Ausblick:
Vorbild einer Fachplanung für Windenergie an Land?

Ausgehend von diesen wesentlichen Wirkungsprinzipien des zentralen Mo-dells untersucht der letzte Abschnitt schließlich deren Fortentwicklungspoten-zial. Insofern legen die fortwährenden Diskussionen zu Klimaschutz und Ener-giewende vor allem die Frage nach einer Übertragbarkeit bestimmter Fachplan-ungsaspekte auf den landseitigen Windenergieausbau nahe.[124] Denn das Ge-lingen der Energiewende hängt gar maßgeblich von der Verwirklichung der diesbezüglichen Ausbauziele ab[125], die deshalb mit dem EEG 2023 nochmals erheblich angehoben wurden[126]. Gleichzeitig aber hat sich der tatsächliche An-

---

[122] Ausführlich *Duncker*, VR 2019, 8 (9 f.); *Bader*, Die Bedeutung der Interdependenz zwischen Planung und Regulierung für die Steuerung des Ausbaus der Offshore-Windener-gie, 2021, S. 251 ff.

[123] S. Kapitel 2 V. 2. e) und Kapitel 4 II.

[124] Dahingehende Vorschläge insbesondere bei *Grigoleit u. a.*, NVwZ 2022, 512 (517 f.); *Verheyen*, Ausbau der Windenergie an Land: Beseitigung von Ausbauhemmnissen im öf-fentlichen Interesse, 2020, S. 23; vgl. zudem *Franzius*, ZUR 2018, 11 (16).

[125] *Sachverständigenrat für Umweltfragen*, Klimaschutz braucht Rückenwind: Für einen konsequenten Ausbau der Windenergie an Land, Stellungnahme vom 04.02.2022, vor Tz. 1 (S. 5), abrufbar unter: https://www.umweltrat.de/SharedDocs/Downloads/DE/04_Stellung-nahmen/2020_2024/2022_02_stellungnahme_windenergie.html; vgl. auch *Bundesministe-rium für Wirtschaft und Energie*, „Stärkung des Ausbaus der Windenergie an Land – Auf-gabenliste zur Schaffung von Akzeptanz und Rechtssicherheit für die Windenergie an Land" v. 07.10.2019, S. 1.

[126] S. hierzu BT-Drs. 20/1630, S. 2, 22.

lagenzubau an Land seit 2018 erheblich verringert[127]; die Jahresbilanz 2021 bildete gar die geringste der letzten zwanzig Jahre, wobei in einigen Bundesländern, insbesondere Sachsen und Bayern, nahezu gar kein Windenergieausbau zu verzeichnen war[128]. Für das Jahr 2022 ist immerhin eine moderate Steigerung des Zubaus gegenüber dem Vorjahr zu verzeichnen.[129] Gleichwohl verbleibt eine seit Langem geringe Ausschreibungsbeteiligung: So blieb in 15 von 23 Gebotsrunden von Frühjahr 2017 bis Herbst 2021 die jeweilige Ausschreibungsmenge unterschritten[130]; 2022 waren es gar drei von vier, und zwar trotz einer Reduktion des Ausschreibungsvolumens in der letzten Runde[131]. Letztlich werden das Konzept des „nacheilenden" Netzausbaus und die damit verbundene planerische „Asymmetrie" zwischen der Transport- und Erzeugungsebene bereits seit Langem kritisiert.[132]

All dies wirft die Frage auf, ob und inwieweit die Windenergie an Land von einem fachplanerischen Lösungsansatz nach dem Vorbild des zentralen Modells profitieren könnte. Für einen möglichen Nutzen dieses Ansatzes spricht bereits, dass ein Teil der Probleme, die der Einführung des WindSeeG zugrunde lagen, aktuell für die Windenergie an Land gesehen werden.[133] Zu deren Behebung wurde das zentrale Modell aber als grundsätzlich wirksam bewertet.[134] Der Offshore-Ausbaustillstand im Jahr 2021[135] lässt sich vor allem auf den Systemwechsel zurückführen und wird sich, wie bereits der Anstieg im

---

[127] S. *Deutsche WindGuard*, Status des Windenergieausbaus an Land in Deutschland – Jahr 2021, S. 3; *Franke/Recht*, ZUR 2021, 15 (16).

[128] Näher *Neubauer/Strunz*, ZUR 2022, 142 (142 f.).

[129] *Deutsche WindGuard*, Status des Windenergieausbaus an Land in Deutschland – Jahr 2022, S. 3.

[130] *Sachverständigenrat für Umweltfragen*, Klimaschutz braucht Rückenwind: Für einen konsequenten Ausbau der Windenergie an Land, Stellungnahme vom 04.02.2022, Tz. 7 (Abb. 3), abrufbar unter: https://www.umweltrat.de/SharedDocs/Downloads/DE/04_Stellungnahmen/2020_2024/2022_02_stellungnahme_windenergie.html.

[131] *Deutsche WindGuard*, Status des Windenergieausbaus an Land in Deutschland – Jahr 2022, S. 8.

[132] Hierzu näher unten sowie *Hermes*, Planungsrechtliche Sicherung einer Energiebedarfsplanung – ein Reformvorschlag, in: Faßbender/Köck, Versorgungssicherheit in der Energiewende, 2018, S. 71 (72 ff.); *Ders.*, ZUR 2014, 259; *Franzius*, ZUR 2018, 11 (13); *Rodi*, ZUR 2017, 658 (660 f.); vgl. zudem *Franke/Recht*, ZUR 2021, 15.

[133] Dies gilt insbesondere für das Konzept des nacheilenden Netzausbaus und die bisher weitgehend ungesteuerte Anlagenverteilung über das Bundesgebiet, s. u. Kapitel 5 II. 2. b).

[134] So *Grigoleit u. a.*, NVwZ 2022, 512 (517 f.); *Kerth*, EurUP 2022, 91 (99); *Franzius*, ZUR 2018, 11 (16).

[135] Vgl. *Deutsche Windguard*, Status des Offshore-Windenergieausbaus in Deutschland – Jahr 2021, S. 3.

Jahr 2022 zeigt[136], nicht fortsetzen[137]. Schließlich legt die terminologische Ähnlichkeit des WindSeeG mit dem jüngst zum 01.02.2023 in Kraft getretenen „Wind-an-Land-Gesetz"[138] – zu diesem sogleich ausführlich[139] – die Vermutung nahe, dass Anlehnungen an das auf See geltende Planungskonzept auch im federführenden Ressort der Bundesregierung erwogen worden sind.[140]

Zuletzt bleibt klarzustellen, dass die hiesige Untersuchung auf langfristig denkbare Reformoptionen abzielt; schon für die Aufstellung der vorgeschlagenen Fachpläne und die entsprechende Behördenorganisation wäre ein zeitlicher Vorlauf von mehreren Jahren anzusetzen. Insofern unterscheidet sich der hier verfolgte Ansatz von den auf schnelle Wirksamkeit ausgerichteten[141] Mechanismen des Wind-an-Land-Gesetzes; er vermag diese jedoch möglicherweise auch sinnvoll zu verstärken und zu ergänzen.

1. Umriss der Untersuchung

Als Ausgangspunkt der Frage, ob und inwieweit sich Planungsinstrumente und Wirkungsprinzipien des zentralen Modells auf den Windenergieausbau an Land übertragen lassen, werden zunächst dessen bisherige Hemmnisse eingehend erörtert (2.). Daraufhin werden mögliche Gestaltungsoptionen einer Energiefachplanung für landseitige Windkraft abstrakt aufgezeigt und diskutiert (3.), um zuletzt konkrete Vorschläge für ein Fachplanungsmodell nach dem Vorbild des WindSeeG aufzugreifen und zu bewerten, insbesondere unter Berücksichtigung der grundlegenden Unterschiede zur Situation in der AWZ (4.).

Aus jener kontextualen Anknüpfung an das zentrale Modell ergibt sich auch die Eingrenzung der hiesigen Untersuchung. Nicht Teil der folgenden Betrachtungen ist demnach die Konzeption des Fördermodells, soweit sie die ausschreibungsbasierte Gewährung der Marktprämie an sich betrifft. Denn erstens ist diese keineswegs spezifisch für Windenergie (auf See), sondern findet seit dem EEG 2016 einen breiten Anwendungsbereich über diverse Energieträger

---

[136] *Deutsche Windguard*, Status des Offshore-Windenergieausbaus in Deutschland – Jahr 2022, S. 3.

[137] S. *Wolf*, „Offshore 2021: Maue Bilanz, optimistischer Ausblick" v. 14.01.2022, https://www.erneuerbareenergien.de/offshore-wind/offshore-2021-maue-bilanz-optimistischer-ausblick.

[138] So die informelle Abkürzung des Gesetzes zur Erhöhung und Beschleunigung des Ausbaus von Windenergie an Land v. 20.07.2022 (BGBl. I S. 1353), s. https://www.bundesregierung.de/breg-de/themen/klimaschutz/wind-an-land-gesetz-2052764.

[139] S. u. Kapitel 5 II. 3.

[140] So *Grigoleit u. a.*, NVwZ 2022, 512 (517).

[141] Vgl. *Sachverständigenrat für Umweltfragen*, Klimaschutz braucht Rückenwind: Für einen konsequenten Ausbau der Windenergie an Land, Stellungnahme vom 04.02.2022, Tz. 33 zur Vorgabe eines Flächenziels an die Länder, abrufbar unter: https://www.umweltrat.de/SharedDocs/Downloads/DE/04_Stellungnahmen/2020_2024/2022_02_stellungnahme_windenergie.html.

hinweg. Zweitens erfährt sie in der Literatur bereits eingehende Reflektion.[142] Letzteres gilt ebenso für Entwicklungsoptionen im Hinblick auf die Ausschreibungskriterien[143] und die (weitere) Internalisierung von Netzausbaukosten[144]. Außerdem beziehen sich die Betrachtungen ausschließlich auf einen fachplanerischen Rahmen für Windenergie; auf Vorschläge für integrative[145], technologie- oder sogar infrastrukturtypübergreifende Planungskonzepte[146] sei hier deshalb nur weiterführend verwiesen. Auch die materiell-rechtlichen Anforderungen an Anlagen und deren Standorte[147] sowie rein monetäre Anreiz- und Kompensationssysteme[148] bleiben schließlich außer Betracht.

2. Bisherige Hemmnisse des Windenergieausbaus an Land

Als wesentliche Ursache dafür, dass der Windenergieausbau an Land in den vergangenen Jahren hinter seinen Zielen zurückgeblieben ist[149], wurde neben umfangreichen und mit Rechtsunsicherheit behafteten artenschutzrechtlichen Prüfungen im Genehmigungsverfahren[150] überwiegend eine defizitäre Flächensicherung durch das maßgebliche Planungsregime identifiziert. Zusätzlich wird seit einigen Jahren auf die Nachteile hingewiesen, die für den Windkraftausbau aus einer fehlenden räumlichen und kapazitativen Gesamtkoordination resultieren, darunter insbesondere die fehlende Abstimmung auf verfügbare Netzkapazitäten (sog. „nacheilender Netzausbau").

a) Defizitäre Flächensicherung

Ein wesentliches Ausbauhemmnis lag mithin bisher darin, dass es den Projektierern praktisch an Flächen fehlte, auf denen ihre Vorhaben realisierbar wä-

---

[142] Monographisch jüngst *Steingrüber*, Die geförderte ausschreibungsbasierte Direktvermarktung nach dem EEG 2021, 2021, S. 126 ff.; s. zudem *Haucap/Klein/Kühling*, Die Marktintegration der Stromerzeugung aus erneuerbaren Energien, 2013, S. 81 ff.

[143] Hierzu eingehend *Ertel*, Europarechtliche und verfassungsrechtliche Grenzen bei der Förderung von Offshore-Windenergie, 2020, S. 211 ff.

[144] Hierzu bereits *Korbmacher*, Ordnungsprobleme der Windkraft, 2020, S. 199 ff.

[145] Grundsätzlich zum Konzept der integrierten gegenüber der isolierten Planung *Kühn*, RuR 2008, 230 (231 f.); *Schmitt*, Die Bedarfsplanung von Infrastrukturen als Regulierungsinstrument, 2015, S. 73.

[146] So insbesondere bei *Krawinkel*, ZNER 2012, 461 (463).

[147] Hierzu etwa *Griese*, ZNER 2022, 27 (insbes. 28 ff.).

[148] Zu möglichen Besteuerungsmodellen bereits *Rodi*, ZUR 2017, 658 (664 ff.); eingehend *Sachverständigenrat für Umweltfragen*, Klimaschutz braucht Rückenwind: Für einen konsequenten Ausbau der Windenergie an Land, Stellungnahme vom 04.02.2022, Tz. 203 ff., abrufbar unter: https://www.umweltrat.de/SharedDocs/Downloads/DE/04_Stellungnahmen/2020_2024/2022_02_stellungnahme_windenergie.html.

[149] Hier auch *Kümper*, DVBl. 2021, 1591 (1592).

[150] Vgl. BT-Drs. 20/2354, S. 17; eingehend zur Problematik etwa *Griese*, ZNER 2022, 27 (28 ff.).

ren.[151] So erwiesen sich Standorte vielfach in planungs- oder genehmigungs-
rechtlicher Hinsicht als ungeeignet für die windenergetische Nutzung[152], wofür
neben zwingend widerstreitenden Naturschutz- oder sonstigen Belangen – insbesondere solchen des Wohnens, aber auch etwa militärischen oder meteoro-
logischen[153] –, vor allem Defizite der regional- und bauleitplanerischen Konzentrationsflächenplanung ursächlich waren.[154] Kennzeichnend für letztere ist,
dass sie Planungsträgern eine Flächenausweisung gerade unter außergebietli-
cher Ausschlusswirkung für Vorhaben ermöglicht (vgl. § 35 Abs. 3 S. 3
BauGB)[155], woran auch die Immissionsschutzbehörden im Rahmen der Anlagenzulassung gebunden sind (§ 6 Abs. 1 Nr. 2 BImSchG).[156]

Problematisch an diesem Planvorbehalt oder „Darstellungsprivileg"[157] war
einerseits, dass von ihm in der Mehrzahl der Bundesländer nicht bedarfsorien-
tiert Gebrauch gemacht wurde. So waren die Planungsträger im Zuge der Flächenausweisung nicht quantitativ an die Ausbauziele gebunden.[158] Dies hat
sich erst jüngst mit Inkrafttreten des Wind-an-Land-Gesetzes, das den Ländern

---

[151] *Hermsdorf*, ZUR 2022, 341 (342); *Kerth*, EurUP 2022, 91; *Raschke/Roscher*, ZfBR
2022, 531; *Franke/Recht*, ZUR 2021, 15 (16); *Kümper*, DVBl. 2021, 1591 (1592); *v. Seht*,
RuR 2021, 606 (608); *Kment*, Sachdienliche Änderungen des Baugesetzbuchs zur Förderung
von Flächenausweisungen für Windenergieanlagen, 2020, S. 23 ff.; *Sachverständigenrat für
Umweltfragen*, Klimaschutz braucht Rückenwind: Für einen konsequenten Ausbau der
Windenergie an Land, Stellungnahme vom 04.02.2022, Tz. 18, abrufbar unter: https://www.
umweltrat.de/SharedDocs/Downloads/DE/04_Stellungnahmen/2020_2024/2022_02_stel-
lungnahme_windenergie.html sowie BT-Drs. 20/2355, S. 17.

[152] *Bons u. a.*, Analyse der kurz- und mittelfristigen Verfügbarkeit von Flächen für die
Windenergienutzung an Land, 2019, S. 80 ff.; *Kümper*, DÖV 2021, 1056; *Ders.*, DVBl 2021,
1591 (1592).

[153] Hierzu etwa *Bundesministerium für Wirtschaft und Klimaschutz, Bundesministerium
für Digitales und Verkehr*, „Gemeinsam für die Energiewende – Wie Windenergie an Land
und Belange von Funknavigationsanlagen und Wetterradaren miteinander vereinbart werden", Maßnahmenpapier vom 05.04.2022, abrufbar unter https://www.bmwk.de/Redaktion/
DE/Pressemitteilungen/2022/04/20220405-mehr-flachen-fuer-windenergie-an-land.html.

[154] *Kment*, NVwZ 2022, 1153; *Hermsdorf*, ZUR 2022, 341 (342); *Franke/Recht*, ZUR
2021, 15 (16).

[155] *Kümper*, ZfBR 2022, 333 (334); *Hermsdorf*, ZUR 2022, 341 (342); *Albrecht/Zschieg-
ner*, NVwZ 2019, 444.

[156] Solche sind, da ihre Gesamthöhe heute in der Regel 50m überschreitet, nach § 4 Abs.
1 S. 1, 3 BImSchG i. V. m. § 1 Abs. 1 und Ziffer 1.6 des Anhangs zur 4. BImSchV nach dem
BImSchG genehmigungspflichtig, s. *Kümper*, DÖV 2021, 1056 (1057).

[157] So *Kindler/Lau*, NVwZ 2011, 1414 (1415).

[158] Insbesondere nicht an den Ausbaupfad des EEG, s. *Sachverständigenrat für Umweltfragen*, Klimaschutz braucht Rückenwind: Für einen konsequenten Ausbau der Windenergie
an Land, Stellungnahme vom 04.02.2022, Tz. 24, 26 f., abrufbar unter: https://www.umwelt-
rat.de/SharedDocs/Downloads/DE/04_Stellungnahmen/2020_2024/2022_02_stellung-
nahme_windenergie.html.

nunmehr konkrete Flächenziele vorgibt, geändert.[159] Gleichwohl stellt auch dieses keine unmittelbare Verknüpfung zum Ausbaupfad des EEG her[160], sondern richtet seine Zielvorgaben stattdessen an den Vereinbarungen des Koalitionsvertrages aus[161].

Daneben wurde die Konzentrationsflächenplanung weithin als langwierig und fehleranfällig kritisiert.[162] Dies wiederum wurde auf die „überkomplexen"[163] und mit Abgrenzungsschwierigkeiten behafteten Anforderungen zurückgeführt, die die Rechtsprechung mit der Zeit in Reaktion auf kommunale bzw. regionale „Verhinderungs-" oder „Feigenblattplanungen" aufgestellt hatte[164] und die den Planungsträgern insbesondere die Erarbeitung eines „schlüssigen gesamträumlichen Planungskonzepts" nach einer spezifischen Abwägungsdogmatik abverlangte[165]: Nach dieser sind im ersten Schritt sog. Tabuzonen zu ermitteln, also Bereiche, die für windenergetische Nutzungen nicht in Betracht kommen. Dabei differenziert das Bundesverwaltungsgericht zwischen sog. „harten" und „weichen" Tabuzonen, mithin solchen, die wegen rechtlicher oder tatsächlicher Hindernisse als Anlagenstandorte schlechthin ausscheiden, und solchen, auf denen der Betrieb von Windenergieanlagen nach dem Konzept des Planungsträgers aus bestimmten anderweitigen Gründen unterbleiben „soll".[166] Ein „hartes" Tabukriterium stellt es insbesondere nicht dar, wenn es im Zeitpunkt der Planung auf der Fläche gar vollständig an Netzanschlussmöglichkeiten fehlt[167]; auch insofern schlägt der Grundsatz „Netz folgt

---

[159] Näher u. 3. b) a).

[160] Kritisch in diesem Zusammenhang auch *Operhalsky*, UPR 2022, 377 (341): „Insofern wird sich erweisen, ob die Grundkonzeption des WaLG mit seinem reinen Flächenziel – ohne Mengenziele zu benennen – für die ambitionierten Ausbauziele des EEG 2023 ausreichen wird."

[161] S. BT-Drs. 20/2355, S. 17.

[162] *Kümper*, DVBl. 2021, 1591 (1594 f.); *Grigoleit u. a.*, NVwZ 2022, 512 (513); *Sachverständigenrat für Umweltfragen*, Klimaschutz braucht Rückenwind: Für einen konsequenten Ausbau der Windenergie an Land, Stellungnahme vom 04.02.2022, Tz. 164 ff. unter: https://www.umweltrat.de/SharedDocs/Downloads/DE/04_Stellungnahmen/2020_2024/ 2022_02_stellungnahme_windenergie.html.

[163] Vgl. *Grigoleit u. a.*, NVwZ 2022, 512 (513).

[164] *Kümper*, DÖV 2021, 1056 (1057); *Ders.*, DVBl. 2021, 1591 (1592); *Grigoleit u. a.*, NVwZ 2022, 512 (513); *Rodi*, ZUR 2017, 658 (660); vgl. zudem *Kindler/Lau*, NVwZ 2011, 1414 (1419).

[165] BVerwG, Urt. v. 13.12.2018 – 4 CN 3/18 – NVwZ 2019, 491 (492 f.) m. w. N.; zusammenfassend zur bisherigen Rechtsprechung *Raschke/Roscher*, ZfBR 2022, 531 (532 f.); *Scheidler*, UPR 2022, 321 (322); *Grigoleit u. a.*, NVwZ 2022, 512 (513); *Albrecht/Zschiegner*, NVwZ 2019, 444 (444 f.).

[166] BVerwG, Urt. v. 13.12.2012 – 4 CN 1/11 – NVwZ 2013, 519 (520); eingehend zur Abgrenzungsproblematik zwischen beiden *Albrecht/Zschiegner*, NVwZ 2019, 444.

[167] *Bader*, Die Bedeutung der Interdependenz zwischen Planung und Regulierung für die Steuerung des Ausbaus der Offshore-Windenergie, 2021, S. 324; *Spitz*, Planung von Standorten für Windkraftanlagen, 2016, S. 71 f.

Last" also durch. „Weiche" Tabukriterien zur Freihaltung des Planungsraums sind durch den Planungsträger jeweils umfänglich offenzulegen, da sie im Gegensatz zur Identifikation harter Tabuzonen planerische, abwägende Entscheidungselemente beinhalten.[168]

Nach „Abzug" jener – in der Praxis aufwendig ermittelten[169] – Tabuzonen verbleiben die sog. „Potenzialflächen", die als Standorte für Windenergieanlagen grundsätzlich in Betracht kommen. Unter jenen sind im Wege der planerischen Abwägung zwischen der windenergetischen und konkurrierenden Nutzungen die letztlich auszuweisenden Konzentrationszonen zu ermitteln, wobei diese bisher, was ihren flächenmäßigen Umfang betraf, der Windkraftnutzung „in substanzieller Weise Raum verschaffen" mussten (sog. Substanzgebot).[170] Auf konkrete quantitative Vorgaben hatte das Bundesverwaltungsgericht dabei verzichtet.[171]

In der Praxis haben diese detaillierten Anforderungen zu einer hohen Fehleranfälligkeit der Konzentrationsflächenplanung sowie – angesichts des hohen Verfahrens- und Ermittlungsaufwandes einschließlich der dadurch verursachten Kosten – oftmals einer praktischen Überforderung gerade kommunaler Planungsträger geführt.[172] Tatsächlich wurde ein hoher Anteil der Pläne im Nachhinein gerichtlich aufgehoben[173], und zwar auch deshalb, weil die Gerichte die Maßstäbe des Bundesverwaltungsgerichts teils divergierend oder sogar widersprüchlich anwandten[174]. Grundsätzliche rechtliche Unsicherheiten bestanden daneben im Hinblick auf das Substanzgebot und die Differenzierung zwischen „harten" und „weichen" Tabuzonen[175], aber auch etwa dem Verhältnis zwischen zeitlich gestaffelten, kommunalen und regionalen Konzentrationspla-

---

[168] BVerwG, Beschl. v. 30.01.2019 – 4 BN 4.18 – juris-Rn. 6; Urt. v. 11.04.2013 – 4 CN 2/12 – NVwZ 2013, 1017 (1017 f.).

[169] S. *Grigoleit u. a.*, NVwZ 2022, 512 (513).

[170] S. etwa BVerwG, Urt. v. 13.12.2012 – 4 CN 1/11 – NVwZ 2013, S. 519 (520); Urt. v. 11.04.2013 – 4 CN 2/12 – NVwZ 2013, 1017 (1017 f.); eingehend zum Substanzgebot auch *Wagner*, ZfBR 2020, 20.

[171] *Kümper*, DÖV 2021, 1056 (1057); BT-Drs. 20/2355, S. 24; eingehend zur Frage der Quantifizierung vor Erlass des Wind-an-Land-Gesetzes *Bovet/Kindler*, DVBl. 2013, 488 (insbes. 493).

[172] *Kümper*, DÖV 2021, 1056 (1057); *Grigoleit u. a.*, NVwZ 2022, 512 (513); *Raschke/Roscher*, ZfBR 2022, 531 (533).

[173] *Franke/Recht*, ZUR 2021, 15 (17); *Raschke/Roscher*, ZfBR 2022, 531 (533); *Marquardt*, ZUR 2020, 598 (604).

[174] *Sachverständigenrat für Umweltfragen*, Klimaschutz braucht Rückenwind: Für einen konsequenten Ausbau der Windenergie an Land, Stellungnahme vom 04.02.2022, Tz. 146 m. w. N., abrufbar unter: https://www.umweltrat.de/SharedDocs/Downloads/DE/04_Stellungnahmen/2020_2024/2022_02_stellungnahme_windenergie.html.

[175] Eingehend *Albrecht/Zschiegner*, NVwZ 2019, 444; *Kment*, Sachdienliche Änderungen des Baugesetzbuchs zur Förderung von Flächenausweisungen für Windenergieanlagen, 2020, S. 40 f.; *Griese*, ZNER 2022, 27 (31 f.).

nungen[176]. In der Folge wurde die Konzentrationsflächenplanung von vielen Stimmen jedenfalls in Bezug auf Windenergieprojekte als reformbedürftig und nicht mehr zeitgemäß angesehen.[177] Das Wind-an-Land-Gesetz hat diese langjährige Kritik aufgegriffen und Windenergievorhaben nach Ablauf einer Übergangsfrist von der Ausschlusswirkung des § 35 Abs. 3 S. 3 BauGB ausgenommen (§ 249 Abs. 1 BauGB n. F.).[178]

Gleichwohl bleibt abzuwarten, ob nicht auch die Neuregelungen Umsetzungsschwierigkeiten bereiten, wie es bei Systemumstellungen typischerweise zu erwarten ist[179]; zudem besteht angesichts der rein quantitativen Steuerung des Wind-an-Land-Gesetzes nach wie vor die Gefahr, dass ausgewiesene Flächen letztlich qualitativ nicht hinreichend sind[180]. So besteht die aktuelle Herausforderung nicht in der Sicherung nur jedweder, sondern wegen der spezifischen Standortanforderungen von Windenergieanlagen gerade auch geeigneter Flächen im Bundesgebiet.

b) Fehlende gesamträumliche Steuerung und Abstimmung mit Netzkapazitäten

Selbst wenn jedoch der Flächenmangel – wie das Wind-an-Land-Gesetz erhoffen lässt – innerhalb der nächsten Jahre behoben werden sollte, liegt ein weiteres Problem darin, „dass das gegenwärtige Planungsregime […] blind ist für die Frage, wo im Lande welche Kapazitäten installiert werden sollen"[181], mithin gerade im Fehlen einer zentralen, konkret raumbezogenen Bedarfsplanung synchron zum Netzausbau, wie sie das WindSeeG gewährleistet.

Tatsächlich besteht, was die räumliche Verteilung von Windenergiestandorten über das Bundesgebiet angeht, ein weiterhin zunehmendes Nord-Süd-Gefälle.[182] Dabei sind die Anlagenstandorte nicht nur deutlich asymmetrisch verteilt, sondern bilden ihren Schwerpunkt in mittlerweile lediglich vier nördlichen Bundesländern (Schleswig-Holstein, Niedersachsen, Nordrhein-Westfalen und Brandenburg).[183] Diese regionale Konzentration belastet die Strom-

---

[176] Ausführlich insoweit *Kümper*, DÖV 2021, 1056 (1058).

[177] *Kümper*, DVBl. 2021, 1591 (1595); *Ders.*, ZfBR 2022, 25 (25 f.); *Neubauer/Strunz*, ZUR 2022, 142 (144); *Grigoleit u. a.*, NVwZ 2022, 512 (513); *Kment*, Sachdienliche Änderungen des Baugesetzbuchs zur Förderung von Flächenausweisungen für Windenergieanlagen, 2020, S. 39–44; *Marquard*, ZUR 2020, 598.

[178] Näher u. 3. b) bb).

[179] Vgl. *Grigoleit u. a.*, NVwZ 2022, 512 (515).

[180] S. *Kment*, NVwZ 2022, 1153 (1156 f.); *Operhalsky*, UPR 2022, 337 (340 f.); *Rauschenbach/Nebel*, ER 2022, 179 (181).

[181] *Rodi*, ZUR 2017, 658.

[182] *Neubauer/Strunz*, ZUR 2022, 142 (143); vgl. auch BT-Drs. 20/2355, S. 17.

[183] *Neubauer/Strunz*, ZUR 2022, 142 (143).

netze umso mehr, als die Verbrauchsschwerpunkte gerade im Süden liegen[184]; auch mit einer Senkung der Systemkosten ist so auf absehbare Zeit nicht zu rechnen[185]. Aus denselben Gründen wird das Konzept des „nacheilenden", dienenden Netzausbaus[186] oder, anders ausgedrückt, der Grundsatz „Netz folgt Last"[187] bereits seit Jahren grundsätzlich kritisiert. Bemängelt wird eine problematische Asymmetrie zwischen der umfassenden Netzausbauplanung einerseits und der weitgehend „freien" Investitionsentscheidung der Windparkbetreiber andererseits[188], welche vorhandene Netzkapazitäten weitgehend unbeachtet lässt, sondern sich naturgemäß vor allem an der Verfügbarkeit und Profitabilität von Erzeugungsflächen orientiert[189].

Daneben führt die ungleiche Verteilung von Windparkflächen zu einer Ungleichverteilung von (Raum-)Lasten im Bundesgebiet (Stichwort: „Energiegerechtigkeit"[190]).[191] Denn während Windenergieanlagen in den betroffenen Regionen nicht nur das Landschaftsbild prägen, sondern auch Belastungen im Hinblick auf den Naturschutz, den Netzausbau und letztlich auch die Netzentgelte[192] mit sich bringen, steht dem keine angemessene lokale Wertschöpfung gegenüber[193] und der produzierte Strom kommt derzeit vornehmlich anderen Regionen zugute.[194] All dies belegt ein grundsätzliches Bedürfnis nach „hochstufiger" Steuerung im Hinblick auf die Windenergie an Land, die durch die zentrale Ebene des Bundes jedenfalls mitbestimmt werden muss. Die inkre-

---

[184] *Neubauer/Strunz*, ZUR 2022, 142 (146); *Hermes*, ZUR 2014, 259 (261); vgl. auch *Franke/Recht*, ZUR 2021, 15.

[185] BT-Drs. 19/23482, S. 4 geht sogar von höheren Systemkosten zur Aufrechterhaltung der Versorgungssicherheit aus; s. im Übrigen *Neubauer/Strunz*, ZUR 2022, 142 (146).

[186] *Rodi*, ZUR 2017, 658 (661); *Korbmacher*, ZUR 2018, 277 (280); vgl. auch *Grüner/Sailer*, ZNER 2016, 122 (128).

[187] *Korbmacher*, Ordnungsprobleme der Windkraft, 2020, S. 192.

[188] *Hermes*, Planungsrechtliche Sicherung einer Energiebedarfsplanung – ein Reformvorschlag, in: Faßbender/Köck, Versorgungssicherheit in der Energiewende, 2018, S. 71 (72 ff.); *Ders.*, ZUR 2014, 259; *Franzius*, ZUR 2018, 11 (13); *Rodi*, ZUR 2017, 658 (660 f.); vgl. zudem *Franke/Recht*, ZUR 2021, 15.

[189] *Neubauer/Strunz*, ZUR 2022, 142 (143).

[190] *Sachverständigenrat für Umweltfragen*, Klimaschutz braucht Rückenwind: Für einen konsequenten Ausbau der Windenergie an Land, Stellungnahme vom 04.02.2022, Tz. 189, abrufbar unter: https://www.umweltrat.de/SharedDocs/Downloads/DE/04_Stellungnahmen/2020_2024/2022_02_stellungnahme_windenergie.html.

[191] *Neubauer/Strunz*, ZUR 2022, 142 (143, 146).

[192] Zu diesem Aspekt *Franzius*, ZUR 2018, 11 (12 f.); *Korbmacher*, ZUR 2018, 277 (280); *Neubauer/Strunz*, ZUR 2022, 142 (146).

[193] Zu diesem Aspekt *Sachverständigenrat für Umweltfragen*, Klimaschutz braucht Rückenwind: Für einen konsequenten Ausbau der Windenergie an Land, Stellungnahme vom 04.02.2022, Tz. 193 f., abrufbar unter: https://www.umweltrat.de/SharedDocs/Downloads/DE/04_Stellungnahmen/2020_2024/2022_02_stellungnahme_windenergie.html.

[194] Näher zu den damit verbundenen „Raumlasten" *Neubauer/Strunz*, ZUR 2022, 142 (143, 146).

mentelle und vorwiegend projektbezogene Planung erweist sich vor den genannten Aspekten als unzureichend. Letztlich deckt sich die hiesige Problemstellung – Fehlen einer zentralen räumlichen Koordination von Windparkstandorten und einer Abstimmung mit den Netzkapazitäten – zu einem gewissen Grad mit derjenigen, die im Offshore-Bereich zur Einführung einer vorgelagerten Fachplanung und schließlich des zentralen Modells geführt hat[195].

3. *Lösungsansätze des Wind-an-Land-Gesetzes 2023*

Die dargestellten Probleme einer defizitären Sicherung von Erzeugungsflächen und deren Ungleichverteilung im Bundesgebiet wurden ausdrücklich durch das Wind-an-Land-Gesetz adressiert, das zum 01.02.2023 in Kraft getreten ist[196].[197] Sein Erlass erfolgte zeitgleich mit mehreren Maßnahmen des sog. „Osterpakets"[198] der Bundesregierung zur beschleunigten Umsetzung der Energiewende, die insbesondere auch das WindSeeG 2023[199] und das Gesetz zu Sofortmaßnahmen für einen beschleunigten Ausbau der erneuerbaren Energien und weiteren Maßnahmen im Stromsektor (im Folgenden: Sofortmaßnahmen-Gesetz)[200] umfassten, sowie letztlich bedeutenden Änderungen des Naturschutzrechts[201]. Der Lösungsansatz des Wind-an-Land-Gesetzes basiert insbesondere auf verbindlichen Flächenvorgaben an die Bundesländer zur Ausweisung von Windenergiegebieten, eingebettet in Modifikationen des bisherigen (gesamt-)planungsrechtlichen Rahmens insbesondere nach dem BauGB; zusätzlich wird das Berichtswesen des EEG zwischen Bund und Ländern ergänzt (s. u. b)). Diese Maßnahmen werden in materieller Hinsicht von den Inhalten des Sofortmaßnahmen-Gesetzes flankiert (c)). Zuvor existente Optionen des Bundes, die Flächenentwicklung an Land etwa rein regulierungsrechtlich oder im Wege der Raumordnung zu steuern, haben sich insoweit als nicht hinreichend erwiesen (a)).

a) *Defizite zuvor vorhandener Instrumente*

Bereits vor Erlass des Wind-an-Land-Gesetzes standen neben der defizitären Konzentrationsflächenplanung weitere gesetzliche Instrumente für eine räum-

---

[195] S. hierzu Kapitel 1 III. 2.

[196] Gesetz v. 20.07.2022 (BGBl. I S. 1353).

[197] S. BT-Drs. 20/2355, S. 17.

[198] Eingehend zu diesem *Henning u. a.*, ZNER 2022, 195; *Zenke*, EnWZ 2022, 147; s. a. *Deutscher Bundestag*, „Osterpaket zum Ausbau erneuerbarer Energien beschlossen" v. 07.07.2022, abrufbar unter https://www.bundestag.de/dokumente/textarchiv/2022/kw27-de-energie-902620.

[199] S. hierzu Kapitel 1 III. 4. b).

[200] Gesetz v. 20.07.2022 (BGBl. I S. 1237).

[201] S. Viertes Gesetz zur Änderung des Bundesnaturschutzgesetzes v. 20.07.2022 (BGBl. I S. 1362).

liche und kapazitive Steuerung des Windenergieausbaus an Land zur Verfügung, vor allem solche des Regulierungs- und Raumordnungsrechts. Dies wirft die Frage auf, weshalb (auch) jene bisher keinen räumlich geordneten und quantitativ hinreichenden Anlagenzubau im Bundesgebiet bewirken konnten.

aa) (Räumliche) Steuerung durch Regulierungsrecht

Das Ausschreibungsmodell des EEG bezweckt grundsätzlich eine „raumblinde"[202] regulatorische Mengensteuerung durch Realisierung der gesetzlichen Ausbaupfade.[203] Doch zielt es punktuell auch auf eine räumliche Steuerung des Anlagenzubaus ab: Zu nennen ist insoweit vor allem das Referenzertragsmodell gem. § 36h EEG[204], welches die gleichmäßige räumliche Verteilung von Windenergieanlagen bezweckt, indem es für windschwächere Anlagenstandorte höhere Vergütungen bestimmt.[205] Ein gewisser, wenn auch diffuser räumlicher Verteilungseffekt wird zudem dem Anschlusskostenregime des § 16 Abs. 1 EEG zugesprochen[206] und neben den Vorschriften des EEG trägt auch § 18 StromNEV mit dem Entgelt für dezentrale Einspeisungen bestimmten Standortvorteilen dezentraler Erzeuger Rechnung und intendiert also ebenfalls gerade räumliche Steuerungseffekte. Entsprechende Ansätze waren zudem bereits im vormaligen EE-Recht vorhanden. Insoweit ist vor allem die mit dem EEG 2021 aufgehobene Regelung zu den Netzausbaugebieten (§ 36c EEG a. F.) zu nennen, aber auch die Verteilernetzkomponente nach § 10 der ehemaligen GemAV[207], die gleichfalls zum 01.01.2021 außer Kraft getreten ist[208]. Die mit dem EEG 2021 eingeführte „Südquote"[209], die bis zu einer Zuschlagsmenge von 15 bzw. 20 Prozent des Ausschreibungsvolumens eine separate und somit bevorzugte Prüfung von Geboten für die Südregion vorsah, ist bereits im Sommer 2022 wieder entfallen.[210] § 31 Abs. 5 EEG a. F. schließlich nahm noch

---

[202] *Neubauer/Strunz*, ZUR 2022, 142 (145); ähnlich *Hermes*, ZUR 2014, 259 (263).

[203] *Bader*, Die Bedeutung der Interdependenz zwischen Planung und Regulierung für die Steuerung des Ausbaus der Offshore-Windenergie, 2021, S. 93 ff.

[204] Hierzu insgesamt *Eckenroth/Kattwinkel*, in: Greb/Boewe, EEG, § 36h; zu den Neuerungen des Referenzertragsmodells mit dem EEG 2023 *Kerth*, KlimaRZ 2022, 141 (144).

[205] Zu beiden *Neubauer/Strunz*, ZUR 2022, 142 (145); zur räumlichen Steuerungswirkung des Referenzertragsmodells auch *Grüner/Sailer*, ZNER 2016, 122 (127 f.).

[206] *Grüner/Sailer*, ZNER 2016, 122 (123).

[207] Verordnung zu den gemeinsamen Ausschreibungen vom 10.08.2017 (BGBl. I S. 3167 (3180)).

[208] Gemäß Artikel 24 des Gesetzes zur Änderung des Erneuerbare-Energien-Gesetzes und weiterer energierechtlicher Vorschriften v. 21.12.2020 (BGBl. I S. 3138 (3204)).

[209] Zu dieser etwa *Frenz*, REE 2021, 128 (131).

[210] S. Art. 1 des Gesetzes zu Sofortmaßnahmen für einen beschleunigten Ausbau der erneuerbaren Energien und weiterer Maßnahmen im Stromsektor v. 20.07.2022 (BGBl. I S. 1237). Maßgeblich hierfür war u. a. die Erwägung des Gesetzgebers, dass sich die

bis 2014[211] Offshore-Windparks in marinen Naturschutzgebieten von der Förderung aus.

Zur Behebung der oben dargestellten Probleme des Windenergieausbaus sind jene Vorschriften indes nur bedingt geeignet. Dass die mengenbasierte Steuerung des EEG im Falle einer – auch durch den Flächenmangel bedingten – erheblichen Unterzeichnung der Ausschreibungen, wie sie in den letzten Jahren vorkam, hinter ihrer potenziellen Wirksamkeit zurückbleibt, liegt dabei auf der Hand; sie kann eine Einhaltung des Ausbaupfads derzeit nicht garantieren.[212] Was die regulatorische Zubausteuerung in räumlicher Hinsicht angeht, so ist diese von Vornherein nur als „grobe ökonomische Anreizsteuerung" konzipiert[213] und als solche eher ungenau. Vor allem aber müssen jegliche Anreizwirkungen des EEG ohne verfügbare Projektflächen zwangsläufig ins Leere laufen.[214] Eine alleinige Lösung konnten und können sie insofern nicht darstellen[215]; erforderlich sind vielmehr auch strukturelle Veränderungen des maßgeblichen Planungsrechts. Letztlich bleibt auch den in der Literatur geäußerten Bedenken Recht zu geben, dass die räumliche Steuerung mittels Regulierungsrechts einen ohnehin wenig systematischen Ansatz bildet[216].

bb) Raumordnungsrecht

Fraglich erscheint zudem, weshalb sich die existierenden Steuerungsoptionen des Raumordnungsrechts bisher als nicht ausreichend erwiesen haben. Insbesondere steht dem Bund bereits seit Langem die Möglichkeit offen, nach Maßgabe des § 17 Abs. 3 ROG einen länderübergreifenden Raumordnungsplan aufzustellen, der inhaltlich auch konkrete Bedarfsvorgaben für den Windenergie-

---

Anreizwirkung der Südquote mit den angehobenen Ausschreibungsmengen des EEG 2023 weitgehend erübrigen würde, s. BT-Drs. 20/2656, S. 25. Stattdessen erfolgten Modifizierungen des Referenzertragsmodells, s. hierzu *Kerth*, KlimaRZ 2022, 141 (144).

[211] Aufgehoben mit Wirkung zum 01.08.2014 durch Artikel 23 des Gesetzes zur grundlegenden Reform des Erneuerbare-Energien-Gesetzes und zur Änderung weiterer Bestimmungen des Energiewirtschaftsrechts v. 21.07.2014 (BGBl. I S. 1066).

[212] Eingehend und mit demselben Fazit *Bader*, Die Bedeutung der Interdependenz zwischen Planung und Regulierung für die Steuerung des Ausbaus der Offshore-Windenergie, 2021, S. 128–133.

[213] So treffend *Bader*, Die Bedeutung der Interdependenz zwischen Planung und Regulierung für die Steuerung des Ausbaus der Offshore-Windenergie, 2021, S. 345.

[214] *Neubauer/Strunz*, ZUR 2022, 142 (146); *Franke/Recht*, ZUR 2021, 15 (16); vgl. auch *Bader*, Die Bedeutung der Interdependenz zwischen Planung und Regulierung für die Steuerung des Ausbaus der Offshore-Windenergie, 2021, S. 260 ff.

[215] So auch *Franke/Recht*, ZUR 2021, 15 (16): Der Ausbaufortschritt hänge „von Umständen ab, die mit den Steuerungsinstrumenten des EEG nicht beeinflussbar sind."

[216] S. *Rodi*, ZUR 2017, 658 (661): Planung „durch die Hintertür" und „im Kleide des Regulierungsrechts"; kritisch auch *Steingräber*, Die geförderte ausschreibungsbasierte Direktvermarktung nach dem EEG 2021, 2021, S. 96: „gesetzestechnisch systemfremd"; *Schmidtchen*, Klimagerechte Energieversorgung im Raumordnungsrecht, 2014, S. 149.

ausbau erlaubt.[217] Hinsichtlich seiner Rechtsfolgen darf dieser als sachlicher Teilplan i. S. d. § 7 Abs. 1 S. 3 ROG allerdings ausschließlich Grundsätze der Raumordnung nach § 3 Abs. 1 Nr. 3 ROG festlegen[218], die auf nachfolgenden Planungsebenen im Wege der Abwägung überwunden werden können[219]. Diese gering ausgeprägte Durchsetzungskraft der Bundesraumordnung reduziert deren gesamträumliches Steuerungsvermögen im Hinblick auf die Windenergienutzung also erheblich.[220]

Erheblich stärkere Bindungswirkungen entfalten demgegenüber die Raumordnungspläne der Länder gem. § 13 Abs. 1 S. 1 Nr. 1 ROG. Diese können zum einen unmittelbar Konzentrationsflächen als Ziele der Raumordnung gem. § 3 Abs. 1 Nr. 2 ROG festlegen und auf diese Weise verbindlich landesweite Anlagenverteilungsmuster vorgeben.[221] In quantitativer Hinsicht hatten einige Bundesländer zudem bereits vor Erlass des Wind-an-Land-Gesetzes zielförmige Flächenziele für die Windenergienutzung verankert[222] und dabei auch bereits regional differenzierte Mindest-[223] oder Höchsterzeugungsleistungen[224] für Anlagen vorgegeben. Ausgehend von den oben geschilderten Ausbauhemmnissen der Windenergie an Land erweisen sich aktuell indes nicht die Verteilungsmuster innerhalb der einzelnen Länder als problematisch, sondern

---

[217] *Verheyen*, Ausbau der Windenergie an Land: Beseitigung von Ausbauhemmnissen im öffentlichen Interesse, Gutachten im Auftrag von Greenpeace Energy, 2020, S. 19; *Sachverständigenrat für Umweltfragen*, Klimaschutz braucht Rückenwind: Für einen konsequenten Ausbau der Windenergie an Land, Stellungnahme vom 04.02.2022, Tz. 50, abrufbar unter: https://www.umweltrat.de/SharedDocs/Downloads/DE/04_Stellungnahmen/2020_2024/ 2022_02_stellungnahme_windenergie.html; *Neubauer/Strunz*, ZUR 2022, 142 (144).

[218] *Runkel*, in: Spannowsky/Runkel/Goppel, ROG, § 17 Rn. 5.

[219] *Neubauer/Strunz*, ZUR 2022, 142 (144); *Schmidtchen*, Klimagerechte Energieversorgung im Raumordnungsrecht, 2014, S. 130.

[220] *Sachverständigenrat für Umweltfragen*, Klimaschutz braucht Rückenwind: Für einen konsequenten Ausbau der Windenergie an Land, Stellungnahme vom 04.02.2022, Tz. 50, abrufbar unter: https://www.umweltrat.de/SharedDocs/Downloads/DE/04_Stellungnahmen/2020_2024/2022_02_stellungnahme_windenergie.html.

[221] Eingehend *Neubauer/Strunz*, ZUR 2022, 142 (144).

[222] Überblick bei *Bader*, Die Bedeutung der Interdependenz zwischen Planung und Regulierung für die Steuerung des Ausbaus der Offshore-Windenergie, 2021, S. 164 ff.

[223] S. Ziffer 4.2 Anlage 1 Verordnung über das Landes-Raumordnungsprogramm Niedersachsen (LROP-VO) in der Fassung vom 26. September 2017; zu deren Zulässigkeit eingehend *Bader*, Die Bedeutung der Interdependenz zwischen Planung und Regulierung für die Steuerung des Ausbaus der Offshore-Windenergie, 2021, S. 166 f.

[224] Solche allerdings bezogen auf konventionelle Erzeugungsanlagen und auf fragwürdiger Grundlage, weiterführend *Wagner*, ZUR 2019, 522 (524); *Ders.*, UPR 2020, 88. Erzeugungshöchstwerte im Hinblick auf Windenergieanlagen hält *Bader* in landesweiten Raumordnungsplänen für grundsätzlich denkbar, s. *Ders.*, Die Bedeutung der Interdependenz zwischen Planung und Regulierung für die Steuerung des Ausbaus der Offshore-Windenergie, 2021, S. 167.

vielmehr die Anlagenverteilung über den Bund[225] sowie in quantitativer Hinsicht die Tatsache, dass viele Bundesländer gerade nicht von den existierenden Möglichkeiten zur verbindlichen Vorgabe von Mindestflächen- oder -leistungsvorgaben Gebrauch gemacht haben. Die aufgezeigten raumplanerischen Möglichkeiten sind mithin auf der „falschen" Steuerungsebene angesiedelt und schon insofern zur Lösung der aufgezeigten Problematik allein nicht effektiv. Hinzu tritt im Hinblick auf die räumliche Gesamtplanung insgesamt, dass bei deren Standortentscheidungen eine Berücksichtigung der Wirtschaftlichkeit von hierdurch erforderlichen Netzausbau- und -erweiterungsmaßnahmen grundsätzlich nicht vorgesehen ist.[226] Letztlich würde jedenfalls eine umfängliche Windenergie-Bedarfsplanung im Wege der Raumordnung – wie schon umgekehrt die räumliche Steuerung durch Regulierungsrecht – systematische wie auch funktionelle Bedenken aufwerfen.[227]

cc) Zwischenergebnis

Insgesamt weisen die außerhalb des Wind-an-Land-Gesetzes bestehenden gesetzlichen Instrumente kein hinreichendes Potenzial zur Behebung der bisherigen Probleme des Windenergieausbaus auf. Für eine rein regulierungsrechtliche Steuerung gilt dies vor allem, weil diese unter der Bedingung einer hinreichenden planungsrechtlichen Flächensicherung steht und daher zukünftig nur zu greifen vermag, soweit letztere tatsächlich durch die bundesrechtlich vorgegebenen Flächenziele gewährleistet werden sollte. Die Option der länderübergreifenden Raumordnung des Bundes erscheint aufgrund ihrer mangelnden rechtlichen Durchsetzungskraft ungeeignet. Mit stärkerer Verbindlichkeit sind demgegenüber die landesweiten Raumordnungspläne ausgestattet; da das Steuerungsbedürfnis indes auf der gesamträumlichen Ebene des Bundes besteht, bieten diese aber letztlich ebenfalls keine allein geeignete Lösung.

b) Maßnahmen im Einzelnen

Jene Lücken hat der Gesetzgeber durch verschiedene Maßnahmen des Wind-an-Land-Gesetzes zu schließen beabsichtigt, die wie folgt skizziert werden können:

---

[225] S. *Neubauer/Strunz*, ZUR 2022, 142 (145) zum insoweit fehlenden Steuerungsbedürfnis.

[226] Eingehend *Bader*, Die Bedeutung der Interdependenz zwischen Planung und Regulierung für die Steuerung des Ausbaus der Offshore-Windenergie, 2021, S. 325 ff.; s. auch *Franzius*, ZUR 2018, 11 (13); deutlich *Erbguth*, NVwZ 2013, 979 (980): „Raumordnerische Steuerung der Energieerzeugung allein stellt allerdings nur eine unzulängliche Reaktion auf die Zusammenhänge der energetischen Netzwirtschaft dar. Ausgeblendet bleib[en] die Übertragung und Verteilung der Energie […]."

[227] Kritisch auch *Schubert*, Maritimes Infrastrukturrecht, 2015, S. 299; *Rodi*, ZUR 2017, 658 (661).

aa) Vorgabe gestaffelter Flächenbeitragswerte im Rahmen des WindBG

Den Kern der Neuregelungen bildet zunächst das Windenergieflächenbedarfs-gesetz[228] (im Folgenden: WindBG), welches die Bundesländer zur Ausweisung eines bestimmten, prozentual festgelegten Teils ihrer Landesfläche (sog. Flä-chenbeitragswert) für die Windenergienutzung verpflichtet (§§ 2 Nr. 1, 3 Abs. 1 WindBG). Schon zuvor waren in einzelnen Bundesländern Flächenvorgaben auf Gesetzes- oder Programmebene anzutreffen[229], so etwa in § 1 Abs. 3 des Hessischen Energiezukunftsgesetzes oder der Energiestrategie 2030 des Lan-des Brandenburg, die jeweils die Bereitstellung von 2 % der Landesfläche für die windenergetische Nutzung vorsehen.[230] Die Flächenbeitragswerte des WindBG sind nunmehr zeitlich gestaffelt zu den Stichtagen des 31.12.2027 und des 31.12.2032 zu erfüllen und werden in Anlage 1 des Gesetzes individu-ell für jedes Bundesland definiert (s. § 3 Abs. 1 i. V. m. Anlage 1 WindBG). Dabei orientieren sich die Werte einerseits an dem im Koalitionsvertrag ver-einbarten, bundesweiten 2-Prozent-Ziel für Windenergieflächen an Land, aber auch einer umfassenden Flächenpotenzialstudie[231], die 2022 im Auftrag des Bundesministeriums für Wirtschaft und Klimaschutz erstellt wurde.[232]

Infolge dieser landesspezifischen Bestimmung von Flächenwerten werden etwa den Stadtstaaten erheblich geringere Ziele auferlegt als den Flächenstaa-ten. Unbenommen bleibt den Ländern grundsätzlich ein „Flächenüberhang" dergestalt, sich durch Staatsvertrag gegenüber anderen Ländern zu verpflich-ten, Windenergieflächen über ihren Beitragswert hinaus bereitzustellen (§ 7 Abs. 4, 5 WindBG) oder für ihr Landesgebiet ohnedies höhere Beitragswerte und frühere Stichtage zu bestimmen (§ 3 Abs. 2 S. 2 Hs. 2, Abs. 4 WindBG).

Die Art und Ebene der planerischen Flächenausweisung werden durch das WindBG nicht abschließend vorgegeben.[233] Somit können die Länder je nach ihrem vorhandenen Planungssystem wählen, ob sie diese selbst im Wege lan-

---

[228] Gesetz zur Festlegung von Flächenbedarfen für Windenergieanlagen an Land v. 20.07.2022 (BGBl. I S. 1353), zul. geänd. durch Art. 6 des Gesetzes zur Änderung des Erd-gas-Wärme-Preisbremsengesetzes, zur Änderung des Strompreisbremsegesetzes sowie zur Änderung weiterer energiewirtschaftlicher, umweltrechtlicher und sozialrechtlicher Gesetze v. 26.07.2023 (BGBl. I Nr. 202).

[229] *Sachverständigenrat für Umweltfragen*, Klimaschutz braucht Rückenwind: Für einen konsequenten Ausbau der Windenergie an Land, Stellungnahme vom 04.02.2022, Tz. 24, abrufbar unter: https://www.umweltrat.de/SharedDocs/Downloads/DE/04_Stellungnah-men/2020_2024/2022_02_stellungnahme_windenergie.html.

[230] Näher *Bader*, Die Bedeutung der Interdependenz zwischen Planung und Regulierung für die Steuerung des Ausbaus der Offshore-Windenergie, 2021, S. 164 ff.

[231] S. *Guidehouse/Fraunhofer IEE u. a.*, Analyse der Flächenverfügbarkeit für Windener-gie an Land post-2030, 2022, abrufbar unter https://www.bmwk.de/Redaktion/DE/Publika-tionen/Energie/analyse-der-flachenverfugbarkeit-fur-windenergie-an-land-post-2030.html.

[232] BT-Drs. 20/2355, S. 18.

[233] BT-Drs. 20/2355, S. 25.

desweiter oder regionaler Raumordnungspläne vornehmen (§ 3 Abs. 2 Nr. 1 WindBG) oder eine entsprechende Ausweisung durch von ihnen abweichende Planungsträger sicherstellen (§ 3 Abs. 2 Nr. 2 Hs. 1 WindBG), in der Praxis also zumeist durch kommunale Flächennutzungs- und Bebauungspläne[234]. Im letzteren Fall hat das Land entsprechende Teilflächenziele, die in der Summe den landesspezifischen Flächenbeitragswert ergeben, in verbindlicher Form, d. h. durch Gesetz oder als Ziele der Raumordnung, festzulegen (§ 3 Abs. 2 Nr. 2 Hs. 2 WindBG).

Anrechenbar für die Erfüllung der Ausweisungspflicht gem. § 3 Abs. 1 WindBG sind grundsätzlich alle Landesflächen, die innerhalb sog. Windenergiegebiete liegen (§ 4 Abs. 1 S. 1 WindBG) und die weiteren Voraussetzungen nach § 4 Abs. 1 S. 5 und 6 WindBG erfüllen. Als Windenergiegebiete gelten ausschließlich Vorranggebiete i. S. d. § 7 Abs. 3 S. 1 Nr. 1 ROG für Windenergie und diesen vergleichbare Gebiete[235] in Raumordnungsplänen, zudem Sonderbauflächen und Sondergebiete in Flächennutzungsplänen und Bebauungsplänen (s. die Legaldefinition in § 2 Nr. 1 WindBG). Voraussetzung für die Anrechnung einer Fläche ist stets die Wirksamkeit des sie betreffenden Plans, wobei letzterer auch dann als unwirksam gilt, wenn dies in den Entscheidungsgründen eines Gerichts angenommen worden und seit Verkündung der Entscheidung eine Jahresfrist verstrichen ist (§ 4 Abs. 2 S. 1, 2 WindBG). Möglich ist insofern also auch eine „nachträgliche Zielverfehlung" durch gerichtliche Planverwerfung.[236] Allerdings schafft die genannte Jahresfrist hierbei Raum für ein ergänzendes Verfahren zur Korrektur des fehlerhaften Plans, bevor an dessen Nichtigkeit Sanktionswirkungen[237] geknüpft werden.[238]

Schließlich hat der Gesetzgeber mit § 249 Abs. 6 S. 2 BauGB n. F. eine Vorschrift installiert, welche die Planungsträger vor „unangemessen hohen Anforderungen" bei der gerichtlichen Überprüfung schützen soll und hierzu – wohl in bewusster Abgrenzung zu den Anforderungen des BVerwG an das „schlüssige gesamträumliche Planungskonzept" im Rahmen des § 35 Abs. 3 S. 3 BauGB – ausdrücklich normiert, dass es für die Rechtswirksamkeit des Plans unbeachtlich sei, „ob und welche Flächen im Planungsraum für die Ausweisung von Windenergiegebieten geeignet sind". Vielmehr soll es für die Rechtswirksamkeit des Plans ausreichen, wenn die jeweils gewählte Methodik und

---

[234] *Kment*, NVwZ 2022, 1153 (1154).

[235] Nach dem Normzweck müssen diese in gleichem Maße wie ein Vorranggebiet der Windenergienutzung „ein Realisierungsversprechen unterbreiten und entgegenstehende Nutzungen ausschließen", können sich mithin nur graduell von jenem unterscheiden, s. *Kment*, NVwZ 2022, 1153 (1154).

[236] BT-Drs. 20/2355, S. 27.

[237] Zu diesen sogleich u. bb).

[238] S. *Kment*, NVwZ 2022, 1153 (1155) m. w. N. zum ergänzenden Verfahren.

das Ergebnis nachvollziehbar sind.[239] Es bleibt abzuwarten, ob dies in der Praxis eine Abkehr von der bisherigen „Tabuzonen-Systematik" bedeutet.[240]

In den einzelnen Planbeschlüssen hat der Planungsträger festzustellen, dass der Plan mit dem jeweils maßgeblichen (Teil-)Flächenbeitragswert konform ist bzw. dass letzterer erreicht wird.[241] Die Prüfung und Feststellung erfolgen im Rahmen des nach dem jeweiligen Landesrecht einschlägigen Planungsverfahrens und grundsätzlich[242] durch die hierfür zuständige Behörde.[243] Bei der Feststellung der Zielerreichung nach soll es sich ausweislich der Gesetzesbegründung um einen unselbständigen Teil der Planung handeln, der nicht isoliert gerichtlich angreifbar sei.[244] Durch sie wird die Rechtsfolge des § 249 Abs. 2 BauGB n. F. ausgelöst[245], wonach Windenergievorhaben im betreffenden Bundesland außerhalb der ausgewiesenen Windenergiegebiete „nur" noch als „sonstige", nicht privilegierte Vorhaben nach Maßgabe des § 35 Abs. 2 BauGB[246] zulässig sind. Diese Rechtswirkung tritt dabei ipso iure mit der Feststellung gem. § 5 Abs. 2 WindBG ein (§ 249 Abs. 2 S. 3 BauGB n. F.). Das Erreichen des Flächenbeitragswertes steht jedoch der Ausweisung zusätzlicher Flächen für die windenergetische Nutzung nicht entgegen (§ 249 Abs. 4 BauGB).

Zusätzlich sind die Länder bereits bis zum 31.05.2024 verpflichtet, im Rahmen ihrer jährlichen Monitoring-Berichterstattung nach § 98 EEG nachzuweisen, dass sie die bis dahin erforderlichen Maßnahmen zur Erreichung der Flächenbeitragswerte – mithin Planaufstellungsbeschlüsse und die Festsetzung regionaler bzw. kommunaler Teilziele in jeweils hinreichendem Umfang – ergriffen haben (§ 3 Abs. 3 WindBG)[247]. Die Prüfung der Nachweise obliegt dem Bundesministerium für Wirtschaft und Klimaschutz nach Maßgabe des § 5 Abs. 3 WindBG. Schließlich ist eine umfassende Evaluation des WindBG durch die Bundesregierung vorgesehen (§ 7 Abs. 1 bis 3 WindBG).

bb) Integration der Flächenziele in das BauGB

Jene im WindBG normierten Flächenbeitragswerte wurden im zweiten Schritt über das BauGB in das geltende Planungsrecht integriert.[248] Die Kernvorschrif-

---

[239] BT-Drs. 20/2355, S. 34.

[240] Kritisch *Operhalsky*, UPR 2022, 337 (340).

[241] BT-Drs. 20/2355, S. 28.

[242] S. für den – insbesondere auf Flächennutzungspläne wegen § 6 Abs. 1 BauGB relevanten – Fall der Genehmigungsbedürftigkeit des Plans § 5 Abs. 1 S. 2 WindBG.

[243] BT-Drs. 20/2355, S. 28.

[244] BT-Drs. 20/2355, S. 28.

[245] BT-Drs. 20/2355, S. 28.

[246] Zu dessen Voraussetzungen etwa *Söfker*, in: Ernst/Zinkahn u. a., BauGB, § 35 Rn. 73.

[247] Kritisch zu der Regelung *Kment*, NVwZ 2022, 1153 (1155).

[248] BT-Drs.20/2355, S. 17.

ten hierzu finden sich in § 249 Abs. 1, 2 und 7 BauGB n. F. und setzen zur Einhaltung der Flächenziele eine Mehrzahl von Sanktions- und Anreizwirkungen gleichzeitig ein[249]:

§ 249 Abs. 1 BauGB zunächst erklärt § 35 Abs. 3 S. 3 BauGB auf Vorhaben nach § 35 Abs. 1 Nr. 5 BauGB, die der Erforschung, Entwicklung oder Nutzung von Windenergie dienen, für unanwendbar. Die Vorschrift schaltet mithin die in der Vergangenheit problematische[250] außergebietliche Ausschlusswirkung von Konzentrationsflächenplanungen aus[251] und entzieht der bisherigen „Substanzrechtsprechung" schon insoweit den Boden[252]. In der Folge verbleibt den Ländern eine reine Positivplanung von Windenergieflächen[253]; gleichzeitig sind Windenergievorhaben bis zum Erreichen der Flächenziele weiterhin nach Maßgabe des § 35 Abs. 1 Nr. 5 BauGB privilegiert. In der Kombination bedeutet dies deren weitgehend unbeschränkte baurechtliche Zulässigkeit im Außenbereich, die neben einer gezielten Sanktionswirkung für die zielverfehlenden Länder sicherstellen soll, dass auch ohne hinreichende Ausweisungen nach § 3 Abs. 1 WindBG genügend planungsrechtlich geeignete Windenergieflächen zur Verfügung stehen.[254]

Bestandsplanungen und solche, die innerhalb eines Jahres nach Inkrafttreten des WindBG wirksam werden, sind indes vorerst vom Anwendungsbereich des § 249 Abs. 1 BauGB ausgenommen. Sie entfalten erst mit Ablauf des 31.12.2026, alternativ schon früher mit Erreichen des Flächenziels[255], keine Rechtswirkungen nach § 35 Abs. 3 S. 3 BauGB mehr (§ 245e Abs. 1 S. 1, 2 BauGB).

Soweit die Flächenbeitragswerte nach Ablauf der Stichtage nicht erreicht werden, sind Windenergievorhaben im jeweilige Plangebiet ebenfalls nach § 35 Abs. 1 Nr. 5 BauGB privilegiert zulässig (§ 249 Abs. 7 S. 1 Nr. 1 BauGB)[256]; zudem wird die Privilegierung durch die sehr weitgehende[257] Regelung „verstärkt"[258], dass Darstellungen in Flächennutzungsplänen, Ziele der

---

[249] Vgl. BT-Drs. 20/2355, S. 18.

[250] Dazu oben 2. a).

[251] Vgl. BT-Drs. 20/2355, S. 32 f.; *Kment*, NVwZ 2022, 1153 (1157).

[252] *Scheidler*, UPR 2022, 321 (322); *Ders.*, VR 2022, 397 (398); *Operhalsky*, UPR 2022, 337 (340); *Rauschenbach/Nebel*, ER 2022, 179 (181).

[253] S. *Bundesministerium für Wohnen, Stadtentwicklung und Bauwesen*, „Bundeskabinett beschleunigt naturverträglichen Windkraft-Ausbau deutlich", Pressemitteilung v. 15.06.2022, abrufbar unter https://www.bmwsb.bund.de/SharedDocs/pressemitteilungen/Webs/BMWSB/DE/2022/06/walg.html; relativierend *Operhalsky*, UPR 2022, 337 (340).

[254] BT-Drs. 20/2355, S. 18.

[255] Denn dieses löst die spezielleren Rechtsfolgen des § 249 Abs. 2 BauGB n. F. aus, dazu sogleich.

[256] *Raschke/Roscher*, ZfBR 2022, 531 (535); *Scheidler*, UPR 2022, 321 (327).

[257] *Operhalsky*, UPR 2022, 337 (341).

[258] *Scheidler*, UPR 2022, 321 (327).

Raumordnung und sonstige Maßnahmen der Landesplanung – gemeint sind mit letzteren insbesondere Moratorien oder Untersagungen im Sinne des § 12 ROG[259] – jenen generell nicht mehr entgegengehalten werden können (§ 249 Abs. 7 S. 1 Nr. 2 BauGB). Zusätzlich werden landesrechtliche Mindestabstandsregelungen zur Wohnbebauung (vgl. § 249 Abs. 9 BauGB) unwirksam, wenn das Land entweder den Nachweis nach § 3 Abs. 3 WindBG nicht bis zum Ablauf des 24.11.2024 erbracht oder seinen Flächenbeitragswert nicht bis zu den jeweils maßgeblichen Stichtagen erreicht hat (§ 249 Abs. 7 S. 2 BauGB). Unabhängig hiervon müssen Mindestabstandsregelungen Windenergiegebiete im Sinne des § 2 Nr. 1 WindBG von ihrem Geltungsbereich ausnehmen (§ 249 Abs. 9 S. 5, 6 BauGB)[260]; insoweit sind auch landesrechtliche Bestandsregelungen abzuändern[261].

Ab dem fristgemäßen Erreichen der Flächenziele und der ordnungsgemäßen Feststellung hierüber greift dagegen für das jeweilige Plangebiet – also ein Landes- oder dessen Teilgebiet[262] – die Regelung des § 249 Abs. 2 BauGB ein. Demnach richtet sich die Zulässigkeit von Windenergievorhaben i. S. d. § 35 Abs. 1 Nr. 5 BauGB außerhalb von Windenergiegebieten nun vielmehr nach § 35 Abs. 2 BauGB. Mithin entfällt für solche die Privilegierung gem. § 35 Abs. 1 Nr. 5 BauGB[263], was ihre Verwirklichungschancen im Außenbereich praktisch „gegen null tendieren" lässt[264]. Dem Schutz des Außenbereichs wird mithin der Vorrang eingeräumt, weil der Gesetzgeber bei Erreichen des Flächenbeitragswerts kein Bedürfnis mehr nach einer Privilegierung von Windenergievorhaben sah.[265] Innerhalb von Windenergiegebieten bleibt dagegen § 249 Abs. 1 BauGB maßgeblich.[266]

Um sicherzustellen, dass die zuständigen Planungsträger unverzüglich mit den zur Zielerreichung notwendigen Planungen beginnen können, normiert § 249 Abs. 5 S. 1 BauGB n. F. schließlich, dass jene bei der Ausweisung von Windenergiegebieten nicht an entgegenstehende Ziele der Raumordnung oder Darstellungen in bereits vorhandenen Flächennutzungsplänen gebunden sind, soweit dies zur Realisierung des Flächenbeitragswerts erforderlich ist.[267] Ebenso gilt im Rahmen der Projektzulassung ein Vorrang der Windenergieflächenplanung vor anderen räumlichen Gesamtplänen (vgl. § 249 Abs. 5 S. 2 BauGB n. F.).[268]

---

[259] BT-Drs. 20/2355, S. 35; *Operhalsky*, UPR 2022, 337 (341).

[260] Hierzu BT-Drs. 20/2355, S. 33.

[261] *Rauschenbach/Nebel*, ER 2022, 179 (181 f.).

[262] S. insofern § 249 Abs. 2 S. 2 BauGB n. F.

[263] BT-Drs. 20/2355, S. 18.

[264] Vgl. *Kment*, NVwZ 2022, 1153 (1157).

[265] BT-Drs. 20/2355, S. 32.

[266] *Scheidler*, UPR 2022, 321 (327); *Rauschenbach/Nebel*, ER 2022, 179 (180).

[267] BT-Drs. 20/2355, S. 34; ausführlich *Scheidler*, VR 2022, 397 (401).

[268] BT-Drs. 20/2355, S. 34.

cc) Flankierende Maßnahmen im Zuge des „Osterpakets" 2022 und der Durchführung der europäischen Notfall-VO

Flankiert wurden die planungsrechtlich eingebetteten Flächenziele sowohl von Modifikationen der materiellen Zulassungsvoraussetzungen für Windenergieanlagen an Land im Rahmen des sog. „Osterpakets"[269] 2022 (1) als auch umweltbezogenen Erleichterungen des Zulassungsverfahrens nach Maßgabe des § 6 WindBG n. F., welcher der Durchführung der europäischen NotfallVO dient ((2)).

(1) Allgemeiner Abwägungsvorrang für EE-Projekte und Standardisierung der Signifikanzprüfung

Von den einschlägigen materiellen Änderungen sollen hier diejenigen des Sofortmaßnahmen-Gesetzes[270] und des Vierten Gesetzes zur Änderung des Bundesnaturschutzgesetzes[271] hervorgehoben werden. Mit ersterem wurde – neben einer Anhebung der Ausbauziele und -pfade durch §§ 1 Abs. 2, 4 Nr. 1 EEG 2023 als Grundlage der im WindBG verankerten Flächenbeitragswerte[272] – vor allem ein allgemeiner Abwägungsvorrang für EE-Projekte einschließlich ihrer Nebenanlagen im Gesetz verankert. So ordnet § 2 S. 1, 2 EEG 2023 an, dass deren Errichtung und Betrieb stets im überragenden öffentlichen Interesse liegt und der öffentlichen Sicherheit dient; zudem ist der Ausbau erneuerbarer Energien durch die Planungs- und Genehmigungsbehörden als vorrangiger Belang in etwaige Schutzgüterabwägungen einzubringen, bis die Stromerzeugung im Bundesgebiet nahezu treibhausgasneutral ist.[273] Die Vorschrift beinhaltet mithin ein Optimierungsgebot[274] (auch) zugunsten des Windenergieausbaus.[275]

---

[269] Eingehend zu diesem *Henning u. a.*, ZNER 2022, 195; *Zenke*, EnWZ 2022, 147; s. a. *Deutscher Bundestag*, „Osterpaket zum Ausbau erneuerbarer Energien beschlossen" v. 07.07.2022, abrufbar unter https://www.bundestag.de/dokumente/textarchiv/2022/kw27-de-energie-902620.

[270] Gesetz zu Sofortmaßnahmen für einen beschleunigten Ausbau der erneuerbaren Energien und weiteren Maßnahmen im Stromsektor v. 20.07.2022 (BGBl. I S. 1237); vgl. zudem BT-Drs. 20/1630, S. 3 zu dessen „flankierend[em]" Charakter für das Wind-an-Land-Gesetz.

[271] Gesetz v. 20.07.2022 (BGBl. I S. 1362).

[272] S. Artikel 2 Nrn. 3 und 6 des Gesetzes zu Sofortmaßnahmen für einen beschleunigten Ausbau der erneuerbaren Energien und weiteren Maßnahmen im Stromsektor v. 20.07.2022 (BGBl. I S. 1237 (1247 f.)).

[273] S. Artikel 1 Nr. 2 des Gesetzes zu Sofortmaßnahmen für einen beschleunigten Ausbau der erneuerbaren Energien und weiteren Maßnahmen im Stromsektor v. 20.07.2022 (BGBl. I S. 1237 (1237 f.)); BT-Drs. 20/1630, 158 f.

[274] Zur uneinheitlichen Verwendung und Abgrenzung der Begriffe der Abwägungsdirektive und des Optimierungsgebots *Riese*, in: Schoch/Schneider, Verwaltungsrecht, § 114 VwGO Rn. 197.

[275] Weiterführend etwa *Schlacke u. a.*, NVwZ 2022, 1577 (1578 ff.); *Parzefall*, NVwZ 2022, 1592 ff.; *Eh*, IR 2022, 279 ff. und 302 ff.

Zusätzlich wurden mit dem nunmehr modifizierten Bundesnaturschutzgesetz bundeseinheitliche Standards für die artenschutzrechtliche Signifikanzprüfung eingeführt und die artenschutzrechtliche Ausnahme für die Genehmigung von Windenergieanlagen gem. § 45 Abs. 7 BNatSchG konkretisiert bzw. „operationalisiert"[276] (s. insbesondere § 45b Abs. 8 und 9 BNatSchG n. F.), um die Zulassungsverfahren für Windenergieprojekte in Zukunft zügiger und rechtssicher zu gestalten.[277] Von einer Regelung zu sog. „Go-to-Gebieten für Erneuerbare"[278], in welchen ein von Vornherein geringes ökologisches Gefährdungspotenzial besteht und deshalb im Genehmigungsverfahren die naturschutzrechtliche Zulässigkeit fingiert wird, wurde in der durch das Kabinett beschlossenen Entwurfsfassung für das Wind-an-Land-Gesetz dagegen noch abgesehen[279]; zu dahingehenden Regelungen zwingt jedoch nunmehr auf europäischer Ebene Art. 15c Erneuerbare-Energien-RL (RED III) [280].

(2) Keine Umweltverträglichkeits- und Artenschutzprüfung innerhalb von Windenergiegebieten (§ 6 WindBG n. F.)

Eine über die bauplanungsrechtlichen Konsequenzen – s. o. bb) – hinausgehende Bedeutung hat die Ausweisung von Windenergiegebieten letztlich nachträglich mit der Einführung des § 6 WindBG n. F. erlangt. Dieser bildet das „landseitige" Pendant zu § 72a WindSeeG n. F. und dient folglich ebenso der Durchführung von Art. 6 NotfallVO[281]. Durch die Vorschrift sind für Projekte innerhalb der nach § 2 Nr. 1 WindBG ausgewiesenen Windenergiegebiete im Genehmigungsverfahren keine UVP und keine artenschutzrechtliche Prüfung nach § 44 Abs. 1 BNatSchG durchzuführen, sofern bei der Gebietsausweisung

---

[276] *Schlacke u. a.*, NVwZ 2022, 1577 (1582).

[277] BT-Drs. 20/2354, S. 17; s. zum Ganzen *Schlacke u. a.*, NVwZ 2022, 1577 (1580 ff.); kritisch *Agatz*, ZUR 2023, 463 (467).

[278] S. zusammenfassend *Schlacke u. a.*, NVwZ 2022, 1577 (1584 f.) und *Europäische Kommission*, Empfehlung der Kommission zur Beschleunigung der Genehmigungsverfahren für Projekte im Bereich der erneuerbaren Energien und zur Förderung von Strombezugsverträgen, C(2022) 3219 final v. 18.05.2022, S. 3; *Dies.*, „REPowerEU: Ein Plan zur raschen Verringerung der Abhängigkeit von fossilen Brennstoffen aus Russland und zur Beschleunigung des ökologischen Wandels", Pressemitteilung vom 18.05.2022, https://ec.europa.eu/commission/presscorner/detail/de/ip_22_3131.

[279] S. *Bundesverband der Energie- und Wasserwirtschaft e. V.*, Stellungnahme zum Entwurf des Gesetzes zur Erhöhung und Beschleunigung des Ausbaus von Windenergieanlagen an Land v. 20.06.2022, S. 3 und 5, abrufbar unter https://www.bundestag.de/dokumente/textarchiv/2022/kw25-pa-klimaschutz-energie-windkraft-899622.

[280] RL (EU) 2018/2001 des Europäischen Parlaments und des Rates v. 11.12.2018 zur Förderung der Nutzung von Energie aus erneuerbaren Quellen (ABl. L 328/82), zul. geänd. durch Art. 1 RL (EU) 2023/2413 v. 18.10.2023 (ABl. L 2023/2413) m. W. v. 31.10.2023. Ausführlich zu deren Ausschreibungsvorgaben etwa *Steingrüber*, Die geförderte ausschreibungsbasierte Direktvermarktung nach dem EEG 2021, 2021, S. 447 ff.

[281] S. zu diesem und zu § 72 WindSeeG n. F. Kapitel 1 III. 4 c).

eine SUP nach § 8 ROG oder § 2 Abs. 4 BauGB erfolgt ist (§ 6 Abs. 1 S. 1 und 2 WindBG n. F.). Insofern ergänzt die Neuregelung also die gesetzlichen Flächenziele des WindBG um Beschleunigungselemente auf der Zulassungsebene. Ausgenommen sind dabei Windenergiegebiete, die innerhalb eines Natura 2000-Gebiets, Naturschutzgebiets oder Nationalparks liegen (§ 6 Abs. 1 S. 2 Nr. 2 WindBG); zudem ist die Geltungsdauer des § 6 Abs. 1 WindBG n. F. auf Genehmigungsverfahren beschränkt, für die bis zum Ablauf des 30. Juni 2024 ein Antrag gestellt wird (§ 6 Abs. 2 S. 1 WindBG n. F.).

c) Einordnung des gesetzgeberischen Lösungsansatzes in die jüngere Fachdiskussion

Das vorgestellte Konzept einer Vorgabe konkreter Zielwerte für Windenergieflächen an die Bundesländer und deren städtebaulicher Verankerung im BauGB entspricht grundsätzlich den Vorschlägen mehrerer, im zeitlichen Vorfeld zum Erlass des Wind-an-Land-Gesetzes erstellter Gutachten.[282] Für die Integration der Flächenziele in das BauGB waren dabei beinahe einheitlich kompetenzielle Erwägungen maßgeblich, denn die bodenrechtliche Verankerung der Flächenbeitragswerte stellt ein für die Länder „abweichungsfestes" gesetzliches Anreizsystem sicher (vgl. Art. 74 Abs. 1 Nr. 18 GG), was andere rechtliche Ausgestaltungen, zumeist in Form rein „formaler Planungspflichten"[283], nicht gewährleistet hätten, soweit man sie dem Raumordnungsrecht i. S. d. Art. 74 Abs. 1 Nr. 31 GG zuordnen könnte (s. Art. 72 Abs. 3 Nr. 4 GG).[284] In den Einzelheiten der Gestaltung unterscheiden sich die Vorschläge indessen.

---

[282] S. insbes. *Kment*, Sachdienliche Änderungen des Baugesetzbuchs zur Förderung von Flächenausweisungen für Windenergieanlagen, 2020; *Sachverständigenrat für Umweltfragen*, Klimaschutz braucht Rückenwind: Für einen konsequenten Ausbau der Windenergie an Land, Stellungnahme vom 04.02.2022, abrufbar unter: https://www.umweltrat.de/SharedDocs/Downloads/DE/04_Stellungnahmen/2020_2024/2022_02_stellungnahme_windenergie.html; *Schmidt u. a.*, Gesetzgeberische Handlungsmöglichkeiten zur Beschleunigung des Ausbaus der Windenergie an Land, Würzburger Studien zum Umweltenergierecht Nr. 53 vom 28.10.2021; *Wegner u. a.*, Bundesrechtliche Mengenvorgaben bei gleichzeitiger Stärkung der kommunalen Steuerung für einen klimagerechten Windenergieausbau, 2020, S. 36–43, abrufbar unter https://www.umweltbundesamt.de/sites/default/files/medien/1410/publikationen/2020-07-08_cc_21-2020_klimagerechter_ee-ausbau_flaechensicherung.pdf; zu den quantitativen Zielvorgaben bereits *Köck*, DVBl. 2012, 3 (8 f.).

[283] Vgl. *Schmidt u. a.*, Gesetzgeberische Handlungsmöglichkeiten zur Beschleunigung des Ausbaus der Windenergie an Land, Würzburger Studien zum Umweltenergierecht Nr. 53 vom 28.10.2021, S. 5; dafür in der Vergangenheit insbesondere *Köck*, DVBl. 2012, 3 (8 ff.).

[284] Vgl. *Schmidt u. a.*, Gesetzgeberische Handlungsmöglichkeiten zur Beschleunigung des Ausbaus der Windenergie an Land, Würzburger Studien zum Umweltenergierecht Nr. 53 vom 28.10.2021, S. 5; *Sachverständigenrat für Umweltfragen*, Klimaschutz braucht Rückenwind: Für einen konsequenten Ausbau der Windenergie an Land, Stellungnahme vom

Ein Gutachten *Kments* zunächst, welches 2020 im Auftrag der Stiftung Klimaneutralität erstellt wurde, schlug zum einen vor, Windenergieanlagen von der Konzentrationszonenplanung freizustellen mit der Folge, dass jene nach Maßgabe des Privilegierungstatbestandes in § 35 Abs. 1 Nr. 5 BauGB ohne planerische „Relativierung" im Außenbereich zulässig wären; alternativ könne eine „bedingte", d. h. ausschließlich bei Erreichen eines bestimmten Flächenziels wirksame Konzentrationszonenplanung eingeführt werden.[285] Dieses Modell einer bedingten Konzentrationsflächenplanung haben hiernach insbesondere auch der *Sachverständigenrat für Umweltfragen*[286] und *Schmidt u. a.*[287] befürwortet. Dessen Vorteile wurden insbesondere darin gesehen, dass das Substanzgebot der Rechtsprechung durch die Flächenziele konkretisiert und insoweit auch die materiellen Anforderungen an die Planung vereinfacht worden wären.[288] Als alternative Option gab der *Sachverständigenrat für Umweltfragen* zudem die Empfehlung ab, den Ländern die Herbeiführung eines Konzentrationseffekts mittels reiner Positivplanung „im Zusammenspiel mit dem Flächenziel" zu ermöglichen, indem mit dessen Erfüllung die Privilegierung des § 35 Abs. 1 Nr. 5 BauGB außerhalb der positiv ausgewiesenen Windenergieflächen entfalle.[289] Ein prinzipiell vergleichbares Konzept hatten zuvor schon *Wegner u. a.*[290] vorgesehen, die sich für die Kombination einer isolierten Positivplanung der Gemeinden mittels Bauleitplanung im Rahmen eines an § 35 Abs. 1 Nr. 4 BauGB orientierten Privilegierungstatbestandes für Winden-

---

04.02.2022, Tz. 44, 54, abrufbar unter: https://www.umweltrat.de/SharedDocs/Downloads/ DE/04_Stellungnahmen/2020_2024/2022_02_stellungnahme_windenergie.html. Näher zur Kompetenzfrage sogleich u. 4. a) bb).

[285] *Kment*, Sachdienliche Änderungen des Baugesetzbuchs zur Förderung von Flächenausweisungen für Windenergieanlagen, 2020, S. 44 ff., 61 ff.

[286] *Sachverständigenrat für Umweltfragen*, Klimaschutz braucht Rückenwind: Für einen konsequenten Ausbau der Windenergie an Land, Stellungnahme vom 04.02.2022, Tz. 34 ff., 54–60, abrufbar unter: https://www.umweltrat.de/SharedDocs/Downloads/DE/04_Stellungnahmen/2020_2024/2022_02_stellungnahme_windenergie.html.

[287] *Schmidt u. a.*, Gesetzgeberische Handlungsmöglichkeiten zur Beschleunigung des Ausbaus der Windenergie an Land, Würzburger Studien zum Umweltenergierecht Nr. 53 vom 28.10.2021, S. 5.

[288] *Sachverständigenrat für Umweltfragen*, Klimaschutz braucht Rückenwind: Für einen konsequenten Ausbau der Windenergie an Land, Stellungnahme vom 04.02.2022, Tz. 60, 167, abrufbar unter: https://www.umweltrat.de/SharedDocs/Downloads/DE/04_Stellungnahmen/2020_2024/2022_02_stellungnahme_windenergie.html.

[289] *Sachverständigenrat für Umweltfragen*, Klimaschutz braucht Rückenwind: Für einen konsequenten Ausbau der Windenergie an Land, Stellungnahme vom 04.02.2022, Tz. 60, abrufbar unter: https://www.umweltrat.de/SharedDocs/Downloads/DE/04_Stellungnahmen/2020_2024/2022_02_stellungnahme_windenergie.html.

[290] *Wegner u. a.*, Bundesrechtliche Mengenvorgaben bei gleichzeitiger Stärkung der kommunalen Steuerung für einen klimagerechten Windenergieausbau, 2020, S. 36–43, abrufbar unter https://www.umweltbundesamt.de/sites/default/files/medien/1410/publikationen/2020-07-08_cc_21-2020_klimagerechter_ee-ausbau_flaechensicherung.pdf.

ergieanlagen mit deren „Entprivilegierung" bei Erreichen eines kommunalen Flächenziels ausgesprochen hatten.

Das Wind-an-Land-Gesetz folgt mit den Regelungen in § 249 Abs. 1, 2 und 7 BauGB n. F. letztlich der durch den *Sachverständigenrat für Umweltfragen* vorgeschlagenen Alternativoption. In terminologischer Hinsicht lässt sich eine Ähnlichkeit der Flächenbeitragswerte i. S. d. § 1 Abs. 2 WindBG zu den 2020 von *Kment*[291] vorgeschlagenen „Windenergie-Beitragswerten" nicht von der Hand weisen.

Systematisch sind die gesetzlichen Flächenziele dabei als sektorale Bedarfsplanung einzuordnen.[292] Durch sie werden die Landesplanungen nunmehr (mittelbar) an die energiewirtschaftlichen Mengenziele gekoppelt.[293] Folglich kombiniert das Wind-an-Land-Gesetz im Ergebnis eine vorbereitende Fachplanung des Bundes mit einer räumlichen Gesamtplanung durch die Länder bzw. Gemeinden zu einem „Mischmodell"[294] und ist insofern als Mittellösung zwischen dem bisherigen, der räumlichen Gesamtplanung zuzurechnenden System und Vorschlägen für eine umfassende Energiefachplanung auch für die Erzeugungsebene[295] zu verorten. Letztere wird in unterschiedlichen Ausprägungen bereits seit einigen Jahren diskutiert; sie erfährt jedoch jüngst im speziellen Kontext der Windenergieplanung nochmals vermehrt Beachtung[296]. Im

---

[291] *Kment*, Sachdienliche Änderungen des Baugesetzbuchs zur Förderung von Flächenausweisungen für Windenergieanlagen, 2020, S. 62.

[292] So *Sachverständigenrat für Umweltfragen*, Klimaschutz braucht Rückenwind: Für einen konsequenten Ausbau der Windenergie an Land, Stellungnahme vom 04.02.2022, Tz. 45, abrufbar unter: https://www.umweltrat.de/SharedDocs/Downloads/DE/04_Stellungnahmen/2020_2024/2022_02_stellungnahme_windenergie.html; *Bader*, Die Bedeutung der Interdependenz zwischen Planung und Regulierung für die Steuerung des Ausbaus der Offshore-Windenergie, 2021, S. 217.

[293] Vgl. *Kment*, NVwZ 2022, 1153 (1154); *Sachverständigenrat für Umweltfragen*, Klimaschutz braucht Rückenwind: Für einen konsequenten Ausbau der Windenergie an Land, Stellungnahme vom 04.02.2022, Tz. 24, 26 f., abrufbar unter: https://www.umweltrat.de/SharedDocs/Downloads/DE/04_Stellungnahmen/2020_2024/2022_02_stellungnahme_windenergie.html.

[294] Vgl. *Franke/Recht*, ZUR 2021, 15.

[295] Dafür grundsätzlich *Hermes*, ZUR 2017, 677 (682); *Ders.*, Planungsrechtliche Sicherung einer Energiebedarfsplanung – ein Reformvorschlag, in: Faßbender/Köck, Versorgungssicherheit in der Energiewende, 2014, S. 71 ff.; *Ders.*, ZUR 2014, 259; *Franke*, Neue Steuerungsinstrumente für den Windenergieausbau?, in: Rosin/Uhle, Büdenbender-FS, 2018, S. 201 (208 f.); *Rodi*, ZUR 2017, 658; *Franzius*, ZUR 2018, 11 (12 f.) und bereits *Köck*, DVBl. 2012, 3 (6); zusammenfassend auch *Schäfer*, Die koordinierte Bedarfsplanung der Elektrizitätsnetze als Anwendungsfeld staatlicher Gewährleistungsverantwortung, 2016, S. 229 ff.

[296] S. insbesondere *Neubauer/Strunz*, ZUR 2022, 142 (insbes. 149); *Grigoleit u. a.*, NVwZ 2022, 512 (517 f.); *Kümper*, DÖV 2021, 1056 (1061 f.); *Ders.*, DVBl 2021, 1591 (1596 f.); *Verheyen*, Ausbau der Windenergie an Land: Beseitigung von Ausbauhemmnissen im öffentlichen Interesse, 2020, und zu diesen jeweils u. 4. b).

Folgenden gilt es deshalb, entsprechende fachplanerische Vorschläge aufzugreifen und insbesondere im Vergleich zur „gemischten" Lösung des Wind-an-
Land-Gesetzes zu bewerten.

4. Gestaltungsoptionen einer Fachplanung in Anlehnung an das zentrale Modell

Steht im Folgenden also die Entwicklung und Bewertung einer „landseitigen"
fachplanerischen Konzeption nach dem Vorbild des zentralen Modells im Fo-
kus, muss hierbei gleichwohl den erheblichen Unterschieden Rechnung getragen werden, die zwischen dem Ausbau der Windenergie an Land und zur See,
insbesondere der AWZ bestehen. Zweitens bedarf es einer differenzierten Konzeption der einzelnen Planungsstufen unter Berücksichtigung der Entschei-
dungskomplexität und föderalen Kompetenzen. Den insoweit maßgeblichen
Rahmen klären die nachfolgenden Vorüberlegungen deshalb vorab.

a) Vorüberlegungen

aa) Berücksichtigung grundlegender Unterschiede zur Situation „offshore"

Die Planungsbedingungen an Land heben sich in einigen Punkten erheblich
von denjenigen in der AWZ ab, welche immerhin erst ab einer Entfernung von
12 Seemeilen jenseits der Küstenlinie beginnt. Dies gilt vor allem im Hinblick
auf die Dimension und die föderale Struktur des Plangebiets „an Land", aber
auch die Art und Intensität der durch Windenergievorhaben verursachten Konfliktlagen[297].

So hat Kapitel 2 zwar ergeben, dass selbst die AWZ einen mittlerweile vielfältig genutzten Raum darstellt, in welchem etwa Schifffahrts-, Militär- oder
Naturschutzbelange einem Windparkvorhaben entgegenstehen können; an
Land jedoch tritt vor allem eine weiträumig vorhandene und besonders stör-
sensible Wohnnutzung hinzu[298], die grundrechtlichem Schutz unterliegt und zu
multiplen individuellen Betroffenheiten führen kann. Zweitens gilt es stets
auch Eigentumspositionen der involvierten Akteure zu berücksichtigen, wobei
praktisch vor allem der Wertverlust an Grundstücken in Anlagennähe oftmals
eine geringe Akzeptanz nach sich zieht.[299] In der AWZ existiert demgegenüber

---

[297] So auch *Korbmacher*, Ordnungsprobleme der Windkraft, 2020, S. 189 f.

[298] Eingehend zum Wohnumfeldschutz beim Windenergieausbau *Sachverständigenrat für Umweltfragen*, Klimaschutz braucht Rückenwind: Für einen konsequenten Ausbau der Windenergie an Land, Stellungnahme vom 04.02.2022, Tz. 69 ff. unter: https://www.um-weltrat.de/SharedDocs/Downloads/DE/04_Stellungnahmen/2020_2024/2022_02_stellung-nahme_windenergie.html.

[299] *Rodi*, ZUR 2017, 658 (659).

von Vornherein kein Grundeigentum[300] und hinsichtlich der Mehrzahl der dort ausgeübten Aktivitäten keine subjektiven öffentlichen Rechte.[301] Letztlich bedürfen auch Aspekte der Landschaftsästhetik, die im Onshore-Bereich nach wie vor erheblich akzeptanzmindernd wirken (Stichwort: „Verspargelung der Landschaft"[302]), in der küstenfernen AWZ keiner Berücksichtigung.

Hinzu tritt, dass die an Land zu beplanende Fläche, bezieht man sich auf den Gesamtraum „Bundesrepublik", um ein Vielfaches größer ist als die deutsche AWZ, was vor allem für hochzonige Fachplanungen die Gefahr eines „zu groß dimensionierten" Plans birgt. So liegen die Vorteile der strategischen Planung mitunter gerade darin, dass sie – als Zwischenlösung einer rein projektbezogenen und einer integrativen, umfassenden „Masterplanung" – eine überschaubare Zahl von Projekten einer Gesamtkoordination zuführt.[303] Die Zahl einzelner Windparkprojekte an Land und der an ihnen beteiligten Akteure ist jedoch immens hoch.[304] Gleichzeitig sind anders als bei offshore erzeugtem Strom nicht zwingend lange Leitungsstrecken zu bewältigen, was sich möglicherweise auf die Bewertung des Grundsatzes „Netz folgt Last" auswirken kann.

Letztlich würde eine umfassende, „zentrale" Bundesplanung, wie sie das WindSeeG umsetzt, an Land zu erheblichen – rechtlichen wie politischen – föderalstaatlichen Konflikten führen. Beispielhaft hat sich dies schon bei der Einführung des NABEG gezeigt.[305] Daraus folgt zunächst, dass es im Vorfeld jedes gesetzgeberischen Tätigwerdens zwingend einer exakten und rechtssicheren Kompetenzabgrenzung bedarf; zudem ist rechtspolitisch stets der mit einer Maßnahme verbundene föderale Widerstand zu erwägen und insbesondere auf der Ausführungsebene darauf hinzuwirken, die in den Ländern etablierten Verwaltungsstrukturen und Vollzugserfahrungen zu erhalten und möglichst effektiv zu nutzen.

bb) Gesetzgebungskompetenz des Bundes

Insofern stellt sich zunächst die Frage nach der Gesetzgebungskompetenz des Bundes für die Einführung eines entsprechenden Planungs- und Regulierungs-

---

[300] *Durner*, ZUR 2022, 3 (4); *Papenbrock*, Die Anwendung des deutschen Sachenrechts auf Windenergieanlagen in der Ausschließlichen Wirtschaftszone, 2017, S. 146; *Schulz/Gläsner*, EnWZ 2013, 163 (168); *Degenhardt/Treibmann*, in: Böttcher, Stromleitungsnetze – Rechtliche und wirtschaftliche Aspekte, 2014, S. 282.

[301] S. Kapitel 4 I. 2. a).

[302] S. etwa *Scheidler*, VR 2022, 397 (401), der zudem höchst windkraftkritisch auf eine „Verunstaltung des Landschaftsbildes durch Windkraftanlagen" hinweist.

[303] S. o. Kapitel 5 I. 1. a) dd).

[304] *Bader*, Die Bedeutung der Interdependenz zwischen Planung und Regulierung für die Steuerung des Ausbaus der Onshore-Windenergieerzeugung, 2021, S. 218; *Grüner/Sailer*, ZNER 2016, 122 (130).

[305] Monographisch *Eding*, Bundesfachplanung und Landesplanung, 2016; s. zudem *Grigoleit/Weisensee*, UPR 2011, 401 (402 f.).

systems. Jener verfügt nach dem bundesstaatlichen Kompetenzgefüge des Grundgesetzes nur insoweit über das Recht zur Gesetzgebung, als er sich auf einen verfassungsrechtlichen Kompetenztitel der in Art. 70 Abs. 2 GG bezeichneten Art oder aber – in Ausnahmefällen – eine ungeschriebene Kompetenz berufen kann (Art. 70 Abs. 1 GG).[306] Für den Erlass von Regelungen über eine Raum- und Bedarfsplanung für Onshore-Windkraftanlagen kommen als solche Kompetenztitel grundsätzlich die konkurrierende Gesetzgebung[307] des Bundes für das Recht der Energiewirtschaft gem. Art. 74 Abs. 1 Nr. 11 GG und das Recht der Raumordnung gem. Art. 74 Abs. 1 Nr. 31 GG in Betracht, aber auch ein ungeschriebener Titel „kraft Natur der Sache", der von verschiedenen Stimmen für die gesamtstaatliche Raumordnung des Bundes angenommen wird[308].

Dabei ist zu beachten, dass die konkurrierende Zuständigkeit für die Raumordnung aufgrund des Art. 74 Abs. 1 Nr. 31 GG eine Abweichungsbefugnis der Länder nach sich zieht (Art. 72 Abs. 3 Nr. 4 GG)[309], was für die übrigen der genannten Titel nicht gilt[310]. Für das Recht der Energiewirtschaft wiederum steht dem Bund die Gesetzgebungskompetenz nur zu, wenn und soweit die Herstellung gleichwertiger Lebensverhältnisse im Bundesgebiet oder die Wahrung der Rechts- oder Wirtschaftseinheit im gesamtstaatlichen Interesse eine bundesgesetzliche Regelung erforderlich macht (Art. 72 Abs. 2 GG). Eine genaue Differenzierung zwischen den in Betracht kommenden Kompetenztiteln und die Klärung ihrer Einschlägigkeit sind somit zwingend notwendig, da sich hieraus erhebliche Konsequenzen für die Reichweite der Bundeskompetenz ergeben. In diesem Rahmen bedarf es vor allem einer Abgrenzung zwischen den Materien der Raumordnung einerseits und der räumlichen Fachplanung andererseits. Dass sich diese schwierig gestalten kann, hat bereits die entsprechende Zuordnung der „selektiven" Bundesraumordnung für den Bereich der AWZ gezeigt.[311]

---

[306] *Seiler*, in: Epping/Hillgruber, GG, Art. 70 Rn. 11, 18 ff.; *Degenhart*, in: Sachs, GG, Art. 70 Rn. 7 ff., 14, 29; *Broemel*, in: v. Münch/Kunig, GG, Art. 70 Rn. 8 ff., 26 ff.

[307] Eingehend zu dieser *Degenhart*, Die Charakteristika der konkurrierenden Gesetzgebung des Bundes nach der Föderalismusreform, in: Heintzen/Uhle, Neuere Entwicklungen im Kompetenzrecht, 2014, S. 65–79.

[308] *Durner*, NuR 2012, 369 (374); *Kment*, NuR 2006, 217 (220); *Ders.*, in: Jarass/Pieroth, Grundgesetz, Art. 74 Rn. 81; *Willbrandt*, in: Posser/Faßbender, Praxishandbuch Netzplanung und Netzausbau, Kap. 4 Rn. 40 (Fn. 105).

[309] Dafür bzgl. §§ 4 ff. NABEG *Moench/Ruttloff*, NVwZ 2011, 1040 (1041); *Erbguth*, NVwZ 2012, 326 (329); *Durner*, NuR 2012, 369 (374).

[310] Hinsichtlich der ungeschriebenen Bundeskompetenz für die gesamtstaatliche Raumordnung *Kment*, NuR 2006, 217 (220); *Durner*, NuR 2012, 369 (374).

[311] S. Kapitel 2 II.

Raumordnung im Sinne des Art. 74 Abs. 1 Nr. 31 GG meint grundsätzlich die „zusammenfassende, übergeordnete Planung und Ordnung des Raumes"[312], wobei „übergeordnet" zum einen auf den überörtlichen und zum anderen den integrativen, sektorenübergreifenden Charakter der Raumordnung abhebt[313]. Der betreffende Raum bezieht sich dabei auf die jeweiligen Gebiete der Bundesländer; die Planung und Ordnung des Gesamtstaats unterfällt indessen nach der Auffassung des Bundesverfassungsgerichts[314] einer Bundeskompetenz kraft Natur der Sache[315].[316]

Demgegenüber ist die Fachplanung nicht in diesem zweifachen Sinne „übergeordnet", sondern wie bereits dargestellt[317] als sektoral angelegtes „Sonderraumordnungsrecht"[318] zu qualifizieren und von den Bundeskompetenzen für das Raumordnungsrecht also nicht erfasst[319]. Vielmehr richtet sich die Zuständigkeit für den Erlass fachplanungsrechtlicher Regelungen nach den grundgesetzlichen Bestimmungen des jeweils einschlägigen Fachrechts.[320] Das „Recht der Wirtschaft" gem. Art. 74 Abs. 1 Nr. 31 GG wird insoweit extensiv ausgelegt und umfasst hinsichtlich der ausdrücklich als Klammerzusatz aufgeführten Energiewirtschaft neben dem Handel mit Energie insbesondere auch deren Erzeugung, Übertragung und Verteilung[321] einschließlich diese betreffender Fachplanungen[322].

Die Zuordnung einer nach dem Vorbild des zentralen Modells gestalteten, unmittelbar raumwirksamen Windenergie-Bedarfsplanung des Bundes zu diesem Kompetenztitel gestaltet sich allerdings deshalb als problematisch, weil ihr punktuell auch Elemente des materiellen Raumordnungsrechts immanent wären, indem mitunter die Raumverträglichkeit von Windparkvorhaben für konkrete (Landes-)Gebiete geprüft werden müsste. Insoweit liegt die Situation anders als bei der bloß zahlenmäßigen Flächenvorgabe an die Bundesländer nach dem WindBG, die diesen selbst zur räumlichen Konkretisierung über-

---

[312] BVerfG, Gutachten v. 16.06.1954 – 1 PBvV 2/52 – BVerfGE 3, 407 (425).

[313] BVerfG, Gutachten v. 16.06.1954 – 1 PBvV 2/52 – BVerfGE 3, 407 (425); *Broemel*, in: v. Münch/Kunig, GG, Art. 74 Rn. 103.

[314] BVerfG, Gutachten v. 16.06.1954 – 1 PBvV 2/52 – BVerfGE 3, 407 (427 f.).

[315] Eingehend zu diesem Kompetenztypus *Herbst*, Gesetzgebungskompetenzen im Bundesstaat, 2014, S. 260 ff.

[316] Zusammenfassend *Kment*, in: Jarass/Pieroth, Grundgesetz, Art. 74 Rn. 81; *Oeter*, in: v. Mangoldt/Klein/Starck, GG, Art. 74 Rn. 190.

[317] S. Kapitel 2 I. 1. c).

[318] *Durner*, RuR 2010, 271 (274); *Ders.*, NuR 2012, 369 (374).

[319] *Kment*, in: Jarass/Pieroth, Grundgesetz, Art. 74 Rn. 81.

[320] *Eding*, Bundesfachplanung und Landesplanung, 2016, S. 337; *Haratsch*, in: Sodan, GG, Art. 74 Rn. 67.

[321] *Eding*, Bundesfachplanung und Landesplanung, 2016, S. 337; *Broemel*, in: v. Münch/Kunig, GG, Art. 74 Rn. 37.

[322] *Kment*, in: Jarass/Pieroth, Grundgesetz, Art. 74 Rn. 81.

lassen wird.[323] Vielmehr lassen sich Parallelen zur Bundesfachplanung nach §§ 4 ff. NABEG erkennen, die wegen ihrer raumplanerischen Elemente in kompetenzieller Hinsicht ebenfalls lange umstritten ist[324].

Maßgeblich für die Zuordnung zur Fachplanung einerseits oder der Raumordnung andererseits sind nach den im Falle der Kompetenzkonkurrenz geltenden Grundsätzen des Bundesverfassungsgerichts der inhaltliche Schwerpunkt bzw. der Hauptzweck der fraglichen Gesamtregelung.[325] Insofern ist hier entscheidend, dass eine Windenergieplanung nach dem Vorbild des WindSeeG primär gerade nicht auf einen gesamtplanerischen Ausgleich aller Landnutzungsinteressen gleichermaßen angelegt wäre, sondern vorrangig die Durchsetzung „sektoraler" energiepolitischer Ziele im Blick hätte. Entsprechend wird auch für die Bundesfachplanung nach §§ 4 ff. NABEG, die mit der räumlichen Festlegung von Trassenkorridoren für Übertragungsleitungen ebenfalls Elemente der Raumordnung beinhaltet, Art. 74 Abs. 1 Nr. 11 GG von einer Vielzahl an Stimmen als hinreichende Kompetenzgrundlage des Bundes erachtet.[326]

Teils wird die kompetenzrechtliche Verortung auch von der konkreten Ausgestaltung des Planungssystems abhängig gemacht und eine Bundeskompetenz aus Art. 74 Abs. 1 Nr. 11 GG jedenfalls dann angenommen, wenn Raumverträglichkeitsprüfungen in ein umfassendes, konsistentes „Fachplanungsgesetzeswerk"[327] mit energiewirtschaftlich orientiertem Hauptzweck eingebettet sind.[328] Vor diesem Hintergrund kann es sich anbieten, eine vorbereitende Raum- und Bedarfsplanung für Windenergieanlagen mit einem fachplanerischen Zulassungsverfahren im Wege der Planfeststellung zu verknüpfen.

---

[323] Zur dessen kompetenzrechtlicher Bewertung *Sachverständigenrat für Umweltfragen*, Klimaschutz braucht Rückenwind: Für einen konsequenten Ausbau der Windenergie an Land, Stellungnahme vom 04.02.2022, Tz. 45, abrufbar unter: https://www.umweltrat.de/SharedDocs/Downloads/DE/04_Stellungnahmen/2020_2024/2022_02_stellungnahme_windenergie.html.

[324] Eingehend zum Streit *Eding*, Bundesfachplanung und Landesplanung, 2016, S. 333 ff.

[325] Zusammenfassend den Zuordnungskriterien der Rechtsprechung etwa *Herbst*, Gesetzgebungskompetenzen im Bundesstaat, 2014, S. 160 f.; *Eding*, Bundesfachplanung und Landesplanung, 2016, S. 342 ff.; *Haratsch*, in: Sodan, GG, Art. 70 Rn. 15.

[326] So etwa *Callies/Dross*, JZ 2012, 1002 (1009 f.); *Schmitz/Jornitz*, NVwZ 2012, 332 (334); *Appel*, UPR 2011, 406 (410 f.); *Grigoleit/Weisensee*, UPR 2011, 401 (402); *Wagner*, DVBl. 2011, 1453 (1454); *Lecheler*, RdE 2010, 41 (45 f.); *Hermes*, ZUR 2014, 259 (268); *Eding*, Bundesfachplanung und Landesplanung, 2016, S. 368 ff.

[327] *Grigoleit u. a*, NVwZ 2022, 512 (514).

[328] S. *Grigoleit u. a.*, NVwZ 2022, 512 (514), gleichwohl diese im Einzelnen eine Kompetenz auf kombinierter Basis der Art. 74 Abs. 1 Nrn. 11, 31 GG annehmen. Auch *Callies/Dross*, JZ 2012, 1002 (1010) stellen bzgl. der einer Bundeskompetenz aus Art. 74 Abs. 1 Nr. 11 GG für die Regelungen der §§ 4 ff. NABEG darauf ab, dass diese Teil einer „konsistenten fachplanerischen Regelungskaskade" seien.

Letztlich wäre eine bundeseinheitliche Regelung auch im Sinne des Art. 72 Abs. 2 Var. 2 und 3 GG zur Wahrung der Rechts- und Wirtschaftseinheit erforderlich, da ohne sie nicht mit einer gleichmäßigen Verwirklichung der EEG-Ausbauziele und der damit verbunden Netz- und Raumlasten über das Bundesgebiet gerechnet werden kann.[329]

cc) Entscheidungskomplexität als Maßstab der Verfahrensstufung

Drittens stellt sich die Frage nach dem einschlägigen Maßstab bei der Konzeption der einzelnen Planungsebenen, insbesondere der dem Planungsgegenstand angemessenen Zahl an Stufungen. Maßgeblich für die Komplexität eines Verfahrenssystems ist grundsätzlich die Komplexität der mit ihm zu bewältigenden Aufgabe.[330] Dies bezieht sich in Verwaltungsverfahren insbesondere auch auf die notwendige Zahl an Verfahrensstufungen[331], da diese gerade auf eine „Dekomplexifizierung"[332] umfassender Materien im Wege der planerischen Abschichtung abzielen[333]. Insoweit lässt sich einer gesamträumlichen und bedarfsorientierten Planung von Windparkflächen an Land schon angesichts der Vielzahl an abwägungserheblichen Informationen, fachlich-wissenschaftlicher Einzelfragen und des laufenden Evaluations- und Synchronisationsbedarfs eine durchaus hohe Komplexität attestieren[334]; zutreffend wird die Energiewende insoweit auch als „gigantische Kapazitäts- und Infrastrukturplanung" bezeichnet.[335] Eine einstufige Entscheidung auf Bundesebene scheidet damit von Vornherein aus.[336] Vielmehr bedarf es einer Planungskaskade mit mindestens einer Stufe jeweils der vorbereitenden und der durchführenden Fachplanung; zusätzlich wäre eine an das Voruntersuchungsverfahren angelehnte Mittelebene zu erwägen.

b) Vorhandene Gestaltungsvorschläge

Was die konkrete Ausgestaltung einzelner Verfahrensstufen einer Windenergie-Fachplanung an Land betrifft, finden sich in der Literatur bereits verschiedene Gestaltungsvorschläge. Jene werden im Folgenden zunächst als Diskussionsbasis dargestellt. Dabei wird sich indes auf diejenigen Vorschläge be-

---

[329] Vgl. auch BT-Drs. 20/2355, S. 19.
[330] *Luhmann*, Legitimation durch Verfahren, 11. Aufl. 2019, S. 52.
[331] S. *Siegel*, Entscheidungsfindung im Verwaltungsverbund, 2009, S. 170: „Die zu bewältigende Komplexität bildet […] nicht nur die Rechtfertigung für eine Verfahrensstufung, sondern zugleich auch deren Begrenzung."
[332] Zum Begriff *Salm*, Individualrechtsschutz bei Verfahrensstufung, 2019, S. 29 f.
[333] S. bereits Kapitel 2 I. 2.
[334] Vgl. *Neubauer/Strunz*, ZUR 2022, 142 (147).
[335] Vgl. *Rodi*, ZUR 2017, 658 (662).
[336] Vgl. auch *Neubauer/Strunz*, ZUR 2022, 142 (144).

schränkt, die entsprechend der hiesigen Forschungsfrage eine inhaltliche Nähe zum zentralen Modell aufweisen.

aa) Zentrale Flächensuche auf Bundesebene

Dem zentralen Modell am nächsten kommen zunächst diejenigen Gestaltungs-optionen, die eine bedarfsorientierte und zentral durch den Bund zu vollzie-hende Flächensicherung für Windparkstandorte beinhalten. Ausführungen hierzu finden sich insbesondere bei *Neubauer/Strunz*[337] und zuvor schon bei *Verheyen*[338]. Dabei hält *Verheyen* eine gesamtstaatliche Flächensuche durch den Bund für denkbar, in dessen Ergebnis der Ausbaubedarf für die betreffen-den Gebiete jeweils verbindlich festgestellt würde.[339] Hinsichtlich größerer Flächenareale wie etwa vormaliger Braunkohletagebau- oder Militärgebiete zieht sie hierfür auch eine formell-gesetzliche Entscheidung durch den Bun-destag in Betracht.[340] Insgesamt bewertet sie die Einrichtung einer Fachpla-nungskaskade für Windenergie an Land, die sich nach der raumbezogenen Be-darfsplanung im Wege des Planfeststellungsverfahrens fortsetzt, als systemge-recht.[341]

Neubauer/Strunz befürworten indessen eine Bedarfsplanung und gesamt-staatliche Raumanalyse durch den Bund, die sich über mehrere interne Ent-scheidungsebenen vollziehen und in die gesetzliche Verabschiedung eines „Bundesfachplans Wind" durch den Bundestag münden soll.[342] Die Realisie-rung der räumlichen Festlegungen soll vorrangig im Wege des Förderrechts über einen regionalen Korrekturfaktor bei den Ausschreibungen erfolgen; eine Verbindlichkeit für das nachfolgende Planungs- und Zulassungsrecht sei nicht zwingend erforderlich. Im Einzelnen soll auf erster Stufe eine zentrale Bedarfs-planung erfolgen, woran sich auf zweiter Stufe eine bundesweite Raumanalyse anschließe. In deren Rahmen seien zunächst alle Potenzialflächen zu identi-fizieren, mithin – offenbar der Terminologie zur Konzentrationsflächenpla-nung entliehen[343] – solche Flächen, die sich nicht in rechtlicher, technischer oder wirtschaftlicher Hinsicht als von Vornherein ungeeignet für eine Bebau-ung mit Windenergieanlagen erweisen. Für diese sollen je mindestens die Kri-

---

[337] *Neubauer/Strunz*, ZUR 2022, 142.

[338] *Verheyen*, Ausbau der Windenergie an Land: Beseitigung von Ausbauhemmnissen im öffentlichen Interesse, 2020.

[339] *Verheyen*, Ausbau der Windenergie an Land: Beseitigung von Ausbauhemmnissen im öffentlichen Interesse, 2020, S. 23.

[340] *Verheyen*, Ausbau der Windenergie an Land: Beseitigung von Ausbauhemmnissen im öffentlichen Interesse, 2020, S. 23.

[341] *Verheyen*, Ausbau der Windenergie an Land: Beseitigung von Ausbauhemmnissen im öffentlichen Interesse, 2020, S. 17 ff.

[342] S. auch im Folgenden *Neubauer/Strunz*, ZUR 2022, 142 (149 ff.).

[343] S. etwa BVerwG, Urt. v. 13.12.2012 – 4 CN 1/11 – NVwZ 2013, 519; *Gatz*, Wind-energieanlagen in der Verwaltungs- und Gerichtspraxis, 3. Aufl. 2019, Rn. 54 ff.

terien der Naturverträglichkeit und Landschaftsästhetik, der Siedlungsdichte, der verursachten Systemkosten und der Systemdienlichkeit[344] wissenschaftlich ermittelt werden. Jene Daten sollen die Grundlage einer dritten Verfahrensphase bilden, welche die Erstellung verschiedener, zeitlich und räumlich differenzierter Ausbauszenarien und ihre Abwägung gegeneinander nach den o. g. Kriterien beinhaltet. In dieser Phase ist auch eine umfassende Beteiligung sowohl der Öffentlichkeit als auch in ihren Aufgaben berührter Träger öffentlicher Belange vorgesehen; zusätzlich sollen nach dem Vorbild der §§ 5 ff. StandAG etwa Sachverständigenräte eingesetzt werden können. Im Ergebnis würden wenige, besonders effektive oder auswirkungsschwache Szenarien vorausgewählt. Während die Zuständigkeit bis hierhin bei einer existenten oder neu einzurichtenden Bundesbehörde läge, würden diese Szenarien nunmehr dem Bundestag vorgelegt, der hierunter das „Idealszenario" auswählen und gesetzesförmig als „Bundesfachplan Wind" verabschieden solle.

Hervorzuheben ist dabei wegen der (weiteren) Parallele zum zentralen Modell, dass die Autoren ausdrücklich eine inhaltliche Abstimmung zwischen Bedarfs- und Raumanalyse, aber auch einen strategischen Abschichtungsmechanismus im Sinne eines „lernenden Systems" vorsehen: So müsse die Standortgüte nach Möglichkeit bereits bei der Kapazitätsplanung berücksichtigt werden, da dieselbe installierte Leistung an windhöffigeren Standorten letztlich größere Strommengen liefere; in der Folge sei die Bedarfsplanung also in Regelintervallen anhand der aktuellen räumlichen Planung zu überprüfen und ggf. im Wege der umgekehrten Abschichtung an diese anzupassen („Rückwirkung des Wo auf das Wieviel").[345]

Ein erheblicher Unterschied liegt indes darin, dass die räumlichen Festlegungen der vorbereitenden Fachplanung im zentralen Modell über weitere Fachplanungsstufen angesteuert und realisiert werden, während das Modell nach *Neubauer/Strunz* vor allem im Wege der Förderregulierung wirken soll, ohne dass eine planungsrechtliche Anknüpfung an die vorgelagerte Raumplanung für zwingend gehalten wird.[346] Identifiziert man aber als Ursache der in den letzten Jahren gerade unterzeichneten Ausschreibungen die fehlende planungsrechtliche Flächensicherung im Vorhinein[347], bestehen Zweifel, ob die Förderregulierung allein hinreichende Anreiz- wie auch räumliche Verteilungseffekte zu entfalten vermag. Anderes mag allerdings gelten, wenn das

---

[344] Verstanden als alle „positiven Auswirkungen auf Systemstabilität und Versorgungssicherheit", s. *Sachverständigenrat für Umweltfragen*, Klimaschutz braucht Rückenwind: Für einen konsequenten Ausbau der Windenergie an Land, Stellungnahme vom 04.02.2022, Tz. 240, abrufbar unter: https://www.umweltrat.de/SharedDocs/Downloads/DE/04_Stellungnahmen/2020_2024/2022_02_stellungnahme_windenergie.html.

[345] *Neubauer/Strunz*, ZUR 2022, 142 (149).

[346] *Neubauer/Strunz*, ZUR 2022, 142 (151).

[347] S. dazu oben Kapitel 5 II. 2. a) und 3. a) aa).

Konzept in Kombination mit den Vorgaben des WindBG angewandt wird, wie es die Autoren für möglich halten[348].[349]

bb) Zentrale Bedarfsplanung und verpflichtende Gebietsmeldungen der Länder

Demgegenüber abgeschwächt, was den Aspekt einer zentralisierten Planung durch den Bund betrifft, stellt sich der Vorschlag von *Grigoleit u. a.*[350] dar, welche auf vorgelagerter Ebene lediglich die Bedarfsplanung dem Bund allein zuweisen, die konkrete Flächenidentifizierung aber unter Vorgabe eines standardisierten Kriterienkatalogs den Ländern überlassen, welche dem Bund zu einem Stichtag konkrete Gebiete für die windenergetische Nutzung zurückmelden. Insoweit gleicht das Modell weniger der Flächenentwicklung nach dem WindSeeG als vielmehr der Meldung von Schutzgebieten durch die Länder nach § 32 BNatSchG.[351] Wesentliche Vorteile dieses Vorgehens sehen die Autoren in einer effizienten Nutzung der bei den Ländern vorhandenen Verwaltungsstrukturen und umfangreichen Geodaten, aber auch der höheren Akzeptanz.[352]

Stärkere Parallelen zum WindSeeG weist dieses Modell indes hinsichtlich der als Planfeststellungsverfahren ausgestalteten Zulassungsebene und vor allem deren Verknüpfung mit dem Ausschreibungsverfahren auf. So sollen die Ausschreibungen zwar nicht flächen-, wohl aber regionalspezifisch erfolgen und die Antragsbefugnis im Planfeststellungsverfahren nur bei Vorliegen eines entsprechenden Zuschlags gegeben sein. Auch weisen die Autoren auf das Erfordernis eines konsistenten fachplanerischen Abschichtungssystems hin, welches u. a. eine effiziente Verwertung von Flächendaten aus den Gebietsmeldungen auf späteren Verfahrensstufen sicherstellen müsse; insoweit werden teils die in § 9 Abs. 1 WindSeeG für das Voruntersuchungsverfahren normierten Zwecke aufgegriffen.

cc) Antizipierte Festsetzung von Windparkgebieten durch die Genehmigungsbehörden

Ein 2021 durch die *Stiftung Klimaneutralität* veröffentlichter Ansatz[353] beruht demgegenüber auf der Festsetzung sog. Windparkgebiete für Windparks grö-

---

[348] *Neubauer/Strunz*, ZUR 2022, 142 (147).

[349] S. zur Möglichkeit eines entsprechend „gemischten" Modells aus vorbereitender Fachplanung und regulatorischer Umsetzung u. Kapitel 5 II. 4. c) aa).

[350] S. auch im Folgenden *Grigoleit u. a.*, NVwZ 2022, 512 (517 f.).

[351] *Grigoleit u. a.*, NVwZ 2022, 512 (517).

[352] *Grigoleit u. a.*, NVwZ 2022, 512 (517).

[353] S. *Stiftung Klimaneutralität*, Genehmigungsverfahren beschleunigen mit einem Windenergie-an-Land-Gesetz, S. 3; *Stiftung Klimaneutralität/Bringewat/Scharfenstein*, Entwurf

ßerer Ausmaße, die dem immissionsschutzrechtlichen Genehmigungsverfahren vorausgeht. Die Festsetzung soll durch Verwaltungsakt und ausschließlich auf Antrag erfolgen, wobei die Zuständigkeit bei der jeweiligen Genehmigungsbehörde nach dem BImSchG und den einschlägigen landesrechtlichen Vorschriften liegen soll.[354] Zwar handelt es sich bei den Gebietsfestsetzungen um keine (fach-)planerischen Entscheidungen; allerdings soll sie teils für solche typische Rechtswirkungen entfalten – dazu sogleich – und weist zudem gewisse Parallelen zur Eignungsprüfung nach §§ 9 ff. WindSeeG auf, weshalb hier gleichwohl auf sie eingegangen wird.

Die Flächenprüfung im Rahmen der Festsetzung von Windparkgebieten soll wie angedeutet nicht planerisch-abwägend, sondern nach einem am Genehmigungstatbestand orientierten Konditionalprogramm erfolgen und verhält sich zur Genehmigung im Kern gleich einem Vorbescheid, indem ihre Feststellungen für die spätere Vorhabenzulassung bindend sind.[355] In der Folge seien Windparkprojekte innerhalb der Gebiete im Genehmigungsverfahren als regelmäßig zulässig anzusehen.[356] Anders als einem Vorbescheid nach § 9 BImSchG soll der Festsetzung eines Windparkgebiets allerdings Vorrang vor der Bauleit- und Landesplanung zukommen[357]; insoweit sind ihre Rechtswirkungen eher „fachplanungstypisch" gestaltet (vgl. etwa § 15 Abs. 1 S. 2 NABEG).

Im Hinblick auf die oben dargestellten Probleme des Windkraftausbaus weist dieser Vorschlag insoweit Defizite auf, als er – jedenfalls als alleinige Maßnahme[358] – keine gesamträumliche Koordination des Windenergieausbaus über das Bundesgebiet gewährleisten kann, sondern jeweils isolierte, projektbezogene Flächenprüfungen vorsieht. Denn die Lösung setzt allein auf der Ge-

---

für ein Windenergie-an-Land-Gesetz, 2021, S. 3 f., 11 ff., jeweils abrufbar unter https://www.stiftung-klima.de/de/themen/energie/wind-an-land-gesetz/.

[354] *Stiftung Klimaneutralität/Bringewat/Scharfenstein*, Entwurf für ein Windenergie-an-Land-Gesetz, 2021, S. 3, 8, abrufbar unter https://www.stiftung-klima.de/de/energie/wind-an-land-gesetz/.

[355] *Stiftung Klimaneutralität/Bringewat/Scharfenstein*, Entwurf für ein Windenergie-an-Land-Gesetz, 2021, S. 11 f., 14, abrufbar unter https://www.stiftung-klima.de/de/themen/energie/wind-an-land-gesetz/.

[356] *Stiftung Klimaneutralität/Bringewat/Scharfenstein*, Entwurf für ein Windenergie-an-Land-Gesetz, 2021, S. 11, abrufbar unter https://www.stiftung-klima.de/de/energie/wind-an-land-gesetz/.

[357] *Stiftung Klimaneutralität/Bringewat/Scharfenstein*, Entwurf für ein Windenergie-an-Land-Gesetz, 2021, S. 5, abrufbar unter https://www.stiftung-klima.de/de/energie/wind-an-land-gesetz/.

[358] Insoweit wird angemerkt, dass die Stiftung Klimaneutralität 2021 ein weiteres Gutachten beauftragt hat, das sich der Frage der gesamträumlichen Flächenverfügbarkeit gesondert widmet, s. *Stiftung Klimaneutralität*, „Wie kann die Verfügbarkeit für die Windenergie an Land schnell und rechtssicher erhöht werden?", abrufbar unter https://www.stiftung-klima.de/de/themen/energie/flaechen-wind/.

nehmigungsebene an.[359] Dabei beschränkt sich der Mehrwert der Gebietsausweisungen gegenüber dem „normalen" immissionsschutzrechtlichen Vorbescheid vor allem auf den detaillierten Verfahrensrahmen mit strikten Fristenregelungen und den atypischen Vorrang gegenüber den Gesamtplanungen der Länder und Kommunen. Im Verhältnis zum zentralen Modell findet sich indes auch hier das in § 9 Abs. 1 Nr. 2 WindSeeG normierte Ziel der Zulassungsbeschleunigung durch Antizipation von Verfahrensstoff wieder; auch der regelungstechnische Ansatz, das Verfahren zur Genehmigung von Onshore-Windenergieanlagen einem eigenständigen Gesetz zuzuführen, entspricht letztlich demjenigen des WindSeeG.

dd) Planfeststellungsvorbehalt

Ebenfalls auf der Zulassungsebene setzen die Vorschläge insbesondere von *Kümper*[360], *Rodi*[361] und *Franzius*[362] an, die auf die Ersetzung des immissionsschutzrechtlichen Genehmigungsverfahrens durch ein Planfeststellungsverfahren für Windparks an Land abzielen, wie es im Offshore-Bereich bereits seit 2012 gesetzlich angeordnet ist.[363] Unterschiedlich werden dabei vor allem die Fragen beurteilt, ob dem eine vorbereitende Fachplanung vorausgehen[364] und die enteignungsrechtliche Vorwirkung des Planfeststellungsbeschlusses angeordnet werden sollte[365].

---

[359] Vgl. *Sachverständigenrat für Umweltfragen*, Klimaschutz braucht Rückenwind: Für einen konsequenten Ausbau der Windenergie an Land, Stellungnahme vom 04.02.2022, Tz. 169, abrufbar unter: https://www.umweltrat.de/SharedDocs/Downloads/DE/04_Stellungnahmen/2020_2024/2022_02_stellungnahme_windenergie.html.

[360] *Kümper*, DÖV 2021, 1056 (1061 f.); *Ders.*, DVBl 2021, 1591 (1596 f.).

[361] *Rodi*, ZUR 2017, 658 (662 f.).

[362] *Franzius*, EnWZ 2022, 302 (305); zuvor bereits *Verheyen*, Ausbau der Windenergie an Land: Beseitigung von Ausbauhemmnissen im öffentlichen Interesse, 2020, S. 17 f., abrufbar unter https://www.fachagentur-windenergie.de/aktuelles/detail/windenergie-im-oeffentlichen-interesse/.

[363] S. § 66 Abs. 1 S. 1 WindSeeG sowie Kapitel 1 III. 2. c).

[364] Für eine fachplanerische Steuerung allein im Wege des Planfeststellungsverfahrens *Rodi*, ZUR 2017, 658 (662); für eine vorgelagerte Raum- und Bedarfsplanung *Grigoleit u. a.*, NVwZ 2022, 512 (517 f.); *Verheyen*, Ausbau der Windenergie an Land: Beseitigung von Ausbauhemmnissen im öffentlichen Interesse, 2020, S. 23, abrufbar unter https://www.fachagentur-windenergie.de/aktuelles/detail/windenergie-im-oeffentlichen-interesse/. *Kümper* hält insbesondere eine der Planfeststellung vorgelagerte Bedarfsplanung für möglich, jedoch nicht zwingend, s. DÖV 2021, 1056 (1066) und DVBl. 2021, 1591 (1597).

[365] Dafür *Rodi*, ZUR 2017, 658 (662 f.); *Kümper*, DÖV 2021, 1056 (1065); *Verheyen*, Ausbau der Windenergie an Land: Beseitigung von Ausbauhemmnissen im öffentlichen Interesse, 2020, S. 31 f., abrufbar unter https://www.fachagentur-windenergie.de/aktuelles/detail/windenergie-im-oeffentlichen-interesse/; dagegen *Grigoleit u. a.*, NVwZ 2022, 512 (518).

c) Bewertung und alternative Konzeptvorschläge

Die dargestellten Vorschläge sollen nunmehr bewertet und auf dieser Grundlage einige wesentliche Eckpunkte für ein mögliches Fachplanungsmodell mit Anleihen aus dem WindSeeG erarbeitet werden. Denn erst wenn Struktur und Merkmale eines möglichen Fachplanungssystems zumindest grundsätzlich feststehen, kann dessen potenzieller Mehrwert im Vergleich zum bestehenden Modell bewertet werden[366]. Mit Inkrafttreten des WindBG wurde grundsätzlich eine Bedarfsplanung für Windenergie an Land etabliert und insoweit bereits zur Situation offshore „aufgeschlossen". Für eine vorbereitende räumliche Fachplanung stehen indes nach den obigen Darstellungen noch verschiedene Gestaltungsoptionen offen (s. aa) und bb)). Auf Zulassungsebene steht die Ersetzung des aktuellen Genehmigungs- durch ein Planfeststellungsverfahren zur Diskussion (cc)), einschließlich der Folgefrage nach möglichen Verknüpfungen mit der Ausschreibungsebene (dd)). Letztlich könnten insbesondere die spezifischen Abschichtungsregelungen des WindSeeG auch für eine Windenergie-Fachplanung an Land fruchtbar gemacht werden (ee)).

aa) Bundeseigene Flächenanalyse nur hinsichtlich fachlicher Einzelaspekte

Soweit die o. g. Vorschläge eine vollumfängliche zentrale Flächensuche und -ausweisung durch den Bund beinhalten, stellt dies zwar – wie schon angemerkt – einen auf den ersten Blick engen Bezug zum zentralen Modell her, wirft jedoch „onshore" eine Reihe von Problemen auf. Zunächst bestehen hier angesichts des immensen Verfahrensstoffs durch die Vielzahl zu berücksichtigender (lokaler) Belange erhebliche Zweifel an der praktischen Realisierbarkeit.[367] Ein derart zentralisiertes Vorgehen birgt insofern die Gefahr einer zu groß dimensionierten Planung, die ihren Charakter als strategische Planung[368] gerade verlöre und insoweit letztlich (doch) keine am WindSeeG orientierte Lösung darstellte. In jedem Fall aber wäre ein erheblicher zeitlicher Vorlauf nötig und es würden auf Bundesebene große personelle und institutionelle Kapazitäten gebunden, deren Deckung angesichts des aktuellen Mangels an ent-

---

[366] Hierzu u. Kapitel 5 II. 5. a).

[367] *Wegner*, Reformansätze zum Planungsrecht von Windenergieanlagen, Würzburger Studien zum Umweltenergierecht Nr. 26 vom 11.02.2022, S. 18; *Sachverständigenrat für Umweltfragen*, Klimaschutz braucht Rückenwind: Für einen konsequenten Ausbau der Windenergie an Land, Stellungnahme vom 04.02.2022, Tz. 50 unter: https://www.umwelt-rat.de/SharedDocs/Downloads/DE/04_Stellungnahmen/2020_2024/2022_02_stellung-nahme_windenergie.html; vgl. auch *Grigoleit u. a.*, NVwZ 2022, 512 (517).

[368] Hierzu oben I. 1. a) dd).

sprechendem Fachpersonal Schwierigkeiten bereiten könnte.[369] Letztlich ist auch keine hohe Akzeptanz einer derartigen Lösung zu erwarten.[370]

Eine mit Verbindlichkeit ausgestattete, vorgelagerte räumliche Fachplanung des Bundes ist deshalb allenfalls punktuell denkbar, also soweit sie sich thematisch auf sehr wenige (fachspezifische) Einzelkriterien beschränkt, denen bei der Realisierung von Windenergievorhaben hervorgehobene Relevanz zukommt oder – perspektivisch – zukommen soll. Ihr räumlicher Bezugspunkt können zudem keine „Flächen" im Sinne einzelner Windparkstandorte sein (vgl. insoweit § 3 Nr. 4 WindSeeG), sondern wegen der Vielzahl an Projekten allenfalls größere Gebiete, für welche eine zusammenfassende, vorhabenübergreifende Betrachtung und Bewertung erfolgt. Insbesondere bei komplexeren Standortfragen könnten die Zulassungsbehörden insoweit von den Konzentrations- und Abschichtungseffekten einer vorbereitenden zentralen Fachplanung profitieren; gleichzeitig würden die Zuständigkeitsbeschränkung des Bundes auf isolierte Prüfungskriterien und deren gebietsweise, zusammenfassende Prüfung eine Überfrachtung der hochzonigen Planung verhindern und es würde Akzeptanzproblemen vorgebeugt, da die Vollziehung auf Zulassungsebene weiterhin dezentral erfolgen könnte[371].

Als Kriterien einer solchen punktuellen „Vorprüfung" liegen all solche nahe, die sich bisher als besonders zulassungsrelevant erwiesen haben, umfassender fachlicher Vorbereitung bedürfen oder deren Betrachtung und Abwägung gerade auf der Basis gesamtstaatlicher Auswirkungen und Szenarien erfolgen soll. Denkbar wäre – ähnlich den durch die RED III vorgesehenen „Go-to-" bzw. Beschleunigungsgebieten (vgl. Art. 15c Erneuerbare-Energien-RL) – eine antizipierte, gebietsweise Prüfung von Artenschutzbelangen als eine der statistisch häufigsten Ursachen für das Scheitern von Windenergievorhaben[372], aber auch eine zentrale Prüfung netzbezogener Aspekte wie der Systemdienlichkeit[373] und (Leitungs-)Kosteneffizienz verschiedener bundesweiter Anla-

---

[369] *Wegner*, Reformansätze zum Planungsrecht von Windenergieanlagen, Würzburger Studien zum Umweltenergierecht Nr. 26 vom 11.02.2022, S. 18.

[370] *Grigoleit u. a.*, NVwZ 2022, 512 (517); *Wegner*, Reformansätze zum Planungsrecht von Windenergieanlagen, Würzburger Studien zum Umweltenergierecht Nr. 26 vom 11.02.2022, S. 18.

[371] Eine weitere Folge dessen wäre, dass es keiner Einrichtung einer neuen Bundesbehörde bedürfte, sondern die Prüfung der jeweils fachlich nächsten Bundes(ober)behörde für das gewählte Kriterium zugewiesen werden könnte, so etwa der Bundesnetzagentur oder dem Bundesamt für Naturschutz.

[372] *Umweltbundesamt*, Flächenanalyse Windenergie an Land – Abschlussbericht (UBA-Texte 38/2019), S. 86 (Abb. 23), abrufbar unter https://www.umweltbundesamt.de/sites/default/files/medien/376/publikationen/climate_change_38_2019_flaechenanalyse_windenergie_an_land.pdf.

[373] Verstanden als alle „positiven Auswirkungen auf Systemstabilität und Versorgungssicherheit", s. *Sachverständigenrat für Umweltfragen*, Klimaschutz braucht Rückenwind:

genverteilungsmuster[374]. Jedenfalls zu erwägen bliebe auch eine vorbereitende Untersuchung der Windverhältnisse in Anlehnung an § 10 Abs. 1 S. 1 Nr. 3 WindSeeG, wenn man bedenkt, dass die Standortgüte strenggenommen bereits bei der zentralen Bedarfsplanung nach dem WindBG berücksichtigt werden müsste[375]; insoweit gälte es, den hierfür schon vorhandenen Datenbestand[376] strategisch zu erweitern und bei einer zentralen Behörde zu kumulieren. Die Ergebnisse könnten im Anschluss für die jeweiligen Projektträger transparent und verwertbar gemacht werden (vgl. insoweit auch § 9 Abs. 1 Nr. 1 Wind-SeeG), sodass der Gesamtnutzen einer entsprechenden Voruntersuchung voraussichtlich hoch wäre.

Gerade im Hinblick auf Aspekte des Natur- und Artenschutzes erscheint es zudem sinnvoll, die auf Bundesebene gewonnenen Ergebnisse der vorgelagerten Prüfungen anschließend in das Zulassungsverfahren zu implementieren. In Anlehnung an § 12 Abs. 5, 6 und § 69 Abs. 3 S. 4 WindSeeG müsste die Entscheidung über das jeweilige Kriterium also für die Folgeebene abschichtend und verbindlich wirken, d. h. dieses von Umweltprüfungen entlasten – dies ggf. auch durch eine antizipierte Bestimmung ausführungs- oder kapazitätsbezogener Auflagen für Projekte im betreffenden Gebiet (vgl. § 12 Abs. 5 S. 1, 2 WindSeeG) – und im Falle eines negativen Ergebnisses ausnahmsweise auch zum Ausschluss des jeweiligen Gebiets oder Teilen desselben aus dem weiteren Verfahren führen (vgl. § 12 Abs. 6 S. 1 WindSeeG). Auch insoweit ist mit den „Go-To-Areas" nach der RED III nunmehr ein vergleichbares Prinzip auf europäischer Ebene installiert worden (vgl. Art. 16a Abs. 3 Erneuerbare-Energien-RL).

Zusätzlich zu einer Implementierung auf Zulassungsebene kann den Ergebnissen der vorgeschlagenen, thematisch eingeschränkten Standortvorprüfung anreizbasiert im Wege der Förder- und Netzanschlussregulierung Rechnung

---

Für einen konsequenten Ausbau der Windenergie an Land, Stellungnahme vom 04.02.2022, Tz. 240, abrufbar unter: https://www.umweltrat.de/SharedDocs/Downloads/DE/04_Stellungnahmen/2020_2024/2022_02_stellungnahme_windenergie.html.

[374] Dafür auch *Neubauer/Strunz*, ZUR 2022, 142 (150); die zunehmende Bedeutung der Systemdienlichkeit von Anlagenstandorten mit dem fortschreitenden Ausbau erneuerbarer Energien betont auch der *Sachverständigenrat für Umweltfragen*, Klimaschutz braucht Rückenwind: Für einen konsequenten Ausbau der Windenergie an Land, Stellungnahme vom 04.02.2022, Tz. 240, abrufbar unter: https://www.umweltrat.de/SharedDocs/Downloads/DE/04_Stellungnahmen/2020_2024/2022_02_stellungnahme_windenergie.html.

[375] *Neubauer/Strunz*, ZUR 2022, 142 (149); kritisch in diese Richtung auch *Kment*, NVwZ 2022, 1153 (1156): Das aktuelle WindBG frage bei den Flächenvorgaben nicht danach, „welche Windpotenziale in den Flächen steck[t]en".

[376] S. zu diesem *Guidehouse/Fraunhofer IEE u. a.*, Analyse der Flächenverfügbarkeit für Windenergie an Land post-2030, 2022, S. 21 ff., abrufbar unter https://www.bmwk.de/Redaktion/DE/Publikationen/Energie/analyse-der-flachenverfugbarkeit-fur-windenergie-an-land-post-2030.html.

getragen werden.[377] Bereits jetzt sind Instrumente mit räumlichen Steuerungs-effekten mehrfach im eigentlich „raumblinden"[378] EEG verankert, wie sich ge-zeigt hat.[379] Insoweit sind die in der Literatur vorhandenen Vorschläge vielver-sprechend, soweit sie entweder eine bundesweite Einrichtung verschiedener Ausschreibungsregionen[380] oder aber – in Fortentwicklung u. a. des Referenz-ertragsmodells – einen räumlich determinierten Korrekturfaktor bei der Ver-gütungshöhe[381] vorsehen. Beide könnten bei gesicherter Flächenverfügbarkeit eine flexible, zentral gesteuerte Standortpriorisierung nach verschiedensten Kriterien (Natur- und Netzverträglichkeit, Kosteneffizienz) und letztlich auch eine raumbezogene Mengensteuerung ermöglichen.[382]

Diese regulatorische Umsetzung der vorgelagerten Fachplanung ist kumu-lativ zu deren planungs- bzw. zulassungsrechtlicher Verankerung möglich.[383] Denkbar erscheint zudem ein „gemischtes" Modell, welches zwischen den ein-zelnen Festlegungen derselben Planung differenziert und einige planerisch, an-dere regulatorisch umsetzt. So wurde festgestellt, dass auch das WindSeeG die Rechtswirkungen einiger Vorgaben des Flächenentwicklungsplans bzw. der Flächenvoruntersuchung auf die regulierungsrechtliche Ebene beschränkt.[384]

bb) Gebietsmeldungen der Länder und bundesbehördliche Bestätigung?

Alternativ zu einem vollständig zentralisierten Flächensuchverfahren wurde vorgeschlagen, räumlich konkrete Gebietsmeldungen der Länder, die nach ei-nem standardisierten Kriterienkatalog erfolgen, zentral zu sammeln und zu ei-nem „bundesbehördliche[n] Planwerk" zusammenzuführen.[385] Dabei wird al-lerdings offengelassen, welche Prüfungskompetenzen des Bundes in Bezug auf die gemeldeten Gebiete hiermit verbunden sein sollen. Eine vollständige Nach-vollziehung der Landesplanungen durch eine Bundesbehörde jedenfalls wäre langwierig und ineffizient; gegen eine rein redaktionelle Zusammenführung

---

[377] S. *Neubauer/Strunz*, ZUR 2022, 142 (151), jedoch bzgl. einer vollständig zentralisier-ten Flächensuche durch den Bund.

[378] *Neubauer/Strunz*, ZUR 2022, 142 (145); ähnlich *Hermes*, ZUR 2014, 259 (263).

[379] S. o. 3. a) aa).

[380] *Grigoleit u. a.*, NVwZ 2022, 512 (517 f.).

[381] Weiterführend *Neubauer/Strunz*, ZUR 2022, 142 (151) und *Sachverständigenrat für Umweltfragen*, Klimaschutz braucht Rückenwind: Für einen konsequenten Ausbau der Windenergie an Land, Stellungnahme vom 04.02.2022, Tz. 259 ff. unter: https://www.um-weltrat.de/SharedDocs/Downloads/DE/04_Stellungnahmen/2020_2024/2022_02_stellung-nahme_windenergie.html.

[382] Vgl. bzgl. der Lösung eines Korrekturfaktors *Neubauer/Strunz*, ZUR 2022, 142 (151).

[383] Dafür wohl *Grigoleit u. a.*, NVwZ 2022, 512 (517 f.); vgl. auch *Hermes*, ZUR 2014, 259 (269).

[384] S. bzgl. der Kapazitätssteuerung nach § 5 Abs. 1 S. 1 Nr. 5 WindSeeG Kapitel 3 II. 2. c).

[385] *Grigoleit u. a.*, NVwZ 2022, 512 (517).

derselben auf Bundesebene spricht andererseits, dass die zentrale Vorgabe eines Kriterienkatalogs für die Flächenauswahl nur dann sinnvoll ist, wenn auch dessen Einhaltung und gleichmäßige Anwendung bundesweit sichergestellt werden. Gerichtliche Kontrollverfahren allein können dies zumeist erst im Laufe längerfristiger Rechtsprechungsentwicklungen gewährleisten. Stattdessen wäre also an eine bundesbehördliche Bestätigung der Flächenmeldungen der Länder in Anlehnung an das Verfahren zur Netzplanung gem. § 12c EnWG zu denken, bei welcher der Bund die Einhaltung einiger wesentlicher Kriterien bei der Flächenausweisung überprüft und ggf. Änderungen verlangen kann (vgl. § 12c Abs. 1 S. 1, 2 EnWG).

Positiv an einer Lösung auf der Basis von Landesplanungen ist generell, dass die auf Landesebene schon existierenden Daten und Fachkompetenzen wie auch der verwaltungsorganisatorische Rahmen unmittelbar genutzt werden können[386] und durch das Initiativrecht der Länder bei der Flächenauswahl deren Gebietshoheit Rechnung getragen wird. Denn schließlich reduziert jeder Rückgriff auf bereits erprobte Mechanismen den anfallenden Verwaltungsaufwand wie auch anfängliche Rechtsunsicherheiten in der Praxis.[387] Allerdings erhöht die Zuständigkeitsteilung zwischen Bund und Ländern die Verfahrenskomplexität zusätzlich und schafft potenzielle föderale Konfliktstellen. Geht man zudem – wie hier – von der Notwendigkeit eines Prüfungs- und Bestätigungsverfahrens durch den Bund im Anschluss an die Gebietsmeldungen der Länder aus, erfolgen notwendig Doppelprüfungen. Insgesamt besteht so die Gefahr, ein vergleichsweise langwieriges und schwerfälliges System zu etablieren, das die zeitlich drängende Realisierung der Flächen- und Ausbauziele nicht gewährleisten kann. Dessen o. g. Vorteile werden außerdem dadurch relativiert, dass bestehende Geodaten der Länder zur Flächenanalyse grundsätzlich ebenso für den Bund nutzbar gemacht werden können, wie es etwa § 13 Abs. 2 StandAG ausdrücklich vorsieht. Dem föderalen und insbesondere eigenstaatlichen Status der Bundesländer kann letztlich durch angemessene Beteiligungsrechte Rechnung getragen werden. In der Gesamtschau dürften somit die Vorteile einer vorbereitenden Fachplanung, die auf initiativen Raum- und ggf. auch Kapazitätsvorgaben des Bundes basiert, überwiegen, soweit der diesbezügliche Verfahrensstoff nach den o. g. Maßgaben beschränkt wird. Beide vorgestellten Ansätze einer vorgelagerten Raumplanung ließen sich jedoch prinzipiell in das bestehende System integrieren.

cc) Planfeststellungsvorbehalt

Fraglich ist zudem, wie die oben ausgeführten Vorschläge zu bewerten sind, soweit sie in Anknüpfung an eine vorgelagerte räumliche Fachplanung oder

---

[386] *Grigoleit u. a.*, NVwZ 2022, 512 (517).
[387] *Grigoleit u. a.*, NVwZ 2022, 512 (515).

auch unabhängig hiervon eine Ersetzung der aktuellen immissionsschutzrecht-lichen Genehmigung für Windenergieanlagen an Land durch ein Planfeststel-lungsverfahren vorsehen.[388] Dass Onshore-Windparks in der heute üblichen Dimensionierung in aller Regel eine Genehmigungspflicht nach dem Immissi-onsschutzrecht des Bundes auslösen (s. § 4 Abs. 1 BImSchG i. V. m. Nr. 1.6.1 bzw. 1.6.2 des Anhangs 1 zur 4. BImSchV), wurde weiter oben bereits ange-rissen.[389] Der immissionsschutzrechtlichen Genehmigung ist mit dem Planfest-stellungsverfahren gemein, dass beide auf die Durchsetzung oftmals privatnüt-ziger Vorhaben angelegt und hierzu grundsätzlich mit Zulassungs- und Kon-zentrationswirkungen ausgestattet sind[390]; dabei sind Planfeststellungsverfah-ren in der Praxis nicht zwangsläufig komplexer als Genehmigungsverfahren nach dem BImSchG.[391] Gleichwohl handelt es sich bei ersterer bekannterma-ßen um eine „gebundene" Entscheidung, die aufgrund eines gesetzlichen Kon-ditionalprogramms ergeht und insbesondere keine generelle Abwägung eröff-net.[392]

Demgegenüber wird die „echte" planerische Abwägung, die das Planfest-stellungsverfahren der Zulassungsbehörde – wenn auch mit gewissen Gren-zen[393] – eröffnet, von einigen Stimmen als vorteilhaft erachtet.[394] In systemati-scher Hinsicht führe ein Planfeststellungsvorbehalt für (größere) Windparks außerdem zu einer Gleichstellung mit anderen Infrastrukturprojekten, deren Verwirklichung gleichermaßen im öffentlichen Interesse liege[395], und könne die schon lange kritisierte Asymmetrie bei der Zulassung von Leitungsbauvor-haben einerseits – für die oftmals gem. § 43 EnWG oder § 18 NABEG ein Planfeststellungsvorbehalt besteht – und den anzuschließenden Windparks an-

---

[388] Zu entsprechenden Vorschlägen s. o. Kapitel 5 II. 4. b) dd).

[389] S. o. Kapitel 2 I. 3. a) aa); zudem etwa *Kümper*, DVBl. 2021, 1056 (1057).

[390] *Schröder*, Genehmigungsverwaltungsrecht, 2016, S. 80 ff., 166; eingehend zur Kon-zentrationswirkung für Planfeststellungen *Siegel*, Entscheidungsfindung im Verwaltungs-verbund, 2009, S. 136 f.

[391] *Verheyen*, Ausbau der Windenergie an Land: Beseitigung von Ausbauhemmnissen im öffentlichen Interesse, 2020, S. 18, abrufbar unter https://www.fachagentur-windener-gie.de/aktuelles/detail/windenergie-im-oeffentlichen-interesse/.

[392] *Schröder*, Genehmigungsverwaltungsrecht, 2016, S. 164 ff.; *Jarass*, in: Ders., BIm-SchG, § 6 Rn. 45 f.

[393] S. Kapitel 2 I. 1. a) bb).

[394] *Kümper*, DÖV 2021, 1056 (1063); *Ders.*, DVBl. 2021, 1591 (1597); *Wegner*, Reform-ansätze zum Planungsrecht von Windenergieanlagen, Würzburger Studien zum Umwelt-energierecht Nr. 26 vom 11.02.2022, S. 31; vgl. auch *Rodi*, ZUR 2017, 658 (661).

[395] *Verheyen*, Ausbau der Windenergie an Land: Beseitigung von Ausbauhemmnissen im öffentlichen Interesse, 2020, S. 16 f., abrufbar unter https://www.fachagentur-windener-gie.de/aktuelles/detail/windenergie-im-oeffentlichen-interesse/; vgl. auch *Rodi*, ZUR 2017, 658 (661) sowie *Kümper*, DÖV 2021, 1056 (1063 f.) zur Begründung des öffentlichen Inte-resses.

dererseits beseitigen[396]. Weiter böte sich die Möglichkeit, parallel zu anderen Fachplanungsgesetzen (vgl. etwa § 19 Abs. 1, 2 FStrG, § 22 Abs. 1 2 AEG) die enteignungsrechtliche Vorwirkung des Planfeststellungsbeschlusses anzuordnen und so die Überwindung von Eigentumsrechten zu erleichtern.[397] Zwar wären Enteignungen auch ohnedies nicht ausgeschlossen, sondern im Einzelfall insbesondere auf Grundlage des § 45 Abs. 1 Nr. 2 EnWG zulässig; die enteignungsrechtliche Vorwirkung könne demgegenüber jedoch aus Zeit- und Effizienzgründen wünschenswerte Abschichtungseffekte entfalten, indem die Gemeinwohldienlichkeit des Vorhabens gem. Art. 14 Abs. 3 S. 1 GG für das Enteignungsverfahren feststünde.[398] Von dieser Wirkung wären auch die praktisch relevanten Zuwegungen zu den Anlagen als notwendige Folgemaßnahmen gem. § 75 Abs. 1 S. 2 VwVfG ohne Weiteres erfasst.[399]

Vor Erlass des Wind-an-Land-Gesetzes wurde ein weiterer großer Vorteil der Einführung eines Planfeststellungsvorbehalts für Onshore-Windenergieanlagen in der Aktivierung des sog. Fachplanungsprivilegs[400] gem. § 38 BauGB gesehen.[401] Nach dessen S. 1 finden die Zulässigkeitstatbestände der §§ 29 bis 37 BauGB auf planfeststellungspflichtige Vorhaben keine Anwendung, wenn die Gemeinde beteiligt wird; städtebauliche Belange sind bei der Zulassungsentscheidung vielmehr nur zu berücksichtigen. Insofern wird die Bindungswirkung der §§ 29 ff. BauGB, wenngleich sie nicht vollständig aufgehoben wird, ganz erheblich gelockert.[402] Dieses „Sonderbodenrecht" hätte ausgehend von der vormaligen Rechtslage eine Option geboten, die oben erwähnten kommunalen „Verhinderungsplanungen" für Windenergiestandorte auf Grundlage des § 35 Abs. 3 S. 3 BauGB zu überwinden[403] und die fehleranfälligen Konzentrationsflächenplanungen insgesamt „hinter sich zu lassen"[404]. Letzterer wird

---

[396] *Kümper*, DÖV 2021, 1056 (1062).

[397] *Rodi*, ZUR 2017, 658 (662); *Kümper*, DÖV 2021, 1056 (1062, 1064 f.); *Ders.*, DVBl. 2021, 1591 (1597); *Verheyen*, Ausbau der Windenergie an Land: Beseitigung von Ausbauhemmnissen im öffentlichen Interesse, 2020, S. 31 f., abrufbar unter https://www.fachagentur-windenergie.de/aktuelles/detail/windenergie-im-oeffentlichen-interesse/.

[398] *Kümper*, DÖV 2021, 1056 (1064 f.).

[399] *Kümper*, DÖV 2021, 1056 (1064 f.); *Ders.*, DVBl. 2021, 1591 (1597, insbes. Fn. 72);

[400] Zu diesem eingehend *Siegel*, Entscheidungsfindung im Verwaltungsverbund, 2009, S. 145 ff.

[401] *Kümper*, DÖV 2021, 1056 (1061 f.); *Ders.*, DVBl 2021, 1591 (1596 f.); *Kment*, Sachdienliche Änderungen des Baugesetzbuchs zur Förderung von Flächenausweisungen für Windenergieanlagen, 2020, S. 82; vgl. auch *Verheyen*, Ausbau der Windenergie an Land: Beseitigung von Ausbauhemmnissen im öffentlichen Interesse, 2020, S. 17 f., abrufbar unter https://www.fachagentur-windenergie.de/aktuelles/detail/windenergie-im-oeffentlichen-interesse/.

[402] *Siegel*, Entscheidungsfindung im Verwaltungsverbund, 2009, S. 146.

[403] *Kümper*, DÖV 2021, 1056 (1062).

[404] *Wegner*, Reformansätze zum Planungsrecht von Windenergieanlagen, Würzburger Studien zum Umweltenergierecht Nr. 26 vom 11.02.2022, S. 30.

nunmehr wegen § 249 Abs. 1 BauGB n. F. ohnehin nur noch zeitlich begrenzte Bedeutung zukommen (vgl. § 245e Abs. 1 S. 1, 2 BauGB).

Im aktuellen System seit Inkrafttreten des WindBG lässt sich das Fachplanungsprivileg nun vielmehr als Argument gegen einen Planfeststellungsvorbehalt für Windenergieanlagen anführen. So basieren die voraussichtlich effektiven Anreiz- und Sanktionswirkungen des neuen § 249 Abs. 1, 2 und 7 BauGB gerade auf dem städtebaulichen Zulässigkeitstatbestand des § 35 BauGB und setzen insoweit dessen (strikte) Verbindlichkeit im Rahmen der Vorhabenzulassung voraus. An jener aber fehlt es im Planfeststellungsverfahren infolge des § 38 S. 1 Hs. 1 BauGB. Ein Planfeststellungsvorbehalt lässt sich mithin, anders als eine vorbereitende Stufe der räumlichen Fachplanung, nicht ohne Weiteres in das aktuelle System integrieren; seine Einführung ist vielmehr nur alternativ zu der jetzigen bauplanungsrechtlichen Verankerung der Flächenbeitragswerte denkbar. Ein solch alternatives, also auf der Planfeststellung von Windparkvorhaben basierendes Modell ließe den Ländern gleichwohl substanzielle Möglichkeiten einer vorgelagerten räumlichen Steuerung der Windenergie im Wege der Gesamtplanung. Denn Ziele der Raumordnung, etwa in Form von Vorranggebieten gem. § 2 Nr. 1 a) Alt. 1 WindBG, wären auch im Rahmen des Planfeststellungsverfahrens strikt verbindlich (§ 4 Abs. 1 S. 1 Nr. 3 ROG).[405]

Reichen die Konsequenzen eines Planfeststellungsvorbehalts für Windenergievorhaben somit über die Zulassungsebene hinaus, bedarf die Frage nach den mit ihm verbundenen Vorteilen genauer Prüfung. Die fachplanerische Abwägung zunächst kann deshalb vorteilhaft sein, weil sie, während das Konditionalprogramm des Genehmigungstatbestands sich allein auf die gegen ein Vorhaben sprechenden Belange bezieht, insbesondere auch eine Einbeziehung der für dieses streitenden Aspekte ermöglicht.[406] Die darauf fußende Fähigkeit zur „Überwindung" nachteiliger Projektauswirkungen führt zu einer grundsätzlich hohen Durchsetzungskraft des Planfeststellungsverfahrens[407]; gleichwohl bleibt auch zu bedenken, dass einige der bisherigen Realisierungshemmnisse – wie etwa zwingende Vorgaben des Artenschutzes – der planerischen Abwägung von Vornherein nicht zugänglich sind und die Umstellung auf ein fachplanerisches System insoweit auch keinen Mehrwert brächte[408]. Ein weiterer potenzieller Vorteil liegt darin, dass ein fachplanerisches System, soweit es konsistent ausgestaltet wird, eine effizientere Abschichtung gewährleisten

---

[405] Vgl. *Wegner*, Reformansätze zum Planungsrecht von Windenergieanlagen, Würzburger Studien zum Umweltenergierecht Nr. 26 vom 11.02.2022, S. 31; *Kümper*, DÖV 2021, 1056 (1062). Darstellungen in Flächennutzungsplänen begründen dagegen gem. § 7 S. 1 BauGB lediglich eine Anpassungspflicht, die durch Widerspruch überwindbar ist.

[406] *Kümper*, DÖV 2021, 1056 (1063, insbes. Fn. 88).

[407] *Kümper*, DÖV 2021, 1056 (1063).

[408] *Wegner*, Reformansätze zum Planungsrecht von Windenergieanlagen, Würzburger Studien zum Umweltenergierecht Nr. 26 vom 11.02.2022, S. 31.

kann; die räumliche Gesamtplanung und das immissionsschutzrechtliche Genehmigungsverfahren greifen dagegen derzeit nicht vollständig effektiv ineinander, sodass wesentliche Standortfragen in der Praxis oftmals erst – bzw. erneut – auf Zulassungsebene thematisiert werden.[409]

Einen echten praktischen Mehrwert kann außerdem die zeitlich effiziente Überwindung von Eigentumsrechten mittels enteignungsrechtlicher Vorwirkung bieten, da in der Vergangenheit Eigentümerinnen und Eigentümer geeigneter und ausgewiesener Flächen tatsächlich nicht immer bereit waren, diese für die windenergetische Nutzung verfügbar zu machen[410]. Soweit gegen die Anordnung einer enteignungsrechtlichen Vorwirkung dessen akzeptanzmindernde Wirkung eingewendet wird[411], kann darauf verwiesen werden, dass die gesetzliche Enteignungsgrundlage als solche bereits besteht und es insoweit vor allem um verfahrensmäßig wirkende Verbesserungen (Beschleunigung, Effizienz) ginge.

Zudem kann sich die Entscheidung für ein Planfeststellungsverfahren auch in kompetenzieller Hinsicht als sinnvoll erweisen. Denn gemeinsam mit einer vorbereitenden Raum- und Bedarfsplanung bildet dieses für alle in jenem Rahmen erfolgenden Raumverträglichkeitsprüfungen eine gleichsam klassische fachplanerische „Gesamteinbettung"[412], deren Vorliegen teils als – zugegeben formalistisches – Abgrenzungskriterium zwischen Raumordnung und Energiefachplanung (Art. 74 Abs. 1 Nr. 11 GG) zugunsten letzterer herangezogen wird[413]. Insofern wäre ein abweichungsfestes Gesetzgebungsrecht des Bundes weitgehend sichergestellt. Letztlich steht einem Planfeststellungsvorbehalt auch nicht der „Wert des Primats räumlicher Planung gegenüber ausschließlich projektbezogener Steuerung" [414] an sich entgegen, soweit dem Planfeststellungsverfahren wie vorgeschlagen eine abstrakte Raumplanung vorgeschaltet würde.

---

[409] *Wegner*, Reformansätze zum Planungsrecht von Windenergieanlagen, Würzburger Studien zum Umweltenergierecht Nr. 26 vom 11.02.2022, S. 31; vgl. auch *Wegner u. a.*, Bundesrechtliche Mengenvorgaben bei gleichzeitiger Stärkung der kommunalen Steuerung für einen klimagerechten Windenergieausbau, 2020, S. 38.

[410] *Sachverständigenrat für Umweltfragen*, Klimaschutz braucht Rückenwind: Für einen konsequenten Ausbau der Windenergie an Land, Stellungnahme vom 04.02.2022, Tz. 40, abrufbar unter: https://www.umweltrat.de/SharedDocs/Downloads/DE/04_Stellungnahmen/2020_2024/2022_02_stellungnahme_windenergie.html.

[411] *Grigoleit u. a.*, NVwZ 2022, 512 (518); *Wegner*, Reformansätze zum Planungsrecht von Windenergieanlagen, Würzburger Studien zum Umweltenergierecht Nr. 26 vom 11.02.2022, S. 32.

[412] Vgl. *Grigoleit u. a.*, NVwZ 2022, 512 (517).

[413] S. o. a) bb).

[414] *Sachverständigenrat für Umweltfragen*, Klimaschutz braucht Rückenwind: Für einen konsequenten Ausbau der Windenergie an Land, Stellungnahme vom 04.02.2022, Tz. 40, abrufbar unter: https://www.umweltrat.de/SharedDocs/Downloads/DE/04_Stellungnahmen/2020_2024/2022_02_stellungnahme_windenergie.html.

Insgesamt lässt sich also festhalten, dass die Methodik und Rechtswirkungen der Planfeststellung in mancher Hinsicht wirksamer und effizienter für die Durchsetzung von Windenergievorhaben sein könnten als diejenigen der immissionsschutzrechtlichen Genehmigung. Soweit man eine fachplanerische Steuerung der Windenergie an Land insgesamt befürwortet – zu dieser Frage sogleich –, wäre eine Etablierung des Planfeststellungsverfahren auf Zulassungsebene schon aus Kompetenzgründen anzuraten. Eine Integration der Planfeststellung in das aktuelle System ist indes nicht (sinnvoll) möglich, da sie zum Verlust der in § 249 Abs. 1, 2 und 7 BauGB verankerten Anreiz- und Sanktionswirkungen im Hinblick auf die Flächenziele führen würde.

dd) Verknüpfung zwischen Ausschreibungs- und Zulassungsebene?

Darüber hinaus wurde vorgeschlagen, die Vorschrift des § 68 Abs. 1 Nr. 1 WindSeeG unmittelbar auf ein landseitiges Planungs- und Zulassungssystem zu übertragen und folglich den Zuschlag zur persönlichen Antragsvoraussetzung eines Planfeststellungsverfahrens für Windenergie an Land zu machen.[415] Dem sollen jeweils regionalspezifisch durchgeführte Ausschreibungen vorausgehen.[416] Die damit verwirklichte Verknüpfung zwischen der Ausschreibungs- und der Zulassungsebene ist ein prägender Aspekt des zentralen Modells im Offshore-Bereich[417] und grundsätzlich geeignet, eine Zubausteuerung in räumlicher und kapazitiver Hinsicht zugleich zu gewährleisten. Sie bildet die Voraussetzung für eine von zentraler Stelle synchronisierte Netz- und Erzeugungsplanung; zusätzlich kann sie eine „exklusive" Projektauswahl nach den vom Gesetzgeber erwünschten Kriterien sicherstellen. Allerdings wirkt sie dabei vor allem im Sinne einer Begrenzung „nach oben", denn Vorhaben außerhalb des Fördersystems sind so von Vornherein nicht zulassungsfähig. Dies aber kann den Anlagenzubau potenziell hemmen und eine Erreichung der jüngst erhöhten Ausbauziele gerade konterkarieren. Dies gilt, selbst wenn ungeförderte Projekte oftmals ohnehin wirtschaftlich nicht realisierbar sein mögen[418]; denn alternativen Finanzierungsmodellen, wie sie in der Praxis durchaus existieren[419] – etwa in Form der o. g. PPAs – würde schon im Vorhinein der Weg versperrt. Den Vorzügen synchronisierter Produktions- und Übertragungskapazitäten und deren strikter Durchsetzung – insbesondere durch den Mechanismus des § 68 Abs. 1 Nr. 1 WindSeeG – kommt demgegenüber im offshore-Bereich der AWZ eine deutlich höhere praktische Bedeutung zu als

---

[415] *Grigoleit u. a.*, NVwZ 2022, 512 (517).

[416] *Grigoleit u. a.*, NVwZ 2022, 512 (517).

[417] S. o. I. 2. d) und BT-Drs. 19/8860, S. 309.

[418] Vgl. *Maslaton/Urbanek*, ER 2017, 15 (16).

[419] S. beispielsweise *Hanke*, „RES will subventionsfreie Windparks bauen" v. 18.09.2017, https://www.energate-messenger.de/news/177127/res-will-subventionsfreie-windparks-bauen.

zu Land[420], wo die anzuschließenden Kapazitäten typischerweise geringer und der mit der Installation neuer Leitungen verbundene finanzielle und technische Aufwand deutlich niedriger sind[421]. Dies wirft nicht zuletzt grundrechtliche Bedenken auf, ob eine entsprechende Zulassungsbeschränkung für die Projekt-träger an Land im Hinblick auf deren Rechte aus Art. 12 Abs. 1, 14 Abs. 1 GG verhältnismäßig wäre. Im Ergebnis erscheint deshalb ein strikter Zuschlags-vorbehalt nach dem Vorbild des § 68 Abs. 1 Nr. 1 WindSeeG jedenfalls bei dem derzeitigen Ausbaustand an Land nicht zielführend; vorzugswürdig wäre vielmehr ein „offenes" Zulassungsmodell.

ee) Mehrstufiges Abschichtungs- und Evaluationssystem

Klar zu befürworten sind letztlich all jene fachplanerischen Elemente des WindSeeG, die dessen konsistentes Abschichtungs- und Evaluationssystem gewährleisten. Das Bedürfnis hiernach besteht an Land gleichermaßen, um die Effizienz, Aktualität und zeitnahe Umsetzbarkeit einer möglichen Windener-gie-Fachplanung sicherzustellen. Es bedarf daher gesetzlicher Entwicklungs-gebote, Abschichtungsklauseln und expliziter Prüfprogramme, die zu einem gleichsam „reibungs- und verlustarmen" Ineinandergreifen der einzelnen Ver-fahrensstufen führen. Als normative Vorbilder können insoweit §§ 5 Abs. 3 S. 4 und 69 Abs. 3 S. 4 WindSeeG dienen. Dabei müssen auch die auf den vorge-lagerten Verfahrensstufen erhobenen bzw. gesammelten Daten nach den Rechtsgedanken des § 9 Abs. 1 WindSeeG umfassend fortgenutzt und den Pro-jektträgern zur Verfügung gestellt werden. Vor allem aber sind eine zyklische Evaluation, ob die bedarfsplanerisch festgelegten Ziele erreicht wurden, sowie Mechanismen der Rückkoppelung von Verfahrensergebnissen der Durchfüh-rungs- an die Konzeptphase notwendig, um getätigte Langzeitprognosen abzu-sichern oder aber zu korrigieren (vgl. § 12 Abs. 6 S. 3 WindSeeG). Letzteres wird mit den Berichts-, Prüfungs- und Fortschreibungspflichten im WindBG und EEG bereits gewährleistet (§§ 5 Abs. 3 S. 1, 7 Abs. 1–3 WindBG, § 98 EEG).

ff) Zusammenfassung

Eine am WindSeeG orientierte Fachplanung für Onshore-Windenergieanlagen beinhaltet neben der bereits existenten Bedarfsplanung des WindBG vorzugs-weise eine vorbereitende räumliche Fachplanung, die sich in sachlicher Hin-sicht auf die Prüfung ausgewählter Einzelkriterien beschränkt und in räum-

---

[420] Ausführlich zur deren hervorgehobener Relevanz im Offshore-Bereich auch BT-Drs. 20/1634, S. 2 f.

[421] *BET/Fichtner/Prognos*, Wissenschaftlicher Endbericht: Vorbereitung und Begleitung bei der Erstellung eines Erfahrungsberichts gemäß § 97 Erneuerbare-Energien-Gesetz, Teil-vorhaben IIf: Windenergie auf See, 2019, S. 7.

licher Hinsicht allenfalls bundesweite „Gebiete", nicht aber einzelne Anlagenstandorte zum Gegenstand haben kann. Eine solche wäre zur Vermeidung von
Doppelprüfungen und zusätzlichen föderalen Konfliktpotenzials einer hoch-
stufigen Raumplanung vorzuziehen, die auf Gebietsmeldungen der Bundesländer und deren bundesbehördlicher Genehmigung basiert. Auf Zulassungsebene
wäre die Etablierung eines Planfeststellungsverfahrens mit verschiedenen Vorteilen im Vergleich zur immissionsschutzrechtlichen Anlagengenehmigung
verbunden, allerdings nicht ohne Weiteres mit dem aktuellen Anreiz- und
Sanktionssystem zur Einhaltung der Flächenbeitragswerte durch die Länder
vereinbar. Eine strikte Verknüpfung der Zulassung mit den EEG-Ausschreibungen dergestalt, dass der Zuschlag zur Antragsvoraussetzung gemacht
würde, bietet sich jedenfalls angesichts des derzeitigen Standes des Windenergieausbaus nicht an, da insoweit eher hemmende Effekte zu erwarten sind. Indes sind Anleihen aus dem WindSeeG zu befürworten, soweit sie dessen „stra-
tegisches" und grundsätzlich konsistentes Abschichtungssystem[422] übernehmen.

5.   Gesamtbewertung und Fazit

a)   Bewertung der fachplanerischen Lösung im Vergleich zum Wind-an-Land-Gesetz

Ausgehend von der Erkenntnis, dass eine mehrstufige Windenergie-Fachplanung mit vorbereitender Raumplanung durch den Bund und einem Planfeststellungsverfahren auf Zulassungsebene allenfalls alternativ, nicht aber ergänzend zum aktuellen System des Wind-an-Land-Gesetzes umsetzbar ist, stellt
sich die Frage nach dem Mehrwert einer fachplanerischen Lösung diesem gegenüber.

In kompetenzieller Hinsicht zunächst stehen beide Optionen gleichermaßen
offen: Die bedarfsplanerischen Vorgaben des WindBG selbst können als Energiefachplanung auf Art. 74 Abs. 1 Nr. 11 GG gestützt werden, ihre städtebaulichen Verankerungen im BauGB auf die „bodenrechtliche" Kompetenz des
Bundes aus Art. 74 Abs. 1 Nr. 18 GG.[423] Demgegenüber kann man bei einer
bundeseigenen Flächenanalyse im Rahmen der vorbereitenden Fachplanung
zwar auch Elemente des Raumordnungsrechts berührt sehen, für welches infolge des Art. 72 Abs. 3 Nr. 4 GG keine abweichungsfeste Bundeskompetenz
existiert; gleichwohl würde hier das Gesetzgebungsrecht des Bundes jedenfalls

---

[422] S. *Himstedt*, NordÖR 2021, 209 (215).
[423] BT-Drs. 20/2355, S. 18 f.; ebenso *Sachverständigenrat für Umweltfragen*, Klimaschutz braucht Rückenwind: Für einen konsequenten Ausbau der Windenergie an Land, Stellungnahme vom 04.02.2022, Tz. 45, abrufbar unter: https://www.umweltrat.de/Shared-
Docs/Downloads/DE/04_Stellungnahmen/2020_2024/2022_02_stellungnahme_windener-
gie.html.

durch die fachplanerische „Gesamteinbettung"[424] der Raumverträglichkeits-prüfungen in ein klassisches System aus vorbereitender und durchführender Fachplanung im Wege des Planfeststellungsverfahrens sichergestellt.[425] So-weit ein grundsätzlicher Vorteil der gesamtplanerischen Steuerung darin gese-hen wird, dass diese Standortentscheidungen unter Abwägung aller relevanten Landnutzungsinteressen gleichermaßen treffe (sog. Primärintegration)[426] und nicht vorrangig im Hinblick auf eine „Durchsetzung" des Windenergieausbaus, ist dies schwer mit dem herausragenden öffentlichen Interesse hieran und des-sen Vorrang vor anderweitigen Belangen, die nunmehr ausdrücklich in § 2 S. 1, 2 EEG 2023 angeordnet sind, in Einklang zu bringen, aber auch dem Umstand, dass das WindBG schließlich zwingend durchzusetzende Flächenziele beinhal-tet.

Demgegenüber könnte eine hochstufige räumliche Fachplanung nach den oben erarbeiteten Maßgaben die rein quantitative Steuerung des WindBG[427] um qualitative Komponenten ergänzen. Solche können langfristig einen echten Mehrwert bieten, denn das WindBG birgt bei seinen allein zahlenmäßigen Vor-gaben nach wie vor eine gewisse Gefahr, dass Bundesländer in besonders ho-hem Maße – d. h. über den bei den Flächenzielen bereits einberechneten „Puf-fer" von 30 %[428] hinaus – solche Flächen ausweisen, deren Beschaffenheit etwa im Hinblick auf Naturschutz und Windertrag ungeeignet für die Bebauung mit Windenergieanlagen ist.[429] Die in § 249 Abs. 7 BauGB normierten Sanktions-wirkungen liefen dann ins Leere[430]; Windenergieprojekte könnten trotz formal erfüllter Beitragswerte dennoch nicht in hinreichendem Maße realisiert wer-den. „Verhinderungs- oder Feigenblattplanungen" blieben somit im Ergebnis doch möglich[431]. Denn unabhängige Bewertungen der Flächenqualität durch die jeweiligen Plangeber sind realistischerweise nicht zu erwarten.[432]

---

[424] Vgl. *Grigoleit u. a.*, NVwZ 2022, 512 (517).

[425] S. schon oben a) bb) und c) cc).

[426] *Sachverständigenrat für Umweltfragen*, Klimaschutz braucht Rückenwind: Für einen konsequenten Ausbau der Windenergie an Land, Stellungnahme vom 04.02.2022, Tz. 47, abrufbar unter: https://www.umweltrat.de/SharedDocs/Downloads/DE/04_Stellungnah-men/2020_2024/2022_02_stellungnahme_windenergie.html.

[427] S. auch *Operhalsky*, UPR 2022, 337 (340 f.) und *Kment*, NVwZ 2022, 1153 (1156): „Das WindBG beschränkt sich darauf, allein quantitativ Ausweisungsflächen der Länder zu addieren […]. Die qualitative Komponente transportiert das WindBG aber nicht."

[428] Die Gesetzesbegründung geht von einer Nicht-Nutzbarkeit von 30 % der zukünftig planerisch ausgewiesenen Flächen aus, s. BT-Drs. 20/2355, S. 24.

[429] Vgl. *Kment*, NVwZ 2022, 1153 (1156 f.).

[430] S. *Kment*, NVwZ 2022, 1153 (1157), der auch auf den Fall Bezug nimmt, dass Länder gezielt Regionen mit fraglicher Flächenqualität „opfern", um andere freizuhalten.

[431] *Operhalsky*, UPR 2022, 337 (340 f.); drastischer *Rauschenbach/Nebel*, ER 2022, 179 (181): Der Verhinderungsplanung blieben weiterhin „*Tür und Tor geöffnet*".

[432] *Kment*, NVwZ 2022, 1153 (1156).

Zielführend wären deshalb gerade zentrale Vorgaben des Bundes, die bestimmte Flächeneigenschaften antizipieren. Soweit sich solche auf Netzkriterien beziehen, könnten sie zudem auf lange Sicht die Netzverträglichkeit des Windenergieausbaus sicherstellen und das vielfach kritisierte Fehlen einer inhaltlichen Abstimmung zwischen der Netz- und Erzeugungsebene[433] beseitigen. Selbiges gilt für die bisherige Kritik in systematischer Hinsicht, insbesondere im Verhältnis zur fachplanerisch ausgestalteten Netzplanung[434]. Zusätzlich bietet eine gestufte Windenergie-Fachplanung die Chance, ein konsistenteres und effizienteres Abschichtungssystem zu installieren, als sie das derzeitige „Mischmodell"[435] bietet.[436]

Andererseits wäre die Einführung eines neuen Fachplanungssystems zwangsläufig mit einem hohen Implementierungsaufwand und voraussichtlich auch gewissen rechtlichen wie praktischen „Anlaufschwierigkeiten" verbunden.[437] Zudem wird der Mehrwert einer räumlich-kapazitativen Abstimmung zwischen der Netz- und der Erzeugungsebene an Land dadurch geschmälert, dass sich Netzbelastungen hier auf lange Sicht ohnehin reduzieren werden, wenn sich die Erzeugungsinfrastruktur infolge des WindBG tatsächlich weitflächig über das Bundesgebiet verteilen und räumlich den Verbrauchszentren annähern sollte[438]. Unter dieser Voraussetzung aber lässt sich der Grundsatz „Netz folgt Last" für die Windenergie an Land auch langfristig als durchaus sachgerecht erachten.[439] Was das derzeitige Fehlen abschließender Abschich-

---

[433] Hierzu *Hermes*, Planungsrechtliche Sicherung einer Energiebedarfsplanung – ein Reformvorschlag, in: Faßbender/Köck, Versorgungssicherheit in der Energiewende, 2014, S. 71 ff.; *Ders.*, ZUR 2014, 259; *Franke*, Neue Steuerungsinstrumente für den Windenergieausbau?, in: Rosin/Uhle, Büdenbender-FS, S. 201 (208 f.); *Rodi*, ZUR 2017, 658; *Franzius*, ZUR 2018, 11 (12 f.); *Neubauer/Strunz*, ZUR 2022, 142 (insbes. 149).

[434] Hierzu *Kümper*, DÖV 2021, 1056 (1062).

[435] *Franke/Recht*, ZUR 2021, 15.

[436] Vgl. *Wegner*, Reformansätze zum Planungsrecht von Windenergieanlagen, Würzburger Studien zum Umweltenergierecht Nr. 26 vom 11.02.2022, S. 31.

[437] Vgl. *Grigoleit u. a.*, NVwZ 2021, 512 (515); *Kment*, Sachdienliche Änderungen des Baugesetzbuchs zur Förderung von Flächenausweisungen für Windenergieanlagen, 2020, S. 83; *Sachverständigenrat für Umweltfragen*, Klimaschutz braucht Rückenwind: Für einen konsequenten Ausbau der Windenergie an Land, Stellungnahme vom 04.02.2022, Tz. 47, abrufbar unter: https://www.umweltrat.de/SharedDocs/Downloads/DE/04_Stellungnahmen/2020_2024/2022_02_stellungnahme_windenergie.html.

[438] Vgl. *Sachverständigenrat für Umweltfragen*, Klimaschutz braucht Rückenwind: Für einen konsequenten Ausbau der Windenergie an Land, Stellungnahme vom 04.02.2022, Tz. 14, 239, abrufbar unter: https://www.umweltrat.de/SharedDocs/Downloads/DE/04_Stellungnahmen/2020_2024/2022_02_stellungnahme_windenergie.html.

[439] Für ein Festhalten an diesem auch *Bader*, Die Bedeutung der Interdependenz zwischen Planung und Regulierung für die Steuerung des Ausbaus der Onshore-Windenergieerzeugung, 2021, S. 218.

tungsregeln zwischen Planungs- und Zulassungsebene betrifft, können jene grundsätzlich ebenso in das bestehende System integriert werden.[440]

Vor allem aber haben die obenstehenden Betrachtungen ergeben, dass ein Planfeststellungsverfahren nicht (sinnvoll) mit den Anreiz- und Sanktionswirkungen insbesondere des § 249 Abs. 1, 2 und 7 BauGB vereinbar wäre. Diese aber lassen sich als konsequent und grundsätzlich auch effektiv bewerten[441], da den Planungsträgern bei Nichterreichung ihres Flächenbeitragswertes ein unmittelbarer Verlust der wesentlichen räumlichen Steuerungsinstrumente für die Windenergie droht. Der Verzicht hierauf zugunsten einer insgesamt fachplanerischen Lösung würde durch deren Vorteile voraussichtlich nicht aufgewogen. In der Folge erscheint jedenfalls die fachplanerische Ausgestaltung der Zulassungsebene, wie sie im WindSeeG vorgesehen ist, an Land derzeit nicht empfehlenswert. Vielmehr liegen die wesentlichen Vorteile einer Fachplanung auf der vorbereitenden Ebene, wo eine zentrale Raumplanung nach wenigen, ausgewählten Fachkriterien die Bedarfsplanung des WindBG um qualitative Maßgaben für den Ausbau der Windkraft ergänzen kann. Konsequenz dessen ist, dass sich die Vorteile beider Systeme tatsächlich am effektivsten im Rahmen eines Mischmodells kombinieren lassen, bei dem eine hochzonige Raum- und Bedarfsplanung des Bundes im Wege der räumlichen Gesamtplanung und bisheriger Zulassungsstrukturen umgesetzt wird.

b) *Fazit: Zentrales Modell als Vorbild einer landseitigen Erzeugungsplanung für Windenergie?*

Letztlich bleibt die Ausgangsfrage zu beantworten, inwieweit für die Windenergie an Land ein an das WindSeeG angelehntes Fachplanungsverfahren denkbar und sinnvoll wäre. Die Antwort muss einerseits auf dem Zwischenergebnis basieren, dass sich eine zentrale Fachplanung des Bundes hier wegen der föderalen Strukturen und intensiverer Konfliktlagen sinnvollerweise auf eine Bedarfsplanung sowie eine sachlich eingeschränkte vorbereitende Raumplanung beschränken muss; andererseits müssen die im ersten Teil dieses Kapitels herausgearbeiteten wesentlichen Wirkmechanismen des zentralen Modells als Maßstab zugrunde gelegt werden. Diese aber finden sich in der vorgeschlagenen Lösung allenfalls partiell wieder. Insbesondere an einer strikten und umfassenden Verzahnung zwischen Fachplanung und Regulierung einerseits, aber auch der Erzeugungs- und Netzplanung andererseits würde es feh-

---

[440] *Wegner*, Reformansätze zum Planungsrecht von Windenergieanlagen, Würzburger Studien zum Umweltenergierecht Nr. 26 vom 11.02.2022, S. 31 (dort Fn. 144).

[441] Vgl. *Kment*, NVwZ 2022, 1153 (1156, 1159); *Schlacke u. a.*, NVwZ 2022, 1577 (1582); *Sachverständigenrat für Umweltfragen*, Klimaschutz braucht Rückenwind: Für einen konsequenten Ausbau der Windenergie an Land, Stellungnahme vom 04.02.2022, Tz. 55, abrufbar unter: https://www.umweltrat.de/SharedDocs/Downloads/DE/04_Stellungnahmen/2020_2024/2022_02_stellungnahme_windenergie.html.

len, sofern man das System des „nacheilenden" Netzausbaus zugunsten eines offenen, planerisch ungehinderten Anlagenzubaus an Land beibehalten will. Im Hinblick auf den Planungsumfang kann trotz der Einschränkungsbestrebungen bei der vorgelagerten Fachplanung bezweifelt werden, ob sich diese noch auf eine „überschaubare" Vorhabenzahl und damit eine strategische Planung im oben definierten Sinne[442] beschränkt, wie sie der Flächenentwicklungsplan umsetzt. Im Ergebnis können sinnvolle fachplanerische Gestaltungsoptionen für die Windenergie an Land also weniger „nach dem Vorbild" des zentralen Modells und seiner prägenden Aspekte gestaltet werden als vielmehr nur punktuelle Anleihen bei diesem machen. Dies führt zu dem Schluss, dass das Wind-SeeG gerade in planungsrechtlicher Hinsicht ein starkes Sonderregime statuiert[443], welches letztlich zu sehr auf die spezifischen Konditionen der AWZ zugeschnitten ist, um eine weiterreichende Vorbildfunktion zu erfüllen.

---

[442] S. o. Kapitel 5 I. 1. a) dd).
[443] Vgl. auch *Kerth*, EurUP 2022, 91 (99).

Kapitel 6

Schlussbetrachtung und Ausblick

Die wesentlichen Ergebnisse der Betrachtungen wurden bereits am Schluss der jeweiligen Kapitel zusammengefasst. Ihre Gesamtschau ergibt, dass mit dem WindSeeG eine hochkomplexe und in sich verzahnte Raum- und Mengensteuerung für den Ausbau der Offshore-Windenergie etabliert wurde, die gleichwohl erstaunlich konsistent ist. Dies haben eingehende Betrachtungen der einschlägigen Planungs- und Regulierungsinstrumente und ihrer normativen Verknüpfungen, aber auch etwa des fachgesetzlichen Abschichtungssystems im Rahmen der maritimen Raumplanung ergeben. Die Kritik dieser Arbeit blieb weitgehend auf Einzelvorschriften beschränkt. Dass das WindSeeG auch tatsächlich eine wirksame Zubausteuerung gewährleisten kann, zeigt sich mittlerweile an aktuellen Prognosen der Branche selbst, welche das gesetzliche Nahziel von 30 Gigawatt Offshore-Windenergie bis zum Jahr 2030 für realisierbar halten.[1]

Im Vergleich zur Planung der Windenergie an Land hat sich das zentrale Modell als fortschrittliches System herausgestellt, das etwa eine gesetzliche Rückkoppelung der Raumplanung an Bedarfsvorgaben schon lange vor dem 2022 erlassenen Wind-an-Land-Gesetz umgesetzt hat. Im Übrigen hat sich jedoch gezeigt, dass es aus fachplanungsrechtlicher Sicht weitgehend als Sonderregime zu bewerten ist, welches im Hinblick auf andere Planungsräume und -sektoren allenfalls punktuelle Anleihen erlaubt. Denkbar erscheint indessen ein zukünftiger Einsatz der jüngst eingeführten qualitativen Ausschreibungskriterien auch für andere Technologien, um etwa Nachhaltigkeitsaspekte langfristig in den Ausschreibungswettbewerb zu integrieren. Schließlich haben die hier dargestellten vielzähligen Modifikationen des relativ jungen WindSeeG gezeigt, dass dieses einer besonders intensiven Regelungsdynamik unterliegt, was dessen (weitere) Fortentwicklung zeitnah erwarten lässt.[2]

---

[1] S. *MBI Energy Source*, „Offshore-Verband: Wir schaffen 22 GW Zubau bis 2030", MBI Energy Daily v. 07.01.2023, S. 5 f.

[2] S. etwa Kapitel 1 I. 4. b) cc) im Hinblick auf die Option von Differenzverträgen.

Literaturverzeichnis

Die genannten Internetseiten wurden zuletzt am 27.11.2023 abgerufen.

Agatz, Monika: Beschleunigung von Planungs- und Genehmigungsverfahren: Bestandsaufnahme und Bewertung, ZUR 2023, 463–469.

Akademie für Raumforschung und Landesplanung (Hrsg.): Handwörterbuch der Stadt- und Raumentwicklung, Hannover 2019 (zit.: *Bearb.* in: Akademie für Raumforschung und Landesplanung (Hrsg.), Handwörterbuch der Stadt- und Raumentwicklung, 2019).

Akoto, Philip: „Offshore Wind: Denmark suspends approval procedure", EnergateMessenger v. 13.02.2023, abrufbar unter https://www.energate-messenger.com/news/230554/offshore-wind-denmark-suspends-approval-procedure.

Albrecht, Eike/Zschiegner, André: Die Untersuchung harter und weicher Tabukriterien als fortwährendes Problem der Windkonzentrationsflächenplanung, NVwZ 2019, 444–449.

Altrock, Uwe: Strategieorientierte Planung in Zeiten des Attraktivitätsparadigmas, in: Hamedinger, Alexander/Frey, Oliver/Dangschat, Jens/Breitfuss, Andrea (Hrsg.), Strategieorientierte Planung im kooperativen Staat, Wiesbaden 2008, S. 61–86.

Antweiler, Clemens: Planungsbeschleunigung für Verkehrsinfrastruktur – Rückabwicklung der Lehren aus „Stuttgart 21", NVwZ 2019, 29–33.

Ders.: Bedarfsplanung für den Stromnetzausbau – Rechtsverstöße und Rechtsfolgen, NZBau 2013, 337–341.

Appel, Markus: Bundesfachplanung versus landesplanerische Ziele der Raumordnung – Was hat Vorrang? NVwZ 2013, 457–462.

Ders.: Neues Recht für neue Netze – das Regelungsregime zur Beschleunigung des Stromnetzausbaus nach EnWG und NABEG, UPR 2011, 406–416.

Appel, Markus/Eding, Annegret: Der Projektmanager nach § 43g EnWG und § 29 NABEG – Modalitäten der Beauftragung und Kostentragung, EnWZ 2017, 392–395.

Attendorn, Thorsten: Umweltrechtliche Ausnahmeabwägungen über die Zulassung von Wasser- und Windkraftanlagen nach dem „Osterpaket", NVwZ 2022, 1586–1592.

Bader, Fabian: Die Bedeutung der Interdependenz zwischen Planung und Regulierung für die Steuerung des Ausbaus der Onshore-Windenergieerzeugung, Göttingen 2021.

Bader, Johann/Ronellenfitsch, Michael (Hrsg.): Beck'scher Online-Kommentar VwVfG, 61. Edition (Stand: 01.04.2023), München 2023 (zit.: *Bearb.* in: Bader/Ronellenfitsch, VwVfG).

Bahmer, Larissa/Loehrs, Sophia: Ausschreibungswettbewerb im Erneuerbare-Energien-Gesetz (EEG) 2017: Vom Vergaberecht lernen? GewArch 2017, 406–413.

Balla, Stefan/Borkenhagen, Jörg/Günnewig, Dieter: Der UVP-Bericht nach dem Gesetz über die Umweltverträglichkeitsprüfung, ZUR 2019, 323–331.

Bardt, Hubertus/Niehues, Judith/Techert, Holger: Die Förderung erneuerbarer Energien in Deutschland, IW-Position Nr. 56, 2012, abrufbar unter https://www.iwkoeln.de/studien/

hubertus-bardt-judith-niehues-die-foerderung-erneuerbarer-energien-in-deutsch-land.html.

Bauer, Christian/Kantenwein, Korbinian: Auswirkungen des EEG 2017 auf die Projektfinanzierung, EnWZ 2017, 3–10.

Baumann, Wolfgang/Brigola, Alexander: Von Garzweiler nach Arhus – der Netzausbau und das europarechtliche Gebot unmittelbaren Rechtsschutzes, DVBl 2017, 1385–1390.

Beckert, Erwin/Breuer, Gerhard: Öffentliches Seerecht, Berlin, New York 1991.

Beckmann, Beate: Die Seeanlagenverordnung, NordÖR 2001, 273–280.

Beckmann, Holger: „Nordseegipfel in Esbjerg – Dänemark hat mit dem Wind große Pläne", Tagesschau Online v. 18.05.2022, abrufbar unter https://www.tagesschau.de/wirtschaft/weltwirtschaft/nordsee-gipfel-101.html.

Beckmann, Martin/Kment, Martin (Hrsg.): Gesetz über die Umweltverträglichkeitsprüfung/Umweltrechtsbehelfsgesetz, 6. Aufl., Köln 2023 (zit.: *Bearb.* in: Beckmann/Kment, UVPG/UmwRG).

Bellmann, Michael/May, Adrian/Wendt, Torben/Gerlach, Stephan/Remmers, Patrick/Brinkmann, Jana: Unterwasserschall während des Impulsrammverfahrens – Einflussfaktoren auf Rammschall und technische Möglichkeiten zur Einhaltung von Lärmschutzwerten, 2020, abrufbar unter https://www.BSH.de/DE/PUBLIKATIONEN/_Anlagen/Downloads/Projekte/Erfahrungsbericht-Rammschall.html;jsessionid=08F51FBA24590F7EFF2927BF3BBF8BFE.live21302?nn=2611410.

Berkemann, Jörg: Zur Abwängungsdogmatik: Stand und Bewertung, ZUR 2016, 323–331.

Berringer, Christian: Regulierung als Erscheinungsform der Wirtschaftsaufsicht, München 2004.

BET Büro für Energiewirtschaft und technische Planung GmbH/Fichtner GmbH & Co. KG/Prognos AG: Wissenschaftlicher Endbericht: Vorbereitung und Begleitung bei der Erstellung eines Erfahrungsberichts gemäß § 97 Erneuerbare-Energien-Gesetz, Teilvorhaben IIf: Windenergie auf See, 2019, abrufbar unter https://www.erneuerbare-energien.de/EE/Redaktion/DE/Downloads/bmwi_de/bet-fichtner-prognos-endbericht-vorbereitung-begleitung-eeg.pdf?__blob=publicationFile&v=8.

Bick, Ulrike/Wulfert, Katrin: Artenschutzrechtliche Ausnahme für Vogelarten – Anmerkung zu VG Gießen, Urt. v. 22.1.2020 – 1 K 6019/18, NuR 2020, 250–252.

Bier, Wolfgang/Bick, Ulrike: Gesetz zur Beschleunigung von verwaltungsgerichtlichen Verfahren im Infrastrukturbereich, NVwZ 2023, 457–462.

Blitza, Eike: Auswirkungen des Meeresspiegelanstiegs auf maritime Grenzen, Heidelberg 2019.

Blümel, Willi: Fachplanung durch Bundesgesetz (Legalplanung), DVBl 1997, 205–216.

Ders.: Anmerkung zu OVG Lüneburg (Beschl. v. 13.07.1972 – VI OVG B 37/72 –), DVBl 1972, 796–798.

Boemke, Maximilian: Die Regelungen des EEG 2017 im Überblick, NVwZ 2017, 1–7.

Boemke, Maximilian/Uibeleisen, Maximilian: Update: Erste Änderungen des EEG 2017 und des WindSeeG, NVwZ 2017, 286–290.

Böhme, Markus/Bukowski, Jan: Auswirkungen der 0-Cent-Offshore-Ausschreibungen – Nach welchen Differenzierungskriterien soll künftig der Zuschlag erteilt werden?, EnWZ 2019, 243–248.

Bönker, Christian: Windenergieanlagen auf hoher See – Rechtssicherheit für Umwelt und Investoren? NVwZ 2004, 537–543.

Bons, Marian/Döring, Michael/Klessmann, Corinna/Knapp, Corinna/Tiedemann, Silvana/Pape, Carsten/Horst, Daniel/Reder, Klara/Stappel, Mirjam: Analyse der kurz- und mittelfristigen Verfügbarkeit von Flächen für die Windenergienutzung an Land – im

Auftrag des Umweltbundesamts, 2019, abrufbar unter https://www.umweltbundes-amt.de/sites/default/files/medien/376/publikationen/climate_change_38_2019_flae-chenanalyse_windenergie_an_land.pdf.

Böttcher, Jörg (Hrsg.): Stromleitungsnetze – Rechtliche und wirtschaftliche Aspekte, München 2014.

Ders. (Hrsg.): Handbuch Offshore-Windenergie – Rechtliche, technische und wirtschaftliche Aspekte, München 2013.

Bourwieg, Carsten/Hellermann, Johannes/Hermes, Georg (Hrsg.): Energiewirtschaftsgesetz, 4. Aufl., München 2023 (zit.: *Bearb.*, in: Bourwieg/Hellermann/Hermes, EnWG).

Bovet, Jana/Kindler, Lars: Wann und wie wird der Windenergie substanziell Raum verschafft? Eine kritische Diskussion der aktuellen Rechtsprechung und praktische Lösungsansätze, DVBl. 2013, 488–496.

Bramorski, Sebastian: Die Dichotomie von Schutz und Vorsorge im Immissionsschutzrecht, Baden-Baden 2017.

Brandt, Edmund/Gaßner, Hartmut: Seeanlagenverordnung, Berlin 2002.

Brandt, Edmund/Runge, Karsten: Kumulative und grenzüberschreitende Umweltwirkungen im Zusammenhang mit Offshore-Windparks, Stuttgart 2002.

Braun, Sebastian: Der Zugang zu wirtschaftlicher Netzinfrastruktur, Würzburg 2002.

Broemel, Roland: Netzanbindung von Offshore-Windkraftanlagen, ZUR 2013, 408–420.

Bühler, Ottmar: Die Reichsverfassung vom 11. August 1919. Voller Text mit Erläuterungen, geschichtlicher Einleitung und Gesamtbeurteilung, 3. Aufl., Leipzig 1929.

Büllesfeld, Dirk/Koch, Nina/v. Stackelberg, Felix: Das neue Zulassungsregime für Offhore-Windenergieanlagen in der ausschließlichen Wirtschaftszone (AWZ), ZUR 2012, 274–280.

Bundesamt für Naturschutz: „Nationale Meeresschutzgebiete" unter https://www.bfn.de/themen/meeresnaturschutz/nationale-meeresschutzgebiete.html.

Bundesamt für Seeschifffahrt und Hydrographie: „Meeresraumplanung" unter: https://www.BSH.de/DE/THEMEN/Offshore/Meeresraumplanung/meeresraumplanung_node.html.

Bundesministerium für Umwelt, Naturschutz und Reaktorsicherheit: Konzept für den Schutz der Schweinswale vor Schallbelastungen bei der Errichtung von Offshore-Windparks in der deutschen Nordsee (Schallschutzkonzept), 2013 unter https://www.bsh.de/DE/THE-MEN/Offshore/Meeresfachplanung/Flaechenentwicklungsplan/_Anlagen/Downloads/FEP_2022_2/Schallschutzkonzept_BMU.html.

Bundesministerium für Wirtschaft und Energie: „Stärkung des Ausbaus der Windenergie an Land – Aufgabenliste zur Schaffung von Akzeptanz und Rechtssicherheit für die Windenergie an Land" v. 07.10.2019, abrufbar unter https://www.bmwk.de/Redaktion/DE/Downloads/S-T/staerkung-des-ausbaus-der-windenergie-an-land.html.

Bundesministerium für Wirtschaft und Energie: EEG-Novelle 2016 – Fortgeschriebenes Eckpunktepapier zum Vorschlag des BMWi für das neue EEG v. 15.02.2016 unter https://www.bmwk.de/Redaktion/DE/Downloads/E/eeg-novelle-2016-fortgeschriebenes-eck-punktepapier.pdf?__blob=publicationFile&v=7.

Bundesministerium für Wirtschaft und Klimaschutz: „Sicherheit von Schiff- und Luftverkehr, Arbeitsschutz und Notfallrettung" unter https://www.erneuerbare-energien.de/EE/Navigation/DE/Technologien/Windenergie-auf-See/Technik/Sicherheit/sicherheit.html.

Bundesministerium für Wirtschaft und Klimaschutz/Bundesministerium für Digitales und Verkehr: „Gemeinsam für die Energiewende – Wie Windenergie an Land und Belange von Funknavigationsanlagen und Wetterradaren miteinander vereinbart werden", Maßnahmenpapier v. 05.04.2022, abrufbar unter https://www.bmwk.de/Redaktion/DE/Pressemitteilungen/2022/04/20220405-mehr-flachen-fuer-windenergie-an-land.html.

Bundesministerium für Wohnen, Stadtentwicklung und Bauwesen: „Bundeskabinett beschleunigt naturverträglichen Windkraft-Ausbau deutlich", Pressemitteilung vom 15.06.2022, abrufbar unter https://www.bmwsb.bund.de/SharedDocs/pressemitteilungen/Webs/BMWSB/DE/2022/06/walg.html.

Bundesnetzagentur: „Anfragen zu den Ausschreibungen 2023", abrufbar unter https://www.bundesnetzagentur.de/DE/Beschlusskammern/BK06/BK6_72_Offshore/Ausschr_vorunters_Flaechen/Ausschr_zentral_vorunters_Flaechen.html?nn=1055516.

Dies.: „Hinweise zu den Ausschreibungen für nicht zentral voruntersuchte Flächen 2023" v. 20.01.2023, abrufbar unter https://www.bundesnetzagentur.de/DE/Beschlusskammern/BK06/BK6_72_Offshore/Ausschr_nicht_zentral_vorunters_Flaecgen/Ausschr_nicht_zentral_vorunters_Fl.html?nn=709672.

Dies.: Bestätigung des Netzentwicklungsplans Strom für das Zieljahr 2035 v. 14.01.2022, abrufbar unter https://www.netzentwicklungsplan.de/de/netzentwicklungsplaene/netzentwicklungsplan-2035-2021.

Dies.: Bestätigung des Offshore-Netzentwicklungsplans 2017–2030, abrufbar unter https://www.netzentwicklungsplan.de/sites/default/files/paragraphs-files/O-NEP_2030_2017_Bestaetigung.pdf.

Dies.: Bestätigung des Offshore-Netzentwicklungsplans 2017–2030, https://www.netzentwicklungsplan.de/sites/default/files/paragraphs-files/O-NEP_2030_2017_Bestaetigung.pdf.

Dies.: Eckpunkte der Ausgestaltung des dynamischen Gebotsverfahrens v. 17.10.2022, abrufbar unter https://www.bundesnetzagentur.de/DE/Beschlusskammern/1_GZ/BK6-GZ/2022/BK6-22-326/eckpunkte_dynamisches_gebotsverfahren.html.

Dies.: Ergebnisse der Konsultation zur Ausschreibungsverfahren für zentral voruntersuchte Flächen unter https://www.bundesnetzagentur.de/DE/Beschlusskammern/1_GZ/BK6-GZ/2022/BK6-22-368/BK6-22-368_konsultationsergebnisse.html?nn=1055516.

Dies.: Genehmigung des Szenariorahmens 2021–2035 v. 26.06.2020, abrufbar unter https://www.netzentwicklungsplan.de/nep-aktuell/netzentwicklungsplan-2035-2021.

Dies.: Annex zum Positionspapier Netzanbindungsverpflichtung gemäß § 17 Abs. 2a EnWG vom Januar 2011, abrufbar unter https://docplayer.org/58505006-A-n-n-e-x-zum-positionspapier-netzanbindungsverpflichtung-gemaess-17-abs-2a-enwg-januar-2011.html.

Dies.: Positionspapier zur Netzanbindungsverpflichtung gemäß § 17 Abs. 2a EnWG v. 14.10.2009 unter https://www.clearingstelle-eeg-kwkg.de/politisches-programm/778.

Dies.: Positionspapier zur Netzanbindungsverpflichtung gemäß § 17 Abs. 2a EnWG v. 14.10.2009 unter https://www.clearingstelle-eeg-kwkg.de/politisches-programm/778.

Bundesregierung: Siebter Bericht über die Entwicklung und Zukunftsperspektiven der maritimen Wirtschaft in Deutschland, abrufbar unter https://www.bundesregierung.de/breg-de/suche/siebter-bericht-der-bundesregierung-ueber-die-entwicklung-und-zukunftsperspektiven-der-maritimen-wirtschaft-in-deutschland-1957256.

Bundesverband der Energie- und Wasserwirtschaft e. V.: Stellungnahme zum Entwurf des Gesetzes zur Erhöhung und Beschleunigung des Ausbaus von Windenergieanlagen an Land v. 20.06.2022, abrufbar unter https://www.bundestag.de/dokumente/textarchiv/2022/kw25-pa-klimaschutz-energie-windkraft-899622.

Bundesverband der Windparkbetreiber Offshore e. V.: Stellungnahme zum Referentenentwurf der Bundesregierung eines Zweiten Gesetzes zur Änderung des Windenergie-auf-See-Gesetzes und anderer Vorschriften, 2022, abrufbar unter https://www.bmwk.de/Redaktion/DE/Downloads/Stellungnahmen/Stellungnahmen-Windenergie-auf-See/stellungnahme-bwo.pdf?__blob=publicationFile&v=4 (zit.: *BWO*, Stellungnahme zum

Referentenentwurf der Bundesregierung eines Zweiten Gesetzes zur Änderung des Windenergie-auf-See-Gesetzes und anderer Vorschriften, 2022).

Burger, Andreas/Bretschneider, Wolfgang: Umweltschädliche Subventionen in Deutschland (UBA-Texte 143/2021), abrufbar unter https://stories.umweltbundesamt.de/system/files/document/143-2021_umweltschaedliche_subventionen_0.pdf.

Burghardt, Katja: Verwaltungsprozessuale Defizite der Rechtsschutzpraxis im Konkurrentenstreit, Baden-Baden 2020.

Burgi, Martin: Die Energiewende und das Recht, JZ 2013, 745–753.

Burgi, Martin/Nischwitz, Malin/Zimmermann, Patrick: Beschleunigung bei Planung, Genehmigung und Vergabe. Zehn Thesen für ein ambitionierteres Sofortprogramm – Klima-Infrastruktur und Bundeswehr, NVwZ 2022, 1321–1329.

Butler, Janet/Heinickel, Caroline/Hinderer, Hermann Ali: Der Rechtsrahmen für Investitionen in Offshore-Windparks und Anbindungsleitungen, NVwZ 2013, 1377.

Buus, Marcel: Bedarfsplanung durch Gesetz. Unter besonderer Berücksichtigung der Netzbedarfsplanung nach dem EnWG, Baden-Baden 2018.

Calliess, Christian/Dross, Miriam: Alternativenprüfungen im Kontext des Netzausbaus – Überlegungen mit Blick auf die Strategische Umweltprüfung des Bundesbedarfsplans Übertragungsnetze, ZUR 2013, 76–82.

Dies.: Neue Netze braucht das Land: Zur Neukonzeption von Energiewirtschaftsgesetz und Netzausbaubeschleunigungsgesetz (NABEG), JZ 2012, 1002–1011.

Calliess, Christian/Ruffert, Matthias (Hrsg.): EUV/AEUV: Das Verfassungsrecht der Europäischen Union mit Europäischer Grundrechtecharta. Kommentar, 6. Aufl., München 2022 (zit.: *Bearb.,* in: Calliess/Ruffert).

Chou, Hsin-I: Ausbau der Offshore-Windparks durch den Flächenentwicklungsplan, EurUP 2018, 296–305.

Czybulka, Detlef: Meeresschutzgebiete in der Ausschließlichen Wirtschaftszone (AWZ), ZUR 2003, 329–337.

Czybulka, Detlef/Francesconi, Peter: Rechtliche Rahmenbedingungen der Managementplanung für Meeresschutzgebiete in der deutschen ausschließlichen Wirtschaftszone, NuR 2017, 594–604.

Dahlke, Christian: Genehmigungsverfahren von Offshore-Windenergieanlagen nach der Seeanlagenverordnung, NuR 2002, 472–479.

Dammert, Berndt/Brückner, Götz: Lehren aus dem PlanSiG – Welche Elemente der Digitalisierung könnten auch künftig zur Verfahrensbeschleunigung beitragen?, EnWZ 2022, 111–116.

Dies.: Phasenspezifischer Rechtsschutz: Ansätze am Beispiel des Bergrechts, ZUR 2017, 469–478.

Danish Energy Agency: Offshore Wind Development, 2022, S. 18 ff. unter https://ens.dk/sites/ens.dk/files/Vindenergi/offshore_wind_development_final_june_2022.pdf.

Dies.: Procedures and Permits for Offshore Wind Parks, abrufbar unter https://ens.dk/en/our-responsibilities/wind-power/offshore-procedures-permits.

Dannecker, Marcus/Kerth, Yvonne: Die Verwaltungspraxis des Bundesamts für Seeschifffahrt und Hydrographie (BSH) bei der Genehmigung von Offshore-Windparks – Stärken, Schwächen, Reformbedarf, DVBl. 2011, 1460–1466.

Dannecker, Marcus/Ruttloff, Marc: Kein Vertrauensschutz für Offshore-Windparkprojekte?, EnWZ 2016, 490–497.

de Witt, Siegfried: Instrumente zur beschleunigten Verwirklichung von Infrastrukturvorhaben, ZUR 2021, 80–83.

de Witt, Siegfried/Kause, Harriet: Bindungswirkungen und Rechtsnatur der Bundesfachplanung, ER 2013, 109–113.

Dederer, Hans-Georg: Gentechnikrecht im Wettbewerb der Systeme, Berlin u. a. 1998.

Degenhart, Christoph: Die Charakteristika der konkurrierenden Gesetzgebung des Bundes nach der Föderalismusreform, in: Heintzen, Markus/Uhle, Arndt (Hrsg.), Neuere Entwicklungen im Kompetenzrecht – Zur Verteilung der Gesetzgebungszuständigkeiten zwischen Bund und Ländern nach der Föderalismusreform, Berlin 2014, S. 65–79.

Ders.: Systemgerechtigkeit und Selbstbindung des Gesetzgebers als Verfassungspostulat, München 1976.

Deutsch, Markus: Infrastrukturvorhaben zwischen Raumordnung, Bauleitplanung und Fachplanung, ZUR 2021, 67–75.

Deutsche Windguard: Status des Offshore-Windenergieausbaus in Deutschland, Jahr 2022, S. 3, abrufbar unter https://www.windguard.de/jahr-2022.html.

Dies.: Status des Windenergieausbaus an Land in Deutschland – Jahr 2022, S. 3, abrufbar unter https://www.windguard.de/jahr-2022.html.

Dies.: Status des Windenergieausbaus an Land in Deutschland – Jahr 2021, S. 3, abrufbar unter https://www.windguard.de/jahr-2021.html.

Deutscher Bundestag: „Osterpaket zum Ausbau erneuerbarer Energien beschlossen" v. 07.07.2022, abrufbar unter https://www.bundestag.de/dokumente/textarchiv/2022/kw27-de-energie-902620.

Dietrich, Jan-Hendrik: Offshore-Windparks vs. Landesverteidigung – Nutzungskonflikte in der ausschließlichen Wirtschaftszone der Bundesrepublik, NuR 2013, 628–633.

Dietrich, Jan-Hendrik/Legler, Dirk: Militärische Belange in Planfeststellungsverfahren auf Errichtung und Betrieb von Offshore Windparks – Abwägungsrelevanz und Rechtsschutzperspektiven, RdE 2016, 331–340.

Dietrich, Sascha/Steinbach, Armin: (Kein) Änderungsbedarf im Energie- und Netzausbaurecht aufgrund der neuen TEN-E-Verordnung?, DVBl 2014, 488–495.

Dingemann, Kathrin: EEG-Mathematik: 5 > 6,3?, EnWZ 2018, 67–72.

Dix, Robert: Der Schutz von Natura 2000-Gebieten bei Errichtung und Betrieb von Offshore-Windkraftanlagen, Göttingen 2015.

Dreier, Johannes: die normative Steuerung der planerischen Abwägung. Strikte Normen, generelle Planungsleitbegriffe, Planungsleitlinien und Optimierungsgebote, Berlin 1995.

Drillisch, Jens: Quotenmodell für regenerative Stromerzeugung: Ein umweltpolitisches Instrument auf liberalisierten Elektrizitätsmärkten, München 2001.

Dross, Miriam/Bovet, Jana: Einfluss und Bedeutung der europäischen Stromnetzplanung für den nationalen Ausbau der Energienetze, ZNER 2014, 430–436.

Duncker, Johannes: Entwicklungsbremsen, Auswirkungen und Probleme des Ausschreibungsverfahrens nach dem EEG 2017, VR 2019, 8–13.

Dürig, Günter (Begr.)/*Herzog, Roman/Scholz, Rupert* (Hrsg.): Grundgesetz Kommentar, 101. Ergänzungslieferung (Stand: Mai 2023).

Durner, Wolfgang: Planung, Finanzierung und Zulassung von Offshore-Windenergie – Grundfragen des maritimen Infrastrukturrechts, ZUR 2022, 3–12.

Ders.: Die „Bundesfachplanung" im NABEG – Dogmatischer Standort, Bindungswirkung, Prüfprogramm und infrastrukturpolitische Modellfunktion, DVBl. 2013, 1564–1572.

Ders.: Vollzugs- und Verfassungsfragen des NABEG, NuR 2012, 369–377.

Ders.: Raumplanerische Koordination aus rechtlicher Sicht, RuR 2010, 271–282.

Ders.: Konflikte räumlicher Planungen. Verfassungs-, verwaltungs- und gemeinschaftsrechtliche Regeln für das Zusammentreffen konkurrierender planerischer Raumansprüche, Tübingen 2005.

Eder, Jost/de Wyl, Christian/Becker, Peter: Der Entwurf eines neuen EnWG – Ein großer Schritt, der viele Fragen aufwirft, ZNER 2004, 3–10.

Eding, Annegret: Bundesfachplanung und Landesplanung. Das Spannungsverhältnis zwischen Bund und Ländern beim Übertragungsnetzausbau nach §§ 4 ff. NABEG, Tübingen 2016.

Eh, Jakob: Beschleunigung durch Priorisierung – Zum Potenzial der Neufassung des § 2 EEG für Windenergieanlagen im Bauplanungsrecht (Teil II), IR 2022, 302–306.

Ders., Beschleunigung durch Priorisierung – Zum Potenzial der Neufassung des § 2 EEG für Windenergieanlagen im Bauplanungsrecht, IR 2022, 279–282.

Ehlers, Dirk, Rechtsprobleme der Nutzung kommunaler öffentlicher Einrichtungen – Teil 2, Jura 2012, 849–857.

Ehlers, Peter, Ocean Governance für nachhaltige maritime Entwicklung, in: Schlacke, Sabine/Beaucamp, Guy/Schubert, Mathias (Hrsg.), Infrastruktur-Recht. Festschrift für Wilfried Erbguth zum 70. Geburtstag, Berlin 2019, S. 523–544.

Ders.: Nutzungsregime in der Ausschließlichen Wirtschaftszone (AWZ), NordÖR 2004, 51–58.

Ehricke, Ullrich: Spezialisierung als Rechtsprinzip für die Zuständigkeit im deutschen Zivilverfahrensrecht? NJW 1996, 812–818.

Eifert, Martin: Regulierungsstrategien, in: Voßkuhle, Andreas/Eifert, Martin/Möllers, Christoph (Hrsg.), Grundlagen des Verwaltungsrechts Band 1, 3. Aufl., München 2022.

Eisele, Jörg: Die Regelbeispielsmethode im Strafrecht – Zugleich ein Beitrag zur Lehre vom Tatbestand, Tübingen 2004.

Elspaß, Mathias: Planung und Genehmigung von Nebenanlagen im Kontext der Bedarfsplanung für Höchstspannungsleitungen, NVwZ 2014, 489–494.

Elspas, Emanuel/Graßmann, Nils/Rasbach, Winfried (Hrsg.): EnWG: Energiewirtschaftsgesetz mit AbLaV, ARegV, GasGVV, GasHDrLtgV, GasNEV, GasNZV, KAV, KraftNAV, LSV, MaStRV, NAV, NDAV, NetzResV, StromGVV, StromNEV, StromNZV, SysStabV, ÜNSchutzV, WasserstoffNEV. Kommentar, 2. Aufl., Berlin 2023 (zit.: *Bearb.*, in: Elspas/Graßmann/Rasbach).

En:former: „Irland mit großem Offshore-Potenzial" v. 09.08.2021, abrufbar unter https://www.en-former.com/irland-mit-grossem-offshore-potenzial/.

EnBW: Stellungnahme zum Referentenentwurf zur Änderung des Windenergie-auf-See-Gesetzes v. 16.03.2022 unter https://www.bmwk.de/Redaktion/DE/Artikel/Service/Gesetzesvorhaben/entwurf-eines-zweiten-gesetzes-zur-aenderung-des-windenergie-auf-see-gesetzes-und-anderer-vorschriften.html.

Engelbert, Julian: Die abschichtende Planungsentscheidung unter Vorläufigkeitsbedingungen. Eine epistemologische Untersuchung am Beispiel des NABEG-Regimes, Baden-Baden 2019.

Engels, Andreas: Die Feststellungsklage – Entgrenzungen einer Klageart am Beispiel der atypischen Feststellungsklage, NVwZ 2018, 1001–1007.

Epping, Volker: Grundrechte, 9. Aufl., Berlin 2021.

Epping, Volker/Hillgruber, Christian (Hrsg.): Grundgesetz Kommentar, 3. Aufl., München 2020.

Erbguth, Wilfried: Räumliche Steuerung im Verkehrsrecht: Stand und Effektivität, ZUR 2021, 22–24.

Ders.: Konzentrierter oder phasenspezifischer Rechtsschutz im Infrastrukturrecht – Workshop am 29. März 2017 in Berlin, ZUR 2017, 449–450.

Ders.: Kraftwerkssteuerung durch räumliche Gesamtplanung, NVwZ 2013, 979–980.

Ders.: Energiewende: großräumige Steuerung der Elektrizitätsversorgung zwischen Bund und Ländern, NVwZ 2012, 326–332.

Ders.: Maritime Raumordnung – Entwicklung der internationalen, supranationalen und nationalen Rechtsgrundlagen, DÖV 2011, 373–382.

Ders.: Gesamtplanerische Abstimmung zu Wasser – Rechtslage und Rechtsentwicklung, DV (42) 2009, 179–213.

Ders.: Abwägung auf Abwegen? – Allgemeines und Aktuelles, JZ 2006, 484–492.

Ders.: Phasenspezifischer oder konzentrierter Rechtsschutz? Anhand des Umwelt- und Planungsrechts, Art. 14 GG, § 35 III 3 BauGB, NVwZ 2005, 241–247.

Ders.: Bauleitplanung und Fachplanung – Thesen, NVwZ 1995, 243–245.

Erbguth, Wilfried/Schubert, Mathias: Strategische Umweltprüfung und Umweltverträglichkeitsprüfung: Neue Herausforderungen für die Kommunen? EG-rechtliche Vorgaben und deren Umsetzung in Bundes- und Landesrecht, Letzteres am Beispiel Mecklenburg-Vorpommern, DÖV 2005, 533–541.

Ernst, Werner/Zinkahn, Willy/Bielenberg, Walter (Begr.)/*Krautzberger, Michael/Külpmann, Christoph* (Hrsg.): Baugesetzbuch Band 1, 147. EL (Stand: August 2022).

Ertel, Christian: Europarechtliche und verfassungsrechtliche Grenzen bei der Förderung von Offshore-Windenergie: Eine Analyse anhand des WindSeeG, Berlin 2020.

Europäische Kommission: Proposal for a Regulation of the European Parliament and of the Council amending Regulations (EU) No 1227/2011 and (EU) 2019/942 to improve the Union's protection against market manipulation in the wholesale energy market v. 14.03.2023 (COM(2023) 147 final), abrufbar unter https://energy.ec.europa.eu/electricity-market-reform-consumers-and-annex_en.

Dies.: „Staatliche Beihilfen: Kommission genehmigt Änderung deutscher Regelung zur Förderung der Offshore-Windenergieerzeugung", Pressemitteilung v. 21.12.2022, abrufbar unter https://ec.europa.eu/commission/presscorner/detail/de/ip_22_7836.

Dies.: „REPowerEU: Ein Plan zur raschen Verringerung der Abhängigkeit von fossilen Brennstoffen aus Russland und zur Beschleunigung des ökologischen Wandels", Pressemitteilung vom 18.05.2022, abrufbar unter https://ec.europa.eu/commission/presscorner/detail/de/ip_22_3131.

Europäisches Parlament: „Parlament unterstützt Förderung der Nutzung erneuerbarer Energien und Energieeinsparungen", Pressemitteilung v. 14.09.2022 unter https://www.europarl.europa.eu/news/de/press-room/20220909IPR40134/parlament-unterstutzt-forderung-der-nutzung-erneuerbarer-energien.

Ewer, Wolfgang: Rechtsschutz bei mehrstufigen Planungs- und Zulassungsverfahren am Beispiel der Energiewende, in: Kloepfer, Michael (Hrsg.), Rechtsschutz im Umweltrecht, Berlin 2014, S. 61–72.

Faßbender, Kurt: Die Strategische Umweltprüfung: Anspruch und Wirklichkeit, ZUR 2018, 323–330.

Fassbinder, Helga: Zum Begriff der strategischen Planung, in: Dies. (Hrsg.), Strategien der Stadtwicklung in europäischen Metropolen. Berichte aus Barcelona, Berlin, Hamburg, Rotterdam und Wien (Harburger Berichte zur Stadtplanung, Bd. 1), Hamburg 1993, S. 9–16.

Fest, Phillip: Die Errichtung von Windenergieanlagen in Deutschland und seiner AWZ. Genehmigungsverfahren, planerische Steuerung und Rechtsschutz an Land und auf See, Berlin 2010.

Fest, Phillip/Operhalsky, Benedikt: Der deutsche Netzausbau zwischen Energiewende und europäischem Energieinfrastrukturrecht, NVwZ 2014, 1190–1196.

Fiedler, Malte: Die Umstellung von der staatlich festgelegten Vergütungshöhe auf das Ausschreibungsmodell. Risiken für Akteursvielfalt und Bürgerwindparks, Berlin 2017.

Fischer, Jochen/Lorenzen, Olde: Neue Konstruktionstypen für Offshore-Windenergieanlagen im Genehmigungsverfahren nach der SeeAnlV, NuR 2004, 764–769.

Forsthoff, Ernst/Blümel, Willi: Raumordnungsrecht und Fachplanungsrecht. Ein Rechtsgutachten, Frankfurt a. M./Berlin 1970.

Franke, Peter: Neue Steuerungsinstrumente für den Windenergieausbau?, in: Rosin, Peter/Uhle, Arndt (Hrsg.), Recht und Energie. Liber Amicorum für Ulrich Büdenbender zum 70. Geburtstag, 2018, S. 201–214.

Ders.: Rechtsschutzfragen der Regulierungsverwaltung, DV 49 (2016), 25–54.

Ders.: Beschleunigung der Planungs- und Zulassungsverfahren beim Ausbau der Übertragungsnetze, in: Klees, Andreas/Gent, Kai (Hrsg.), Energie – Wirtschaft – Recht: Festschrift für Peter Salje zum Geburtstag am 9. Februar 2013, 2013, S. 121–140.

Franke, Peter/Recht, Thomas: Räumliche Steuerung im Energierecht: Stand und Effektivität, ZUR 2021, 15–21.

Franke, Peter/Wabnitz, Miriam: Konzentrierter Rechtsschutz: Das Spannungsfeld zwischen Beschleunigung, Transparenz und Rechtssicherheit am Beispiel des NABEG, ZUR 2017, 462–469.

Franzius, Claudio: Infrastrukturen zwischen Regulierung und Planung – Herausforderungen des Energie-Infrastrukturrechts, EnWZ 2022, 302–307.

Ders.: Planungsrecht und Regulierungsrecht – Bedeutung dieser Interdependenz für eine geänderte Vorteilszuordnung bei der Windernte, ZUR 2018, 11–17.

Ders.: Regulierung und Innovation im Mehrebenensystem – Was kann und muss europäisches Energie- und Klimaschutzrecht leisten und welche Handlungsfreiheiten brauchen die Mitgliedstaaten? DV (48) 2015, 175–201.

Fraunhofer IWES: Energiewirtschaftliche Bedeutung der Offshore-Windenergie für die Energiewende – Update 2017, abrufbar unter https://www.iee.fraunhofer.de/de/projekte/suche/2013/energiewirtschaftliche_bedeutung_der_offshore_windenergie.html.

Frenz, Walter: Die Ausschreibung von Windenergieanlagen an Land unter Geltung des EEG 2021, REE 2021, 128–133.

Frenz, Walter/Müggenborg, Hans-Jürgen (Hrsg.): Bundesnaturschutzgesetz Kommentar, 3. Aufl. 2020.

Fürst, Dietrich: Internationales Verständnis von „Strategischer Regionalplanung, in: Vallée, Dirk (Hrsg.), Strategische Regionalplanung, Hannover 2012, S. 18–30.

Gärditz, Klaus Ferdinand: Die Rechtswegspaltung in öffentlich-rechtlichen Streitigkeiten nichtverfassungsrechtlicher Art, DV (43) 2010, 309–347.

Ders.: Europäisches Planungsrecht. Grundstrukturen eines Referenzgebiets des europäischen Verwaltungsrechts, Tübingen 2009.

Geber, Frederic: Die Netzanbindung von Offshore-Anlagen im europäischen Supergrid. Eine Untersuchung der §§ 17a ff. EnWG und ihrer völkerrechtlichen, europarechtlichen und verfassungsrechtlichen Einbettung, Tübingen 2014.

Gellermann, Martin: Windkraftnutzung im Lichte der Vogelschutzrichtlinie 2009/147/EG – Anmerkungen zum Urteil des VG Gießen vom 22.1.2020 – 1 K 6019/18.Gl, NuR 2020, 178–181.

Ders.: Recht der natürlichen Lebensgrundlagen in der Ausschließlichen Wirtschaftszone (AWZ) – dargestellt am Beispiel der Windkraftnutzung, NuR 2004, 75–81.

Gellermann, Martin/Stoll, Peter-Tobias/Czybulka, Detlef: Handbuch des Meeresnaturschutzrechts in der Nord- und Ostsee. Nationales Recht unter Einbeziehung internationaler und europäischer Vorgaben, Berlin 2012.

Germelmann, Claas Friedrich: Der Ausbau der Offshore-Windenergie als Herausforderung für das Instrumentarium des staatlichen Konfliktausgleichs, EnWZ 2013, 488–496.

Gerstner, Stephan (Hrsg.): Grundzüge des Rechts der Erneuerbaren Energien. Eine praxisorientierte Darstellung für die neue Rechtslage zu den privilegierten Energieträgern einschließlich der Kraft-Wärme-Kopplung, Berlin, Boston, 2013.

Giesberts, Ludger/Reinhardt, Michael (Hrsg.): Umweltrecht: BImSchG, KrWG, BBodSchG, WHG, BNatSchG, 2. Aufl., München 2018.

Gottschewski, Martina: Zur rechtlichen Durchsetzung von europäischen Straßen, Berlin 1998.

Graf Vitzthum, Wolfgang: Staatsgebiet, in: Isensee, Josef/Kirchhof, Paul (Hrsg.), Handbuch des Staatsrechts der Bundesrepublik Deutschland, Band II: Verfassungsstaat, 3. Aufl., Heidelberg 2004, § 18.

Ders.: Terranisierung des Meeres, Europa-Archiv 31 (1976), 129–138.

Greb, Klaus/Boewe, Marius (Hrsg.): Erneuerbare-Energien-Gesetz: EEG, München 2018.

Griese, Thomas: Gesetzesvorschläge und Initiativen zur Verbesserung des Ausbaus der Windenergie, ZNER 2022, 27–34.

Grigoleit, Klaus Joachim: Planungsbezogene Änderungen der ROG-Novelle 2017, in: Mitschang (Hrsg.), Raumordnungs- und Bauleitplanung aktuell, München 2018, S. 9–22.

Grigoleit, Klaus Joachim/Engelbert, Julian/Strothe, Lena/Klanten, Moritz: Booster für die Windkraft – Aspekte zur Beschleunigung der Windenergieplanung Onshore, NVwZ 2022, 512–518 (zit.: *Grigoleit u. a.*, NVwZ 2022, 512).

Grigoleit, Klaus Joachim/Weisensee, Claudius: Das neue Planungsrecht für Elektrizitätsnetze, UPR 2011, 401–406.

Groß, Thomas: Beschleunigungsgesetzgebung – Rückblick und Ausblick, ZUR 2021, 75–80.

Grotefels, Susan: Integrative Steuerung in der Energie- und Verkehrswende durch Raumordnung, insbesondere Regionalplanung: Stand und Fortentwicklung, ZUR 2021, 25–32.

Grüner, Anna-Maria/Sailer, Frank: Das EEG als Instrument des Bundes zur räumlichen Steuerung der erneuerbaren Energien – zugleich ein Beitrag zur Diskussion um eine Energiefachplanung, ZNER 2016, 122–131.

Grzeszick, Berndt: Rechte und Ansprüche. Eine Rekonstruktion des Staatshaftungsrechts aus den subjektiven öffentlichen Rechten, Tübingen 2002.

Gsell, Beate/Krüger, Wolfang/Lorenz, Stephan/Reymann, Christoph (Gesamt-Hrsg.): beck-online Großkommentar zum Zivilrecht (Stand: 01.11.2021).

Guckelberger, Annette: Schnellerer Energienetzausbau durch Unionsrecht?, DVBl 2014, 805–813.

Guidehouse/Fraunhofer IEE/Stiftung Umweltenergierecht/bosch&partner: Analyse der Flächenverfügbarkeit für Windenergie an Land post-2030. Ermittlung eines Verteilungsschlüssels für das 2-%-Flächenziel auf Basis einer Untersuchung der Flächenpotenziale der Bundesländer, 2022, abrufbar unter https://www.bmwk.de/Redaktion/DE/Publikationen/Energie/analyse-der-flachenverfugbarkeit-fur-windenergie-an-land-post-2030.html.

Günther, Reinald/Brucker, Guido: Die Beschwerdebefugnis Dritter nach § 75 II EnWG bei energieregulierungsrechtlichen Festlegungen der Bundesnetzagentur, NVwZ 2015, 1735–1739.

Hagenberg, Stefan: Abschichtung von Trassenkorridoralternativen im Rahmen der Bundesfachplanung, UPR 2015, 442–449.

Hamacher, Lina Pauline: Standortauswahl für ein Endlager für radioaktive Abfälle. Intergenerationelle Gerechtigkeit, Wissensgenerierung und Akzeptanz durch Organisation und Verfahren, Tübingen 2022.

Hanke, Steven: „RES will subventionsfreie Windparks bauen", Energate messenger v. 18.09.2017, abrufbar unter https://www.energate-messenger.de/news/177127/res-will-subventionsfreie-windparks-bauen.

Hartwig, Sebastian/Himstedt, Jana/Eisentraut, Nikolas: Leistungsklagen der öffentlichen Hand – Zum Vorrang der administrativen Vollziehung des Verwaltungsrechts, DÖV 2018, 901–910.

Haucap, Justus/Klein, Carolin/Kühling, Jürgen: Die Marktintegration der Stromerzeugung aus erneuerbaren Energien. Eine ökonomische und juristische Analyse, Baden-Baden 2013.

Hellermann, Johannes: Schutz der Verbraucher durch Regulierungsrecht, VVDStRL 70 (2011), S. 366–397.

Hendler, Reinhardt: Grundlagen, in: Koch, Hans-Joachim/Hendler, Reinhardt (Hrsg.), Baurecht, Raumordnungs- und Landesplanungsrecht, 6. Aufl. 2016, § 1.

Henning, Bettina/Ekardt, Felix/Antonow, Katrin/Widmann, Veronika/Gläser, Vanessa/Rath, Therese/Gätsch, Cäcilia, Bärenwaldt, Marie: Das Osterpaket und andere neue Entwicklungen im Energierecht: Rechts- und Governance-Fragen, ZNER 2022, 195–211.

Herbold, Thoralf/Kirch, Thorsten: EnWZ 2020, Praxisfragen der Entschädigung bei gestörter Netzanbindung von Offshore-Windparks, 392–397.

Herbst, Tobias: Gesetzgebungskompetenzen im Bundesstaat. Eine Rekonstruktion der Rechtsprechung des Bundesverfassungsgerichts, Tübingen 2014.

Hermes, Georg: Planungsrechtliche Sicherung einer Energiebedarfsplanung – ein Reformvorschlag, in: Faßbender, Kurt/Köck, Wolfang (Hrsg.), Versorgungssicherheit in der Energiewende – Anforderungen des Energie-, Umwelt- und Planungsrechts. Dokumentation des 18. Leipziger Umweltrechtlichen Symposions des Instituts für Umwelt- und Planungsrecht der Universität Leipzig und des Helmholtz-Zentrums für Umweltforschung – UFZ am 18. und 19. April 2013, Baden-Baden 2018, S. 71–92.

Ders.: Der Wind, seine Nutzung und das Eigentum – Anmerkungen insbesondere zum Beitrag „Wem gehört der Wind?" von J. Bäumler, ZUR 2017, 677–683.

Ders.: Planungsrechtliche Sicherung einer Energiebedarfsplanung – ein Reformvorschlag, ZUR 2014, 259–269.

Ders.: Das neue System der Energienetzplanung – verfassungsrechtliche und planungsrechtliche Grundfragen und weiterer Handlungsbedarf, EnWZ 2013, 395–402.

Ders.: Staatliche Infrastrukturverantwortung. Rechtliche Grundstrukturen netzgebundener Transport- und Übertragungssysteme zwischen Daseinsvorsorge und Wettbewerbsregulierung am Beispiel der leitungsgebundenen Energieversorgung in Europa, Tübingen 1998.

Hermsdorf, Moritz: Die Vorschläge zur Reform der bauplanungsrechtlichen Rahmenbedingungen für Windenergievorhaben auf dem Prüfstand, ZUR 2022, 341–349.

Hilzinger, Peter: Beschwerde und Beschwerdebefugnis, in: Baur, Jürgen F./Salje, Peter/Schmidt-Preuß, Matthias (Hrsg.), Regulierung in der Energiewirtschaft, 2. Aufl., Köln 2016, Kapitel 56.

Ders.: Verfahrensmaximen im Beschwerdeverfahren, in: Baur, Jürgen F./Salje, Peter/Schmidt-Preuß, Matthias (Hrsg.), Regulierung in der Energiewirtschaft, 2. Aufl., Köln 2016, Kapitel 58.

Himstedt, Jana: Die Berücksichtigung von Verkehrsbelangen bei der gestuften raumplanerischen Steuerung von Offshore-Windparks in der ausschließlichen Wirtschaftszone, NordÖR 2021, 209–215.

Hofmann, Ruben/Baumann, Hendrik: Die zivilrechtliche Behandlung von Hochseekabeln in der Nordsee, RdE 2012, 53–58.

Hook, Sandra: ,Energiewende': Von internationalen Klimaabkommen bis hin zum deutschen Erneuerbaren-Energien-Gesetz, in: Kühne, Olaf/Weber, Florian (Hrsg.), Bausteine der Energiewende, Wiesbaden 2017, S. 21–54.

Hoppe, Werner: Planung, in: Isensee, Josef/Kirchhof, Paul (Hrsg.), Handbuch des Staatsrechts der Bundesrepublik Deutschland, Band IV: Aufgaben des Staates, 3. Aufl., Heidelberg 2007, § 77.

Hoppe, Werner/Schlarmann, Hans/Buchner, Reimar/Deutsch, Markus: Rechtsschutz bei der Planung von Verkehrsanlagen. Grundlagen der Planfeststellung, 4. Aufl., Berlin 2011 (zit.: *Hoppe u. a.*, Rechtsschutz bei der Planung von Verkehrsanlagen).

Horn, Thomas: Das organisationsrechtliche Mandat, NVwZ 1986, 808–812.

Huerkamp, Florian: Das neue „Fördervergaberecht" bei Freiflächenanlagen – Rechtsschutz und Verfahren bei der Vergabe von Förderberechtigungen für Freiflächenanlagen, EnWZ 2015, 195–201.

Ders.: Gleichbehandlung und Transparenz als Prinzipien der staatlichen Auftragsvergabe, Tübingen 2010.

Hufeld, Ulrich: Die Vertretung der Behörde, Tübingen 2003.

Hufen, Friedhelm: Verwaltungsprozessrecht, 12. Aufl., München 2021.

Hufen, Friedhelm/Siegel, Thorsten: Fehler im Verwaltungsverfahren, 7. Aufl., Baden-Baden 2021.

Hüppop, Ommo/Dierschke, Jochen/Wendeln, Helmut: Berichte zum Vogelschutz 41 (2004), 127–218, abrufbar unter https://www.researchgate.net/publication/263844081_Zugvogel_und_Offshore-Windkraftanlagen_Konflikte_und_Losungen.

Hutter, Gérard/Wiechmann, Thorsten/Krüger, Thomas: Strategische Planung, in: Wiechmann, Thorsten (Hrsg.), ARL Reader Planungstheorie, Band 2: Strategische Planung – Planungskultur, Berlin 2019, S. 13–25.

Ibler, Martin: Die Schranken planerischer Gestaltungsfreiheit im Planfeststellungsrecht, Berlin 1988.

Ide, Anne-Maria: Grenzüberschreitende Förderung erneuerbarer Energien im europäischen Strombinnenmarkt, Baden-Baden 2017.

Immenga, Ulrich//Mestmäcker, Ernst-Joachim (Begr.)/*Körber, Thorsten/Schweitzer, Heike/Zimmer, Daniel* (Hrsg.): Wettbewerbsrecht, Band 2, 6. Aufl., München 2020 (zit.: *Bearb.*, in: Immenga/Mestmäcker, Wettbewerbsrecht).

Janssen, Gerold: Meeresraumordnung nach dem novellierten ROG 2017 und weiteren raumplanungsrechtlichen Vorschriften, EurUP 2018, 220–228.

Jarass, Hans (Hrsg.): Bundesimmissionsschutzgesetz, 14. Aufl., München 2022 (zit.: *Bearb.*, in: Jarass, BImSchG).

Jarass, Hans/Pieroth, Bodo (Begr.): Grundgesetz für die Bundesrepublik Deutschland: GG, 17. Aufl. 2022 (zit.: *Bearb.*, in: Jarass/Pieroth, GG).

Jenn, Matthias: Windenergie: Zahlreiche rechtliche Besonderheiten, ZfBR-Beil. 2012, 14–24.

Johlen, Heribert/Oerder, Michael (Hrsg.): Münchener Anwaltshandbuch Verwaltungsrecht, 5. Aufl., München 2023 (zit.: *Bearb.*, in: Johlen/Oerder).

Kahl, Wolfang/Gärditz, Klaus Ferdinand: Umweltrecht, 13. Aufl., München 2023.

Kahle, Christian: Nationale (Umwelt-)Gesetzgebung in der deutschen ausschließlichen Wirtschaftszone am Beispiel der Offshore-Windparks, ZUR 2004, 80–87.

Kay, Inkook: Regulierung als Erscheinungsform der Gewährleistungsverwaltung. Eine rechtsdogmatische Untersuchung zur Einordnung der Regulierung in das Staats- und Verwaltungsrecht, Berlin 2013.

Keller, Maxi: Das Planungs- und Zulassungsregime für Offshore-Windenergieanlagen in der deutschen AWZ – anhand völkerrechtlicher, gemeinschaftsrechtlicher und innerstaatlicher Vorgaben, Baden-Baden 2006.

Dies.: Rechtsschutzdefizite Dritter gegen Genehmigungserteilungen für Windenergieanlagen in der AWZ? ZUR 2005, 184–191.

Kerth, Yvonne: Die Offshore-Windenergie als Retterin der Energiewende? Überblick zum Stand der Entwicklung des deutschen Regelungsrahmens für die Offshore-Windenergie, EurUP 2022, 91–100.

Dies.: Die Novellierung des Erneuerbare-Energien-Gesetzes (EEG) – Ein Überblick über das EEG 2021 n. F., das EEG 2023 und das EnFG, KlimaRZ 2022, 141–147.

Kindler, Lars: Zur Steuerungskraft der Raumordnungsplanung. Am Beispiel akzeptanzrelevanter Konflikte der Windenergieplanung, Baden-Baden 2018.

Kindler, Lars/Lau, Marcus: Der Beitrag der Raumordnung zur Intensivierung der Windenergienutzung an Land, NVwZ 2011, 1414–1419.

Kirch, Thorsten/Huth, Julia: Die Erzeugung von grünem Wasserstoff durch Windenergieanlagen auf See, EnWZ 2021, 344–351.

Kistner, Petra: Die Planung und Zulassung von Interkonnektoren und Stromleitungen mit grenzüberschreitenden Auswirkungen, ZUR 2015, 459–468.

Dies.: Das Konzept des SuperGrids im Lichte der Verordnung zu Leitlinien für die transeuropäische Energieinfrastruktur (TEN-E-VO) – Europa auf dem Weg zum SuperGrid? EnWZ 2014, 405–410.

Klasen, Karla: Alternative Streitbeilegung beim Bau von Offshore-Windparks – Dispute Boards, Schiedsgutachten, Mediation, Baden-Baden 2018.

Klessmann, Corinna/Wigand, Fabian/Gephart, Malte/v. Blücher, Malte/Kelm, Tobias/Jachmann, Henning/Ehrhart, Karl-Martin/Haufe, Marie-Christin/Kohls, Malte/Meitz, Christoph: Ausgestaltung des Pilotausschreibungssystems für Photovoltaik-Freiflächenanlagen. Wissenschaftliche Empfehlung im Auftrag des Bundesministeriums für Wirtschaft und Energie v. 10.07.2014, abrufbar unter https://www.bmwk.de/Redaktion/DE/Publikationen/Energie/wissenschaftlicher-bericht-photovoltaik-freiflaechenanlagen.html.

Klinski, Stefan: Rechtliche Probleme der Zulassung von Windkraftanlagen in der Ausschließlichen Wirtschaftszone (AWZ), UBA-Texte 62/01, 2001.

Kloepfer, Michael: Umweltrecht, 4. Aufl., München 2016.

Kloepfer, Michael/Durner, Wolfgang: Umweltschutzrecht, 3. Aufl., München 2020.

Kluth, Winfried: Schriftliche Stellungnahme zur Anhörung im Rechtsausschuss des Deutschen Bundestages am 23.01.2023 zum folgenden Beratungsgegenstand: Gesetzesentwurf der Bundesregierung Entwurf eines Gesetzes zur Beschleunigung von verwaltungsgerichtlichen Verfahren im Bereich der Infrastruktur, 2023 unter https://www.bundestag.de/dokumente/textarchiv/2023/kw03-de-beschleunigung-infrastruktur-927046.

Kment, Martin: Eine neue Ära beim Ausbau von Windenergieanlagen – Das aktuelle Wind-an-Land-Gesetzespaket in der Analyse, NVwZ 2022, 1153–1159.

Ders.: Sachdienliche Änderungen des Baugesetzbuchs zur Förderung von Flächenausweisungen für Windenergieanlagen. Rechtswissenschaftliches Gutachten im Auftrag der Stiftung Klimaneutralität, 2020, abrufbar unter: https://www.stiftung-klima.de/de/themen/energie/flaechen-wind/.

Ders. (Hrsg.): Raumordnungsgesetz: ROG, 2019 (zit.: *Bearb.*, in: Kment, ROG).

Ders. (Hrsg.): Energiewirtschaftsgesetz, 1. Aufl., Baden-Baden 2015 (zit.: *Bearb.* in: Kment, EnWG).

Ders.: Bundesfachplanung von Trassenkorridoren für Höchstspannungsleitungen – Grundlegende Regelungselemente des NABEG, NVwZ 2015, 616–626.

Ders.: Vorbote der Energiewende in der Bundesrepublik Deutschland: das Netzausbaubeschleunigungsgesetz, RdE 2011, 341–347.

Ders.: Suche nach Alternativen in der Strategischen Umweltprüfung, DVBl. 2008, 364–369.

Ders.: Zur angestrebten Änderung der Gesetzgebungskompetenz im Bereich der Raumordnung, NuR 2006, 217–221.

Kment, Martin/Pleiner, Tom: Neues von der Abschnittsbildung – Planerisches Instrument gewinnt weiter an Konturen, DVBl 2015, 542–547.

Dies.: Neustart der Planung von Offshore-Windenergieanlagen – Teil 1: Angriff auf bestehende Genehmigungen? NordÖR 2015, 296–300.

Knappe, Lukas: Gestufter Netzausbau und Bundesfachplanung im Spannungsfeld des effektiven Rechtsschutzes, DVBl 2016, 276–284.

Knauff, Matthias: Methodenfreiheit in der Netzplanung, EnWZ 2019, 51–58.

Ders.: Ausschreibungen im Energierecht – Problemlösungsinstrument oder bürokratischer Irrweg? NVwZ 2017, 1591–1595.

Koch, Hans-Joachim: Die Rechtfertigung der Planung zwischen planerischer Gestaltungsfreiheit und rechtsstaatlichem Abwägungsgebot, in: Koch, Hans-Joachim/Hendler, Reinhardt (Hrsg.), Baurecht, Raumordnungs- und Landesplanungsrecht, 6. Aufl. 2016, § 17.

Köck, Wolfgang: Pläne und andere Formen des prospektiven Verwaltungshandelns, in: Voßkuhle, Andreas/Eifert, Martin/Möllers, Christoph (Hrsg.), Grundlagen des Verwaltungsrechts Band 2, 3. Aufl., München 2022, § 36.

Ders.: Die Bedarfsplanung im Infrastrukturrecht – Über rechtliche Möglichkeiten der Stärkung des Umweltschutzes bei der Bedarfsfeststellung, ZUR 2016, 579–590.

Ders.: Flächensicherung für erneuerbare Energien durch die Raumordnung, DVBl. 2012, 3–10.

Köck, Wolfgang/Bovet, Jana/Fischer, Hendrik, Ludwig, Grit, Möckel, Stefan: Das Instrument der Bedarfsplanung – Rechtliche Möglichkeiten für und verfahrensrechtliche Anforderungen an ein Instrument für mehr Umweltschutz. Abschlussbericht, UBA-Texte 55/2017, abrufbar unter https://www.umweltbundesamt.de/en/publikationen/das-instrument-der-bedarfsplanung-rechtliche.

Kompetenzzentrum für Naturschutz und Energiewende: „Wie kommt das Vorsorgeprinzip bei der Beurteilung des signifikant erhöhten Tötungsrisikos zur Anwendung?" v. 13.03.2019, abrufbar unter https://www.naturschutz-energiewende.de/fragenundantworten/192-vorsorgeprinzip-und-signifikant-erhoehtes-toetungsrisiko/.

Kopp, Ferdinand (Begr.)/*Ramsauer, Ulrich* (Hrsg.): Verwaltungsverfahrensgesetz: VwVfG, 24. Aufl., München 2023 (zit.: *Bearb.*, in: Kopp/Ramsauer, VwVfG).

Kopp, Ferdinand (Begr.)/*Schenke, Wolf-Rüdiger* (Hrsg.): Verwaltungsgerichtsordnung: VwGO, 29. Aufl., München 2023 (zit.: *Bearb.*, in: Kopp/Schenke, VwGO).

Korbmacher, Raphael: Ordnungsprobleme der Windkraft – Interdependenzen von Planung und Regulierung, Bremen 2020.

Ders.: Wind ist ganz anders! – Zugleich eine Antwort auf Beiträge im ZUR-Sonderheft „Wem gehört der Wind?" ZUR 2018, 277–281.

Korves, Robert: Eigentumsunfähige Sachen?, Tübingen 2014.

Krautzberger, Michael/Stüer, Bernhard: Planungssicherstellungsgesetz 2020: Öffentlichkeitsbeteiligung in Krisenzeiten, DVBl. 2020, 910–913.

Krawinkel, Holger: Der Infrastrukturausbau im Rahmen der Energiewende benötigt umfassende Planungsinstrumente, ZNER 2012, 461–465.

Krebs, Walter: Subjektiver Rechtsschutz und objektive Rechtskontrolle, in: Erichsen, Hans-Uwe/Hoppe, Werner/v. Mutius, Albert (Hrsg.), System des verwaltungsgerichtlichen Rechtsschutzes. Festschrift für Christian-Friedrich Menger zum 70. Geburtstag, Köln u. a., 1985.

Kresse, Stefan/Vogl, Florian: Der Rechtsweg in regulierungsrechtlichen Streitigkeiten – Vereinheitlichung durch Zuweisung an die ordentliche Gerichtsbarkeit, Wirtschaft und Verwaltung 2016, 275–296.

Kröger, James: Das EEG 2014 im Lichte der Europäisierung des Rechts der Erneuerbaren Energien, NuR 2016, 85–90.

Kruppa, Ines: Steuerung der Offshore-Windenergienutzung vor dem Hintergrund der Umweltziele Klima- und Umweltschutz, Berlin 2007.

Kügel, J. Wilfried: Der Planfeststellungsbeschluss und seine Anfechtbarkeit. Zugleich ein Beitrag zur Auslegung der §§ 74, 75 VwVfG, Berlin 1985.

Kühling, Jürgen: Sektorspezifische Regulierung in den Netzwirtschaften: Typologie, Wirtschaftsverwaltungsrecht, Wirtschaftsverfassungsrecht, München 2004.

Kühling, Jürgen/Rasbach, Winfried/Busch, Claudia: Energierecht, 5. Aufl., Baden-Baden 2022.

Kühn, Manfred: Strategische Stadt- und Regionalplanung, Raumforschung und Raumordnung (RuR) 2008, 230–243.

Kümper, Boas: Konzentrationsflächenplanung jenseits von § 35 Abs. 3 S. 3 BauGB – aus Anlass der Diskussion um den weiteren Ausbau der Windenergie, ZfBR 2022, 25–32.

Ders.: Konzentrationsflächenplanung vor dem Aus? Zur Debatte um eine Reform des Planungs- und Zulassungsregimes für Windenergieanlagen, DVBl. 2021, 1591–1599.

Ders.: Perspektiven einer Fachplanung für Windenergieanlagen – Überlegungen zur Funktion verschiedener Zulassungsregime, DÖV 2021, 1056–1067.

Ders.: Zur Bindung der Planfeststellung für Vorhaben nach dem Netzausbaubeschleunigungsgesetz (NABEG) an landesplanerische Ziele der Raumordnung, DVBl 2016, 1572–1579.

Kupfer, Dominik: Das Fachplanungsrecht in der neueren Rechtsprechung des Bundesverwaltungsgerichts – Fortschreibung 2014, DV 47 (2014), 77–124.

Kupfer, Dominik/Wurster, Hansjörg: Das Fachplanungsrecht in der neueren Rechtsprechung des Bundesverwaltungsgerichts – Teil 1, DV 40 (2007), 75.

Kürschner, Alexandra: Legalplanung. Eine Studie am Beispiel des Standortauswahlgesetzes für ein atomares Endlager, Tübingen 2020.

Landesamt für Umwelt Brandenburg: „Auswirkungen von Windenergieanlagen auf Vögel und Fledermäuse" unter https://lfu.brandenburg.de/lfu/de/aufgaben/natur/artenschutz/vogelschutzwarte/arbeitsschwerpunkt-entwicklung-und-umsetzung-von-schutzstrategien/auswirkungen-von-windenergieanlagen-auf-voegel-und-fledermaeuse/#.

Landtag von Sachsen-Anhalt: „Radar schützt Vögel an Windkraftanlagen" v. 22.08.2019, abrufbar unter https://www.landtag.sachsen-anhalt.de/2019/radar-schuetzt-voegel-an-windkraftanlagen.

Lang, Matthias/Rademacher, Moritz: Hochspannungs-Gleichstrom-Übertragung – technischer Hintergrund und rechtliche Grundlagen für den Netzausbau nach EnWG, EnLAG und NABEG, RdE 2013, 145–151.

Langer, Christopher: Die Endlagersuche nach dem Standortauswahlgesetz. Normgebung zwischen Konsistenz und Widerspruch, Berlin 2021.

Langstädtler, Sarah: Effektiver Umweltrechtsschutz in Planungskaskaden. Untersucht für die Planungsverfahren des FStrG, NABEG und StandAG, Baden-Baden 2021.

Lau, Marcus: Naturschutzrecht, in: Rehbinder, Eckard/Schink, Alexander (Hrsg.), Grundzüge des Umweltrechts, 5. Aufl., Berlin 2018, S. 865–926.

Lecheler, Helmut: Neue Rechtsvorschriften zur – teilweisen – Erdverkabelung von Höchstspannungsleitungen, RdE 2010, 41–47.

Lehberg, Tobias: Rechtsfragen der Marktintegration Erneuerbarer Energien: Probleme und Perspektiven, Stuttgart 2017.

Leidinger, Tobias: Genehmigungsrechtliche Fragestellungen beim Netzausbau im Zusammenhang mit der TEN-E Verordnung und Anpassungsbedarf in Deutschland, DVBl 2015, 400–409.

Leisner-Egensperger, Anna: Artenschutzrechtliche Ausnahmen für Windenergieanlagen – Zur Klärung des Verhältnisses von Artenschutz und Klimaschutz, NVwZ 2022, 745–750.

Lennartz, Jannis: Vom Claim zum Plan: Zur Verfassungsmäßigkeit des WindSeeG, RdE 2018, 297–302.

Lepsius, Oliver: Ziele der Regulierung, in: Fehling, Michael/Ruffert, Matthias (Hrsg.), Regulierungsrecht, Tübingen 2010, § 19.

Lorenzen, Jacqueline: Materielle Präklusion im deutschen Umwelt- und Planungsrecht – Handlungsspielräume des deutschen Gesetzgebers im Lichte der Rechtsprechung des EuGH, NVwZ 2022, 674–680.

Ludwig, Ann-Kathrin/Wiederholt, Norbert: Finanzierungsfreundliche Gestaltung von (Corporate) Power Purchase Agreements, EnWZ 2019, 110.

Ludwig, Grit: Die Kontrolle von Bedarfsplanungen im Infrastrukturrecht – Überlegungen zur Ausweitung von gerichtlichen und außergerichtlichen Überprüfungsmöglichkeiten, ZUR 2017, 67–73.

Luhmann, Niklas: Legitimation durch Verfahren, 12. Aufl., Berlin 2019.

Lütkes, Stefan/Ewer, Wolfgang (Hrsg.): Bundesnaturschutzgesetz: BNatSchG, 2. Aufl., München 2018.

Lutz-Bachmann, Sebastian/Liedtke, Marcus: Neue Ausschreibungen für Offshore-Windenergie – Frischer Wind für einen beschleunigten Ausbau? EnWZ 2022, 313–319.

Maaß, Volker/Vogt, Matthias (Hrsg.): Fernstraßenausbaugesetz, 1. Aufl., Baden-Baden 2013 (zit.: *Bearb.*, in: Maaß/Vogt, FStrAbG).

Macht, Franziska/Nebel, Julian Asmus: Das Eigenverbrauchsprivileg des EEG 2014 im Kontext des EU-Beihilfeverfahrens und der Umwelt- und Energiebeihilfeleitlinien 2014–2020, NVwZ 2014, 765–770.

Maier, Kathrin: Die Ausdehnung des Raumordnungsgesetzes auf die Ausschließliche Wirtschaftszone (AWZ) – dargestellt an der auslösenden Situation der raumordnerischen Steuerung der Errichtung von Offshore-Windenergieanlagen, München 2008.

Malaviya, Nina: Verteilungsentscheidungen und Verteilungsverfahren. Zur staatlichen Güterverteilung in Konkurrenzsituationen, Tübingen 2009.

Mann, Thomas/Sennekamp, Christoph/Uechtritz, Michael (Hrsg.): Verwaltungsverfahrensgesetz Großkommentar, 2. Aufl., Baden-Baden 2019 (zit.: *Bearb.*, in: Mann/Sennekamp/Uechtritz, VwVfG).

MARIN, DNV und Germanischer Lloyd: Harmonisierung der Grundannahmen für Kollisionsrisikoanalysen zwischen MARIN, DNV und GL, Hamburg 2004.

Markus, Till/Salomon, Markus: Unter Zugzwang: Meeresumweltrechtliche Anforderungen an die Gemeinsame Fischereipolitik (GFP), ZUR 2013, 19–28.

Marquard, Lennart: Windenergieplanung ins Ungewisse: § 35 Abs. 3 Satz 3 BauGB als Auslaufmodell? ZUR 2020, 598–605.

Martini, Mario/Finkenzeller, Xaver: Die Abwägungsfehlerlehre, JuS 2012, 126–131.

Masing, Johannes: Grundstrukturen eines Regulierungsverwaltungsrechts – Regulierung netzbezogener Märkte am Beispiel Bahn, Post, Telekommunikation und Strom, DV 36 (2003), 1–32.

Maslaton, Martin/Urbanek, Lucas: Rechtsschutzmöglichkeiten Dritter im Ausschreibungs-verfahren nach EEG 2017, ER 2017, 15–21.

Maurer, Anja: Die Ordnung der Meere. Zur Integration von maritimer Raumplanung und Meeresumweltschutz, Berlin 2017.

MBI Energy Source: „Offshore-Verband: Wir schaffen 22 GW Zubau bis 2030", MBI Energy Daily v. 07.01.2023.

Mielke, Christin: Sicherheit der Schifffahrt und Meeresumweltschutz in der Nord- und Ost-see – Völkerrechtliche Entwicklungen und die Rolle der EU, Baden-Baden 2016.

Milstein, Alexander: Territorialer Zusammenhalt und Daseinsvorsorge – Grundlagen des eu-ropäischen Raumentwicklungsrechts, Berlin 2016.

Ministerium für Wirtschaft, Innovation, Digitalisierung und Energie des Landes Nordrhein-Westfalen: Stellungnahme zum Entwurf eines Gesetzes zur Änderung des Windenergie-auf-See-Gesetzes und anderer Vorschriften v. 28.03.2022, S. 3, abrufbar unter https://www.bmwk.de/Redaktion/DE/Artikel/Service/Gesetzesvorhaben/entwurf-eines-zwei-ten-gesetzes-zur-aenderung-des-windenergie-auf-see-gesetzes-und-anderer-vorschrif-ten.html

Mitschang, Stephan: Netzausbau und räumliche Gesamtplanung, UPR 2015, 1–11.

Moench, Christoph/Ruttloff, Marc: Rechtsschutzgarantie und Bundesfachplanung, NVwZ 2014, 897–901.

Dies.: Netzausbau in Beschleunigung, NVwZ 2011, 1040–1045.

Mohr, Jochen: Ausschreibung von Förderberechtigungen und Förderhöhen für Elektrizität aus erneuerbaren Energien und aus Kraft-Wärme-Kopplung, RdE 2018, 1–12.

Ders.: Ausschreibung der finanziellen Förderung von Strom aus erneuerbaren Energien, EnWZ 2015, 99–105.

Müller, Christian: Klimaschutz durch Versagung von Genehmigungen für Windenergieanla-gen in der Ausschließlichen Wirtschaftszone (AWZ), ZUR 2008, 584–590.

Müller, Hans-Martin: Die Plangenehmigung – ein taugliches Instrument in der Planungspra-xis?, in: Ziekow, Jan (Hrsg.), Planung 2000 – Herausforderungen für das Fachplanungs-recht. Vorträge auf den Zweiten Speyerer Planungsrechtstagen vom 29. bis 31. März 2000 an der Deutschen Hochschule für Verwaltungswissenschaften Speyer, Berlin 2001, S. 147–176.

Multmeier, Vanessa Christin: Rechtsschutz in der Krankenhausplanung. Traditionelle und neue Rechtsschutzformen zur Verteidigung von Grundrechten und Grundfreiheiten gegen staatliche Regulierung und selektive Investitionsförderung, Berlin 2011.

Mutert, Tina: Vorausschauende Steuerung in Planungskaskaden – zeitgemäße Fortentwick-lung des Planungsrechts? in: Hebeler, Timo/Hofmann, Ekkehard/Proelß, Alexan-der/Reiff, Peter, Planungsrecht im Umbruch: Europäische Herausforderungen. 31. Trie-rer Kolloquium zum Umwelt- und Technikrecht vom 29. bis 30. September 2016, Berlin 2017, S. 9–24.

NABU Bundesverband: Stellungnahme zum Referentenentwurf des zweiten Gesetzes zur Änderung des Windenergie-auf-See-Gesetzes (WindSeeG) und anderer Vorschriften vom 04.03.2022, abrufbar unter https://www.nabu.de/natur-und-landschaft/meere/off-shore-windparks/28209.html

Neubauer, Marvin/Strunz, Sebastian: Räumliche Steuerung der Windenergie im Bundesge-biet – Ein Verfahrensvorschlag, ZUR 2022, 142–152.

Niedzwicki, Matthias: Präklusionsvorschriften des öffentlichen Rechts im Spannungsfeld zwischen Verfahrensbeschleunigung, Einzelfallgerechtigkeit und Rechtsstaatlichkeit. Zur Vereinbarkeit der Präklusion mit dem Grundgesetz und mit dem Europarecht, Berlin 2007.

Nysten, Jana Viktoria: Europarechtliche Handlungsspielräume Deutschlands bei der Förderung von Strom aus erneuerbaren Energien, Würzburger Studien zum Umweltenergierecht Nr. 15 vom 09.03.2020, abrufbar unter https://stiftung-umweltenergierecht.de/wp-content/uploads/2020/04/stiftung_umweltenergierecht_wuestudien_15_art4_handlungs-spielraeume_.pdf.

Oldiges, Martin: Grundlagen eines Plangewährleistungsrechts, Bad Homburg 1970.

Operhalsky, Benedikt: Wind-an-Land-Gesetz ante portas – Ein planerischer Paradigmenwechsel mit vielen Fragen, UPR 2022, 337–341.

Ørsted: „Differenzen um Kontrakte" v. 05.08.2020, abrufbar unter https://energie-winde.orsted.de/energiepolitik/offshore-wind-cfd-konzessionsabgabe-bundestagsfraktionen.

Ossenbühl, Fritz: Autonome Rechtssetzung der Verwaltung, in: Isensee, Josef/Kirchhof, Paul (Hrsg.), Handbuch des Staatsrechts der Bundesrepublik Deutschland, Band V: Rechtsquellen, Organisation, Finanzen, 3. Aufl., Heidelberg 2007, § 104.

Otte, Matthias: Erdverkabelung – planungsrechtliche Herausforderung, UPR 2016, 451–457.

Otting, Olaf/Opel, Anna: Bieterrechtsschutz bei Ausschreibungen nach KWKG und KWKAusV – Rechtliche Systematik, Handlungsmöglichkeiten und Grenzen, CuR 2018, 3–9.

Pache, Eckhardt: Tatbestandliche Abwägung und Beurteilungsspielraum. Zur Einheitlichkeit administrativer Entscheidungsfreiräume und zu deren Konsequenzen im verwaltungsgerichtlichen Verfahren – Versuch einer Modernisierung, Tübingen 2001.

Papenbrock, Richard: Die Anwendung des deutschen Sachenrechts auf Windenergieanlagen in der Ausschließlichen Wirtschaftszone, Baden-Baden 2017.

Papier, Hans-Jürgen/Durner, Wolfgang: Begriff und Wesen der öffentlichen Sachen, in: Ehlers, Dirk/Pünder, Hermann (Hrsg.), Allgemeines Verwaltungsrecht, 16. Aufl., Heidelberg 2022, § 38.

Parzefall, Helmut: Die neue Abwägungsdirektive des § 2 EEG im Gefüge des Bauplanungsrechts, NVwZ 2022, 1592–1596.

Peine, Franz-Joseph: Öffentliches Baurecht: Grundzüge des Bauplanungs- und Bauordnungsrechts unter Berücksichtigung des Raumordnungs- und Fachplanungsrechts, 4. Aufl., Tübingen 2003.

Peine, Franz-Joseph: Systemgerechtigkeit: Die Selbstbindung des Gesetzgebers als Maßstab der Normenkontrolle, Baden-Baden 1985.

Pestke, Silvia: Offshore-Windfarmen in der Ausschließlichen Wirtschaftszone: im Zielkonflikt zwischen Klima- und Umweltschutz, Baden-Baden 2008.

Peters, Carsten: Rechtsschutz Dritter im Rahmen des EnWG, Baden-Baden 2008.

Peters, Heinz-Joachim/Balla, Stefan/Hesselbarth, Thorsten: Gesetz über die Umweltverträglichkeitsprüfung: Handkommentar, 4. Aufl., Baden-Baden 2019 (zit.: *Bearb.*, in: Peters/Balla/Hesselbarth, UVPG).

Peters, Wolfgang/Morkel, Leena/Köppel, Johann/Köller, Julia: Berücksichtigung von Auswirkungen auf die Meeresumwelt bei der Zulassung von Windparks in der Ausschließlichen Wirtschaftszone. Endbericht eines Forschungsvorhabens aus Mitteln des Bundesministeriums für Umwelt, Naturschutz und Reaktorsicherheit v. März 2008 unter https://docplayer.org/60313210-Vorhaben-fkz-beruecksichtigung-von-auswirkungenauf-die-meeresumwelt-bei-der-zulassung-von-windparks-in-der-ausschliesslichen-wirt-schaftszone.html.

Petersen, Klaus: Der Drittschutz in der Baunutzungsverordnung durch die Vorschriften über die Art der baulichen Nutzung, Berlin 1999.

Pflicht, Sandra: Gesetz zur Entwicklung und Förderung der Windenergieanlagen auf See, EnWZ 2016, 550–556.

Pleiner, Tom: Überplanung von Infrastruktur. Am Beispiel energiewirtschaftlicher Strecken-planungen unter besonderer Berücksichtigung der Leitungsbündelung, Tübingen 2016.

Poscher, Ralf: Grundrechte als Abwehrrechte: Reflexive Regelung rechtlich geordneter Frei-heit, Tübingen 2003.

Posser, Herbert/Faßbender, Kurt (Hrsg.): Handbuch Netzplanung und Netzausbau: Die Inf-rastrukturplanung der Energiewende in Recht und Praxis, Berlin/Boston 2013 (zit.: *Bearb.* in: Posser/Faßbender, Praxishandbuch Netzplanung und Netzausbau).

Potschies, Tanja: Raumplanung, Fachplanung und kommunale Planung, Tübingen 2017.

Proelß, Alexander: Völkerrechtliche Rahmenbedingungen der Anwendung naturschutz-rechtlicher Instrumente in der AWZ, ZUR 2010, 359–364.

Raschke, Marcel/Roscher, Marianna: Laues Lüftchen oder starke Brise? Zur Reform des Planungsrechts für Windenergieanlagen an Land, ZfBR 2022, 531–539.

Dies.: Der immissionsschutzrechtliche Vorbescheid für Windenergieanlagen – Reformbe-dürftigkeit eines Verfahrens, NVwZ 2021, 922–928.

Rat der Europäischen Union: „TEN-E: Rat gibt grünes Licht für neue Vorschriften für grenz-überschreitende Energieinfrastruktur", Pressemitteilung v. 16.05.2022, abrufbar unter https://www.consilium.europa.eu/de/press/press-releases/2022/05/16/ten-e-council-gi-ves-green-light-to-new-rules-for-cross-border-energy-infrastructure/.

Rauschenbach, Peter/Nebel, Julia: Wind-an-Land-Gesetz: Windenergie in Aufbruchsstim-mung?, ER 2022, 179–183.

Recht, Thomas: Rechtsschutz im Rahmen des beschleunigten Stromnetzausbaus: Eine Un-tersuchung der Rechtsschutzkonzentration im Planungssystem des EnWG und des NABEG, Tübingen 2019.

Reinhardt, Thorsten: Delegation und Mandat im öffentlichen Recht. Eine Untersuchung zur rechtlichen Zulässigkeit von Kompetenzübertragungen, Berlin 2006.

Rennert, Klaus: Konkurrentenklagen bei begrenztem Kontingent, DVBl. 2009, 1333–1340.

Renno, Christian: Der Rechtsrahmen für den Ausbau der Windenergie an Land unter Be-trachtung und Bewertung aktueller Gesetzesnovelle, EnWZ 2023, 203–206.

Reshöft, Jan/Dreher, Jörg: Rechtsfragen bei der Genehmigung von Offshore-Windparks im der deutschen AWZ nach Inkrafttreten des BNatSchGNeuregG, ZNER 2002, 95–101.

Riedle, Julia: Überwachung der Offshore-Haftungsregelungen: Untersuchung zur Überwa-chung der Haftungs- und Kostenverteilungsregelungen für die Netzanbindung von Wind-energieanlagen auf See, Baden-Baden 2018.

Rieger, Wolfgang: § 6 WindBG – die nächste Runde im Konflikt zwischen dem Ausbau der Windenergie und dem Artenschutz, NVwZ 2023, 1042–1046.

Riemer, Konrad: Investitionspflichten der Betreiber von Elektrizitätsübertragungsnetzen: Eine energierechtliche und verfassungsrechtliche Untersuchung, Baden-Baden 2017.

Ringel, Hans-Jürgen: Die Plangenehmigung im Fachplanungsrecht: Anwendungsbereich, Verfahren und Rechtswirkungen, Berlin 1996.

Risch, Jessica: Windenergieanlagen in der Ausschließlichen Wirtschaftszone: Verfassungs-rechtliche Anforderungen an die Zulassung von Windenergieanlagen in der Ausschließ-lichen Wirtschaftszone (AWZ), Tübingen 2006.

Ritter, Ernst-Hasso: Strategieentwicklung heute – Zum integrativen Management konzeptioneller Politik (am Beispiel der Stadtentwicklungsplanung), PND-online 2007, 1–12, abrufbar unter: http://archiv.planung-neu-denken.de/fre-ausgaben-mainmenu-63.html.

Rodi, Michael: Das Recht der Windkraftnutzung zu Lande unter Reformdruck – Zwingen Planungs- und Akzeptanzdefizite zu einer Neujustierung der Rechte von Staat, Kommunen, Anlagenbetreibern, Landeigentümern und betroffenen Bürgern? ZUR 2017, 658–666.

Röhl, Hans-Christian: Wissensgenerierung im Verwaltungsverfahren, in: Voßkuhle, Andreas/Eifert, Martin/Möllers, Christoph (Hrsg.), Grundlagen des Verwaltungsrechts Band 2, 3. Aufl., München 2022, § 30 (zit.: *Köck*, Pläne und andere Formen des prospektiven Verwaltungshandelns, in: Voßkuhle/Eifert/Möllers, GrVwR II, § 36). *(zit.: Röhl*, Wissensgenerierung im Verwaltungsverfahren, in: Voßkuhle/Eifert/Möllers, Voßkuhle/Eifert/Möllers, GrVwR II, § 30).

Ronellenfitsch, Michael: Beschleunigung und Vereinfachung der Anlagenzulassungsverfahren, Berlin 1994.

Rosenbaum, Martin: Errichtung und Betrieb von Offshore-Windenergieanlagen im Offshore-Bereich. Arbeitspapier Nr. 76 der Lorenz-von-Stein-Stiftung für Verwaltungswissenschaften an der Christian-Albrechts-Universität zu Kiel, Kiel 2006.

Roth, Maximilan: Vom Revisions- zum Tatsachengericht: Der Wandel des BVerwG am Beispiel von Infrastrukturvorhaben, DVBl. 2023, 10–15.

Ders.: Planungs- und Genehmigungsbeschleunigung, ZRP 2022, 82–84.

Rubel, Rüdiger: Die Planung von Höchstspannungsleitungen – entschiedene und (noch) offene Streitfragen, juris-Monatszeitschrift (jM) 2018, 329–335.

Ruffert, Matthias: Bedeutung, Funktion und Begriff des Verwaltungsakts, in: Ehlers, Dirk/Pünder, Hermann (Hrsg.), Allgemeines Verwaltungsrecht, 16. Aufl., Heidelberg 2022, § 21.

Ders.: Begriff [der Regulierung], in: Fehling, Michael/Ruffert, Matthias (Hrsg.), Regulierungsrecht, Tübingen 2010, § 7.

Ruge, Reinhard: Deutschlandgeschwindigkeit für Genehmigungsverfahren – Artenschutz adé?, NVwZ 2023, 1033–1042.

Ders.: Die EU-Notfallverordnung – Revolution im EU-Umweltrecht?, NVwZ 2023, 870–875.

Ders.: Änderungsverlangen zum Netzentwicklungsplan Strom und Rechtsschutzmöglichkeiten, EnWZ 2020, 99–103.

Ders.: Netzentwicklungsplan Strom – Aktuelle Gesetzesänderungen und Rechtsfragen der Bedarfsplanung von Höchstspannungsnetzen, EnWZ 2015, 497–504.

Ders.: Zur Alternativenprüfung in Netzentwicklungsplan und Bundesbedarfsplan, ER 2013, 143–149.

Ders.: Die Gewährleistungsverantwortung des Staates und der Regulatory State: Zur veränderten Rolle des Staates nach der Deregulierung der Stromwirtschaft in Deutschland, Großbritannien und der EU, Berlin 2004.

Rung, Christoph: Strukturen und Rechtsfragen europäischer Verbundplanungen, Tübingen 2013.

Runge, Karsten/Schomerus, Thomas: Klimaschutz in der Strategischen Umweltprüfung – am Beispiel der Windenergienutzung in der Ausschließlichen Wirtschaftszone, ZUR 2007, 410–415.

Ruß, Sylvia/Sailer, Frank: Der besondere Artenschutz beim Netzausbau, NuR 2017, 440–446.

Ruthig, Josef/Storr, Stefan: Öffentliches Wirtschaftsrecht, 5. Aufl., Heidelberg 2020.

Sachs, Michael: Grundgesetz: GG, 9. Aufl., München 2021 (zit.: *Bearb.*, in: Sachs, GG).

Sachverständigenrat für Umweltfragen: Klimaschutz braucht Rückenwind: Für einen konsequenten Ausbau der Windenergie an Land, Stellungnahme vom 04.02.2022 unter: https://www.umweltrat.de/SharedDocs/Downloads/DE/04_Stellungnahmen/2020_2024/ 2022_02_stellungnahme_windenergie.html

Ders.: Windenergienutzung auf See: Stellungnahme, 2003 unter https://www.umweltrat.de/ SharedDocs/Downloads/DE/04_Stellungnahmen/2000_2004/2003_Stellung_Windenergie_auf_See.pdf?__blob=publicationFile&v=2 (zit.: *Sachverständigenrat für Umweltfragen*, Windenergienutzung auf See, 2003).

Säcker, Franz Jürgen (Hrsg.): Berliner Kommentar zum Energierecht, Band 1: Energiewirtschaftsrecht und Energiesicherungsgesetz, 4. Aufl., Frankfurt a. M. 2018 (zit.: *Bearb.* in: Säcker, BerlKommEnR I).

Ders.: Das Verhältnis von Wettbewerbs- und Regulierungsrecht, EnWZ 2015, 531–536.

Ders.: Das Regulierungsrecht im Spannungsfeld von öffentlichem und privatem Recht – Zur Reform des deutschen Energie- und Telekommunikationsrechts, AöR 130 (2005), 180– 224.

Säcker, Franz Jürgen/Boesche, Katharina Vera: Drittschutz im Kartellverwaltungsprozess – Erkenntnisse aus dem Verfahren E.ON/Ruhrgas für die Novellierung des GWB, ZNER 2003, 76–90.

Säcker, Franz Jürgen/Ganske, Matthias/Knauff, Matthias (Hrsg.): Münchener Kommentar Europäisches und Deutsches Wettbewerbsrecht, Band 4: Vergaberecht II, 4. Aufl., München 2022 (zit.: *Bearb.*, in: Säcker/Ganske/Knauff (Hrsg.), MüKo Wettbewerbsrecht, Band 4).

Säcker, Franz Jürgen/Steffens, Juliane (Hrsg.): Berliner Kommentar zum Energierecht, Band 8: EEG – Erneuerbare-Energien-Gesetz, WindSeeG – Windenergie-auf-See-Gesetz, 5. Aufl., Frankfurt a. M. 2022 (zit.: *Bearb.*, in: Säcker/Steffens, BerlKommEnR VIII).

Sailer, Frank: Tierschutz als artenschutzrechtlich verbotene Störung? Vergrämungsmaßnahmen bei der Errichtung von Offshore-Windenergieanlagen, ZUR 2009, 579–584.

Salje, Peter: Das EEG-Ausschreibungsverfahren zwischen privatrechtlicher Vergabe und Verwaltungsverfahren, RdE 2017, 437–446.

Salm, Miriam Aniela: Individualrechtsschutz bei Verfahrensstufung: Eine Studie am Beispiel des Übertragungsnetzausbaus, Tübingen 2019.

Salomon, Markus/Schumacher, Jochen: Natura 2000-Gebiete in der deutschen AWZ – Wann wird aus Schutzgebieten Schutz? ZUR 2018, 84–94.

Sangenstedt, Christoph: Die Reform der UVP-Richtlinie 2014: Herausforderungen für das deutsche Recht, ZUR 2014, 526–535.

Sauthoff, Michael: Die Strategische Umweltprüfung im Straßenrecht, ZUR 2006, 15–20.

Schadtle, Kai: Neue Leitungen braucht das Land – und Europa! Die Neuregelung der TEN-E-Leitlinien und deren Konsequenzen für das deutsche Planungs- und Genehmigungsrecht für Höchstspannungsleitungen unter besonderer Berücksichtigung der Vorschriften über die Öffentlichkeitsbeteiligung, ZNER 2013, 126–132.

Schaefer, Jan Philipp: Das Regulierungskonzept des EEG 2017 und des Windenergie-auf-See-Gesetzes, Teil II: Regulierungsebenen und Regulierungsinstrumente des reformierten Erneuerbare-Energien-Rechts, GewArch 2017, 401–406.

Schäfer, Maria: Die koordinierte Bedarfsplanung der Elektrizitätsnetze als Anwendungsfeld staatlicher Gewährleistungsverantwortung, Hamburg 2016.

Schaller, Werner/Henrich, Marius: Aktuelle Rechtsfragen der Bundesfachplanung, UPR 2014, 361–370.

Schaub-Englert, Jonathan: Rechtsschutz gegen privatrechtsgestaltende Verwaltungsakte im Regulierungsrecht, Baden-Baden 2020.

Scheffczyk, Fabian: Das Gesetz zur Beschleunigung von verwaltungsgerichtlichen Verfahren im Infrastrukturbereich, NordÖR 2023, 177–182.

Scheidler, Alfred: Neue bauplanungsrechtliche Grundlagen für die Zulässigkeit von Windkraftanlagen ab 2023, VR 2022, 397–401.

Ders.: Neuausrichtung der planerischen Steuerung von Windkraftanlagen durch das Wind-an-Land-Gesetz, UPR 2022, 321–328.

Ders.: Die erstinstanzliche Zuständigkeit des Bundesverwaltungsgerichts, DVBl. 2011, 466–472.

Schenke, Wolf-Rüdiger: Verwaltungsprozessrecht, 17. Aufl., Heidelberg 2021.

Schiller, Gernot: Unionsrechtliche Vorgaben für die Alternativenprüfung, UPR 2016, 457–465.

Schink, Alexander: Raumordnung und Netzausbau, NWVBl 2018, 45–50.

Schink, Alexander/Reidt, Olaf/Mitschang, Stefan (Hrsg.): Umweltverträglichkeitsprüfungsgesetz/Umwelt-Rechtsbehelfsgesetz: UVPG/UmwRG, Kommentar, 2. Aufl., München 2023.

Schirmer, Benjamin/Seiferth, Conrad: Energiewende und die Zulassung von Netzausbauprojekten, ZUR 2013, 515–525.

Schlacke, Sabine: Umweltrecht, 8. Aufl., Baden-Baden 2021.

Dies.: Vorausschauende Planung als zulässige Vorratsplanung am Beispiel des Netzausbaus, in: Schlacke, Sabine/Beaucamp, Guy/Schubert, Mathias (Hrsg.), Infrastruktur-Recht. Festschrift für Wilfried Erbguth zum 70. Geburtstag, Berlin 2019, S. 207–224.

Dies.: Konzentrierter oder phasenspezifischer Rechtsschutz: Individual- und Verbandsklage – Einsatzbereiche, Ergänzung, Kompensation? ZUR 2017, 456–462.

Dies.: Bundesfachplanung für Höchstspannungsleitungen – Der Schutz von Natur und Landschaft in der SUP und der fachplanerischen Abwägung, NVwZ 2015, 626–633.

Schlacke, Sabine/Knodt, Michèle: Das Governance-System für die Europäische Energieunion und für den Klimaschutz, ZUR 2019, 404–411.

Schlacke, Sabine/Wentzien, Helen/Römling, Dominik: Beschleunigung der Energiewende: Ein gesetzgeberischer Paradigmenwechsel durch das Osterpaket? NVwZ 2022, 1577–1586.

Schmidt-Aßmann, Eberhard: Planung als administrative Handlungsform und Rechtsinstitut, in: Berkemann, Jörg/Gaentzsch, Günter/Halama, Günter/Heeren, Helga/Hien, Eckard/Lemmel, Hans-Peter (Hrsg.), Planung und Plankontrolle. Otto Schlichter zum 65. Geburtstag, Köln u. a., 1995, S. 3–26.

Ders.: Konzentrierter oder phasenspezifischer Rechtsschutz? Zu zwei Flughafenentscheidungen des Bundesverfassungsgerichts, DVBl 1981, 334–339.

Schmidt-Preuß, Matthias: Kraft-Wärme-Kopplung und Beihilfe: Konsequenzen aus dem EuGH-Urteil vom 28.3.2019, Baden-Baden 2020.

Ders.: Kollidierende Privatinteressen im Verwaltungsrecht. Das subjektive öffentliche Recht im multipolaren Verwaltungsrechtsverhältnis, 2. Aufl., Berlin 2005.

Schmidt, Maximilian/Wegner, Nils/Sailer, Frank/Müller, Thorsten: Gesetzgeberische Handlungsmöglichkeiten zur Beschleunigung des Ausbaus der Windenergie an Land: Leitplanken und Werkzeuge für die Ausweisung zusätzlicher Flächen sowie die Vereinfachung und Beschleunigung von Genehmigungen. Würzburger Studien zum Umweltenergierecht Nr. 53 vom 28.10.2021, abrufbar unter https://stiftung-umweltenergierecht.de/wp-content/uploads/2021/10/Stiftung_Umweltenergierecht_Gesetzgeberische_Handlungsmoeglichkeiten_Beschleunigung_Windenergieausbau_2021-10-28.pdf.

Schmidtchen, Marcus: Klimagerechte Energieversorgung im Raumordnungsrecht, Tübingen 2014.

Schmitt, Tobias: Die Bedarfsplanung von Infrastrukturen als Regulierungsinstrument, Tübingen 2015.

Schmitz, Holger/Jornitz, Philipp: Regulierung des deutschen und des europäischen Energienetzes: Der Bundesgesetzgeber setzt Maßstäbe für den kontinentalen Netzausbau, NVwZ 2012, 332–337.

Schmitz, Holger/Uibeleisen, Maximilian: Netzausbau: Planung und Genehmigung, München 2016.

Schneider, Jens-Peter: Planungs- und Genehmigungsverfahren zum Ausbau des Stromübertragungsnetzes, EnWZ 2013, 339–343.

Schneider, Jens-Peter/Theobald, Christian (Hrsg.): Recht der Energiewirtschaft: Praxishandbuch, 5. Aufl., München 2021 (zit.: *Bearb.* in: Schneider/Theobald, Recht der Energiewirtschaft […]).

Schoch, Friedrich: Verwaltungsgerichtsbarkeit, quo vadis?, VBlBW 2013, 361–370.

Ders.: Die Allgemeinverfügung (§ 35 Satz 2 VwVfG), Jura 2012, 26–32.

Schoch, Friedrich/Schneider, Jens-Peter (Hrsg.): Verwaltungsrecht Kommentar
– VwGO Band I, München, 44. EL (Stand: März 2023),
– VwGO Band II, München, 44. EL (Stand: März 2023),
– VwVfG Band III, München, 3. EL. (Stand: August 2022),
(zit.: *Bearb.*, in: Schoch/Schneider, Verwaltungsrecht).

Scholz, Rupert: Verwaltungsverantwortung und Verwaltungsgerichtsbarkeit, VVDStRL 34 (1976), 145–211.

Schöpf, Matthias: Das neue Planungsrecht der Übertragungsnetze: Vorgaben des deutschen und europäischen Rechts, Berlin 2017.

Schröder, Meinhard: Genehmigungsverwaltungsrecht, Tübingen 2016.

Ders.: Gesetzesbindung des Richters und Rechtsweggarantie im Mehrebenensystem, Tübingen 2010.

Schubert, Mathias: Maritimes Infrastrukturrecht, Tübingen 2015.

Schüler, Hendrik: Die Bedürfnisprüfung im Fachplanungs- und Umweltrecht, Berlin 2008.

Schulte, Martin/Kloos, Joachim: Zur Verfassungswidrigkeit des »neuen Rechts« der erneuerbaren Energien, DVBl. 2017, 596–602.

Schulz, Thomas/Appel, Markus: Das WindSeeG als neuer Rechtsrahmen für Offshore Windenergie, ER 2016, 231–240.

Schulz, Thomas/Gläsner, Michael: Offshore-Windenergieanlagen in der AWZ – Anwendbarkeit des deutschen Sachenrechts, EnWZ 2013, 163–168.

Schumacher, Jochen/Fischer-Hüftle, Peter (Hrsg.): Bundesnaturschutzgesetz: Kommentar, 3. Aufl., Stuttgart 2021 (zit.: *Bearb.*, in: Schumacher/Fischer-Hüftle, BNatSchG).

Schuster, Marielle: Beurteilungsspielräume der Verwaltung im Naturschutzrecht. Zugleich ein Beitrag zum Umgang von Gerichten und Behörden mit externem Sachverstand, Berlin 2020.

Schütte, David: Das Für und Wider einer Vereinheitlichung der Rechtswege im Regulierungsrecht, EnWZ 2020, 398–404.

Schwab, Joachim: Die Umweltverträglichkeitsprüfung in der behördlichen Praxis, NVwZ 1997, 428–435.

Schwarz, Tim: Abschichtung bei der Umweltprüfung in der Raumordnung und der Bauleitplanung, NuR 2011, 545–555.

Ders.: Die Umweltprüfung im gestuften Planungsverfahren: Möglichkeiten und Grenzen der Koordination und Abschichtung im Rahmen der Umweltprüfung in der Raumordnung und der Bauleitplanung, Berlin 2011.

Sellmann, Elke/kleine Holthaus, Jan-Dirk: Die Anforderungen an Betreiber von Offshore-Windparks zur Gewährleistung der Sicherheit und Leichtigkeit des Schiffsverkehrs, NordÖR 2015, 45–53.

Sellner, Dieter/Fellenberg, Frank: Atomausstieg und Energiewende 2011 – das Gesetzespaket im Überblick, NVwZ 2011, 1025–1035.

Senders, Julian/Wegner, Nils: Die Bedarfsplanung von Energienetzinfrastrukturen: Überblick und aktuelle Entwicklungen, EnWZ 2021, 243–253.

Shirvani, Fouroud: Klimaschutzplanung im Mehrebenenrecht, ZUR 2022, 579–586.

Siegel, Thorsten: Die neue Bestimmung des § 80c VwGO – Ein Beitrag zur Beschleunigung oder ein Schnellschuss? NVwZ 2023, 462–465.

Ders.: Digitalisierung des Verwaltungsverfahrens – Reformbedarf im Verwaltungsverfahrensgesetz? NVwZ 2023, 193–201.

Ders.: Allgemeines Verwaltungsrecht, 14. Aufl., Heidelberg 2022.

Ders.: Verwaltungsrecht im Krisenmodus, NVwZ 2020, 577–583.

Ders.: Ineffektiver Rechtsschutz? – zum Rechtsschutz bei Ausschreibungen nach § 83a EEG, IR 2017, 122–124.

Ders.: Die Präklusion in europäisierten Verwaltungsrecht, NVwZ 2016, 337–342.

Ders.: Entscheidungsfindung im Verwaltungsverbund – Horizontale Entscheidungsvernetzung und vertikale Entscheidungsstufung im nationalen und europäischen Verwaltungsverbund, Tübingen 2009.

Ders.: Effektiver Rechtsschutz und der Vorrang des Primärrechtsschutzes, DÖV 2007, 237–243.

Ders.: Die Behördenpräklusion und ihre Vereinbarkeit mit dem Verfassungsrecht und dem Gemeinschaftsrecht, DÖV 2004, 589–596.

Ders.: Die Planfeststellung nach dem Personenbeförderungsgesetz, NZV 2004, 545–554.

Ders.: Die Verfahrensbeteiligung von Behörden und anderen Trägern öffentlicher Belange – Eine Analyse der rechtlichen Grundlagen unter besonderer Berücksichtigung der Beschleunigungsgesetzgebung, Berlin 2001.

Ders.: Die Verfahrensbeteiligung von Behörden und anderen Trägern öffentlicher Belange, in: Ziekow, Jan (Hrsg.), Planung 2000 – Herausforderungen für das Fachplanungsrecht. Vorträge auf den Zweiten Speyerer Planungsrechtstagen vom 29. bis 31. März 2000 an der Deutschen Hochschule für Verwaltungswissenschaften Speyer, Berlin 2001, S. 59–82.

Siegel, Thorsten/Himstedt, Jana: Neues Planungsrecht für Straßenbahnen – Zu den Auswirkungen dreier Planungsgesetze aus dem Jahr 2020 auf die Planfeststellung nach dem Personenbeförderungsgesetz, DÖV 2021, 137–146.

Siegel, Thorsten/Waldhoff, Christian: Öffentliches Recht in Berlin: Verfassungs- und Organisationsrecht, Allgemeines Verwaltungsrecht mit Verwaltungsprozessrecht, Polizei- und Ordnungsrecht mit Versammlungsrecht, Öffentliches Baurecht. Eine prüfungsorientierte Darstellung. 3. Aufl., München 2020.

Sodan, Helge (Hrsg.): Grundgesetz: GG, 4. Aufl., München 2018 (zit.: *Bearb.*, in: Sodan, GG).

Spannowsky, Willy/Runkel, Peter/Goppel, Konrad (Hrsg.): Raumordnungsgesetz (ROG) Kommentar, 2. Aufl., München 2018.

Spieler, Martin: Die Genehmigung von Hochspannungs-Gleichstromleitungen, NVwZ 2012, 1139–1143.

Spieth, Wolf Friedrich/Lutz-Bachmann, Sebastian: Die Reform der Ausschreibungen für Offshore-Windenergie – Eine verpasste Chance? EnWZ 2020, 243–246.

Dies. (Hrsg.): Offshore-Windenergierecht: EEG/WindSeeG/EnWG, Handkommentar, 1. Aufl., Baden-Baden 2018 (zit.: *Bearb.* in: Spieth/Lutz-Bachmann).

Spieth, Wolf Friedrich/Uibeleisen, Maximilian: Netzanbindung von Offshore-Windparks – Offshore-Netzplan und Veränderungssperre, NordÖR 2012, 519–523.

Dies.: Neues Genehmigungsregime für Offshore-Windparks – zur Novelle der Seeanlagenverordnung, NVwZ 2012, 321–325.

Spitz, Matthias: Planung von Standorten für Windkraftanlagen – Unter Berücksichtigung des Repowering von Windkraftanlagen und der BauGB-Klimanovelle 2011, Berlin 2016.

Spreen, Holger: Probleme bei der Netzanbindung von Offshore-Windparks – stehen Deutschland harte Auseinandersetzungen bevor? Ungelöste Aufgaben für Politik, Verwaltung und Rechtsprechung, NVwZ 2005, 653–656.

Springmann, Jens-Peter: Förderung erneuerbarer Energieträger in der Stromerzeugung: Ein Vergleich ordnungspolitischer Instrumente, Wiesbaden 2005.

Steinbach, Armin/Franke, Peter (Hrsg.): Kommentar zum Netzausbau: NABEG/EnLAG/ EnWG/BBPlG/PlfZV/WindSeeG, 3. Aufl., Berlin/Boston 2022 (zit.: *Bearb.*, in: Steinbach/Franke, Kommentar zum Netzausbau).

Steingrüber, Yves: Die geförderte ausschreibungsbasierte Direktvermarktung nach dem EEG 2021: Grenzlinien des Europa- und Verfassungsrechts, Baden-Baden 2021.

Stelkens, Paul/Bonk, Joachim (Begr.)*/Sachs, Michael/Schmitz, Heribert/Stelkens, Ulrich* (Hrsg.): Verwaltungsverfahrensgesetz: Kommentar, 10. Aufl. 2023 (zit.: *Bearb.*, in: Stelkens/Bonk/Sachs, VwVfG).

Stiftung Klimaneutralität: Genehmigungsverfahren beschleunigen mit einem Windenergie-an-Land-Gesetz – Ein Regelungsvorschlag, 11.05.2021, abrufbar unter https://www.stiftung-klima.de/app/uploads/2021/05/2021-05-07-Genehmigungverfahren-beschleunigen-mit-einem-Wind-an-Land-Gesetz.pdf.

Stiftung Klimaneutralität/Bringewat, Jörn/Scharfenstein, Clara: Entwurf für ein Windenergie-an-Land-Gesetz – Ein Vorschlag der Stiftung Klimaneutralität, 07.05.2021, abrufbar unter https://www.stiftung-klima.de/de/themen/energie/wind-an-land-gesetz/.

Stracke, Marius: Öffentlichkeitsbeteiligung im Übertragungsnetzausbau: Akzeptanzförderung als gesetzgeberisches Leitbild. Umsetzung und Defizite unter Berücksichtigung der TEN-E-Verordnung Nr. 347/2013, Baden-Baden 2017.

Streinz, Rudolf (Hrsg.): EUV/AEUV: Vertrag über die Europäische Union/Vertrag über die Arbeitsweise der Europäischen Union/Charta der Grundrechte der Europäischen Union, 3. Aufl., München 2018 (zit.: *Bearb.* in: Streinz, EUV/AEUV).

Strobel, Tobias: Die Investitionsplanungs- und Investitionspflichten der Übertragungsnetzbetreiber – Insbesondere historische Entwicklung, Durchsetzung und unternehmerische Eigenverantwortlichkeit, Baden-Baden 2017.

Ders.: Europäische Bedarfsermittlung nach der TEN-E-VO – Zugleich zur Unionsliste der VGI 2013, EnWZ 2014, 299–304.

Tappe, Henning: Festlegende Gleichheit – folgerichtige Gesetzgebung als Verfassungsgebot? JZ 2016, 27–33.

Täufer, Katrin: Die Entwicklung des Ökosystemansatzes im Völkerrecht und im Recht der Europäischen Union – Verwirklichung des Ökosystemansatzes im Meeresbereich des Nordost-Atlantiks, Baden-Baden 2018.

Tausch, Felix: Gestufte Bundesfernstraßenplanung: Unter besonderer Berücksichtigung der Richtlinie über die strategische Umweltprüfung, Hamburg 2011.

TenneT TSO GmbH: Stellungnahme zum Entwurf eines Gesetzes zur Änderung des Windenergie-auf-See-Gesetzes und anderer Vorschriften unter https://www.bmwk.de/Redaktion/DE/Downloads/Stellungnahmen/Stellungnahmen-Windenergie-auf-See/tennet.pdf?__blob=publicationFile&v=4.

Theobald, Christian/Kühling, Jürgen (Hrsg.): Energierecht: Energiewirtschaftsgesetz mit Verordnungen, EU-Richtlinien, Gesetzesmaterialien, Gesetze und Verordnungen zu Energieeinsparung und Umweltschutz sowie andere energiewirtschaftlich relevante Rechtsregelungen, 121. EL, München 2023.

Thomas, Patrick/Jäger, Johannes: #Neuland: Sicherstellung der förmlichen Öffentlichkeitsbeteiligung in Zeiten der COVID-19-Pandemie, NZBau 2020, 623–628.

Uechtritz, Michael: Phasenspezifischer oder konzentrierter Rechtsschutz: Das Beispiel Raumordnungs- und Baurecht, ZUR 2017, 479–487.

Uibeleisen, Maximilian: Das neue WindSeeG – Überblick über den zukünftigen Rechtsrahmen für Offshore-Windparks NVwZ 2017, 7–12.

Uwer, Dirk/Andersen, Lennart: Das Windenergie-auf-See-Gesetz und das Verfassungsrecht: Eine Vervollständigung in drei Etappen, REE 2021, 61–67.

v. Daniels, Gero/Uibeleisen, Maximilian: Offshore-Windkraft und Naturschutz – Anforderungen an Offshore-Windparks in der deutschen AWZ, ZNER 2011, 602–608.

v. Landmann, Robert/Rohmer, Gustav (Begr.), *Beckmann, Martin/Durner, Wolfgang/Mann, Thomas/Röckinghausen, Marc* (Hrsg.): Umweltrecht, 102. EL. (Stand: 1. September 2023), München (zit.: *Bearb.*, in: Landmann/Rohmer).

v. Mangoldt/, Hermann (Begr.)/*Klein, Friedrich/Starck, Christian/Huber, Peter/Voßkuhle, Andreas* (Hrsg.): Grundgesetz: GG, Band 2 (Art. 20–83), 7. Aufl., München 2018 (zit.: *Bearb.*, in: v. Mangoldt/Klein/Starck).

v. Münch, Ingo/Kunig, Philip (Begr.), *Kämmerer, Jörn/Kotzur, Markus* (Hrsg.): Grundgesetz-Kommentar: GG, Band 2 (Art. 70–146), 7. Aufl., München 2021 (zit.: *Bearb.*, in: v. Münch/Kunig).

v. Nicolai, Helmuth: Rechtliche Aspekte einer Raumordnung auf dem Meer, Informationen zur Raumentwicklung (IzR) 2004, 491–498.

v. Seht, Hauke: Ausreichend Raum für die Windenergienutzung an Land. Ein Vorschlag für neue regulative Rahmenbedingungen, Raumforschung und Raumordnung (RuR) 2021, 606–619.

v. Weizsäcker, Carl Christian: Energiewirtschaft und Wettbewerb in: ewi – Energiewirtschaftliches Institut an der Universität zu Köln (Hrsg.), Energiepolitik für den Wirtschaftsstandort Deutschland, 1995, S. 9–24.

Verheyen, Roda: Ausbau der Windenergie an Land: Beseitigung von Ausbauhemmnissen im öffentlichen Interesse, 2020, abrufbar unter https://www.fachagentur-windenergie.de/aktuelles/detail/windenergie-im-oeffentlichen-interesse/.

Vogt, Matthias/Maaß, Volker: Leitlinien für die transeuropäische Energieinfrastruktur – Netzausbau die Zweite, RdE 2013, 151–159.

Vogt, Victor: E-Vergabe: Systematische Darstellung der Vorschriften des Vergaberechts im Lichte der europäischen Richtlinien, Berlin 2019.

Vollprecht, Jens/Altrock, Martin: Die EEG-Novelle 2017: Von Ausschreibungen bis zuschaltbare Lasten, EnWZ 2016, 387–395.

Wagner, Jörg: Bundesfachplanung für Höchstspannungsleitungen – rechtliche und praktische Belange, DVBl. 2011, 1453–1460.

Wagner, Stephan: Kraftwerkssteuerung durch Raumordnung unter besonderer Berücksichtigung des Klimaschutzbelangs, UPR 2020, 88–99.

Ders.: Das Gebot substanzieller Flächenausweisungen zugunsten der Windenergie als abwägungsrechtliche Wirkung des Klimaschutzbelangs, ZfBR 2020, 20–29.

Ders.: Zum Verhältnis von Festlegungen der Raumordnung zum Immissionsschutz- und Emissionshandelsrecht, ZUR 2019, 522–529.

Wahl, Rainer: Der Regelungsgehalt von Teilentscheidungen in mehrstufigen Planungsverfahren, DÖV 1975, 373–380.

Wahl, Rainer/Hönig, Dietmar: Entwicklung des Fachplanungsrechts, NVwZ 2006, 161–171.

Walzel, Daisy/Schneider, Carmen: Zur eingeschränkten Geltung des Geheimwettbewerbs unter dem EEG 2017, EnWZ 2019, 339–343.

Weghake, David: Bundesfachplanungen versus Landesplanungen – Inhalt und Umfang der Vorrangwirkung bei Planungen nach dem Netzausbaubeschleunigungsgesetz, DVBl 2016, 271–276.

Wegner, Nils: Reformansätze zum Planungsrecht von Windenergieanlagen: Eine rechtliche Einordnung aktueller Reformvorschläge und Handlungsoptionen des Gesetzgebers. Würzburger Studien zum Umweltenergierecht Nr. 26 vom 11.02.2022 unter https://stiftung-umweltenergierecht.de/wp-content/uploads/2022/02/Stiftung-Umweltenergierecht_Reformansaetze-zum-Planungsrecht-von-Windenergieanlagen_2022-02-11.pdf.

Wegner, Nils/Kahles, Markus/Bauknecht, Dierk/Ritter, David/Heinemann, Christoph/Seidl, Roman: Bundesrechtliche Mengenvorgaben bei gleichzeitiger Stärkung der kommunalen Steuerung für einen klimagerechten Windenergieausbau. Kurzgutachten im Auftrag des Bundesumweltamts, 2020, abrufbar unter https://www.umweltbundesamt.de/sites/default/files/medien/1410/publikationen/2020-07-08_cc_21-2020_klimagerechter_ee-ausbau_flaechensicherung.pdf.

Wemzio, Marcel/Ramin, Ralf: Keine Drittschutzwirkung des § 3 SeeAnlV – gleichzeitig eine Anmerkung zum Nichtannahmebeschluss des Bundesverfassungsgerichts vom 26. April 2010 – 2 BvR 2179/04 – NuR 2011, 189–194.

Wetzel, Daniel: „Alles auf Windkraft", Welt Online v. 04.04.2022, abrufbar unter https://www.welt.de/wirtschaft/article237983443/Habecks-Windkraft-Plan-Jetzt-lassen-die-Gruenen-den-Artenschutz-fallen.html.

Wetzer, Antonia: Die Netzanbindung von Windenergieanlagen auf See gem. §§ 17a ff. EnWG. Mit der Netzanbindung verbundene Pflichten der Übertragungsnetzbetreiber, Grenzen der Pflicht zur Leitungserrichtung und Rechtsfolgen einer Pflichtverletzung, Baden-Baden 2015.

Weyer, Hartmut: Wer plant die Energienetze?, in: Kühne, Gunther/Baur, Jürgen/Sandrock, Otto, Scholtka, Boris/Shapira, Amos (Hrsg.), Festschrift für Gunther Kühne zum 70. Geburtstag, Frankfurt a. M. 2009, S. 423–440.

Wickel, Martin: Fachplanung, in: Ehlers, Dirk/Fehling, Michael/Pünder, Hermann (Hrsg.), Besonderes Verwaltungsrecht, Band 2. Planungs-, Bau- und Straßenrecht, Umweltrecht, Gesundheitsrecht, Medien- und Informationsrecht, 4. Aufl., Heidelberg 2020.

Wiechmann, Thorsten: Zum Stand der deutschsprachigen Planungstheorie, in: Ders. (Hrsg.), ARL Reader Planungstheorie, Band 2, S. 1–12.

Wiechmann, Thorsten/Hutter, Gerard: Die Planung des Unplanbaren, in: Hamedinger, Alexander/Frey, Oliver/Dangschat, Jens/Breitfuss, Andrea (Hrsg.), Strategieorientierte Planung im kooperativen Staat, Wiesbaden 2008, S. 102–123.

Wille, David: Raumplanung in der Küsten- und Meeresregion: Das Konzept des Integrierten Küstenzonenmanagements (IKZM) als Herausforderung für das deutsche Raumordnungs-, Zulassungs- und Umweltplanungsrecht, Baden-Baden 2009.

WindEUROPE: „Ireland's Offshore-Ambitions are starting to take off" v. 15.10.2021, abrufbar unter https://windeurope.org/newsroom/news/irelands-offshore-ambitions-are-starting-to-take-off/.

Windkraft-Journal: „Offshore-Windenergie: Raumordnungsplan für die deutsche ausschließliche Wirtschaftszone tritt in Kraft" v. 02.09.2021, abrufbar unter https://www.windkraft-journal.de/2021/09/02/offshore-windenergie-raumordnungsplan-fuer-die-deutsche-ausschliessliche-wirtschaftszone-tritt-in-kraft/165944?doing_wp_cron=1667307620.2807600498199462890625.

Winkler, Markus: Verwaltungsträger im Kompetenzverbund: Die gemeinsame Erfüllung einheitlicher Verwaltungsaufgaben durch verschiedene juristische Personen des öffentlichen Rechts, Tübingen 2009.

Wissenschaftlicher Dienst des Deutschen Bundestages: Sachstand – Maritime Raumordnung in der Ausschließlichen Wirtschaftszone der Bundesrepublik Deutschland (WD 5 - 3000 - 091/22; WD 8 - 3000 - 056/22; WD 2 - 3000 - 055/22), 2022, S. 9 ff., abrufbar unter https://www.bundestag.de/resource/blob/918050/2aefbc158a3a2f627cdc51f395c266a6/WD-5-091-22-WD-8-056-22-WD-2-055-22-pdf-data.pdf.

Ders.: Kurzinformation – Befahren und Fischen in Offshore-Windparkgebieten v. 15.06.2018 (WD 5 - 3000 - 082/18) unter https://www.bundestag.de/resource/blob/564572/b8f2f9f5629062a48a2b6e1e4396989d/WD-5-082-18-pdf-data.pdf.

Wittmann, Chris: Der »Standard Konstruktion« des Bundesamts für Seeschifffahrt und Hydrographie (BSH) – ausgewählte Probleme der Genehmigung und Zertifizierung von Offshore-Windparks, DVBl 2013, 830–836.

Wolf, Katharina: Offshore 2021: Maue Bilanz, optimistischer Ausblick, Erneuerbare Energien v. 14.01.2022, https://www.erneuerbareenergien.de/offshore-wind/offshore-2021-maue-bilanz-optimistischer-ausblick.

Wolf, Rainer: Eingriffsregelung in der AWZ – Ansätze für ein Recht des Schutzes der marinen Ressourcen, ZUR 2010, 365–371.

Ders.: Transnationale Vorhaben und nationalstaatliches Zulassungsregime – Rechtliche Rahmenbedingungen für die geplante Ostsee-Pipeline, ZUR 2007, 27–32.

Ders.: Grundfragen der Entwicklung einer Raumordnung für die Ausschließliche Wirtschaftszone, ZUR 2005, 176–184.

Wolf, Sarah: Unterseeische Rohrleitungen und Meeresumweltschutz: Eine völkerrechtliche Untersuchung am Beispiel der Ostsee, Heidelberg u. a. 2011.

Wolff, Hans J. (Begr.)/*Bachof, Otto/Stober, Rolf/Kluth, Winfried*: Verwaltungsrecht: Band I, 13. Aufl., München 2017.

Wolff, Johanna: Anreize im Recht: Ein Beitrag zur Systembildung und Dogmatik im Öffentlichen Recht und darüber hinaus, Tübingen 2021.

Wormit, Maximilian: Die Digitalisierung der Öffentlichkeitsbeteiligung unter dem neuen Plansicherstellungsgesetz, DÖV 2020, 1026–1031.

Wulfhorst, Reinhard: Die Untersuchung von Alternativen im Rahmen der Strategischen Umweltprüfung, NVwZ 2011, 1099–1103.

Wustlich, Guido: Das Erneuerbare-Energien-Gesetz 2014: Grundlegend neu – aber auch grundlegend anders? NVwZ 2014, 1113–1121.

Wysk, Peter: Stellungnahme zum Entwurf eines Gesetzes zur Beschleunigung von verwaltungsgerichtlichen Verfahren im Infrastrukturbereich (BR-Drucks. 640/22 = BT-Drucks. 20/5165), 2023, abrufbar unter https://www.bundestag.de/dokumente/textarchiv/2023/kw03-de-beschleunigung-infrastruktur-927046.

Ders.: Planungssicherstellung in der COVID-19-Pandemie, NVwZ 2020, 905–910.

Ders.: Verwaltungsgerichtsordnung: VwGO, 3. Aufl., München 2020 (zit.: *Bearb.*, in: Wysk, VwGO).

Zabel, Lorenz: Die Novelle der Seeanlagenverordnung – Auswirkungen auf die Zulassung von Offshore-Windparks und Netzanschlussvorhaben, NordÖR 2012, 263–268.

Zenke, Ines: Die energiepolitische Novelle im „Osterpaket" – Wer kennt sie nicht …, EnWZ 2022, 147–152.

Ziekow, Jan (Hrsg.).: Öffentliches Wirtschaftsrecht, 5. Aufl., München 2020.

Ders.: Verwaltungsverfahrensgesetz: Kommentar, 4. Aufl., Stuttgart 2019.

Ders.: Handbuch des Fachplanungsrechts – Grundlagen – Praxis – Rechtsschutz, 2. Aufl., München 2014 (zit.: *Bearb.* in: Ziekow, Handbuch des Fachplanungsrechts).

Ziekow, Jan/Ziemer, Torge/Bickmann, Frederike: Evaluation des Planungssicherstellungsgesetzes (PlanSiG) – Abschlussbericht, 2022, abrufbar unter https://www.bmi.bund.de/SharedDocs/downloads/DE/veroeffentlichungen/2022/Abschlussbericht_PlanSiG.html (zit.: *Ziekow u. a.*, Evaluation des Planungssicherstellungsgesetzes (PlanSiG), 2022).

Zierau, Egle: Umweltstaatsprinzip aus Artikel 20a in Raumordnung und Fachplanung für Offshore-Windenergie in der deutschen Ausschließlichen Wirtschaftszone (AWZ) Ostsee. Zugleich ein Beitrag zur Risikodogmatik in der Raumplanung, Berlin 2015.

Sachregister

Schriften zum Infrastrukturrecht

herausgegeben von
Wolfgang Durner und Martin Kment

Die Schriftenreihe *Schriften zum Infrastrukturrecht* (InfraSR) wurde 2013 gegründet. Das Infrastrukturrecht als übergreifendes Rechtsgebiet erstreckt sich neben den klassischen Verkehrsinfrastrukturen (Straße, Schiene, Wasserstraßen und Luftverkehr) vor allem auf die Anlagen zur Bereitstellung von Wasser und Energie, die stoffliche Ver- und Entsorgung sowie die Kommunikationsinfrastruktur. In all diesen Bereichen stellen sich immer wieder grundsätzliche Fragen nach der Rolle des Staates – sei es als Anbieter oder als Gewährleister eines angemessenen Versorgungsniveaus, der Planung, Zulassung und Finanzierung der erforderlichen Anlagen, der Reglementierung des Zugangs zu Infrastrukturen, des Umgangs mit natürlichen Monopolen oder nach der Gestaltung verbrauchergerechter Preise. Die neue Schriftenreihe will zur Erforschung dieser Fragen beitragen und wendet sich ebenso an staatliche und nichtstaatliche Akteure im Infrastrukturbereich wie an Wissenschaftler, Richter und Rechtsanwälte.

ISSN: 2195-5689
Zitiervorschlag: InfraSR

Alle lieferbaren Bände finden Sie unter *www.mohrsiebeck.com/infrasr*

Mohr Siebeck
www.mohrsiebeck.com